Berichtigung

In der Arbeit M. KIRCHGESSNER, W. MUNZ † und W. OELSCHLÄGER: „Der Einfluß einer $CaCO_3$-Zulage auf die Retention von Mengen- und Spurenelementen bei wachsenden Schweinen", Archiv für Tierernährung, Heft 1, Band 10, S. 1—19,

muß die absolute tägliche Retention je Tier (Tab. 13) an Cu in der Anfangs-, Mittel- und Endmast 0,81 ± 0,61; 0,39 ± 0,58 und 0,96 ± 0,46 mg, an Ni 0,44 ± 0,10; 0,04 ± 0,19 und 0,10 ± 0,21 mg heißen. Damit ändert sich auch die relative Retention (Tab. 14) bei Cu auf 8,0 ± 6,8; 3,1 ± 4,6 und 5,9 ± 2,8%, bei Ni auf 26,2 ± 5,4; 2,7 ± 11,6 und 7,0 ± 14,1%. Die absolute als auch relative Ni-Retention ist in der Anfangsmast erhöht ($P < 0,05$). Ansonsten ist bei fortschreitendem Lebensalter kein Einfluß sowohl auf die Cu- als auch die Ni-Retention festzustellen.

ARCHIV FÜR TIERERNÄHRUNG

UNTER MITWIRKUNG VON

Prof. Dr. A. Hock, Berlin. Prof. Dr. Dr. W. Lenkeit, Göttingen

Prof. Dr. Dr. h. c. K. Nehring, Rostock. Prof. Dr. Dr. Dr. h. c. W. Wöhlbier, Stuttgart-Hohenheim

HERAUSGEGEBEN VON

ERNST MANGOLD

Prof. Dr. med. Dr. phil. Dr. med. vet. h. c. Dr. agr. h. c. Dr. agr. h. c.

Direktor em. des Instituts für Tierernährungslehre der Humboldt-Universität Berlin

10. BAND

1960

AKADEMIE-VERLAG · BERLIN

ARCH. TIERERNÄHRUNG - 10. BAND HEFT 1–6 - BERLIN - JANUAR BIS DEZEMBER 1960

Inhalt des 10. Bandes

Herausgeber und verantwortlich für den Inhalt: Prof. Dr. med. Dr. phil. Dr. med. vet. h. c. Dr. agr. h. c. Dr. agr. h. c. Ernst Mangold, Berlin N4, Invalidenstraße 42 (Fernruf 42 00 18). Verlag: Akademie-Verlag GmbH, Berlin W 8, Leipziger Str. 3-4 (Fernruf 22 04 41; Telex-Nr. 011 773; Postscheckk. Berlin: 350 21). Bestell-Nr. d. Bandes: 1010/X. Das Archiv für Tierernährung erscheint jährlich in 1 Band zu 6 Heften. Bezugspreis je Einzelheft DM 8,50 ausschließlich Porto und Verpackung. Satz und Druck: Robert Noske, Borna (Bez. Leipzig). Veröffentlicht unter der Lizenznummer ZLN 5003 des Ministeriums für Kultur, Hauptverwaltung Verlagswesen. Printed in Germany.

ARCHIV FÜR TIERERNÄHRUNG

UNTER MITWIRKUNG VON

Prof. Dr. A. Hock, Berlin. Prof. Dr. Dr. W. Lenkeit, Göttingen.

Prof. Dr. Dr. h. c. K. Nehring, Rostock. Prof. Dr. Dr. W. Wöhlbier, Stuttgart-Hohenheim.

HERAUSGEGEBEN VON

ERNST MANGOLD

Prof. Dr. med. Dr. phil. Dr. med. vet. h. c. Dr. agr. h. c. Dr. agr. h. c.

Direktor em. des Instituts für Tierernährungslehre

der Humboldt-Universität Berlin

10. BAND

Ausgegeben am 1. FEBRUAR 1960

HEFT

1

AKADEMIE-VERLAG · BERLIN

ARCH. TIERERNÄHRUNG · 10. BAND NR. 1 · S. 1–80 · BERLIN · 1. FEBRUAR 1960

INHALT

Das Archiv für Tierernährung erscheint zweimonatlich in Heften zu 80 Seiten im Format 17,5 × 25 cm. Der Preis des Heftes beträgt DM 8,50. 6 Hefte werden zu einem Band vereinigt. Der Besteller muß sich zur Abnahme eines Bandes verpflichten. Die Hefte werden jeweils einzeln berechnet. Im Jahre erscheint nicht mehr als 1 Band. Bestellungen werden direkt an den Akademie-Verlag GmbH, Berlin W 1, Leipziger Straße 3—4, oder über eine wissenschaftliche Buchhandlung erbeten.

Manuskriptsendungen — zugelassen sind die vier Kongreßsprachen — sind an den Herausgeber, Herrn Prof. Dr. Ernst Mangold, Berlin N 4, Invalidenstr. 42, zu richten. Mit der Veröffentlichung geht das alleinige Verlagsrecht an das Archiv für Tierernährung über. Daher müssen Arbeiten, die bereits an anderer Stelle veröffentlicht worden sind, zurückgewiesen werden. Die Verfasser verpflichten sich, Manuskripte, die vom Archiv für Tierernährung angenommen worden sind, nicht an anderer Stelle zu veröffentlichen.

Die Verfasser erhalten von größeren wissenschaftlichen Arbeiten 50 Sonderdrucke unentgeltlich. Den Manuskripten beiliegende Zeichnungen müssen sauber, in zweifacher Größe ausgeführt sein. Wenn sie nicht voll reproduktionsfähig nach den Vorschriften des Normblattes DIN 474 eingereicht werden, ist die Beschriftung nur mit Bleistift einzutragen. Zur Herstellung von Netzätzungen sind nur einwandfreie Photographien brauchbar.

Für alle Literaturzitate sind die Vorschriften des Normblattes DIN 1502 und 1502 Beiblatt I maßgebend. Die Zitate müssen den Verfasser (mit den Anfangsbuchstaben der Vornamen), den vollständigen Titel der Arbeit und die Quelle mit Band, Seitenzahl und Erscheinungsjahr enthalten. Das Literaturverzeichnis soll alphabetisch geordnet sein.

Herausgeber und verantwortlich für den Inhalt: Prof. Dr. med. Dr. phil. Dr. med. vet. h. c. Dr. agr. h. c. Dr. agr. h. c. Ernst Mangold, Berlin N 4, Invalidenstraße 42 (Fernruf 42 49 64). Verlag: Akademie-Verlag GmbH, Berlin W 1, Leipziger Str. 3-4 (Fernruf: 22 04 41; Postscheckkonto Berlin: 350 21). Bestellnummer dieses Heftes: 1010/X/1. Das Archiv für Tierernährung erscheint vorläufig jährlich in 1 Band zu 6 Heften. Bezugspreis je Einzelheft DM 8.50, ausschließlich Porto und Verpackung. Satz und Druck: Robert Noske, Borna (Bez. Leipzig). Veröffentlicht unter der Lizenznummer ZLN 5003 des Ministeriums für Kultur, Hauptverwaltung Verlagswesen. Printed in Germany.

Aus dem Institut für Tierernährungslehre der Landwirtschaftlichen Hochschule Hohenheim
(Direktor: Prof. Dr. Dr. W. WÖHLBIER)

M. KIRCHGESSNER, W. MUNZ † und W. OELSCHLÄGER

Der Einfluß einer $CaCO_3$-Zulage auf die Retention von Mengen- und Spurenelementen bei wachsenden Schweinen

Bereits vor mehr als einem Jahrzehnt führte WÖHLBIER bei Untersuchungen über Spurenelemente die Gesamtbetrachtung ein, die sich darin äußert, daß bei derartigen Untersuchungen möglichst viele Elemente bestimmt werden. Unsere zahlreichen Untersuchungen über Spurenelemente [1-15] bestätigen immer mehr seinen Gedankengang, daß nicht nur der absolute Gehalt an einem Spurenelement, sondern auch die recht vielfältigen Relationen zwischen den einzelnen Elementen entscheidend für eine richtige Ernährung unserer landwirtschaftlichen Nutztiere sind. So konnten wir zeigen, daß nicht nur im Wiesenheu und den Handelsfuttermitteln Abhängigkeitsverhältnisse zwischen den Gehalten an verschiedenen Elementen bestehen, sondern daß auch in der Milch und im Blut solche Wechselbeziehungen zwischen einzelnen Elementen vorhanden sind (KIRCHGESSNER [13]). Die bei Jungrindern angestellten Untersuchungen über Abhängigkeitsverhältnisse zwischen einzelnen Elementen bei der Retention ergänzten dann diese Vorstellung für den Mineralstoffhaushalt der Rinder [13]. Da solche Untersuchungen an Schweinen bisher fast völlig fehlen, soll der vorliegende Beitrag einen Versuch darstellen, derartige Untersuchungen auch bei Mastschweinen aufzunehmen.

Versuche über die Wechselwirkung zwischen einzelnen Elementen bei der Retention können auf verschiedene Arten durchgeführt werden. Einerseits kann die absolute Menge an den verschiedenen Elementen in mehreren Versuchen unterschiedlich gestaltet und mittels statistischer Methoden die Wechselbeziehung zweier Elemente durch Teilkorrelation errechnet werden (KIRCHGESSNER [13]), oder andererseits kann in verschiedenen Versuchen durch Zulage einzelner Salze bei sonst gleicher Futterration der Einfluß der Zulage auf die Retention bestimmter Elemente festgestellt werden. Die Aussage gilt in letzterem Falle aber nur für das betreffende Salz. In der vorliegenden Arbeit sind wir diesen Weg gegangen, da nach Angaben verschiedener, hauptsächlich amerikanischer Autoren [16-24] bei erhöhten Ca-Gaben und damit bei verändertem Ca: P-Verhältnis Parakeratose auftreten soll, was auf enge Wechselbeziehungen zwischen Ca und Zn zurückzuführen sei. Darüberhinaus sollte gleichzeitig untersucht werden, inwieweit durch die $CaCO_3$-Zulagen und damit ein geändertes Ca: P-Verhältnis die Retention anderer Mengen- und Spurenelemente beeinflußt wird. Wir stellten deshalb Stoffwechselbilanzversuche an, in denen die Wirkung einer verdoppelten (Gruppe II) und verdreifachten (Gruppe III) Ca-Gabe (bezogen auf die Ca-Menge im Futter des Grundfutters (Gruppe I)) festgestellt wurde. Die Ca-Zulage wurde als $CaCO_3$ verabreicht.

Die in der vorliegenden Arbeit festgestellten Gehalte an Mengen- und Spurenelementen in Futter, Kot und Harn wurden mittels der chemisch-analytischen Untersuchungsmethoden, die OELSCHLÄGER [25–34] beschrieben hat, und der mathematisch-statistischen Auswertungen nach LINDER [35] und SNEDECOR [36] vorgenommen. Zur Prüfung der Differenz zweier arithmetischer Mittel sind die einfache Streuungszerlegung und der t-Test herangezogen worden. Die angeführten ±-Werte stellen die jeweilige Standardabweichung dar.

Versuchsanstellung

Mit 3 × 3 männlichen kastrierten Tieren der schwäbisch-hällischen Rasse, die aus 3 Würfen stammten, wurde in den Einzelfütterungsbuchten des Institutes ein Mastversuch im Gewichtsabschnitt 20–100 kg durchgeführt. Die gesamte Mastperiode wurde in Anfangs-, Mittel- und Endmast unterteilt und in jedem der 3 Mastabschnitte bei gleichem Gewicht jeweils ein Mineralstoffbilanzversuch eingeschoben. Die Hauptperiode dieser Stoffwechselversuche dauerte 10 Tage. Die Vorperiode erstreckte sich ebenfalls über 10 Tage, wobei die Tiere 5 Tage vor Beginn der Hauptperiode in die Stoffwechselkästen gebracht wurden. Um jegliche Korrosion und damit jede unkontrollierbare Anreicherung einzelner Elemente im Futter oder in den Ausscheidungen zu vermeiden, verwendeten wir eigens hierzu gebaute Stoffwechselkästen *), bei denen alle Teile aus Polyvinylchlorid bestanden oder zumindest damit überzogen waren. Das verwendete Polyvinylchlorid enthält nach unseren Untersuchungen je kg neben 539 g Cl an Spurenelementen nur 1 mg Zn, 0,5 mg Cu, 0,1 mg Ni, 0,05 mg Mo und 0,09 mg Cr, Na 3,49 g, P 0,48 g, Fe und Al je 3 mg, Mn 0,06 mg.

Jeweils 2 Kästen sind als Doppelkästen gebaut. Durch eine feste Mittelwand, die mit einer Plexiglasscheibe versehen ist, sind die beiden Einzelkästen voneinander getrennt. Die Seitenwände sind ebenso wie die rückwärtige Begrenzung durch Querstäbe, jeweils nach der Größe der Tiere verstellbar. Die Bodenplatte läßt sich ebenfalls leicht verschieben, so daß der durchlöcherte Einsatz für den Harnabfluß jeweils in die richtige Stellung zum Tier gebracht werden kann. Der Harn läuft dann über ein herausnehmbares Perlonsieb in einen Kunststoffbehälter. Ansonsten stimmt die Apparatur mit den üblichen, auch von WÖHLBIER und EGGERS [37] beschriebenen Stoffwechselkästen überein. Die sonstige Haltung und Fütterungstechnik sowie Gewinnung und Aufbereitung des Kots und Harns entsprechen der bei uns üblichen Versuchsmethodik [37, 38].

Die Futtermischungen wurden in Anlehnung an die DLG-Standards für Fertigfutter zusammengestellt. Die prozentuale Zusammensetzung dieser Fertigfuttermittel und die entsprechenden Gehalte an Nährstoffen, sowie Mengen- und Spurenelementen gehen aus Tabelle 1 hervor.

Der Einfluß der $CaCO_3$-Zulage auf Wachstum und Futterverwertung

In zahlreichen Versuchen wurde der Einfluß verschiedener Ca : P-Verhältnisse auf Zunahmen und Futterverwertung untersucht [2, 39, 40, 41]. Dabei seien besonders die Versuche von REIMERS und SMUTS [39] sowie von SPILDO [40] hervorgehoben, die

*) Die Mittel zur Anschaffung dieser Stoffwechselkästen wurden dankenswerterweise von der Deutschen Forschungsgemeinschaft bereitgestellt.

Tabelle 1. *Die Zusammensetzung der Futtermittel sowie der Gehalt an Nährstoffen, Mengen- u. Spurenelementen, bez. auf 100 g abs. Tr.-S.*

Futtermittel	proz. Zus. d. Fertigf.			Gehalte an Nährstoffen						P	Ca	Mg	K	Na
	Anf.m.	Mittelm.	Endm.	Org. Subst. g	Roh-protein g	Rein-eiweiß g	Roh-fett g	Roh-faser g	N-freie E.-St. g	g	g	g	g	g
Gerste	55	55	55	97,4	12,4	11,5	1,8	4,4	78,8	0,471	0,06	0,14	0,54	0,01
Weizenvollkleie . .	13	19	25	93,4	15,3	14,2	3,6	12,6	61,9	1,444	0,14	0,61	1,49	0,02
Tapiokamehl . . .	12	14	15	96,2	2,8	2,0	0,4	2,2	90,8	0,083	0,06	0,09	0,84	0,01
Frischheringsmehl .	10	6	3	86,9	76,4	72,2	9,0	0,3	1,2	2,275	3,34	0,18	0,77	0,79
Extr. Sojaschrot . .	7	4	1	93,7	52,8	51,6	1,1	6,4	33,3	0,772	0,30	0,32	2,53	0,01
Torulahefe	3	2	1	90,0	54,9	50,1	6,7	4,3	24,1	1,541	0,49	0,17	2,45	1,00
$CaCO_3$ (Zulage zu Gr. II bzw. III)	1,1 2,2	0,7 1,5	0,5 0,9							0,004	39,92	0,23	0	0,01
Tränkwasser . . . (bez. auf 100 l)										0,001	11,9	1,14	0,13	0,38

	Cl g	S g	Fe mg	Mn mg	Al mg	Zn mg	Cu mg	Ni mg	Mo µg	Co µg	Cr µg
Gerste	0,22	0,20	20	1,8	7	4,3	0,57	0,02	17	3,7	19
Weizenvollkleie . .	0,12	0,21	20	13,9	10	9,5	1,48	0,12	56	4,5	7
Tapiokamehl . . .	0,09	0,06	22	1,6	54	0,8	0,26	0,09	5	4,8	66
Frischheringsmehl .	1,24	1,00	22	0,1	6	13,5	0,41	0,02	8	5,7	26
Extr.-Sojaschrot . .	0,08	0,58	24	3,9	73	7,3	2,12	1,13	224	17,0	14
Torulahefe	1,69	0,75	27	0,7	5	8,5	0,64	0,17	9	111,7	67
$CaCO_3$	0	0,02	18	8,5	13	0,4	0,13	0,04	3	6,7	44
Tränkwasser . . . (bez. auf 100 l)	0,86	1,10	7	0,2	6	209	2,5	0,08	6	4,0	40

bei einem Ca : P-Verhältnis von 0,6 : 1 und bei 3,5 : 1 schlechteres Wachstum beobachteten. Dagegen könnte man aus Versuchen von BOHSTEDT [41] entnehmen, daß das optimale Verhältnis von Ca : P bei (1–1,3) : 1 liegen muß, und daß mit weiter werdendem Verhältnis (1,5–2,7) : 1 Zunahmen und Futterverwertung verschlechtert werden. Im Gegensatz dazu stehen jedoch unsere früheren Versuche [2], in denen wir bei sieben gestaffelten Ca:P-Verhältnissen von (1,1–2,3):1 keinerlei Einfluß auf Lebendgewichtszunahme und Futterverwertung feststellen konnten. Dies deckt sich auch mit den Versuchsergebnissen von ZAUSCH [42], der für einen optimalen N-Ansatz bei wachsenden Schweinen ein Ca : P-Verhältnis von 2 : 1 fordert. Auch in den vorliegenden Untersuchungen konnten wir bei drei gestaffelten Ca : P-Verhältnissen von (0,4–1,2) : 1 und trotz den unterschiedlichen täglichen Aufnahmen an Ca (4–20 g) keinen Einfluß finden, wie sich aus den Durchschnittswerten der Lebendgewichtszunahme, des Futterverbrauchs und der Futterverwertung und den jeweiligen F-Werten in Tabelle 2 ersehen läßt.

Tabelle 2. *Durchschnittliche tägliche Gewichtszunahmen, Futterverbrauch und Verwertungszahl während der gesamten Mastzeit*

	Durchschn. Verh. an Ca : P	tgl. Zunahme g	tgl. Futterverbr. g Tr.-Subst.	Verw.zahl
Gruppe I	0,4 : 1	579 ± 10	1770 ± 69	247 ± 7
Gruppe II	0,8 : 1	559 ± 27	1720 ± 158	249 ± 12
Gruppe III	1,2 : 1	570 ± 7	1746 ± 106	248 ± 12
F-Wert		1,09	0,14	0,02

Auch in den einzelnen Mastabschnitten konnten keinerlei gesicherte Unterschiede zwischen diesen Meßwerten festgestellt werden. Die durchschnittlichen täglichen Gewichtszunahmen von 559, 570 und 579 g sind wohl etwas gering, dürften aber darauf zurückzuführen sein, daß alle Tiere 45 Tage in den Stoffwechselkästen verbrachten. Dagegen können Futterverbrauch und Futterverwertung als durchschnittlich angesehen werden.

Auch auf die N-Bilanzen hatte das unterschiedliche Ca : P-Verhältnis keinen Einfluß, wie aus Tabelle 3, in der die Durchschnittswerte der einzelnen Mastabschnitte mit den einzelnen F-Werten aufgezeigt sind, zu ersehen ist. Der N-Ansatz entspricht in seiner Höhe etwa dem im Verlauf der Mast ansteigenden Fleischansatz.

Der Einfluß der $CaCO_3$-Zulage auf Ca- und P-Retention

Die Ca- und P-Resorption und Retention bei wachsenden Schweinen wird in starkem Maße durch das Abhängigkeitsverhältnis beider Elemente zueinander bestimmt, wie eingehende Bilanzversuche von ZAITSCHEK und WEISER [43, 44], RADEFF [45], BARTELS [46], PETERSEN [47], KAEGI [48], MITCHELL u. a. [49], NICKISCH [50], HAVERMANN und SCHARPENSEEL [51] sowie MOORE und TYLER [52] zeigen.

Tabelle 3. *Der durchschnittliche tägliche N-Ansatz in den einzelnen Mastabschnitten in g*

	Gruppe I	Gruppe II	Gruppe III	F-Wert
Ca : P-Verh. . . .	0,6 : 1	1,1 : 1	1,7 : 1	
Anfangsmast	12,9 ± 1,8	14,3 ± 0,4	16,6 ± 3,3	2,16
Ca : P-Verh. . . .	0,4 : 1	0,8 : 1	1,2 : 1	
Mittelmast	16,9 ± 1,5	18,3 ± 2,2	19,2 ± 1,2	1,54
Ca : P-Verh. . . .	0,3 : 1	0,5 : 1	0,8 : 1	
Endmast	17,3 ± 2,9	18,0 ± 1,0	19,1 ± 0,6	0,74

Auch in unseren Untersuchungen war in allen drei Mastabschnitten mit einer erhöhten Ca-Zufuhr die Ca-Retention erhöht, wie sich deutlich aus Abb. 1 ersehen läßt. Die durchschnittliche tägliche Retention an Ca und P sowie die Wahrscheinlichkeitswerte sind in Tabelle 4 aufgezeigt.

Die retinierten Ca-Mengen der Grundgruppe stimmen mit der von WENIGER und FUNK [53] für das Cornwallschwein angegebenen Menge überein. Jedoch ist in den beiden Ca-Belastungsgruppen eine wesentlich höhere Menge an Ca retiniert worden. Dies zeigt, daß die Ca-Retention weitgehend von der in der Nahrung angebotenen Ca-Menge abhängig ist. Da aber andererseits in der Grundgruppe keinerlei augenscheinliche Störungen bei den Tieren beobachtet werden konnten, könnte es möglich sein, daß das Tier mehr Ca retiniert als es bedarf. Dann allerdings dürften Rückschlüsse auf den Bedarf an Ca auf Grund von Bilanzversuchen oder gar auf Grund von Analysen ganzer Schweinekörper keinesfalls zu richtigen Ergebnissen führen.

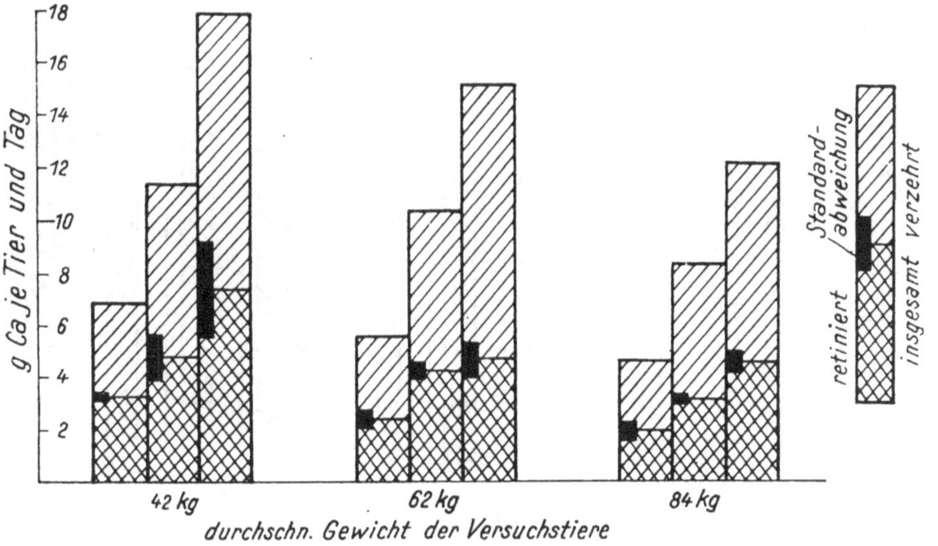

Abb. 1. Der Einfluß der je Tier und Tag verfütterten Ca-Menge auf die Ca-Retention

Tabelle 4. *Die durchschnittliche tägliche Retention an Ca und P*

	Gruppe I	Gruppe II	Gruppe III	gesichert P < 0,05 von Gr. . . : Gr. . . .
Ca g				
Anfangsmast	3,20 ± 0,13	4,65 ± 0,83	7,25 ± 1,81	I : II[2] I ; III II : III
Mittelmast	2,25 ± 0,29	4,17 ± 0,26	4,67 ± 0,71	I : II,III II : III[3]
Endmast	1,86 ± 0,28	3,05 ± 0,10	4,48 ± 0,40	I : II,III II : III
P g				
Anfangsmast	1,61 ± 1,12	2,97 ± 0,51	3,66 ± 0,16	I : II,III II : III[3]
Mittelmast	2,08 ± 0,43	2,76 ± 0,21	3.11 ± 0,44	I : II[2] I : III[1] II : III[2]
Endmast	2,55 ± 0,60	2,93 ± 0,10	3,33 ± 0,14	I : II[2] I : III II : III[2]

[1] P < 0,1 [2] P < 0,2 [3] P < 0,3

Auch die P-Retention stimmt mit den Versuchsergebnissen von WENIGER [1] und FUNK [53] sehr gut überein. Wie sich aus Abb. 2 deutlich ersehen läßt, hatte die erhöhte Ca-Zufuhr eine erhöhte P-Retention zur Folge. Wie aus den entsprechenden Wahrscheinlichkeitswerten in Tabelle 4 zu entnehmen ist, sind diese Unterschiede fast durchweg gesichert. Auch zwischen den beiden Ca-Belastungsgruppen machte sich noch die Tendenz bemerkbar, daß bei größerer Ca-Zufuhr die P-Retention anstieg. Dies dürfte dadurch verursacht sein, daß das mit erhöhter Ca-Zufuhr vermehrt retinierte Ca sich im Knochengerüst absetzt und damit auch eine erhöhte P-Retention bewirkt wird.

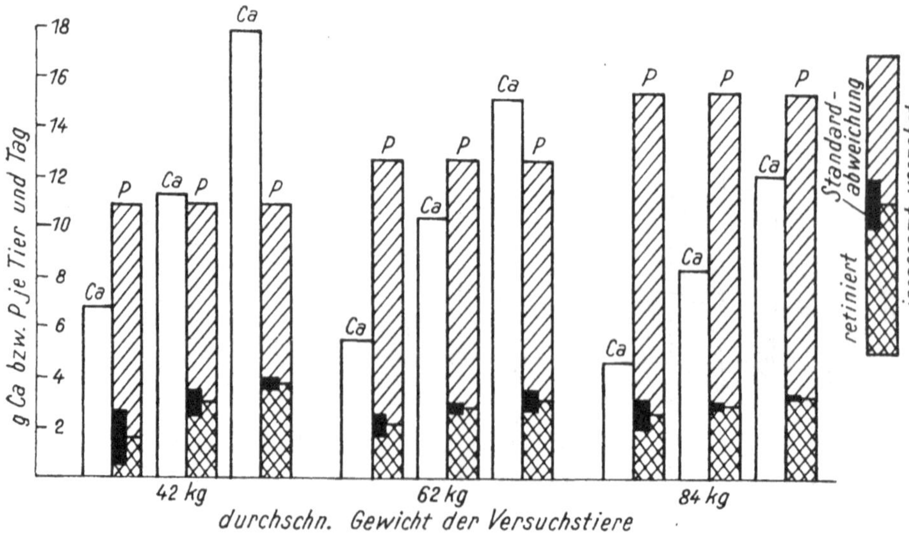

Abb. 2. Der Einfluß der je Tier und Tag verfütterten Ca-Menge auf die P-Retention

Interessant ist in diesem Zusammenhang die absolute Ausscheidung an Ca und P in Kot und Harn. Bekanntlich gelangt je nach den vorliegenden Reaktionsbedingungen mehr oder weniger des resorbierten Ca und P durch die Darmwand in den Kot. Durch die Ca-Zulage in Gruppe II und III stieg natürlich die absolute Ca-Ausscheidung im Kot, aber auch teilweise im Harn, wenn auch nur geringfügig, an (s. Tab. 5). Hinsichtlich der P-Ausscheidung zog die erhöhte Ca-Zulage fast durchweg eine erhöhte P-Ausscheidung im Kot, bei einem sehr starken Rückgang der P-Ausscheidung im Harn, nach sich (s. Tab. 5). Da bei allen Tieren die P-Zufuhr mit der Nahrung gleich war, die P-Retention aber mit erhöhter Ca-Zufuhr anstieg, würde dies die Tatsache bestätigen, daß je mehr die Reaktionsbedingungen nach der alkalischen Seite verändert werden, umsomehr P mit dem Kot ausgeschieden wird.

Tabelle 5. *Durchschnittliche tägliche Ca- und P-Ausscheidung mit dem Kot und Harn in g*

Mast-abschnitt	Gruppe I	Gruppe II	Gruppe III	gesichert $P < 0{,}05$ von Gr. . . : Gr. . . .
Ca im Kot				
Anfangsmast	3,57 ± 0,62	6,45 ± 0,43	10,52 ± 3,81	I ; II[2] I : III II : III[1]
Mittelmast	3,14 ± 0,32	6,01 ± 0,25	10,29 ± 0,72	I : II,III II : III
Endmast	2,66 ± 0,29	5,19 ± 0,10	7,51 ± 0,42	I : II,III II : III
P im Kot				
Anfangsmast	6,383 ± 0,666	5,377 ± 0,486	6,600 ± 1,739	
Mittelmast	6,485 ± 0,810	7,209 ± 0,390	8,102 ± 0.352	I : II[2] I : III II : III[1]
Endmast	7,754 ± 0,208	8,778 ± 0,314	9,157 ± 0,351	I : II,III II : III[2]
Ca im Harn				
Anfangsmast	0,04 ± 0,02	0,15 ± 0,03	0,08 ± 0,04	I : II I : III[2] II : III
Mittelmast	0,07 ± 0,03	0,08 ± 0,03	0,09 ± 0,02	I : II + III[3]
Endmast	0,04 ± 0,00	0,07 ± 0,00	0,06 ± 0,01	I : II,III II : III
P im Harn				
Anfangsmast	3,679 ± 0,639	1,665 ± 0,154	0,859 ± 0,204	I : II,III II : III
Mittelmast	4,095 ± 0,416	2,688 ± 0,253	1,442 ± 0,085	I : II,III II : III
Endmast	5,063 ± 0,447	3,660 ± 0,244	2,878 ± 0,256	I : II,III II : III

[1] $P < 0{,}1$ [2] $P < 0{,}2$ [3] $P < 0{,}3$

Die in Abb. 2 angeführte Menge an täglich aufgenommenem P bezieht sich auf die Gesamtphosphoraufnahme. Entsprechende Analysen des Phytinphosphors zeigten sehr deutlich, daß die Unverwertbarkeit des Phytinphosphors ebenso wie die Ausfällung von Ca durch das Phytin (Korrekturfaktor 0,65 pro g Phytin-P nach BECKER [54]) nicht in vollem Maße zutreffen kann. Eine Berücksichtigung dieser Werte und ein Vergleich mit den tatsächlich retinierten Mengen an Ca und P ergab nämlich, daß auch von dem Phytin-P P retiniert worden sein mußte und daß der Faktor 0,65 pro g Phytin-P viel zu groß sein dürfte.

Der Einfluß der $CaCO_3$-Zulage auf die Retention von Mg, Si, K, Na, Cl und S

Ebenso wie zwischen Ca und P wird stets auch zwischen dem Ca- und Mg-Stoffwechsel eine enge Verflechtung angenommen. Nach THANNHAUSER[55] soll Mg-Überschuß besonders bei P-Mangel zu einer starken Ca-Ausscheidung führen. Bekanntlich wird ja beim Aufbau des Knochengerüstes Ca-Mg-Phosphat eingebaut. Aus diesem Grunde müßte eine erhöhte Ca-Zufuhr auch zu einer erhöhten Mg-Retention führen. Dies läßt sich auch aus unseren Versuchsergebnissen (Abb. 3) entnehmen. Die entsprechenden Wahrscheinlichkeitswerte sind ebenso wie die durchschnittliche tägliche Retention in Tabelle 6 angeführt.

Tabelle 6. *Durchschnittliche tägliche Retention an Mg, sowie die Mg-Ausscheidung mit dem Harn*

Mastabschnitt	Gruppe I	Gruppe II	Gruppe III	gesichert $P < 0,05$ von Gr. . . . : Gr. . . .
Tgl. Retention an Mg in g				
Anfangsmast	0,15 ± 0,07	0,35 ± 0,24	0,41 ± 0,20	I : II[3] I : III[2]
Mittelmast	0,32 ± 0,15	0,37 ± 0,07	0,56 ± 0,15	I : III° II III[2]
Endmast	0,75 ± 0,10	0,90 ± 0,03	0,98 ± 0,03	I : II,III II : III[2]
Tgl. Mg-Ausscheidung mit dem Harn in g				
Anfangsmast	0,38 ± 0,02	0,36 ± 0,02	0,33 ± 0,08	
Mittelmast	0,47 ± 0,05	0,49 ± 0,01	0,40 ± 0,02	I : III II : III
Endmast	0,63 ± 0,06	0,46 ± 0,01	0,48 ± 0,04	I : II,III

[2] $P < 0,2$ [3] $P < 0,3$

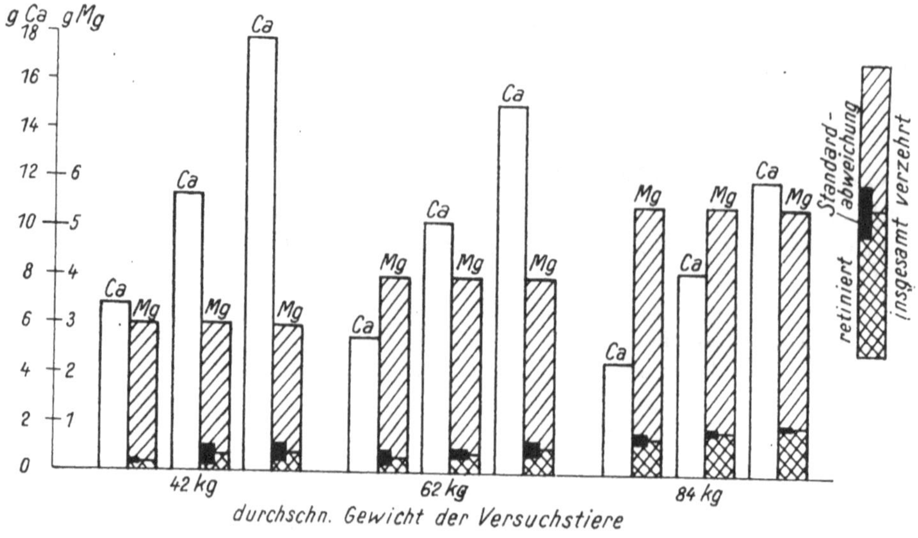

Abb. 3. Der Einfluß der je Tier und Tag verfütterten Ca-Menge auf die Mg-Retention

Die durchschnittliche Ausscheidung an Mg im Kot blieb unverändert und wird deshalb in Tab. 9 für alle Gruppen zusammengefaßt wiedergegeben; die Mg-Ausscheidung im Harn ist jedoch mit der erhöhten Ca-Zufuhr geringfügig zurückgegangen. Da bei gleicher Mg-Menge in der Nahrung auf der einen Seite die Mg-Retention bei erhöhten Ca-Gaben anstieg, auf der anderen Seite die Mg-Ausscheidung mit dem Kot annähernd gleich blieb, scheint dies eine Unterstützung der von KLINKE [56] festgestellten Tatsache zu sein, daß im Gegensatz zu P und Ca das Mg nicht durch die Darmwand ausgeschieden wird.

Tabelle 7. *Die absolute tägliche Retention an verschiedenen Mengenelementen (Durchschnitt von 9 Tieren der Gr. I—III)*

Mast-abschnitt	Cl g	S g	K g	Na g	Si g
Anfangsmast	1,71 ± 0,30	1,24 ± 0,11	1,60 ± 0,33	0,70 ± 0,17	—0,04 ± 0,13
Mittelmast	2,05 ± 0,20	1,54 ± 0,15	2,36 ± 0,43	0,80 ± 0,10	—0,34 ± 0,54
Endmast	2,24 ± 0,19	1,80 ± 0,09	2,78 ± 0,34	0,61 ± 0,07	—0,28 ± 0,56

Aus den in Tabelle 7 aufgezeigten durchschnittlichen Werten läßt sich entnehmen, daß kein Si retiniert wurde. Da die Si-Bilanzen nur geringfügig negativ sind, kann jedoch keineswegs von einer Verarmung der Tiere an Si gesprochen werden. In der Anfangs- und Endmast traten keine gesicherten Unterschiede zwischen den einzelnen Gruppen auf, in der Mittelmast zeigte sich jedoch eindeutig ($P < 0{,}05$), daß bei erhöhter Ca-Zufuhr die Si-Retention erhöht wurde. In Gruppe I war die durchschnittliche tägliche Si-Retention – 1,01 ± 0,35 g, in Gruppe II – 0,02 ± 0,06 g und in Gruppe III + 0,02 ± 0,16 g. Diese verbesserte Si-Retention findet ihre Erklärung darin, daß die erhöhten Ca-Gaben in allen Mastabschnitten eine verringerte Si-Ausscheidung im Harn bewirkten (s. Tab. 8). Dies ist umso interessanter, als von mehreren Autoren [56, 57, 58] festgestellt wurde, daß überhaupt wenig Si im Harn ausgeschieden wird. In den vorliegenden Bilanzversuchen wurden aber immerhin 20,2 ± 6,1% des insgesamt ausgeschiedenen Si mit dem Harn abgegeben.

Tabelle 8. *Durchschnittliche tägliche Si-Ausscheidung mit dem Harn in g*

Mast-abschnitt	Gruppe I	Gruppe II	Gruppe III	gesichert $P < 0{,}05$ von Gr. . . : Gr. . . .
Anfangsmast	0,78 ± 0,10	0,62 ± 0,02	0,60 ± 0,05	I : II,III
Mittelmast	1,58 ± 0,56	0,70 ± 0,12	0,64 ± 0,14	I : II,III
Endmast	1,59 ± 0,47	0,86 ± 0,06	0,79 ± 0,14	I : II,III

Im Gegensatz zu den bisher aufgeführten Mengenelementen Ca, P und Mg waren bei den Elementen K, Na, Cl und S nur geringfügige, keineswegs gesicherte Einflüsse der Ca-Zulagen zu erkennen. Aus diesem Grunde wurden die Angaben

Tabelle 9. *Durchschnittliche tägliche Ausscheidung an Mengen- und Spurenelementen mit dem Kot* (in allen 3 Gruppen)

Mast-abschnitt	Si g	Mg g	K g	Na g	Cl g	S g	Fe mg	Al mg	Zn mg	Cu mg	Ni mg	Mo µg	Co µg	Cr µg
Anfangsmast	2,69	2,35	4,18	0,70	0,77	1,33	184	102	69,0	9,4	1,21	182	96,8	299
Standardabw.	±0,40	±0,52	±1,16	±0,18	±0,32	±0,38	±33	±28	±13,3	±1,5	±0,20	±47	±20,2	± 80
Mittelmast	3,57	3,14	6,92	0,54	1,01	1,32	257	188	74,7	12,1	1,51	257	109,2	492
Standardabw.	±0,23	±0,14	±0,74	±0,10	±0,30	±0,15	±55	±34	± 3,3	±0,6	±0,18	±47	±16,5	±438
Endmast	4,60	4,06	9,89	0,38	1,01	1,36	302	324	87,5	15,1	1,24	272	83,5	421
Standardabw.	±0,47	±0,08	±0,52	±0,07	±0,18	±0,06	+10	±74	± 3,0	±0,5	±0,07	±29	± 6,2	± 99

Tabelle 10. *Durchschnittliche tägliche Ausscheidung an Mengen- und Spurenelementen mit dem Harn* (in allen 3 Gruppen)

Mast-abschnitt	K g	Na g	Cl g	S g	Fe mg	Al mg	Cu mg	Ni mg	Mo µg	Co µg	Cr µg
Anfangsmast	7,02	0,266	2,10	1,78	1,9	1,3	0,21	0,055	101	4,1	17
Standardabw.	±0,84	±0,080	±0,17	±0,19	±1,2	±0,9	±0,08	±0,021	± 21	±1,1	± 5
Mittelmast	6,38	0,038	1,52	1,61	2,3	1,8	0,22	0,055	149	3,8	29
Standardabw.	±0,87	±0,049	±0,21	±0,14	±1,3	±1,2	±0,06	±0,017	± 40	±1,2	±24
Endmast	5,83	0,006	1,43	1,57	2,7	2,8	0,27	0,099	153	2,3	13
Standardabw.	±0,74	±0,008	±0,14	±0,13	±1,0	±1,1	+0,09	±0,161	± 39	±0,7	± 4

über die tägliche absolute Retention (Tab. 7), die tägliche Ausscheidung der einzelnen Elemente mit dem Kot (Tab. 9), und mit dem Harn (Tab. 10) für alle Tiere in einem Durchschnittswert, getrennt nach den einzelnen Mastabschnitten zusammengefaßt. Es fällt auf, daß etwa dreimal soviel K retiniert wurde wie Na.

Nach den Versuchen von KAEGI [48] wäre nämlich zu erwarten gewesen, daß diese beiden Elemente in etwa gleicher Menge retiniert würden. Allerdings erhielten die Tiere in unseren Versuchen durch die Fertigfutter rund 10 mal soviel K wie Na verabreicht. Nach SCHEUNERT [59] und SCHREIBER [58] zieht eine erhöhte K-Zufuhr eine vermehrte Na-Ausscheidung nach sich.

Vergleicht man die retinierte Na-Menge mit der von Cl, so zeigt sich, daß etwa dreimal soviel Cl wie Na retiniert wurde. Dies bestätigt die Ansicht von FORBES [60] und KAEGI [48], die aus ihren Bilanzversuchen den Schluß zogen, daß Na und Cl physiologisch weniger gemeinsam haben als allgemein angenommen wird.

Der Einfluß einer $CaCO_3$-Zulage auf die Spurenelement-Retention

Nach den Versuchen von NEWLAND und Mitarbeiter [23], sowie den Angaben von SCHARRER [61] und LIEBSCHER [19] sollen erhöhte Ca-Gaben die Zn-Retention hemmen. Wie aus Abb.4 und den in Tabelle 11 aufgezeigten Angaben über die durchschnittlich retinierte Menge an Zn hervorgeht, dürfte in den vorliegenden Untersuchungen allerdings die Retention an Zn durch die Ca-Zulage erhöht worden sein.

Tabelle 11. *Die durchschnittliche tägliche Retention an Zn, sowie die Zn-Ausscheidung mit dem Harn*

Mastabschnitt	Gruppe I	Gruppe II	Gruppe III	gesichert $P < 0,05$ von Gr. . . : Gr. . . .
Tgl. Retention an Zn in mg				
Anfangsmast	$10,8 \pm 1,7$	$16,8 \pm 6,9$	$23,8 \pm 2,2$	I : II + III
Mittelmast	$24,5 \pm 2,5$	$27,4 \pm 5,5$	$27,3 \pm 4,0$	I : II + III[3]
Endmast	$31,2 \pm 3,8$	$36,4 \pm 0,8$	$38,1 \pm 3,3$	I : II + III
Tgl. Zn-Ausscheidung mit dem Harn in mg				
Anfangsmast	$2,6 \pm 0,9$	$0,8 \pm 0,2$	$0,8 \pm 0,4$	I : II,III
Mittelmast	$1,7 \pm 0,5$	$1,4 \pm 0,6$	$1,1 \pm 0,2$	
Endmast	$1,9 \pm 0,8$	$1,1 \pm 0,7$	$0,9 \pm 0,2$	I : II + III[1]

[1] $P < 0,1$ [3] $P = 0,3$

Es ist jedoch nicht ausgeschlossen, daß bei einem weiteren Ca : P-Verhältnis als 1,7 : 1 für die Anfangsmast, 1,2 : 1 für die Mittelmast und 0,8 : 1 für die Endmast die Zn-Retention wieder geringer wird. Dies würde aber eine noch größere $CaCO_3$-Zulage als 2,2% in der Anfangsmast, 1,5 % in der Mittelmast und 0,9% in der Endmast, bedeuten (s. Tab. 1), was bei unseren praktischen Fütterungsverhältnissen sicherlich kaum vorkommen wird.

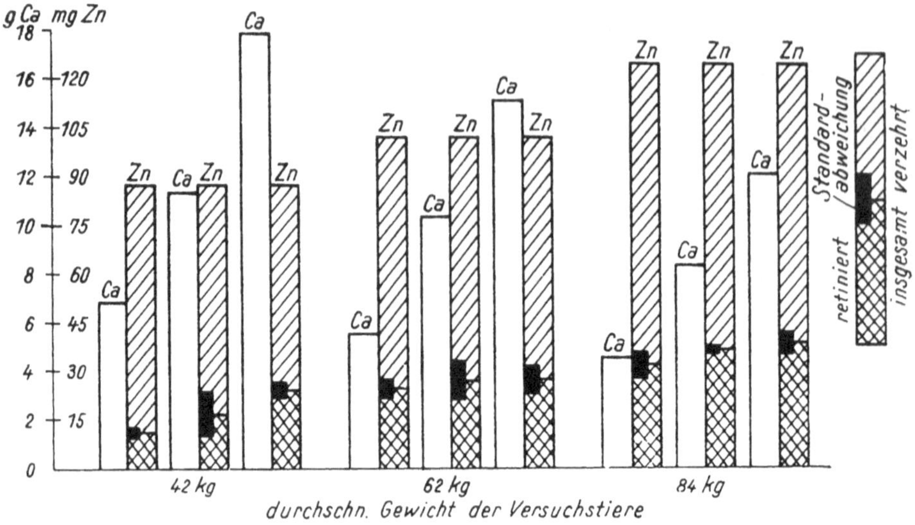

Abb. 4. Der Einfluß der je Tier und Tag verfütterten Ca-Menge auf die Zn-Retention

Diese erhöhte Zn-Retention in den Ca-Belastungsgruppen geht nun parallel mit einer verminderten Zn-Ausscheidung im Harn, wie sich aus Tab. 11 entnehmen läßt.

Es kann dies durchaus in Einklang mit den Versuchen von NEWLAND u. a.[23] stehen, die bei erhöhtem Ca-Gehalt des Futters auch erhöhte Abgaben von endogenem Zn fanden. Nach SCHARRER[61] soll nämlich die Reaktion des Futters einen sehr großen Einfluß auf den Stoffwechsel des Zn ausüben.

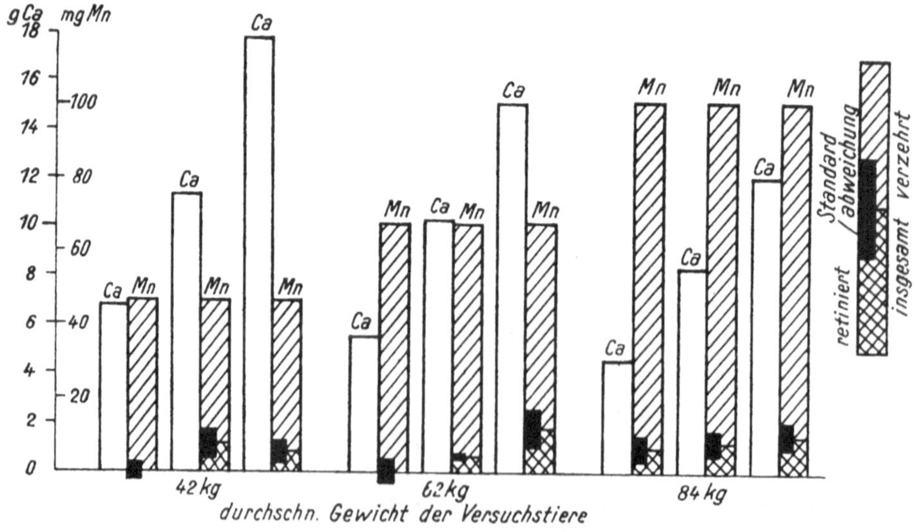

Abb. 5. Der Einfluß der je Tier und Tag verfütterten Ca-Menge auf die Mn-Retention

Auch die Mn-Retention wurde durch die $CaCO_3$-Zulage beeinflußt. Wie die Abb. 5 sehr eindeutig demonstriert, ergab in den meisten Fällen die Erhöhung der Ca-Zufuhr eine vermehrte Mn-Retention. Diese erhöhte Mn-Retention ging teilweise mit einer verminderten Ausscheidung an Mn sowohl im Kot als auch im Harn einher (s. Tab. 12).

Tabelle 12. *Die durchschnittliche tägliche Retention an Mn, sowie die Mn-Ausscheidung mit dem Kot und Harn*

Mastabschnitt	Gruppe I	Gruppe II	Gruppe III	gesichert $P < 0,05$ von Gr. . . : Gr. . . .
Tägl. Retention an Mg in mg				
Anfangsmast	0,3 ± 2,4	7,4 ± 3,9	5,0 ± 2,9	I : II I : III[1]
Mittelmast	0,3 ± 3,7	3,9 ± 0,3	11,3 ± 4,7	I : III II : III[1]
Endmast	6,7 ± 3,3	8,1 ± 3,5	9,9 ± 3,7	I : III[3]
Tägl. Mn-Ausscheidung mit dem Kot in mg				
Anfangsmast	48,4 ± 9,1	34,6 ± 4,0	41,7 ± 10,9	I : II + III[2]
Mittelmast	67,8 ± 3,4	64,4 ± 0,7	57,1 ± 4,8	I : II[3] I : III II : III
Endmast	94,0 ± 3,7	93,0 ± 3,5	91,3 ± 3,8	
Tägl. Mn-Ausscheidung mit dem Harn in mg				
Anfangsmast	0,61 ± 0,18	0,20 ± 0,08	0,14 ± 0,06	I : II,III
Mittelmast	0,76 ± 0,27	0,53 ± 0,42	0,42 ± 0,19	I : II + III[3]
Endmast	1,01 ± 0,48	0,63 ± 0,33	0,52 ± 0,16	I : II + III[2]

[1] $P < 0,1$ [2] $P < 0,2$ [3] $P < 0,3$

Co hat für die Ernährung der Schweine eine wesentlich geringere physiologische Bedeutung als für den Wiederkäuer. Damit dürften sowohl die auftretende negative Co-Bilanz in der Mittelmast, als auch die sehr starken Schwankungen von Tier zu Tier zusammenhängen, wie sie in Abb. 6 sehr deutlich zum Ausdruck kommen. Die statistische Auswertung der Einzelwerte ergab für die Unterschiede zwischen den verschiedenen Gruppen die Tendenz ($P < 0,2$ bzw. 0,3), daß die $CaCO_3$-Zulage eine höhere absolute Co-Retention zur Folge hatte.

Für die Elemente Fe, Al, Cr, Cu, Ni und Mo konnte kein gesicherter Einfluß durch die Ca-Zulage festgestellt werden. Die durchschnittliche Retention dieser Elemente wurde deshalb in Tabelle 13, die Ausscheidung mit dem Kot und Harn in Tabelle 9 und 10 zusammengefaßt. Dies ist für das Element Cu umso interessanter, als es sich bei den Versuchen von TOMPSETT[62] an Schafen, sowie bei unseren Versuchen an Jungrindern[13] ergab, daß der Gehalt des Futters an Ca die Cu-Resorption vermindert. DICK[63, 64, 65] konnte in Versuchen mit Schafen sogar zeigen, daß eine $CaCO_3$-Zulage die Ausnutzung des Cu wesentlich herabsetzt. Dies scheint nach den vorliegenden Untersuchungen für wachsende Schweine nicht zuzutreffen.

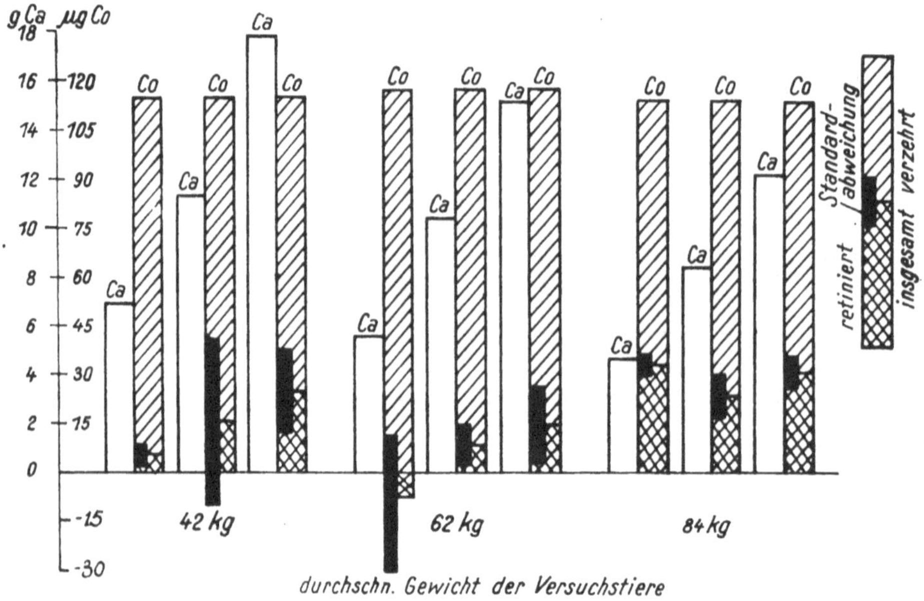

Abb. 6. Der Einfluß der je Tier und Tag verfütterten Ca-Menge auf die Co-Retention

Tabelle 13. *Die absolute tägliche Retention an verschiedenen Spurenelementen* (Durchschnitt von 9 Tieren der Gruppen I—III)

	Fe mg	Al mg	Cu mg	Ni mg	Mo µg	Cr µg
Anfangsmast	108 ± 26	140 ± 39	57,1 ± 7,5	1,83 ± 0,24	187 ± 37	28 ± 79
Mittelmast	98 ± 53	95 ± 35	41,8 ± 0,6	2,01 ± 0,19	107 ± 31	-107 ± 454
Endmast	138 ± 31	1 ± 74	26,7 ± 0,4	2,75 ± 0,20	139 ± 25	68 ± 98

Der Einfluß des Lebensalters auf die relative Retention

Die relative Retention, die die durchschnittlich retinierte Menge in Prozent der Gesamtaufnahme angibt, zeigt die Ausnützung der einzelnen Elemente aus den verschiedenen Fertigfuttermitteln. Die entsprechenden Werte sind für alle Gruppen gemeinsam in Tabelle 14 zusammengestellt. Überraschend ist die sehr hohe Ausnützung an Na, Cu und Ni; bei diesen Elementen wurden über 50% der insgesamt verabreichten Menge retiniert.

Der Einfluß des Lebensalters auf die retinierte Menge der einzelnen Elemente läßt sich nur für die Elemente, bei denen die $CaCO_3$-Zulage die absolute und relative Retention nicht veränderte, einigermaßen feststellen. Bei den Elementen Na, K, Cl, S und Ni vermehrte sich mit fortschreitendem Lebensalter die tägliche absolute Retention ($P < 0,05$), und die relative Retention stieg an ($P < 0,05$).

Tabelle 14. *Die durchschnittliche tägliche Retention in % der Gesamtaufnahme*
(Durchschnitt von 9 Tieren der Gruppen I—III)

Mast-abschnitt	Si	P	Ca	Mg	K	Na	Cl	S	Fe	Mn	Al	Zn	Cu	Ni	Mo	Co	Cr
Anfangsmast	— 1,1	25,4	43,3	11,0	12,6	42,0	37,3	28,9	36,8	10,0	57,1	20,0	85,6	59,4	39,9	12,9	7,8
Standardabw.	± 4,2	±10,8	±7,9	±7,8	±3,0	±7,5	±4,3	±3,4	± 7,6	±9,6	±10,4	±8,2	±0,9	±3,1	±7,6	±14,4	± 23,1
Mittelmast	— 8,1	21,0	37,6	10,4	15,1	57,9	44,8	34,6	27,5	7,5	33,4	25,8	77,2	56,3	20,9	2,9	— 25,8
Standardabw.	±12,9	± 4,4	±6,2	±4,0	±2,8	±7,5	±4,3	±3,3	±15,5	±8,3	±12,4	±3,2	±1,1	±5,2	±6,0	±14,0	±109,6
Endmast	— 5,2	19,1	38,2	16,1	15,0	60,9	47,9	38,0	31,3	8,1	0,4	28,2	63,5	67;2	24,6	24,7	13,5
Standardabw.	±10,4	± 3,0	±4,0	±2,1	±1,9	±6,5	±4,1	±2,0	± 7,0	±3,3	±22.3	±3,2	±1,1	±4,9	±4,4	± 5,4	± 19,6

Tabelle 15. *Die Ausscheidung der Mengen- und Spurenelemente mit dem Harn in % der Gesamtausscheidung*
(Durchschnitt von 9 Tieren der Gruppen I—III)

Mast-abschnitt	Si	P	Ca	Mg	K	Na	Cl	S	Fe	Mn	Al	Zn	Cu	Ni	Mo	Co	Cr
Anfangsmast	19,9	24,0	1,4	13,4	63,2	28,3	73,8	57,7	0,9	0,7	1,2	1,8	2,2	4,3	35,8	4,1	5,4
Standardabw.	±2,3	±11,3	±0,7	±1,6	±5,2	±9,6	±7,4	±4,2	±0,4	±0,4	±0,6	±0,9	±0,6	±1,2	±6,1	±1,3	±1,8
Mittelmast	20,7	27,0	1,5	12,6	47,9	6,2	60,1	55,0	0,9	0,9	0,9	1,8	1,7	3,5	36,6	3,4	6,0
Standardabw.	±8,8	±10,7	±0,8	±1,2	±5,8	±7,6	±9,7	±4,3	±0,4	±0,5	±0,5	±0,6	±0,5	±0.9	±10,0	±1,3	±5,0
Endmast	18,8	30,6	1,2	11,4	36,9	1,7	58,7	53,5	0,9	0,8	0,9	1,4	1,7	6,3	35,0	2,7	7,1
Standardabw.	±6,7	± 7,3	±0,3	±1,7	±4,2	±2,3	±5,8	±3,1	±0,4	±0,4	±0,5	±0,8	±0,7	±8,4	±8,0	±0,8	±1,3

Für die Elemente Al und Cu wurde eine fortlaufend verringerte Retention und auch Ausnützung ($P < 0,05$) mit fortschreitendem Lebensalter festgestellt. Bei dem Element Ca dürfte die mit ansteigendem Lebensalter gefundene abnehmende Ca-Retention ($P < 0,05$) ähnliche Ergebnisse von WEISER und ZAITSCHEK [43] sowie von CREMER [66] bestätigen.

Der Anteil der Ausscheidung der verschiedenen Elemente im Harn

Je nach Element, Tierart und dem Alter sowie den Futterverhältnissen kann sich der Anteil, der mit dem Harn oder Kot ausgeschieden wird, sehr verschieben. Aus diesem Grunde wurden in der vorliegenden Arbeit keinerlei Rückschlüsse auf die Resorption der einzelnen Elemente gezogen. Die in Tablle 15 aufgezeigten Auscheidungen der Mengen- und Spurenelemente mit dem Harn in % der Gesamtausscheidung sollen lediglich ein Bild über die relative Größenordnung der Ausscheidung unter den angeführten Versuchsbedingungen liefern. Der Einfluß der $CaCO_3$-Gaben auf die absolute Verschiebung der Ausscheidung wurde ja bereits eingehend erörtert. Bei den Elementen Si, P, Mg und Na macht die Ausscheidung mit dem Harn rund 20% an der Gesamtausscheidung aus, bei K, Cl und S immerhin über 50%.

Nach einigen Literaturhinweisen [48, 57, 67] wird der überwiegende Anteil des Ca mit dem Kot ausgeschieden. Dies deckt sich auch mit den vorliegenden Versuchen, wo im Mittel nur 1,4 ± 0,7% mit dem Harn ausgeschieden worden sind. Nach ausgesprochen kalkreicher Nahrung fanden allerdings REIMERS und SMUTS [39], daß bis zu 20% mit dem Harn ausgeschieden werden. Auch das Element P wird bei saurer Reaktion der Nahrung in erheblichem Maße durch die Niere ausgeschieden [68], was sich ja auch mit den Ergebnissen unseres Versuches deckt.

Ein geringer Teil des Mg wird nach den Versuchen von KAEGI [48], THOMANN [69] sowie WOODS und WITTIER [57] an wachsenden Schweinen im Gegensatz zu anderen Tierarten [57] mit dem Harn ausgeschieden. In unseren Versuchen wurden rund 12,7 ± 1,8% durch die Niere ausgeschieden. Bei den Elementen Na und K, die in unseren Versuchen mit 12% und 49% mit dem Harn ausgeschieden wurden, fanden FORBES [60], THOMANN [69] und LINTZEL [57] etwas höhere Werte. Die für Cl ermittelte starke Ausscheidung mit der Niere deckt sich mit den Versuchsergebnissen von FORBES [60] und KAEGI [48].

Die Spurenelemente werden hauptsächlich mit dem Kot ausgeschieden. Nur 1–5% werden bei den Elementen Fe, Mn, Al, Zn, Cu, Ni, Co und Cr mit dem Harn ausgeschieden. Dies deckt sich mit den wenigen in der Literatur vorhandenen Angaben [57, 67, 70, 71, 72]. Interessant ist die hohe Ausscheidung an Mo von ca. 30% mit dem Harn, was im Gegensatz zu den oben angeführten Spurenelementen steht.

Zusammenfassung

In Versuchen mit wachsenden Schweinen sollte ermittelt werden, inwieweit durch gesteigerte $CaCO_3$-Zulagen die Retention verschiedener Mengen- und Spurenelemente beeinflußt wird. Aus diesem Grunde wurden 9 Ferkel der schwäbisch-hällischen Rasse auf 3 Gruppen aufgeteilt und in Einzelfütterungsbuchten des Instituts gemästet. Die gesamte Mastperiode wurde in Anfangs-, Mittel- und Endmast unterteilt und in jedem der 3 Mastabschnitte je Tier ein Mineralstoffbilanzversuch durchgeführt. Die $CaCO_3$-Zulage wurde so bemessen, daß in Gruppe II der Ca-Gehalt verdoppelt, in Gruppe III verdreifacht wurde (bezogen auf die Ca-Menge im Grundfutter Gruppe I). In Übereinstimmung mit unseren früheren Versuchsergebnissen bewirkte die $CaCO_3$-Gabe keine Unterschiede in der Gewichtszunahme und Futterverwertung und hatte keinen Einfluß auf die N-Bilanzen. Durch die erhöhten Ca-Zulagen wurde sowohl die Ca- als auch die P-Retention erhöht. Auch bei Mg und Si konnte man eine zunehmende Retention feststellen. Die Ausscheidung an Mg bzw. Si blieb im Kot gleich, wurde jedoch bei erhöhten Ca-Gaben im Harn verringert. Ein gesicherter Einfluß auf die Retention an K, Na, Cl und S konnte nicht nachgewiesen werden.

Durch die höheren Ca-Gaben wurde die Zn-Retention ebenfalls erhöht und die Ausscheidung im Harn vermindert. Dieses Ergebnis dürfte im Zusammenhang mit der Frage der Parakeratose besonders interessant sein. Auch die retinierte Menge an Mn wurde meistens vermehrt, während sich bei Co nur eine Tendenz für eine höhere absolute Retention durch die $CaCO_3$-Zulagen ergab. Für die Elemente Fe, Al, Cr, Cu, Ni und Mo wurden keine gesicherten Unterschiede zwischen den verschiedenen Gruppen in der Retention gefunden. Die relative Retention, d. h. die durchschnittlich retinierte Menge in Prozent der Gesamtaufnahme ergab besonders für Na, Cu und Ni sehr hohe Werte. Sowohl aus den absoluten als auch relativen Retentionswerten läßt sich weiterhin entnehmen, daß mit fortschreitendem Lebensalter die täglich retinierte Menge an Na, K, Cl S und Ni größer, die an Al und Cu verringert wurde. Der Anteil der mit dem Harn ausgeschiedenen Menge an der Gesamtausscheidung war bei den Elementen Si, P, Mg und Na rund 20%, bei den Elementen K, Cl, S über 50%, während die Elemente Ca, Fe, Mn, Al, Zn, Cu, Ni, Co und Cr nur zu 1–5% im Harn ausgeschieden wurden.

Literaturverzeichnis

[1] WÖHLBIER, W., u. KIRCHGESSNER, M.: Z. Tierernähr. Futtermittelkunde **11**, 244, 1956.

[2] WÖHLBIER, W., u. KIRCHGESSNER, M.: Z. Tierernähr. Futtermittelkunde **12**, 143, 1957.

[3] WÖHLBIER, W., u. KIRCHGESSNER, M.: Landwirtsch. Forsch. **10**, 240, 1957

[4] WÖHLBIER, W., u. KIRCHGESSNER, M.: Landwirtsch. Forsch. **10**, 222, 1957.

[5] WÖHLBIER, W., u. KIRCHGESSNER, M.: Futter und Fütterung **8**, 43, 1957.

[6] WÖHLBIER, W., KIRCHGESSNER, M., u. OELSCHLÄGER, W.: Z. Tierernähr. Futtermittelkunde **12**, 259, 1957.

[7] WÖHLBIER, W., KIRCHGESSNER, M. u. OELSCHLÄGER, W.: Arch. Tierernähr. **9**, 194, 1959.

[8] WÖHLBIER, W., KIRCHGESSNER, M. u. OELSCHLÄGER, W.: Landwirtsch. Forsch. **10**, 187, (1957).

[9] KIRCHGESSNER, M.: Schriftenreihe über Mangelkrankheiten, H. 6, 49, 1956.

[10] KIRCHGESSNER, M.: Landwirtsch. Forsch. **10**, 45, 1957.

[11] KIRCHGESSNER, M.: Z. Tierernähr. Futtermittelkunde **12**, 156, 1957.

[12] KIRCHGESSNER, M.: Z. Tierernähr. Futtermittelkunde **12**, 304, 1957.

[13] KIRCHGESSNER, M.: Tierphysiologie, Tierernähr. Futtermittelkunde **14**, 159, 165, 214, 217, 270 u. 278, 1959.

[14] OELSCHLÄGER, W., u. KRIEG, R.: Schriftenreihe über Mangelkrankheiten H. 2, 1, 1953.

[15] FALCKENTHAL, W.: Schriftenreihe über Mangelkrankheiten H. 5, 1. 1954.

[16] LUECKE, R. W., HOEFER, I. A., BRAMMEL, W. S., u. THORP, F.: J. Animal Sci. **15**, 347, 1956.

[17] LUECKE, R. W., HOEFER, I. A., BRAMMEL, W. S., u. SCHMIDT, D. A.: J. Animal Sci. **15**, 1249, 1956.
[18] HOEKSTRA, W. G., PHILLIPS, P. H., u. GRUMMER, P. H.: J. Animal Sci. **15**, 752, 1956.
[19] LIEBSCHER, W.: Lederle-Mitteilungen **25**, 1, 1956.
[20] BEHRENS, H.: Tierärztl. Umschau **12**, 6, 1957.
[21] LEWIS, P. K., HOEKSTRA, W. G., u. GRUMMER, R. H.: J. Animal Sci. **16**, 578, 1957.
[22] NEUMANN, H. I., u. MICHNA, A.: Landw. Zbl. Abt. IV **3**, 1002, 1958.
[23] NEWLAND, H. W., ULLREY, D. E., HOEFER, I. A., u. LUECKE, R. W.: J. Animal Sci. **15**, 1250, 1956 und **17**, 886, 1958.
[24] KIRSCH, W., WILD, A., FENDER, M., u. FEWSON, D.: Unveröffentlichtes Manuskript Hohenheim, 1959.
[25] OELSCHLÄGER, W.: Z. analyt. Chem. **144**, 27, 1955.
[26] OELSCHLÄGER, W.: Z. analyt. Chem. **145**, 81, 1955.
[27] OELSCHLÄGER, W.: Z. analyt. Chem. **146**, 11, 1955.
[28] OELSCHLÄGER, W.: Z. analyt. Chem. **146**, 339, 1955.
[29] OELSCHLÄGER, W.: Z. analyt. Chem. **146**, 346, 1955.
[30] OELSCHLÄGER, W.: Schriftenreihe über Mangelkrankheiten H. 5, 104, 1956.
[31] OELSCHLÄGER, W.: Z. analyt. Chem. **149**, 190, 1956.
[32] OELSCHLÄGER, W.: Z. analyt. Chem. **154**, 329, 1957.
[33] OELSCHLÄGER, W.: Z. analyt. Chem. **154**, 321, 1957.
[34] OELSCHLÄGER, W.: Landwirtsch. Forsch. **1**, 45, 1958.
[35] LINDER, A.: Statistische Methoden, 2. Auflage, Basel 1951.
[36] SNEDECOR, G. W.: Statistical Methods. 5. Auflage, Ames 1957.
[37] WÖHLBIER, W., u. EGGERS, G.: Die Technik des Tierversuches. Methodenbuch der LUFA, Band XIII, Berlin 1953.
[38] WÖHLBIER, W., KIRCHGESSNER, M., u. SCHNEIDER, W.: Z. Tierernähr. Futtermittelkunde **11**, 220, 1956.
[39] REIMERS, D., u. SMUTS, I.: Arch. Tierernähr. Tierzucht **3**, 639, 1930.
[40] SPILDO, L. S.: Rpt. Res. Lab. Roy. Vet. and Agr. Coll. Copenhagen 1, 1933.
[41] BOHSTEDT, G.: Department of Animal Husbrandy Univ. of Wisconsin, Madison, Aug. 1952.
[42] ZAUSCH, M.: Kühn-Archiv **68**, 141, 1954.
[43] WEISER, ST., u. ZAITSCHEK, A.: Fortschr. Landwirtsch. **3**, 451, 1928.
[44] ZAITSCHEK, A.: Fortschr. Landwirtsch. **1**, 238, 1926.
[45] RADEFF, T.: Arch. Tierernähr. Tierzucht **3**, 639, 1930.
[46] BARTELS, R.: Arch. Tierernähr. Tierzucht **3**, 287, 1930.
[47] PETERSEN, C.: Arch. Tierernähr. Tierzucht **5**, 532, 1931.
[48] KAEGI, F.: Diss. Bern 1935.
[49] MITCHELL, H. H., CAROL, W. F., HAMILTON, T. S., GARRIGUS, W. P., u. HUNT, G. E.: Univ. of Illinois, Agric. exper. St. Bulletin 435, 1937.
[50] NICKISCH, K.: Biedermanns Zbl. Abt. B **12**, 322, 1940.
[51] HAVERMANN, H., u. SCHARPENSEEL, H. W.: Arch. Tierernähr. **2**, 327, 1952.
[52] MOORE, I. H., u. TYLER, C.: Brit. J. of Nutrition **9**, 63, 1955.
[53] WENIGER, I. H., u. FUNK, K.: Arch. Tierernähr. **3**, 325, 1953.
[54] BECKER, M.: Futter und Fütterung **55**, 437, 1955.
[55] THANNHAUSER, S. I.: „Stoffwechselkrankheiten". München 1929.
[56] KLINKE, K.: Der Mineralstoffwechsel, Physiologie und Pathologie. Verlag F. Deutike, Leipzig und Wien 1931.

57 LINTZEL, W.: „Der Mineralstoffwechsel" in E. Mangold: Handbuch der Ernährung und des Stoffwechsels der landwirtschaftl. Nutztiere, Bd. 3, Verlag J. Springer, Berlin 1931.

58 SCHREIBER, R.: Der Säure-Basenhaushalt und Mineralstoffwechsel. Gießen 1951.

59 SCHEUNERT und TRAUTMANN: Lehrbuch der Veterinärphysiologie. Verlag P. Parey, Berlin und Hamburg 1951.

60 FORBES, BEYLE, FRITZ u. MENSCHING: Ohio Agr. Exp. Sta. Bull. **271**, 225, 1914. zit. n. 57.

61 SCHARRER, K.: Biochemie der Spurenelemente. Verlag P. Parey, Berlin und Hamburg 1955.

62 TOMPSETT, S. L.: Biochem. J. **34**, 961, 1940.

63 DICK, A. T.: Austral. veterin. J. **28**, 30, 1952.

64 DICK, A. T.: Austral. veterin. J. **29**, 18, 1953.

65 DICK, A. T.: Austral. veterin. J. **30**, 196, 1954.

66 CREMER, H. D.: Mineralien als Nahrungsbestandteile. Gegenwartsprobleme der Ernährungsforschung. Verlag Birkhäuser Basel/Stuttgart 1953.

67 SCHMITTMANN, E.: Diss. Hohenheim 1955.

68 SIMONNET, H.: Revue de Zootechnie, 1930, 239.

69 THOMANN, W., LUTZ, I., u. KAEGI, F.: Beiträge zur Kenntnis des Stoffwechsels beim veredelten Landschwein. Bern 1934.

70 MASSATSCH, C., u. STEUDEL, H.: Biochem. Z. **220**, 239, 1930 und STEUDEL, H.: Biochem. Z. **253**, 387, 1932.

71 McCOOL, M. M.: Contrib. Boyce Thompson Inst. **6**, 147, 1934, zit. n. 72.

72 BERG, R.: Die Spurenelemente in unserer Nahrung und in unserem Körper. Beih. z. Zeitschrift „Die Ernährung", H. 7, 1940.

Eingegangen am 12. 8. 1959

Aus dem Institut für Tierzuchtforschung Dummerstorf der Deutschen Akademie
der Landwirtschaftswissenschaften zu Berlin
(Direktor: Prof. Dr. Dr. h. c. W. STAHL)

B. PIATKOWSKI, H. STEGER, K. KASDORFF, F. PÜSCHEL

Untersuchungen über die Nährstoff-, Mineralstoff- und Spurenelementverluste von Mähweideheu bei verschiedenen Trocknungsverfahren unter den Witterungsverhältnissen Norddeutschlands

Die erhöhten Anforderungen an die Leistungsfähigkeit, Gesundheit und Langlebigkeit unserer Rinderbestände können nur bei einer vollwertigen Ernährung erfüllt werden. Hierbei ist gerade ein qualitativ hochwertiges Heu von ausschlaggebender Bedeutung, da es außer den Rohnährstoffen beachtliche Mengen Mineralstoffe einschließlich Spurenelemente und Vitamine enthält. Die Qualität des Heues hängt in erster Linie vom Pflanzenbestand, Schnittzeitpunkt sowie von Witterung und Werbung ab. Bei letzterer treten oft erhebliche Verluste auf, die bei den einzelnen Verfahren unterschiedlich sind.

Ursache und Höhe der Einbußen wurden zum Teil in grundlegenden Versuchen von FLEISCHMANN [1] und umfangreichen Untersuchungen von WIEGNER und seinen Mitarbeitern [11] erforscht. Danach treten Atmungs-, Bröckel-, Auswasch- und Gärverluste sowie Verluste durch mikrobiellen Abbau ein. Infolge der witterungsbedingten Einflüsse auf die einzelnen Werbungsarten sind aber auch die Verdaulichkeitsverluste und die Verminderung der Wertigkeit nicht zu übersehen.

Es leuchtet ein, daß die vielfältigen Einflüsse des Klimas in den einzelnen Gegenden Deutschlands die Art der Werbung und Trocknung bestimmen. Es geht darum, die Einbußen an Qualität und Quantität so niedrig wie möglich zu halten.

Umfangreiche frühere Versuche über die Nährstoffverluste bei verschiedenen Heuwerbungsverfahren (WIEGNER [11], ZIELSTORF und NEHRING [12] und in neuerer Zeit KÖHNLEIN und VETTER [5], HARTFIEL [3] und SALVADORI [7]) wurden zum größten Teil mit Leguminosen und Leguminosengrasgemischen durchgeführt. Für die eigenen Untersuchungen wurde daher Mähweidegras herangezogen und neben der meist üblichen Bestimmung der Nährstoffe und Mineralstoffe auch die der Spurenelemente sowie der Verdaulichkeit des Ausgangsmaterials und der einzelnen Heuwerbungsvarianten einbezogen. Durch genaue Gewichtsfeststellungen des Gesamtertrages sollte darüber hinaus geprüft werden, wie hoch die mengenmäßigen Verluste an Nähr- und Mineralstoffen einer Fläche bei den verschiedenen Werbungsverfahren sind.

Versuchsanlage und Versuchsmethodik

1. *Fläche, Pflanzenbestand und Düngung*

Der durchschnittliche Weideertrag der Versuchsfläche betrug in den letzten 3 Jahren 2800 kg StE/ha. Der Boden ist nach der Reichsbodenschätzung l S 3 D 45/45 und nach der Grünlandschnellbonitierung l S II a 2 + 65/68 bewertet worden.

Der *Pflanzenbestand* der Versuchsfläche hatte folgende Zusammensetzung (Flächenanteile nach C. A. WEBER, Durchschnitt von 8 Schätzungen): Weißklee (Trifolium repens L.) 15,9%, Wiesenrispe (Poa pratensis L.) 11,0%, Gemeine Rispe (Poa trivalis L.) 8,2%, Deutsches Weidelgras (Lolium perenne) 23,7%, Wiesenlieschgras (Phleum pratense L.) 6,7%, Echte Quecke (Agropyrum repens P. B.) 4,5%, Knaulgras (Dactylis glomerata L.) 0,8%, Rotschwingel (Festuca rubra L.) 3,6%, Weißes Straußgras (Agrostis alba L.) 2,7%, Gemeines Straußgras (Agrostis vulgaris Withering) 6,0%, Wiesentrespe (Bromus inermis Leysser) 1,0%, Wolliges Honiggras (Holcus lanatus L.) 0,3%, Löwenzahn (Taraxacum officinale Weber) 5,3%), Schafgarbe (Achillea millefolium L.) 0,8%, übrige Unkräuter 0,8%, Lücken 8,7%.

Die ganze Fläche erhielt in beiden Jahren einheitlich eine Düngung von 40 kg P_2O_5, 80 kg K_2O und 60 kg N je ha.

Da sowohl Boden- als auch Pflanzenbestand ausgeglichen waren, die Versuchsfläche die gleiche Düngermenge erhielt und gleichen klimatischen Bedingungen ausgesetzt war, sind die unterschiedlichen Verluste lediglich auf die verschiedenen Heuwerbungsverfahren zurückzuführen.

2. *Mahd und Trocknung*

Die Mahd des ersten Schnittes erfolgte im Jahre 1956 am 14. 6. und 1957 am 13. 6. zu Beginn der Wiesenrispenblüte ohne Rücksicht auf die Witterung. Es sollte hierdurch verhindert werden, daß durch Abwarten einer Schönwetterperiode das Verfahren der sonst allgemein im ersten Schnitt durchgeführten Bodentrocknung begünstigt würde. So stand in jedem Fall Qualitätsfutter als Ausgangsmaterial für diesen Versuch zur Verfügung. Um nicht mit zu kleinen Parzellen arbeiten zu müssen, betrug die Parzellengröße für jede Variante 10 a. Folgende Werbungsverfahren fanden Anwendung: Rollenreuter-, Schrägwandreuter-, Hüttenreuter-, Dreibockreuter- und die mechanisierte Bodentrocknung. Im Jahre 1957 kam zusätzlich die vernachlässigte sowie die sehr vernachlässigte Bodentrocknung hinzu. Nach der Mahd wurde das Gras sofort verlustlos auf Wagen geladen, gewogen und auf der Mähfläche wieder abgeladen. Beim Abladen jeder Variante wurden laufend kleine Handproben für eine Durchschnittsprobe entnommen, die das Ausgangsmaterial für die chemische Untersuchung bildete. Das Gras der Bodentrocknungsparzelle wurde breitgestreut und je nach Witterung bis 2 mal täglich mit dem Schwadenwender bearbeitet. Rollenreuter und Schrägwandreuter wurden sofort nach der Wägung grün behängt, während das Gras auf den Hüttenreuter mit 45 bis 50% und auf den Dreibockreuter mit ca. 40% Feuchtigkeit gepackt wurde, nachdem es vorher ebenfalls mit dem Schwadenwender bearbeitet worden war.

Bei den Steilwandreutern (Rollen- und Schrägwandreuter) ließ es sich trotz sorgfältiger Bepackung während der ungünstigen Witterungsverhältnisse im Jahre 1956 nicht vermeiden, daß das glatte Mähweidegras schlecht auf diesen Reutern hielt und wiederholt nachgereutert werden mußte. Hierdurch erhöhte sich der Arbeitsaufwand wesentlich. Die Qualität des geernteten Heues war trotzdem gut; Schimmelbildung konnte in keinem Falle festgestellt werden. Lediglich an einigen etwas zu dick bepapten Stellen war das Heu leicht vergilbt, aber dennoch durchgetrocknet. Wie dieser Versuch wiederum bestätigt, kann der Steilwandreuter mit grünem, ja sogar nassem Futter bepackt werden. Bei glattem Mähweidegras ist er aber leider in windreichen Lagen kaum brauchbar.

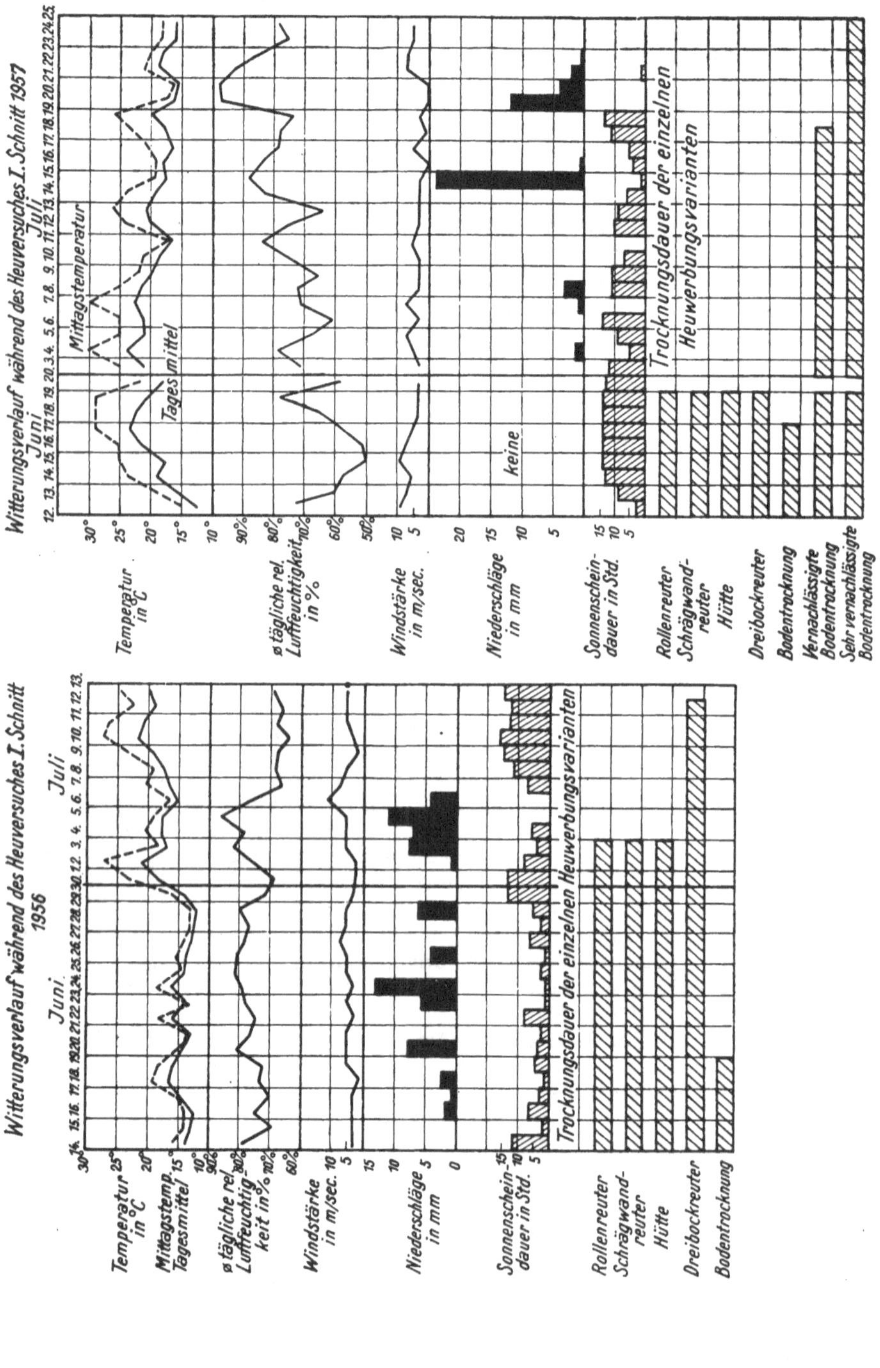

Abb. 1. Witterungsverlauf 1956 und 1957

Neben diesen Verfahren wurden von der gleichen Fläche die auftretenden Verluste bei künstlicher Trocknung und Silierung geprüft.

Die Mahd dieses Ausgangsmaterials erfolgte zum optimalen Schnittzeitpunkt für künstliche Trocknung im Schossen der Gräser. Die Silierung wurde in 20 m³ fassenden Holzsilos durchgeführt, wobei je dz Grünmasse 250 g Kofasalz zugefügt wurden. Die hierbei entstehenden Randverluste sind nicht berücksichtigt worden, da sie bei kleinen Versuchsmengen einen hohen Anteil einnehmen, im Hochsilo aber kaum auftreten.

Nach Abschluß des Trocknungsvorganges wurde das Heu jeder Variante gewogen und entsprechende Proben für chemische und Verdaulichkeits-Untersuchungen entnommen.

Um die künstliche Trocknungsanlage für einige Stunden auslasten zu können, gelangten im Jahre 1956 1,15 ha und im Jahre 1957 0,63 ha zur Trocknung.

Die Witterung während der Heuversuche geht aus der Abb. 1 hervor.

Das Erntejahr 1957 zeichnet sich gegenüber 1956 durch höhere Temperaturen, geringere relative Luftfeuchtigkeit, erhöhte Windstärke sowie Sonnenscheindauer und geringere Niederschläge aus. Es herrschten im 2. Prüfungsjahr für die Heuernte ideale Witterungsverhältnisse.

Versuchsergebnisse

1. Der Gehalt an Rohnährstoffen, Stärkewerten und verdaulichem Rohprotein

Das mit den verschiedenen Werbungsverfahren gewonnene Heu beider Jahre sowie das Gras als Ausgangsmaterial wurden zunächst auf den Gehalt an Rohnährstoffen nach den konventionellen Bestimmungsmethoden geprüft. Lediglich die Feststellung des Rohfasergehaltes erfolgte nach SCHARRER-KÜRSCHNER.

Werden die Ergebnisse aller Varianten beider Jahre verglichen (Tab. 1), so läßt sich feststellen, daß 1957 der Gehalt an Rohprotein und Rohfaser etwas niedriger, der an N-fr. E. dafür entsprechend höher liegt. Auch beim Rohfett ergibt sich 1957 ein leichter Anstieg.

Eine Gegenüberstellung von Gras I (Frühschnitt) und den beiden Konservierungvarianten zeigt in beiden Jahren einen niedrigeren Rohproteingehalt beim Trockengrünfutter und eine Erhöhung des Rohfettes bei Silage, die infolge der Gärverluste wiederum einen geringeren Gehalt an N-fr. E. aufzuweisen hat.

In beiden Jahren konnte die Silage nach FLIEG mit „sehr gut“ beurteilt werden.

Auch zwischen chemischer Zusammensetzung von Gras II, dem Heu der verschiedenen Reuter und dem der mechanisierten Bodentrocknung lassen sich keine deutlichen Differenzen erkennen. Lediglich der Gehalt an Rohprotein, Rohfett und Rohasche wird durch die mechanisierte Bodentrocknung leicht erniedrigt, was sich durch höhere Bröckelverluste erklären läßt. Verschlechtern sich die Bedingungen für die Bodentrocknung, so fällt der Gehalt an Rohprotein, Rohfett und Rohasche weiter ab. Die Rohfaser steigt hingegen an. Zwischen den beiden vernachlässigten Varianten besteht kein Unterschied im Rohfettanteil, was darauf hinweist, daß die dazugehörigen Wachse sehr widerstandsfähig sind.

Die in 18 Ausnutzungsversuchen festgestellten Verdauungskoeffizienten (VK) enthält Tabelle 2.

Tabelle 1. *Rohnährstoffgehalt in %* (auf absolute Tr.-S. berechnet)

Probe	Org. Subst.		Rohprotein		Rohfett		Rohfaser		N-freie E.		Rohasche	
	1	2	1	2	1	2	1	2	1	2	1	2
Gras I	88,62	89,39	18,21	15,50	5,59	4,71	23,93	22,98	40,89	46,20	11,38	10,61
künstliche Trocknung	90,11	88,99	16,93	14,18	5,48	4,48	23,34	21,76	44,46	49,48	9,89	10,11
Silage	88,88	90,42	17,90	15,31	7,25	6,10	24,36	23,13	39,37	40,87	11,12	9,58
Gras II	91,13	91,24	13,13	12,14	3,12	3,83	27,65	28,38	47,23	46,89	8,87	8,76
Rollenreuter	90,63	90,49	13,55	12,43	3,06	3,28	31,16	29,43	42,86	45,84	9,37	9,02
Schrägwand	91,11	91,32	13,14	12,15	2,87	3,31	32,53	28,16	42,57	47,70	8,89	8,68
Hütte	91,23	91,70	13,58	11,99	3,06	3,33	29,95	28,00	44,64	48,38	8,77	8,30
Dreiboek	91,25	91,45	14,37	12,48	2,87	3,38	30,09	27,78	43,92	47,81	8,75	8,55
mechanisierte Bodentrocknung . . .	91,48	92,38	14,02	11,59	2,29	2,67	32,82	29,95	42,35	48,17	8,52	7,62
vernachlässigte Bodentrocknung . . .	—	93,90	—	11,45	—	1,87	—	33,68	—	46,90	—	6,10
sehr vernachlässigte Bodentrocknung .	—	94,17	—	9,72	—	2,00	—	34,46	—	47,99	—	5,83

1 = 1956
2 = 1957

Tabelle 2. *Verdaulichkeit in %*

Probe	Org. Subst.		Rohprotein		Rohfett		Rohfaser		N-freie E.	
	1	2	1	2	1	2	1	2	1	2
Gras I	84,65	78,79	86,00	76,34	88,45	59,53	81,27	79,06	87,47	82,79
künstliche Trocknung	78,02	78,55	70,99	70,83	58,36	50,56	79,37	76,92	81,94	83,88
Silage	77,06	75,46	77,71	74,68	88,60	73,84	82,12	76,02	65,14	75,47
Gras II	74,25	76,28	76,45	70,51	54,92	49,94	69,85	77,98	78,09	78,65
Rollenreuter	67,73	73,52	69,38	71,90	68,75	63,27	72,09	77,82	63,58	72,32
Schrägwand	65,84	73,52	70,16	71,90	58,98	63,27	68,97	77,82	62,70	72,32
Hütte	68,34	73,82	69,72	70,73	53,16	65,27	74,53	77,25	65,49	73,37
Dreibock	69,33	73,82	72,80	70,73	34,90	65,27	74,78	77,25	67,66	73,37
Bodentrocknung	67,87	74,06	66,54	70,47	19,47	59,45	76,83	77,57	64,39	73,83
vernachlässigte Bodentrocknung	—	63,72	—	50,61	—	14,64	—	70,86	—	63,75
sehr vernachlässigte Bodentrocknung	—	57,53	—	34,39	—	11,80	—	63,47	—	58,79

1 = 1956

2 = 1957

Zur besseren Übersicht wird nur der Mittelwert der erzielten VK, die zwischen den beiden Hammeln in allen Versuchen eine gute Übereinstimmung aufweisen, angeführt. Die Vorperiode dauerte 10, die Hauptperiode ebenfalls 10 Tage. In allen Prüfungen wurde je Tier und Tag 1000—1100 g lufttrockenes Material verabreicht, lediglich vom vernachlässigten Bodentrocknungsheu nahmen die Tiere nur 900 g restlos auf.

Aus den Werten von Gras I und seinen Varianten ist zunächst zu ersehen, daß die VK im zweiten Jahre niedriger lagen als im ersten; die Ursache kann einmal in der Zusammensetzung des Ausgangsmaterials, zum anderen in der Schwierigkeit der Versuchsmethodik (rasche Vegetation) zu suchen sein. Dieser Tatsache wurde im 2. Jahr bei der Grasfütterung durch kürzere Sammelperioden (2 × 5 Tage) Rechnung getragen. Übereinstimmend erniedrigten sich bei der künstlichen Trocknung im Gegensatz zur Silierung die VK von Rohprotein und Rohfett in beiden Jahren. Die Verdaulichkeit für Rohfaser blieb unbeeinflußt, während die für die N-fr. E. der Silage infolge des Kohlenhydratabbaues durch die Gärung sank.

Bei Gras II sind die Schwankungen zwischen den Jahren wesentlich geringer. Es zeigt sich beim Heu, daß die VK von 1957 beträchtlich höher liegen als im ersten Jahr. Die Ursache dürfte einmal im niedrigeren Rohfasergehalt (vgl. Tab. 1), zum anderen in dem idealen Heuwetter (vgl. Abb. 1) zu suchen sein. Zwischen der mechanisierten Bodentrocknung und der Reutertrocknung bestehen keine deutlichen Unterschiede. Innerhalb der vier Reuterarten schneiden bei schlechtem Heuwetter (1956) Hütte und Dreibock günstiger ab, da eine kleinere Oberfläche der Witterung ausgesetzt bleibt als bei Rollen- und Schrägwandreuter. 1957 wurden Hütten- und Dreibockreuterheu auf Grund der gleichen Behandlung des Grases (Vortrocknung) gemeinsam geprüft, ebenfalls Rollen- und Schrägwandreuterheu. Die erzielten VK für Reuter- und Bodentrocknungsheu stimmen gut überein. 1957 wurden zusätzlich die vernachlässigten Bodentrocknungsvarianten untersucht. Sie zeigen sehr anschaulich die Bedeutung einer guten Werbung für die Heuqualität auf. Die Verdaulichkeit sinkt hierbei um 10 bzw. 16% ab.

Der aus den Ergebnissen der Tabellen 1 und 2 ermittelte Gehalt an StW und verdaulichem Rohprotein (Tab. 3) ergibt eine leicht erhöhte Einbuße je 100 kg Tr.-S. Futter durch die künstliche Trocknung gegenüber der Silierung.

Die Differenz im StW-Gehalt des Reuterheues zwischen den beiden Jahren mit ca. 6–7 kg ist beachtlich, wenn man bedenkt, daß das Untersuchungsmaterial beider Jahre von derselben Fläche (vgl. S. 21) stammte und daß auch hinsichtlich der Verdaulichkeitsuntersuchungen keine Änderungen zu verzeichnen waren. Auch hier schneiden 1956 im Gegensatz zu 1957 Rollen- und Schrägwandreuter etwas schlechter ab als die beiden anderen Arten. Das durch die mechanisierte Bodentrocknung gewonnene Heu ist in keinem Fall geringwertiger. Die Abminderung wird jedoch bei den vernachlässigten Varianten deutlicher, als *es auf Grund der Ergebnisse der chemischen Analyse* (Tab. 1) anzunehmen war.

2. Der Gehalt an Zucker, Karotin, Mengen- und Spurenelementen

Die Bestimmung der o. a. Inhaltsstoffe erfolgte nach bereits früher mitgeteilten Methoden [9, 10].

Tabelle 3. *Der Gehalt an Stärkewerten und verdaulichem Rohprotein in 100 kg Futter*

Probe	in 100 kg natürlicher Substanz				in 100 kg Trockensubstanz			
	StW		verd. Rohprotein		StW		verd. Rohprotein	
	1	2	1	2	1	2	1	2
Gras I	14,16	13,02	3,13	2,36	70,80	65,10	15,65	11,80
künstliche Trocknung	50,26	51,07	10,34	8,63	58,44	59,38	12,31	10,03
Silage	12,76	12,22	2,78	2,29	61,80	61,10	13,90	11,45
Gras II	12,01	12,18	2,01	1,71	60,05	60,90	10,05	8,55
Rollenreuter	38,25	44,17	8,08	7,69	44,48	51,37	9,40	8,94
Schrägwand	36,25	44,98	7,93	7,52	42,16	52,31	9,22	8,74
Hütte	39,80	45,46	8,14	7,29	46,28	52,86	9,47	8,48
Dreibock	39,99	45,34	8,45	7,39	46,50	52,72	9,83	8,59
Bodentrocknung	37,14	44,82	8,02	7,03	43,19	52,12	9,33	8,18
vernachlässigte Bodentrocknung	—	34,56	—	4,98	—	40,19	—	5,79
sehr vernachlässigte Bodentrocknung	—	28,74	—	2,88	—	33,42	—	3,35

auf 20% Tr.-S. berechnet bei Gras I, II und Silage

auf 86% Tr.-S. berechnet bei Heu und künstlich getrocknetem Gras

Tabelle 4. *Gehalt an Mengenelementen, Zucker und Karotin in %* (auf absolute Tr.-S. berechnet)

Probe	K		Na		Ca		P		Zucker		in mg % Karotin	
	1	2	1	2	1	2	1	2	1	2	1	2
Gras	3,28	2,93	0,06	0,05	0,47	0,46	0,30	0,30	5,57	7,61	19,74	13,05
Rollenreuter	2,74	2,98	0,09	0,05	0,54	0,52	0,29	0,32	3,58	8,06	4,44	6,57
Gras	3,06	2,79	0,09	0,05	0,52	0,51	0,28	0,33	5,97	9,23	19,74	13,38
Schrägwand	2,74	2,78	0,09	0,03	0,54	0,56	0,29	0,31	3,31	7,68	3,75	8,04
Gras	3,06	2,87	0,08	0,04	0,51	0,44	0,29	0,31	5,53	8,34	19,74	13,20
Hütte	2,86	2,88	0,09	0,03	0,54	0,50	0,29	0,31	4,97	8,65	6,67	7,53
Gras	3,14	3,00	0,09	0,06	0,49	0,50	0,28	0,33	6,10	7,95	19,74	12,74
Dreibock	3.13	2,95	0,11	0,03	0,53	0,49	0,30	0,31	4,06	8,10	5,26	5,50
Gras	2,92	3,04	0,09	0,05	0,54	0,51	0,29	0,32	6,21	7,34	19,74	13,41
mechanisierte Bodentrocknung . .	2,79	2,96	0,10	0,05	0,57	0,48	0,28	0,31	5,20	8,61	3,08	1,93
vernachlässigte Bodentrocknung . .	—	1,71	—	0,03	—	0,59	—	0,29	—	2,66	—	0,26
sehr vernachläss. Bodentrocknung .	—	1,49	—	0,04	—	0,52	—	0,27	—	1,54	—	0,08

1 = 1956

2 = 1957

Aus der Tabelle 4 geht hervor, daß der Gehalt an den Mengenelementen K, Na, Ca und P durch die beschriebenen Werbungsverfahren nicht oder wenig sinkt. Beim Ca ist die Trocknung sogar mit einem leicht ansteigenden Gehalt verbunden. Auch zwischen den Jahren läßt sich keine Differenz bei Ca, P und K erkennen, lediglich der Na-Gehalt ist im zweiten Prüfungsjahr ca. um die Hälfte erniedrigt. Am Zuckergehalt ist deutlich der Einfluß der Werbung festzustellen. Unter den schlechteren Bedingungen des Jahres 1956 wurde mit dem Hüttenreuter das günstigste Ergebnis erzielt, gefolgt vom Dreibockreuter. Interessant sind hierbei die in beiden Jahren gewonnenen Resultate bei der Bodentrocknung. So zeichnet sich das Bodentrocknungsheu des ersten Jahres durch den höchsten Zuckergehalt aus; bei den vernachlässigten Varianten fällt er jedoch auf 2,66 bzw. 1,54%.

Die Karotinwerte zeigen, daß 1956 die Differenzen zwischen Ausgangsmaterial und Werbungsvarianten größer sind als 1957, was die Folge höherer Verluste im ersten Prüfungsjahr ist. Während sich in beiden Jahren Dreibock und Hütte wenig unterscheiden, liegen die Werte bei Rollen- und Schrägwandreuter 1956 infolge schlechten Wetters niedriger.

Bei den geprüften Spurenelementen Mn, Fe, Cu und Zn kann ein Einfluß der Werbung nicht festgestellt werden (Tab. 5). Eine deutliche Anreicherung von Fe ergibt sich im ersten Jahr bei den einzelnen Varianten außer beim Dreibockreuter. Diese erhöhten Werte sind durch Verschmutzung zu erklären. So finden sich auch gerade für die vernachlässigten Bodentrocknungsvarianten steigende Gehalte. Zwischen den beiden Jahren treten keine deutlichen Unterschiede auf.

Tabelle 5. *Der Gehalt an Spurenelementen in mg %* (auf absolute Tr.-S. berechnet)

Probe	Mn		Fe		Cu		Zn	
	1	2	1	2	1	2	1	2
Gras	13,22	14,15	25,20	36,55	0,73	0,59	3,36	2,93
Rollenreuter	13,81	14,59	32,38	32,39	0,85	0,75	3,23	2,96
Gras	16,01	15,65	21,60	26,23	0,84	0,69	3,36	2,59
Schrägwand . . .	16,44	16,24	33,22	30,59	0,85	0,73	3,23	2,84
Gras	12,68	15,34	22,56	33,10	0,70	0,68	2,90	2,74
Hütte	14,92	15,40	30,40	26,36	0,59	0,69	3,17	3,05
Gras	12,36	16,24	29,52	33,37	0,62	0,73	2,73	2,61
Dreibock	12,45	14,00	28,07	26,66	0,70	0,73	2,77	3,08
Gras	13,83	15,35	26,00	35,12	0,66	0,75	—	2,82
mechan. Bodentrockn.	17,52	15,61	48,86	26,73	0,82	0,70	—	2,17
vernachläss. Bodentr.	—	15,80	—	26,09	—	0,65	—	2,72
sehr vernachl. Bodentr.	—	16,99	—	31,14	—	0,75	—	3,83

1 = 1956

2 = 1957

3. *Die Verluste an Stärkewerten, verdaulichem Rohprotein, Zucker, Karotin, Mengen- und Spurenelementen*

Durch exakte Wägungen der geernteten Grünmasse sowie des geernteten Heues und durch gleichzeitige Feststellung der Trockenmasse wird es möglich, die Verluste je Flächeneinheit anzugeben. Zunächst soll der Hektarertrag aller geprüften Stoffe in den Jahren 1956 und 1957 gegenübergestellt werden. Beim Frühschnitt (Gras I) sind die angeführten Inhaltsstoffe nur im ersten Jahr untersucht worden. So werden 1956 bei Gras I gegenüber Gras II geringere Erträge an Trockenmasse, StW, Karotin und Mengenelementen erzielt, nicht aber an Rohprotein. Der 1957 durchgeführte Frühschnitt erbrachte eine niedrigere Flächenleistung als der von 1956 (Tab. 6).

Tabelle 6. *Geerntete Mengen/ha an Trockenmasse, Rohprotein, StW, verd. Rohprotein, Zucker, Karotin, Mengen- und Spurenelementen im Ausgangsmaterial*

	Gras I		Gras II	
	1956	1957	1956	1957
Trockenmasse . . . . . kg	2624	2055	3710	4030
Rohprotein . . . . kg	478	313	484	483
StW. . . . . kg	1855	1338	2226	2448
verd. Rohprotein . . . . kg	411	242	371	343
Zucker . . . . kg	224	—	262	319
Karotin . . . . g	578	—	730	521
Kalium . . . . kg	84,5	—	114	115
Natrium . . . . kg	1,84	—	3,06	1,99
Kalzium . . . . kg	13,12	—	18,80	19,00
Phosphor . . . . kg	9,45	—	10,67	12,60
Mangan . . . . g	310	—	508	607
Eisen . . . . g	2169	—	929	1303
Kupfer . . . . g	45,9	—	26,5	22,3
Zink . . . . g	73,5	—	110,1	108,5

Zum optimalen Schnittzeitpunkt kann 1957 hingegen bei Trockenmasse (4030 kg gegenüber 3710 kg), StW (2448 kg gegenüber 2226 kg) und bei Zucker (319 bzw. 262), nicht beim Rohprotein (484 bzw. 483 kg) eine Überlegenheit festgestellt werden. Die je ha geerntete Menge an verdaulichem Rohprotein (371 bzw. 343) liegt im 2. Jahr sogar etwas niedriger, was durch den geringeren Prozentgehalt verursacht wird.

Bemerkenswert ist der hohe K-Ertrag (114 bzw. 115 kg) gegenüber dem niedrigen Na-Ertrag (3,06 bzw. 1,99 kg). Zwischen den beiden Jahren stimmen die Werte für Mengen- und Spurenelemente bis auf Fe gut überein. Der Ertrag an Karotin bleibt im zweiten Jahr mit ca. 200 g unter dem Ergebnis des Vorjahres. Die hier angegebenen Hektarleistungen stellen gut übereinstimmende Mittelwerte von 5 geprüften 10 a-Parzellen dar.

Die angeführten Verluste an StW und verdaulichem Rohprotein (Tab. 7) liegen bei künstlicher Trocknung im ersten Jahr höher, was auf ungünstigere Trocknungsbedingungen in der Anlage zurückgeführt werden muß. Schlechter als das vorhergehende Verfahren schneidet die Silierung infolge der höheren Gärverluste ab, was besonders in den um ca. 11–12% höheren StW-Verlusten in beiden Jahren zum Ausdruck kommt, während die Differenzen beim verdaulichen Rohprotein zwischen den beiden Jahren nur 4% bzw. 0,34% betragen.

Tabelle 7. *Verluste an % in Trockenmasse, Rohprotein, StW und verdaulichem Rohprotein* (bezogen auf die in Tab. 6 enthaltenen Werte)

	Trockenmasse		Rohprotein		StW.		verd. Rohprot.	
	1	2	1	2	1	2	1	2
künstliche Trocknung	0,45	0,06	6,63	6,94	16,47	8,73	22,90	15,90
Silierung	18,32	14,47	20,53	12,86	28,69	19,73	26,85	16,24
Rollenreuter	8,98	9,02	5,58	5,25	32,52	23,26	14,44	4,87
Schrägwand	12,09	10,52	8,71	7,35	38,23	23,14	18,93	8,55
Hütte	9,14	12,35	6,49	11,50	29,91	23,89	13,96	13,10
Dreibock	12,62	11,52	8,46	14,41	32,28	23,40	14,11	11,13
mechan. Bodentrockn.	16,94	14,02	8,52	20,42	40,21	26,42	22,51	17,74
vernachläss. Bodentr.	—	36,66	—	48,83	—	58,20	—	57,11
sehr vernachl. Bodentr.	—	47,31	—	59,41	—	71,09	—	79,36

1 = 1956
2 = 1957

Aus den Ergebnissen der Reutertrocknung läßt sich ersehen, daß die Verluste an Trockenmasse und Rohprotein beim Rollenreuter am niedrigsten sind, während bei den drei restlichen Varianten keine gerichteten Differenzen auftreten. Bemerkenswert ist, daß die Einbußen 1957 trotz guten Wetters höher liegen, was besonders bei Hütten- und Dreibockreuter sowie bei der Bodentrocknung auffällig wird. Dies dürfte auf die auch bei der Vortrocknung entstandenen Verluste zurückzuführen sein. Ein Einfluß des schlechteren Heuwetters 1956 kann den Ergebnissen bei Trockenmasse und Rohprotein also nicht entnommen werden, da 1957 sogar noch etwas mehr verlorenging.

Eindrucksvoll sind die Zahlen der vernachlässigten und sehr vernachlässigten Bodentrocknung; die Verluste betragen hier das Zwei- bzw. Dreifache der mechanisierten Bodentrocknung.

Da für die Tierfütterung die erzielten Mengen an StW und verdaulichem Rohprotein entscheidend sind, darf festgestellt werden, daß im ersten Jahr mit dem Hüttenreuter das günstigste Ergebnis erzielt wurde; es folgen dann Dreibock- sowie Rollenreuter und mit größerem Abstand Schrägwandreuter und Bodentrocknung. Das schlechtere Abschneiden des Schrägwandreuters ist anscheinend durch ein zu dickes Bepacken des nicht vorgetrockneten Materials verursacht worden.

Im zweiten Jahr beträgt die Differenz zwischen Reuter- und mechanisierter Bodentrocknung beim StW nur noch 3%, wenngleich die Bröckelverluste, die aber auch schon bei den Reuterarten mit Vortrocknung höher liegen (vgl. verd. Rohprotein), anstiegen. Infolge der größeren Windstärke zeitigte auch der Schrägwandreuter ein gleichwertiges Ergebnis.

Im Gegensatz zur Trockenmasse und zum Rohprotein ist die Verminderung der Verluste an StW und verdaulichem Rohprotein durch die günstigeren Bedingungen 1957 deutlich sichtbar. Auch bei den vernachlässigten Varianten sind die prozentualen Verluste an StW und verdaulichem Rohprotein weit größer als die an Trockenmasse und Rohprotein.

Tabelle 8. *Verluste in % an Zucker, Karotin, Mengen- und Spurenelementen* (bezogen auf die in Tab. 6 enthaltenen Werte)

		Rollen-reuter	Schräg-wand	Hütte	Dreibock	Boden-trocknung	vernachl. Boden-trocknung	sehr vernachl. Bodentr.
Zucker	1	40,19	51,21	19,29	45,02	21,49	—	—
	2	3,67	25,54	0,10	8,06	1,43	78,14	89,48
Karotin	1	75,95	75,60	61,28	72,42	83,56	—	—
	2	54,19	46,22	45,06	61,04	87,86	98,84	99,71
Kalium	1	22,28	21,21	16,10	17,62	11,76	—	—
	2	7,47	10,84	3,34	11,27	17,90	67,07	71,41
Natrium	1	+39,60	11,95	+ 1,00	+ 1,21	1,90	—	—
	2	8,82	46,50	27,97	54,85	15,71	63,80	60,00
Kalzium	1	+ 8,89	8,64	4,98	10,57	6,83	—	—
	2	+ 2,82	1,72	+ 9,48	11,55	20,63	30,25	48,37
Phosphor	1	10,09	8,86	10,23	10,48	14,78	—	—
	2	2,94	15,93	3,70	15,27	18,38	45,38	57,66
Mangan	1	2,83	9,64	+ 5,61	16,72	11,80	—	—
	2	6,19	7,15	3,30	22,22	14,25	37,92	44,42
Eisen	1	+14,67	+35,34	+20,95	21,41	+65,17	—	—
	2	19,38	+ 4,35	23,29	27,91	35,85	55,19	55,52
Kupfer	1	+ 8,13	10,86	24,43	7,02	9,52	—	—
	2	+15,77	5,43	2,47	9,72	21,27	47,60	49,80
Zink	1	10,60	15,39	1,94	16,17	—	—	—
	2	8,10	1,84	+ 7,25	+ 6,40	35,11	41,85	32,35

Wie beim StW und verdaulichen Rohprotein spiegeln auch die Ergebnisse von Zucker und Karotin die Werbungsbedingungen wider; die Verluste sind im zweiten gegenüber dem ersten Jahr herabgemindert (Tab. 8). Bezüglich der verschiedenen Reuter erbrachte auch hier der Hüttenreuter das günstigste Ergebnis. In beiden Jahren zeitigte die Bodentrocknung gegenüber der Reutertrocknung beim Zucker geringere und beim Karotin höhere Einbußen.

Auch hier wird bei den vernachlässigten Varianten der Rückgang im Gehalt an diesen qualitätsbestimmenden Inhaltsstoffen deutlich.

Während den K-Verlusten (Tab. 8), die zwischen 3 und 23% liegen, infolge des hohen Gehaltes keine Bedeutung beizumessen ist, muß verstärktes Augenmerk auf die Verhältnisse beim Na gerichtet werden. So schwankt 1957 die Verminderung zwischen 15 und 54%, im ersten Jahr ist jedoch in verschiedenen Varianten ein höherer Gehalt festgestellt worden als im Grünmaterial. Werden jedoch zur Klärung dieser Ergebnisse einmal der ohnedies geringe Na-Ertrag (Tab. 6) sowie der mögliche Einfluß durch die Probenentnahme in Betracht gezogen, so können sich solche Abweichungen von 0,8 kg/ha = 39,6% einstellen.

Auch beim Ca treten einige schwache positive Bilanzen auf, was darauf hinweist, daß die Verluste geringer sind als bei K, Na und auch bei P. Sehr anschaulich wird auch durch die Mengenelemente auf die Folgen schlechter Werbung hingewiesen.

Geringer als erwartet sind die Verluste bei den untersuchten Spurenelementen (Tab. 8); in einigen Fällen treten sogar leicht positive Bilanzen auf, die für Fe im 1. Jahr ausgeprägter sind. 1957 wurden hingegen Einbußen bis 35% gefunden, die bei vernachlässigter Gewinnung bis auf 55% ansteigen. Bei den restlichen Elementen Mn, Cu und Zn können die Verluste unter normalen Werbungsbedingungen zwischen 0–20% angenommen werden, wobei Jahr und Werbungsvarianten keinen gerichteten Einfluß ausüben. Unter schlechten Bedingungen muß damit gerechnet werden, daß ca. 40–50% verlorengehen.

Die hier auftretenden Abweichungen bei Mineralstoffen und Spurenelementen sind durch zufällige Fehler bei der Probenahme und nicht zuletzt auch durch die nach dem Schnitt eintretenden uneinheitlichen Verschmutzungen mit Boden- und Flugstaub zurückzuführen. Fehler in der Analytik können nicht die Ursache sein, da die Fehlerschwankungen in sehr engen Grenzen liegen und die durchgeführten Doppelbestimmungen praktisch sehr gut übereinstimmten. Um unter diesen Verhältnissen zu einigermaßen gesicherten Aussagen zu gelangen, wären jeweils zahlreiche Einzeluntersuchungen von vielen Stellen der zu untersuchenden Materialien erforderlich. Selbst noch so gut gezogene Durchschnittsproben können den Gegebenheiten nicht ganz gerecht werden.

Diskussion

Das Ziel der Futterwerbung ist es, je Flächeneinheit die Leistung in quantitativer und qualitativer Hinsicht zu steigern, da Heu neben dem Nährwert auch einen Gesundheitswert besitzt.

Deshalb wurden in einem zweijährigen Versuch außer Tr.-M., Rohnährstoffen und Mengenelementen wichtige Inhaltsstoffe wie Zucker, Karotin und Spurenelemente mit einbezogen und die verdaulichen Nährstoffe aller Varianten experimentell bestimmt, um die Verluste je Flächeneinheit bei verschiedener Werbung zu ermitteln.

Wird nun die Frage nach dem zweckmäßigsten Konservierungsverfahren hochwertigen jungen Weidegrases gestellt, so scheint es nach den Ergebnissen der Tr.-M. und des Rohproteins die künstliche Trocknung zu sein (vgl. Tab. 7). Bei einer vergleichenden Betrachtung der Verluste an StW wird jedoch die Differenz zwischen beiden Verfahren geringer und beim verdaulichen Rohprotein ergeben sich fast gleich hohe Einbußen. Allerdings muß hierzu bemerkt werden, daß die Randverluste nicht berücksichtigt wurden (vgl. S. 5). Demnach kommt der Silierung infolge des geringeren Kostenaufwandes eine große Bedeutung zu, zumal bei sorgfältiger Durchführung ein Futter bester Qualität erzeugt werden kann.

Welches ist nun die geeignetste Werbungsart für ein zu Beginn der Blüte geschnittenes Material?

Die ermittelten Verluste an Tr.-M. und Rohprotein können kein Maßstab für die Verluste an Nährwerten sein, da diese im zweiten Jahr z. T. noch höher liegen. Weit besser spiegeln die Einbußen an StW und verdaulichem Rohprotein die Verhältnisse wider. Hier ist festzustellen, daß die Verluste an StW infolge der schlechteren Witterung 1956 (Abb. 1) beachtlich höher liegen; sie betragen aber dennoch nur die Hälfte jener, die GROSS [2] in seinen Untersuchungen fand. In unserem Versuch schneiden Hütte und Dreibock als sogenannte Mehrwandreuter besser ab als die zu den Einwandreutern gehörende Schrägwand, bei der das Bepacken mit dem grünen Material nicht zu dick erfolgen darf und eine größere Oberfläche den Unbilden der Witterung ausgesetzt bleibt. Wenngleich die Ergebnisse mit dem Rollenreuter recht günstig erscheinen, ist er für das kürzere Mähweidegras besonders in windreichen Perioden ungeeigneter als der Mehrwandreuter. Der Erfolg einer Reuterung mit Hilfe der Letztgenannten wird aber auch von der Möglichkeit einer Vortrocknung abhängen (SALVADORI [7]). Die Ergebnisse einer gut durchgeführten mechanisierten Bodentrocknung zeigen eine Einbuße von 40% (1956) sowie 26% (1957) an StW und 22 bzw. 17% an verdaulichem Rohprotein. 1957 trat zwischen Reuter- und Bodentrocknung ein Unterschied hinsichtlich des StW kaum auf, bei verdaulichem Rohprotein war er aber infolge der Bröckelverluste etwas größer. Um letztere bei der Trocknung am Boden zu verringern, werden der Einsatz der Bearbeitungsgeräte, die Stärke des Anschlages sowie die Anzahl der Bearbeitungsgänge mit dem Zustand des zu trocknenden Materials gut aufeinander abgestimmt werden müssen.

Auffällig ist, daß die StW-Verluste um 10—20% größer sind als die an verdaulichem Protein. Die Höhe der StW-Einbußen gegenüber dem Ausgangsmaterial hängt jedoch zweifelsohne damit zusammen, daß der Wertigkeitsabzug für Gras mit dem Faktor 0,36, für Heu mit 0,58 je 1% Rohfaser errechnet wurde (KELLNER-SCHEUNERT [4]).

Bei der Reutertrocknung des ersten Jahres liegt die Hütte hinsichtlich des Zuckerverlustes ebenfalls am günstigsten, während die Schrägwand die höchsten Einbußen aufweist. Da sie auch im windreichen Jahr 1957 die anderen Varianten weit übertrifft, wirkt sich das grüne Bepacken und damit die anhaltende Veratmung nachteilig auf den Zuckergehalt aus. Überraschend niedrige Verluste werden infolge des schnellen Absterbens der geschnittenen Pflanzen durch die Bodentrocknung verursacht, die jedoch bei schlechten Werbungsbedingungen auf 80 bis 90% ansteigen. Anhand der vorliegenden Ergebnisse darf geschlossen werden, daß neben erniedrigtem Rohfasergehalt steigender Zuckergehalt einen sehr günstigen Einfluß auf die Verdaulichkeit des Heues ausübt.

Auch beim Karotin erzielte die Hütte in beiden Jahren das beste Ergebnis; während im zweiten Jahr die bei der Reuterung auftretenden Verluste um ca. 20% vermindert wurden, blieben sie bei der Bodentrocknung ziemlich gleich. Auf die möglichen Ursachen wurde bereits in einer gesonderten Veröffentlichung verwiesen (STAHL, STEGER u. a. [9]).

Niedriger als erwartet sind die Verluste an Mengen- und Spurenelementen (vgl. Tab. 8). Bei schlechter Werbung werden insbesondere, wie auch HARTFIELD [3] fand, K und Na in Mitleidenschaft gezogen, gefolgt von P und Ca. Gerichtete Einflüsse auf die Verhältnisse bei den Spurenelementen scheinen nicht vorzuliegen, da die Verluste zwischen 0 und 20–30% schwanken.

Auf Grund unserer zweijährigen Versuche kann geschlossen werden, daß Mehrwandreuter (Hütte und Dreibock) den Einwandreutern (Schrägwand und Rollenreuter) leicht überlegen sind, *daß aber eine Reuterung von Mähweidegras im norddeutschen Klimaraum keine deutlichen Vorteile bringt,* die den hohen arbeitswirtschaftlichen Aufwand rechtfertigen. Um das Risiko der Heuwerbung weitgehend einzuschränken, ist anzustreben, daß mechanisierte Bodentrocknung (unter Verminderung der Bröckelverluste), Silierung, künstliche Trocknung und, wie neuere Ergebnisse rechtfertigen, die Kaltlufttrocknung *nebeneinander* durchgeführt werden. So kann durch die Gewinnung eines eiweißreicheren und rohfaserärmeren Materials die Voraussetzung für leistungsfähigeres, gesunderhaltendes Grundfutter für unsere Rinderbestände geschaffen werden.

Zusammenfassung

In 2jährigen Versuchen wurde die Flächenleistung einer Mähweide an Trockenmasse, Rohprotein, StW, verdaulichem Rohprotein, Zucker und Karotin, Mengen- sowie Spurenelementen und die bei verschiedenen Werbungsverfahren auftretenden Verluste ermittelt. Die Einbußen an StW schwanken bei der Reutertrocknung zwischen 23% (kein Niederschlag) und 29–38% (45 mm Niederschlag), bei der mechanisierten Bodentrocknung zwischen 26% (kein Niederschlag) und 40% (5 mm, 3 Regentage). Bei der vernachlässigten Bodentrocknung erhöhten sie sich bis auf 60–70%. Nicht so ausgeprägte Differenzen ergaben sich für das verdauliche Rohprotein; sie sind bei den Mehrwandreutern zwischen beiden Jahren sehr gering, bei den Einwandreutern etwas größer.

Die Verluste an Spurenelementen liegen zwischen 0 und 20–30%. Die Bodentrocknung wirkt sich im Vergleich zu den übrigen Varianten günstig auf den Zuckergehalt und weniger vorteilhaft auf den Gehalt an Karotin aus. Die künstliche Trocknung und die Silierung weisen von allen geprüften Varianten die geringsten Verluste an StW auf, während die Verluste an verdaulichem Rohprotein höher als bei der Reutertrocknung liegen. Die beiden Verfahren sind besonders geeignet, junges Mähweidegras verlustarm zu bergen.

Die Unterschiede in den Werbungsverlusten der einzelnen Reutertrocknungsvarianten sind nicht bedeutsam. Doch konnten besonders im ersten Jahr hinsichtlich Einbußen an StW, verd. Rohprotein, Zucker und Karotin die besten Ergebnisse mit dem Hüttenreuter erzielt werden, während hierbei der grün bepackte Schrägwandreuter am schlechtesten abschnitt.

Die mechanisierte Bodentrocknung verursachte in beiden Jahren nur wenig höhere Verluste als die Reutertrocknung, was die Schlußfolgerung zuläßt, daß der Reutertrocknung von Mähweidegras im norddeutschen Klimaraum wenig Bedeutung zukommt.

Eine Verminderung des Risikos und eine Verbesserung der Qualität sind vielmehr zu erreichen, wenn künstliche Trocknung, Silierung, mechanisierte Bodentrocknung und Kaltlufttrocknung nebeneinander durchgeführt werden.

Literaturverzeichnis

[1] FLEISCHMANN, F.: Landwirtschaftl. Versuchsstat. **76**. 235—447. 1912.

[2] GROSS, F.: Mitt. der Bayer. Landesanstalt für Tierzucht in Grub **1955**. Nr. 1/2. 14—21.

[3] HARTFIEL, W.: Arch. Tierernähr. **2**. 292—308. 1952.

[4] KELLNER-SCHEUNERT: Grundzüge der Fütterungslehre. 1952. 11. Aufl. Paul Parey-Verlag, Berlin und Hamburg.

[5] KÖHNLEIN, J. und H. VETTER: Zeitschr. für Acker- und Pflanzenbau **99**. 1955.

[6] LEHMANN, W.: Dissertation, Rostock **1957**. 20—24.

[7] SALVADORI, C.: Das Grünland (Beilage der Zeitschrift „Der Tierzüchter") **3**. Nr. 10. 1954 und **7**. 35—36. 1958.

[8] SCHULZE-LAMMERS, H.: Geräte und Verfahren für die Rauhfuttorernte 1953. Verlag Hellmut Neureuter, Wolfratshausen bei München.

[9] STAHL, W., H. STEGER, K. KASDORFF und F. PÜSCHEL: Z. f. Tierphysiol. Tierernähr. und Futtermittelkunde **12**. 315. 1957.

[10] STEGER, H. und F. PÜSCHEL: Arch. Tierernähr. **9**. 211—35. 1959.

[11] WIEGNER, zitiert nach NEHRING: Lehrbuch der Tierernährung und Futtermittelkunde. 1950. 282. Neumann-Verlag, Radebeul und Berlin.

[12] ZIELSTORF, W. und K. NEHRING: Landw. Versuchsstat. **109**. 253—66. 1929.

Eingegangen am 7. 9. 1959

Aus dem Institut für Chemische Technologie der Technischen Hochschule Darmstadt
(Direktor: Prof. Dr. K. SCHOENEMANN)

K. SCHOENEMANN und *E. F. KILIAN*

Amidfütterung

Stand des Problems, eigene Untersuchungen und Beurteilung der Aussichten

Inhaltsverzeichnis

I. Die Zielsetzung der Arbeit

Die vorliegende Arbeit geht aus von den vor über 20 Jahren begonnenen Versuchen des einen von uns (SCHOENEMANN & APEL 1936, ref. GAUS 1937), das schon damals sehr verworrene Problem der Verfütterung synthetischer Stickstoffverbindungen nichteiweißartiger Natur, der sogenannten „Amide", an Wiederkäuer (ZUNTZ 1891; HAGEMANN 1891) nach Gesichtspunkten des Chemikers und mit den Mitteln der chemischen Technik einer Lösung näher zu bringen.

Auf den von ihm geführten Nachweis, daß in vitro, unter weitgehender Angleichung an die Bedingungen des Pansens, tatsächlich eine bakterielle Assimilation von Amiden zu Eiweiß erfolgt und daß dabei der lebenswichtige Celluloseabbau nicht nur nicht beeinträchtigt, sondern sogar gefördert wird, hatte er 1936 erste Amidfutterpräparate im technischen Maßstabe hergestellt. Mit diesen wurden an fast allen tierphysiologischen Instituten Deutschlands Fütterungsversuche durchgeführt, die ihrerseits, trotz ihrer unzureichenden Beweiskraft, in England und Amerika eine intensive Nachprüfung auslösten; insgesamt sind bisher nicht weniger als etwa 400 wissenschaftliche Veröffentlichungen erschienen (Du Pont 1949, Dow chemical Comp. 1952, Allied chemical and dye 1953). Auch wir haben während all dieser Jahre mit jeweils neuen Methoden Versuche über die aktuellen Fragen angestellt, die nunmehr zu einem gewissen Abschluß gekommen sind und zusammen mit den Ergebnissen anderer Untersuchungen eine Beurteilung der eingeschlagenen Wege und der praktischen Aussichten der Amidfütterung ermöglichen.

Wenn man hierüber einen Überblick geben will, sieht man sich der Schwierigkeit einer kaum noch zu übersehenden Fülle von Versuchsergebnissen gegenüber. Obwohl diese im einzelnen vielfach sehr heterogen, widerspruchsvoll und ungeklärt sind, so daß sich gegen fast jedes Argument ein Gegenargument anführen läßt, weisen sie in ihrer Gesamtheit und in ihren Korrelationen doch in eine bestimmte Richtung.

Zwar ist seit Jahrzehnten der größte Teil der Versuche im Sinne der ZUNTZ-HAGEMANN'schen Hypothese, nach der die Amide im Pansen von den Bakterien assimiliert und dann als Bakterienzelleiweiß im weiteren Verdauungstraktus ausgenutzt werden, positiv gedeutet worden, doch ist eine Verfütterung größerer Amidrationen in der Praxis erst in den letzten Jahren entwickelt worden (GARST 1950). Trotz der Einschränkung, daß sich die Amidfütterung bisher nur bei bestimmtem Grundfutter wirklich bewährt hat und daß der so erzielte Zuwachs stets etwas hinter dem durch natürliches Eiweiß bewirkten zurückblieb, ist in Amerika unablässig versucht worden, ihre Anwendung auf die gesamte Landwirtschaft auszudehnen. Die Amidfütterung ist jedenfalls in Amerika offiziell anerkannt, wogegen sie in Europa, unter Nachwirkung der unbefriedigenden Vorkriegsversuche, fast jedes Interesse verloren hat und die Zumischung synthetischer Amide zu Handelsfuttermitteln in einigen Ländern sogar verboten wurde.

Die aus den Versuchen zur Deutung der Amidwirkung im einzelnen entwickelten ernährungsphysiologischen Vorstelllungen, wie sie in Deutschland von KREBS (1937) und in Amerika von REID (1953) sowie von GREEN (1954) und zuletzt von LOOSLI (1958) in ausgezeichneter Weise dargestellt wurden, reichen nicht aus, um den Wirkungsmechanismus hinreichend zu klären.

Inzwischen haben nun in Amerika die (unten aufgezeigten) wirtschaftlichen Aussichten mit einem gewissen Recht dazu ermutigt, den einmal eingeschlagenen Weg unter Einsatz größerer Mittel konsequent weiterzuverfolgen. Dies hat zu dem widerspruchsvollen Bild des gegenwärtigen Standes der Amidfütterung geführt, das zeigt, wie auf der einen Seite wichtige biologische Grundlagen noch ungeklärt sind, während auf der anderen Seite einzelne positive Fütterungsergebnisse zu stark verallgemeinert werden.

Unsere Einstellung zum Amidproblem ist, daß bisher zuviel über die unmittelbare Anwendung und zu wenig über die Grundvorgänge gearbeitet worden ist. Da die Grundvorgänge in ihrer quantitativen Auswirkung nicht einmal annähernd zu übersehen waren, mußten wir von den vielen Seiten, von denen das Amidproblem zugänglich erschien, eine auswählen. Es liegt in der Natur dieses durch die vielfältigen Zusammenhänge so komplexen Problems, daß auch wir von einer intuitiv aufgestellten Arbeitshypothese ausgehen mußten:

Bei der Assimilation der Amide handelt es sich letzten Endes um einen chemischen Reaktionsablauf, dessen mengenmäßiger Umsatz wie bei allen chemischen Prozessen allein durch die Faktoren Reaktionsgeschwindigkeit, Konzentration und effektive Verweilzeit der reagierenden Stoffe im Reaktionsgefäß – das ist in diesem Falle der Pansen – bestimmt wird. Die Ursache der begrenzten Wirkung der Amide dürfte daher sehr wohl bei diesen Faktoren zu suchen sein; sie sind aber bisher nicht einmal bezüglich der einfachsten und unmittelbarsten Zustmmenhänge untersucht worden.

Es gehört in den Rahmen unserer Aufgabe, auch die chemisch-technischen Möglichkeiten der Herstellung von Amidfuttermitteln und die wirtschaftlichen Zusammenhänge zu betrachten.

II. Die früheren Fütterungsversuche und ihre Problematik

A. *Fütterungsversuche mit zweifelhafter Beweiskraft*

1. Die methodischen Mängel

Die ZUNTZ-HAGEMANN'sche Bakterieneiweißhypothese beruhte auf der praktischen Erfahrung, daß die pflanzlichen Amide bei Wiederkäuern, im Gegensatz zu Carnivoren, eine recht gute Futterwirkung zeigten. Daher hat es sich seit 30 Jahren allgemein eingeführt, die Futtermittel nach ihrem Gehalt an verdaulichem Rohprotein und nicht nach dem Reineiweißgehalt zu bewerten. Da die pflanzlichen „Amide" mit wenigen Ausnahmen (ref. GREEN 1954) überwiegend aus löslichen Aminosäuren bestehen – nach der üblichen Futtermittelanalyse werden die Amide von dem echten hochmolekularen Aminosäure-Eiweiß lediglich durch ihre Nichtfällbarkeit mit Schwermetallsalzen unterschieden –, mutet es fast etwas leichtgläubig an, daß allein auf die hypothetische Annahme einer bakteriellen Assimilation dieser pflanzlichen Amide hin jahrzehntelang umfangreiche Versuche zur Verfütterung synthetischer Amide, wie Ammoniaksalze oder Harnstoff, angestellt wurden. Man stand wohl sehr stark unter dem intuitiven Eindruck, daß zwischen den pflanzlichen und den synthetischen Amiden eine weitgehende Analogie bestünde und erhoffte sich auf Grund der Billigkeit der letzteren wirtschaftliche Vorteile. Man unterstellte das gute Funktionieren der Symbiose zwischen Makroorganismus und Mikroorganismen und führte in der Hoffnung, dies durch einfache Wachstums-, Milchleistungs- und Stickstoffretentionsversuche beweisen zu können, solche Versuche im Laufe der Zeit in großer Zahl durch. Getrennt davon ist das Amidprohlem durch eine Reihe mikrobiologischer Stoffwechselversuche in vitro bearbeitet worden. Beiden Arten von Versuchen haften indessen erhebliche methodische Mängel an, die weniger in grundsätzlichen Schwierigkeiten, als vielmehr in der unzureichenden Ausführung lagen, wie z. B. in der zu geringen Zahl der Versuchstiere, der zu kurzen Versuchsdauer, der ungenauen chemischen und physiologischen Charakterisierung der natürlichen Amide, der Einschmelzung von Gewebeeiweiß bei Milchtieren und anderem mehr. Bei den Versuchen in vitro wurde häufig mit untypischen Pansenbakterien und oft nicht einmal unter anaeroben Bedingungen gearbeitet. Die Vorstellungen über die Bakterienmenge des Pansens und ihre Zuwachsrate reichten nicht entfernt aus, um erklären zu können, ob die Amidassimilation überhaupt einen praktisch bedeutsamen Anteil der Eiweißversorgung ausmachen kann.

Die bis 1937 durchgeführten Versuche brauchen hier nicht betrachtet werden, weil sie bereits von KREBS (1937) einer eingehenden kritischen Wertung unterzogen sind, die heute noch Gültigkeit hat: eine Assimilation nennenswerter Mengen Amide wird als nicht bewiesen abgelehnt. Ebenso sind die Stickstoffretentionsversuche nicht beweiskräftig, weil eine Retention, abgesehen davon, daß sie gerade beim Wiederkäuer durch dessen komplizierte Verdauungsvorgänge leicht vorgetäuscht wird, nicht gleichbedeutend mit dem Einbau in das Körpereiweiß ist (KREBS 1937, KLEIN 1942, BICKEL 1936). Es kann hier nicht entfernt auf alle in Frage kommenden Faktoren der Amidverwertung und noch weniger auf die sehr wahrscheinlich zwischen ihnen bestehenden, aber noch kaum erfaßbaren Korrelationen eingegangen werden. Zur Beurteilung der Aussichten müssen wir vielmehr wieder auf die Grundfragen der Amidfütterung zurückgehen und dabei auch (bzw. gerade) die negativ verlaufenen Versuche heranziehen.

2. *Die bakteriell erzeugte Eiweißmenge im Vergleich zum Eiweißbedarf für Erhaltung und Leistung*

Bei fast allen bisherigen Fütterungsversuchen ist etwa ein Drittel des nach den Fütterungsnormen erforderlichen Bedarfs an verdaulichem Rohprotein durch synthetische Amide, und zwar meist Harnstoff, ersetzt worden. Dem lag die Vorstellung zugrunde, daß diese Amidmenge einerseits noch nicht unphysiologisch groß, aber andererseits schon wirtschaftlich bedeutsam ist. Vor allem wurde sie bei diesen Versuchen als ausreichend angesehen, um ihre Ausnutzung als Eiweißersatz an der Mehrleistung gegenüber einer Eiweißmangelfütterung (mit nur zwei Drittel der Norm) bzw. an der Minderleistung gegenüber einer Volleiweißfütterung deutlich feststellen zu können. Die meisten dieser Versuche sind von den Autoren dahingehend ausgelegt worden, daß eine Eiweißneubildung bzw. eine Eiweißersparnis durch Amide vorliegt, welche aber nicht ganz die Wirkung der Volleiweißfütterung erreicht.

Dabei ist jedoch nicht berücksichtigt, daß die für die Praxis aufgestellten Fütterungsnormen, um die volle Ausnutzung der individuell schwankenden Leistungspotenz der Tiere in jedem Falle zu gewährleisten, einen relativ hohen Sicherheitszuschlag enthalten, der bei einem nach der Norm aufgestellten Gesamtbedarf, für Milch- wie für Wachstumsleistung, in Höhe von durchschnittlich etwa 800–1200 g verdaulichem Rohprotein pro Tier und Tag in der Größenordnung von etwa einem Drittel dieser Menge liegt. Da somit die als Mangelfütterung angesehene Verabreichung von zwei Dritteln der Eiweißnorm im allgemeinen schon für eine volle Leistung ausgereicht hat, können alle diese Versuche nicht als stichhaltig für eine wirkliche Eiweißneubildung aus Amiden angesehen werden, zumal die volle Leistung stets nur knapp erreicht wurde. Bei dieser Feststellung muß allerdings berücksichtigt werden, daß die außerordentliche Komplexität des Amidproblems sich erst mit seiner fortschreitenden Bearbeitung herausgestellt hat. So ist die Bedeutung des physiologischen Eiweißminimums für langdauernde Erhaltung und dessen Abhängigkeit von der Art des Futters erst 1941 von KLEIN & MÜLLER klar herausgestellt worden, als die Periode der forcierten deutschen Fütterungsversuche schon zu Ende ging.

Die Feststellung von LOOSLI & HARRIS (1945) über den Einfluß von Schwefelverbindungen auf die N-Retention bei Schafen und die Untersuchungen von GREEN (1954) und BURROUGHS (1954) über die Bedeutung bestimmter Mineral- und Wuchsstoffe für Bakterienwachstum und Celluloseverdauung bestätigen unsere Auffassung.

3. Die Einflüsse der Amide auf Pansenflora und Makroorganismus

In Analogie zu aufgeklärten Stoffwechselvorgängen ist mit Bestimmtheit anzunehmen, daß von den synthetischen Amiden noch mancherlei entscheidende Wirkungen ausgehen, die aber bisher noch nicht kontrollierbar sind. Zum Beispiel ist zur Erklärung der Amidwirkung oft an eine Stimulation der Milchdrüsen oder an eine Ablenkung der eiweißabbauenden Bakterien vom natürlichen Futtereiweiß gedacht worden. Ebenso ist unbestreitbar, daß der bakterielle Celluloseabbau stimuliert wird und zwar durch verschiedene Amide unterschiedlich stark (SCHOENEMANN & APEL, ref. GAUS 1937). Die durch Celluloseabbau erhöhte Verdaulichkeit des im Zellinnern enthaltenen Eiweißes und Kohlenhydrates ist, obgleich durchaus naheliegend, nur in wenigen Fällen untersucht worden (HUNGATE 1946). Sie wird als ein wichtiger Punkt unserer eigenen Überlegungen weiter unten näher behandelt.

4. Der Eiweißbedarf für verschiedene Arten der Leistung

Über den Futterbedarf für die verschiedenen landwirtschaftlichen Leistungsziele und Haltungsformen, wie Milchertrag, Fleischzuwachs, Fettmast, Überwinterung, Trächtigkeit, Wollzuwachs usw., sind in den letzten Jahren zahlreiche Versuche angestellt worden, die deutlich zeigen, wie unterschiedlich die dabei an die biologische Wertigkeit des Futtereiweißes zu stellenden Anforderungen sind (Sammelreferat REID (1953). Die Wirkung der Amide wird daher auch stark abhängig von dem jeweiligen Fütterungsziel sein. Bisher konnten solche Versuche in Verbindung mit einer Amidfütterung noch kein prädestiniertes Feld für diese aufzeigen.

5. Das Gesamtergebnis der bisherigen Versuche

Zusammenfassend ist über die vielen seit Jahrzehnten angestellten Tierversuche – die wenigen Ausnahmen werden anschließend besprochen – zu sagen, daß sie den schlagenden und gegen triftige Einwände gesicherten Nachweis einer positiven Wirkung der synthetischen Amide, sei es durch bakterielle Eiweißneubildung, sei es durch Eiweißersparnis oder auf sonstige Weise, nicht erbringen konnten. Man muß sich geradezu wundern, wie optimistisch viele Versuche beurteilt und verallgemeinert worden sind. Andererseits sind gut fundierte und vielversprechende Befunde, wie die obenerwähnten von KLEIN & MÜLLER (1941) sowie die nachfolgend beschriebenen von WATSON (1949 a, 1949 b) und von GARST (1950) nicht entsprechend beachtet worden. Für die Beurteilung der Amidfütterung, besonders wenn sie auch die Wirtschaftlichkeit einschließen soll, bleibt weiter bedeutsam, daß alle positiven Ergebnisse nur bei ausgesprochen eiweißarmem Grundfutter erzielt worden sind, das indessen bestimmten Anforderungen an Eiweißqualität, löslichem Kohlenhydrat und accessorischen Bestandteilen genügen mußte.

B. Der eindeutige Nachweis einer positiven Wirkung der Amidfütterung

1. Der WATSON'sche Wachstumsversuch

Den bisher überzeugendsten Nachweis der Amidwirkung brachte unseres Erachtens WATSON (1949 a) von der Versuchsstation des kanadischen Landwirtschaftsministerium in Ottawa. Er hat das Verdienst, durch wirklich konsequentes Durchdenken des Problems die obengenannten methodischen Fehler weitgehend vermieden und den Mut aufgebracht zu haben, für das erforderliche fünfjährige Versuchsprogramm Mittel in der Größenordnung von etwa 300 000 Dollar aufzuwenden. Er hat dieses Programm, wie der eine von uns (SCHOENEMANN) Gelegenheit hatte, sich selbst zu überzeugen, mit seinen Mitarbeitern in mustergültiger Weise durchgeführt.

WATSON stellte Wachstumsversuche mit Kälbern an und zwar jeweils als Vergleich zwischen einem Tier mit nur Erhaltungsfutter, einem mit Volleiweiß (nach dem MORRISON-Standard) und einem mit Ersatz von 75% des verdaulichen Rohproteins der Volleiweißration durch eine aequivalente Menge Harnstoff. Die Versuchsdauer betrug 12 Monate. Dabei nahm das Körpergewicht der Tiere von anfangs 150—200 kg bei Volleiweißfütterung um etwa 160 kg, bei Harnstoffütterung um etwa 115 kg und bei Erhaltungsfütterung praktisch garnicht zu. Um die individuellen Unterschiede auszuschalten, wurde dieser Vergleich 6-fach parallel angesetzt.

Das für eine einjährige Erhaltung erforderliche Eiweißminimum wurde von WATSON sehr exakt festgestellt, indem er in umfangreichen Vorversuchen eine Grundration ausprobierte, die einerseits praktisch keine Gewichtszunahme bzw. genauer keinen Eiweißansatz erbrachte. Sie bestand aus 27% Heu, 8,5% Gerste, 5% Maisöl, 22,8% Haferstroh, 17,5% Melasse sowie Salzen und Vitaminen.

Alle Tiere einer Vergleichsgruppe erhielten die gleiche Menge Grundfutter, die durch den Verzehr des Mangeltieres bestimmt wurde. Als Volleiweiß wurde Casein gegeben. Der hohe Stärkewert des Caseins wurde bei den anderen Tieren durch eine entsprechende Zulage an Öl und Melasse ausgeglichen, durch welche aber der Charakter der Ration nicht verändert wurde. Der Gehalt der Vergleichsrationen an verdaulichem Rohprotein und an Stärkewert stimmte meist bis auf ein Prozent überein. An Harnstoff wurden im Mittel über den ganzen Versuch 128 g pro Tier und Tag gegeben, was, nach dem Morrison-Standard entsprechend dem Lebendgewicht verteilt, der hohen Dosis von anfänglich 80 g bis zuletzt 160 g Harnstoff bzw. 234 bis 467 g Eiweißaequivalent pro Tier und Tag entsprach.

Wie aus den Wachstumskurven der 6 Versuche (Abb. 1) und aus den Durchschnittszahlen dieser Serie (Tab. 1, Spalte 1 u. 5) ersichtlich ist, wurden mit Harnstoff durchschnittlich zwei Drittel des mit Volleiweiß erzielten Wachstums erreicht.

Tabelle 1. *Die Gewichtszunahme der Körperbestandteile von Ochsenkälbern nach C. J. WATSON & Mitarbeitern (1949a)*

Durchschnittliche Gewichtszunahme je Tier in kg

Versuchsgruppe	1	2	3	4	5	6	7	8	9
	Gew.	Eiweiß	Fett	Asche	Gew.	Eiweiß	Fett	Asche	Wasser
Eiweißmangel	16	1,2	12,9	0,2	10,4	0,7	8,6	0,4	2,6
Harnstoff	99	17,5	25,2	2,5	60,5	10,7	15,9	1,9	33,9
Volleiweiß	142	26,4	28,0	5,6	89,3	17,1	18,6	4,1	51,8
Harnstoffleistung in % der Volleiweißleistung .	70%	66%	90%	—	68%	63%	86%	—	—

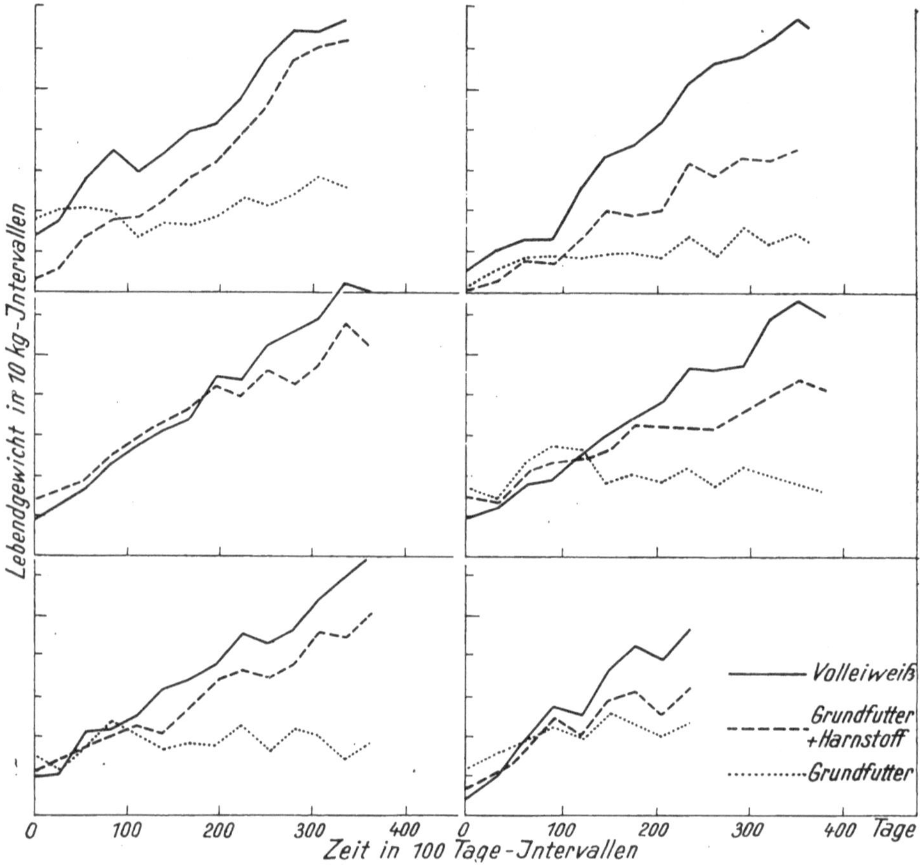

Abb. 1. Gewichtszunahmen bei den sechs Wachstumsvergleichen nach C. J. WATSON & Mitarbeitern (1949 a)

Ausgezogene Kurve = Volleiweiß-Gruppe
Gestrichelte Kurve = Harnstoff-Gruppe
Punktierte Kurve = Eiweißmangel-Gruppe

Ihre volle, allen anderen Versuchen überlegene Beweiskraft erhalten WATSON's Vergleichsversuche jedoch dadurch, daß sämtliche Tiere am Ende der Fütterung ausgeschlachtet und in sorgfältigster Weise auf Eiweiß-, Fett-, Asche- und Wassergehalt analysiert wurden. Der durch die Fütterung erzielte Zuwachs an diesen Körperbestandteilen wurde in der Weise bestimmt, daß von dem im Versuch erreichten Endgewicht jeder Komponente deren Anfangsgewicht abgezogen wurde. Letzteres ließ sich seinerseits sicher genug ermitteln dadurch, daß in der Vorperiode zu jeder Vergleichsgruppe jeweils zwei weitere gleich schwere Tiere zusätzlich aufgestellt und zu Beginn der eigentlichen Vergleichsfütterung geschlachtet und analysiert wurden.

Entscheidend für die Wirksamkeit der Harnstoffütterung ist hier, wie Tab. 1 Spalte 2 und 6 zeigen, daß bei dem Körperbestandteil Eiweiß zwei Drittel der Leistung des Caseins erzielt wurden. Durch die festgestellte geringe Steigerung der Rohfaserverdauung von 66% auf 70% bei 25% natürlichem v e r d a u -

lichem Rohprotein im Gesamt-Rohprotein kann keine nennenswerte Amidausnutzung vorgetäuscht sein. Auch die Möglichkeit einer Eiweißbildung durch Amidierung von Ketosäuren im Makroorganismus kann nicht als wesentlich angesehen werden. Somit ist die eiweißersetzende Wirkung des Harnstoffs praktisch ganz auf dessen bakterielle Assimilation und die Verdauung des zugewachsenen Bakterienkörpereiweißes zurückzuführen.

Die Bedeutung der WATSON'schen Versuche liegt in dem Nachweis, daß durch Harnstoff tatsächlich eine in ihrem absoluten Ausmaß bedeutsame Eiweißneubildung erfolgt. Die am Ende der ersten Serie verabfolgte Harnstoffgabe von täglich ca. 160 g kommt bei 66%iger Ausnutzung (bezogen auf die Ausnutzung des Caseins) einer Caseinmenge von rund 300 g bei ca. 300 kg Lebendgewicht gleich, was bei einem ausgewachsenen Tier von ca. 500 kg Lebendgewicht rund 500 g Casein entspricht. Selbst wenn man dabei berücksichtigt, daß Casein nach MC DONALD (1951) kein optimales Eiweißfutter ist und dementsprechend hier ein Drittel in Abzug bringt, können die Bakterien etwa 330 g verdauliches Rohprotein, d. i. rund ein Viertel des Bedarfs einer 15 l-Milchkuh synthetisieren. Die große Unsicherheit, die bisher darin lag, daß mit der analytisch festgestellten Bakterienmenge ein solcher Absolutbetrag nicht bzw. nur sehr gezwungen (z. B. durch Bakterienverzehr der Protozoen und dergleichen) erklärt werden konnte, ist damit beseitigt.

Einen weiteren Beweis, daß tatsächlich Harnstoff-N in das Gewebe eingebaut wird, erbrachte WATSON noch durch dessen Markierung mit dem Stickstoffisotop ^{15}N (WATSON, DAVIDSON & KENNEDY 1949 b).

2. Die eigenen Stoffwechselversuche mit dem Stickstoffisotop ^{15}N

Die Idee, das Amidproblem mit Hilfe der Isotopenmethodik zu lösen, hatte der eine von uns (SCHOENEMANN) schon 1946 zusammen mit KEMMER (1948) nach der Methode der stoßweisen Markierung verfolgt. Einer vorher an Harnstoff angepaßten Milchziege wurde eine einmalige Ration von mit ^{15}N markiertem Harnstoff verabreicht und die Ausscheidung des ^{15}N in Kot, Harn und Milch mit dem Massenspektrometer bestimmt. Die ^{15}N-Konzentration stieg unmittelbar nach der Verabreichung bei allen drei Ausscheidungen stark an und sank dann im Laufe von Tagen langsam wieder ab; die insgesamt ausgeschiedene Menge ^{15}N wurde auf Grund einer exakten mathematischen Extrapolation der Abklingungskurve ermittelt. Im Harn, wo bei geringer Assimilation des Stickstoffs der Hauptanteil zu erwarten gewesen wäre, wurden nur 8% und in der Milch (praktisch im Milcheiweiß) 15% des verfütterten ^{15}N gefunden. Die fehlenden 77% sind nach aller Wahrscheinlichkeit in das Körpergewebe gegangen, wo sie aber, wegen der durch die damals verfügbare zu kleine Menge ^{15}N bedingten zu starken Verdünnung nicht mehr quantitativ bestimmt werden konnten. Der Versuch zeigte somit zumindest qualitativ, daß Harnstoff beträchtlich zur Milchbildung ausgenutzt wird.

Die im Anschluß daran zusammen mit BECKER (1950) untersuchte Möglichkeit, die leichte Bestimmbarkeit des nicht retinierten Harnstoff-N mittels ^{15}N zu benutzen, um charakteristische Unterschiede in der N-Assimilation bei den verschiedenen Amidtypen, Anwendungsformen und Grundfutterarten festzustellen, hat (zumindest vorerst) noch eine große Schwierigkeit darin, daß von dem assimilierten und resorbierten, ja sogar von dem eingebauten ^{15}N ein großer Teil fast ebenso schnell wieder ausgeschieden wird wie der nicht assimilierte ^{15}N.

Bei Bakterien konnte von KILIAN durch bisher noch nicht veröffentlichte Kulturversuche in vitro festgestellt werden, daß eine mit 4,56 At-% ^{15}N-Überschuß markierte Harnstoffgabe zum Aufbau ihres Körpereiweißes ausgenutzt wurde und dort mit 0,17 At-% ^{15}N-Überschuß nachweisbar war.

In diesem Zusammenhang ist es bemerkenswert, daß SCHOENHEIMER & RITTENBERG (1940) bei ihren Arbeiten über die Synthese von Aminosäuren aus Ammoniak im intermediären Stoffwechsel von Ratten die durch unsere Versuche mit ^{15}N nachgewiesene Möglichkeit, daß durch bakterielle Assimilation im Magen und Darm ein Synthetisierungsvermögen des Makroorganismus vorgetäuscht sein könnte, nicht berücksichtigt haben. Aus den Versuchsergebnissen von SCHOENHEIMER & RITTENBERG ließen sich keine Anhaltspunkte gewinnen, welche Mengen Eiweiß beim Wiederkäuer durch intermediäre Stoffwechselvorgänge synthetisiert werden konnten (SCHOENEMANN & BECKER 1950).

3. *Die Harnstoffütterung in USA*

Einen ebenso bedeutsamen Fortschritt wie WATSON's wissenschaftliche Versuche erbrachte die praktische Anwendung der Amidfütterung durch R. GARST (1949), den größten amerikanischen Saatmaiszüchter aus Iowa. Da hierüber außer einigen allgemeinen Angaben keine wesentlichen Veröffentlichungen erfolgt sind, soll die Methode und die Wirtschaftlichkeit auf Grund des zwischen K. SCHOENEMANN und R. GARST gepflogenen mehrjährigen brieflichen und persönlichen Erfahrungsaustausches ausführlicher behandelt werden.

R. GARST kam, angeregt durch wissenschaftliche Berichte über die Amidfütterung, auf die Idee, die in seinem Betrieb jährlich anfallende große Menge von etwa 4000 t leeren Maisspindeln, die bislang als praktisch wertlos angesehen worden waren, doch noch als Futtermittel auszunutzen, indem er sie zusammen mit Harnstoff und Melasse an Ochsen verfütterte.

Daß die Amidfütterung sich hier auch gleich privatwirtschaftlich gut realisieren ließ, liegt in den besonderen lokalen Verhältnissen, letzten Endes in der Struktur der amerikanischen Agrarwirtschaft begründet: Das in den trockenen Präriegebieten des Südens gezogene Magervieh wird von jeher im Spätherbst herdenweise in den mittleren Westen, das Hauptanbaugebiet für Mais und Soja, transportiert, um dort mit Körnermais und Ölkuchen gemästet zu werden, und geht dann geradenwegs in das Verarbeitungszentrum Chicago. Von hier gelangt das Fleisch in das große Industriegebiet zwischen Chicago und New York, auf das zwei Drittel des amerikanischen Verbrauchs entfallen.

Durch den Anschluß an diesen eingelaufenen Zentralisierungs- und Rationalisierungsweg hat sich der GARST'sche Versuch zu einem großen und lukrativen Geschäftszweig entwickelt: 1952 wurden 4200 und 1953 sogar 6000 Stück Jungvieh gemästet. Die Tiere stehen auch winters in offenen Gehegen; ihr Lebendgewicht steigt dabei in etwa 3 Monaten von ca. 350 kg auf ca. 450 kg. Futterzubereitung und -verabreichung sind weitgehend mechanisiert; 2–3 Mann versorgen einige tausend Tiere.

Die Festlegung der Futterration erfolgte in gewisser Anlehnung an die herkömmliche, aus Körnermais, Sojaschrot und wenig Rauhfutter bestehende Ration unter der intuitiven Vorstellung, daß Melasse (die in USA, seit ihre Vergärung damals durch die Herstellung des Spiritus aus Krackaethylen unwirtschaftlich geworden ist, in großen Mengen zur Fütterung verwendet wird) als leicht lösliches Kohlenhydrat die Vermehrung der Pansenbakterien begünstigt. Die genauere Betrachtung einer typischen Ration (vgl. Tab. 2), die bei einem 1948 durchgeführten Fütterungsversuch mit 19 Ochsen in 5 Monaten eine normale Gewichtszunahme in Höhe von durchschnittlich 0,8 kg pro Tier und Tag ergab (wie sie auch später immer wieder ermittelt wurde), läßt allerdings noch eine andere Deutung der Harnstoffwirkung zu als die Bakterieneiweißtheorie, die auch GARST annimmt. Eine Übersicht über eine typische Futterration des GARST'schen Betriebes gibt Tab. 2.

Für die Deutung des GARST'schen Versuches viel wesentlicher als die Ausnutzung des Harnstoffs ist jedoch der Umstand, daß der Gesamtnährstoffgehalt der Ration, der bei der den Normen zugrundeliegenden mittleren Verdaulichkeit 4,76 kg TDN (Total Digestible Nutrients = Stärkewert) ausmacht (Sp. 10, Zeile 6), nur etwa 63% bzw. 68% der Norm entspricht, bei der „Net Energy" (Sp. 12, Z. 6 gegen Z. 8/9) sogar nur 60% (ohne Berücksichtigung des Energieverbrauchs für die bakterielle Eiweißsynthese). Da der im MORRISON-Standard enthaltene Sicherheitszuschlag an Gesamtnährstoffgehalt wohl kaum 50% des praktischen Mindestbedarfs dieser Gruppe Ochsen ausmachen dürfte (wie schon aus dem Vergleich der Ration mit der sehr viel reichlicheren Körnermais-Schnellmast-Ration nach Tab. 3 hervorgeht), ist der erzielte Gewichtszuwachs nur durch die Annahme zu erklären, daß das Futter durch die Harnstoffzugabe viel besser aufgeschlossen worden ist als ohne Harnstoff. Dies muß insbesondere für dessen Hauptanteil, die Maisspindeln, gelten, die allein 62% des Gesamtnährstoffgehaltes ausmachen (Sp. 10, Z. 5 gegen Z. 6). Dies wird auch durch die von GARST ausgeführte Vergleichsfütterung ohne Harnstoff erhärtet, bei der die Futteraufnahme geringer war, wahrscheinlich weil die Rohfaser weniger schnell verdaut wurde. Mit einem verstärkten Rohfaseraufschluß geht natürlich eine erhöhte Verdaulichkeit des Rohproteins parallel, die im vorliegenden Falle bei dem relativ hohen Anteil unverdaulichen Rohproteins in Höhe von 35% des verdaulichen (Z. 6, Diff. Sp. 6 minus Sp. 8, bezogen auf Sp. 8) natürlich sehr erheblich sein kann. Somit lassen allerdings die GARST'schen Versuche (im Gegensatz zu WATSON) aus Gründen der Versuchsmethodik die Möglichkeit offen, daß hier der Eiweißbedarf auch ohne bakterielle Harnstoffassimilation gedeckt werden konnte.

Ohne Harnstoffausnutzung nicht mehr erklärlich ist dagegen das im Winter 1953/54 im praktischen Betrieb erzielte Ergebnis, daß bei einer Ration von Maisspindeln, Maisstengelsilage, Sojaschrot und einer späteren Zulage von Körnermais die Harnstoff-Melasse-Mischung auf 50% des verdaulichen Rohproteins gesteigert werden konnte; der Zuwachs betrug 1,5 lbs (680 g) pro Tier und Tag.

Tabelle 2. *Berechnung der Nährstoffmenge von* R. GARST's *Mastviehfütterungsversuch mit 19 Ochsen im Sommer 1948*

Mengen als Versuchsdurchschnitt in kg pro Tier und Tag

	1	2	3	4	5	6	7	8	9	10	11	12
Zeile	Futtermittel	Ration	Trockensubstanz		Gesamt-Rohprotein		Verdauliches Rohprotein		Gesamte verdaul. Nährstoffe		„Net Energy"	
		kg	%	kg	%	kg	% d. Ration	kg	% d. TrS.	kg	%	kg
1	Sojabohnenmehl	1,200	90	1,080	44	0,528	37,2	0,446	78	0,847	78,4	0,940
2	Alfalfa-Heu	1,200	90	1,080	15	0,180	10,5	0,121	50	0,540	41,1	0,490
3	Harnstoff ber. als 100 %	0,106	100	0,105	292	0,306	80,0²)	0,247	0	0	0	0
4	Melasse¹)	1,100	75	0,825	2,9	0,032	50,0	0,016	54	0,445	68,1	0,730
5	Maisspindeln	7,170	90	6,450	2,0	0,143	0,7³)	0,050	46	2.930	27,0⁴)	1,940
6	Gesamt	10,776	89	9,540	11,0	1,189	8,2	0,880	46	4,753		4,200
7	Gesamt ohne Harnstoff .				8,2	0,883	5,9	0,633				
8 9	MORRISON-Standard für Jährlinge⁵)			8,8 bis 10,2				0,77 bis 0,85		7,2 bis 8,0		6,5 bis 7,4
	Recommended Nutrient Allowances											
10	für 1-jährige Stiere . .	10,9						0,726		7,05		
11	für 2-jährige Stiere . .	11,8						0,726		7,26		

¹) Einschließlich der 10% Backverhinderungsmittel im Harnstoff.

²) Nach Ermessen etwas höher angenommen als die von WATSON (1949) bei extremem Mangel festgestellte Ausnutzung von 66%.

³) Wegen des verstärkten bakteriellen Aufschlusses wurden 30% des Rohproteingehaltes der Maisspindeln als verdaulich angenommen

⁴) Wie Maisstengel nach MORRISON (1936) angenommen, die wenig Lignin enthalten.

⁵) MORRISON, Feeds and Feeding, 21. Aufl., S. 1149, Nr. 10.

Tabelle 3. *Die Wirtschaftlichkeit der Harnstoff-Fütterung in USA auf Preisbasis 1950—54*
Rationen für verschiedene Wachstumsgeschwindigkeiten in lbs pro Tier und Tag bei 800 lbs Lebendgewicht

Zeile	Fütterungsart		Harnstoff - Melasse - Maisspindeln									Körnermais			Soja - Melasse - Maisspindeln		
1	Zuwachs pro Tag		1,6 lbs[7]			1,8 lbs[7]			2,2 lbs[6]			2,3 lbs[6]			1,6 lbs[7]		
	Futtermittel	Preis/t[1]	lbs	cts	verd. Rohprotein lbs	lbs	cts	verd. Rohprotein lbs	lbs	cts	verd. Rohprotein lbs	lbs	cts	verd. Rohprotein lbs	lbs	cts	verd. Rohp. lbs
	1	2	3	4	5	6	7	8	9	10	11	12	13	14	15	16	17
2	Maisspindeln	$ 5,—	19,0	**4,75**	0,13[3]	15,0	**3,75**	0,11[3]	11,0	**2,75**	0,08[3]	—	—	—	19,0	**4,75**	0,13
3	Körnermais	$ 46,—[2]	—	—	—	4,0	**9,20**	0,32	8,0	**18,40**	0,64	20,0	**46,—**	1,60	—	—	—
4	Heu	$ 30,—	—	—	—	—	—	—	—	—	—	4,0	**6,—**	0,60	—	—	—
5	Sojaschrot	$ 70,—	2,5	**8,75**	0,93	2,5	**8.75**	0,93	2,5	**8,75**	0,93	1,5	**5,25**	0,56	3,2	**11,2**	1,19
6	Harnstoff + Melasse Handelsmischung[5]	$ 60,—	2,5	**7,50**	0,78[5] [=39%[8]]	2,5	**7,50**	0,78[5] [=34%[8]]	2,5	**7,50**	0,78[5] [=30%[8]]	—	—	—	1,43 ohne Harnstoff	**2,93**[4]	0,04
7	Salz, Vitamine, Mineralstoffe	1,3 cts pro Tier und Tag	—	**1,30**	—	—	**1,30**	—	—	**1.30**	—	—	**1,30**	—	—	**1,30**	—
8	Summe pro Tag		24,0	**22,35**	1,84	24,0	**30,50**	2,14	24,0	**38,70**	2,43	25,5	**58,55**	2,76		**20,19**	1,36
9	cts/lb Zuwachs			**14**			**17**			**18**			**26**			**13**	

[1]) 1 short ton = 2000 lbs (zu 453,6 g) = 907 kg
[2]) Wert auf der Farm; entspr. $ 1,30/bushel (= 56 lbs)
[3]) ca. 30% von 2,0% Rohproteingehalt = 0,7% als verdaulich angenommen
[4]) $ 31,—/t + $ 10/t Marge für Mischkosten
[5]) 31,4% verdaul. Rohproteingehalt bei angenommen 100% Ausnutzung
[6]) R. GARST, 5. 8. 50
[7]) R. GARST (1951/52)
[8]) Nach Abzug des Melasseproteins in Höhe von 8,3% von 31,4% Gesamt-Rohprotein, beides 100% verdaulich angenommen.

Die hier angeführte Harnstoff-Fütterung hat sich in Amerika weiter bewährt. Um durch Verkürzung der Mastdauer gegebenenfalls günstigere Schlachtviehpreise ausnutzen zu können, wurden auch steigende Zulagen an Körnermais erprobt, durch welche der tägliche Zuwachs bis auf die volle Höhe der herkömmlichen Körnermais-Schnellmast gebracht wurde. Die Rationen sind in Tab. 3 für Ochsen von 800 lbs (363 kg) Lebendgewicht angegeben; im Bereich zwischen 200 und 500 kg Lebendgewicht wurden sie dem Gewicht proportional bemessen. Beiden Rationen, der Harnstoff-Maisspindel- wie der Körnermaisration ist der hohe Stickstoffanteil gemeinsam, der weit über dem Normbedarf liegt. Die Verdaulichkeit der Maisspindeln ist wesentlich durch den Melasseanteil mitbedingt.

Zur Veranschaulichung der Wirtschaftlichkeit der Harnstoff-Melasse-Maisspindel-Fütterung sind in Tab. 3 deren Zusammensetzung (Sp. 1) und Kosten (Sp. 2) sowie die Zuwachsleistung (Z. 1) bei der Fleischmast von Jungrindern mit den entsprechenden Werten der herkömmlichen Körnermais-Fütterung verglichen. Die angewandte Harnstoff-Futtermischung ist sehr typisch, sie wird auch durch die gebräuchlichen Variationen, z. B. den Ersatz des Sojamehls durch Alfalfa- oder Kleeheu oder der Maisspindeln durch Silage nur unwesentlich verändert.

Die Rationen sind für 800 lbs (363 kg) durchschnittliches Lebendgewicht zwischen Beginn und Ende der 3–4monatigen Mastperiode berechnet. Die tägliche Futteraufnahme beträgt recht genau 3,0 % des Lebendgewichtes. Schon eine relativ geringe Beifütterung von Körnermais zu den leeren Maisspindeln z. B. in Höhe von $^1/_5$ bis $^2/_5$ der reinen Körnermaisration (vergl. Tab. 3, Z. 3, Sp. 6 u. 9 gegen Sp. 12) bewirkt eine erhebliche Beschleunigung der Mast von 1,6 lbs auf 2,2 lbs Zuwachs pro Tier und Tag (Z. 1). Damit ist aber eine Verteuerung von 14 auf 18 cts pro lb Zuwachs verbunden (Z. 9). Verglichen mit der MORRISON-Standardration, die 17,8–20,4 lbs Trockensubstanz und 1,58–1,68 lbs verdauliches Rohprotein enthalten soll, ist die Trockenmasse hoch (Z. 8, Sp. 3, 6 u. 9). Das verdauliche Eiweiß ist bei der 1,6 lbs-Ration nur unter Einbeziehung des Harnstoffs ausreichend (Z. 8, Sp. 5), ohne Harnstoff dagegen knapp. Erst durch die Körnermaiszulage (Sp. 8 u. 11) wird es reichlich. Der Anteil des Harnstoffs (der hier als 100-prozentig ausnutzbar eingesetzt ist) am gesamten verdaulichen Rohprotein macht bei der 1,6 lbs-Ration 39 % aus und sinkt bei der 2,2 lbs-Ration bis auf 30 %. Doch ist in anderen Versuchen auch mit einer Ration von 62,8 % Harnstoffanteil bei 6 lbs Körnermaiszulage ein ausgezeichneter Zuwachs in Höhe von 2,2 lbs pro Tag erzielt worden.

Somit bestätigt auch diese Verfütterung von Harnstoff in der Praxis, daß dessen Eiweißnährwert nur knapp an den von Volleiweiß heranreicht, und daß in Fällen, wo die gleiche Zuwachsleistung erzielt wurde, das verabfolgte verdauliche Rohprotein auch ohne den Harnstoff ausreichend bemessen war.

Die in Tab. 3 eingesetzten Preise entsprechen den Verhältnissen im Maisgürtel, unter denen sich der Aufschwung der Harnstoff-Fütterung vollzog, d. h. dem charakteristischen Preisniveau vom Sommer 1950, das sich nach kurzem Anstieg während der Korea-Hausse für mehrere Jahre wieder einstellte. Der Harnstoffpreis betrug $ 115/short ton Dupont „262" (90%ig) in Waggons und der Melassepreis ca. 4,5 cts/gal ab Erzeuger in Puerto Rico, was der repräsentativen Notierung 8 cts/gal in Kesselwagen Basis New York entsprach. Berechnungen aus späteren Jahren ergeben ganz ähnliche Relationen. Obgleich das verdauliche Rohprotein im Harnstoff nur ein Viertel soviel kostet wie in Ölkuchen, verteuert der große Zusatz von Melasse trotz deren strukturell stark gesenkten Preises die Kosten der Mischung wieder auf ungefähr die gleiche Höhe wie die von Ölkuchen. Bei Großverbrauchern könnte die Selbstherstellung der Mischung noch eine gewisse Verbilligung ermöglichen, die jedoch nicht ausschlaggebend ist.

Danach beruht der wirtschaftliche Erfolg der Harnstoff-Fütterung in Amerika in erster Linie darauf, daß Körnermais zu $ 46,–/t (short ton) entsprechend $ 1,30/bushel durch Maisspindeln zu $ 5,–/t ersetzt wird. Der Unterschied in den Fütterungskosten ist sehr erheblich; diese betragen bei Harnstoff-Fütterung nur die Hälfte bis zwei Drittel der Körnermais-Fütterung (Tab. 3, Z. 9).

Das Fleisch hat bei Harnstoff-Maisspindel-Fütterung zwar nicht die allerhöchste Qualität „prime" (zu 31 cts/lb) oder „choice" (28 cts), aber doch die auch noch sehr befriedigende „good" (24 cts))und ist jedenfalls besser als „commercial" (21 cts) oder gar „utility" (18 cts).)Dabei ist noch zu berücksichtigen, daß die amerikanischen Ansprüche sehr hoch und die höchsten Qualitäten wohl schon überbewertet sind.

Der Mehrerlös für das fette Vieh gegenüber dem Einstandspreis des mageren beruht einmal auf dem Gewichtsunterschied von durchschnittlich 200 lbs und weiter auf der Preiserhöhung durch die Qualitätsverbesserung, welche normal 3 cts/lb beträgt. Er berechnet sich pro Stück Mastvieh im Durchschnitt folgendermaßen:

Verkauf von 1000 lbs Lebendgewicht zu 24 cts/lb =		$ 240,—/Tier
Einkauf von 800 lbs Lebendgewicht zu 21 cts/lb =		$ 168,—/Tier
Mehrerlös		$ 72,—/Tier
Futterkosten für 200 lbs Zuwachs zu 16 cts/lb =	$ 32,—	
Lohn- und Betriebskosten für 200 lbs zu 2 cts/lb =	$ 4,—	
Transport- und Verkaufsunkosten pro Tier =	$ 5,—	41,—/Tier
Rohgewinn		$ 31,—/Tier

In der Futtermasse für die 200 lbs Zuwachs sind 55 lbs Harnstoff Marke DuMont „26" (90%ig) enthalten, die bei einem Preis von $ 115–/short ton $ 3,16 kosteten und somit rund 10% der Futterkosten ausmachten.

Die vorstehende Kalkulation ist repräsentativ für die Einführungszeit der Amidfütterung in den Jahren 1950–1957, in welcher der Harnstoffverbrauch für Futterzwecke von 10 000 sh. t. auf 125 000 sh. t. pro Jahr anstieg. Obgleich diese Durchschnittsrechnung infolge der zeitlichen und örtlichen Unterschiede eine gewisse Fehlergrenze aufweist, so gestattet sie doch, die wirtschaftlichen Größenordnungen einigermaßen richtig abzuschätzen.

Privatwirtschaftlich bedeutet die Mästung von 4 000 Stück Jungvieh, wie sie R. GARST seit 1950 durchführt, einen Umsatz von nahe an 1 Million Dollar. Der Rohgewinn in Höhe von 124 000 Dollar, entsprechend rd. 13% des Umsatzes, erscheint angemessen, da daraus Kapitaldienst, Steuern, Generalia und Risiko zu decken sind.

Die volkswirtschaftliche Bedeutung der Amidfütterung wird einmal durch den Wert der 1957 verfütterten 125 000 sh. t. Harnstoff in Höhe von rd. 14 Millionen

Dollar veranschaulicht. Zum anderen müßte man den damit erzielten Verdauungseffekt abschätzen. Die großen Preisunterschiede, daß Stärkefuttermittel um 40 \$/t, aber Cellulosefuttermittel nur rd. 5 \$/t kosten, und daß ebenso das verdauliche Rohprotein in Form von Ölkuchen ca. 190 \$/t, dagegen in Form von Harnstoff nur ca. 43 \$/t kostet, sind nicht allein maßgeblich. Vielmehr muß man vom Preis für 1 t Ölkuchen in Höhe von ca. 70 \$ den Preis für die 1 t Ölkuchen im Stärkewert aequivalente Menge Futtergetreide, d. i. ebenfalls etwa 1 t zum Preise von ca. 40 \$/t, absetzen. Dann würden die etwa 0,30 t Mehrgehalt an verdaulichem Rohprotein im Ölkuchen rd. 30 \$, also 1 t Ölkuchen-Rohprotein ca. 100 \$ kosten. Andererseits muß man den Preis für das Rohprotein-Aequivalent des Harnstoffs, entsprechend dessen Ausnutzungsgrad, der vorsichtig zu etwa 70% anzunehmen ist, auf $43 \cdot \frac{100}{70} = 62$ \$/t erhöhen. (Dadurch, daß der Stärkewert des Ölkucheneiweißes mit abgezogen wird, ist der für das Bakterienwachstum erforderliche Kohlehydratbedarf in etwa mit berücksichtigt.) Danach würde sich der Nutzeffekt der amerikanischen Amidfütterung im Jahre 1957 nur zu $125\,000 \cdot 262 \cdot 0{,}70 \cdot (100 - 62) =$ rd. 9 Mill. \$ errechnen. Dies deckt sich zwar mit der Bewertung des Harnstoffs gegenüber Sojamehl nach den Fütterungsergebnissen (Tab. 3, Spalte 4 gegen Spalte 16), ist aber vielleicht doch etwas zu ungünstig. Die vorgenannten Preisverhältnisse gelten in ungefähr auch heute noch und auch für die übrige Welt. Jedenfalls ist aus der ständigen Ausdehnung der Amidfütterung in USa, zumal bei der dort üblichen exakten Wirtschaftlichkeitsrechnung, zu schließen, daß trotz der weiten Fehlergrenzen ein wirklicher Nutzen vorliegt.

In der Anwendung lassen sich schon seit einer Reihe von Jahren zwei Richtungen unterscheiden. Einmal wird nach dem Vorbild von GARST ein erheblicher Prozentsatz des Rohproteinbedarfs zu geringwertigem Grundfutter beigefüttert. GARST selbst ist 1954 bei Maisspindeln und Grünmais-Silage auf 50% Harnstoffanteil gegangen. Seine Fütterungsweise ist im Maisgürtel in ständiger Ausdehnung begriffen.

Zum anderen werden kleine Mengen Harnstoff dem Ergänzungsfutter beigemischt. Der Zusatz liegt bei ca. 5 bis 13% des Gesamtrohproteins des Ergänzungsfutters, was bis zu 26% des Ergänzungseiweiß bzw. 2–4 Gewichtsprozent der Ration entspricht. Ab 1956 enthalten bereits etwa 90 % aller gewerblich in USA hergestellten Ergänzungsfuttermittel Harnstoff. Neben generell anwendbaren Ergänzungsfuttermischungen, die sämtliche wichtigen Nähr- und Zusatzstoffe enthalten, sind spezifische Mischungen entwickelt, die den Mangel jeweils eines bestimmten Grundfutters ergänzen sollen und daher billiger hergestellt werden können.

Bei dem geringen prozentualen Zusatz dürfte die Wirksamkeit des Harnstoffs nur schwer eindeutig nachzuweisen sein. Zweifellos hat bei der schnellen und allgemeinen Einführung des Harnstoffs, neben der Aufgeschlossenheit und kalkulatorischen Begabung des amerikanischen Farmers, ein psychologisches Moment mitgespielt: Die strengen staatlichen Vorschriften zur Angabe der Zusammensetzung und des garantierten Nährstoffgehalts der industriell hergestellten Mischfuttermittel (formula feeds) haben zusammen mit der dem amerikanischen Farmer allgemein geläufigen Berechnung der Futterration nach dem MORRISON-

Standard dazu geführt, daß besonders der Gehalt an verdaulichem Rohprotein, als der wichtigsten und teuersten Mischkomponente, von jeher stark beachtet, wenn nicht gar überbewertet wurde. Bei dem nach dem Kriege einsetzenden verschärften Zwang zur Rationalisierung konnten die Mischfutterfabriken den garantierten Gehalt an Rohprotein preislich am einfachsten dadurch einhalten, daß sie einen Teil des Rohproteins durch den nur ein Viertel so teuren Harnstoff ersetzten. Da die Normen seinerzeit überreichlich bemessen waren, fällt der geringe Abstrich an natürlichem Eiweiß bei der Zuwachsleistung gar nicht ins Gewicht.

Zusammenfassend ist festzustellen, daß eine positive Wirkung der Amidfütterung nicht mehr zu bestreiten ist. Angesichts der vorgenannten Einflüsse ist jedoch das Ausmaß dieser Wirkung noch nicht sicher anzugeben. Insbesondere darf der wirtschaftliche Erfolg nicht darüber hinwegtäuschen, daß die physiologischen Zusammenhänge noch nicht hinreichend geklärt sind. Wirklich überzeugend ist vorerst nur die Wirkung großer Harnstoffgaben in Höhe von 30 % des Gesamtproteinbedarfs und mehr bei sehr geringwertigem Grundfutter wie leeren Maisspindeln und dergleichen. Wichtig ist weiter, daß bei der mehrjährigen praktischen Anwendung in größtem Maßstabe keine der bekannten unspezifischen Mangelerscheinungen aufgetreten sind, wie schlechte Futteraufnahme, struppiges Aussehen, geringes Gewicht der Kälber usw., die sonst bei unharmonischer Ernährung so augenfällig sind.

III. Die mikrobiologischen Stoffwechselversuche

Sinnvolle mikrobiologische Untersuchungen zur Frage der Amidverwertung durch Mikroorganismen sind verhältnismäßig spät angestellt worden[1]). Dies ist wohl dadurch zu erklären, daß am Amidproblem Disziplinen von verschiedenartiger Denkweise, wie Landwirtschaft, Mikrobiologie und Chemie interessiert sind, von denen eine allein die ZUNTZ-HAGEMANN'sche Bakterieneiweißhypothese nicht ausreichend überprüfen kann. SCHOENEMANN & APEL (1936) haben die beiden wichtigsten Grundfragen, ob die bakterielle Assimilation von Amiden überhaupt ein praktisches Ausmaß hat und welche Bindungsform des synthetischen Stickstoffes dafür am besten geeignet ist, durch Kulturversuche in vitro beantwortet. Die Versuche wurden mit typischen Pansenbakterien, Reinkulturen wie Mischkulturen, über kurze wie lange Zeiten durchgeführt. Es zeigte sich, daß die einfache ammoniakartig gebundene Form des Stickstoffs und ebenso Ureide der Kohlenhydrate schneller assimiliert werden als Aminosäuren und Peptide. Dabei wurde der Celluloseabbau nicht nur nicht beeinträchtigt, sondern sogar gefördert: die durch Stärkezusatz verursachte Celluloseverdauungsdepression konnte mittels Harnstoff aufgehoben werden. Neben Ammoniak assimilierenden Bakterien wurde ein Keim isoliert, der Eiweiß und Aminosäuren mit großer Geschwindigkeit entamidierte.

[1]) Einen Überblick über die Bakteriologie des Pansens gaben DOETSCH & ROBINSON (1953), die auf Grund von 133 Arbeiten, von denen zwei Drittel nach 1946 erschienen sind und 25 die Verwertung von Harnstoff betreffen, zu folgendem Urteil kommen: „The relationship of specific bacteria to vitamin synthesis, minerals, protein synthesis (bacteria with relatively simple nitrogen requirements), and antibiotics also must be worked out more thoroughly. Only in the field of cellulose digestion has real progress been made."

Eine von GALL (1947, 1949, 1951) und HUNGATE (1942, 1943, 1944, 1947, 1950) begonnene systematische Bestimmung der Bakterienarten des Pansens, die für jegliche mikrobiologische Arbeit auf diesem Gebiet von außerordentlicher Bedeutung ist, konnte das Amidproblem bisher noch nicht unmittelbar fördern.

Den tiefsten Einblick in das Wesen, aber auch in die Schwierigkeiten der Amidassimilation verdanken wir PEARSON & SMITH (1943 a–c). In einer sehr systematischen und chemisch wie bakteriologisch mit großer Sorgfalt durchgeführten Arbeit haben sie durch Kurzkulturen in vitro analytisch verfolgt, von welchen Faktoren der Eiweißzuwachs aus Nichteiweiß-N abhängt. Ein für normale Pansenbedingungen typisches Ergebnis ist in Abb. 2 dargestellt.

Zu dem von groben Fasern befreiten Pansenbrei der mit 50 mg Eiweiß-N und etwa 5 mg natürlichen Amiden pro 100 g verhältnismäßig eiweißarm war, wurden 20 mg Harnstoff-N gegeben. Der Gesamt-N-Gehalt betrug also etwa 80 mg N pro 100 g, was erst ein Drittel des normalen N-Gehaltes des Panseninhaltes ist. Der Harnstoff-N machte davon ein Viertel aus. Der Harnstoff wurde durch Urease schnell gespalten, wodurch der Ammon-N auf 28 mg/100 g Pansenbrei gesteigert wurde. Im Laufe von drei Stunden nahm der Nichteiweiß-N (und zwar praktisch nur der Ammon-N) in Höhe von 33 mg um 9 mg ab, während der Eiweiß-N entsprechend zunahm. Die über 3 Stunden hinaus erfolgten Veränderungen sind wegen der sich dann abnormal entwickelnden Bakterienflora nicht mehr als genügend sicher anzusehen.

In analogen Versuchen wurden die wichtigsten Faktoren studiert. Das wesentlichste Ergebnis ist, daß neben dem Eiweißaufbau aus Ammoniak ein E i w e i ß - a b b a u zu Ammoniak stattfindet und daß beide Vorgänge in subtiler Weise von Änderungen der Kulturbedingungen abhängen. So wird zum Beispiel der Eiweißaufbau durch leicht lösliches Kohlehydrat begünstigt, ebenso durch ein schwach unter dem Neutralpunkt liegendes pH, während ein schwach darüber liegendes pH den Eiweißabbau verstärkt.

Für die B e u r t e i l u n g d e r A m i d f ü t t e r u n g ergibt sich aus diesen Feststellungen, daß im Pansen von einem Teil der Bakterien laufend eine erhebliche Menge des Futtereiweißes zu Ammoniak gespalten wird, das von einem anderen Teil der Bakterien wieder assimiliert, d. h. zu Eiweiß aufgebaut wird[1]. Der zum Beispiel in Abb. 2 analytisch erfaßbare Eiweißzuwachs, der bei der Amidfütterung allein wirksam ist, stellt wahrscheinlich nur den geringen Differenzbetrag zwischen zwei großen entgegengesetzten Umsätzen dar. Dieser Differenzbetrag könnte daher schon durch geringe Schwankungen im Umsatz der Aufbau- bzw. der Abbaureaktion positiv oder negativ werden.

So sind vielleicht auch die unterschiedlichen Ergebnisse der Tierversuche erklärbar. Für die Beurteilung der Amidfütterung ist aber wichtig, daß der Eiweißabbau zu Ammoniak ein natürlicher Pansenvorgang ist. Die Verabreichung von Ammoniak erhöht also nur den natürlichen Ammoniakspiegel und stellt als solche, von der Höhe der Konzentrationsänderung abgesehen, keinen unnatürlichen Eingriff dar.

---

[1]) Nach MC DONALD (1952) waren $1^1/_2$ Stunden nach Verfütterung von 25 g Casein 20% des zugefütterten Gesamt-N als Ammonium-N im Pansen nachweisbar, während die Zunahme des Amid-N nur 9,3% des Gesamt-N betrug.

Dieser Befund steht auch in Übereinstimmung mit dem auffälligen Befund, daß für den Wiederkäuer die biologische Wertigkeit der verschiedenartigsten Futtereiweißarten praktisch gleich ist (JOHNSON & Mitarbeiter 1942, McDONALD 1952).

Nachdem BAKER (1943) die Pansenpopulation qualitativ charakterisiert hatte, konnte die Frage, durch welche Bakterien die Amidassimilation bewirkt wird, durch SMITH & BAKER (1944) geklärt werden. Durch fraktioniertes Abzentrifugieren zuerst der Protozoen und dann der Makrobakterien aus der Pansenflüssigkeit wurde der Eiweißaufbau nicht vermindert, wohl aber durch Abscheidung der jodophilen Mikrobakterien.

Für den Wert der Amidfütterung ist nach der Bakterieneiweißtheorie d i e Eiweißmenge entscheidend, welche stündlich im Pansen synthetisiert werden kann. Sie wurde zwar aus solchen Versuchen zu 337 g Eiweiß pro 75 kg Panseninhalt und Tag berechnet, doch hat diese Zahl angesichts des Umstandes, daß die Analyse, trotz aller Sorgfalt, eine viel zu große Fehlergrenze bezüglich der Absolutwerte hat, daß ferner im lebenden Pansen ein wesentlich höherer Eiweißspiegel als in vitro vorhanden, andererseits die Ammoniakkonzentration nicht über die ganze Zeit gesichert ist, keine allzu große Beweiskraft.

IV. Eigene Tierversuche unter dem Gesichtspunkt der chemischen Reaktionskinetik[1])

A. *Die Bedeutung des chemischen Umsatzes bei der Eiweißsynthese und beim Celluloseabbau*

Nach den vorstehenden Betrachtungen bietet die Amidfütterung trotz der intensiven Bearbeitung noch immer ein widerspruchsvolles Bild. Davon sind auch die eindeutigen Erfolge von GARST nicht auszunehmen, insofern, als auch bei ihnen das Wirkungsprinzip noch nicht klar gedeutet werden kann. Dessen Kenntnis ist aber für die uns interessierende generelle Anwendbarkeit der Amidfütterung auf europäische Grundfutterverhältnisse eine unerläßliche Voraussetzung.

Wenn man nun überlegt, welcher Fehler im experimentell zugänglichen Gebiet noch übersehen sein könnte, so wäre es der, daß die Amidfütterung nie konsequent unter dem Gesichtspunkt betrachtet ist, daß die Biosynthese, um in Versuchen erkennbar und wirtschaftlich bedeutsam zu sein, im großen Durchschnitt über Milch- und Mastvieh, eine Eiweißneubildung von ca. 400 g pro Tier und Tag ergeben müßte. Es ist noch nicht untersucht, wie weit die Voraussetzungen dafür erfüllt sind.

Grundsätzlich wird der chemische Umsatz einer Reaktion durch die drei Faktoren Reaktionsgeschwindigkeit. Konzentration des Ausgangsstoffes und Reaktionsdauer bestimmt (SCHOENEMANN 1952). Bezüglich aller drei Faktoren liegen die Verhältnisse bei der Amidfütterung recht ungünstig:

---

[1]) Ausgeführt mit Unterstützung des Bundesministeriums für Ernährung, Landwirtschaft und Forsten.

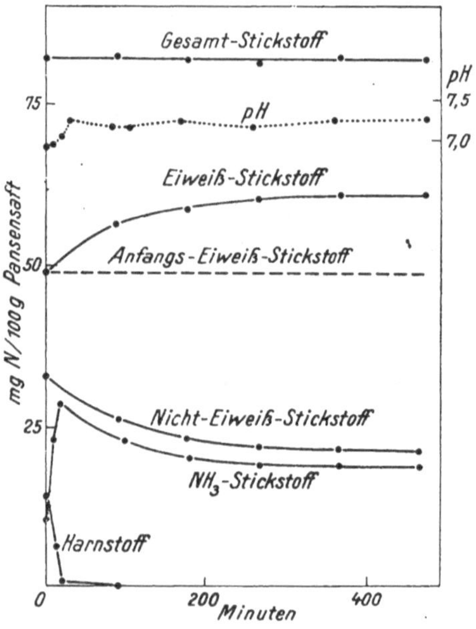

Abb. 2. Eiweißbildung und analytischer Verlauf der Kurzkulturen in vitro von Pansensaft nach PEARSON & SMITH (1943)

Die Reaktionsgeschwindigkeit der Eiweißsynthese im Pansen ist letzten Endes durch die Menge und die Wachstumsgeschwindigkeit der amidassimilierenden Bakterien gegeben, welche, da zwischen laufendem Zuwachs und laufender Ausspülung in erster Annäherung ein Gleichgewicht angenommen werden kann, im Pansen in einer konstanten Größenordung vorhanden sind. Für diese Menge liegen auch heute noch keine besseren Schätzungen vor als die von SCHWARZ (1952) in Höhe von 11% Bakterien-N bezogen auf 0,3% Gesamt-N-Gehalt des Panseninhalts, was bei angenommen 75 kg Panseninhalt ca. 150 g Gesamtbakterieneiweiß entspricht. Von diesem machen die Amidverwerter aber wiederum nur einen Teil aus, der nach SMITH & BAKER (1944) zu allerhöchstens einem Zehntel, also zu ca. 15 g angenommen werden kann. Da andere Schätzungen (KÖHLER 1940, MANGOLD & SCHMITT-KRAHMER 1927) und eigene Messungen ähnlich liegen, wird die Größenordnung wohl richtig sein. Um den obengenannten erforderlichen Eiweißzuwachs von 400 g/Tier und Tag zu erklären, wird man also eine optimale Vermehrungsgeschwindigkeit der Bakterien, z. B. eine Verdoppelung in $^1/_2$ Stunde, annehmen müssen.

Der chemische Umsatz hat aber neben der Reaktionsgeschwindigkeit auch noch eine ausreichende Konzentration des Amid-N in der Pansenflüssigkeit zur Voraussetzung (PEARSON & SMITH 1943, S. 160 Tab. 9). Da diese bei der zwei- oder dreimaligen Fütterung pro Tag aber nur unmittelbar nach der Futteraufnahme erreicht wird und infolge von Assimilation und Ausspülung kaum bis zur nächsten Fütterung ausreichen dürfte, ist die erforderliche Eiweißneubildung auch von dieser Seite her in Frage gestellt. Außerdem werden bei der starken Abhängigkeit der Bakterienpopulation vom Nährmedium die Konzentrationsschwankungen sich ungünstig auf das Wachstum der Amidverwerter wie vielleicht auch der übrigen Bakterien auswirken.

Bezüglich des Faktors Reaktionsdauer wird der Umsatz der Eiweißsynthese stark davon abhängen, ob der Panseninhalt mehr schubweise oder mehr kontinuierlich abfließt. Der ungünstigste Fall läge vor, wenn ein kontinuierlicher Durchflußstrom durch den Pansen sich mit dem Panseninhalt auch noch schnell durchmischen würde, weil dann die effektive Verweilzeit für einen großen Teil der Reaktionskomponente Amid-N zu kurz und die Assimilation noch unvollkommener würde als bei schubweisemAbfluß.

Nach diesen Überlegungen könnten die Mißerfolge der Amidfütterung durchaus darauf zurückzuführen sein, daß die Voraussetzungen für den chemischen Umsatz infolge der stoßweisen Verabfolgung und der Leichtlöslichkeit des Harnstoffes nicht ausreichend erfüllt waren. Nach SCHEUNERT, KLEIN & STEUBER (1922) steigt der Harnstoffgehalt des Blutes, der bei einem Hammel einen Normalwert von 7,5 mg/ml hat, nach Verfütterung von 20 g Harnstoff auf 14,0 mg/ml und nach 40 g Harnstoffgabe auf 30,6 mg/ml. Als Abhilfe hatten SCHOENEMANN & APEL daher schon 1936 die Forderung erhoben, daß „der synthetische Stickstoff den Mikroorganismen im Pansen ohne jede Unterbrechung und in möglichst gleichmäßiger Konzentration zur Verfügung stehen muß".

Wenn die Wirkung der Amide, wie es nach den GARST'schen Versuchen naheliegt, weniger auf dem Bakterieneiweißzuwachs als vielmehr auf dem durch die erhöhte Bakterienmenge oder die gesteigerte Virulenz verstärkten Celluloseabbau und der dadurch verbesserten Ausnutzung des pflanzlichen Futters beruht, so gilt der vorstehende Gedankengang in gleicher Weise. Es ergäbe sich dann unter Umständen sogar die Möglichkeit, mittels einer relativ kleinen Amiddosis eine mehr als stöchiometrische Eiweißfutterwirkung, vielleicht sogar eine Art Wirkstoffeffekt zu erzielen. Angesichts der Tatsache, daß alle bisherigen Deutungen der Amidwirkung unbefriedigend sind, schien es uns auf jeden Fall notwendig, unsere Hypothese, daß das Amid den Bakterien im Pansen gleichmäßig dargeboten werden müsse, experimentell auf ihre Richtigkeit zu prüfen.

An sich wäre eine solche gleichmäßige Darbietung des Amidstickstoffes über alle 24 Stunden des Tages mit den heutigen technisch-industriellen Möglichkeiten durchaus erreichbar und zwar auf mehreren Wegen. Einmal könnten schwerlösliche Stickstoffverbindungen wie Carbonyldiharnstoff oder Glycocyamin hergestellt werden, deren Assimilierbarkeit bereits nachgewiesen wurde (SCHOENEMANN & APEL 1936), und die sich in der Pansenflüssigkeit nur in dem Maße bis zur Sättigung auflösen, wie sie daraus durch Assimilation verschwinden. Oder es könnten Amide in grobes und daher lange im Pansen verweilendes Pflanzenmaterial imprägniert werden, aus dem sie nur langsam wieder herausdiffundieren; dabei könnte die Diffusion noch durch Verpressen zu Pillen, was in den USA für Kraftfutter allgemein eingeführt ist, oder durch wasserabweisende Zusätze weiter herabgesetzt werden. Schließlich könnten die synthetischen Stickstoffverbindungen chemisch an das Pflanzenmaterial gebunden werden, wie bei den leicht assimilierbaren Stärkeureiden (SCHOENEMANN & APEL 1936) oder bei den in den letzten Jahren in den USA in großem Maßstabe untersuchten ammoniakierten landwirtschaftlichen Abfällen. Daß die letzteren sich in der bisherigen Form nicht bewährt haben, wird mehr auf die Bildung giftiger Ringverbindungen als auf mangelnde Verwertbarkeit zurückgeführt (LOOSLI 1954). Da aber die sichere Nuancierung aller dieser Maßnahmen einen sehr großen Aufwand erfordert hätte, sollte das Prinzip der gleichmäßigen Darbietung zunächst durch Modellversuche studiert werden.

B. Die Durchführung der Tierversuche

Das Ziel dieser Modellversuche war, die gleichmäßige Darbietung des Amids nicht durch Verfütterung schwerlöslicher Stickstoffpräparate, sondern durch gleichmäßige Zuführung von Harnstoff in den Pansen zu erreichen, was wesentlich einfacher erschien. Sie wurde an wachsenden Lämmern vorgenommen und zwar in einem ersten Versuch in sehr strikter Weise durch eine Dauerinfusion von Harnstofflösung und, da das Ergebnis den Erwartungen nicht entsprach, noch in einem zweiten Versuch unter weniger unnatürlichen Bedingungen durch quasi-kontinuierliche Darbietung des Harnstoffs in 4-stündigen Intervallen bei Tag und Nacht.

1. Die Dauerinfusion des Harnstoffes bei Schafen im Stoffwechselkäfig

a) Die Methodik

Der Versuch wurde als kombinierter Wachstums- und N-Retentionsversuch durchgeführt. Hammellämmer der Merino-Landschaf-Rasse, zwischen 20 und 28 kg Lebendgewicht, wurden in 3 Gruppen zu je 2 Tieren in Stoffwechselkäfigen aufgestellt:

1. eine Mangelgruppe mit nur Grundfutter,
2. eine Harnstoffgruppe mit stoßweiser Harnstoffdarbietung in täglich 2 Portionen,
3. eine Harnstoffgruppe mit gleichmäßiger Dauerinfusion. bei der 10%ige Harnstofflösung durch eine WIETZEL'sche Fistel[1]) aus einem hochgestellten Meßgerät direkt in den Pansen tropfte.

Der Versuch dauerte 100 Tage.

Die Rationen, die in Tab. 4 dargestellt sind, waren auf Grund der in einer vierwöchigen Vorperiode festgestellten Futteraufnahme proportional zum Lebendgewicht bemessen. Sie waren, entsprechend dem Mangel an Bewegung, im Stärkewert wie im Eiweiß knapper als die Fütterungsnorm (Zeile 9 und 19 gegen Zeile 28). Das verdauliche Rohprotein verteilte sich etwa hälftig auf das Grundfutter und den Harnstoff, der zu 92% ausnutzbar gerechnet wurde. Der Eiweißgehalt des Grundfutters war also sehr niedrig, was nur durch einen entsprechenden Anteil Stärke zu erreichen war. Der Schwefelbedarf wurde durch Methionin gedeckt.

Um den für Amidassimilation erforderlichen gewissen Stärkegehalt im Pansen dauernd aufrecht zu erhalten, wurde von der 5. Woche ab ein Teil der Stärke

---

[1]) Für deren Anlegung sind wir den Herren Prof. Dr. Dr. RÜCKERT und Dr. WESTPHAL in Darmstadt zu Dank verpflichtet.

durch gebrochenen Körnermais ersetzt, der weniger schnell abgeschwemmt wird. Von der 9. Woche ab wurden Stroh, Heu und Häcksel in zermahlener Form verfüttert. Die mangelnde Bewegung der Tiere wurde durch tägliche Massage auszugleichen versucht. Jeden dritten Tag wurde das Lebendgewicht festgestellt. Die Kot- und Harnmengen wurden täglich gesammelt. Im Kot wurde nach Trocknung und Vermahlung außer Stickstoff auch die Rohfaser bestimmt.

b) Der Versuchsverlauf

Die Gewichtsbewegungen der Gruppen sind in Abb. 3 dargestellt. Die Mangelgruppe zeigte einen stetigen Gewichtsverlust infolge zu geringer Futteraufnahme; ein Tier starb, das andere fraß nach (stoßweiser) Zufütterung von Harnstoff besser und konnte gerettet werden. (Eine ähnlich schnelle Verbesserung der Freßlust und des Allgemeinbefindens war bei unserem Versuche in Calabrien an einer Gruppe von durch Futtermangel sowie Maul- und Klauenseuche stark abgemagerten Rindern beobachtet worden.)

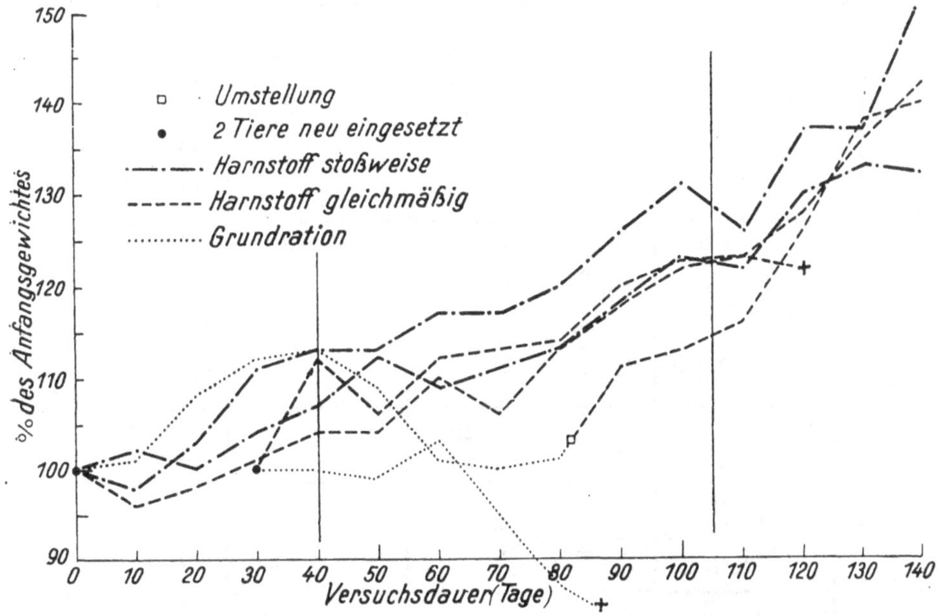

Abb. 3. Dauerinfusion des Harnstoffs bei Schafen im Stoffwechselkäfig
Gewichtskurven der Einzeltiere in Prozent des Anfangsgewichtes (von 18—26 kg)

Die Gewichtszunahme der beiden Harnstoffgruppen war in den beiden ersten Versuchsperioden völlig unbefriedigend und wies, entgegen der Erwartung, keinerlei Unterschied zwischen stoßweiser und gleichmäßiger Darbietung auf. Nachdem auch die Beifütterung von Körnermais daran nichts änderte, wurde nach den Angaben von SCHEUNERT & TRAUTMANN (1951) vermutet, daß die Schlundrinne durch die Reizwirkung der groben Futterpartikel reflektorisch längere Zeit geschlossen und durch den dadurch verursachten Stau des Pansen-

Tabelle 4. *Dauerinfusion des Harnstoffs bei Lämmern im Stoffwechselkäfig* — Tagesrationen berechnet für 25 kg Lebendgewicht

	1	2	3	4	5	6	7	8	9	10	11	12	13
Zeile	Futtermittel[1])	Verfüttert an Gruppe	Menge pro Tier und Tag g	Gew. % von Grundration +Harnstoff %	Trockenmasse % des Futtermittels %	Trockenmasse pro Tier und Tag g	Stärkewert % des Futtermittels %	Stärkewert pro Tier und Tag g	Rohprotein[2]) % des Futtermittels %	Rohprotein[2]) pro Tier und Tag g	Verdaulichkeit des Rohproteins %	Verdaul. Rohprotein % des Futtermittels %	Verdaul. Rohprotein pro Tier und Tag g
	Erster Teil vom 10. 4.—9. 5. 1951												
1	Futterrüben . . .	1, 2, 3,	860	55	10,1	86,8	5,5	48,1	0,9	7,75	65	0,58	4,98
2	Strohhäcksel . . .	„	245	15	89,4	219,0	18,1	44,5	4.8	12,00	46	1,93	4,72
3	Heuhäcksel	„	115	7	91,7	105,4	32,3	37,2	11,8	13,68	66	7,78	8,94
4	Stärke	„	260	16	86,5	224,9	100,0	260,0	0,6	1,75	75	0,45	1,17
5	Melasse	„	70	4	77,8	54,4	53,4	37,4	9,1	6,37	52	4,73	3,31
6	Methionin	„	0,7		100,0	0,7				0,37	100	100	0,37
7	Grundration . . .	1	1550,7			691,2		427,2		41,92			23,49
8	Harnstoff	2, 3	11	0,7	100	11,0				31,50	92	269	29,59
9	Grundration +Harnstoff . . .	2, 3	1561,7	97,7		702,2		427,2		73,42			53,08
	Zweiter Teil vom 10. 5.—24. 6. 1951												
10	Futterrüben . . .	1, 2, 3,	860	53,3	11,4	98,0	5,5	48,1	1,00	8,62	65	0,58	4,98
11	Strohhäcksel . . .	„	245	15,2	90,5	221,7	18,1	44,5	4,2	10,37	40	1,93	4,72
12	Heuhäcksel	„	115	7,1	90,1	103,6	32,3	37,2	10,4	12,06	66	7,78	8,94
13	Stärke	„	160	9,9	86,5	138,4	100,0	160,0	0,5	0,81	75	0,45	0,72
14	Mais	„	150	9,3	88,0	132,0	81,8	122,7	9,5	14,37	73	6,93	10,34

15	Melasse	1, 2, 3,	70	4,3	78,1	46,8	53,4	37,4	9,4	6,62	52	4,88	3,41
16	Methionin	„	0,7		100,0	0,7				0,37	100	0,37	0,37
17	Grundration . . .	1	1600,7			741,2		449,9		53,22			33,48
18	Harnstoff	2,3	11	0,6	10,0	11,0				31,50	92	269	29,59
19	Grundration +Harnstoff . . .	2,3	1611,7	99,7		752,2		449,9		84,72			63,07
	Dritter Teil vom 25. 6.—24. 7. 1951												
20	Strohmehl	2,3	460	48,2	89,7	412,6	18,1	83,7	5,2	24,12	40	2,08	9,56
21	Heumehl	„	60	6,2	89,4	53,6	32,3	19,4	18,4	11,06	66	12,14	7,28
22	Stärke	„	176	18,4	87,7	154,3	100	176,0	0,2	0,50	75	0,15	0,26
23	Mais, gemahlen . .	„	165	17,3	87,7	144,7	81,8	134,9	10,6	17,50	73	7,73	12,75
24	Melasse	„	80	8,3	78,1	62,4	53,4	42,8	9,5	7,62	52	4,94	3,95
25	Methionin	„	0,9		100,0	0,9				0,50	100	0,37	0.50
26	Harnstoff	„	11	1,1	100,0	11,0			287,0	31,50	94	269,0	29,59
27	Grundstoff +Harnstoff	„	952,9	99,5		839,5		456,8		92,80			63,89
28	Normalbedarf . . . nach KIRSCH (1949)					1000		600,0					125

[1]) mit normalem Wassergehalt
[2]) für andere Lebendgewichte entsprechend den Tabellen von KIRSCH (1949) abgeändert
[3]) Gesamt-N × 6,25

breies der Unterschied in der Art der Harnstoffdarbietung nicht wirksam werden konnte. Die daraufhin vorgenommene Vermahlung von Stroh und Heu brachte zwar eine stärkere, doch keine unterschiedliche Gewichtszunahme der beiden Gruppen. Kurz zuvor war ein stoßweise gefüttertes Harnstoff-Tier durch eine falsche Dosierung an einer akuten Ammoniakvergiftung unter den bekannten Krämpfen eingegangen. Die Protozoenzahl in den durch die enge Fistel nur unsicher zu entnehmenden Proben betrug bei den beiden Gruppen am Anfang des Versuches 1200 bzw. $1600/mm^3$ und am Ende 600 bzw. $800/mm^3$, was noch halbwegs normal ist.

Die N-Retention war während der ersten zwei Perioden bei stoßweiser Darbietung etwas schlechter als bei gleichmäßiger, sie betrug in der ersten Periode 21% gegen 25%, in der zweiten 22% gegen 30%. In der dritten Periode mit Strohmehl und Heumehl war sie dagegen bei stoßweiser Darbietung etwas besser, nämlich 28% gegen 23% und 33% gegen 29% (alles bezogen auf die verabfolgte N-Menge). Der Unterschied zwischen den beiden Darbietungsarten war also auch nicht charakteristisch.

Der Rohfasergehalt des Kotes, der bei jeder der beiden Harnstoffgruppen zwischen 28 und 31% der Trockensubstanz, und der Ligningehalt, der zwischen 27 und 29% der Rohfaser schwankte, deuteten ebenfalls nicht auf eine unterschiedliche Verdaulichkeit. Auch die Elektrophorese des Blutserums ergab keine klaren Unterschiede.

2. *Die quasi-kontinuierliche Harnstoffdarbietung an frei laufende Lämmer*

a) Die Methodik

Bei diesem Versuch strebten wir zum Unterschied gegenüber dem im Stoffwechselkäfig durchgeführten ersten Versuch möglichst normale Bedingungen an. Es wurde je eine Gruppe von 4 Schaflämmern aufgestellt und zwar:

1. mit Volleiweiß (Tiere Nr. 11–14)
2. mit nur Grundfutter (Tiere Nr. 21–24)
3. Harnstoff stoßweise verfüttert (Tiere Nr. 31–34)
4. Harnstoff quasi gleichmäßig verfüttert (Tiere Nr. 41–44).

Die Tiere, die ca. 30 bis 38 kg Lebendgewicht hatten, kamen in Einzelboxen von 2,5 m^2 Grundfläche. Die in Tab. 5 verzeichneten Grundfutterrationen wurden wiederum durch einen hohen Stärkeanteil eiweißarm eingestellt und zwar auf ca. 50% des Eiweißnormbedarfs. Das Grundfutter wurde in täglich zwei Portionen um 7 Uhr und 19 Uhr gereicht. Der Harnstoff wurde bei stoßweiser Darbietung oben auf die beiden Grundfutterrationen gestreut. Bei gleichmäßiger Darbietung wurde er in Intervallen von 4 Stunden Tag und Nacht verabreicht und zwar wurde, um für die Assimilation auch eine entsprechende Kohlenhydratmenge im Pansen zu gewährleisten, gleichzeitig je $^1/_6$ der Tagesration an Stärke ($^2/_3$), Trockenschnitzeln, Öl, Melasse und Mais mitverfüttert. Um auch bei den übrigen Gruppen zur selben Zeit eine ungefähr gleiche Störung der Pansenvorgänge wie bei der quasi-gleichmäßigen Harnstoffütterung zu verursachen, erhielten diese alle 4 Stunden $^1/_6$ der Maisration. Trinkwasser konnten die Tiere um 7 Uhr und 19 Uhr ad libitum nehmen. Die Ration wurde für jedes einzelne Tier

Tabelle 5. *Quasi-kontinuierliche Harnstoffdarbietung an frei laufende Lämmer*
Tagesrationen der Versuchsgruppen (berechnet für 30 kg Lebendgewicht) [7])

	1	2	3	4	5	6	7	8	9	10	11	12	13
	Futtermittel[1])	Verfüttert an Gruppe	Menge pro Tier und Tag g	Gew.-% der Grundration %	Trockenmasse % des Futtermittels %	Trockenmasse pro Tier und Tag g	Stärkewert[8]) % des Futtermittels %	Stärkewert[8]) pro Tier und Tag g	Rohprotein[10]) % des Futtermittels %	Rohprotein[10]) pro Tier und Tag g	Verdaulichkeit des Rohprot. %	Verdaul. Rohprot. % des Futtermittels %	Verdaul. Rohprot. pro Tier und Tag g
1	Heu[2])	sämtl. Gruppen	140	13	89	124	32,4	45	8,25	15,5	66	5,4	10,2
2	Haferstroh[3]) gemahlen . .	„ „	367	35	88	322	18,2	66	6,37	23,3	40	2,5	9,3
3	Zuckerrüben-Trockenschnitzel	„ „	97	9,2	87	84	10,2	9,8	8,62	8,3	56	4,8	4,6
4	Stärke	„ „	270	25,8	92	248	100,0	270	0,87	23,4	73[9])	0,6	17,5
5	Öl	„ „	21	2	100	21	80	16					
6	Melasse[4]) . . .	„ „	75	7,1	76	57	53,5	40	8,90	6,6	52	4,6	3,4
7	Mais[5])	„ „	86	8,2	86	74	81,8	70	9,30	7,9	73	6,7	5,7
8	Grundration . .	(21—24)	1046	100,3		930		516,8		85			50,7
9	Harnstoff[6]) (BASF) . .	(31—34) (41—44)	16,2	1,5		16,2			287	46,5	94		43,7
10	Grundration . . + Harnstoff .	(31—34) (41—44)	1062,2	101,8		946,2		516,8		131,5			94,4
11	Sojaschrot . . .	(11—14)	118	11,2	89	105	73,2	86,3	43	50,7	94	40,4	47,6
12	Grundration + Sojaschrot .	(11—14)	1143	109,5		1014		603,1		135,7			98,3
	Normalbedarf n. KIRSCH (1949)					1080		600—800					100

Pro Tier und Tag wurden zusätzlich gegeben: 4 g Salzmischung nach ROSE, 500 IE Vitamin A (Vogan) u. 100 IE Vitamin D (Vigantol)
Natürlicher Schwefelgehalt der Grundration 0,17% Zusätzliche S-Gabe: 0,5 g kolloidaler Schwefel pro Tier und Tag

1) normaler Wassergehalt 2) mittlerer Qualität 3) wie Kleie 4) Zuckerrübenmelasse 5) grob geschroten 6) techn. Harnstoff 46,0% × 6,25 = 287% Eiweißäquivalent 7) für andere Lebendgewichte entsprechend den Tab. v. KIRSCH (1949) abgeändert 8) nach KIRSCH (1949) 9) geschätzte Annahme - kein Anhalt in der Literatur 10) Gesamt-N × 6,25

entsprechend den Futtertabellen von KIRSCH (1949) nach dem Lebendgewicht bemessen.

b) Der Versuchsverlauf

Der Versuch verlief programmäßig und ohne wesentliche Störungen. Der Futterverzehr betrug bis auf 4 Tiere, von denen (auffälligerweise) 2 auf die Mangelgruppe entfielen, praktisch 100% der Sollration. Die Gewichtsbewegungen sind in Abb. 4 als prozentuale Zunahme bezogen auf die Anfangsgewichte jeder Gruppe (Volleiweiß 34 kg, nur Grundration 37 kg, Harnstoff stoßweise 36 kg, Harnstoff gleichmäßig 35 kg) dargestellt.

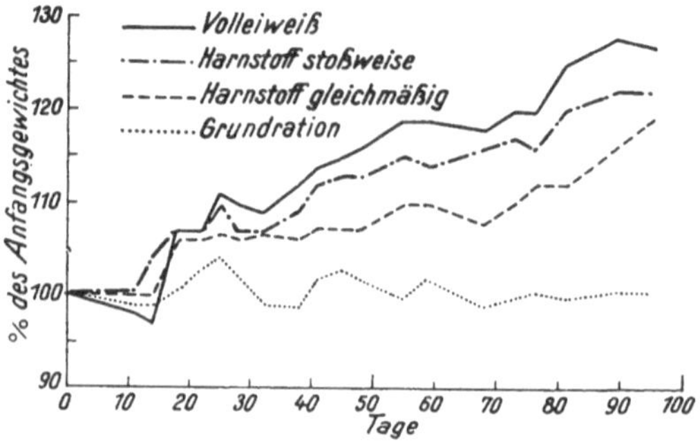

Abb. 4. Quasi-kontinuierliche Harnstoff-Darbietung an frei laufende Lämmer Durchschnittsgewichte der Versuchsgruppen in Prozent des Anfangsgewichtes

Die Gruppe mit nur der Grundration wies über die ganze Versuchsdauer von 97 Tagen praktisch keine Gewichtszunahme auf. Die Volleiweißgruppe zeigte mit 127% des Anfangsgewichts ein normales Wachstum, die stoßweise gefütterte Harnstoffgruppe erreichte mit 122% vier Fünftel, die gleichmäßig gefütterte Harnstoffgruppe mit 118% aber nur zwei Drittel des durch Volleiweiß erzielten Zuwachses. Die Schulterhöhe wies keine charakteristischen Unterschiede auf.

Die Verdaulichkeit des Rauhfutters beurteilten wir nach der Zunahme des Ligningehaltes des Kotes. Nach Tab. 6 ist der Ligningehalt und somit die Verdaulichkeit bei Volleiweiß am größten und bei der Grundration am geringsten. Bei Harnstoff liegt sie, unabhängig davon, ob dieser stoßweise oder gleichmäßig dargeboten wurde, in der Mitte. Bezeichnend ist, daß die Verdaulichkeit bei den beiden Harnstoffgruppen erst nach 10 Tagen zunahm und daß die Verdaulichkeit bei der Grundfuttergruppe in der Nachperiode nach Umstellung auf Harnstoff (14. V. und 28. V.) den gleichen Wert wie bei den Harnstoffgruppen erreichte.

Das Ergebnis der Blutserumuntersuchungen durch Elektrophorese [1]) zeigte zwar gewisse Unterschiede zwischen den Gruppen, die aber mangels ausreichender Vergleichsmöglichkeit mit Standardwerten nicht gedeutet werden konnten.

---

[1]) Diese wurden in dankenswerter Weise von Herrn Prof. Dr. GRASSMANN, Regensburg, ausgeführt.

Tabelle 6. *Quasi-kontinuierliche Harnstoffdarbietung an frei laufende Lämmer*
Ligningehalt des Kotes (die Einzelanalysen sind zu einem Gruppendurchschnitt zusammengefaßt)

Gruppe	21. II.	10. III.	19. III.	27. III.	9. IV.	17. IV.	14. V.	28. V.
Volleiweiß	—	30,0	35,6	36,6	37,1	37,1		
Grundration	—	28,3	27,3	27,3	27,6	27,6	(34,6*)	(33,1*)
Harnstoff, stoßweise . .	26,8	26,9	34,3	34,3	34,5	34,5		
Harnstoff, gleichmäßig .	27,6	27,2	34,5	34,5	34,8	34,8		

*) Nach Umstellung auf Harnstoff-Fütterung.

Am sichersten ließen sich die einzelnen Versuchsgruppen auf Grund der Ausschlachtung jeweils eines für die betreffende Gruppe typischen Tieres beurteilen. Zwar zeigten weder die Gewichte der Körperteile und Organe, noch deren prozentuelle Anteile am Lebendgewicht, nennenswerte Unterschiede, desto größer und überzeugender aber waren diese nach dem Augenschein. Die veterinärmedizinische Beurteilung, die ohne vorherige Bekanntgabe der Zusammenhänge erfolgte, lautete folgendermaßen:

Nr. 14 (Volleiweiß): Bestes Tier der Schlachtung; Muskulatur gut ausgebildet und mit Fett durchsetzt.

Nr. 24 (Grundration): Mager im Muskelfleisch, viel schlechter als die Tiere Nr. 14, 34 und 44.

Nr. 34 (Harnstoff stoßweise): Guter Durchschnitt; etwas schlechter als Nr. 14, aber besser als 44.

Nr. 44 (Harnstoff gleichmäßig): Gleichmäßige normale Qualität; aber etwas geringer als Nr. 34.

Die Organe waren bei allen Tieren ohne pathologische Befunde. Dieser Beschreibung entsprach auch der Wassergehalt der Muskulatur (72, 77, 74, 77%).

Die histologische Untersuchung von Proben der Leber, der Niere und des Muskelgewebes ergab ebenfalls keine pathologischen Befunde und keinen Unterschied zwischen den einzelnen Tieren.

Das von Proben aus dem strömenden Blut hergestellte Blutbild war bei allen Tieren normal.

Bei den Pansen war der Füllungsgrad wenig unterschiedlich; die Konsistenz war bei nur Grundfutter deutlich am festesten und trockensten, bei Volleiweiß mehr breiig, bei den Harnstoffgruppen lag sie dazwischen.

Die Bakterienflora ist in Abb. 5 durch Ausstriche dargestellt. Bei der Beurteilung wurden wir freundlicherweise durch Frau Dr. L. GALL von den National Dairy Research Laboratories Inc., Oakdale, Long Island, unterstützt, welche die beste Kenntnis der Pansenflora hat, insbesondere der bei den amerikanischen Harnstoffversuchen beobachteten. Die Zahl der im Pansensaft suspendierten Bakterien war, Ketten und Haufen sinngemäß gedeutet, bei allen Tieren mit Ausnahme des Mangeltieres, ungefähr gleich, was mit der allgemeinen Erfahrung in Amerika übereinstimmt. Im einzelnen zeigt das Volleiweiß-Tier (Abb. 5a) das für reichliche Ernährung typische Bild, wobei lediglich die Zahl der von BAKER (1942) beschriebenen asteroiden Formen etwas größer war. Die Population des mit Harnstoff stoßweise ernährten Tieres (Abb. 5c) war davon nur wenig verschieden. Das Mangel-Tier (Abb. 5b) wies dagegen eine ausgesprochen artenarme Flora auf, bei der außer den Kokken und Kokkenketten die für schlechte Ernährung typischen Stäbchenformen hervortraten. Die gleichmäßige Harnstoffdarbietung brachte eine zwischen Mangel- und Volleiweiß liegende Population hervor (Abb. 5d). Jedenfalls kam die stoßweise Harnstoffernährung

Abb. 5. Quasi-kontinuierliche Harnstoffdarbietung an frei laufende Lämmer
Bakterienflora aus dem Pansen der Schlachttiere am Ende des Versuches

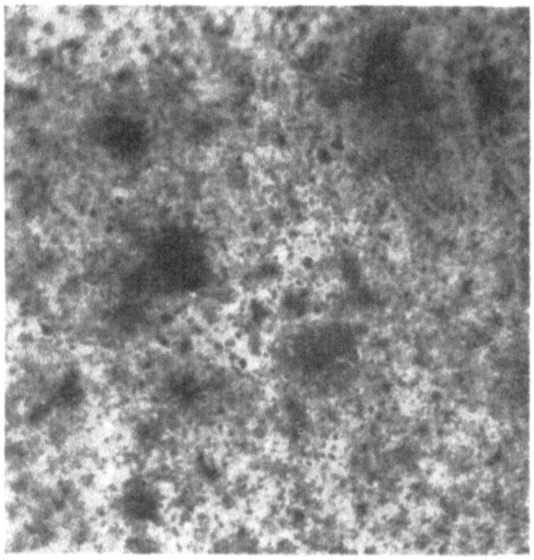

a) Volleiweiß-Gruppe

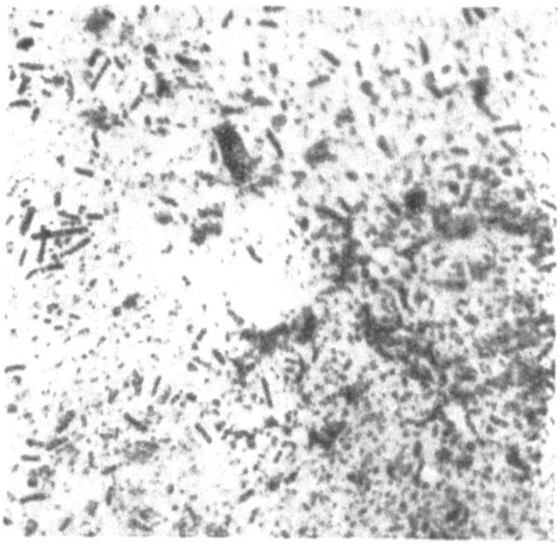

b) Grundration-Gruppe

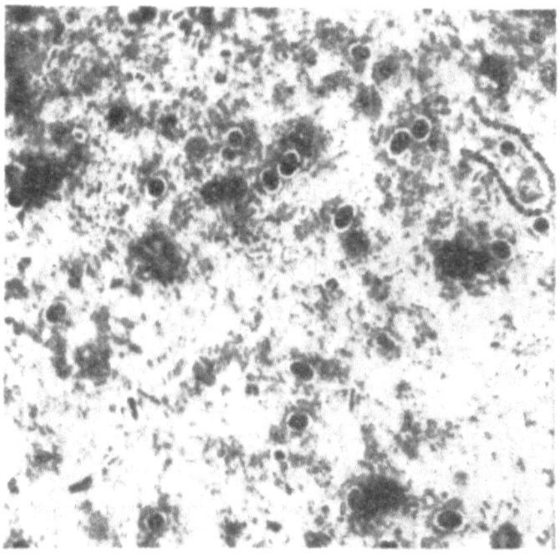

c) Gruppe Harnstoff stoßweise

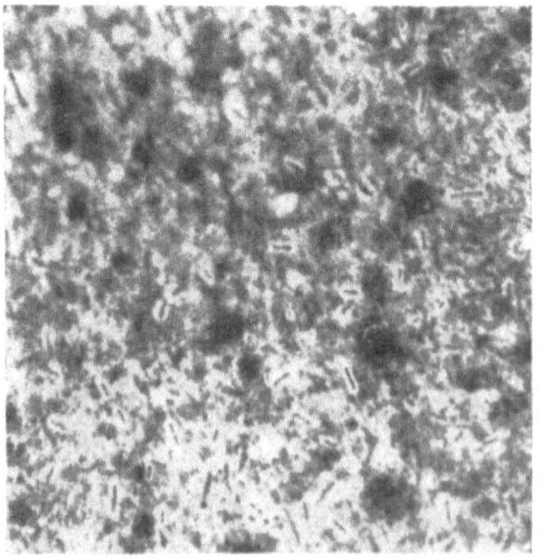

d) Gruppe Harnstoff gleichmäßig

der Volleiweißernährung sehr nahe, während die gleichmäßige Harnstoffdarbietung deutlich schlechter war.

3. Die Deutung der eigenen Harnstoffütterungsversuche

Die Frage, ob der Harnstoff überhaupt eine Wirkung hat, konnte bei unseren Versuchen eindeutig bejaht werden. Die Vergleichsversuche mit freilaufenden Lämmern haben nach allen Kriterien, wie Wachstum, Celluloseverdauung, Bakterienflora und Ausschlachtungsbefund ein übereinstimmendes Bild ergeben, das seinerseits in der Abstufung der Ergebnisse mit dem Dauerinfusionsversuch übereinstimmt. In beiden Versuchen ist die Verbesserung der Harnstoffgruppen gegenüber den Mangelgruppen ganz augenscheinlich. Es bleibt aber wiederum offen, ob das Schwergewicht der Wirkung im Bakterienzuwachs oder im verstärkten Celluloseabbau liegt. Für die letztere Annahme ergaben sich zwar Hinweise, doch waren sie nicht so klar, daß sie für eine Erklärung des Mehrzuwachses allein genügen.

Bezüglich der von uns im Hinblick auf praktische Maßnahmen gestellten speziellen Frage nach der zweckmäßigen Art der Darbietung des Harnstoffes hat das Ausbleiben einer besseren Wirkung bei gleichmäßiger Darbietung unsere ursprüngliche Erwartung nicht erfüllt. Es muß offen bleiben, wie weit beim ersten Versuch die Fisteloperation, die nur bei den Tieren mit Dauerinfusion vorgenommen wurde, deren Pansenfunktion beeinträchtigt hat. Beim zweiten Versuch entfällt zwar dieser Einwand, aber dafür ist die Harnstoffdarbietung nicht strikt gleichmäßig gewesen.

Wenn die gleichmäßige Darbietung nicht besser gewirkt hätte als die stoßweise, sondern nur gleich, dann könnte man sich vorstellen, daß die groben Fasern einen reflektorischen Reiz auf die Schließmuskulatur der Schlundrinne ausgeübt haben, wodurch der sonst nach unserer Vermutung schnell ausfließende Harnstoff im Pansen länger zurückgehalten und mehr oder weniger vollständig chargenweise umgesetzt wurde. Aber hiergegen spricht nicht nur der Umstand, daß sich im ersten Versuch nach der Umstellung auf gemahlenes Rauhfutter kein Unterschied zeigte, sondern noch mehr, daß die gleichmäßige Darbietung gegenüber der stoßweisen in beiden Versuchen bezüglich aller Kriterien (und gerade auch der Bakterienflora) eine deutliche Verschlechterung brachte. Danach ist sogar ein unmittelbar schädlicher Einfluß der gleichmäßigen Darbietung des Harnstoffs anzunehmen.

In dieser Situation ergibt sich eine Deutung unserer Versuche und darüber hinaus ein neues Moment für die Gesamtbeurteilung der Amidfütterung aus den Untersuchungen von HUFMANN: Nach diesen nimmt die Bakterienzahl in den ersten Stunden nach der Fütterung deutlich zu und sinkt später wieder ab. Reaktionskinetisch ausgedrückt bedeutet dies, daß in den ersten Stunden die Reaktionsgeschwindigkeit zunimmt. Nun wirkt sich bei einer Reaktion erster Ordnung, wie sie hier bei dem starken Einfluß der Diffusionsvorgänge anzunehmen ist, eine Erhöhung der Reaktionsgeschwindigkeit sehr viel günstiger auf den chemischen Umsatz aus als eine Verlängerung der Verweilzeit. Dazu kommt noch die weitere Feststellung, daß der Stärkeabbau erst später sein Maximum erreicht, während der Celluloseabbau sich auf die ersten Stunden konzentriert.

So unterliegt die biologische Eiweißsynthese aller Wahrscheinlichkeit nach einem ausgesprochenen Rhythmus, bei dem also eine gleichmäßige Darbietung des Harnstoffs keinen Vorteil bringt, sondern vielleicht sogar störend wirkt.

Als wichtigstes Ergebnis unserer eigenen Versuche sehen wir an, daß die stoßweise Verabreichung des synthetischen Amids zusammen mit der normalen Fütterung der gleichmäßig über alle 24 Stunden anhaltenden Verfügbarkeit im Pansen überlegen ist. Der in der Praxis einfachste Weg ist vorerst noch zugleich der beste. Das Gesetz der chemischen Reaktionskinetik, nach welchem sowohl die biologische Eiweißsynthese wie auch der Celluloseabbau einmal durch die effektive Verweilzeit der reagierenden Stoffe in dem Reaktionsgefäß Pansen und weiter durch die Reaktionsgeschwindigkeit als solche bestimmt werden, gilt natürlich nach wie vor. Doch unsere Arbeitshypothese, daß die chemische Reaktionsfähigkeit, das ist hier die Zahl und die Aktivität der Bakterien, annähernd konstant ist, und daß die Amidassimilation sowie der Celluloseaufschluß sich durch eine größere Gleichmäßigkeit der Verweilzeit des Amids im Pansen verbessern lassen, bedarf der Revision.

4. Das Studium des chemischen Umsatzes an einem Ochsen mit Pansenfistel

Der Versuch, die Grundvorgänge des Pansens für das Amidproblem nach der quantitativen Seite hin zu erfassen, ist so schwierig und neuartig, daß es nicht möglich ist, ein Versuchsprogramm gleich mit Fragestellungen zu beginnen, die unmittelbar auf das Amidproblem gerichtet sind. Es ist vorerst kaum möglich, sich überhaupt eine halbwegs klare Vorstellung zu bilden, welcher der oben diskutierten Faktoren, die effektive Verweilzeit oder die Reaktionsgeschwindigkeit, bei einer chemischen Umsetzung, die sich in einem so heterogenen Milieu wie der Pansenfüllung vollzieht, entscheidend ist. Die Bedeutung der Durchgangszeit und der Durchgangsgeschwindigkeit des Futters im Verdauungstraktus ist von MANGOLD (1951) und seiner Schule schon frühzeitig erkannt worden. Für eine Reihe von Tieren liegen ausreichende Werte dieser Faktoren vor. Aber besonders die Untersuchungen von COLUMBUS (1934) zeigen deutlich die großen Unterschiede, die sich bei den verschiedenen Futterarten einstellen. So lassen sich hieraus kaum zahlenmäßige Unterlagen für die Berechnung des chemischen Umsatzes bei der Amidfütterung entnehmen, bei der es gerade auf die Kenntnis der jeweils vorhandenen Menge der flüssigen und festen Anteile des Panseninhaltes ankommt.

Nachdem der von uns bei den oben dargestellten Fütterungsversuchen eingeschlagene sozusagen deduktive Weg keinen Anhalt über den Wirkungsmechanismus der Amidumsetzung gebracht hat, entschlossen wir uns, die Analyse einzelner Faktoren des Pansengeschehens zu versuchen. Durch ihre Kenntnis hofften wir, Anhaltspunkte für eine bessere Wirkung der Amidfuttermittel zu gewinnen. Wenn wir auch hierbei infolge der Erkrankung des Versuchstieres an Tuberkulose über ein erstes Tasten nicht hinausgekommen sind, so sollen die wenigen Zahlen unserer Versuche doch nachstehend mitgeteilt werden, weil sie vielleicht als Vergleichsmaterial in einem größeren Zusammenhang noch einen Wert haben können.

Tabelle 7. *Studium des chemischen Umsatzes an einem Ochsen mit Pansenfistel*

Tagesration des Ochsen

	1	2	3	4	5	6	7	8	9
				Trockenmasse		Stärkewert		Rohprotein	
	Futtermitte	Menge pro Tag g	Gew.% der Grundration %	% des Futtermittels %	pro Tag g	% des Futtermittels %	pro Tag g	% des Futtermittels %	pro Tag g
1	Heu	2 500	23,7	90	2 250	32,4	810	8,4	210
2	Strohhäcksel .	1 500	14,3	89	1 335	18,0	270	6,2	93
3	Trockenschnizel	1 500	14,3	88	1 320	10,2	153	8,7	131
4	Melasse . . .	500	4,7	76	380	53,5	267	8,9	44
5	Hafer	500	4,7	86	430	63,2	316	10,8	54
6	Rüben	4 000	38,0	10	400	5,6	224	0,9	36
7	Harnstoff . . .	50	0,4	100	50			287,0	
8	Tränkwasser .	10 000							
9	Gesamtmenge .	10 550	100,1		6 165		2040		568 +287

a) Methodik

Als Versuchstier stand uns ein eineinhalbjähriger Ochse mit handtellergroßer Pansenfistel (Verschlußmethodik s. KILIAN 1955) zur Verfügung. Er erhielt während der halbjährigen Versuchszeit täglich die in Tab. 7 zusammengestellte Ration, die zwar knapp bemessen war — damit sie restlos gefressen wurde —, aber auch einen annähernd gleichen Füllungszustand des Pansens brachte. Der Ochse bekam um 8^h morgens genau 10 l Tränkwasser, wobei ein gelegentlich nicht aufgenommener Rest durch die Fistel eingegeben wurde. Für die Bestimmung des flüssigen Panseninhaltes durch Konzentrationsmessungen waren uns enge Grenzen gezogen. Die benutzten Markierungssubstanzen sollten keine unphysiologischen Nebenwirkungen haben, sie mußten für analytische Reihenuntersuchungen geeignet sein und durften nicht von den Feststoffen adsorbiert werden. Wir haben es mit Lösungen von Eisensaccharat, Evans-Blau, Acridinorange und Kaliumsulfat versucht, sind aber damit nicht zu brauchbaren Resultaten gekommen.

b) Die Beobachtungen über die Futterverteilung im Pansen

Um eine Vorstellung über die Gültigkeit der aus dem Pansen entnommenen Proben zu haben, mußten wir zunächst feststellen, wie weit bzw. wie schnell sich das aufgenommene Futter mit dem Panseninhalt vermischt, d. h. ob dieser mehr homogen oder mehr geschichtet ist. Für letzteren Zustand gaben BURROUGHS, GERLAUGH, SILVER & SCHALK (1946) Hinweise. Um die Verteilung von stoßweise verabreichtem Futter zu kontrollieren, gaben wir Testfüttermittel, die mit Diamantfuchsin gefärbt waren, durch die Fistel in den Pansen und bestimmten deren Konzentration in laufend an verschiedenen Stellen des Pansens entnommenen Proben (vergl. Abb. 6). Tabelle 8 gibt hierfür Beispiele einer typischen Versuchsreihe.

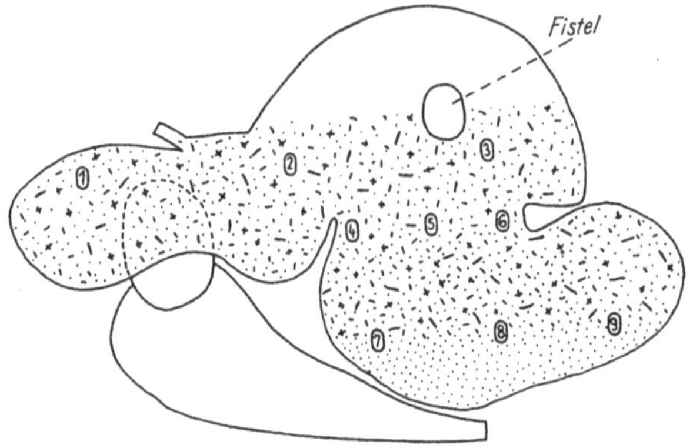

Abb. 6. Studium des chemischen Umsatzes an einem Ochsen mit Pansenfistel. Schema der Verteilung von Faserstoffen und Flüssigkeit (punktiert) 1—9 Orte der Probenahmen für die Untersuchungen der Verweilzeit des festen und flüssigen Panseninhaltes (unter Benutzung der Abb. 9 von SCHEUNERT & TRAUTMANN 1951)

Tabelle 8. *Studium des chemischen Umsatzes an einem Ochsen mit Pansenfistel*
Verteilung verschiedener Futtermittel im Pansen in Abhängigkeit von der Zeit

Durchschnittswerte aus jeweils 6 Versuchsreihen

	1	2	3	4	5	6	7
	Futtermittel	Prozentgehalt der Pansenproben nach 4 Stunden			Prozentgehalt der Pansenproben nach 8 Stunden		
		oben	Mitte	unten	oben	Mitte	unten
1	Mais	0,36	0,82	0,75	0,63	0,57	0,83
2	Strohhäcksel . .	0,59	0,91	0,57			
3	Trockenschnitzel	0,29	0,22	0,16	0,31	0,23	0,17

Als maßgeblich für die Lagerung eines Futtermittels an einer bestimmten Stelle des Pansens erwiesen sich das spezifische Gewicht, die Gasfüllung einzelner Partikel bzw. ganzer Futterklumpen und die Länge der Halme. Die Eigenbewegungen des Pansens haben nur einen modifizierenden, aber keinen entscheidenden Einfluß. Bei einer Ration, deren volumenmäßig größter Anteil aus Rauhfuttermitteln besteht, bilden sich im Pansen zwei deutlich unterscheidbare Hauptzonen aus, eine untere, praktisch feststofffreie Flüssigkeitsschicht und das darauf schwimmende Faserpolster. Alle auf Grund ihrer physikalischen Eigenschaften in dem Polster verbleibenden Futtermittel werden innerhalb von 4 Stunden relativ gleichmäßig in diesem verteilt und durch die Pansenkontraktionen je nach dem Füllungszustand des Pansens entweder mühlsteinartig mit dem Polster umgewälzt oder innig in diesem verknetet. Alle zerkleinerten und weitgehend aufgeschlossenen Teilchen werden von der Flüssigkeit aus dem Polster ausgespült und bleiben in dieser suspendiert. Auf diese Weise gelangen beim Wiederkauen durch den Ructus hauptsächlich die groben Futteranteile in das Maul, während Körner schon sehr schnell auf den Boden des Pansens absinken. Ausschließliche Grünfuttergaben bedingen eine suppenartige Konsistenz des flüssigen Panseninhaltes, der infolgedessen in seiner Gesamtheit leicht und schnell durchmischt wird. Da Amidfuttermittel naturgemäß vorzugsweise zu Rationen gegeben werden, die einen hohen Rauhfutteranteil haben, liegen im Pansen ähnliche Bedingungen vor, wie sie in chemischen Apparaten beim Umsatz von Flüssigkeiten an nicht fest angeordneten Katalysatorkörnern bestehen. Mangels eigener Verdauungsenzyme im Pansen müssen die Bakterien als Katalysator angesehen werden. BAKER (1943) weist darauf hin, daß zwischen einer speziellen Fauna der freien Flüssigkeit und der auf den Futterfasern festsitzenden unterschieden werden muß. Wir wissen noch nicht, in welchem der beiden Bereiche die Amidverwertung ihr größtes Ausmaß erreicht, und damit bleibt es auch unklar, ob es mehr auf die Fähigkeit der Bakterien zur Amidassimilation oder auf eine längere Verweilzeit der Amide im Pansen ankommt.

Da die bakterielle Eiweißsynthese an die Gegenwart geeigneter Kohlenhydratquellen gebunden ist, gewinnt die Kenntnis der Verdauungsgeschwindigkeit der einzelnen Futterkomponenten erhöhte Bedeutung und ist eine Voraussetzung für die rechnerische Erfassung des Amidumsatzes.

c) Die Unterschiede des bakteriellen Celluloseabbaues im Faserpolster und in der Flüssigkeitszone des Pansens

Bei der zonenweisen Verteilung der Futterkomponenten im Pansen war zu vermuten, daß in den einzelnen Bereichen auch unterschiedliche Bedingungen für den bakteriellen Aufschluß bestehen. Da hierüber praktisch keine Literaturhinweise vorliegen, haben wir eine Reihe von orientierenden Versuchen mit Maiskörnern und mit handelsüblichem Zellstoff unternommen.

Kleine Mengen von Futtermitteln wurden in Säckchen aus Müllergaze (2 XXX), die durch Schnüre und Gewichte an bestimmten Stellen im Faserpolster bzw. in der freien Flüssigkeit festgehalten wurden, in den Pansen eingebracht. Die nach bestimmten Zeiten festgestellte Gewichtsabnahme wurde als bakterieller Abbau angesehen (Tab. 9). Wenn bei diesen Verdauungswerten auch die Ein-

Tabelle 9. *Studium des chemischen Umsatzes an einem Ochsen mit Pansenfistel*
Vergleich der Verdauungsgeschwindigkeit im dorsalen und ventralen Pansensack

1	2	3	4
Futtermittel	Pansenregion	Verdauter Anteil des Futtermittels in Prozenten des Anfangsgewichtes nach 8 Std.	nach 24 Std.
Mais	dorsal	13	45
	ventral	18	61
Zellstoff	dorsal	0	2
	ventral	0	15

schränkung zu machen ist, daß sie wegen der mehr oder weniger fest eingeschlossenen Testproben nur relativ sein können, so ist der bessere Aufschluß in der Flüssigkeitszone doch so deutlich, daß er auch für die darin suspendierten Futterteile Bedeutung haben muß. Diesem Befund entspricht auch die Verteilung der Bakterienmenge; Pansenflüssigkeit aus dem oberen Bereich enthielt an Bakterientrockensubstanz 0,010 g/ml und solche aus der Bodenzone 0,039 g/ml.

d) Die Verweilzeit des festen und des flüssigen Panseninhaltes

Wenn wir die Frage nach der Durchgangszeit des Futters im Pansen in Hinblick auf den Amidumsatz stellen, dann kommt es auf die Kenntnis der mittleren Verweilzeit und auf das Verhältnis zwischen Harnstoff-N und bakteriell leicht verwertbarem Kohlenhydrat an. Dabei ist die Menge des pro Zeiteinheit aus dem Pansen abgegangenen Futters ein Maß für seine Ausnutzung, denn unaufgeschlossenes Rauhfutter wird normalerweise im Pansen zurückgehalten.

Wir bestimmten die Verweilzeit einer Anzahl typischer Futtermittel, wie Stroh, Trockenschnitzel, Mais- und Haferkörner, in der Weise, daß wir mit Diamantfuchsin gefärbte Proben in bestimmter Menge durch die Fistel in den Pansen gaben und in Abständen von jeweils 4 Stunden durch Proben des Panseninhaltes den jeweiligen Prozentgehalt der Einzelkomponenten feststellten. Das bei jeder Probenahme vorliegende Gesamtvolumen des Pansens wurde aus der Verdünnung ermittelt, die eine zweite Markierungssubstanz im Pansen erfuhr.

Das Ergebnis von drei Versuchen über die Verweilzeit von Stroh, Mais, Trockenschnitzeln und Hafer ist in Tabelle 10 zusammengestellt. Mais und Trockenschnitzel nehmen deutlich stärker ab als Stroh, was auch zu erwarten war. Infolgedessen ist die Abnahme der Gesamt-Trockensubstanz, die im wesentlichen durch den Rauhfutteranteil bedingt ist, nur gering. Die Verweilzeit des flüssigen Panseninhaltes konnten wir nicht einmal annähernd bestimmen, da schon die

Tabelle 10. *Das Studium des chemischen Umsatzes an einem Ochsen mit Pansenfistel*
Verweilzeit markierter Futtermittel im Pansen

1	2	3	4	5	6	7	8	9	10	11	12	13
Uhrzeit	Gesamt-Trockensubstanz des Pansens g				Stroh g			Mais g		Trockenschnitzel g		Hafer g
Vers.-Nr.	a	b	c	Mittel	a	b	c	a	b	a	b	a
8 h	3162	3973	3835	3656	114	188	196					
12 h	2779	3438	3201	3139	125	160	192	414*)	404*)			343*)
16 h	3042	3107	3176	3108	108	166	182	66	62	221*)	160*)	151
20 h	2705	2820	3070	2831	129	120	168	26	24	97	116	126

*) Ausgangsmenge der markierten Futtermittel.

Analysen zur Volumenbestimmung innerhalb von 15 Minuten sehr unterschiedliche Werte zwischen 40 und 150 l ergaben, was nur durch methodische Fehler zu erklären ist.

Bei einer einmaligen restlosen Ausschöpfung des Panseninhaltes stellten wir 12 Stunden nach Aufnahme der halben Tagesration einen Gesamtinhalt des Pansens von 24,0 kg fest, davon entfielen 3,7 kg auf die Trockensubstanz der Fasern und 20,3 kg auf die Flüssigkeit einschließlich der gelösten Stoffe. Da die Trokkenmasse in der halben Tagesration 1792 g betrug, ist anzunehmen, daß nach 24 Stunden mehr als 50% den Pansen bereits verlassen haben. Für den vorwiegend aus Grobfasern bestehenden Rest dauert, wie aus den Untersuchungen von COLUMBUS (1934) hervorgeht, der Übergang in Psalter und Labmagen bis zu 5–10 Tagen.

V. Die neuen Ansatzmöglichkeiten für die nächste Etappe der Amidfütterung

Wenn man angesichts dieser Situation nach neuen Ansatzmöglichkeiten für eine Verbesserung der Amidfütterung sucht, dann ergeben sich nach unserer Auffassung zwei Wege: Einmal läßt sich unter speziellen Fütterungsbedingungen, wie GARST (1950) gezeigt hat, schon heute ein wirtschaftlicher Erfolg erzielen, wobei man eine Ausweitung auf analoge Fälle anstreben könnte. Aber auch die systematische Forschung mit dem Ziel einer allgemeinen Anwendbarkeit der Harnstoff-Fütterung scheint uns noch nicht erschöpft zu sein, und wir hoffen, dies an einigen Punkten unserer Darstellung gezeigt zu haben.

Nachdem schon KREBS (1937) feststellte, daß die Amidverfütterung in irgend einer Weise günstig wirkte, können wir heute schon den nächsten Schritt, nämlich die grundsätzliche Möglichkeit der bakteriellen Eiweißsynthese durch Nichteiweiß-Stickstoff als erwiesen ansehen. Danach erhebt sich zwingend die Forderung nach einer Erweiterung unserer Kenntnis über alle im Pansen vorkommenden Bakterienarten und zum andern, im Hinblick auf deren physiologische Leistungen, über die Möglichkeiten ihrer Beeinflussung. Daß die Bakterienpopulation auf äußere Einflüsse reagiert, zeigt ihre schnelle Veränderung in Abhängigkeit vom Futter.

So wie beim menschlichen Säugling das Bakterium bifidans ein Indikator für optimale Verhältnisse im Darmtraktus ist, so gibt es auch im Wiederkäuerpansen charakteristische „Leitformen", von denen als auffälligste Oscillospira guilliermondi bei gutem Weidefutter auftritt.

Das rhythmische Wachsen der Bakterienpopulation und das stoßweise Auftreten größerer Mengen Ammoniak bei verschiedenen Eiweißfuttermitteln fordern eine erneute Überprüfung, ob die gleichmäßige Harnstoffdarbietung Notwendigkeit oder sie im Gegenteil eventuell der Grund des Versagens dieser Fütterungsmethode ist. Im einzelnen kennen wir noch nicht die Relationen, die zwischen den rhythmischen Abläufen der Futterverwertung bestehen.

Ein hoher Umsetzungsgrad läßt sich auf zwei Wegen erreichen: Entweder durch lange und gleichmäßige Verweilzeit bei relativ niedriger Reaktionsgeschwindigkeit (geringer NH_3-Umsatz der Bakterien pro Zeiteinheit) oder durch kurze Verweilzeit und hohe Reaktionsgeschwindigkeit (schneller bakterieller Umsatz von NH_3). Wenn es gelingt, in diese Zusammenhänge einen Einblick zu gewinnen, dann dürfen wir nicht nur für die Amidfütterung speziell, sondern auch für die Futterverwertung ganz allgemein eine Steigerungsmöglichkeit erwarten.

Nach wie vor bleibt auch die Forderung nach der Suche von Bakterienstämmen mit bevorzugter Amidverwertung bestehen, und es müßte notfalls versucht werden, solche Stämme als Mutanten zu erhalten.

Die mikrobiologischen Untersuchungen dürfen sich aber nicht nur auf die rein bakterielle Amidverwertung beschränken, sondern müssen sich auf alle Organismen erstrecken, für die der Pansen Lebensmöglichkeit bietet und die eventuell auch als Wirkstofflieferanten in Frage kommen. Daß letzteres möglich ist, haben KLEIN & MÜLLER (1941) durch die Ansiedlung von Candida Reukaufii im Pansen gezeigt, ein Phänomen, das dringend weiter untersucht werden müßte.

Völlig unbeachtet blieb bisher die Frage, wie die Futterverwertung im Labmagen und Darm durch Amidgaben beeinflußt wird, obwohl doch hier erst die Ausnutzung des im Pansen zugewachsenen Bakterien-Eiweißes möglich ist.

Es müssen auch spezielle Möglichkeiten der Amidfutterverwertung, wie z. B. die Hemmung der Bakterien-Urease durch Ascorbinsäure (JACOBSON & MIRABEAU 1948), die Verzögerung der Hydrolyse des Harnstoffes durch Phosphat (HARMON & NIEMANN 1949), die günstige Wirkung des Schwefels bei Amidfütterung (LOOSLI 1945), die hormonale Steuerung des Grundumsatzes u. a. m. verfolgt werden.

Aus der großen Zahl der Fütterungsversuche mit den verschiedensten Rationen läßt sich deutlich erkennen, daß es wesentlich auf die Wahl des Kohlehydratanteiles ankommt, d. h. es muß offensichtlich ein genügend hoher Anteil desselben schnell zur Verfügung stehen. Experimentell hat man deswegen meist Stärkezusätze verwendet und für die praktische Fütterung hat sich Melasse troz ihres relativ hohen Preises bewährt, bzw. sie ist vorerst einfach die Voraussetzung für eine günstige Wirkung der Amidfütterung. Hier müßten Versuche einsetzen, durch industrielle Maßnahmen billiges Cellulosematerial so aufzuarbeiten, daß es in seiner Futterwirkung verbessert wird. Wenn man bedenkt, daß die Verdauungswerte für die meisten Rauhfuttermittel bei ihrem Rohprotein- und Rohfasergehalt unter 50% liegen, dann erscheinen uns hier noch unausgenutzte Verbesserungsmöglichkeiten. Auf Grund unserer Beobachtungen scheint dabei die feine Vermahlung von Heu und Stroh ein Fortschritt zu sein. Aber auch komplizierte technische Prozesse wie z. B. die Holzverzuckerung (SCHOENEMANN 1953) können u. U. billige, für die Amidfütterung geeignete Kohlenhydrate liefern. Für deutsche Verhältnisse käme auch die Verwertung von schlechtem Heu und Stroh als Kohlenhydratquelle in Frage, das in ungünstigen Jahren vielfach nur als Einstreu benutzt wird. Ein ermutigendes Beispiel, daß vorbereitende bakterielle Prozesse in großem Maßstabe sehr rationell durchzuführen sind, bietet z. B. die Humifizierung von Stadtmüll. Größerer Wert ist auch auf die Versorgung mit Mineralstoffen zu legen, da geringwertige Futtermittel oft nur gering im Mineralgehalt sind. Die Verwendung von Antibiotica in Verbindung mit der Amidfütterung müßte überprüft werden, nachdem zusammen mit den üblichen Futtermitteln eine positive Wirkung (VOGEL 1958) beobachtet werden konnte.

Ein volkswirtschaftliches Problem, das der Amidfütterung gegebenenfalls günstigere Aussichten eröffnen würde, ist die Frage, in wieweit sich ein exportabhängiger Industriestaat eine intensive und daher teure eigene Agrarerzeugung leisten kann. In einer extensiv betriebenen Landwirtschaft hat die Amidfütterung heute schon ihren festen Platz.

Die Bedeutung der Amidfütterung und die Vielfältigkeit der Gesichtspunkte, die eine weitere Bearbeitung erfordern, lassen eine Lösung von einem einzelnen Bearbeiter nicht mehr erwarten, sondern es erscheint uns notwendig, unter Einsatz ausreichender Mittel durch sinnvolle Planung und Ausnutzung aller Möglichkeiten einer Vorausberechnung, zu einer Koordination der Forschung auf diesem Gebiet zu kommen, wodurch bei einer befriedigenden Lösung ein wesentlicher Teil der menschlichen Ernährung gesichert werden könnte.

VI. Vorschau auf die wirtschaftlichen Möglichkeiten der Amidfütterung

Die Entwicklung des Amidproblems ist in Deutschland bisher so stark von der Idee des Eiweißersatzes an sich bestimmt worden, daß wirtschaftliche Überlegungen nirgends direkt ausgesprochen wurden. Diese erscheinen uns aber in der gegenwärtigen Situation, in der eine Reihe physiologischer Fragen der Amidfütterung noch offen sind, notwendig, um abschätzen zu können, ob und in welcher Höhe ein Aufwand für deren Bearbeitung gerechtfertigt ist.

Um die Bedeutung einer allgemein anwendbaren Amidfütterung einerseits für die Landwirtschaft und andererseits für die chemische Industrie wenigstens in ihrer Größenordnung abzuschätzen, seien folgende Überschlagsrechnungen gestattet: In Deutschland werden die beiden teuersten Nährstoffe für die menschliche Ernährung, Fett und Eiweiß, von jeher zu einem erheblichen Anteil durch das Rindvieh gedeckt. Nach den sehr sorgfältigen Erhebungen von DER DECKEN's wurden vor dem Kriege von dem Gesamtbedarf an Reinfett (1,8 Mill. t/Jahr) rund zwei Fünftel (0,7 Mill. t) und von dem an Nahrungseiweiß (1,8 Mill. t/Jahr) rund ein Drittel (0,64 Mill t) in Form von Milch und Fleisch erzeugt. Auch heute dürfte sich der auf die Rindviehwirtschaft entfallende Anteil an der Lebensmittelversorgung nicht wesentlich geändert haben.

Die Kostenfrage sei für die beiden Wirtschaftsjahre 1952/53 und – jeweils in Klammern dahinter – 1958/59 veranschaulicht. Der Verkaufserlös der westdeutschen Landwirtschaft betrug 1952/53 für 12,4 Mill. t Milch ab Hof 3,3 Mrd. DM (1958/59 für 14,9 Mill. t 5,0 Mrd. DM). Der Verkaufserlös aus Rinderschlachtvieh betrug 1952/53 für 1,06 Mill. t Lebendgewicht 1,5 Mrd. DM (1958/59 für 1,42 Mill. t 2,7 Mrd. DM). Eine Marge von 1 Pfennig pro Liter verkaufte Milch entspricht also 124 (bzw. 149) Mill. DM/Jahr. An den Erzeugungskosten der Milch machen die Kosten des Futtereiweiß den Hauptanteil aus; er ist nach einschlägigen Kalkulationen auf ca. 9 Pfennig pro Liter Milch zu schätzen.

Nun kostete damals wie heute 1 kg verdauliches Rohprotein in Form von Sojaschrot zu 40–45 DM %kg nach Abzug des Stärkewertes rund 1,– DM, sein N-Aequivalent in Form von Harnstoff zu 1,25 DM/kg N aber nur rund 0,20 DM/kg, das ist ein Fünftel des Preises von N im Soja-Rohprotein. Selbst wenn man berücksichtigt, daß das synthetische Amid nur zu zwei Drittel ausgenutzt wird, kostet es immerhin nur $^1/_5$ mal $^3/_2$ = rund $^1/_3$ soviel wie im Sojaschrot. Wenn man dazu vorsichtigerweise noch eine weitere Erhöhung durch das zusätzlich erforderliche Kohlehydrat und eine der etwaigen Minderleistung entsprechende Steigerung der fixen Erzeugungskosten einrechnet, kann man die Kosten des synthetischen Amids auf $^1/_2$ des natürlichen verdaulichen Rohproteins schätzen.

Diese Verbilligung erstreckt sich auf das zu ersetzende Drittel des Gesamt-Proteinbedarfes, beträgt also $^1/_2$ von 3 Pfg/Liter Milch = 1,5 Pfg/Liter und entspricht auf den gesamten Milchverkauf umgerechnet 186 (bzw. 224) Mill. DM/Jahr. Selbst wenn man vorsichtig schätzt, daß zunächst nur ein Sechstel des Milchviehs mit synthetischem Amid in Mengen von einem Drittel des Rohproteinbedarfs gefüttert wird, betrüge die Verbilligung immerhin 30 (bzw. 37) Mill. DM/Jahr. Dabei ist noch nicht an die Verbilligung der Fleischerzeugung gedacht, deren Verkaufswert in Höhe von 1,5 (bzw. 2,7) Mrd. DM/Jahr nochmals die Hälfte des Milchwertes ausmacht.

Nachtrag 1959: In den letzten Jahren hat die westdeutsche Mischfuttererzeugung erheblich zugenommen. 1958/59 betrug der Ölkuchenverbrauch pro Kuh 237 kg, d. s. rund 1 Mill. t/Jahr mit überschlägig gerechnet 300 000 t verdaulichem Rohprotein. Nimmt man wiederum an, daß davon nur $^1/_6$ d. s. rund 50 000 t verdauliches Rohprotein durch die N-aequivalente Menge Harnstoff ersetzt wird, so wären das jährlich rund 8000 t N oder 18 000 t Harnstoff. Die Verbilligung errechnet sich wiederum in der oben geschätzten Höhe.

Ein wesentlicher Punkt des weiteren Entwicklungsprogramms ist die Wahl geeigneter Kohlehydratquellen und u. U. deren technische Zurichtung. Wenn sich die Verdauungswerte unserer wesentlichen Rauhfuttermitel, Heu (59%) und Stroh (30%), um 10% steigern ließen, was nach den vorstehenden Anhaltspunkten durchaus möglich erscheint, dann dürfte die jährliche Futterersparnis in der Größenordnung von 100 Mill. DM liegen.

Wenn die vorstehenden Zahlen auch nur die Größenordnung darstellen und, sofern überhaupt, allenfalls in weiterer Zukunft erreichbar sein werden, so erscheint es doch gerechtfertigt, der Amidfütterung weiter Beachtung zu schenken, – insbesondere in Anbetracht des Umstandes, daß auf der Erde 1 Milliarde Menschen Hunger leiden.

VII. Zusammenfassung

1. Über die Verfütterung synthetischer Amide sind seit der Aufstellung der Bakterieneiweiß-Hypothese durch ZUNTZ & HAGEMANN (1891) zahlreiche Arbeiten erschienen, die aber, mit wenigen Ausnahmen, wegen methodischer Fehler oder unklarer Problemstellung keinen Hinweis für den Wirkungsmechanismus der Amidverwertung geben, so daß das Ausmaß der praktischen Anwendungensmöglichkeiten noch nicht beurteilt werden kann.

2. Unsere Kenntnisse über die Leistungen der Mikroorganismen im Pansen sind ebenso unzureichend wie das Wissen um seine allgemeinen physiologischen Verhältnisse.

3. Die prinzipielle Möglichkeit des Eiweißersatzes durch Harnstoff erscheint heute gesichert. Die methodisch einwandfreien Versuche von WATSON beweisen es, und unsere eigenen Fütterungsversuche können im gleichen Sinne gedeutet werden. Durch Verfütterung von markiertem Harnstoff (^{15}N) konnte der direkte Nachweis einer Eiweißsynthese erbracht werden, und zwar von WATSON für die Bildung von Gewebeeiweiß und bei den eigenen Arbeiten für die Bildung von Milch- und Bakterieneiweiß.

4. Am Beispiel der Verfütterung von Harnstoff durch den amerikanischen Farmer GARST konnten wir zeigen, daß unter speziellen Bedingungen schon heute eine praktische Anwendung mit großem wirtschaftlichen Erfolg möglich ist.

5. Ausgehend von der Erkenntnis, daß für eine allgemeine praktische Anwendung erst eine vertiefte Kenntnis der Grundlagen notwendig ist, haben wir mit der Untersuchung der noch völlig unbekannten reaktionskinetischen Verhältnisse der Pansenvorgänge begonnen. Diese Prüfung erschien uns um so dringender, als einmal die leichte Löslichkeit des „Amides" Harnstoff wahrscheinlich eine starke Abweichung von der natürlichen Fütterung darstellt und zum andern, als die reaktionskinetische Betrachtung in letzer Zeit erfolgreich für die Aufklärung ähnlich komplizierter chemisch-technischer Umsetzungen herangezogen werden konnte. Unsere bisherigen Experimentalergebnisse zeigen, daß der naheliegende Vergleich von stoßweiser und gleichmäßiger Darbietung des Harnstoffes noch keinen Hinweis für den Mechanismus seiner Wirkung gibt, sondern daß die Lösung des Problems in einem komplexen Bereich zu suchen ist, wofür die rhythmischen Schwankungen der Bakterienpopulation gewisse Hinweise geben.

6. An Hand einiger Berechnungsbeispiele wird gezeigt, welches wirtschaftliche Ausmaß eine erfolgreiche Amidfütterung haben kann.

VIII. Literaturverzeichnis

Allied Chemical & Dye Corporation (1953): Feed urea in ruminant nutrition; literature abstracts and bibliography. New York.

BAKER, F. (1942): Normal rumen microflora and microfauna of cattle — Nature **149**, 220.

BAKER, F. (1943): Direct microscopial observation upon the rumen population of the Ox. I. Qualitative characteristics of the rumen population. — Ann. appl. Biol., **30**, 230.

BICKEL, A. (1936): Neue Untersuchungen über das Nahrungseiweiß im Bau- und Betriebsstoffwechsel. — Theorie und Praxis in der Medizin, **6**, 61—74, 94—106, 141—155, 193—205.

BECKER, H. (1950): Das Problem der Eiweißersatzfütterung und die Möglichkeit seiner Klärung durch den ^{15}N-Test im Tierversuch. — Diplomarbeit Darmstadt.

BURROUGHS, W., GERLAUCH, P., SILVÊR, E. A. & SCHALK, A. F. (1946): The amounts of feeds and nutrients in the rumen of cattle throughout a 24 hour period as affected by plane of feeding and character of ration. — J. Anim. Sci. **5**, 338—349.

COLUMBUS, A. (1934): Der quantitative Verlauf der Entleerung des Pansens bei Schafen und Ziegen, mit Berücksichtigung der Gesamtentleerung des Magen-Darmkanals. — Diss. Berlin.

DOETSCH, R. N. & ROBINSON, R. Q. (1953): The bacteriology of the bovine rumen: A review. — J. Dairy Sci. **36**, 115—42.

DU PONT de NEMOURS & Co. (1948): Review of nutritional research on urea as a supplmentary source of protein for ruminants. — Wilmington.

GALL, L. S. (1949): Effect of ration upon rumen flora of cattle and sheep. — J. Anim. Sci. **8**, 619.

GALL, L. S., STARK, C. N. & LOOSLI, K. J. (1947): The isolation and preliminary investigation of some physiological characteristics of the predominating flora from the rumen of cattle and sheep. — J. Dairy Sci. **30**, 891—9.

GALL, L. S., THOMAS, W. E., LOOSLI, J. K. & HUHTANEN, C. N. (1951): The effect of purified diets upon the rumen flora. — J. Nutr. **44**, 113—22.

GARST, J. & GARST, P. (1950): Cow feed from air; the crux of cow feeding is to find enough protein to balance the carbohydrates. — Farm Quarterly **5**, 59—61, 137—139.

GARST & THOMAS (1951/52): Corn cobs have real feeding value for cattle. — Coon Rapids, Jowa.

GAUS, W. (1937): Über Futtereiweißersatzstoffe. — Z. ang. Chem. **50**, 755—758.

GREEN, D. F. (1954): Urea in Ruminant Nutrition. — The Feed Bag, June 1954.

HAGEMANN, O. (1891): Beitrag zur Kenntnis des Eiweißumsatzes im tierischen Organismus. — Landw. Jb. **20**, 264.

HARMON, K. M. & NIEMANN, C. (1949): Die kollektive Hemmung der an Urease katalysierten Hydrolyse des Harnstoffes durch Phosphat. — J. biol. Chem. **177**, 601—05.

HUFFMANN, C. F. (1950): pers. Mitteilung.

HUNGATE, R. E. (1942): The culture of eudiplodinium neglectum, with experiments on the digestion of cellulose. — Biol. Bull. **83**, 303—319.

— (1943): Further experiments on cellulose digestion by the protozoa in the rumen of cattle. — Biol. Bull. **84**, 157—163.

— (1944): Studies on cellulose fermentation I. The culture and physiology of an anaerobic cellulose digesting bacterium. — J. Bact. **48**, 499—513.

— (1946): The symbiontic utilisation of cellulose. — J. Elisha Mitchell, Sci. Soc. **62**,, 9—24.

— (1947): Studies on cellulose fermentation III. The culture and isolation of cellulose decomposing bacteria from the rumen of cattle. — J. Bac. **53**, 631—645.

— (1950): The anaerobic mesophilic cellulolytic bacteria. — Bact. Rev. **14**, 1—49.

JAKOBSON, K. & MIRABEAU, C. (1948): L'influence de quelques vitamines d'oxyréduction sur l'urease. — Arch. Portug. Sci. Biol. **7**, Suppl. 2.

JOHNSON, B. C., HAMILTON, T. S., MITCHELL, H. H. & ROBINSON, W. B. (1942): The relative efficiency of urea as a protein substitute in the ration of ruminants. — J. Anim. Sci. **1**, 236—45.

KEMMER, H. (1947): Stand und Aussichten der Eiweißersatzfütterung. Diss. Darmstadt.

KIRSCH, W. (1949): Futterbedarf und Futterwert. — In MENTZEL & LENGERKE's Landw. Taschenkalender **98**, Berlin.

KLEIN, W. & MÜLLER, R. (1941): Das Eiweißminimum, die zymogene Symbiose und die Erzeugung von Mikrobeneiweiß im Pansen aus N-Verbindungen nicht eiweißartiger Natur. — Z. Tierzücht. u. Züchtungsbiol. **48/49**, 255—276.

KÖHLER, W. (1940): Versuche über die zahlenmäßige Veränderung der natürlichen Bakterienflora in den Verdauungsorganen der Wiederkäuer. — Arch. Mikrobiol. **11**, 432—469.

KREBS, K. (1937): Der Wert der Amide bei der Fütterung des Rindes. — Biedermanns Zbl. Tierernähr. **9**, 394—507.

LOOSLY, J. K. & HARRIS, L. E. (1945): Methionin increases the value of urea for lambs. — J. Anim. Sci. **4**, 435—.

LOOSLY, J. K. (1958): Chapter in Processed plant protein foodstuffs, Altschul, A. M. Editor, Academic Press.

MANGOLD, E. (1950): Darmlänge, Durchgangszeit und Durchgangsgeschwindigkeit. — Sitzungsber. Deutsche Akademie Wiss. Berlin 31 S.

MANGOLD, E. & SCHMITT-KRAMER, C. (1927): Die Stickstoffverteilung im Pansen der Wiederkäuer bei Fütterung und Hunger und ihre Beziehungen zu den Panseninfusorien. — Biochem. Z. **191**, 411—422.

Mc DONALD, J. W. (1952): The role of ammonia in Ruminal digestion of protein. — Biochemic. J. **51**, 86—90.

Mc NAUGHT, M. L. & SMITH, J. A. B. (1947/48): Nitrogen metabolism in the rumen. — Nutr. Abstr. and Revs. **17**, 18—31.

MORRISON, F. B. (1936): Feeds and Feeding. — Ithaca, New York.

National Research Concil (1945): Recommended Nutrient Allowances for Domestic Animals 3 & 4. — Washington.

PEARSON, R. M. & SMITH, J. A. B. (1943a): The utilisation of urea in the bovine rumen 1. Methods of analysis of the rumen ingesta and preliminary experiments in vivo. — Biochem. J. **37**, 142—8.

— (1943b): The utilisation of urea in the bovine rumen 2. The conversion of urea to ammonia. — Biochem. J. **37**, 148—53.

— (1943c): The utilisation of urea in the bovine rumen 3. The synthesis and breakdown of protein in rumen ingesta. — Biochem. J. **37**, 153—64.

REID, J. T. (1953): Urea as a protein replacement for ruminants: a review. — J. Dairy Sci. **36**, 955—96.

SCHEUNERT, A., KLEIN, W. & STEUBER, M. (1922): Über die Verwendbarkeit des Harnstoffs als Eiweißquelle für Wiederkäuer, zugleich ein Beitrag zur Frage der exkretorischen Funktion der Haut. — Biochem. Z. **133**, 137—91.

SCHEUNERT, A. & TRAUTMANN, A. (1951): Lehrbuch der Veterinär-Physiologie. 486 S. Berlin.

SCHOENEMANN, K. (1952): Der chemische Umsatz beim kontinuierlichen Durchfluß. — Dechema Monogr. **21**, 285.

SCHOENEMANN, K. & APEL, A. (1936): Bieten Chemie und Mikrobiologie Aussichten, den deutschen Eiweißzuschußbedarf durch Mitverfütterung eiweißersetzender synthetischer Stickstoffverbindungen an Wiederkäuer zu vermindern? — IG-Farbenindustrie, Ludwigshafen, Werksbericht.

SCHOENHEIMER & RITTENBERG (1940): Bericht über die Untersuchung des Zwischenstoffwechsels des Tieres mit Hilfe von Isotopen (übersetzter Titel). — Physiol. Rev. **20**, 218—248.

SCHWARZ, C. (1925): Die ernährungsphysiologische Bedeutung der Mikroorganismen in den Vormägen der Wiederkäuer. — Biochem. Z. **15**, 130—56.

SMITH, J. A. B. & BAKER, F. (1944): The utilisation of urea in the bovine rumen 4. The isolation of the synthesized material and the correlation between protein synthesis and microbial activities. — Biochem. J. **38**, 496—505.

VOGEL, H. (1958): Antibiotica in der Tierernährung. — Naturw. Rundsch., **54**.

WATSON, C. J., KENNEDY, J. W., DAVISON, W. M., ROBINSON, C. H. & MUIR, G. W. (1949): The nutritive value of nitrogenous compounds for ruminants I. The nutritive value of urea as a protein supplement. — Sci. Agr. **29**, 173—84.

WATSON, C. J., DAVIDSON, W. M. & KENNEDY, J. W. (1949): The nutritive value of nitrogenous compounds for ruminants. II. The formation of body protein from urea labelled with the isotope ^{15}N. — Sci. Agr. **29**, 185—188.

ZUNTZ, N. (1891): Bemerkungen über die Verdauung und den Nährwert der Zellulose. — Pflügers Arch. ges. Physiol. **49**, 483.

Eingegangen am 31. 12. 1957
(mit Ergänzungen vom 30. 10. 1959)

ARCHIV FÜR TIERERNÄHRUNG

UNTER MITWIRKUNG VON

Prof. Dr. A. Hock, Berlin. Prof. Dr. Dr. W. Lenkeit, Göttingen.

Prof. Dr. Dr. h. c. K. Nehring, Rostock. Prof. Dr. Dr. W. Wöhlbier, Stuttgart-Hohenheim.

HERAUSGEGEBEN VON

ERNST MANGOLD

Prof. Dr. med. Dr. phil. Dr. med. vet. h. c. Dr. agr. h. c. Dr. agr. h. c.

Direktor em. des Instituts für Tierernährungslehre der Humboldt-Universität Berlin

10. BAND

Ausgegeben am 1. APRIL 1960

HEFT

2

AKADEMIE-VERLAG · BERLIN

ARCH. TIERERNÄHRUNG · 10. BAND NR. 2 · S. 81–160 · BERLIN · 1. APRIL 1960

INHALT

Das Archiv für Tierernährung erscheint zweimonatlich in Heften zu 80 Seiten im Format 17,5 × 25 cm. Der Preis des Heftes beträgt DM 8,50. 6 Hefte werden zu einem Band vereinigt. Der Besteller muß sich zur Abnahme eines Bandes verpflichten. Die Hefte werden jeweils einzeln berechnet. Im Jahre erscheint nicht mehr als 1 Band. Bestellungen werden direkt an den Akademie-Verlag GmbH, Berlin W 1, Leipziger Straße 3–4, oder über eine wissenschaftliche Buchhandlung erbeten.

Manuskriptsendungen — zugelassen sind die vier Kongreßsprachen — sind an den Herausgeber, Herrn Prof. Dr. Ernst Mangold, Berlin N 4, Invalidenstr. 42, zu richten. Mit der Veröffentlichung geht das alleinige Verlagsrecht an das Archiv für Tierernährung über. Daher müssen Arbeiten, die bereits an anderer Stelle veröffentlicht worden sind, zurückgewiesen werden. Die Verfasser verpflichten sich, Manuskripte, die vom Archiv für Tierernährung angenommen worden sind, nicht an anderer Stelle zu veröffentlichen.

Die Verfasser erhalten von größeren wissenschaftlichen Arbeiten 50 Sonderdrucke unentgeltlich. Den Manuskripten beiliegende Zeichnungen müssen sauber, in zweifacher Größe ausgeführt sein. Wenn sie nicht voll reproduktionsfähig nach den Vorschriften des Normblattes DIN 474 eingereicht werden, ist die Beschriftung nur mit Bleistift einzutragen. Zur Herstellung von Netzätzungen sind nur einwandfreie Photographien brauchbar.

Für alle Literaturzitate sind die Vorschriften des Normblattes DIN 1502 und 1502 Beiblatt I maßgebend. Die Zitate müssen den Verfasser (mit den Anfangsbuchstaben der Vornamen), den vollständigen Titel der Arbeit und die Quelle mit Band, Seitenzahl und Erscheinungsjahr enthalten. Das Literaturverzeichnis soll alphabetisch geordnet sein.

Herausgeber und verantwortlich für den Inhalt: Prof. Dr. med. Dr. phil. Dr. med. vet. h. c. Dr. agr. h. c. Dr. agr. h. c. Ernst Mangold, Berlin N 4, Invalidenstraße 42 (Fernruf 42 49 64). Verlag: Akademie-Verlag GmbH, Berlin W 1, Leipziger Str. 3-4 (Fernruf: 22 04 41; Postscheckkonto Berlin: 350 21). Bestellnummer dieses Heftes: 1010/X/2. Das Archiv für Tierernährung erscheint vorläufig jährlich in 1 Band zu 6 Heften. Bezugspreis je Einzelheft DM 8.50, ausschließlich Porto und Verpackung. Satz und Druck: Robert Noske, Borna (Bez. Leipzig). Veröffentlicht unter der Lizenznummer ZLN 5003 des Ministeriums für Kultur, Hauptverwaltung Verlagswesen. Printed in Germany.

Geh. Reg.-Rat Professor Dr. Dr. h. c. FRANZ LEHMANN

Zum Gedenken des 100. Geburtstages von Professor FRANZ LEHMANN

Am 28. April jährt sich in diesem Jahre zum 100. Male der Geburtstag des Geh. Reg.-Rates Prof. Dr. phil. Dr. agr. h. c. FRANZ LEHMANN in Göttingen, eines Lehrers und Forschers, der tief auch in der praktischen Landwirtschaft Wurzeln geschlagen hat. Seinen Forschungsergebnissen verdankt die Landwirtschaft des 20. Jahrhunderts die rationellen Fütterungsgrundsätze für die Schweine-, Rinder-, Geflügel- und Kaninchenmast. Seine Futterbeispiele wurden so einfach formuliert und waren von so sicherem Erfolg, daß sie bis heute die vergleichbare Grundlage für alle neuen, durch die Wissenschaft geförderten Begleitbestandteile der Fütterung bilden. Begriffe wie Gesamtnährstoff, Verwertungszahl, Ballast u. a. sind auch heute noch Bestandteil wissenschaftlicher Formulierungen in der Tierernährungslehre. Eine 30-jährige Arbeit widmete er der Ernährung des Schweines und weitere 10 Jahre der Ernährung des Geflügels. Auch als er 1928 das Institut für Tierernährungslehre, das er als Nachfolger von W. HENNEBERG 1891 übernommen hatte, nach seiner Emeritierung verließ, hat FRANZ LEHMANN noch wertvolle Beiträge aus seinen wissenschaftlichen Erkenntnissen bis zu seinem Ableben am 17. 6. 1942 veröffentlicht. Die bescheidene ehemalige Versuchsstation Göttingen, seit 1907 mit 4 Assistenten, 1 Bürogehilfen, 1 Wärter und 2 Hilfwärtern, und 1912 ergänzt durch das Versuchsgut Friedland, hat FR. LEHMANN genügende Arbeitsmöglichkeiten geboten, um die wissenschaftlichen Grundlagen für die moderne Jungtiermast auf allen Gebieten der Nutztierhaltung experimentell in vergleichenden Mast- und Schlachtversuchen, Verdauungs- und Stoffwechselversuchen aufzubauen. Sein Grundsatz, alle Erkenntnisse soweit zu bearbeiten, daß sie für eine unmittelbare und sichere Anwendung in der landwirtschaftlichen Praxis geeignet sind, hat ihn zu einem unentbehrlichen Berater in der Fütterung aller landwirtschaftlichen Nutztiere gemacht. Die Getreide- und Kartoffelschnellmast nach F. LEHMANN beim Schwein streben ebenso die optimale Verwertung aller Nährstoffe an wie die Jungrinder- oder Hähnchenmast. Die Ökonomie der Nährstoffe in der Volkswirtschaft optimal zu gestalten, war das Ziel seiner Arbeiten.

Mit Hilfe der von seinem Vorgänger HENNEBERG übernommenen Weender Methoden konnte LEHMANN in Ausnutzungsversuchen die Verdaulichkeit der Futtermittel für das Schwein erarbeiten und in einer Tabelle zusammenfassen, die in seinem Buch „Die Lehre von der Mast des Schweines“ 1943 als Anhang erschienen ist. Auch die Methode des Schlachtversuches, aus Rothamsted durch HENNEBERG nach Deutschland eingeführt, sollte ihn zu wichtigen Erkenntnissen über die Fleisch- und Fettbildung beim Schwein führen. Seine Beiträge zur Theorie der Junggeflügelmast 1940 geben Einblick in seine wissenschaftliche Arbeitsweise, um nur eine von seinen mehr als 200 Veröffentlichungen besonders hervorzuheben. Seine Fütterungsgrundsätze haben in Amerika als „Lehmann-System" Eingang gefunden, wie auch unsere Landwirtschaft heute seine Verfahren anwendet, ohne sich noch des Meisters bewußt zu sein, der sie geschaffen hat.

Als Sohn eines Landwirts 1860 in Klein Paschleben bei Köthen/Anhalt geboren, hat er nach dem Studium der Naturwissenschaften in Jena, Berlin und Göttingen mit seiner Promotion 1884 HENNEBERGS Aufmerksamkeit gefunden, der ihn ab 1. Oktober 1884 als Assistenten an seine Versuchsstation verpflichtete und dessen Nachfolger er am 1. April 1891 wurde.

FRANZ LEHMANN hat als Zeitgenosse von OSKAR KELLNER und GUSTAV FINGERLING seine Aufgabe stets in der Nutzbarmachung der Arbeitsmethoden der theoretischen Tierernährungslehre für die Zwecke der landwirtschaftlichen Praxis gesehen und so die praktische Fütterungslehre mitbegründet.

Als Hochschullehrer an der Universität Göttingen hat FR. LEHMANN dank seines lebendigen Vortrages und seiner tiefschürfenden, häufig dramatischen Darstellungsweise seines Fachgebietes einen nachhaltigen Einfluß auf seine Hörer und Schüler ausgeübt. Wie es ihm als Forscher gelang, die Ergebnisse seiner Arbeiten in einfachen Formeln und Futterbeispielen an die Landwirtschaft weiterzugeben, die sie verstehen und befolgen konnte, so ist auch seine Vortragstätigkeit in der landwirtschaftlichen Praxis von außerordentlicher Wirksamkeit gewesen. Seine Veröffentlichungen sind klar und eindeutig geschrieben, und auch das Anhören seiner Vorträge war ein Genuß und Gewinn. An viele Tausende alter und neuer Jünger der Schweinezucht hat er in den bekannten Ruhlsdorfer 3-Tage-Lehrgängen sein Fachgebiet mit großem Erfolg übermittelt und vielfach den führenden Männern in der Tierzucht auf den Tierzuchtleiter-Lehrgängen die neuesten Erkenntnisse der Fütterungslehre jeweils in vollendetem Vortrag nahegebracht. Aber auch der große volkswirtschaftliche Nutzen, den seine wissenschaftliche Arbeit gestiftet hat, ist verpflichtend genug, des Forschers und Lehrers FRANZ LEHMANN an seinem 100. Geburtstag in Dankbarkeit zu gedenken.

W. Stahl

Aus dem Max-Planck-Institut für Tierzucht und Tierernährung Mariensee/Trenthorst
(Dir. o. Prof. Dr. M. WITT)

M. WITT und *J. SCHRÖDER*

Über die biologische Aufwertung von pflanzlichem Eiweiß mit Hilfe von Alfa-Amino-Buttersäure in der Getreidemast bei Schweinen

1. Problemstellung

Bei der Fütterung von Schweinen ist der biologischen Wertigkeit der Eiweißstoffe eine große Bedeutung beizumessen. Man weiß ganz allgemein, daß die alleinige Verabreichung von pflanzlichem Eiweiß nicht genügt, um befriedigende Gewichtszunahmen und eine ausreichende Futterverwertung bei der Mast zu erreichen, weil das pflanzliche Eiweiß biologisch nicht vollwertig ist.

Im Gegensatz zu dem pflanzlichen Eiweiß enthält das Eiweiß tierischen Ursprungs durchweg alle essentiellen Aminosäuren und ist damit als biologisch vollwertig anzusehen. Davon müssen die Tiere stets eine bestimmte Menge bekommen.

Nach den Ermittlungen des Instituts sollten Mastschweine bei ausreichender kalorischer Versorgung bei Getreidemast im Gewichtsabschnitt von

40– 50 kg insgesamt 250 g Eiweiß, davon 90 g tierischen Urspr.
50– 70 kg insgesamt 285 g Eiweiß, davon 100 g tierischen Urspr.
70–110 kg insgesamt 320 g Eiweiß, davon 100 g tierischen Urspr.

erhalten.

Die wichtigsten Futtermittel, mit denen man das Eiweiß tierischer Herkunft verabreichen kann, sind die verschiedenen Fischmehlarten, Blut-, Fleisch-, Tierkörpermehl, Magermilch und dann auch Eiweißkonzentrate, in denen das Eiweiß zu je 50% pflanzlichen und tierischen Ursprungs enthalten ist.

Das Eiweiß tierischer Herkunft ist jedoch durchweg wesentlich teurer als das pflanzliche. Wenn z. B. Fischmehl mit einem Gehalt von 55% Eiweiß 84,– DM je dz kostet, dann kommt 1 kg verd. Eiweiß auf 1,50 DM zu stehen. In der Magermilch kostet es 1,87 DM, wenn diese mit einem Preis von 0,06 DM je kg in Anrechnung zu bringen ist. Demgegenüber kann man 1 kg Eiweiß im Sojaschrot, das einen Gehalt von 43% verd. Eiweiß hat und 36,– DM je dz kostet, für 0,83 DM haben. Dazu kommt, daß auch eiweißreiche StE und der Gesamtnährstoff in Futtermitteln, die aus dem Tierreich stammen, erheblich viel teurer sind, als in ebenso eiweißhaltigen pflanzlichen Futtermitteln. Das ergibt sich auch aus der folgenden Übersicht Nr. 1.

Übersicht Nr. 1

Preisunterschiede je 1000 StE und je 1000 g Gesamtnährstoff in verschiedenen Futtermitteln

Futtermittel	1 kg enthält v. Eiw. g	1 kg enthält StE	1 kg enthält Gesamt-Nährstoff g	Preis je dz DM	es kosten darin 1000 g v. Eiw. DM	es kosten darin 1000 STE DM	es kosten darin 1000 g Ges.-Nährst. DM
Fischmehl	559	608	657	84,—	1,50	1,38	1,28
Eiweißkonz.	452	518	593	79,—	1,75	1,52	1,33
Magermilch	32	67	72	8,—	2,50	1,19	1,11
"				6,—	1.87	0,89	0,83
"				4,—	1,25	0.59	0,55
Sojaschrot	432	671	735	36,—	0,83	0,53	0,49
"				40,—	0,92	0,59	0,54

Nach dieser Übersicht kommt es zur Erzielung eines günstigen wirtschaftlichen Effektes der Schweinemast wesentlich darauf an, zwar die zur vollen Ausnutzung des Wachstums erforderliche Menge an Eiweiß tierischer Herkunft in die Ration hineinzubringen, diese allerdings auch nicht zu überschreiten. Daher bleibt es eine, allerdings zunächst nur in physiologischer Hinsicht reizvolle Aufgabe, Mittel ausfindig zu machen, mit deren Hilfe man die Gaben an tierischem Eiweiß herabsetzen und pflanzliches Eiweiß biologisch vollwertiger machen oder ihm den Effekt von biologisch vollwertigem Eiweiß verleihen kann.

In einem Fütterungsversuch an Hühnern hatten die Farbenfabriken Bayer-Leverkusen durch einen *Zusatz von alfa-Amino-Buttersäure (ABS)* zu einem Schrotgemisch, dessen Eiweißkomponente aus Sojaschrot bestand, sehr günstige Wirkungen erzielt, die man mit einer dadurch bewirkten Verbesserung der biologischen Wertigkeit der Eiweißstoffe des Sojaschrotes glaubte erklären zu können. Infolgedessen hielt es das Max-Planck-Institut für Tierzucht und Tierernährung für richtig, den Wunsch der Farbenfabriken Bayer-Leverkusen zu erfüllen, einen entsprechenden *Versuch an Mastschweinen* durchzuführen. Ein erster Versuch wurde im Jahre 1957 angesetzt, und dann wurde zur weiteren Kontrolle überraschender Ergebnisse ein zweiter Versuch im Jahre 1958 durchgeführt. Mit diesen Versuchen sollte überprüft werden, ob mit der Verabreichung von Sojaschrot als alleinigem Eiweißfutter, dem ein ABS-haltiges Beifutter zugesetzt wurde, die gleiche Futterwirkung erzielt werden könne, wie mit einem Futtergemisch, das in den jeweils in Betracht kommenden Mengen Fischmehl enthielt.

2. Erster Versuch

A. Versuchsdurchführung

Der 1. Versuch wurde auf der Grundlage der Getreidemast in Anlehnung an die bei der Schweinemastleistungsprüfung übliche Fütterung durchgeführt. Infolgedessen wurde der Gewichtsabschnitt von 40–110 kg überprüft, und es wurden zur Anpassung der täglichen Eiweißgabe in den Gewichtsabschnitten von

40–50 kg, von 50–70 kg und von 70–110 kg Schrote mit unterschiedlichem Eiweißgehalt verabreicht. Es wurden drei aus je 10 Tieren bestehende Versuchsgruppen gebildet, die nach Alter, Gewicht, Geschlecht und in genetischer Hinsicht gut ausgeglichen waren. Die Vergleichsgruppe erhielt das bei den Mastleistungsprüfungen übliche Futter, das das Eiweiß in Form von Fischmehl enthielt.

Bei der Versuchsgruppe Nr. I bestand das Eiweißfutter aus 50% Fischmehl und der entsprechenden Menge Sojaschrot, während bei der Versuchsgruppe Nr. II das gesamte Fischmehl durch Sojaschrot ersetzt wurde, so daß diese Gruppe gar kein tierisches Eiweiß erhielt.

Der Schrotmischung der Versuchsgruppe I wurden dann 2,5%, der der Versuchsgruppe II 5% eines aus Gerstenschrot bestehenden Beifutters zugesetzt, das 5% ABS enthielt. Demnach entfielen auf 1 kg der fertigen Schrotmischung bei der Versuchsgruppe I 1,25 g und bei der Versuchsgruppe II 2,50 g ABS. Die Tiere der Vergleichsgruppe erhielten vitaminisiertes Fischmehl, die der beiden Versuchsgruppen zum Ausgleich dafür je Tier und Tag 5 g Lebertran.

Alle zur Verabreichung gelangenden Futtermittel wurden analysiert, und mit Hilfe der von KELLNER angegebenen Verdauungskoeffizienten wurden jeweils der Gehalt an verd. Roheiweiß, der Gesamtnährstoff und die StE errechnet. Über die Zusammensetzung der in den verschiedenen Gewichtsklassen verabreichten Futtergemische, sowie über ihren Nährstoffgehalt gibt die folgende Übersicht Nr. 2 Auskunft.

Übersicht Nr. 2

Zusammensetzung und Nährstoffgehalt der verschiedenen Schrotmischungen in den einzelnen Mastabschnitten

Gruppen	Bestandteile in %				+ 5% ABS	1 kg enthält		
	Gerste	Fischmehl	Sojaschrot	Gelitakalk		verd. Rohpr.	StE	Gesamt-Nährst.
	Mastabschnitt von 35—50 kg Lebendgewicht							
Vergleichsgruppe . .	88,0	11,0	—	1	—	147	695	712
Versuchsgruppe I .	84,0	5,5	7,0	1	2,5	142	699	718
Versuchsgruppe II .	80,0	—	14,0	1	5,0	140	703	725
	Mastabschnitt von 50—70 kg Lebendgewicht							
Vergleichsgruppe . .	90,0	9,0	—	1	—	138	698	713
Versuchsgruppe I .	86,0	4.5	6,0	1	2,5	135	701	725
Versuchsgruppe II .	82,0	—	12,0	1	5,0	134	704	725
	Mastabschnitt von 70—110 kg Lebendgewicht							
Vergleichsgruppe . .	91,5	7,5	—	1	-	130	699	715
Versuchsgruppe I .	87,5	4,0	5,0	1	2,5	129	702	726
Versuchsgruppe II .	84,0	—	10,0	1	5,0	127	705	726

Die an die drei Gruppen verfütterten Gemische stimmten also weitgehend in ihrem Nährstoffgehalt überein.

Damit die Tiere sich bei Versuchsbeginn an das Versuchsfutter gewöhnt hatten, wurde ihnen dieses schon zugeteilt, wenn sie ein Gewicht von 35 kg erreicht hatten. Alle Tiere standen in exakter Einzelfütterung mit täglicher Verzehrsermittlung. Das Futter wurde zweimal am Tag nach dem individuellen Verzehr in der Menge zugeteilt, daß es 15, höchstens 20 Minuten nach der Verabreichung aufgenommen war. Bei dieser Verzehrsermittlung zeigte sich, daß sich die Tiere, die kein Fischmehl erhielten, etwas zögernd an das Versuchsfutter gewöhnten.

Die Tiere wurden in wöchentlichen Abständen gewogen. Wenn sie ein Lebendgewicht von 110 kg erreicht hatten, wurden sie auf den Schlachthof gebracht und dort im lebenden und ausgeschlachteten Zustand nach den bei Mastleistungsprüfungen geltenden Richtlinien beurteilt und untersucht. Der Versuch verlief an sich störungsfrei, allerdings mußte ein Tier aus der Versuchsgruppe 1 bei einem Gewicht von 56 kg notgeschlachtet werden, so daß in dieser Gruppe für die Auswertung nur 9 Tiere zur Verfügung stehen.

B. *Versuchsergebnisse*

a) *Täglicher Durchschnittsverzehr an Futter und Nährstoffen und durchschnittliche tägliche Gewichtszunahmen*

Aus den Ergebnissen der täglichen Verzehrsermittlung und den Daten über die Gewichtsentwicklung wurden für jedes Tier und dann für den Gruppendurchschnitt für jeden der drei Gewichtsabschnitte der Futterverzehr und die tägliche Gewichtszunahme festgestellt. Dabei ergaben sich zwischen den Gruppen keine anderen ins Gewicht fallenden Unterschiede, wie sie sich dann für den gesamten Mastabschnitt von 40–110 kg fanden. Infolgedessen genügt es, an dieser Stelle die für diesen Gewichtsabschnitt ermittelten Werte anzuführen. Diese sind in der folgenden Übersicht Nr. 3 wiedergegeben.

Was dann zunächst den täglichen Futterverzehr anbetrifft, so stimmte dieser in den drei Gruppen mit 2,31 kg, 2,36 kg und 2,33 kg Schrot weitgehend überein. Da die Schrotmischungen praktisch die gleichen Nährstoffmengen enthielten und in der Futteraufnahme zwischen den drei Gruppen keine Unterschiede bestanden, war auch der Verzehr an Eiweiß, Gesamtnährstoff und StE in den drei Gruppen praktisch gleich. Groß war jedoch der Unterschied in dem Anteil an tierischem Eiweiß. Wichtiger aber ist das Verhalten der Tiere in den täglichen Gewichtszunahmen. Diese hätten bei der Vergleichsgruppe mit 664 ± 23,1 g im Vergleich zu anderen Versuchen, insbesondere auch zu dem zweiten, weiter unten angegebenen Versuch, etwas höher liegen können, sie sind jedoch noch als befriedigend anzusehen. Die Versuchsgruppe I lag mit 689 ± 29,1 g täglicher Zunahme um 25 ± 37,2 g besser als die Vergleichsgruppe. Die Differenz läßt sich jedoch statistisch nicht sichern. Demnach hatte die Beigabe von ABS zu einem Schrotgemisch, bei dem das Eiweißfutter zu rd. 50% aus tierischem Eiweiß und pflanzlichem Eiweiß bestand, also einem Eiweißkonzentrat entsprach, keinen zusätzlichen Effekt auf die tägliche Zunahme, und das entsprach durchaus den Erwartungen.

Übersicht Nr. 3

Täglicher Durchschnittsverzehr an Futter und Nährstoffen und durchschnittliche Tageszunahmen im Mastabschnitt von 40—110 kg Lebendgewicht

	Vergleichsgruppe, nur tierisches Eiweiß		Versuchsgruppe I 50% tier. Eiweiß 50% pflanzl. Eiw.		Versuchsgruppe II nur pflanzl. Eiweiß (Soja)	
		%	+ ABS	%	+ ABS	%
Tierzahl	10		9		10	
tgl. Futterverzehr . . kg	2,31	100	2,36	102,2	2,33	100,9
tgl. Nährstoffverzehr						
a) verd. Roheiweiß . .	310	100	317	102,3	307	99,0
davon tierisch . . .	109	100	58	53,2	—	—
b) Gesamtnährstoffe . .	1645	100	1689	102,7	1674	101,8
c) StE	1620	100	1654	102,6	1638	101,6
tgl. Gewichtszunahme g	664 ± 23,1	100	689 ± 29,1	103,8	727 ± 21,6	109,5

Die Versuchsgruppe II, die gar kein tierisches Eiweiß erhielt, erreichte dann überraschender Weise die hohe Tageszunahme von 727 ± 21,6 g im Durchschnitt. Damit lag sie um 63 ± 31,6 g über der Vergleichsgruppe und um 38 ± 36,8 g über der Versuchsgruppe I. Allerdings kommt nur die Differenz zwischen der Vergleichsgruppe und der Versuchsgruppe II (63 ± 31,6 g) nahe an die 5-prozentige Sicherungsgrenze heran, so daß die Überlegenheit der Versuchsgruppe II nicht signifikant ist. Es zeigte sich aber eindeutig, daß mit der Verfütterung von Sojaschrot mit einem ABS-Zusatz als alleinigem Eiweißfutter bei der Schrotmast im Gewichtsabschnitt von 40–110 kg die gleichen Zunahmen erzielt wurden, wie das bei den üblichen Fischmehlgaben der Fall war. *Sojaschrot mit dem ABS-Zusatz,* um das noch einmal zu sagen, *vermochte also Fischmehl in seiner Nährstoffwirkung zu ersetzen.*

b) Futter- und Nährstoffaufwand je kg Gewichtszunahme

Wie hoch dann der Futterverzehr und der Nährstoffaufwand je kg Gewichtszunahme im Mastabschnitt von 40–110 kg bei den einzelnen Gruppen war, geht aus der folgenden Übersicht Nr. 4 hervor.

Der den wirtschaftlichen Effekt der Schweinemast so weitgehend beeinflussende Futterverbrauch je kg Gewichtszunahme, den man auch als Futterverwertung bezeichnet, war also in allen Gruppen recht günstig. Da dann bei etwa gleichem Nährstoffverzehr der drei Gruppen die Gewichtszunahme bei der Versuchsgruppe II etwas höher lag, zeichnete sich diese auch durch eine bessere Futterverwertung aus. Diese Versuchsgruppe II lag mit einem Futteraufwand von 3,236 ± 0,049 kg um 0,284 ± 0,076 kg niedriger als die Vergleichsgruppe und war um 0,243 ± 0,074 kg besser als die Versuchsgruppe I. In beiden Fällen ist die Differenz mit $P < 0{,}01$ statistisch gesichert.

Übersicht Nr. 4

Futter- und Nährstoffverzehr je kg Gewichtszunahme in den einzelnen Gruppen im Mastabschnitt von 40—110 kg Lebendgewicht

	Vergleichsgruppe, nur tierisches Eiweiß	%	Versuchsgruppe I 50% tier. Eiweiß 50% pflanzl. Eiw. + ABS	%	Versuchsgruppe II nur pflanzl. Eiweiß (Soja) + ABS	%
Tierzahl	10		9		10	
Schrotaufwand je kg Zunahme . kg	3,520±0,058	100	3,479±0,054	98,8	3,236±0,049	91,9
Nährstoffaufwand je kg Zunahme						
a) verd. Roheiweiß . g	472	100	467	98,9	426	90,3
b) Gesamtnährstoff .	2508	100	2489	99,2	2322	92,6
c) StE	2457	100	2437	99,2	2273	92,5

Wenn dann, wie gesagt, 1 kg Schrot der Versuchsgruppe I 1,25 kg ABS enthielt, 1 kg Schrot der Versuchsgruppe II 2,5 kg ABS, dann standen der Gruppe I für die Zunahme von 1 kg Lebendgewicht (3,479 × 1,25 =) 4,3 g und der Versuchsgruppe II (3,236 × 2,5 =) 8,1 g ABS zur Verfügung.

Die *Futterverwertung* der Gruppe, die kein tierisches Eiweiß erhielt, war also im Durchschnitt um 8,1% besser als die der Gruppe, die die gesamte Eiweißgabe in Form von Fischmehl bekam. Dieser Unterschied war statistisch hoch gesichert.

C. *Ausschlachtungsergebnisse*

Sämtliche Tiere wurden entsprechend den Bestimmungen der Mastleistungsprüfung ausgeschlachtet. Bei der Lebendbeurteilung der Tiere und bei der Beurteilung der geschlachteten Hälften konnten keine Unterschiede zwischen den einzelnen Gruppen festgestellt werden. Dieses wird auch durch die wichtigsten Schlachtmerkmale, die in der Übersicht Nr. 5 zusammengefaßt sind, bestätigt.

Die Rückenspeckdicke und die Stärke des Lendenmuskels lagen in der Vergleichsgruppe und in der Versuchsgruppe II praktisch gleich, obwohl nach den statistisch gesicherten Unterschieden in der Futterverwertung die Vergleichsgruppe entweder einen etwas stärkeren Rückenspeck oder einen etwas weniger starken Lendenmuskel hätte aufweisen sollen. Die Differenz in der Rückenspeckdicke zwischen der Versuchsgruppe I und der Vergleichsgruppe belief sich auf 0,22 ± 0,237 cm. Die entsprechenden Unterschiede zwischen ihr und der Versuchsgruppe II betrugen 0,21 ± 0,177 cm. Beide Differenzen sind statistisch nicht gesichert. Dagegen kommt der Unterschied in der Lendenmuskelstärke zwischen der Versuchsgruppe I und der Vergleichsgruppe, der sich auf 0,42 ± 0,242 cm beläuft, an die Sicherungsgrenze heran, und der Unterschied zwischen den Versuchsgruppen I und II von 0,46 ± 0,205 cm ist mit 5% gesichert.

Übersicht Nr. 5

Speckdicke, Stärke des Lendenmuskels und Schlachtverlust

	Rückenspeckdicke		Lendenmuskelstärke		Schlachtverlust
	cm	%	cm	%	%
Vergleichsgruppe (10) nur tierisches Eiweiß . . .	4,38 ± 0,180	100,0	7,00 ± 0,151	100,0	17,27
Versuchsgruppe I (9) 50% tier., 50% pflanzl. Eiw. + 1,25 g ABS	4,60 ± 0,155	105,0	6,58 ± 0,190	94,0	17,51
Versuchsgruppe II (10) nur pflanzliches Eiweiß (Soja) + 2,5 g ABS	4,39 ± 0,084	100,2	7,04 ± 0,076	100,6	18,16

In diesem Versuch hatte sich also die *Versuchsgruppe II*, die gar kein tierisches Eiweiß bekam, aber zu Sojaschrot als alleinigem Eiweißfutter eine Beigabe von ABS erhielt, durch eine *überraschend gute Futterverwertung* ausgezeichnet. Bei der Deutung dieses besonders interessanten Versuchsergebnisses ergab sich zunächst die Frage, ob es sich bei dem verwendeten Sojaschrot um getoastete Ware gehandelt habe. Denn es gelingt nach RICHTER u. SCHILLER [1] offenbar, die biologische Wertigkeit der Eiweißstoffe des Sojaschrotes durch den beim Toasten zur Anwendung kommenden Erhitzungsprozeß zu verbessern, weil dadurch der im Sojaschrot enthaltene Trypsinhemmfaktor oder „Antitrypsinfaktor" weitgehend zerstört wird. In diesem Versuch war an sich gewöhnliches, im Handel erhältliches Sojaschrot verwendet worden, aber dadurch war nicht ganz sicher, ob es sich nicht doch um getoastetes Schrot handelte. Infolgedessen erschien es zweckmäßig, in einem weiteren Versuch zu prüfen, ob mit Sicherheit getoastetes und mit Sicherheit nicht getoastetes Sojaschrot sich unterschiedlich verhalten würden, wenn man sie als alleiniges Eiweißfutter verabreichte und beide Arten von Sojaschrot mit und ohne Beigabe von ABS verwendete. Diese beiden Sorten Sojaschrot stellten dankenswerter Weise „F. Thörl's Vereinigte Harburger Oelfabriken – Hamburg/Harburg" zur Verfügung.

3. Zweiter Versuch

A. *Versuchsdurchführung*

Dieser Versuch wurde in der gleichen Weise mit Gruppen zu je 10 Tieren durchgeführt, die in Einzelfütterung standen und in den genetischen Grundlagen usw. weitgehend übereinstimmten, wie das bei dem ersten Versuch der Fall war. Es wurden nach dem verabreichten Eiweißbeifutter die folgenden 5 Gruppen gebildet:

Vergleichsgruppe:	vitaminisiertes Fischmehl		
Versuchsgruppe I:	nicht getoastetes Sojaschrot	mit	ABS
Versuchsgruppe II:	nicht getoastetes Sojaschrot	ohne	ABS
Versuchsgruppe III:	getoastetes Sojaschrot	mit	ABS
Versuchsgruppe IV:	getoastetes Sojaschrot	ohne	ABS.

Die Beigabe von ABS-haltigem Beifutter belief sich bei den beiden in Betracht kommenden Gruppen auf 5%, so daß 1 kg dieses Futters 2,5 g reine ABS enthielt.

Da die Vergleichsgruppe vitaminisiertes Fischmehl erhielt, bekamen die andern 4 Gruppen zur Deckung des Vitaminbedarfes wiederum täglich 5 g Lebertran zugeteilt. Der Versuch verlief störungsfrei, alle 50 Tiere erreichten das vorgeschriebene Mastendgewicht von 110 kg.

Jedes zur Verabreichung gelangende Futtermittel wurde wieder analysiert. Über Zusammensetzung und Nährstoffgehalt der einzelnen Schrotmischungen für die verschiedenen Gruppen und Mastabschnitte gibt die Übersicht Nr. 6 Auskunft.

Übersicht Nr. 6

*Zusammensetzung und Nährstoffgehalt *) der Schrotmischungen in den einzelnen Mastabschnitten im ABS-Versuch*

Gruppen	Bestandteile in %				5%	1 kg enthält		
	Gerste	Fischmehl	Sojaschrot	Gelitakalk	ABS	verd. Rohpr.	StE	Gesamt-Nährst.
	Mastabschnitt von 35—50 kg Lebendgewicht							
Vergleichsgruppe	88	11	—	1	—	140	692	712
Versuchsgruppe I	79	—	15	1	5	139	689	718
Versuchsgruppe II	84	—	15	1	—	139	696	725
Versuchsgruppe III	80	—	14	1	5	138	700	726
Versuchsgruppe IV	85	—	14	1	—	137	700	726
	Mastabschnitt von 50—70 kg Lebendgewicht							
Vergleichsgruppe	90	9	—	1	—	131	697	713
Versuchsgruppe I	82	—	12	1	5	129	700	725
Versuchsgruppe II	87	—	12	1	—	129	700	725
Versuchsgruppe III	83	—	11	1	5	127	704	726
Versuchsgruppe IV	88	—	11	1	—	127	704	726
	Mastabschnitt von 70—110 kg Lebendgewicht							
Vergleichsgruppe	91,5	7,5	—	1	—	123	700	715
Versuchsgruppe I	84,0	—	10	1	5	123	703	726
Versuchsgruppe II	89,0	—	10	1	—	123	703	725
Versuchsgruppe III	85,0	—	9	1	5	121	706	726
Versuchsgruppe IV	90	—	9	1	—	122	707	726

Es war also gelungen, den Nährstoffgehalt bei den verschiedenen Gruppen in den einzelnen Mastabschnitten außerordentlich gut abzustimmen. Auch zeigten sich gegenüber den im ersten Versuch zur Verabreichung gelangten Futtergemischen darin nur unbedeutende Unterschiede.

*) Die Berechnung des Nährstoffgehaltes der Mischungen wurde auf Grund der von jedem Futtermittel angefertigten Rohanalysen vorgenommen.

B. *Versuchsergebnisse*

a) Täglicher Durchschnittsverzehr an Futter und Nährstoffen und durchschnittliche tägliche Gewichtszunahmen

Aus den Ergebnissen der täglichen Verzehrungsermittlung wurden bei jeder der 5 Gruppen wiederum für die drei in Betracht kommenden Gewichtsabschnitte Futter- und Nährstoffverzehr, sowie die Gewichtszunahmen errechnet. Da sich aber in diesen Gewichtsabschnitten zwischen diesen 5 Gruppen ebenfalls keine anderen ins Gewicht fallenden Unterschiede ergaben, als sie sich für den gesamten Gewichtsabschnitt von 40–110 kg fanden, genügt es, an dieser Stelle die dafür gewonnenen Zahlen wiederzugeben. Diese sind in der Übersicht Nr. 7 angeführt.

Der tägliche *Futterverzehr* lag bei der Vergleichsgruppe mit 2,454 ± 0,063 kg, der Versuchsgruppe I mit 2,496 ± 5,051 kg und der Versuchsgruppe III mit 2,465 ± 0,064 kg praktisch gleich. Er war jedoch in der Versuchsgruppe II mit 2,301 ± 0,064 kg und der Versuchsgruppe IV mit 2,275 ± 0,048 kg zu niedrig. Die Differenz im täglichen Schrotverzehr zwischen der Vergleichsgruppe sowie den Versuchsgruppen I und III zur Versuchsgruppe IV ist statistisch mit $P < 0,05$ bzw. $P < 0,01$ gesichert, während der Unterschied zwischen der Vergleichsgruppe und der Versuchsgruppe II mit $P < 0,01$ gesichert ist. Aus dem unterschiedlichen Futterverzehr in den vier Versuchsgruppen ergibt sich, daß die Beigabe von ABS zum Sojaschrot einen günstigen Einfluß auf die Höhe des täglichen Schrotverzehrs hatte. Dieser aber dürfte kaum dadurch ausgelöst sein, daß die geringe Beigabe von ABS die Schmackhaftigkeit des Futters verbesserte. Ob der größere Verzehr aber darauf zurückzuführen ist, daß Tiere, die ein biologisch vollwertigeres Eiweiß erhalten, sich allgemein körperlich wohler fühlen und infolgedessen eine bessere Freßlust bekommen, ist schwerlich zu entscheiden.

Bei dem verhältnismäßig gleichen Nährstoffgehalt der verabreichten Schrotmischungen stimmen die Unterschiede in der täglichen *Nährstoffaufnahme* weitgehend mit denen im täglichen Schrotverzehr überein. Infolgedessen war auch die Eiweißaufnahme bei den Gruppen II und IV gegenüber der Vergleichsgruppe um 6,7% bzw. 8,9% niedriger. Dabei bedarf es nochmals des besonderen Hinweises, daß alle vier Versuchsgruppen das gesamte Eiweiß in Form von pflanzlichem Eiweiß erhielten, während sich der Anteil an den 313 g verzehrten Eiweißes bei der Vergleichsgruppe auf 113 g tierisches Eiweiß belief.

Mit Hilfe der Varianzanalyse wurde dann festgestellt, daß in diesem Versuch das *Toasten keinen signifikanten Einfluß* auf den täglichen Futter- und Nährstoffverzehr hatte.

Die tägliche *Gewichtszunahme* war bei der Vergleichsgruppe mit 736 ± 17,4 g als sehr gut zu bezeichnen. Diese war mit 754 ± 15,1 g bei der Versuchsgruppe I, die kein tierisches Eiweiß, sondern nur nicht getoasetes Sojaschrot mit ABS als Eiweißfutter bekommen hatte, sogar noch etwas höher. Die Versuchsgruppe III hatte im Tagesdurchschnitt mit 703 g ebenfalls gut zugenommen. Demgegenüber waren die Zunahmen der Versuchsgruppen II mit 579 ± 14,9 g und IV mit 566 ± 16,2 g jedoch unbefriedigend. Die Differenz in den täglichen Gewichtszunahmen zwischen der Vergleichsgruppe und der Versuchsgruppe I von 18 ± 23,0 g und der Gruppe III von 33 ± 23,3 g, sowie zwischen den Versuchsgruppen II und IV von 13 ± 22,6 g sind statistisch nicht gesichert. Dagegen ergab sich bei den Differenzen in den täglichen Gewichtszunahmen zwischen der Vergleichsgruppe und der Versuchsgruppe II von 157 ± 23,5 g und der Gruppe IV von 170 ± 23,8 g eine hohe statistische Sicherung ($P < 0{,}01$). Das Gleiche gilt für die Differenzen zwischen der Versuchsgruppe I und der Versuchsgruppe II mit 175 ± 21,8 g, sowie der Versuchsgruppe IV von 188 ± 22,1 g.

Der *Zusatz von ABS zum Sojaschrot* hatte also dem höheren Futterverzehr entsprechend *die Tageszunahmen* im Vergleich zu den beiden Gruppen *signifikant verbessert,* die das Sojaschrot ohne ABS-Zusatz bekamen. Im übrigen lagen die beiden Gruppen, die kein getoastetes Sojaschrot erhielten, in ihren Zunahmen über den entsprechenden Gruppen, die das getoastete Schrot bekamen, und zwar ist diese Differenz mit $P < 0{,}05$ gesichert.

b) Futter- und Nährstoffaufwand je kg Gewichtszunahme

Wichtiger als Tagesverzehr und Tageszunahme ist dann wieder der Futter- und Nährstoffaufwand je kg Gewichtszunahme, die *Futterverwertung.* Darüber gibt die Übersicht Nr. 8 Auskunft.

Der absolute Futteraufwand je kg Gewichtszunahme war in der Vergleichsgruppe mit 3,341 ± 0,086 kg sehr günstig. Die Versuchsgruppe I lag mit einem Futteraufwand von 3,316 ± 0,063 kg auf gleicher Höhe. Die Versuchsgruppe III, die getoastetes Sojaschrot und ABS bekam, lag dagegen im Futteraufwand um 6,7% höher. Ausgesprochen ungünstig aber war die Futterverwertung der beiden Gruppen II und IV, die keine Beigabe von ABS erhielten und infolgedessen je kg Gewichtszunahme rund 20% mehr an Futter und Nährstoffen benötigten als die Vergleichsgruppe.

Die Differenzen im *Futteraufwand* je kg Gewichtszunahme zwischen der Vergleichsgruppe und den Versuchsgruppen I und III von 0,025 ± 0,106 kg bzw. 0,167 ± 0,102 kg sind statistisch nicht gesichert. Dagegen ergab sich für die Differenzen im Futteraufwand je kg Gewichtszunahme von 0,634 ± 0,092 bzw. 0,685 ± 0,102 kg Schrot zwischen der Vergleichsgruppe und den Versuchsgruppen II und IV die hohe statistische Sicherung von $P < 0{,}01$. Auch ist die Differenz zwischen der Versuchsgruppe I und den Versuchsgruppen II und IV von 0,659 ± 0,102 kg bzw. 0,710 ± 0,084 mit $P < 0{,}01$ statistisch hoch gesichert. Die Differenz im absoluten Futteraufwand je kg Gewichtszunahme zwischen den Versuchsgruppen I und III von 0,192 ± 0,084 ist jedoch nur mit $P < 0{,}05$ gesichert.

Die Varianzanalyse ergab dann, daß die Differenz im Futteraufwand je kg Gewichtszunahme zwischen den mit ABS und den ohne ABS gefütterten Tieren statistisch hoch gesichert ist ($P < 0{,}01$).

Die statistische Überprüfung der Unterschiede im Aufwand an *StE* und *Gesamtnährstoffen* führte praktisch zu den gleichen Ergebnissen, wie sie sich für die Unterschiede im Futterverbrauch je kg Gewichtszunahme ergeben hatten.

Übersicht Nr. 7

Futter- und Nährstoffverzehr sowie Gewichtszunahmen im Tagesdurchschnitt im Mastabschnitt von 40—110 kg Lebendgewicht

	Vergleichsgruppe (Fischmehl)		nicht getoastetes Sojaschrot				getoastetes Sojaschrot			
			Versuchsgruppen							
		%	I (mit ABS)	%	II (ohne ABS)	%	III (mit ABS)	%	IV (ohne ABS)	%
Tägl. Futterverzehr . . kg	2,454±0,063	100	2,496±0,051	101,7	2,301±0,064	93,8	2,465±0,064	100,4	2,275±0,048	92,7
verd. Roheiweiß	313±8,0	100	316±6,5	101,0	292±8,0	93,3	307±8,1	98,1	285±6,0	91.1
davon tier. Eiweiß . . g	113		—		—		—		—	
Gesamtnährstoff	1752±47,8	100	1809±46,0	103,3	1688±46,0	96,3	1790±47,0	102,2	1651±34,9	94,2
StE	1713±43,71	100	1748±35,54	102,0	1614±44,48	94,2	1737±45,57	101,4	1603±34,0	93,5
Tägl. Gewichtszunahme g	736±17,4	100	751±15,1	102,4	579±14,9	76,6	703±15,5	95,5	566±16,2	76,9

Übersicht Nr. 8

Absoluter Futter- und Nährstoffaufwand je kg Gewichtszunahme in den einzelnen Gruppen im Mastabschnitt 40—110 kg Lebendgewicht

Schrotaufwand je kg Gewichts-Zunahme . kg	3,341±0,086	100	3,316±0,063	99,3	3,975±0,034	119,0	3,508±0,055	105,0	4,026±0,055	120,5
verd. Roheiweiß je kg Zunahme . . . g	427±11,0	100	420±8,2	98,4	488±18,0	114,3	437±6,8	102,3	505±7,0	118,3
davon tier. Eiweiß . . g	155		—		—		—		—	
Ges.-Nährstoff je kg Zun.	2387±61,2	100	2403±45,6	100,7	2872±25,9	120,3	2546±40,2	106,7	2923±40,2	122,5
StE je kg Gew.-Zunahme	2333±59,6	100	2323±44,1	99,5	2797±29,4	119,8	2472±39,1	105,9	2839±38,9	121,6

Weiterhin ist nach der Varianzanalyse der Unterschied im Aufwand an Gesamtnährstoffen je kg Gewichtszunahme zwischen den Gruppen „mit“ und „ohne“ ABS-Beifütterung statistisch sogar mit $P < 0{,}001$ gesichert. Läßt man die ABS-Beigabe unberücksichigt, dann bestehen auch Unterschiede im Aufwand an Nährstoffen je kg Gewichtszunahme zwischen den Gruppen mit getoastetem und nicht getoastetem Sojaschrot zugunsten des nicht getoasteten Sojaschrotes. Diese Unterschiede sind nach der Varianzanalyse mit $P < 0{,}05$ statistisch gesichert. Obwohl die Gruppe mit nicht getoastetem Sojaschrot und ABS im Futter- und Nährstoffverzehr je kg Gewichtszunahme wie in den täglichen Gewichtszunahmen besser lag als die Gruppe mit getoastetem Sojaschrot und ABS, bestanden nach der Varianzanalyse zwischen getoastetem und nicht getoastetem Sojaschrot in Verbindung mit ABS keine statistisch gesicherten Wechselwirkungen.

C. *Ausschlachtungsergebnisse*

Wie im ersten Versuch wurden auch in diesem Versuch sämtliche Tiere bei einem Mastendgewicht von 110 kg Lebendgewicht entsprechend den Richtlinien der Mastleistungsprüfung ausgeschlachtet. In der Lebendbeurteilung ergaben sich keine nennenswerten Unterschiede.

Die wichtigsten Maße an den geschlachteten Hälften sind in der folgenden Übersicht Nr. 9 zusammengefaßt.

Bei der Deutung der an den Schlachthälften gewonnenen Ergebnisse ergaben sich einige Schwierigkeiten. Was zunächst die Schlachtverluste anbetrifft, so sind diese in der Vergleichsgruppe und in den Versuchsgruppen I und II, die das nicht getoastete Sojaschrot erhielten, praktisch gleich. Die Werte für die Schlachtverluste lagen bei den Versuchsgruppen III und IV, die getoastetes Sojaschrot bekamen, etwas günstiger. Dabei ergab sich für die Differenz zwischen Vergleichsgruppe und Versuchsguppe III ($1{,}23 \pm 0{,}057$) eine statistische Sicherung von $P < 0{,}05$.

Aber diese geringeren Ausschlachtungsprozente lassen sich wohl damit erklären, daß diese beiden Gruppen in signifikantem Umfange mehr Fett zur Ablagerung gebracht hatten.

Sodann sind die Beziehungen zwischen Rückenspeckdicke, Lendenmuskelstärke und Futterverwertung zu prüfen. Die Rückenspeckdicke kann an sich bei gleichem Verzehr durch die Schlachtlänge der Tiere beeinflußt werden. Darin aber bestanden nach der Übersicht Nr. 7 zwischen den Gruppen keine ins Gewicht fallenden Unterschiede. Bei gleich langen Tieren ist dann zunehmende Stärke des Rückenspeckes durchweg mit einem höheren Nährstoffverbrauch je kg Zunahme, mit einer schlechteren Futterverwertung verbunden. Diese liegt mit 119,8% und mit 121,6% bei den Versuchsgruppen II und IV am ungünstigsten, und diese Gruppen haben dann auch mit 105,0% und 110,6% den stärksten Rückenspeck. Diese Unterschiede im Rückenspeck sind jedoch nur zwischen der Vergleichsgruppe und der Versuchsgruppe IV ($0{,}147 \pm 0{,}205$) mit $P < 0{,}05$ als signifikant anzusehen.

In Übereinstimmung mit der größeren Rückenspeckdicke ergab sich auch aus dem Fleisch : Fett-Verhältnis im Kotelettquerschnitt bei den Gruppen II und IV mit 112,8% und 122,5% eine stärkere Fettbildung. Dabei waren die Unterschiede

Übersicht Nr. 9

Maße an den geschlachteten Hälften in den verschiedenen Gruppen

	Vergleichsgruppe (Fischmehl)		nicht getoastetes Sojaschrot				getoastetes Sojaschrot			
			Versuchsgruppen							
			I		II		III		IV	
		%	(mit ABS)	%	(ohne ABS)	%	(mit ABS)	%	(ohne ABS)	%
Schlachtverlust . . . . %	17,75±0,420	100	17,31±0,436	97,5	17,51±0,250	98,6	16,52±0,363	93,1	16,82±0,433	94,8
Rückenspeckdicke . . . cm	4,42±0,114	100	4,39±0,175	99,3	4,64±0,085	105,0	4,60±0,032	104,1	4,89±0,170	110,6
Lendenmuskeldicke . . cm	6,3 ±0,176	100	6,9 ±0,235	109,5	6,5 ±0,252	103,2	6,8 ±0,133	107,9	6,7 ±0,203	106,3
Schlachtlänge . . . . cm	94,6 ±0,89	100	93,9 ±1,01	99,3	93,6 ±0,60	98,9	95,4 ±0,86	100,8	94,6±0,69	100,0
Mastdauer 40—110 kg Tage	95,5 ±2,15	100	93,0 ±1,91	97,4	121,7±3,28	127,4	100,0±2,24	104,7	124,5±3,61	130,3
Fleisch : Fettverhältnis im Kotelettquerschnitt . . 1 :	1,33±0,067	100	1,25±0,142	94,0	1,50±0,108	112,8	1,26±0,073	94,7	1,63±0,087	122,5
Flomengewicht . . . . kg	1,221±0,072	100	1,323±0,035	108,4	1,419±0,102	116,2	1,358±0,085	111,2	1,581±0,134	129,5
StE . . . je kg Zunahme	2333±59,6	100	2323±44,1	99,5	2797±29,4	119,8	2472±39,1	105,9	2839±38,9	121,6

zwischen diesen beiden Gruppen und der Vergleichsgruppe nicht signifikant, während die Unterschiede zwischen den Versuchsgruppen III und IV mit $P < 0{,}01$ statistisch hoch gesichert waren.

Weiterhin war im Flomengewicht die Versuchsgruppe II mit 116,2% und die Gruppe IV sogar mit 129,5% überlegen. Dabei war jedoch nur der Unterschied zwischen der Vergleichsgruppe und der Versuchsgruppe IV statistisch mit $P < 0{,}05$ gesichert.

Die Futterverwertung wird aber nicht nur durch eine stärkere Fettablagerung, sondern auch dadurch ungünstig beeinflußt, daß die Mastzeit sich verlängert, wenn die Tageszunahmen geringer sind und sich auf diese Weise der Aufwand an Erhaltungsfutter erhöht. Gegenüber der Vergleichsgruppe aber benötigte die Versuchsgruppe II 26 Masttage (127,4%) und die Versuchsgruppe IV 29 Masttage (130,3%) mehr.

Welcher Anteil der signifikant schlechteren Futterverwertung der Gruppe IV der längeren Mastzeit und welcher der stärkeren Rückenspeckdicke zur Last zu schreiben ist, läßt sich nicht abschätzen.

Dann aber war zu vermuten, daß die Stärke des Lendenmuskels infolge der schlechteren Futterverwertung bei den Gruppen ohne ABS-Beifutter etwas geringer sein würde. Tatsächlich aber lagen die Mittelwerte dieser beiden Gruppen II und IV nicht niedriger, sondern sie waren mit 103,2% und 106,2% etwas höher als die der Vergleichsgruppe, ohne daß diese sich statistisch sichern ließen. Allerdings waren diese Tiere ja um 26 bzw. 29 Masttage älter. Demnach war die schlechtere Futterverwertung offenbar der größeren Fettbildung und dem durch Verlängerung der Mastzeit bedingten höheren Aufwand an Erhaltungsfutter zuzuschreiben. Die beiden Versuchsgruppen I und III mit dem ABS-Zusatz übertrafen dagegen in der Stärke des Lendenmuskels mit 109,5% und mit 107,9% nicht nur die entsprechenden Versuchsgruppen, allerdings ohne signifikante Unterschiede, sondern eben auch die Vergleichsgruppe, und zwar waren diese Unterschiede in beiden Fällen mit $P < 0{,}05$ sogar gesichert.

Will man den Einfluß der ABS-Beigabe auf das in der Stärke des Lendenmuskels zum Ausdruck kommende Fleichbildungsvermögen prüfen, käme dafür der Vergleich zwischen den beiden Gruppen „mit“ und „ohne“ ABS-Zusatz in Betracht. Dabei ergaben sich, wie gesagt, keine signifikanten Unterschiede.

Ziemlich eindeutig aber war nachzuweisen, daß das für den landwirtschaftlichen Betrieb entscheidend wichtige *Futterverwertungsvermögen der Tiere* bei alleiniger Verabreichung von Sojaschrot als Eiweißfutter ganz erheblich beeinträchtigt wurde, daß sich dieser Mangel aber in jeder Weise durch eine Beigabe von ABS ausgleichen ließ.

D. Zusammenfassung der Ergebnisse der Versuche I und II

In den beiden Versuchen umfaßte die Vergleichsgruppe je 10 Tiere. Außerdem bekamen im ersten Versuch 10 Tiere als alleiniges Eiweißfutter Sojaschrot mit einer Beigabe von alfa-Amino-Buttersäure (ABS). Im zweiten Versuch erhielten dann je 20 Tiere getoastetes und nicht getoastetes Sojaschrot, und zwar jeweils 10 Tiere davon mit einer Beigabe von ABS.

Die Versuchsergebnisse zeigten dann, daß in der Wirkung zwischen getoastetem und nicht getoastetem Sojaschrot kein Unterschied vorhanden war. Außerdem bestand in beiden Versuchen eine weitgehende Übereinstimmung in den Fütterungs- und Haltungsbedingungen. Auch gehörten alle Versuchstiere dem gleichen Schweineschlag an. Infolgedessen dürfte es zulässig sein, die Ergebnisse der beiden Versuche nochmals dadurch zu überprüfen, daß die 20 Tiere der beiden Vergleichsgruppen zu einer neuen Gruppe zusammengefaßt werden, die dann der Gruppe mit den 30 Tieren gegenübergestellt wird, die als Eiweißfutter Sojaschrot mit ABS-Zusatz erhielt, und der dritten aus 20 Tieren bestehenden Gruppe, die das Sojaschrot ohne ABS-Zusatz bekam.

Das Ergebnis dieses Vergleiches mit der statistischen Sicherung der Unterschiede ist in der folgenden Übersicht Nr. 10 angeführt.

Übersicht Nr. 10

Einfluß einer Beigabe von Alfa-Amino-Buttersäure (ABS) zum Sojaschrot auf die Futterverwertung von Mastschweinen

Merkmale	Vergleichsgruppe nur tier. Eiw.	Vers.-Gruppe Sojaschrot + ABS	Vers.-Gruppe Sojaschrot ohne ABS	
Tierzahl	20	30	20	
Täglicher Futterverzehr . . . . . kg	2,396±0,057	2,435±0,036	2,288±0,039	
Differenz zur Vergleichsgruppe . . kg	—	0,039±0,068	—0,108±0,069	
Täglicher Verzehr an StE	1673±40,0	1712±25,8	1608±27,3	
Differenz zur Vergleichsgruppe . . .	—	39±47,6	−65±48,4	
Tägliche Gewichtszunahme . . . . g	700±16,3	728±10,5	573±11,1	
Differenz zur Vergleichsgruppe . . . g	—	28±19,4	−127±19,8	***
Futteraufwand je kg Gewichtszun. . kg	3,430±0,054	3,353±0,037	4,001±0,032	
Differenz zur Vergleichsgruppe . . kg	—	—0,077±0,065	0,571±0,062	***
Aufwand an StE je kg Gewichtszunahme	2395±37,8	2355±26,9	2818±24,1	
Differenz zur Vergleichsgruppe	—	− 40±46,4	423±44,8	***
Stärke des Lendenmuskels . . . . cm	6,67±0,134	6,92±0,092	6,61±0,159	
Differenz zur Vergleichsgruppe . . cm	—	0,25±0,164	−0,06±0,209	
Rückenspeckdicke . . . . cm	4,40±0,104	4,45±0,073	4,77±0,096	*
Differenz zur Vergleichsgruppe . . cm	—	0,05±0,126	0,37±0,142	

* statistisch mit $P < 0{,}05$ gesichert

*** statistisch mit $P < 0{,}001$ gesichert.

Aus dieser Übersicht geht also nochmals deutlich hervor, daß die Tageszunahmen, die Stärke des Rückenspecks und vor allem die Futterverwertung bei den Tieren, die als alleiniges Eiweißfutter Sojaschrot erhielten, in erheblichem Maße signifikant ungünstiger waren im Vergleich zu den Tieren, die eine ausreichende Menge an biologisch vollwertigem Eiweiß in Form von Fischmehl erhielten.

Die 30 Tiere, die in kleinen Gaben ABS zum Sojaschrot bekamen, standen der Vergleichsgruppe in der Gewichtszunahme und in der Futterverwertung in keiner Weise nach. Es war also bei diesen beiden Versuchen gelungen, das Fischmehl durch Sojaschrot mit einer Beigabe von ABS in seiner Futterwirkung zu ersetzen.

Zusammenfassung

Das Max-Planck-Institut für Tierzucht und Tierernährung führte im Sommer 1957 einen Fütterungsversuch an Mastschweinen durch, bei dem die Wirkung einer Beigabe von alfa-Amino-Buttersäure (ABS) zum Sojaschrot auf die Gewichtszunahmen und die Futterverwertung überprüft wurde. Dabei zeigte sich, daß bei einem Austausch von den bei Mastrationen üblichen Mengen an Fischmehleiweiß gegen Sojaschroteiweiß die gleichen Gewichtszunahmen und die gleiche Futterverwertung erzielt wurden, wenn dem Schrotgemisch je kg 2,5 g ABS zugesetzt wurden. Dieses Ergebnis war so interessant und kann für die allgemeine Praxis so folgenreich werden, daß es zweckmäßig erschien, diesen Versuch noch einmal zu wiederholen. Bei diesem zweiten Versuch im Jahre 1958 wurden die Ergebnisse des ersten Versuches weitgehend bestätigt. Man kann danach bei Schrotmast Fischmehl durch Sojaschrot mit einem ABS-Zusatz ersetzen. Es wird zu prüfen sein, in welchem Umfange sich durch den Austausch von Fischmehl oder tierischem Eiweiß gegen Sojaschrot mit einem ABS-Zusatz die Futterkosten einsparen lassen. Besonders reizvoll aber wird es werden, Klarheit über den Wirkungsmechanismus von ABS zu erhalten und zu prüfen, ob die ABS bei Verwendung anderer pflanzlicher Eiweißfuttermittel eine ähnliche Wirkung zeigt.

Literaturverzeichnis

[1] RICHTER, K. u. SCHILLER, K.: Das Toasten von Sojaschrot. Kraftfutter, H. 10, 1958, S. 282—283.

Eingegangen am 21. 10. 1959

Aus dem Institut für landwirtschaftliches Versuchs- und Untersuchungswesen Rostock
(Direktor: Prof. Dr. Dr. K. NEHRING)

W. LAUBE

Neue Untersuchungen über den Einfluß der pflanzlichen Gerüstsubstanzen auf die Verdaulichkeit von Grünfutterstoffen

Die pflanzlichen Gerüstsubstanzen, die bekanntlich im wesentlichen aus Zellulose, Pentosanen und Lignin bestehen und bei der Weender Futtermittelanalyse in der Fraktion der Rohfaser zusammengefaßt werden, üben einen starken Einfluß auf die Verdaulichkeit des Futters aus. Eine ganze Reihe von Arbeiten beschäftigte sich mit dem Ausmaß dieser Beeinflussung. Die wesentlichsten auf diesem Gebiet in der deutschen Literatur bis 1953 erschienenen Veröffentlichungen wurden in einer früheren Arbeit [8] besprochen. Es handelte sich dabei hauptsächlich um Versuche, bei denen Grünfutter im Verlauf der Vegetation mehrmals geschnitten und die Verdaulichkeit bei den einzelnen Schnittzeiten an Hammeln bestimmt wurde, oder es wurden, wie z. B. bei den Arbeiten AXELSONS, die Ergebnisse zahlreicher Verdaulichkeitsversuche anderer Autoren im Hinblick auf Korrelationen zwischen Gerüstsubstanzgehalt und Verdaulichkeit mathematisch ausgewertet. Stets ergab es sich. daß die Verdaulichkeit mit steigendem Gehalt an Gerüstsubstanzen abnahm. In allen Arbeiten, in denen die pflanzlichen Gerüstsubstanzen nicht nur in Form des zusammenfassenden Ausdrucks Rohfaser, sondern im einzelnen bestimmt wurden, konnte zwichen der Verdaulichkeit der organischen Substanz und dem Ligningehalt eine straffere Abhängigkeit gefunden werden als zwischen der Verdaulichkeit und dem Rohfasergehalt. Das kommt auch in unserer eigenen bereits zitierten Arbeit [8] sowie in einer der neuesten auf diesem Gebiet erschienenen Veröffentlichungen (A. KIVIMÄE [5]) zum Ausdruck. Das Lignin als inkrustierende Substanz scheint demnach die Verdaulichkeit des Futters unter den drei Bestandteilen der Zellmembran am stärksten zu beeinflussen. Aus diesen Untersuchungen ging aber ebenfalls hervor, daß auch zwischen Rohfasergehalt und Verdaulichkeit eine relativ hohe Korrelation bestand. Berechnete man in unserer Arbeit [8] bei den untersuchten 34 verschiedenen Grünfutterstoffen und Heuproben die Verdaulichkeit der organischen Substanz aus dem Rohfasergehalt, dann erhielt man ein Ergebnis, das mit einem Fehler von ± 3,6 Verdaulichkeitseinheiten behaftet war, während der Fehler, den die Berechnung der Verdaulichkeit aus dem Ligningehalt enthielt, auch noch ± 3,0 Verdaulichkeitseinheiten ausmachte. Diese relativ sichere Aussage über die Höhe der Verdaulichkeit, die man aus dem Rohfasergehalt erhielt, war um so erstaunlicher, als eine Reihe von Arbeiten gezeigt hatte, daß die Rohfaser von Fall zu Fall sehr heterogen zusammengesetzt ist und keinen der drei Hauptbestandteile der Zellmembran in seiner Gesamtheit enthält [2, 3, 7, 8, 11].

Theoretisch besteht wenig Grund zur Annahme, daß eine Substanz wie die Rohfaser, die zum großen Teil aus der an sich hoch verdaulichen Zellulose und den Pentosanen besteht, in der jedoch ein erheblicher Anteil des vom Organismus sehr schwer angreifbaren Lignins, das die einzelnen Zellen umschließt und aus diesen Gründen in erster Linie für eine Wirkung auf die Verdaulichkeit in Frage käme, nicht mit erfaßt wird, die Verdaulichkeit überhaupt beeinflussen kann. Eine Erklärung über die relativ hohe Sicherheit bei der Verdaulichkeitsermittlung aus dem Rohfasergehalt könnte nur in der Annahme gesucht werden, daß die Verdaulichkeit zwar vom Ligningehalt abhängt, der Rohfasergehalt dagegen den Einfluß des Lignins auf die Verdaulichkeit lediglich widerspiegelt, weil er in den Pflanzen dem Ligningehalt gleichgerichtete Veränderungen erfährt. Hoher Ligningehalt ist größtenteils mit hohem Rohfasergehalt und niedriger Ligningehalt fast stets mit niedrigem Rohfasergehalt gekoppelt. Ein Einblick in die wirklichen Beziehungen zwischen Verdaulichkeit und dem Gehalt an Lignin oder Rohfaser wird aber nur zu erhalten sein, wenn Futterstoffe in *vergleichenden Verdaulichkeitsversuchen* überprüft werden, bei denen Rohfaser- und Ligningehalt nicht gleichsinnig miteinander korrelieren. Gewisse Versuche in dieser Richtung liegen beispielsweise von PRJANISCHNIKOW u. TOMME [10] vor, die das Lignin aus Roggenstroh mit Chlordioxyd und Sulfit herauslösten und die Verdaulichkeit dieses Produktes der eines mit Sulfit allein behandelten Strohes gegenüberstellten. Sie erhielten folgende Ergebnisse (die Verdaulichkeit wurde an Kaninchen bestimmt):

		Roggenstroh behandelt mit	
		$ClO_2 + Na_2SO_3$	Na_2SO_3
Ligningehalt (nach WILLSTÄTTER)	%	4,5	20,1
Rohfasergehalt	%	58,0	52,3
Verdaulichkeit der Trockensubstanz	%	85,4	57,4

Der niedrige Ligningehalt in dem mit Chlordioxyd und Sulfit behandelten Stroh hat ungeachtet des hohen Rohfasergehaltes zu einer stark angestiegenen Verdaulichkeit geführt.

Die Ergebnisse von Untersuchungen mit chemisch behandeltem Material sind aber auf die natürlichen Futterstoffe nicht übertragbar, da durch die Behandlung nicht nur der Gehalt an Gerüstsubstanzen, sondern auch die Verdaulichkeit aller Nährstoffe beeinflußt wird.

Untersuchungen, die eine Antwort auf die Frage geben sollen, *ob Rohfasergehalt oder Ligningehalt die Verdaulichkeit beeinflussen,* müssen mit natürlichen Pflanzen der gleichen Art, die im Hinblick auf Boden, Düngung, Witterung usw. unter völlig vergleichbaren Bedingungen gewachsen sind, durchgeführt werden. Unterschiede in diesen Bedingungen können sich auf die Zusammensetzung des Lignins auswirken und damit die erhaltenen Ergebnisse verfälschen. Solche Untersuchungen sind natürlich schwierig, weil es Futtermittelpaare, die sich in Pflanzenart, Wachstumsbedingungen usw. völlig gleichen, bei denen aber ein Partner hohen Lignin- und niedrigen Rohfasergehalt, der andere aber niedrigen Lignin- und hohen Rohfasergehalt aufweist, im allgemeinen nicht gibt.

Uns ist nur eine einzige derartige Pflanze bekannt geworden, der sogenannte *Glasroggen,* – wahrscheinlich eine Mutante des normalen Roggens –, mit dem wir die im folgenden beschriebenen Untersuchungen durchführten.

1953 erhielten wir davon Kenntnis, daß in der Forschungsstelle für Agrobiologie in Gülzow bei Güstrow (Direktor: Prof. Dr. K. KRESS) ein Roggen unter dem Namen „Glasroggen" zu Demonstrationszwecken angebaut wird. Die Halme und Blätter dieses Glasroggens brechen sowohl im grünen Zustand als auch als Stroh bereits bei geringer Verbiegung unter völliger Trennung an der Bruchstelle.

Dieses Verhalten, das dem Roggen seinen Namen gab, ließ auf eine Veränderung in der Zusammensetzung des Pflanzengerüstes schließen, was durch die chemische Analyse des Strohes bestätigt wurde.

Gehaltswerte in $^0/_0$ der Trockensubstanz*)	Glasroggenstroh	Normalroggenstroh
Organische Substanz	93,84	96,23
Rohprotein	3,91	2,83
Rohfett	1,82	2,41
Rohfaser	26,68	52,45
N-freie Extraktstoffe	61,43	38,54
Zellulose	20,86	45,83
Pentosane	31,02	24,56
Lignin	18,89	15,39

Die Tabelle veranschaulicht, daß im Glasroggen gegenüber einem normalen Roggenstroh ein sehr niedriger Zellulosegehalt neben erhöhtem Lignin- und Pentosangehalt vorliegt. Der Rohfasergehalt im Glasroggenstroh beträgt etwa die Hälfte des Rohfasergehaltes im normalen Roggenstroh. Es dürfte verständlich sein, daß *Untersuchungen über die Verdaulichkeit von Glasroggen im Vergleich zu Normalroggen* einen guten Einblick in den Zusammenhang zu geben vermögen, wie er einmal zwischen *Ligningehalt und Verdaulichkeit* und zum anderen zwischen *Rohfasergehalt und Verdaulichkeit* vorliegt.

Prof. KRESS stellte uns freundlicherweise eine gewisse Menge des Glasroggensaatgutes zur Verfügung, wofür ihm auch an dieser Stelle herzlich gedankt sein soll. Wir vermehrten den Glasroggen in den folgenden Jahren bei uns, was nur unter Schwierigkeiten gelang, weil die Glasroggenhalme auch einer leichten Beanspruchung durch den Wind nicht standhielten und deshalb, um Samen tragen zu können, gestützt werden mußten. 1956 waren wir im Besitz von soviel Glasroggenstroh, um einen *Verdaulichkeitsversuch mit einem Hammel* durchzuführen; jedoch stellte sich heraus, daß das Stroh von keinem unserer immerhin an Strohversuche gewöhnten Tiere angenommen wurde. Wahrscheinlich sagte den Tieren die ungewöhnliche mechanische Beschaffenheit des Futters nicht zu. 1957 schnitten wir einen Teil des Glasroggens während des Schossens und ließen den anderen Teil zur Reife stehen. Der grüne Glasroggen wurde in üblicher Weise in einem

*) Die von uns verwendeten Methoden zur Bestimmung der pflanzlichen Gerüstsubstanzen wurden bereits früher mitgeteilt [8].

großen Ventilatortrockenschrank bei Temperaturen unter 60° getrocknet. Dieses Futter wurde von den Tieren sofort in normaler Weise angenommen, während auch das 1957 geerntete Stroh wiederum abgelehnt wurde.

Bemerkt werden muß noch, daß der Glasroggen stets wieder aufspaltete, d. h. daß im Bestand immer wieder Normalroggen auftauchte und zwar unabhängig davon, ob Saatgut aus Ähren von Glasroggenpflanzen oder Mischsaatgut aus dem gesamten Bestand ausgedrillt wurde. Der Anteil an Normalroggen im Bestand betrug etwa 25%. Beim Stroh war die Trennung von Glas- und Normalroggen einfach, denn das Glasroggenstroh verließ die Dreschmaschine in bereits stark zerkleinerter Form, und somit konnte das langhalmige Normalroggenstroh leicht ausgesammelt werden. Beim grünen Glasroggen 1957 lasen wir den mit aufgewachsenen Normalroggen nicht aus, die Partie bestand demnach aus 75% Glas- und 25% Normalroggen und wird in der Folge als Glas- + Normalroggen 1957 bezeichnet. Als Parallele zu diesem Versuch schnitten wir aus einer Parzelle mit normalem Petkuser Roggen eine Partie, die mit Normalroggen 1957 bezeichnet werden soll. Der Vegetationszustand des Normalroggens 1957 war weiter fortgeschritten als der des Glas- + Normalroggen 1957.

1958 stand uns Glasroggen in größerer Fläche zur Verfügung; der Schnitt erfolgte derart, daß aus dem gemähten Bestand die Halme büschelweise aufgenommen und mit der Hand gebrochen wurden. Dabei brachen die Glasroggenhalme auseinander, während die Normalroggenhalme ganz blieben. Die letzteren wurden sorgfältig ausgelesen. Im Endeffekt standen uns somit zwei Partien zur Verfügung, deren eine vollständig aus *Glasroggen,* deren andere vollständig aus *Normalroggen* bestand. Im Hinblick auf Herkunft, Wachstumsbedingungen und Vegetationszeitpunkt glichen sich beide Proben völlig, sie waren aus dem gleichen Bestand herausgelesen und somit für vergleichende Verdaulichkeitsversuche besonders gut geeignet. Je einen solchen Schnitt führten wir zweimal durch, am 30. 5. und am 9. 6. 1958; die angefallenen Proben werden in der Folge mit

Glasroggen	I	1958	
Normalroggen	I	1958	
Glasroggen	II	1958	und
Normalroggen	II	1958	

bezeichnet

Die mit den beschriebenen 6 Proben in üblicher Weise durchgeführten *Verdaulichkeitsversuche an Hammeln* verliefen ohne Störung. Wir arbeiteten jeweils mit 2 Paralleltieren; bei den Glasroggenproben 1958 konnten wir, weil genügend Material zur Verfügung stand, 3 Tiere in den Versuch nehmen. Die Ergebnisse der 6 Verdaulichkeitsversuche sind in der folgenden Tabelle 1 wiedergegeben. Die Tabelle 1 enthält neben den Angaben über die chemische Zusammensetzung und die mittlere Verdaulichkeit auch die Verdauungskoeffizienten der einzelnen Tiere. Die Differenzen zwischen den Paralleltieren waren sehr gering.

Tabelle 1. *Zusammensetzung und Verdaulichkeit von Glas- und Normalroggen* (grün)

	Organische Substanz	Rohprotein	Rohfett	Rohfaser	N-freie Extr.-Stoffe	Rohasche	Zellulose	Pentosane	Lignin	Rest Kohlenhydr.
1. Glas- + Normalroggen 1957										
Gehalt in Tr.-Subst. %	90,79	12,38	3,04	19,73	55,64	9,21	18,18	19,80	6,69	30,70
Verdaulichkeit in % Tier 2	76,8	74,1	63,7	72,6	79,7	—	77,5	74,7	30,8	90,3
Verdaulichkeit in % Tier 4	75,9	71,2	64,4	72,4	78,8	—	77,1	75,1	27,8	89,3
Mittel	76,4	72,7	64,1	72,5	79,3	—	77,3	74,9	29,3	89,8
2. Normalroggen 1957										
Gehalt in Tr.-Subst. %	92,30	12,70	3,71	32,05	43,84	7,70	30,73	18,74	8,12	18,30
Verdaulichkeit in % Tier 2	73,0	74,1	65,2	74,7	72,2	—	78,0	74,4	32,0	82,1
Verdaulichkeit in % Tier 4	72,3	71,3	63,6	75,0	71,3	—	78,6	74,2	29,8	81,0
Mittel	72,7	72,7	64,4	74,9	71,8	—	78,3	74,3	30,9	81,6
3. Glasroggen I 1958										
Gehalt in Tr.-Subst. %	89,60	14,92	3,61	21,49	49,58	10,40	19,97	20,70	9,37	21,03
Verdaulichkeit in % Tier 2	71,8	75,5	66,7	70,6	71,5	—	74,1	71,9	32,7	85,2
Verdaulichkeit in % Tier 3	70,8	74,0	65,7	68,8	71,0	—	72,1	71,4	27,8	86,6
Verdaulichkeit in % Tier 4	70,8	74,5	65,4	67,0	71,7	—	72,3	72,0	32,0	83,7
Mittel	71,1	74,7	65,9	68,8	71,4	—	72,8	71,8	30,8	85,2
4. Glasroggen II 1958										
Gehalt in Tr.-Subst. %	90,52	13,29	3,41	22,59	51,23	9,48	20,10	23,31	11,76	18,65
Verdaulichkeit in % Tier 2	59,8	67,7	63,3	57,1	58,8	—	61,2	60,7	18,5	77,0
Verdaulichkeit in % Tier 3	61,5	70,4	68,4	58,6	60,0	—	61,6	61,9	21,0	78,9
Verdaulichkeit in % Tier 4	59,0	66,0	66,0	56,7	57,7	—	58,7	59,4	17,8	78,5
Mittel	60,1	68,0	65,9	57,5	58,8	—	60,5	60,7	19,1	78,1
5. Normalroggen I 1958										
Gehalt in Tr.-Subst. %	91,54	14,23	3,70	29,12	44,49	8,46	26,06	19,27	7,42	20,86
Verdaulichkeit in % Tier 3	76,6	77,0	69,3	77,7	76,3	—	81,2	80,0	27,9	86,0
Verdaulichkeit in % Tier 4	74,8	74,6	68,7	74,2	75,8	—	79,5	78,8	31,2	82,0
Mittel	75,7	75,8	69,0	76,0	76,1	—	79,9	79,4	29,6	84,0
6. Normalroggen II 1958										
Gehalt in Tr.-Subst. %	91,29	11,89	3,27	34,27	41,86	8,71	32,05	20,44	9,93	13,71
Verdaulichkeit in % Tier 3	68,6	72,5	67,7	74,1	63,2	—	75,8	71,3	21,0	79,2
Verdaulichkeit in % Tier 4	68,8	72,7	68,9	69,6	66,9	—	74,8	72,9	23,0	78,1
Mittel	68,7	72,6	68,3	71,9	65,1	—	75,3	72,1	22,0	78,7

Diskussion der erhaltenen Ergebnisse

1. Zusammensetzung und Verdaulichkeit

Ein direkter Vergleich der Zusammensetzung und Verdaulichkeit zwischen Glas- und Normalroggen ist nur bei den Proben 1958 möglich, weil 1957 der Normalroggen im Wachstum weiter fortgeschritten war als der Glas- + Normalroggen, wie aus dem hohen Lignin-, Zellulose- und Rohfasergehalt des Normalroggen 1957 hervorgeht.

Die Unterschiede in der Zusammensetzung der einander zugehörigen Glas- und Normalroggenproben 1958 (grün) treten in ähnlicher, jedoch nicht ganz so ausgeprägter Form in Erscheinung wie bereits beim Stroh angegeben. *Glasroggen* besitzt einen weit *niedrigeren Rohfaser- und Zellulosegehalt* als der entsprechende Normalroggen, während der Gehalt an Lignin, Pentosanen, Restkohlenhydraten und N-freien Extraktstoffen höher liegt. Die Differenzen in den anderen Stoffgruppen sind unbedeutend.

Was die *Verdaulichkeit der einzelnen Stoffgruppen* anbetrifft, so bestätigen diese Ergebnisse unsere früher getroffenen Feststellungen [8] vollkommen. Die Rohfaser ist besonders bei älterem Wachstumsstadium gleich hoch oder höher verdaulich als die N-freien Extraktstoffe; die chemisch leichter angreifbaren Pentosane werden nicht besser verdaut als die Zellulose; die Restkohlenhydrate *) weisen sich als die am höchsten verdauliche Stoffgruppe aus; das Lignin zeigt immerhin eine Verdaulichkeit bis 30%, was ebenfalls bereits früher für Gramineenlignin gefunden wurde.

2. Der Einfluß des Lignin- und des Rohfasergehaltes auf die Verdaulichkeit der organischen Substanz

Bei der Betrachtung des Einflusses, den Lignin- und Rohfasergehalt auf die Verdaulichkeit ausüben, soll nur die Verdaulichkeit der organischen Substanz als Ausdruck für die Gesamtverdaulichkeit eines Futtermittels herangezogen werden.

Die Beziehungen zwischen Lignin- und Rohfasergehalt und Verdaulichkeit der organischen Substanz werden in üblicher Weise in Form von Regressionsgleichungen angegeben, wobei als Ausdruck der Straffheit der Funktion der Korrelationskoeffizient ($\pm r$ bei linearer, R bei quadratischer Abhängigkeit) sowie die quadratische Abweichung s*) berechnet werden. Zur besseren Übersicht werden

*) Zur Begründung und Berechnung des Ausdrucks „Restkohlenhydrate" vergleiche [2] oder [8].

*) Zur Berechnung von s wurden die Differenzen d zwischen gefundener und aus der Regressionsgleichung berechneter Verdaulichkeit ermittelt:

$$s = \pm \sqrt{\frac{\Sigma\, d^2}{n-2}}$$

Der Freiheitsgrad n — 2 ist nach Vorschlag von LINDER [6] bei kleinen Stichproben angebracht. s liefert die gleichen Wert wie der allgemein übliche Ausdruck

$$\pm\, \sigma y \cdot \sqrt{1 - r^2}$$

(wobei σ ebenfalls mit dem Freiheitsgrad n — 2 berechnet wird) und ist auch bei quadratischer Abhängigkeit anwendbar.

die für die Berechnung der Regression erforderlichen Werte in Tabelle 2 noch einmal wiedergegeben, und zwar geordnet nach fallender Verdaulichkeit,

Tabelle 2. *Verdaulichkeit der organischen Substanz, Lignin- und Rohfasergehalt bei Glas- und Normalroggen* (grün)

	Verdaulichkeit der org. Substanz	Ligningehalt in Trocken-Substanz	Rohfasergehalt in Trocken-Substanz
Glas- + Normalroggen 1957	76,4	6,69	19,73
Normalroggen I 1958	75,7	7,42	29,12
Normalroggen 1957	72,7	8,12	32,05
Glasroggen I 1958	71,1	9,37	21,49
Normalroggen II 1958	68,7	9,93	34,27
Glasroggen II 1958	60,1	11,76	22,59

Bereits bei oberflächlicher Betrachtung der Tabelle 2 ist festzustellen, daß zwischen *Verdaulichkeit und Ligningehalt* eine eindeutige Beziehung besteht, während zwischen Verdaulichkeit und Rohfasergehalt kein Zusammenhang gefunden werden kann. Das geht noch deutlicher aus den entsprechenden Regressionsgleichungen hervor:

Ligningehalt in Trockensubstanz (x) und Verdaulichkeit der organischen Substanz (y)

$$y = 98{,}6 - 3{,}135\,x \quad (1)$$
$$r = -0{,}973$$
$$s = \pm 1{,}52$$

Rohfasergehalt in Trockensubstanz (x_1) und Verdaulichkeit der organischen Substanz (y)

$$y = 69{,}4 + 0{,}052\,x_1 \quad (2)$$
$$r = +0{,}052$$
$$s = \pm 6{,}86$$

Aus Gleichung (1) ist zu erkennen, daß mit Erhöhung des Ligningehaltes um 1 % die Verdaulichkeit um rund 3 Einheiten abnimmt, wobei der Korrelationskoeffizient von − 0,97 und die mittlere quadratische Abweichung von ± 1,52 die außerordentliche Straffheit der Beziehungen zwischen Ligningehalt und Verdaulichkeit veranschaulichen.

Gleichung (2) besagt, daß sich im Durchschnitt der sechs Versuche die Verdaulichkeit mit steigendem Rohfasergehalt scheinbar leicht erhöht hat, während jedoch aus den Werten r und s hervorgeht, daß zwischen *Rohfasergehalt und Verdaulichkeit überhaupt keinerlei Beziehung* besteht.

Bei der Wiedergabe des Zusammenhanges zwischen Ligningehalt und Verdaulichkeit in Form einer Gleichung ist es bei dem vorliegenden Material, wie man nach den von LINDNER (6) angegebenen Verfahren nachprüfen kann, angebracht, die quadratische Abhängigkeit zu berechnen. Man erhält dann folgende Beziehung (x = Ligningehalt in Trockensubstanz. y = Verdaulichkeit der org. Substanz):

$$y = 64{,}3 + 4{,}599\,x - 0{,}4201\,x^2 \qquad (3)$$
$$R = 0{,}994$$
$$s = \pm\,0{,}72$$

Gleichung (3) ist die Gleichung einer Maximumkurve; das Maximum liegt bei x = 5,5. Gleichung (3) gilt aber nach dem vorliegenden Material nur für den Bereich von x = 6,7 bis 11,8, somit ist nur der absteigende Ast der Kurve von Bedeutung. Der negative Faktor von x^2 (— 0,4201) besagt, daß die Verdaulichkeit mit steigendem Ligningehalt degressiv abnimmt. Ein Vergleich der Werte R und s der Gleichung (3) mit den Werten r und s der Gleichung (1) führt zu der Feststellung, daß die nichtlineare Funktion den Zusammenhang zwischen Ligningehalt und Verdaulichkeit besser widerspiegelt als die lineare. Ein degressives Absinken der Verdaulichkeit mit steigendem Ligningehalt wurde bereits in unserer früheren Arbeit [8] sowie von KIVIMÄE [5] bei seinen Versuchen mit Klee und Timothee ermittelt.

In den folgenden Abbildungen 1 und 2 ist der Zusammenhang zwischen Lignin- und Rohfasergehalt und Verdaulichkeit noch einmal graphisch wiedergegeben.

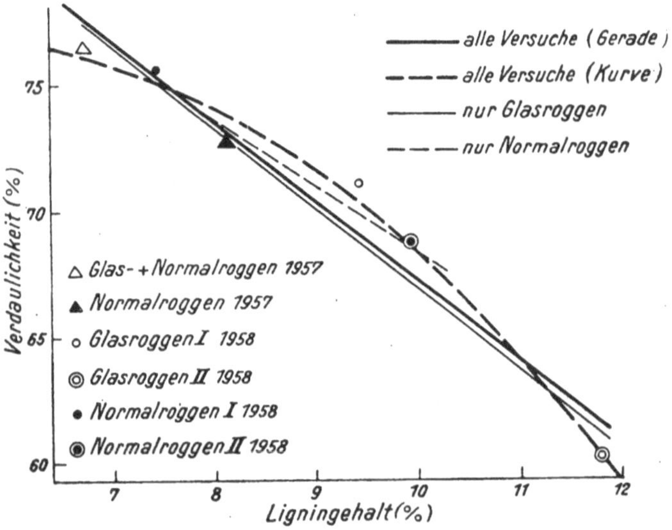

Abb. 1. Der Einfluß des Ligningehaltes auf die Verdaulichkeit der organischen Substanz

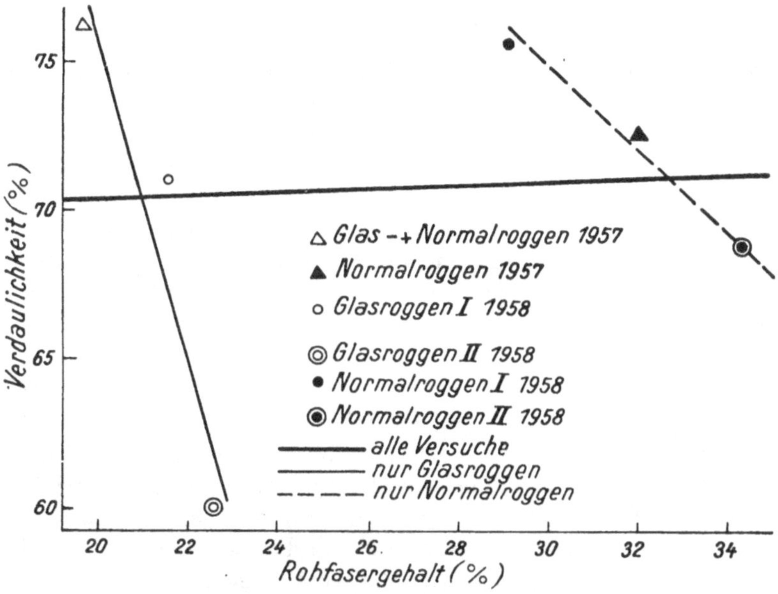

Abb. 2. Der Einfluß des Rohfasergehaltes auf die Verdaulichkeit der organischen Substanz

Betrachtet man in Abbildung 2 Glasroggen und Normalroggen jeweils für sich allein, dann läßt sich ebenfalls ein Zusammenhang zwischen Rohfasergehalt und Verdaulichkeit erkennen. Die für Glasroggen und Normalroggen getrennt ermittelten Regressionslinien sind in die Abbildungen 1 und 2 aufgenommen worden. Die entsprechenden Regressionsgleichungen gehen aus der folgenden Zusammenstellung hervor:

Versuche	Regressionsgleichung	r
	Ligningehalt und Verdaulichkeit der organischen Substanz	
alle Versuche	$y = 98{,}6 - 3{,}135\,x$	$-0{,}973$
Glasroggen	$y = 98{,}8 - 3{,}190\,x$	$-0{,}973$
Normalroggen	$y = 95{,}1 - 2{,}673\,x$	$-0{,}986$
	Rohfasergehalt und Verdaulichkeit der organischen Substanz	
alle Versuche	$y = 69{,}4 + 0{,}052\,x_1$	$+0{,}052$
Glasroggen	$y = 185{,}1 - 5{,}449\,x_1$	$-0{,}945$
Normalroggen	$y = 116{,}2 - 1{,}378\,x_1$	$-0{,}987$

Die Gleichförmigkeit der 3 Gleichungen, die den Zusammenhang zwischen Ligningehalt und Verdaulichkeit wiedergeben, und die starke Verschiedenheit der 3 Gleichungen, die den Einfluß des Rohfasergehaltes auf die Verdaulichkeit veranschaulichen, lassen einmal mehr erkennen, daß mit dem *Lignin* die Stoffgruppe ermittelt wird, die den *entscheidenden Einfluß* auf die Verdaulichkeit ausübt. Auch bei unterschiedlicher Zusammensetzung der Gerüstsubstanzen wirkt das Lignin stets in gleicher Form auf die Verdaulichkeit ein.

Die gewonnenen Ergebnisse geben Anlaß zur Feststellung, daß in erster Linie das *Lignin die Verdaulichkeit beeinflußt* und daß der Zusammenhang, der allgemein zwischen *Rohfasergehalt und Verdaulichkeit* gefunden wird, nur darauf beruht, daß die *Veränderungen des Rohfasergehaltes den Veränderungen des Ligningehaltes größtenteils gleichsinnig folgen* und somit ein *scheinbarer Einfluß des Rohfasergehaltes auf die Verdaulichkeit sichtbar wird.* Wo es keine gleichgerichteten Veränderungen im Rohfaser- und Ligningehalt gibt, wie es im vorliegenden Versuchsmaterial der Fall ist, tritt kein Zusammenhang zwischen Rohfasergehalt und Verdaulichkeit in Erscheinung.

3. *Der Einfluß des Lignin- und des Rohfasergehaltes auf die Verdaulichkeit der Energie*

Zu den gleichen Ergebnissen kommt man auch, wenn man den Einfluß der Gerüstsubstanzen auf die Verdaulichkeit der Bruttoenergie der Futtermittel betrachtet. In den 1958 geschnittenen Proben sowie in den daraus erhaltenen Koten wurden Brennwertbestimmungen durchgeführt und daraus die Verdaulichkeit der Energie berechnet. Tabelle 3 zeigt die erhaltenen Ergebnisse:

Tabelle 3. *Gehalt und Verdaulichkeit der Energie in Glas- und Normalroggen*

Futtermittel	Gehalt an Brutto-Energie in cal/g Tr.-Substanz	Mittlere Verdaulichkeit der Energie %	Gehalt an verdaul. Energie in cal/g Tr.-Substanz
Glasroggen I 1958	4435	68,0	3016
Normalroggen I 1958	4422	71,8	3175
Glasroggen II 1958	4450	56,5	2514
Normalroggen II 1958	4401	65,0	2861

Die Korrelationen, die zwischen der Verdaulichkeit der Energie und den Gehaltswerten an Lignin bzw. an Rohfaser bestehen, sind in Abbildung 3 und 4 graphisch dargestellt.

Die in den Abbildungen 3 und 4 eingezeichneten Regressionslinien folgen den nachstehenden Gleichungen (x = Ligningehalt in Trockensubstanz, x_1 Rohfasergehalt in Trockensubstanz, y = Verdaulichkeit der Energie in %):

$$y = 49{,}8 + 7{,}099\,x - 0{,}5554\,x^2 \qquad (4)$$
$$R = 0{,}998$$
$$s = \pm\, 0{,}46$$

$$y = 56{,}4 + 0{,}332\,x_1 \qquad (5)$$
$$r = +\, 0{,}305$$
$$s = \pm\, 7{,}6$$

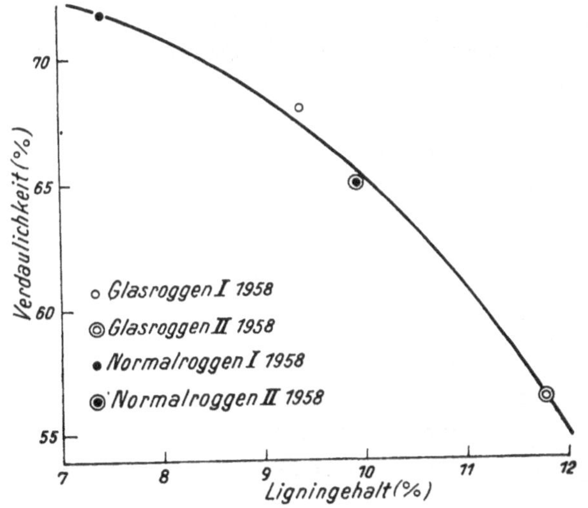

Abb. 3. Der Einfluß des Ligningehaltes auf die Verdaulichkeit der Energie

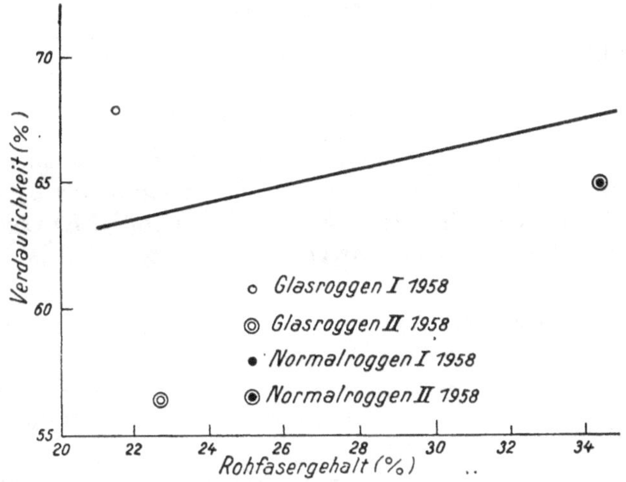

Abb. 4. Der Einfluß des Rohfasergehaltes auf die Verdaulichkeit der Energie

Sowohl die Abbildungen 3 und 4 als auch die bei den Gleichungen (4) und (5) angegebenen Streuungsmaße lassen eindeutig erkennen, daß die *Verdaulichkeit der Energie vom Ligningehalt eine starke, vom Rohfasergehalt jedoch keine Abhängigkeit zeigt.*

Infolge der geringen Unterschiede, die bei dem vorliegenden Material zwischen den Brennwerten der einzelnen Futtermittel auftreten, und der hohen Korrelation zwischen Ligningehalt und Verdaulichkeit der Energie müssen auch zwischen dem Gehalt an verdaulicher Energie in den Futtermitteln und dem Ligningehalt eindeutige Beziehungen bestehen. Diese Beziehungen sind in der folgenden Abbildung 5 veranschaulicht.

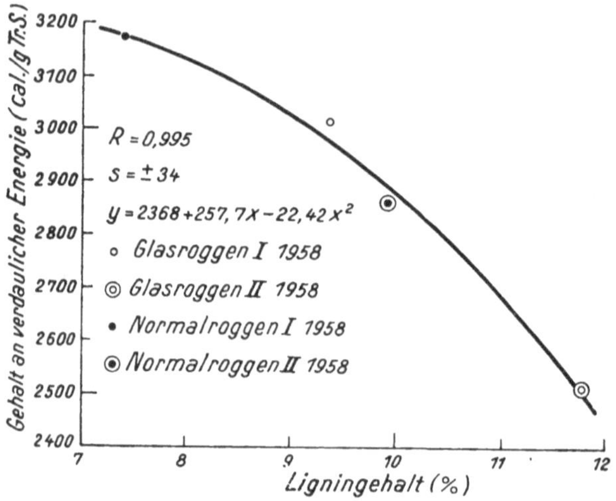

Abb. 5. Der Einfluß des Ligningehaltes auf den Gehalt an verdaulicher Energie

Die in Abbildung 5 erhaltene Kurve folgt den Meßpunkten sehr eindeutig.

4. *Zur Zusammensetzung des Lignins*

Um einen Einblick in die Zusammensetzung des Lignins aus Glas- und Normalroggen zu erhalten, bestimmten wir in gesondert hergestellten Ligninproben der 1958 durchgeführten Versuche den Gehalt an Kohlenstoff, Methoxylgruppen und den Brennwert *). Die Ergebnisse dieser Untersuchungen sind in Tabelle 4 wiedergegeben.

Tabelle 4. *Brennwert, Kohlenstoff- und Methoxylgehalt des Lignins* (in der aschefreien Trockensubstanz des Lignins)

Lignin aus			Brennwert cal/g	C-Gehalt %	OCH_3-Gehalt %
Glasroggen	I	1958	6414	63,59	8,69
Normalroggen	I	1958	6408	63,41	11,92
Glasroggen	II	1958	6459	64,44	9,12
Normalroggen	II	1958	6460	64,45	11,56

*) Die C- und Brennwertbestimmungen wurden freundlicherweise vom Oskar Kellner-Institut für Tierernährung Rostock und die Methoxylbestimmungen vom Agrikulturchemischen Institut der Universität Rostock durchgeführt.

Die Daten zeigen allgemein, daß das nach der Methode von NEHRING und NIEPAGE [9] bestimmte Lignin dem Ligninbegriff nach FREUDENBERG [3] sehr nahekommt, wenn auch die Methoxylgehalte nicht an die im Fichtenholz mit rd. 16% gefundenen Werte heranreichen. Weiterhin wird deutlich, daß Brennwert und Kohlenstoffgehalt zwischen Glas- und Normalroggenlignin eine sehr gute Übereinstimmung zeigen; lediglich der Methoxylgehalt des Normalroggenlignins scheint leicht erhöht zu sein.

Diese Schwankungen des Methoxylgehaltes im Lignin, die auch bereits früher beobachtet wurden (vergl. z. B. [9]), lassen es auch als nicht möglich erscheinen, aus dem Methoxylgehalt des Futters dessen Verdaulichkeit zu berechnen, wie dies ANTHONY und REID [1]) versuchten. Die beiden Autoren kamen zu dem Ergebnis, daß der Methoxylgehalt nur als grober Indikator des Futterwertes angesehen werden kann.

Zusammenfassung

1. Es wurde die Verdaulichkeit von grün geschnittenem Glasroggen (einer Mutante des normalen Roggens mit stark erniedrigtem Rohfaser- und erhöhtem Ligningehalt) im Vergleich zu grün geschnittenem Normalroggen an Hammeln untersucht.

2. Die Versuche zeigten, daß bei diesem Material, bei dem die Veränderungen von Lignin- und Rohfasergehalt nicht gleichgerichtet verliefen, kein Zusammenhang zwischen Rohfasergehalt und Verdaulichkeit der organischen Substanz zu finden war, während zwischen dem Ligningehalt und der Verdaulichkeit der organischen Substanz sehr eindeutige und straffe Beziehungen auftraten.

3. Das Gleiche wie für die Verdaulichkeit der organischen Substanz gilt auch für die Verdaulichkeit der Energie. Die Verdaulichkeit der Bruttoenergie der Futtermittel war eindeutig vom Ligningehalt abhängig, hatte aber keinerlei Beziehungen zum Gehalt an Rohfaser.

4. Aus diesen Ergebnissen ist der Schluß zu ziehen,

   a) daß der nach der Weender Futtermittelanalyse bestimmte Rohfasergehalt keinen ursächlichen Einfluß auf die Verdaulichkeit ausübt,

   b) daß ein solcher Einfluß auf die Verdaulichkeit allein vom Ligningehalt ausgeht,

   c) daß die Ursache des üblicherweise gefundenen Zusammenhangs zwischen Rohfasergehalt und Verdaulichkeit darin besteht, daß der Rohfasergehalt im allgemeinen den Veränderungen des Ligningehaltes folgt.

Literaturverzeichnis

[1] ANTHONY, W. B. und J. T. REID: Methoxyl as an indicator of the nutritive value of forage. J. Dairy Sci. 41, 1958, 1715—22.

[2] BECKER, M. und R. MOSLENER: Versuche über die Analyse der pflanzlichen Gerüstsubstanzen und den Einfluß derselben auf den Nährwert von Nahrungs- und Futtermitteln. Landw. Forschung 2, 1950, 97.

[3] FREUDENBERG, K.: Fortschritte der Chemie organischer Naturstoffe. XI, 9, 43, Verlag Springer, Wien 1954.

[4] HELLSTRÖM, N.: The total composition of hay I. Acta Agr. Scand. 2, 1952, 280—294.

[5] KIVIMÄE, A.: Chemical composition and digestibility of some grassland crops. Acta Agr. Scand. Suppl. 5, 1959, 142 S.

[6] LINDER, A.: Statistische Methoden für Naturwissenschaftler, Mediziner und Ingenieure. Verl. Birkhäuser, Basel und Stuttgart, 1957.

[7] NAUMANN, K.: Beiträge zur Kenntnis der Verdaulichkeit der pflanzlichen Rohfaser und ihrer Bestandteile. Z. f. Tierernährung u. Futtermittelkd. 3, 1940, 193—246.

[8] NEHRING, K. und W. LAUBE: Untersuchungen über die Zusammensetzung der pflanzlichen Gerüstsubstanz in Grün- und Rauhfutterstoffen und ihren Einfluß auf die Verdaulichkeit dieser Futterstoffe. Arch. f. Tierernährung 5, 1955, 178—215.

[9] NEHRING, K. und N. NIEPAGE: Die Bestimmung des Lignins in Futterstoffen. Z. f. landwirtschaftl. Versuchs- und Untersuchungswesen 1, 1955, 312—327.

[10] PRJANISCHNIKOW, N. D. und M. F. TOMME: Über den Einfluß des Lignins auf die Verdaulichkeit des Roggenstrohes. Tierernähr. 8, 1936, 104—112.

[11] SCHARPENSEEL, H. W.: Kritische Beobachtungen zur Notwendigkeit der Ligninbestimmung bei der Berechnung des Produktionswertes der Rauhfuttermittel. Landw. Forschung, 4, 1952, 205—210.

Eingegangen am 11. 11. 1959

Aus dem Institut für Tierphysiologie und Tierernährungslehre der Universität Kiel
(Direktor: Prof. MAX BECKER)

D. HEILMANN

Untersuchungen über den Abbau der pflanzlichen Gerüstsubstanzen durch die normale Pansenflora in vitro*)

I. Einleitung

Die Feststellung, daß die Beurteilung des Nährwertes einer Vielzahl in der Landwirtschaft anfallender pflanzlicher Futterstoffe durch die summarische Erfassung der gerüstbildenden Substanzen unter dem Begriff der Weender Rohfaser bzw. der N-freien Extraktstoffe nicht mehr im vollen Umfange den zu stellenden Anforderungen entspricht [14, 15], führte in steigendem Maße zur differenzierten Erfassung der chemisch unterschiedlichen Bestandteile. Unterstützt wurde dieses Bestreben durch die Fortschritte in der chemischen Analyse [1, 10, 11, 27, 35, 36] die mit der Bestimmung des Gehaltes an Cellulose, Pentosanen, Pektinstoffen und Lignin die Voraussetzungen für dieses Vorhaben schaffte, selbst wenn in Einzelfällen noch nicht das wünschenswerte Maß an Exaktheit zu erreichen war. Damit wurde es auch möglich, Anhaltspunkte über die Verdaulichkeit der einzelnen Fraktionen zunächst in Tierversuchen (speziell beim Wiederkäuer) zu gewinnen[4, 19, 29, 39 33, 36, 39, 40]. Ungeklärt blieb bisher die Frage, ob und in welchem Ausmaße bestimmte Bestandteile wie Pektinstoffe [19], Lignin, Hemicellulosen u. a. im tierischen Organismus dem Abbau unterliegen [, 16, 17, 47, 48, 49, 51].

Man bedient sich neuerdings bei der Erforschung der Abbauvorgänge der pflanzlichen Gerüstsubstanzen in zunehmendem Maße *der Methodik des künstlichen Pansens* **) und entwickelte zahlreiche Systeme [24, 31, 32, 44, 52]. Damit wurde sowohl eine bessere qualitative und quantitative Erfassung der Umsetzungen, als auch eine weitgehende Anpassung an spezielle Fragestellungen erreicht und die Schwierigkeiten, die der Erforschung der Pansenfunktion beim lebenden Tier nun einmal entgegenstehen [37, 43], umgangen.

Die erwähnten Untersuchungen erstreckten sich zunächst vornehmlich auf den Celluloseabbau [7, 8, 9 32] und wurden dann auch auf andere Bestandteilgruppen, z. B. Lignin, ausgedehnt [26, 50]. In jüngster Zeit wurde diese Versuchsmethodik soweit verfeinert, daß die Ergebnisse der Versuche „in vitro“ mit parallelen Tierversuchen recht gut vergleichbar sind [3, 15, 46] und statistisch gesicherte Differenzen ergeben [23].

---

*) Eine ausführlichere Darstellung mit allen Einzeldaten findet sich in der gleichnamigen, der Landwirtschaftlichen Fakultät der Universität Kiel eingereichten Dissertation des Verfassers.

**) Vergärungen von Cellulose mit natürlichem Panseninhalt in vitro wurden bereits 1892 von TAPPEINER durchgeführt.

Einen umfassenden Überblick über die Arbeiten auf diesem Gebiet gaben u. a. BUDZIER [6] sowie DOETSCH und Mitarbeiter [12].

Aufgabe der vorliegenden Arbeit war es, an einer Anzahl typischer Futterstoffe grundsätzliche Studien über den *zeitlichen Verlauf der Abbauvorgänge* bei den Einzelfraktionen der pflanzlichen Gerüstsubstanzen anzustellen und dabei Anhaltspunkte über das mögliche Ausmaß der *Gesamtverdaulichkeit in vitro* zu gewinnen.

In weiteren systematischen Versuchen sollten dann nach einer festgelegten und im einzelnen gründlich erprobten Methodik neben *Rauhfuttermitteln* und anderen Stoffen speziell *pektinreiche Materialien* wie Rüben und Rübenprodukte auf die Löslichkeit und Aufschließbarkeit aller Bestandteilgruppen untersucht werden. Weiterhin war eine Gegenüberstellung der Verdaulichkeit der Zellwandbestandteile bei *Gras und Silage* im frischen und getrockneten Zustand von Interesse. Gültigkeit und Aussagewert der in vitro gewonnenen Befunde sollten dabei an Vergleichen mit *Verdauungsergebnissen am lebenden Tier* (Hammel) orientiert werden.

Zur Kontrolle des Versuchsablaufs wurden mikroskopische Untersuchungen der *Pansenflora,* Messungen des pH-Wertes und die Bestimmung der cellulosespaltenden Aktivität der Pansenflüssigkeit einbezogen.

II. Versuchsmethodik

1. *Der künstliche Pansen*

Bei diesen Versuchen wurde im wesentlichen auf die von BURROUGHS [7] angegebene Methodik zurückgegriffen, allerdings mit gewissen auf Grund der bald gemachten Erfahrungen zweckmäßig erscheinenden Modifikationen.

Die verwendete *Apparatur* bestand aus einem flachen zylindrischen Gefäß von verzinktem Eisen mit etwa 30 Liter Inhalt, in dem auf einem kreisförmigen Einsatz sechs 1-Liter-Weithalsflaschen aus Glas angeordnet waren. Jedes dieser Gefäße war durch einen mit drei Bohrungen versehenen Gummistopfen verschlossen. Zwei Öffnungen dienten zum Durchleiten eines vorgewärmten und über konzentrierter Schwefelsäure getrockneten CO_2-Stromes (120 Blasen pro Minute). Dadurch sollten in den Gärflaschen anaerobe Verhältnisse geschaffen und die Pansenbewegung nachgeahmt bzw. eine ständige Durchmischung des Gärmaterials gewährleistet werden. Die dritte Öffnung war für Probenahmen und Temperaturkontrollen vorgesehen. Alle Gefäße einer Apparatur waren miteinander verbunden. Aus der letzten Flasche wurde das Gas in ein mit Wasser gefülltes Gefäß außerhalb des Wasserbades geleitet, um anhand der austretenden Gasmenge zu kontrollieren, ob die Apparatur in allen ihren Bestandteilen absolut dicht war.

Das ganze System wurde unter Lichtabschluß durch ein über Quecksilberrelais gesteuertes Kontaktthermometer und ein Rührwerk bei einer konstanten Temperatur von 40° gehalten. Um die Betriebssicherheit zu erhöhen, was sich bei der gleichzeitigen Verwendung von zwei parallel angeordneten Apparaturen als notwendig erwies, wurde zur Verminderung der Kontaktfolge des Themometers je ein Widerstand von 120 Ohm eingeschaltet.

Der von MÜLLER und KRAMPITZ [37] erhobene Einwand, es könnten bei diesem System gasförmige Abbaustoffe von einer Gärflasche in die andere übertragen werden und damit den Gärvorgang beeinflussen, wurde nachgeprüft. Begegnet wurde einer solchen Wirkung dadurch, daß nach jeweils 12 Stunden Gärdauer der Gasstrom kurze Zeit wesentlich verstärkt die Flaschen durchströmte und damit die je nach Intensität der Gärung verschieden stark angehäuften Gase austreiben konnte. Diese Maßnahme erwies sich bei einer größeren Zahl von Probeansätzen als absolut wirksam und verhinderte die eventuell zu befürchtenden Nachteile.

Die *Ansatzflüssigkeit* wurde in Anlehnung an Arbeiten von BURROUGHS [7] und Mc DOUGALL [13] selbst hergestellt. Dabei wurde auch ein Zusatz von Spurenelementverbindungen angewandt. Der pH-Wert betrug 6,9.

Der Gewinnung der zum Ansatz kommenden *natürlichen Pansenflüssigkeit* dienten zwei im Versuchsstall des Institutes unter konstanten Fütterungs- und Umweltbedingungen gehaltene Hammel der Merino-Fleischschafrasse.

Die *Entnahme des Pansensaftes* erfolgte mittels einer unter Vakuum stehenden Schlundsonde aus PVC-Schlauch (Innendurchmesser 10 mm) in Mengen von etwa 2 Liter je Tier, zuerst 12, später 24 Stunden nach der letzten Fütterung. Ein größerer zeitlicher Abstand zwischen Fütterung und Entnahme erwies sich erfahrungsgemäß insofern als zweckmäßig, als die Entnahme dann nicht mehr durch gröbere Futterteilchen behindert wurde, die in der Schlundsonde festgesaugt wurden und diese verstopften. Ein wesentlicher Einfluß auf die Verdauung in vitro trat dadurch nicht ein.

Soweit möglich, wurde für eine Serie von Ansätzen Pansenflüssigkeit von einem Tier verwendet, wobei jedoch – im Gegensatz zur Arbeitsweise von BURROUGHS – *stets frischer Pansensaft* benutzt wurde. Reichte die von einem Hammel zu erhaltende Flüssigkeitsmenge nicht aus, wurde sie durch Panseninhalt des zweiten Hammels ergänzt, was stets besonders vermerkt wurde.

Die Versuchstiere wurden unter Berücksichtigung der Entnahmezeit täglich zweimal (um 9 Uhr und um 16 Uhr) mit insgesamt 800 g rohfaserreichem Heu, 150 g Trockenschnitzeln und 80 g Sojaschrot gefüttert.

Die körperwarme Pansenflüssigkeit wurde in einem Thermosgefäß vom Versuchsstall sofort ins Laboratorium gebracht, dort durch Glaswolle oder ein grobes Tuch filtriert und anschließend zentrifugiert (5 Min. bei 1500 U/Min.), während das Wasserbad mit den beschickten Gärgefäßen inzwischen auf 40° eingestellt wurde. Dann wurde die zentrifugierte und dadurch von Futterteilchen befreite Pansenflüssigkeit sorgfältig gemischt, vorgewärmt und eingefüllt.

Die Gefäße wurden unverzüglich luftdicht verschlossen und mit CO_2 zunächst stark durchströmt, um sofort *anaerobe Verhältnisse* zu schaffen. Anschließend wurde der Gasstrom auf normale Stärke einreguliert.

Jedes Gefäß enthielt danach:

2 bzw. 3 g trockenes Untersuchungsmaterial
50 ml Ansatzflüssigkeit
140 ml Pansenflüssigkeit
160 ml dest. Wasser

Als Versuchsbeginn galt der Zeitpunkt, an dem die Gärgefäße die vorgeschriebene Temperatur von 40° wieder erreichten.

Unmittelbar vor und nach dem Gärprozeß wurde der *pH-Wert des Pansensaftes* gemessen. Der pH-Wert der frischen Pansenflüssigkeit zeigte nach der Entnahme nur geringe Schwankungen von pH 6,9 bis 7,2, was Befunden von CIULIO [18] und PHILLIPSON [45] bei zahlreichen Messungen an gleichartig gefütterten Rindern und Schafen entspricht.

Von einer Regulierung des pH-Wertes während der Gärzeit wurde abgesehen, da jede nachträgliche Öffnung der Gefäße vermieden werden sollte. Zudem sank der pH-Wert in keinem Falle unter pH 6,1 ab. Diese Tendenz (Säurebildung) entspricht, abgesehen von der zeitlichen Verschiebung und dem Speichelfluß, den Verhältnissen im lebenden Tier [41, 45] und konnte in ihrem Ausmaß als Maßstab für die Intensität der Verdauungsvorgänge angesehen werden.

Die *Gärdauer* betrug in den Hauptversuchen immer 36 Stunden. Da auch bei probeweise längeren Gärperioden (48 Std.) eine Veränderung des pH-Wertes in unphysiologischem Ausmaß nicht festzustellen war, war die Pufferungskapazität der Ansatzflüssigkeit im Verhältnis zur eingewogenen Substanzmenge als ausreichend anzusehen.

2. *Aufbereitung des Analysenmaterials*

Die *Untersuchungssubstanz* wurde in trockenem Zustand mit einer Culatti-Mühle über einem 1 mm-Sieb gemahlen. Bei Verwendung feuchter Substanz, die durch einen Fleischwolf zerkleinert wurde, konnte dieser Feinheitsgrad nicht ganz erreicht werden. Wichtig erscheint hingegen eine faserige Struktur des Materials zu sein, um der Einwirkung der Pansenbakterien eine möglichst große Angriffsfläche zu bieten.

Nach beendigter Gärzeit wurde der Gefäßinhalt direkt in Zentrifugengläser übergeführt und zentrifugiert. Die überstehende Flüssigkeit wurde dekantiert, der Rückstand mehrmals mit einer 1%igen Kochsalzlösung gewaschen, dann quantitativ in Porzellanschalen übergeführt und darin bei 105° getrocknet.

Die so vereinigten Gärrückstände eines Ansatzes wurden dann im „Starmix" analysenfein zerkleinert, in luftdichten Gefäßen aufbewahrt und für die einzelnen Analysengänge absolut trocken eingewogen.

3. *Bestimmung der Aktivität des Pansensaftes*

Die für die jeweiligen *Gärversuche* präparierte Pansenflüssigkeit wurde in jedem Falle auf ihre Aktivität geprüft. Als Maß dafür diente immer die *celluloselösende Kraft.* In zahlreichen Versuchen gelang es, eine von BONSEMBIANTE [5] beschriebene Methode so zu modifizieren, daß sie mit geringen Mengen Pansenflüssigkeit als eine Art Schnellmethode einwandfreie und reproduzierbare Aktivitätsteste erlaubte. Dabei wurden gewaschene und getrocknete *Cellophan*blättchen extra schwerer Qualität *) von 120–140 mg zusammen mit 20 ml präparierter Pansenflüssigkeit in ein 25 ml-Zentrifugenglas gegeben, durch einen Gummistopfen mit Steigrohr verschlossen und 36 Stunden im Wasserbad der Apparatur bei 40° C bebrütet. Anschließend wurden die Blättchen mit warmem destilliertem Wasser gewaschen, getrocknet und gewogen. Der gelöste Anteil (% der Einwage) galt als Maßstab der celluloselösenden Aktivität des Pansensaftes.

---

*) Einmachcellophan von Kalle u. Co., Wiesbaden-Biebrich.

4. *Die mikroskopische Kontrolle*

Die mikroskopische Kontrolle erfolgte nach der Methode von BREED durch *Auszählen der Keime.* Je eine Probe des zum Ansatz kommenden präparierten Pansensaftes bzw. der nach der Gärzeit aus dem Ansatz entnommenen Gärflüssigkeit wurde mit Leitungswasser im Verhältnis 1 : 1000 verdünnt. Dann wurden je 0,01 ml auf einen Quadratzentimeter eines Objektträgers ausgestrichen, schonend getrocknet und gefärbt, anschließend gewässert und wieder getrocknet.

Von jeder Probe wurden in dieser Weise auf einem Objektträger drei Ausstriche angefertigt und präpariert. Bei 800facher Vergrößerung wurden die unter Ölimmersion im Gesichtsfeld des Mikroskopes sichtbaren Keime ausgezählt. Die durchschnittliche Keimzahl von 40–60 (jeweils neu eingestellten) Gesichtsfeldern eines Ausstriches ergab unter Berücksichtigung des Verdünnungsgrades und einer Mikroskopkonstanten die Keimzahl der Probe.

Die selbst hergestellte Färbelösung bestand aus 2 g Methylenblau, 60 ml Äthanol (95%ig), 40 ml Xylol und 6 ml Eisessig. Mikroskopiert wurde im Hellfeld. Die Beurteilung der Keime erfolgte nach dem von MOIR und MASSON [34] gegebenen Schema.

Da man bei dieser Art der Keimzählung mit einem Fehler von bis zu 20% rechnen muß, und es sich im vorliegenden Falle beim Inoculat um zentrifugierten Pansensaft handelt, bei dem der Großteil der Protozoen und ein geringer Teil der Bakterien im Sediment verblieb, geben die erhaltenen Zahlen nur einen groben Anhaltspunkt.

Die Keimzahlen des zum Ansatz kommenden zentrifugierten Pansensaftes lagen in den vorliegenden Versuchen zwischen $2{,}9 \times 10^9$ und $6{,}8 \times 10^9$. Auch nach der Vergärung zeigten die Keimzahlen etwa die gleiche Größenordnung.

Im Verlauf der Untersuchungen an verschiedenen Futterstoffen konnte keine sichtbare Veränderung der Population hinsichtlich ihrer Dichte und der Art ihrer Zusammensetzung beobachtet werden, wie dies bei einseitiger Fütterung in Tierversuchen durch ORTH und KAUFMANN [40] und bei der Anwendung antibiotischer Stoffe in vitro durch ZORITA [55] u. a. festgestellt wurde.

III. Versuchsergebnisse

1. *Umfang und Verlauf der Verdauung „in vitro"*

a) Abbau von Cellulose, Pentosanen und Pektinstoffen

Die Versuche begannen mit der Feststellung des Celluloseabbaus in Gäransätzen mit reiner Cellulose, Heu, Gerstenstroh und Trockenschnitzeln. Zur Bestimmung des Cellulosegehaltes wurde in allen Fällen die gut bewährte Methode von KÜRSCHNER und HANAK [28] angewendet.

Da der Gang der *Celluloseverdauung* beim Wiederkäuer durch umfangreiche Arbeiten bereits gut erforscht ist, ist dieser Teil der Untersuchungen nicht als selbständiges Vorhaben anzusehen. Die in allen weiteren Versuchen beibehaltene Ermittlung des Celluloseabbaus diente vielmehr als einwandfreier Test auf eine normal funktionierende Pansenflora in den Gäransätzen.

Es folgten Untersuchungen über den Umfang und den Verlauf der *Pentosanverdaulichkeit.*

Zur Ermittlung des Pentosangehaltes ist an sich die Methode von JAYME und SARTEN [25] am besten geeignet, bei der mittels Bromwasserstoffsäure aus Pentosanen in quantitativer Ausbeute Furfurol gebildet wird. Frühere, am hiesigen Institut durch HAUSBERG [21] bestätigte Untersuchungen haben indessen ergeben, daß man künftig nicht mehr ohne weiteres vom Furfurolwert einer Substanz auf den Gehalt an Pentosanen schließen kann. Pektinstoffe, als weiterer in den Nahrungs- und Futterstoffen in wechselnden Mengen vorhandener Teil der pflanzlichen Gerüstsubstanzen bzw. ihr Baustein *Galakturonsäure* liefern gleich den Pentosanen Furfurol, um das der gefundene „scheinbare Pentosanwert" eines Futtermittels korrigiert werden müßte. Der analytische Fehler kann insbesondere bei pektinreichen Materialien beträchtlich sein und zu völlig falschen Schlußfolgerungen führen. Bis eine befriedigende Korrektur durch eine brauchbare Pektinanalyse gefunden sein wird, müssen die Pentosanwerte mit gewissem Vorbehalt betrachtet werden.

Umfang und Verlauf der Pentosan- und Celluloseverdaulichkeit bei Heu und Trockenschnitzeln wurde in einigen Ansätzen durch die Bestimmung der *Pektinausnutzung* ergänzt. Als analytische Grundlage diente die Methode von TOLLENS-Mc CREADY [11], wobei man sich einer gewissen Fehlerhaftigkeit dieser Methode, insbesondere bei pektinärmeren Stoffen bewußt sein muß*).

Aus dem Ansatz wurden nach 16, 20, 24, 30, 36 und 42 Stunden jeweils zwei Gärflaschen entnommen und zu Cellulose-, Pentosan- und Pektinbestimmungen verwendet. Die Mittelwerte der Parallelbestimmungen dienten der zeichnerischen Darstellung von Abbaukurven, die im folgenden wiedergegeben sind (Abb. 1 u. 2). Es ist dabei immer der unverdaute Anteil in Prozent zum Gehalt der Einwage angegeben.

Die für Heu ermittelten Abbaukurven (Abb. 1) zeigen eine strenge Parallelität zwischen Cellulose- und Pentosanabbau. Die Kurven spiegeln in guter Näherung die logarithmische Verzögerung der Abbauvorgänge wider. Das Endstadium der Verdauung ist bei allen Fraktionen praktisch nach 36 Stunden erreicht. Der etwas flachere Verlauf der Pektinkurve deutet darauf hin, daß das Pektin während des Gärvorganges leichter und damit schneller in Lösung gebracht wird als die anderen Gerüstsubstanzen. Die größere Schwankungsbreite beim Pektinabbau ist sicherlich auf Unzulänglichkeiten der verwendeten analytischen Methode zurückzuführen.

Die gleichen, zeitlich abgestuften Bestimmungen wurden auch an Trockenschnitzeln durchgeführt (Abb. 2). In der graphischen Darstellung kommt die zeitliche Abhängigkeit der Verdaulichkeit der einzelnen Fraktionen auch bei Trockenschnitzeln deutlich zum Ausdruck.

---

*) Bei dieser Methode wird der Pektingehalt mittels Analyse auf Galakturonsäure bestimmt und zwar durch die CO_2-Abspaltung der Uronsäuren bei Einwirkung siedender Halogenwasserstoffsäure.

Die Umrechnung des ermittelten Uronsäurewertes auf Pektin stößt insofern auf gewisse Schwierigkeiten, als der anzuwendende Faktor vom Veresterungsgrad der jeweils vorhandenen Pektinstoffe abhängt. In der vorliegenden Arbeit wurde daher auf eine derartige Umrechnung verzichtet; die Gehaltsangaben für Pektin erfolgen vielmehr als *Galakturonsäurehydrat,* das auch als Testsubstanz für die Prüfung der Methode benutzt wurde.

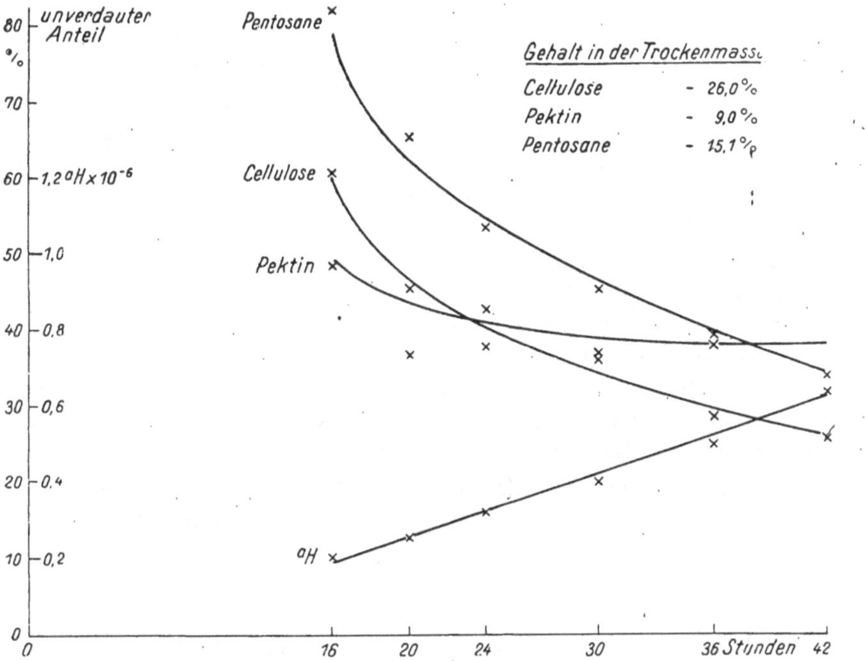

Abb. 1. Zeitlicher Verlauf der Cellulose-, Pentosan- und Pektinverdauung in vitro bei Heu

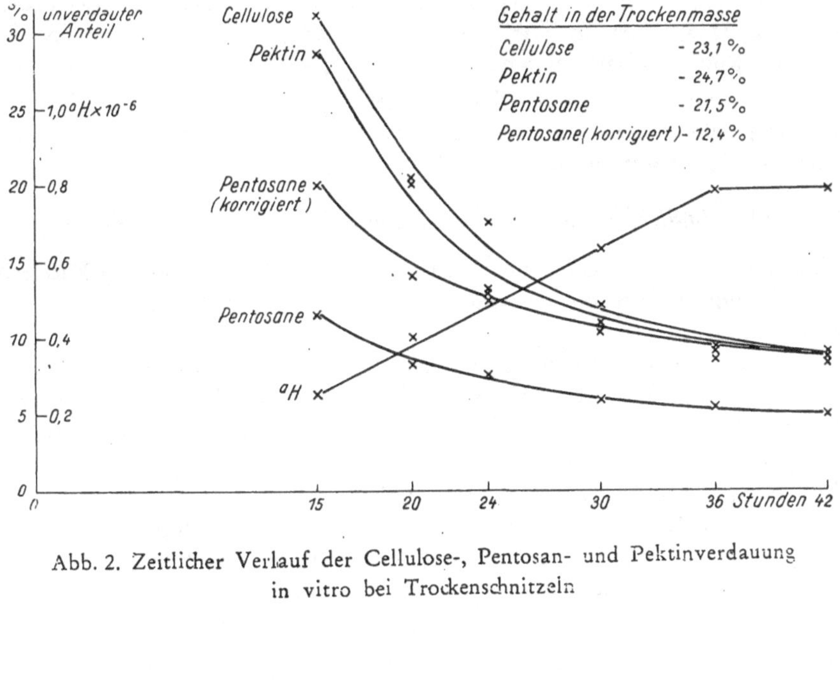

Abb. 2. Zeitlicher Verlauf der Cellulose-, Pentosan- und Pektinverdauung in vitro bei Trockenschnitzeln

Im Gegensatz zu den Abbauverhältnissen beim Heu scheint die Pentosanfraktion höher verdaulich zu sein als die Cellulose. Auch die dort beobachtete Parallelität von Pentosan- und Cellulosespaltung scheint bei Trockenschnitzeln nicht völlig reproduzierbar. Dieser Befund läßt sich sicherlich damit erklären, daß die jeweils im Rückstand verbleibenden unverdauten Pentosane auf einen viel zu hohen Ausgangswert bezogen werden, nämlich auf den durch den Pektingehalt der Trockenschnitzel überhöht erscheinenden Analysenwert für die Gesamtheit der furfurolbildenden Stoffe.

Auf die Schwierigkeiten, die sich aus der Doppelbestimmung von Pentosanen und Pektin ergeben, wurde bereits hingewiesen. Eine versuchsweise durchgeführte Korrektur des Pentosanwertes auf Grund der von HAUSBERG [21] ermittelten Furfurolausbeute aus Pektin ergäbe einen tatsächlichen Pentosangehalt der verwendeten Trockenschnitzel von 12,4% (gegenüber 21,5% unkorrigiert!) und damit den in der vorstehenden Abb. probeweise eingetragenen Verlauf der Abbaukurve, der den wirklichen Abbauverhältnissen offenbar besser entspricht.

Charakteristisch ist auch der Verlauf der Änderungen in den Wasserstoffionenkonzentrationen. Letztere steigen zunächst an und zeigen nach 36 Stunden keine Veränderung mehr.

b) Lignin

Bei der Ligninbestimmung kam, unter Verwertung vergleichender Versuche von HAUSBERG [21] über Ligninanalysenmethoden, eine geringfügig modifizierte Methode von ARMITAGE und Mitarbeitern [1] zur Anwendung. Bei ihr ist, im Gegensatz zu früheren Methoden, eine Eiweißkorrektur vorgesehen, wodurch die Werte im allgemeinen etwas niedriger ausfallen, die Reproduzierbarkeit jedoch verbessert wird.

Unter Reinlignin (später kurz Lignin genannt) ist danach der aschefreie und durch den Abzug der im Rohlignin enthaltenen Stickstoffsubstanz (N × 6,25) korrigierte Rückstand zu verstehen.

Im ganzen gesehen müssen jedoch die gefundenen, ebenso wie die in der Literatur angegebenen „*Ligninverdauungswerte*“ aus den bereits genannten Gründen mit Skepsis betrachtet werden.

2. *Die Verdaulichkeit der einzelnen Fraktionen bei verschiedenen Futterstoffen*

Nach der bereits beschriebenen Methodik wurde eine Anzahl von Futterstoffen der Verdauung in vitro unterworfen und der verdauliche Anteil der Einzelfraktionen bestimmt.

Während die Untersuchungen an verschiedenen *Strobarten* keine befriedigenden Resultate ergaben, bewegten sich die Abbauwerte aller Fraktionen bei *Heu* und künstlich getrocknetem *Weidegras* im Bereich der aus Tierversuchen bekannten Werte (vergl. auch Tab. 1).

Bei einem *Kleegrasheu* mit einem Gehalt an Lignin von 10.8% und an Cellulose von 38% belief sich die Cellulose- und Pentosanverdaulichkeit auf 44,1 bzw. 45,5%, wobei wieder das bereits erwähnte Ausmaß der Verdaulichkeit beider Fraktionen hervorzuheben ist.

Tabelle 1. *Gehalt und Verdaulichkeit der Gerüstsubstanzen einiger Futtermittel*
(Angaben in % der Trockenmasse)

Versuchs-Nr.	Material	Cellulose Gehalt %	Cellulose verdaut %	Pentosane Gehalt %	Pentosane verdaut %	Pektin Gehalt %	Pektin verdaut %	Lignin Gehalt %	Lignin Verlust %	Hammel Nr.	Aktivität %	pH-Wert Start	pH-Wert Ende
1)	Kleegrasheu	38,0	44,1	17,0	45,4	10,5	—	10,7	14,3	4	41	7,0	6,6
2)	Wiesenheu III	32,3	58,6	20,7	62,9	7,7	69,0	5,7	22,5	4	43	7,1	6,5
3)	Wiesenheu IV	31,4	57,3	21,1	60,4	8,2	70,3	6,4	30,3	3	—	7,1	6,5
4)	Wiesenheu V	32,1	62,6	17,8	60,6	8,2	69,6	5,6	20,8	4	42	7,1	6,5
5)	Weidegras III	26,0	71,5	15,1	62,0	6,5	—	5,4	—	4	41	7,0	6,5
6)	Weidegras I	19,6	84,2	11,1	83,7	6,9	85,5	3,3	—	4+3	41	7,0	6,4
7)	Trockenschnitzel	22,7	85,7	21,4	93,8	24,7	95,5	2,9	—	3	36	7,0	6,2
8)	Steckrüben	19,8	92,0	9,3	95,7	18,1	94,2	—	—	4	39	7,1	6,2
9)	Futterrüben	8,7	74,8	5,4	83,3	11,2	88,7	—	—	4	40	7,1	6,2
10)	Rübenblattsilage	16,0	34,9	13,7	65,3	14,6	68,4	—	—	4+3	42	7,1	6,6
11)	Weidegras II, trocken	23,7	78,6	13,3	75,1	7,1	81,3	3,7	-5,0	4+3	39	7,1	6,3
12)	Weidegras II, frisch	23,5	77,9	12,6	71,1	6,0	75,4	3,7	-7,7	4	36	7,0	6,4
13)	Wiesengrassilage, trocken	30,9	70,2	14,3	65,5	8,0	72,6	6,0	22,9	4+3	43	6,9	6,6
14)	Wiesengrassilage, frisch	32,0	72,5	13,2	64,1	7,8	71,3	6,0	21,9	4+3	38	7,0	6,5
15)	Kleegrassilage, trocken	27,8	64,8	13,2	67,1	9,9	76,2	6,3	14,7	4	37	7,0	6,3
16)	Kleegrassilage, frisch	29,0	68,1	12,7	65,9	7,7	74,6	6,3	7,9	4	39	6,9	6,3
	Weizenkleie	17,2	46,1	22,0	52,9	5,7	—	4,6	3,2	1	35	7,1	6,9
	Hammelkot	27,7	5,8	18,3	16,6	5,4	18,0	15,8	14,8	3	35	7,0	6,8

Die Gehaltszahlen für *Cellulose und Pentosane* bei den Proben III bis V von Wiesenheu mittlerer Qualität liegen bei etwa 32% bzw. 20%. Die ihnen zugehörigen Verdauungswerte bewegen sich mit geringen Schwankungen um 60%.

Bei einem künstlich getrockneten Weidegras III stieg mit dem geringen Gehalt an Cellulose von 26% auch ihre Verdaulichkeit auf 71,5% an. Sehr hohe Verdauungswerte wurden mit 84,3% bzw. 83,7% für Cellulose und Pentosane bei einem ebenfalls künstlich getrockneten extrem jungen Weidegras I gefunden, das einen Ligningehalt von nur 3,3% aufwies.

Der *Pektingehalt* von 10,5% bei Kleegrasheu gegenüber einem Gehalt von 6,9 bzw. 6,6% bei Weidegras I und III beruht wahrscheinlich auf dem Anteil der Leguminosen, da ähnlich hohe Werte sonst nur bei Kleegrassilagen gefunden werden. Eine Pektinverdaulichkeit von 85,6% bei künstlich getrocknetem Weidegras I dürfte kaum anzuzweifeln sein und den natürlichen Verhältnissen annähernd entsprechen.

Der Ligninschwund bei Kleegrasheu von 14,3% und bei Wiesenheu von über 20% liegt in einem Bereich, der auch bei Tierversuchen am gleichen Material vorkommt, mit Ausnahme von Wiesenheu IV, bei dem trotz ähnlicher Gehaltswerte an den übrigen Gerüstsubstanzen mit höherem *Ligningehalt* auch ein höherer Verlust verbunden ist.

Entsprechend den Gehaltszahlen für die pflanzlichen Zellwandbestandteile, die von Kleegrasheu bis zu Weidegras I in abnehmender Reihenfolge angeordnet sind, steigen allgemein auch die Verdauungswerte. Dabei kommt bei diesen Futterstoffen die depressive Wirkung des Ligningehalts auf den Umfang der Verdaulichkeit besonders deutlich zum Ausdruck.

Eine bessere Verdaulichkeit der Fraktionen führt gleichzeitig zu einem stärkeren Absinken des pH-Wertes während des Gärungsvorganges. So fällt bei Weidegras I der pH-Wert von 7,0 auf 6,4, bei dem weniger verdaulichen Kleegrasheu nur auf pH 6,6.

Die Aktivitätsteste in dieser Versuchsreihe ergaben durchweg gute und gleichmäßige Resultate.

Besonders erwähnt muß noch werden, daß den in-vitro-Versuchen an Heu III bis V *Verdauungsversuche an Hammeln* mit dem gleichen Material gegenüberstehen. Ein Vergleich der nach beiden Methoden erhaltenen Ergebnisse soll in einem weiteren Abschnitt erfolgen.

Bei Rüben und Rübenprodukten überwiegt im Gegensatz zu den Rauhfuttermitteln, bei denen sich das Pektin in der Zwischenzellwand vorfindet, der Anteil des *Protopektins* der primären Zellwand und des Zellsaftes. Wegen seines hohen Veresterungsgrades und seiner nur lockeren morphologischen Bindung kann letzteres in Lösung gebracht werden und scheint damit auch höher verdaulich zu sein, als das Pektin in Rauhfuttermitteln.

Wie aus der Tabelle 1 ersichtlich, beträgt der *Pektinabbau* bei Trockenschnitzeln und Steckrüben über 90% und bleibt auch bei Futterrüben nur wenig darunter. Nur bei Rübenblattsilage ist mit dem geringeren Gehalt von 14,7% auch eine geringere Verdaulichkeit von 68,5% verbunden. Der an sich geringe

Gehalt an den übrigen Zellwandbestandteilen, z. B. an Lignin, scheint hier also keinen wesentlichen Einfluß zu haben.

Der analytisch ermittelte Pektingehalt der Trockenschnitzel von 24,7% dürfte dem wirklichen Anteil nahekommen, während dies für den Pentosangehalt nicht schlüssig ausgesagt werden kann. Da, wie bereits erwähnt, ein hoher Pektingehalt die Pentosanbestimmung über den Furfurolwert nach der Methode von JAYME und SARTEN empfindlich stört, liegt der gefundene Pentosanwert von 21,5% mit Sicherheit zu hoch.

Es ist daher sehr wahrscheinlich, daß eine *Pentosanverdaulichkeit* von über 90% *nicht* den tatsächlichen Verhältnissen entspricht. Nach Berechnungen von HAUSBERG [9] kann der wahre Pento angehalt der Trockenschnitzel mit nur etwa 12% angenommen werden; bei Zugrundelegung dieses Wertes würden sich wesentlich niedrigere Verdauungswerte ergeben.

Ob die Exaktheit der Pentosanbestimmung auch an solchen Verdauungsrückständen gewährleistet ist oder weiteren zu korrigierenden Störungen unterliegt, kann noch nicht mit Bestimmtheit gesagt werden.

Zuverlässiger scheint hingegen die Feststellung eines Pentosanabbaues von 65% bei Rübenblattsilage zu sein *).

Gewisse Zweifel erweckt bei den Trockenschnitzeln auch die Cellulosebestimmung, deren Exaktheit bei anderen Materialien kaum anzuzweifeln ist. Der in mehreren Bestimmungen an sich gut reproduzierbare Wert von 22,7% liegt anscheinend etwas zu hoch.

Die *Rückstände bei der Cellulosebestimmung* waren nach der Filtration von glasiger Beschaffenheit und nicht weiß und faserig wie bei sonstigen Analysen, woraus man schließen könnte, daß noch quellfähige Substanzen im Rückstand verblieben sind, was sich mit der starken intermolekularen Vernetzung des Pektins [22] mit den übrigen Zellwandbestandteilen erklären ließe. Auch bei anderen Rübenprodukten, mit Ausnahme des Rübenblattes, war diese Erscheinung sichtbar.

Diese Vermutung konnte inzwischen durch eine genauer arbeitende Methode der Pektinbestimmung auf photometrischem Wege bestätigt werden [20]. Danach enthalten bei der Cellulosebestimmung erhaltene Rückstände noch etwa 4–5% Pektin.

Die beschriebenen Versuche mit *pektinreichen Materialien* können zufolge der Unzulänglichkeit der Bestimmungsmethoden nur grobe Anhaltspunkte über das genaue Ausmaß der Verdaulichkeit der Einzelfraktionen geben. Da sich diese Stoffe aber durchweg als hoch verdaulich erwiesen haben, sind auch diese Angaben wertvoll, um den Grad ihrer Verwertbarkeit im Tierkörper einschätzen zu können.

In den folgenden Versuchen (Tab. 1 Versuchs-Nr. 11–16) war zu klären, ob sich wesentliche Verdauungsunterschiede zur bisherigen Methode ergeben, wenn das Material in frischem Zustand vergoren wird. Zu diesem Zweck wurde junges *Weidegras, Wiesen- und Kleegrassilage* einesteils frisch, andererseits getrocknet

*) Sämtliche Werte bei Steckrüben und Rübenblattsilage wurden auf aschefreie Trockensubstanz bezogen, da diese Proben durch Sand verunreinigt waren.

der Verdauung in vitro unterworfen. Auch die Bestimmung der Zellwandbestandteile erfolgte getrennt, mit Ausnahme des Lignins, dessen Gehalt nur im trockenen Material bestimmt wurde.

Die erhaltenen Werte zeigen, daß zwischen frischem und trockenem Material wesentliche Unterschiede in Zusammensetzung und Verdaulichkeit nicht festgestellt werden konnten. Die geringen Unterschiede liegen innerhalb der Fehlergrenzen, die bei Untersuchungen mit wasserreichen Materialien zu erwarten sind. Auffällig ist aber, daß in allen Fällen Gehalts- und Verdauungswerte für Pentosane und Pektin im *trockenen* Material geringfügig höher sind.

Die Ligninverluste liegen in der gleichen Größenordnung, jedoch bestehen hier zwischen den einzelnen Materialien größere Unterschiede, die von mehr als 20% bei Wiesengrassilage über einen mittleren Verlust von etwa 10% bei Kleegrassilage zu einer negativen Bilanz bei Weidegras II führen.

Bei *Weizenkleie* wurden Cellulose und Pentosane nur zu 46% bzw. 53% abgebaut, was etwa den Ergebnissen von Tierversuchen entspricht.

Auch im Hammelkot nach Wiesenheufütterung sind noch einzelne Bestandteile, wenn auch in nur noch geringem Umfang vergärbar. Die gefundenen Abbauwerte betrugen für Cellulose etwa 6%, für Pentosane 17%, für Pektin 18% und für Lignin 15% der im Kot vorhandenen Mengen.

3. *Vergleich mit Verdauungsversuchen am lebenden Tier*

Den in vitro gefundenen Verdauungswerten wurden Vergleichswerte aus Versuchen am lebenden Tier gegenübergestellt. Unterschiede waren schon deswegen zu erwarten, weil beim letzteren außer im Pansen auch in den unteren Abschnitten des Magendarmkanals, nämlich im Dickdarm, Blinddarm und Enddarm ein weiterer Abbau noch unverdauter Nahrungsbestandteile erfolgt. Aus diesem Grunde werden die mit Pansensaft in vitro erhaltenen *Abbauwerte* hinter den *Verdauungswerten* aus Tierversuchen zurückbleiben. Ausnahmen mögen bei besonders leicht löslichen Stoffen wie *Pektin* vorliegen, die bereits im Pansen weitestgehend abgebaut werden.

Die Untersuchungen in vivo wurden an je zwei Hammeln der Merino-Fleischschafrasse als zehntägige konventionelle Ausnutzungsversuche durchgeführt (Tab. 2). Mit Hilfe der bereits genannten Bestimmungsmethoden wurde der verdauliche Anteil der einzelnen Gerüstsubstanzen ermittelt. Es handelt sich dabei um Versuche mit den Wiesenheuarten III–V, die sich bezüglich des Gehaltes an Gerüstsubstanzen nur wenig unterschieden. Sie enthielten 31–32% Cellulose, 18–21% Pentosane, 8% Pektin und 5–6% Lignin. Die erhaltenen Verdauungswerte lagen zwischen 71 und 75% bei Cellulose, 64 und 71% bei Pentosanen und 70 und 73% bei Pektin. Ligninverluste traten bei diesen Versuchen mit relativ großer Schwankungsbreite auf. Sie lagen zwischen 10 und 27%, doch wurde im letzten Versuch eine negative Bilanz erhalten.

Tabelle 2. *Gehalt und Verdaulichkeit des Gerüstsubstanzen von Wiesenheu im Tierversuch*

Bezeichnung	Futter-aufnahme g	Aus-scheidung g	Cellulose Gehalt %	Cellulose verdaut %	Pentosane Gehalt %	Pentosane verdaut %	Pektin Gehalt %	Pektin verdaut %	Lignin Gehalt %	Lignin Verlust %
Wiesenheu III	9061		32,3		20,7		7,7		5,7	
„ Kot H 1		3455	24,5	71,0	19,8	63,5	5,4	73,2	13,3	19,9
„ Kot H 2		3368	22,9	73,5	20,1	63,8	5,4	73,5	13,3	14,2
Wiesenheu IV	8954		31,4		21,1		8,2		6,4	
„ Kot H 3		3550	24,3	69,3	17,6	66,9	6,3	69,6	12,9	20,5
„ Kot H 4		3218	21,9	74,9	17,0	71,1	6,4	72,0	13,1	27,0
Wiesenheu V	8851		32,1		17,9		8,2		5,7	
„ Kot H 1		3143	25,7	71,6	17,5	65,3	6,4	71,9	15,9	0,6
„ Kot H 2		3219	25,5	71,7	17,1	65,3	6,4	70,6	16,4	-5,4

Tabelle 3. *Gegenüberstellung der in vitro- und in vivo-Verdauungsversuche an Wiesenheu*

Material	Cellulose in vivo %	Cellulose in vitro %	Verdauung von Pentosane in vivo %	Verdauung von Pentosane in vitro %	Pektin in vivo %	Pektin in vitro %	Lignin in vivo %	Lignin in vitro %
Wiesenheu III	72,2	58,6	63,6	62,9	73,3	69,0	17,0	22,5
Wiesenheu IV	72,1	57,3	69,0	60,4	70,8	70,3	24,2	30,3
Wiesenheu V	71,6	62,6	65,2	60,6	71,2	69,6	neg. 3,0	20,8

4. *Die Diskussion der Ergebnisse*

Aus naheliegenden Gründen war es im Rahmen dieser Arbeit nur in Einzelfällen möglich, das gesamte Ausmaß der abbauenden Wirkung der Pansenflora auf die pflanzlichen Gerüstsubstanzen im Tierversuch zu bestimmen, um die Brauchbarkeit der angewendeten in vitro-Methodik zu beurteilen. In den übrigen Fällen müssen die eigenen Resultate nach den Resultaten von in der Literatur aufgeführten Tierversuchen beurteilt werden, soweit vergleichbare Versuche vorhanden sind.

Die Ergebnisse der *Celluloseverdauung im Tierversuch und in vitro* (Tab. 3) bei drei verschiedenen Wiesenheuarten differieren etwa um 10–15%. Die Cellulose unterliegt also im Tierkörper einem stärkeren Abbau, als es im künstlichen Pansen bei einer 36-Stunden dauernden Gärprobe der Fall ist.

Eine bessere Übereinstimmung der Verdauungsergebnisse nach beiden Methoden liegt bei den *Pentosanen* vor. Die geringsten Differenzen zeigt hier das Wiesenheu III mit 63,6% in vivo und 62,9% in vitro Verdaulichkeit. Sie erreichen bei Wiesenheu IV mit etwa 10% den höchsten Unterschied.

Bei Pektin besteht praktisch vollständige Übereinstimmung der in vivo- und in vitro-Verdauungswerte. Gewisse Abweichungen können mit der Fehlerbreite der analytischen Methode erklärt werden. Auch bei Lignin ist bis auf Wiesenheu V der durchschnittliche Verlust etwa gleich groß.

Aus den schon genannten Gründen ist eine bessere Übereinstimmung der nach beiden Methoden ermittelten Ergebnisse allgemein nicht zu erwarten. Sie kann aber, verglichen mit den in Tierversuchen ermittelten Ergebnissen anderer Autoren, insbesondere bei hochverdaulichen Futterstoffen als gut bis sehr gut bezeichnet werden. Der Vergleich spricht *zweifellos dafür*, daß die in ihrer Anwendung durchaus noch verbesserungsfähige Methodik des künstlichen Pansens bei der Erforschung der bakteriellen Abbauvorgänge an den pflanzlichen Gerüstsubstanzen mit Vorteil anzuwenden ist.

IV. Zusammenfassung

1. Mittels einer (den Anforderungen entsprechend modifizierten) Methode des künstlichen Pansens nach BURROUGHS wurden an zahlreichen Futterstoffen Versuche über den zeitlichen Verlauf der Abbauvorgänge für Cellulose, Pentosane und Pektinstoffe in Heu und Trockenschnitzeln angestellt. Diese Versuche gaben Aufschluß über das Verhalten der einzelnen Fraktionen und das mögliche Ausmaß der Gesamtverdauung bei der in vitro-Vergärung.

2. In systematischen Versuchen wurden weiterhin in Perioden von jeweils 36 Stunden eine größere Anzahl von Futterstoffen mit stets frischem Pansensaft von Hammeln in vitro vergoren und der verdauliche Anteil der pflanzlichen Gerüstsubstanzen ermittelt, wobei die Bestimmung der celluloseauflösenden Fähigkeit der Pansenflora als einwandfreier Test diente. Die an Wiesenheu erzielten Verdauungswerte wurden mit den Ergebnissen paralleler eigener Verdauungsversuche an Hammeln verglichen. Während in diesen Versuchen bei der Celluloseverdauung in vivo (72%) und in vitro (57–62%) Differenzen bis zu 15% auf-

traten, konnte die Übereinstimmung bei Pektinstoffen als gut bezeichnet werden. Die Parallelität des Abbaus von Cellulose und Pentosanen wurde bestätigt. Mit abnehmendem Gehalt an Lignin steigt die Verdaulichkeit der übrigen Zellwandbestandteile besonders deutlich bei Heu und künstlich getrocknetem Weidegras regelmäßig an. Hoch verdaulich (etwa 65–80%) sind die erwähnten Fraktionen in saftreichen Futterstoffen wie frischem Weidegras, Wiesengrassilage und Kleegrassilage. Dies gilt auch dann, wenn die frischen Materialien nach sorgfältiger Trocknung zur Vergärung angesetzt wurden. Künstliche Trocknung hat also keinen feststellbaren Einfluß auf den mikrobiellen Abbau der Gerüstsubstanzen.

Die bei Rüben und Trockenschnitzeln ermittelten Verdauungswerte lagen für alle Fraktionen zwischen 80 und 95%. Die höchsten Werte wurden mit 88–96% bei den Pektinstoffen erhalten und durch den Tierversuch bestätigt.

3. Der Versuchsablauf wurde durch Messung der pH-Werte, Bestimmung der celluloselösenden Aktivität des Pansensaftes und durch mikroskopische Untersuchungen laufend kontrolliert.

4. Die Zuverlässigkeit der verwendeten Bestimmungsmethoden wurde anhand der eigenen Versuche einer kritischen Betrachtung unterzogen. Auf gewisse Fehlerquellen durch Doppelerfassung, insbesondere bei der Pentosananalyse, wurde hingewiesen.

5. Den erzielten Ergebnissen nach zu urteilen, kann die Bestimmung des Abbaus der pflanzlichen Gerüstsubstanzen im künstlichen Pansen („in vitro") durchaus als zuverlässige Methode zur Orientierung über das Verhalten der Futterstoffe bei der Verdauung im Tierkörper angesehen werden.

Literaturverzeichnis

[1] ARMITAGE, E. R., R. deB. ASHWORN u. W. S. FERGUSON J. Soc. Chem. Ind. 67, 241, 1948.

[2] BALCH, D. A., C. C. BALCH u. S. J. ROWLAND: J. Sci. Food Agric. 5, 584, 1954.

[3] BARNETT, A. J. G.: J. Agric. Sci. 49, 467, 1957.

[4] BECKER, M. u. R. MOSLENER: Landw. Forschung 2, 97, 1950.

[5] BONSEMBIANTE, M.: Ann. Sper. agrar. 11, 5—24, 1957.

[6] BUDZIER, H. H.: Wissensch. Abh. 37, 178, Akademie Berlin 1958.

[7] BURROUGHS, W., N. A. FRANK, P. GERLAUGH u. R. M. BETHKE: J. Nutr. 40, 9, 1950.

[8] BURROUGHS, W., H. G. HEADLEY, R. N. BETHKE u. P. GERLAUGH: J. Anim. Sci. 9, 513, 1950.

[9] BURROUGHS, W., A. LATONA, P. DE PAUL, P. GERLAUCH u. E. M. BETHKE: J. Dairy Sci. 10, 693, 1951.

[10] CRADPTON, E. W. u. L. A. MAYNARD: J. Nutr. 15, 383, 1938.

[11] Mc CREADY, R. M., H. A. SVENSON u. W. S. MACLAY: Ind. Engin. Chem. 18, 290, 1946.

[12] DOETSCH, R. N. u. R. Q. ROBINSON: J. Dairy Sci. 36, 2, 1953.

[13] Mc DOUGALL, E. I.: Biochem. J. 43, 99, 1948.

[14] FINGERLING, G.: Forschungsdienst, Sonderheft 2, 1935.

[15] FRENS, A. M. u. K. STOLK: Versl. Landbouwk. Onderzoek, 63, 12, 1957.

[16] GAILLARD, B. D. E.: J. Sci. Food Agric. 9, 170, 1958.

[17] GAILLARD, B. D. E.: J. Sci. Food Agric. 9, 346, 1958.

[18] GIULIO, L.: Bull. Soc. ital. Biol. sper. 33, 749, 1957.

[19] GRAY, F. V.: J. Exper. Biol. 25, 135, 1948.

20 HARNISCH, S.: Inst. Tierphys. u. Tierern. d. Univ. Kiel, Pers. Mitt.

21 HAUSBERG, H.: Diss. Kiel 1958.

22 HENGLEIN, F. A. in: Handbuch der Pflanzenphys. VI von W. Ruhland S. 452, Springer Berlin 1958.

23 HERSHBERGER, T. V., T. A. LONG, E. W. HARTSOOK u. R. W. SWIFT: J. Animal Sci. 18, 770, 1959.

24 HUHTANEN, C. N. u. R. F. ELLIOTT: J. Anim. Sci. 15, 1180, 1956.

25 JAYME, G. u. P. SARTEN: Biochem. Zs. 308, 109, 1941.

26 KAMSTRA, L. D., A. L. MOXON u. O. G. BENTLEY: J. Animal Sci. 17, 199, 1958.

27 LAGOWSKI, J. M., H. M. SELL, C. F. HUFFMAN u. C. W. DUNCAN: Arch. Biochem. Biophys. 76, 306, 1958.

28 LENKEIT, W. u. M. BECKER: Praktikum d. Ernährungsphysiologie d. Haustiere, Vandenhoeck u. Ruprecht, Göttingen 1949.

29 LENKEIT, W. u. K. H. SIECK: Arch. Tierern. 6, 331, 1956.

30 LEROY, A. M. u. A. MICHAUX: C. R. Acad. Sci. II, 229, 1034, 1949.

31 LOUW, J. G., H. H. WILLIAMS u. L. A. MAYNARD: Science 110, 478, 1949.

32 MARSTON, H. R.: Bioch. J. 42, 564, 1948.

33 MICHAUX, A.: C. R. Acad. Sci. I, 230, 2051, 1950.

34 MOIR, R. J. u. M. J. MASSEN: J. Path. Bact. 64, 343, 1952..

35 MOON, F. E. u. A. K. ABOU-RAY: J. Sci. Food Agric. 3, 595, 1952.

36 MOON, F. E. u. A. K. ABOU-RAY: J. Sci. Food Agric. 5, 319, 1954.

37 MÜLLER, R. u. G. KRAMPITZ: Zschr. Tierzücht. u. Züchtungsbiol. 65, 187, 1955.

38 NAUMANN, K.: Zeitschr. Tierern. u. Futterm. 3, 193, 1940.

39 NEHRING, K. u. W. LAUBE: Archiv Tierern. 5, 177, 1955.

40 ORTH, A. u. W. KAUFMANN: Kieler Milchw. Forschungsber. 9, 253, 1957.

41 ORTH, A. u. W. KAUFMANN: Kieler Milchw. Forschungsber. 9, 395, 1957.

42 ORTH, A. u. W. KAUFMANN: Kieler Milchw. Forschungsber. 10, 471, 1958.

43 PEARSON, R. M. u. J. A. SMITH: Bioch. J. 37, 142, 1943.

44 PEARSON, R. M. u. J. A. SMITH: Bioch. J. 37, 148, 1943.

45 PHILLIPSON, A. T.: J. Exp. Biol. 19, 186, 1942.

46 QUICKE, GEORGE V., ORVILLE G. BENTLEY, HAROLD W. SCOTT u. A. L. MOXON: J. Animal Sci. 18, 275, 1959.

47 SALO, M. L.: Maataloust. Aikakausk 29, 185, 1957.

48 SALO, M. L.: Maataloust. Aikakausk 29, 212, 1957.

49 SALO, M. L.: Maataloust. Aikakausk 30, 133, 1958.

49 SALO, M. L.: Maataloust. Aikakausk. 30, 133, 1958.

50 SULLIVAN, I. T.: J. Animal Sci. 15, 710, 1955.

51 WAITE, R. u. A. R. N. GORROD: J. Sci. Food Agric. 10, 308, 1959.

52 WASSERMANN, R. H., C. W. DUNCAN, E. S. CHURCHILL u. C. F. HUFFMAN: J. Dairy Sci. 35, 571, 1952.

53 WEISER: Landw. Versuchsstat. 58, 238, 1903.

54 WÖHLBIER, W., Forschungsdienst, Sonderheft 11, 1938.

55 ZORITA, E. u. M. L. CALVO DE ZORITA: Ztschr. Tierern. u. Futterm. 11, 370, 1956.

Eingegangen am 7. 12. 1959

Aus dem Physiologischen Institut der Tierärztlichen Hochschule Hannover
(Direktor: Prof. Dr. H. HILL)

H. HILL und *M. YOUSRY HAMED*

Beiträge zum Vitamin-E-Stoffwechsel

Die experimentelle Erzeugung einer E-Hypervitaminose beim Geflügel im Vergleich zur Wirkung von Epiphysenextrakten

Problemstellung

Ebenso wie die Funktion des E-Vitamins und die Erscheinungen eines E-Mangels sehr umstritten sind, ist die Frage der Existenz einer E-Hypervitaminose noch weitgehend ungeklärt. Während selbst bei Anwendung höherer Dosen über längere Zeit das α-Tokopherol bei Tieren als eine weitgehend ungiftige Substanz angesehen wird – die Verabreichung von mehreren Gramm α-Tokopherol über 2 Monate an Ratten, Hunde und Katzen waren nach DEMOLE [1] ohne Einfluß – und unter normalen Bedingungen auch beim Menschen keine E-Hypervitaminosen zu befürchten sind (BECKMANN [2]), sind die Berichte über das Auftreten von Schäden nach Überdosierung sehr selten, widerspruchsvoll und betreffen nur Laboratoriumstiere. So sehen BODENHEIMER u. LASH [3] nach Zufuhr von 3–30 $\gamma\alpha$-Tokopherol an Wühlmäuse (microtus Güntheri) beim männlichen Tier keine histologischen Veränderungen der Hoden, dagegen nach mehrmonatiger Verabreichung das Ausbleiben der Follikelreifung an den Ovarien. Demgegenüber riefen tägliche Dosen von 0,5 ccm Vitamin E-Konzentrat in Olivenöl nach 7–8 Wochen eine typische Hodenatrophie bei männlichen Ratten hervor, die die Autoren (STÄHLER und Mitarbeiter [4]) aber dem Olivenölt undnicht dem α-Tokopherol zuschreiben. FECHT [5]) glaubt dagegen, daß es sich bei diesen Ergebnissen um eine E-Hypervitaminose gehandelt habe. REISS [6] stellte bei peroraler wie parenteraler Dauerzufuhr von α-Tokopherol an Ratten über mindestens 4 Monate eine Steigerung und unregelmäßigen Verlauf der Oestrusphasen fest, wobei die Gewichte vom Ovar sowie die Zahl reifer Follikel und corpora lutea mit der Versuchsdauer abnehmen. Das Fehlen von Veränderungen an Schilddrüse, Hypophyse und Uterus bei diesen Untersuchungen steht dem Befund einer Aktivierung der Schilddrüse nach hohen E-Gaben von HÜTER[7], HAIM und SYM [8] gegenüber. Angaben über E-Hypervitaminosen beim Haustier fehlen.

Das Auftreten von Zyklusstörungen bei Kühen in Zusammenhang mit Vitamin-E-Beifütterung über längere Zeit war der Anlaß, der grundsätzlichen *Frage der Erzielung von E-hypervitaminotischen Erscheinungen bei unseren Haustieren* nachzugehen.

Durch die experimentelle Erzeugung einer E-Hypervitaminose hofften wir außerdem, Einflüsse des Vitamins E auf das endokrine System sicherer nachweisen zu können, als das bisher nach Applikation üblicher Tokopheroldosen gelungen ist. Unsere Untersuchungen, über deren Ergebnisse im folgenden berichtet wird, erstrecken sich auf wachsende Hühner beiderlei Geschlechts. Als weiteres Ziel stellten wir uns die Aufgabe, im Zusammenhang mit den Vitamin E-Versuchen die Wirkung eines wässerigen Extraktes der Epiphyse an demselben Tiermaterial zu prüfen. Wenn auch die endokrine Funktion der Zirbeldrüse nach wie vor umstritten ist – ein Hormon aus ihr konnte bisher noch nicht isoliert werden – und den Befunden eines hemmenden Einflusses von Zirbelextrakten auf die männliche Keimdrüse beim Hahn (TRAUTMANN [9]), bei Meerschweinchen und Ratten (ALCOZER u. GIORDANO [10]), beim Mann als therapeutisch bedeutsamer Effekt bei Prostatacaricinom von ALTIERI u. SORRENTINO [11]) beschrieben, und auf das Ovar beiRatten (KITEY u. ALTSCHULE [12]), (JÖCHLE [13]) und Kaninchen (JAILE [14]) die Meinung fehlender Einwirkung auf das endokrine System gegenübersteht (u. a. SEIDEL [15]), so verdienen insbesondere die von TRAUTMANN [9] als antigonadotrope Wirkung der Epiphyse gedeuteten Ergebnisse wegen des vermutlich gleichen Angriffsortes beim Vitamin E, nämlich die Gonaden bzw. das ihnen übergeordnete Organ, die Hypophyse, besondere Beachtung. Es wurde daher ein wässeriger Rinderepiphysenextrakt, genannt Glanepin *), in unsere Vitamin E-Untersuchungen einbezogen.

Versuchsanordnung der 1. Versuchsreihe

In der *1. Versuchsreihe* wurden von insgesamt 18, zu Versuchsbeginn 3 Wochen alten Küken der Crossbreedrasse beiderlei Geschlechtes (9 männliche, 9 weibliche Tiere) 14 Tieren (Gruppe I) (7 ♂ = Gruppe I a, 7 ♀ = Gruppe I b) neben dem für alle üblichen Futter ad libitum über 7 Wochen DL-α-Tokopherolacetat [1]) parenteral verabfolgt in der Weise, daß jedes Versuchstier in den ersten 4 Wochen 2 mal wöchentlich je 100 mg, in den folgenden 3 Wochen 2 mal je 200 mg/Woche bekam. Die Gesamtdosis/Tier betrug also 2000 mg. Die restlichen 4 Tiere dienten als Kontrolle (Gruppe II) (2♂ = II a, 2 ♀ = II b). Körpergewicht und bei den männlichen Tieren Entwicklung der sekundären Geschlechtsmerkmale Kamm und Kehllappen wurden laufend überprüft. Ferner wurde auf Krankheitssymptome geachtet. Nach Versuchsablauf wurden alle Tiere getötet, Hoden, Ovarien und die übrigen endokrinen Organe gewogen und histologisch untersucht [2]).

Versuchsanordnung der 2. Versuchsreihe

In der *2. Versuchsreihe* über eine Dauer von 10 Wochen wurden 28 weibliche und 28 männliche Küken der weißen Leghornrasse im Alter von ca. 2 Wochen in 4 Gruppen zu je 14 Tieren, davon jeweils zur Hälfte Hähnchen bzw. Hühnchen, eingeteilt.

---

*) Präparat der Firma: Hormon-Chemie, München.

[1]) Wasserlösliches Präparat der Firma Hoffmann-La-Roche.

[2]) Die histologische Untersuchung wurde in dankenswerter Weise vom Pathologischen Institut der Tierärztl. Hochschule, Hannover, durchgeführt.

Den Tieren der *Gruppe 1* (1 a = 7 männliche, 1 b = 7 weibliche Tiere) wurde 2 × wöchentlich je 1 ml Glanepin/Tier subcutan neben dem für alle Gruppen gleichen Futter ad libitum verabfolgt.

Zur *Gruppe 2* gehörten 7 männliche (2 a) und 7 weibliche (2 b) Küken, die außer dem Glanepin gleicher Dosierung wie in Gruppe 1 zusätzlich 4 Wochen lang 2 × wöchentlich je 100 mg, in den folgenden 6 Wochen 2 × wöchentlich je 200 mg DL-α-Tokopherolacetat parenteral bekamen. Die Gesamtdosis pro Tier betrug 20 ml Glanepin + 3000 mg Vitamin E.

Die die *Gruppe 3* bildenden 14 Tiere (zur Hälfte männlich (3 a), zur Hälfte weiblich (3 b)), dienten ohne besondere Futterzusätze als Kontrolltiere.

Von der zu Versuchsbeginn ebenfalls 14 Tiere umfsasenden *Gruppe 4* verendeten, offenbar durch die verabfolgten Dosen des Vitamins E, innerhalb der ersten 4 Lebenswochen allein 12 Tiere, so daß nur 2 Tiere (Nr. 47 und Nr. 58) die Versuchszeit von 8 Wochen überstanden. Sie bekamen DL-α-Tokopherolacetat in derselben Weise und Höhe wie die Tiere der Gruppe 2, also pro Tier insgesamt 3000 mg Vitamin E. Da der Einfluß des E-Vitamins aus dem Ergebnis der 1. Versuchsreihe bei insgesamt 14 Tieren eindeutig zu erkennen war, wurde auf eine Zuführung weiterer Tiere in diese Gruppe während des Versuchsablaufs verzichtet.

Tabelle 1. *Wöchentliche Körpergewichte in g bei Küken* (Crossbreed) *unter dem Einfluß von DL-α-Tokopherol*

	Gruppe Ia (♂-Vitamin E)								Gruppe IIa (♂ Kontrollen)		
Tiernummer	64	65	66	67	68	69	70	Mittel	78	79	Mittel
3. Lebenswoche	247	167	181	187	171	207	200	194	210	232	221
4. "	340	243	267	269	247	312	319	285	319	340	330
5. "	440	354	372	380	337	461	458	400	463	475	469
6. "	521	425	423	500	407	597	595	495	624	658	641
7. "	642	473	506	660	514	710	759	609	760	830	795
8. "	716	567	524	754	531	656	964	673	966	1092	1029
9. "	675	586	530	688	550	697	999	675	990	1147	1068
10. "	695	607	553	695	560	718	1040	695	1076	1296	1186
	Gruppe Ib (☿-Vitamin E)								Gruppe IIb (♀ Kontrollen)		
Tiernummer	71	72	73	74	75	76	77	Mittel	80	81	Mittel
3. Lebenswoche	173	156	168	196	157	191	151	170	173	173	173
4. "	242	225	229	206	220	285	280	241	279	258	269
5. "	351	302	315	395	309	412	289	382	406	368	387
6. "	434	351	357	483	376	548	325	410	546	465	506
7. "	514	388	416	570	439	692	345	480	691	283	637
8. "	621	464	467	698	501	791	330	553	775	783	779
9. "	648	496	483	718	507	785	359	570	825	810	818
10. "	683	550	434	770	525	773	360	585	906	847	876

Nach 10 Versuchswochen der Prüfung des Körpergewichtes wurden alle Tiere getötet, Kamm, Hoden und Ovarien gewogen und die Keimdrüsen histologisch untersucht.

Ergebnisse der 1. Versuchsreihe

Aus den Ergebnissen der Körpergewichtsentwicklung, die aus der Tab. 1 und Abb. 1 hervorgeht, ist zu ersehen, daß das Wachstum bei den Versuchstieren wie bei den Kontrollen bei den männlichen Tieren etwas schneller verläuft, und ferner, daß mit α-Tokopherol behandelte Tiere beiderlei Geschlechtes im Wachstum deutlich gehemmt werden. Diese Hemmung verstärkt sich, wie Abb. 1 deutlich zu erkennen gibt, im Laufe der Versuchszeit. In der 8.–10. Lebenswoche ist bei Hähnen und Hühnern nur noch eine geringe Gewichtszunahme, in einzelnen Fällen sogar ein Stillstand oder eine Gewichtsabnahme erfolgt. Die Unterschiede in der Zunahme des Körpergewichtes der Tiere bei Gruppe I gegenüber der Gruppe II sind gesichert.

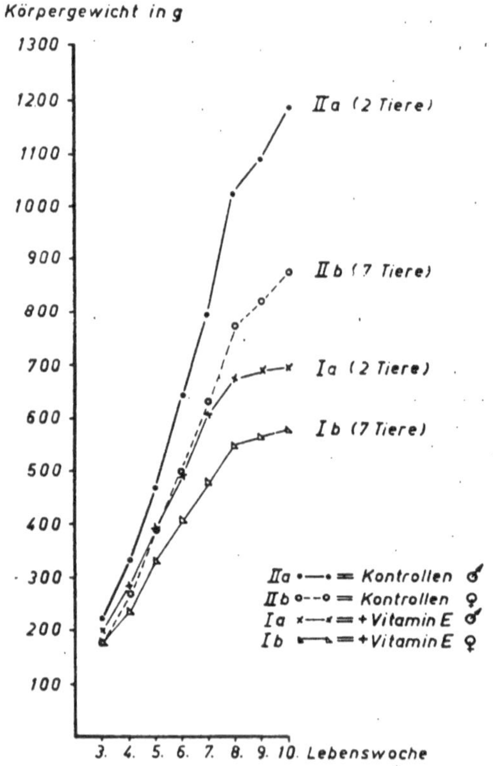

Abb. 1. Durchschnittliche Gewichtsentwicklung bei Küken (Crossbreed) unter dem Einfluß von DL-α-Tokopherol

Wir glaubten, in dieser Versuchsreihe auf eine den Vitamin-E-Tieren gleichgroße Anzahl von Kontrolltieren verzichten zu können im Hinblick auf die hohe Zahl von Kontrolltieren gleicher Fütterung der Weißen-Leghorn-Rasse in der 2. Versuchsreihe.

Während bei den Kontrolltieren keinerlei Krankheitssymptome beobachtet werden konnten und die männlichen Tiere in den letzten Wochen alle Zeichen beginnender Geschlechtsreife aufwiesen, waren bei den mit Vitamin E behandelten Tieren in zunehmendem Maße Zeichen der Schwäche, der Appetitlosigkeit, ferner stumpfes Gefieder mit der Neigung zur Mauserung nachweisbar. Gegen Ende des Versuches unterschieden sich die jungen Hähne in ihrem Aussehen und ihrem Verhalten nicht von den Hühnchen. Insbesondere war der Unterschied in der Kamm- und Kehllappenentwicklung bei den Versuchstieren beiderlei Geschlechtes nicht deutlich im Gegensatz zur Entwicklung dieser sekundären Geschlechtsmerkmale bei den Kontrollhähnchen. Die Abb. 2 zeigt in Gegenüberstellung die Größe eines Kehllappens und des Kammes bei einem Kontrollhahn und eines Kammes eines gleichalterigen, mit Vitamin E behandelten Hahnes zur Zeit der Schlachtung. Die Kehllappen bei diesem Tier waren praktisch nicht meßbar.

Abb. 2. Fläche von Kamm und Kehllappen eines Kontroll- (Nr. 79 und Versuchshahnes (Nr. 66) im Alter von ca. 10 Wochen

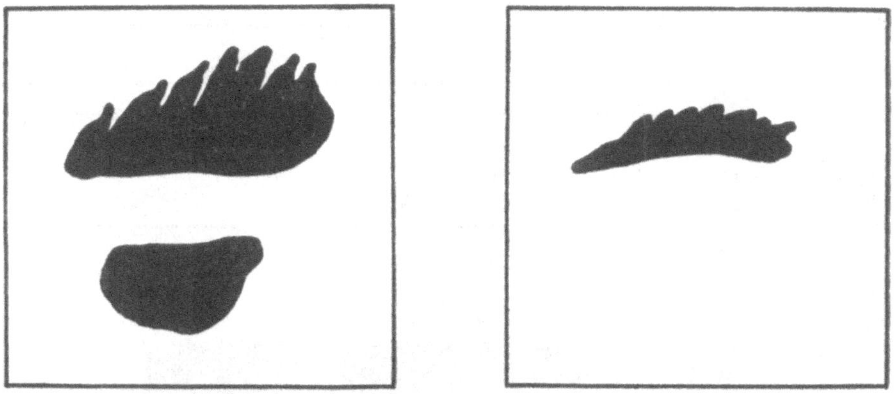

a

Kamm und Kehllappen eines Kontrollhahnes, 10 Wochen alt

b

Kamm eines mit hohen Dosen DL-a-Tokopherolacetat behandelten Hahnes 10 Wochen alt

Die Kammgewichte aller Tiere (Tabelle 2) zeigen Geschlechts- und durch Vitamin E-Gaben bei männlichen Tieren mit statistischer Sicherung mit $p < 0{,}05$ bedingte Unterschiede auf. Die Hoden der Versuchshähne stehen denen der Kontrolltiere an Größe weit nach, wie aus derselben Tabelle und der Abb. 3 ersehen werden kann. Die Sicherung ist mit $p < 0{,}01$ gegeben. Weiterhin ist auf die in Tab. 2 zum Ausdruck kommende Beziehung zwischen Hodengewicht und Kammgewicht hinzuweisen, indem mit höherem Hodengewicht im allgemeinen auch eine entsprechende Umfangsvermehrung des Kammes einhergeht.

Diesen Unterschieden im Hodengewicht entspricht auch der erwartete histologische Befund, wonach die Hoden bei den Versuchstieren keine Anzeichen einer Geschlechtsreife aufweisen (Abb. 4–7).

Tabelle 2. *Organgewichte und histologischer Befund bei Vitamin-E-Tieren und Kontrollen* (in mg)

Nr	Kamm	Hoden	Ovar	Histologischer Befund
Vitamin-E-Tiere				
64	803	88		Epithel ein- oder zweireihig.
65	162	56		Spermien nicht nachweisbar
66	153	34		Geringgradige Fibrose.
67	517	72		
68	624	73		
69	538	48		
70	591	[illegible]		
71	91		295	
72	67		195	
73	71		180	O B
74	47		271	
75	90		154	
76	67		254	
77	30		195	
Kontrollen				
78	720	199		Epithel allgemein mehrreihig.
79	3601	313		Spermien i. einigen Kanälchen
80	175		219	O B.
81	249		248	

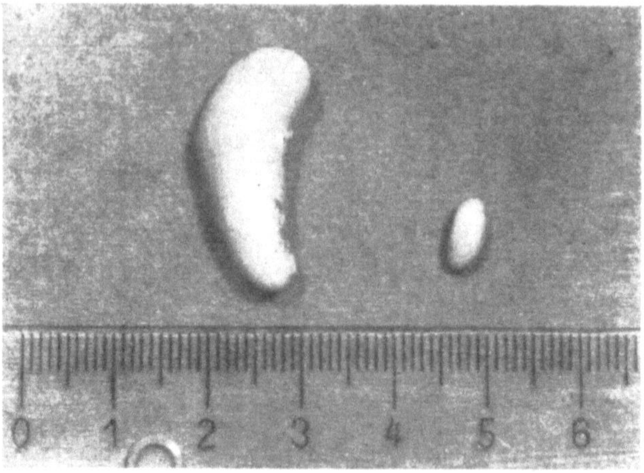

Abb 3 Hoden eines Kontrollhahnes (links) und eines mit DL-α-Tokopherolacetat behandelten Hahnes (rechts) in demselben Alter von 10 Wochen

So fehlen das mehrreihige Epithel der Hodenkanälchen und reife Spermien gegenüber dem histologischen Nachweis der Spermiogenese in den Keimdrüsen der Kontrollhähne (Abb. 4–7).

Abb. 4 u. 5. Hodenkanälchen eines Kontrolltieres. Alter: 10 Wochen

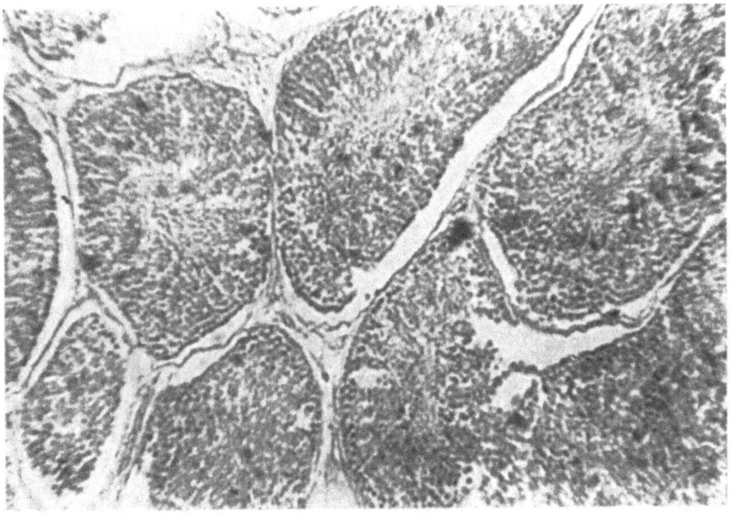

Abb. 4
Färbung: Haematoxylin-Eosin

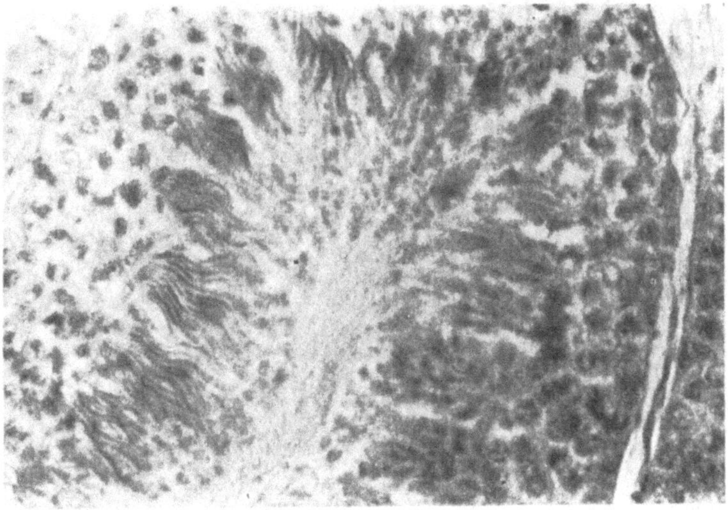

Abb. 5
Färbung: Haematoxylin-Eosin

Abb. 6 u. 7. Hodenkanälchen eines Vitamin E-Tieres. Alter: 10 Wochen

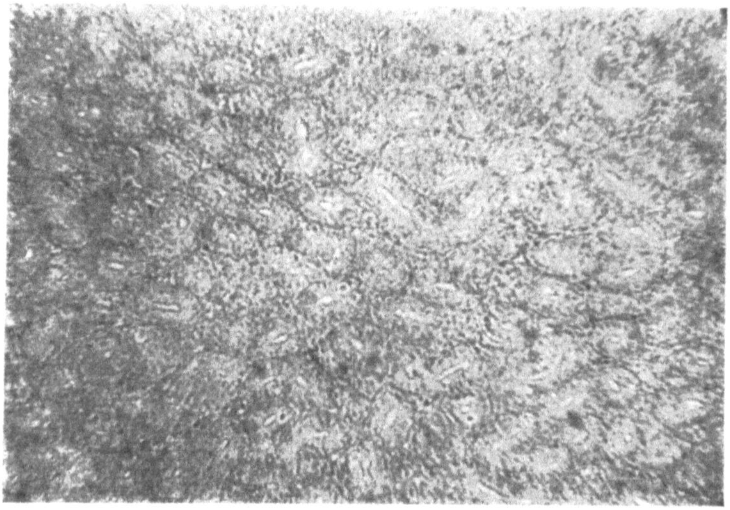

Abb. 6

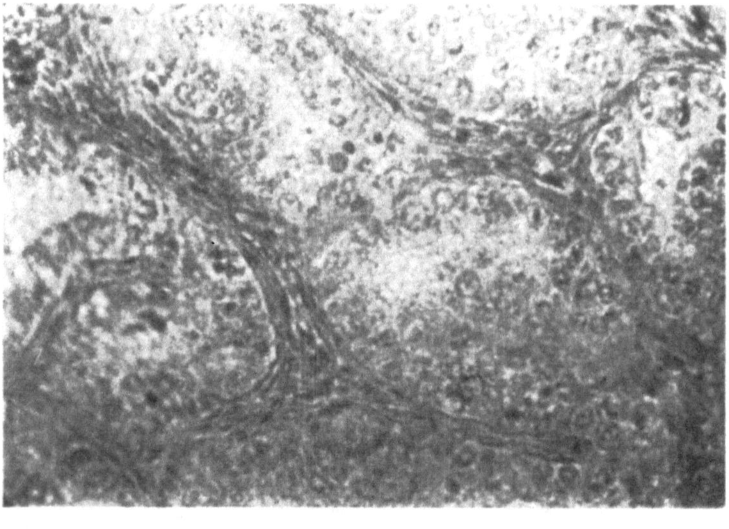

Abb. 7

Die Gewichte und der histologische Befund der Ovarien der E-Tiere ließen dagegen keine Veränderungen dieses Organs gegenüber den normalen Tieren erkennen. Auch an den übrigen endokrinen Organen Schilddrüse, Hypophyse und Nebennieren ergaben sich keine gesicherten Unterschiede unter dem Einfluß des Vitamins.

Ergebnisse der 2. Versuchsreihe

Wie aus Tabelle 3 hervorgeht, verläuft das allgemeine Körperwachstum, sichtbar an der Körpergewichtsentwicklung, bei den beiden Vitamin E-Tieren der Gruppe 4 am deutlichsten, dann auch bei den mit a-Tokopherol und Glanepin behandelten Tieren (Gruppe 2) gegenüber den Kontrolltieren der Gruppe 3 gehemmt. Das gilt für das weibliche wie für das männliche Geschlecht in gleicher Weise, wobei zu beachten ist, daß in jedem Fall die Gewichtszunahmen beim männlichen Tier stärker sind als bei dem Hühnchen derselben Tiergruppe. Ähnlich wie bei den Versuchstieren der 1. Versuchsreihe vermindert sich der Zuwachs mit dem Alter bzw. mit den höheren Vitamin E-Dosen. Eine Verzögerung in der Körpergewichtsentwicklung durch das Glanepin tritt bei männlichen Tieren nicht ein und ist auch bei den Hennen nicht gesichert.

Die Tabelle 4 zeigt, daß bei allen mit hohen Dosen des Vitamins E versehenen männlichen Tieren (Gruppe 2 a und 4 a) unterentwickelte Hoden mit Störungen der Spermiogenese gefunden wurden. Das Kammgewicht war entsprechend klein gegenüber den Kontrolltieren (Gruppe 3 a) mit einem um das Vielfache (bis 10fache und mehr) höheren Kamm- und Hodengewicht als Zeichen der Geschlechtsreife, die sich durch Darstellung reifer Spermien in jedem Fall postulieren ließ. Organgewichte und histologischer Befund der mit Epiphysenextrakt versehenen Hähnchen war uneinheitlich, indem sich sowohl geschlechtsreife (2 Tiere) wie unterentwickelte Tiere (5 Tiere) im Verlauf von 10 Wochen fortgesetzter Glanepinverabfolgung ergaben. Die Körpergewichtszunahme bei den beiden Tieren mit funktionstüchtigen Hoden lag um je 200 g höher als bei den übrigen 5 Tieren.

Gewichte und Gewebsaufbau der Ovarien (siehe Tab. 4) sowie der anderen untersuchten endokrinen Drüsen wiesen weder durch Glanpin noch durch Vitamin E veranlaßte gesicherte Besonderheiten auf.

Besprechung der Ergebnisse

Der Befund einer eindeutigen Hemmung des Wachstums von Küken beiderlei Geschlechtes sowie der primären bzw. sekundären Geschlechtsmerkmale Hoden, Kamm und Kehllappen bei Hähnchen von 2 verschiedenen Rassen muß als durch die hohen Dosen DL-α-Tokopherolacetat bedingt angesehen werden. Es taucht natürlich die Frage nach der Art des Eingriffs dieses Vitamins in die Sexualentwicklung, der nur beim männlichen Tier deutlich zum Ausdruck kommt, auf. Zweifellos ergibt sich aus unseren Ergebnissen die Vermutung einer den gonadotropen Hormonen des Hypophysenvorderlappens entgegengesetzten Wirkung, soweit es sich um die männliche Keimdrüse handelt. Die Deutung der Befunde ist erst nach weiteren Untersuchungen möglich.

Dem Glanepin scheint eine den hohen Vitamin E-Dosen ähnliche Wirkung auf die männliche Keimdrüse zuzukommen, die jedoch bei unseren in der Entwicklung befindlichen Tieren mit den von uns angewendeten Dosen geringer und nicht in jedem Fall sicher ist.

Tabelle 3. *Wöchentliche Körpergewichte bei Küken* (weiße Leghorn) *unter dem Einfluß von DL-α Tokopherol und Glanepin*

Tiernummer	Gruppe 1a (♂-Glanepin)							
	31	32	33	34	35	36	37	Mittel
2. Lebenswoche	62	83	69	83	74	83	68	74
3. „	116	153	136	144	138	141	114	134
4. „	194	224	233	223	202	233	182	213
5. „	315	573	343	330	309	362	276	329
6. „	394	496	472	425	415	494	355	435
7. „	480	583	545	475	482	600	435	500
8. „	586	658	651	555	581	668	519	602
9. „	627	667	739	646	628	750	577	662
10. „	596	757	827	733	737	908	681	748
11. „	708	845	937	801	805	963	774	833
12. „	872	957	1096	920	925	1087	890	963
13. „	1065	1155	1280	1057	1096	1330	—	1163

Tiernummer	Gruppe 1b (☿-Glanepin)							
	38	39	40	41	42	43	44	Mittel
2. Lebenswoche	76	58	57	59	58	65	67	62
3. „	127	97	101	108	102	108	109	107
4. „	202	151	152	176	147	171	167	166
5. „	293	225	224	259	213	255	258	246
6. „	374	295	287	407	269	327	339	328
7. „	442	342	337	404	349	384	388	363
8. „	465	341	358	446	377	429	440	408
9. „	494	344	385	497	412	465	478	439
10. „	568	385	422	558	474	516	541	494
11. „	638	402	475	641	539	561	611	552
12. „	698	448	550	716	622	635	693	623
13. „	853	570	685	828	—	778	805	753

Tiernummer	Gruppe 2a (♂-Vit.-E-Glanepin)							
	16	21	24	25	27	28	29	Mittel
2. Lebenswoche	58	64	69	63	60	74	64	64
3. „	125	102	119	101	133	102	120	114
4. „	195	153	168	152	196	174	185	174
5. „	339	213	278	231	319	273	292	277
6. „	460	304	376	313	422	377	375	375
7. „	514	354	459	413	494	443	418	442
8. „	568	392	503	466	587	440	444	485
9. „	608	426	535	497	641	488	487	526
10. „	657	474	575	542	667	505	520	562
11. „	691	533	630	593	784	577	595	629
12. „	730	550	702	641	742	657	651	667
13. „	782	—	803	736	852	735	735	773

Tiernummer	Gruppe 2b (♀-Vit.-E-Glanepin)							
	17	18	19	20	22	23	26	Mittel
2. Lebenswoche	60	66	56	60	64	54	60	60
3. „	98	113	102	100	101	92	101	101
4. „	158	191	158	156	155	152	161	161
5. „	250	290	238	244	231	260	241	250
6. „	324	383	319	335	310	359	319	335
7. „	379	391	383	371	362	398	380	380
8. „	418	439	402	393	391	474	414	418
9. „	434	492	453	385	444	513	453	453
10. „	446	493	473	437	460	526	476	473
11. „	450	528	512	533	491	606	520	520
12. „	488	537	503	550	647	702	550	537
13. „	498	570	500	541	490	—	560	543

Tabelle 3 (Fortsetzung)

Tiernummer	Gruppe 3a (♂-Kontrollen) 1	2	3	4	5	6	7	Mittel
2. Lebenswoche	70	69	67	79	63	71	69	70
3. "	124	130	114	146	128	126	129	128
4. "	195	195	197	160	195	194	196	190
5. "	328	335	318	343	343	330	366	338
6. "	437	430	430	433	474	442	493	448
7. "	552	538	510	513	616	545	605	554
8. "	606	587	570	588	726	626	637	620
9. "	627	709	597	688	802	672	739	691
10. "	690	748	680	769	895	740	793	759
11. "	732	814	725	839	971	835	850	824
12. "	848	909	820	955	1079	960	950	932
13. "	1034	1090	981	1129	1275	1149	—	1110

Tiernummer	Gruppe 3b (♀-Kontrollen) 8	9	10	11	12	13	14	Mittel
2. Lebenswoche	62	70	79	70	74	70	69	70
3. "	120	128	147	115	139	129	121	128
4. "	185	186	196	166	196	195	182	186
5. "	281	297	341	268	337	302	255	297
6. "	354	379	424	323	422	386	365	379
7. "	428	451	497	391	509	447	435	451
8. "	450	484	548	415	563	421	511	484
9. "	456	516	580	432	568	534	527	516
10. "	456	570	621	492	642	640	574	570
11. "	502	607	668	534	665	630	643	607
12. "	559	689	765	612	740	733	730	689
13. "	672	815	919	747	—	853	886	815

Tiernummer	Gruppe 4a (♂-Vit. E) 47	Gruppe 4b (♀-Vit. E) 58
2. Lebenswoche	75	68
3. "	95	92
4. "	185	165
5. "	297	256
6. "	390	335
7. "	494	409
8. "	448	460
9. "	502	430
10. "	487	418
11. "	511	449
12. "	534	469

Tabelle 4. *Organgewichte und histologischer Befund bei Versuchstieren und Kontrollen* (in mg)

	Nr.	Kamm	Hoden	Ovar	Histologischer Befund
Gruppe 1a	31	9454	556		Hochgradige Störuug
	32	18046	491		der Spermiogenese
	33	28665	4500		Normale Spermiogenese
(Glanepin)	34	13313	1298		Störung d. Spermiogenese
	35	10360	377		Hochgr, Störung der Sp.
	36	31425	6761		Normale Spermiogenese
	37	9511	210		Hochgr. Störung der Sp.
Gruppe 1b	38	296		233	O. B.
	39	109		143	"
	40	551		226	"
(Glanepin)	41	485		251	"
	42	156		200	"
	43	415		221	"
	44	314		230	"
Gruppe 2a	16	5506	131		Hochgr. Störung der Sp.
	21	1314	53		"
	24	4060	170		"
(Glanepin	25	2838	97		"
+ α-Tokoph.)	27	1918	125		"
	28	785	92		"
	29	1933	111		"
Gruppe 2b	17	105		142	O. B.
	18	139		150	"
	19	104		185	"
(Glanepin	20	101		158	"
+ α-Tokoph.)	22	73		217	"
	23	226		218	"
	26	110		147	"
Gruppe 3a	2	25657	3006		Normale Spermiogenese
	3	8850	659		"
	4	13779	1862		"
(Kontrollen)	5	25618	5302		"
	6	24812	2020		"
	7	23461	2854		"
Gruppe 3b	8	217		180	O. B.
	9	236		255	"
	10	546		381	"
(Kontrollen)	11	249		276	"
	12	214		167	"
	13	230		262	"
	14	276		265	"
Gruppe 4a	47	1314	53		Hochgr. Störung der Sp.
Gruppe 4b (α-Tokoph.)	56	100		138	O. B.

Das Körpergewicht bleibt durch Glanepin im Gegensatz zu Vitamin E unbeeinflußt. – Inwieweit die zahlreichen Injektionen an sich bei den kleinen und jungen Tieren einen Einfluß auf die allgemeine Entwicklung ausüben, wird z. Zt. in einer neuen Versuchsreihe überprüft. Daß die durch die Applikationsart etwa verursachten Schäden nicht entscheidend bei den Ergebnissen sind, darf aus der Tatsache der bei den Geschlechtern unterschiedlichen Befunde sowie des Fehlens der Hemmungsreaktion auf das Körpergewicht bei den mit Glanepin injizierten Tieren der II. Versuchsreihe ersehen werden.

Tieren der II. Versuchsreihe ersehen werden. Die mögliche Rolle des Lösungsmittels für das Vitamin E bei den Ergebnissen wird ebenfalls z. Zt. untersucht.

Die Untersuchungen werden fortgesetzt.

Zusammenfassung

Es wird über mangelnde Körpergewichtsentwicklung sowie Hemmung in der Ausbildung primärer bzw. sekundärer Geschlechtsmerkmale (Hoden, Kamm, Kehllappen) bei jungen Hähnchen unter dem Einfluß hoher DL-α-Tokopherolacetat-Gaben berichtet, während beim gleichalterigen weiblichen Tier außer dem Zurückbleiben in der Körpergewichtszunahme keine gesicherten Unterschiede gegenüber den Kontrolltieren nachweisbar waren.

Eine die Funktion der Keimdrüsen hemmende Wirkung durch Epiphysenextrakte (Glanepin) beim männlichen Tier war diesen Befunden nach Verabfolgung von Vitamin E ähnlich, jedoch nicht in jedem Fall gesichert.

Ein Einfluß von Glanepin auf die Körpergewichtsentwicklung war bei Tieren beiderlei Geschlechts nicht feststellbar.

Literaturverzeichnis

[1] DEMOLE, V.: (1938) Z. Vitaminforschg. **8**, 340.

[2] BECKMANN, R.: (1953) Die Medizinische **40**, 1309.

[3] BODENHEIMER, F. S. u. W. LASH: (1950) Z. Vitaminforschg. **22**, 1.

[4] STÄHLER, E., E. HEBESTREIT, K. FLADING: (1940) Arch. Gynaekologie **170**, 142.

[5] FECHT, K. E.: (1941) Med. Welt **32**, 820.

[6] REISS, W.: (1942) Arch. Gynaekologie **172**, 183.

[7] HÜTER, F.: (1947) Z. Naturforschg. **2**, 414.

[8] HAIM, A. M. u. J. C. SYM: (1943) Brit. Med. **8**.

[9] TRAUTMANN, A.: (1937) Dt. tierärztl. Wschr. **45**, 669.

[10] ALCOZER, G. u. GIORDONO, G.: (1954) Arch. „E. Maragliano" di Path. e. Clin. IX, 433.

[11] ALTIERI, A. u. F. SORRENTINO: (1956) Urol. internat. **2**, 350.

[12] KITAY, J. I. u. M. D. ALTSCHULE: (1954) Endocrinology **55**, 782.

[13] JÖCHLE, W.: (1956) Endokrinologie **33**, 287.

[14] BAILO, P.: (1956) Minerva ginecologica VIII, 1.

[15] SEIDEL, K.: (1956) Münch. med. Wschr. **40**, 1372.

Eingegangen am 2. 12. 1959

Aus dem Institut für Tierernährung der Friedrich-Schiller-Universität Jena
(Direktor: Pof. Dr. A. WERNER †)

A. WERNER † und M. ANKE

Der Spurenelementgehalt der Rinderhaare als Hilfsmittel zur Erkennung von Mangelerscheinungen

In den letzten Jahrzehnten wurden in verschiedenen Ländern der Erde Kupfer-, Mangan- und Kobaltmangelerscheinungen bei Wiederkäuern beobachtet. Desgleichen sind Molybdänvergiftungen bei Rindern in England, den USA und Neuseeland beschrieben worden (UNDERWOOD [17]). Neben den relativ einfach erkennbaren akuten Mangelerkrankungen kommt häufig ein leichter Spurenelementmangel vor, der kaum als solcher erkannt wird und doch bei längerer Dauer mit wirtschaftlichen Verlusten verbunden ist. Eine suboptimale Versorgung beeinträchtigt oft nur bestimmte Leistungen. Es kann z. B. bei hoher Milchleistung die Milchfettmenge niedrig oder die Fruchtbarkeit unbefriedigend sein. Die direkte Bekämpfung dieser Spurenelementmangelkrankheiten ist jedoch wegen der schwierigen Erkennbarkeit häufig unmöglich. Über ihren Umfang und die durch sie entstandenen wirtschaftlichen Schäden bestehen kaum Vorstellungen. Auskunft über die Versorgung mit Spurenelementen gibt die Analyse einiger Organe (Leber, Niere, Milz). Allerdings ist die Anwendungsbreite dieser Untersuchungen gering; denn nur zum Schlachten bestimmte Tiere können derart getestet werden. Außerdem ist die Veraschung fettreicher Organe unbequem und arbeitsaufwendig. Die Feststellung des Spurenelementgehaltes des Blutes gibt ebenso wie die Untersuchung der Organe gewisse Anhaltspunkte über den Versorgungsgrad. Dabei ist aber die Blutentnahme umständlich; außerdem enthält das Blut nur geringe Spurenelementmengen.

Der *Spurenelementgehalt der Haare* ist bisher als Indikator der Spurenelementversorgung kaum verwendet worden. Untersuchungen über die Menge einzelner Elemente in den Haaren verschiedener Tierarten liegen jedoch vor. SARATA [13] studierte im Zusammenhang mit der Pigmentierung den Kupfergehalt schwarzer und weißer Hunde- und Katzenhaare, wobei er in den schwarzen Haaren mehr Kupfer als in den weißen fand. KIKKAWA und Mitarbeiter [9] und GOSS und GREEN [6] untersuchten aus dem gleichen Anlaß den Kupfergehalt der Haare verschiedener Tierarten. Allerdings widersprechen sich ihre Analysenergebnisse.

SJOLLEMA [15] stellte den Kupfer- und Mangangehalt der Haare von 5 Kühen fest, die an einer Spurenelementmangelkrankheit litten, ohne zu eindeutigen Ergebnissen zu kommen. BROCHART [3] bestimmte den Calcium- und Phosphorgehalt der Rinderhaare und ermittelte in schwarzen Nacken- und Kopfhaaren mehr Calcium und Phosphor als in weißen. In jüngerer Zeit berichtet VAN KOETSVELD [18] über den Mangan- und Kupfergehalt der Haare von 35 holländischen Kühen.

Um zu prüfen, ob sich Rinderhaare zum Testen der Spurenelementversorgung (Fe, Mn, Cu, Mo und Co) eignen, wurden 1957 und 1958 in mehreren Betrieben die sich im Spurenelementgehalt des wirtschaftseigenen Futters unterscheiden, Haarproben von den Milchkühen genommen.

I. Standort der Versuchstiere, chemische Methoden der Spurenelementbestimmung in Pflanzen, statistische Verfahren

Die Versuchskühe standen in den Lehr- und Versuchsstationen Remderoda und Stadtroda. Remderoda liegt auf Muschelkalkverwitterungsboden, während sich die Futterflächen der Lehr- und Versuchsstation Stadtroda auf mittlerem Buntsandstein befinden.

Die Spurenelementanalyse der Futtermittel erfolgte kolorimetrisch. Fe wurde mit α, α'-Dipyridyl, Cu mit Natriumdiäthyldithiocarbaminat, Mo mit Rhodanid, Co mit Nitroso-R-Salz und Mn als Permanganat bestimmt (ANKE [1]). Die Ermittlung des Rohproteingehaltes erfolgte nach KJELDAHL. Alle Gehaltszahlen sind auf die Trockensubstanz bezogen.

Die statistische Auswertung der Analysenergebnisse geschah nach den von LINDER [10], WEBER [19] und SNEDECOR [16] gegebenen Richtlinien.

II. Der Spurenelementgehalt des wirtschaftseigenen Futters von Remderoda und Stadtroda

1. *Weidefutter*

In der Tabelle 1 ist der durchschnittliche Rohprotein-, Asche- und Spurenelementgehalt von 12 Weidefutterproben des Muschelkalkverwitterungsbodens und von 10 Proben der gleichen Futterart des mittleren Buntsandsteins zusammengestellt. Das analysierte Futter stammt aus den Jahren 1957 und 1958.

Tabelle 1. *Die durchschnittliche Zusammensetzung des Weidefutters der mittleren Buntsandstein- und Muschelkalkweiden*

Bodenart	Rohprot. %	Asche %	Fe p. p. m.	Mn p. p. m.	Cu p. p. m.	Mo p. p. m.	Co p. p. m.
Buntsandstein	18,6	11,0	205,3	95,5	13,4	0,54	0,10
Muschelkalk	19,8	10,7	295,7	46,9	7,7	0,13	0,10

Im Rohprotein-, Asche-, Fe- und Co-Gehalt des Weidefutters beider Standorte ergeben sich keine gesicherten Differenzen. Demgegenüber bestehen erhebliche Unterschiede im Mn-, Cu- und Mo-Anteil. Das Weidefutter in Stadtroda enthält im Vergleich zu Remderoda die doppelte Mn-Menge, den vierfachen Mo-Anteil und 75% mehr Cu ($P = < 0{,}001$).

Der höhere Mn-Gehalt des auf mittlerem Buntsandstein gewachsenen Weidefutters wird durch den niedrigen pH-Wert dieser Bodenart verursacht. Die Pflanzen nehmen Mn hauptsächlich als Mn-II-Ion auf. Die zweiwertige Form des Mn wird bei einem niederen pH-Wert leichter gebildet als bei einem hohen. Der Unterschied im Mn-Gehalt des Weidefutters wird noch dadurch verstärkt, daß in Stadtroda Mn-reichere Pflanzenarten (Wolliges Honiggras, Rotes Straußgras, Wiesenknöterich, Sauerampfer, Wiesenfrauenmantel) stärker als in Remderoda verbreitet sind. Auf den Muschelkalkweiden kommen neben Rotschwingel und Knaulgras, die Mn-reich sind, viel Mn-arme Pflanzenarten (Glatthafer, Flaumhafer, Wiesenkümmel, Wiesenkerbel, Spitzwegerich, Mittlerer Wegerich, Wiesenschwingel) vor, die den Gesamt-Mn-Gehalt des Futters herabsetzen (ANKE [1]).

Der niedrige Cu-Gehalt des Weidefutters von Remderoda wird neben dem an sich niedrigeren Cu-Gehalt der Pflanzen durch die geringe Verbreitung von Leguminosen und Kräutern bedingt (ANKE [1]). Der höhere Mo-Gehalt des auf mittlerem Buntsandstein gewachsenen Weidefutters war zunächst überraschend, denn nach der von DAVIES [5] zusammengefaßten Literatur wird Mo im Gegensatz zu Mn bei einem höheren pH-Wert besser als bei einem niederen von den Pflanzen aufgenommen. Inzwischen konnte aber gezeigt werden, daß der Remderodaer Muschelkalkboden unter absolutem Mo-Mangel leidet (ANKE [1]) und daraus der geringe Mo-Gehalt des darauf gewachsenen Futters resultiert.

Das Weidegras des Muschelkalkverwitterungsbodens enthält im Durchschnitt 46,9 p. p. m. Mn. Bei einer Futteraufnahme von 12 kg Trockensubstanz bekommen die Milchkühe im Durchschnitt täglich 560 mg Mn. Diese Menge müßte nach den Angaben von PHILLIPS [12] ausreichen, um den Bedarf zu decken. Im Abschnitt II wird noch einmal kritisch auf die Mn-Bedarfsdeckung eingegangen. Das beim Mn Gesagte trifft auch für Cu zu. Die Rinder nehmen in Remderoda mit dem Weidefutter täglich durchschnittlich 92 mg Cu auf. Nach PHILLIPS [12] decken 5–10 p. p. m. Cu/kg Trockensubstanz den Cu-Bedarf der Rinder. Die Fe- und Co-Mengen des Futters genügen, um die Milchkühe ausreichend mit diesen Elementen zu versorgen. Das gleiche gilt für Mo. Mo-Vergiftungen sind nicht zu erwarten, da die von PAPENDICK [11] angegebene Grenzzahl von 10 p. p. m. längst nicht erreicht wird.

2. *Wiesenheu*

In der Lehr- und Versuchsstation Stadtroda wird als Rauhfutter im Winter hauptsächlich Wiesenheu verfüttert. In Remderoda dagegen verwendet man höchstens ein bis zwei Koppeln zur Gewinnung von Kälberheu. Aus diesem Grund erhalten die Milchkühe im Winter Luzerne- und Rotkleeheu. Tabelle 2 bringt den durchschnittlichen Spurenelementgehalt des Wiesenheues des mittleren Buntsandsteins (6 Proben) und des Muschelkalkverwitterungsbodens (11 Proben).

Tabelle 2. *Die durchschnittliche Zusammensetzung des Wiesenheues der Muschelkalk- und mittleren Buntsandsteinwiesen*

Bodenart	Rohprot. %	Asche %	Fe p. p. m.	Mn p. p. m.	Cu p. p. m.	Mo p. p. m.	Co p. p. m.
Buntsandstein	15,3	9,6	152,7	96,4	8,9	0,30	0,08
Muschelkalk	16,2	9,7	192,9	43,8	6,1	0,08	0,06

Mit Ausnahme von Mn liegen alle Werte niedriger als im Weidefutter. Wiederum besteht im Rohprotein-, Asche-, Fe- und Co-Gehalt der zwei Heuarten kein Unterschied. Das auf mittlerem Buntsandstein gewachsene Heu enthält ungefähr den doppelten Mn- und vierfachen Mo-Gehalt, außerdem besitzt es 46% mehr Cu als das auf Muschelkalkverwitterungsboden erzeugte ($P = < 0{,}01$).

3. *Ackerfutter*

Auch bei Luzerne und Ackerrotklee zeigt sich, daß die auf mittlerem Buntsandstein gewachsenen Leguminosen den doppelten Mn-Gehalt wie die Muschelkalkleguminosen aufweisen. Ebenso liegt der Cu- und Mo-Anteil des Rotklees und der Luzerne von Stadtroda höher als der von Remderoda. Im Asche-, Fe- und Co-Gehalt ergeben sich keine gesicherten Unterschiede.

Tabelle 3. *Die durchschnittliche Zusammensetzung des Ackerrotklees und der Luzerne von Muschelkalkverwitterungsboden (M) und mittlerem Buntsandstein (B)*

	Asche %	Fe p. p. m.	Mn p. p. m.	Cu p. p. m.	Mo p. p. m.	Co p. p. m.
Luzerne . . . . M	10,4	163,3	20,0	8,1	0,17	0,13
Luzerne . . . . B	9,4	123,5	36,4	12,4	0,35	0,06
Ackerrotklee . . M	9,5	121,0	23,3	7,5	0,46	0,11
Ackerrotklee . . B	8,4	101,5	55,6	9,6	0,59	0,08

Vergleicht man die beiden Arten Rotklee und Luzerne, so ergibt sich, daß der Rotklee Mn- und Mo-reicher, aber Fe-ärmer als die Luzerne ist.

Die gleichen Ergebnisse wie bei Weidegras, Wiesenheu und Ackerleguminosen, nämlich einen höheren Mn-, Mo- und Cu-Gehalt der Buntsandsteinpflanzen, wurde auch bei Rübenblatt und Rüben von beiden Bodenarten gefunden (Tabelle 4).

Tabelle 4. *Der Asche- und Spurenelementgehalt von Rübenblatt und Rüben des Muschelkalkverwitterungsboden (M) und mittlerem Buntsandsteins (B)*

	Asche %	Fe p. p. m.	Mn p. p. m.	Cu p. p. m.	Mo p. p. m.	Co p. p. m.
Futterrübenblatt . M	15,4	118,0	40,4	6,5	0,10	0,13
Futterrübenblatt . B	24,3	450,0	113,0	7,1	0,37	0,48
Rüben, Ideal . . M	6,3	30,1	11,3	6,2	—	0,06
Rüben, Ideal . . B	9,0	49,9	26,8	9,5	0,13	0,39

Rotklee, Luzerne und Rüben enthielten auf Muschelkalkverwitterungsboden nur rund 20 p. p. m. Mn, so daß bei Verfütterung dieses Leguminosenheues zusammen mit Rüben, Maisgärfutter und Rübenblattsilage die Möglichkeit des Auftretens von Mn-Mangelerscheinungen besteht, da der Grenzwert von 40 p. p. m. Mn nicht erreicht wird. Auf den niedrigeren Mn-Gehalt des Maises wurde von ANKE [2] hingewiesen. Demgegenüber wird der Fe-, Cu- und Co-Bedarf der Wiederkäuer auf beiden Bodenarten über das wirtschaftseigene Futter gedeckt, denn es sind in allen Hauptfuttermitteln mehr als 50 p. p. m. Fe, 5 p.p. m. Cu und 0,07 p. p. m. Co enthalten.

III. Die Untersuchung der Haare

1. Das Schneiden, Reinigen und die chemische Untersuchung der abgeschnittenen Haare

Es wurden nur auf der Rippenpartie gewachsene Haare zu den Spurenelementanalysen verwendet. Diese Haare unterliegen dem periodischen Wechsel (SCHMIDT und Mitarbeiter [14]). BROCHART [3] nahm die auf dem Nacken und zwischen den Hörnern sitzenden Haare zur P- und Ca-Analyse. Diese sind wesentlich länger, lassen sich besser abschneiden, werden aber nicht jährlich gewechselt. Die kürzeren Rumpfhaare wurden analysiert, um die unterschiedliche Spurenelementversorgung während des Sommers und Winters zu erfassen.

Die Prüfung der Becken- und Schulterblatthaare des gleichen Tieres ergab, daß keine Unterschiede im Asche-, Fe-, Mn-, Cu-, Mo- und Co-Gehalt der Haare beider Körperpartien vorhanden sind (ANKE [1]). Die Schwankungen liegen im Fehlerbereich der Probenahme und chemischen Bestimmungsmethoden.

Die abgeschnittenen Rinderhaare sind auch nach vorherigem Putzen der Kühe äußerlich von Fett und Schmutz umgeben. Durch Waschen mit Wasser waren diese Substanzen nicht restlos zu entfernen. Aus diesem Grunde wurden die Haare eine Stunde mit Diäthyläther extrahiert. Nach der Entfernung des Fettes kann der Schmutz mit bidestilliertem Wasser abgewaschen werden. Es ist zweckmäßig, das Waschen auf einem feinmaschigen Perlonsieb durchzuführen. Der Schmutzanteil der ungewaschenen Rinderhaare ist erheblich (Tabelle 5). Zur Bildung des Durchschnittes wurden je Betrieb 5 Haarproben verwendet.

Tabelle 5. *Der durchschnittliche Asche- und Mangangehalt gewaschener und ungewaschener Rinderhaare von Remderoda und Stadtroda* (Dezember 1957)

	Asche %		Mn p. p. m.	
	ungewaschen	gewaschen	ungewaschen	gewaschen
Muschelkalkverwitterungsboden . .	3,1	1,9	7,0	2,2
mittlerer Buntsandstein	4,8	3,2	16,8	8,3

Durch die Beseitigung des anhaftenden Schmutzes nahm sowohl der Asche- als auch der Mn-Gehalt ab. Besonders stark verringerte sich der Mn-Anteil der Winterhaare des Muschelkalkverwitterungsbodens, der sehr viel Gesamt-Mn enthält (ANKE [1]). Im anhaftenden Schmutz dieser Haare waren 70% des Gesamt-Mn enthalten, während die gewaschenen Haare des mittleren Buntsandsteins noch rund die Hälfte der Mn-Menge der ungewaschenen Haare besitzen. Der Unterschied im Asche- und Mn-Anteil der Haare beider Standorte ist sowohl bei den ungewaschenen als auch bei den gewaschenen Haaren gut gesichert.

Zur Spurenelementanalyse wurden rund 25 g Haartrockensubstanz in Porzellanschalen von 12 cm Durchmesser und 7 cm Tiefe vorsichtig bei 500° C im Muffelofen verascht. Die Veraschung muß langsam und in genügend großen Gefäßen vorgenommen werden, da sich die Haare in der Hitze aufblähen und leicht über den Rand der Schale hinausquellen. Die Asche wird, nachdem sie weiß ist, mit HCl aufgenommen und nach der Analysenvorschrift für Pflanzen weiterverarbeitet.

2. *Der Spurenelementgehalt schwarzer und weißer Rinderhaare*

Sowohl von SARATA [13] als auch von SJOLLEMA [15] wurde darauf hingewiesen, daß schwarze Haare mehr Cu enthalten als weiße. Da die Kenntnis des Spurenelementgehaltes unterschiedlich gefärbter Haare Voraussetzung für die den Versorgungsgrad testenden Untersuchungen war, wurde im Frühjahr 1958 bei Remderodaer Kühen der Asche-, Mn-, Cu- und Co-Gehalt weißer und schwarzer Rinderhaare (Tabelle 6) geprüft.

Tabelle 6. *Der durchschnittliche Asche-, Mangan-, Kupfer- und Kobaltgehalt schwarzer und weißer Rinderhaare*

Haarfarbe	Asche %	Mn p. p. m.	Cu p. p. m.	Co p p. m.
schwarz . .	2,4	5,0	6,5	0,10
weiß	1,3	2,9	6,2	0,06

Der Aschegehalt der weißen Rinderhaare liegt signifikant niedriger als der der schwarzen. Ebenso enthalten die weißen Rinderhaare weniger Mn und Co als die schwarzen. Die Cu-Menge der weißen Rinderhaare unterscheidet sich nicht von der der schwarzen. Um diese Aussage bei einer größeren Rinderzahl zu überprüfen, wurden von weiteren 16 Rindern aus verschiedenen Betrieben schwarze und weiße Haare analysiert (Tabelle 7).

Tabelle 7. *Der durchschnittliche Asche-, Eisen-, Mangan-, Kupfer-, Molybdän- und Kobaltgehalt schwarzer und weißer Rinderhaare aus verschiedenen Betrieben*

Farbe	Asche %	Fe p. p. m.	Mn p. p. m.	Cu p. p. m.	Mo p. p. m.	Co p. p. m.
schwarz	2,7	105,0	6,9	11,1	0,11	0,11
weiß	1,8	135,6	4,9	9,3	0,04	0,07

Die schwarzen Rinderhaare enthalten wiederum mehr Asche, Mn, Mo und Co als die weißen ($P = < 0{,}001$). VAN KOETSVELD [18] hatte gleichfalls in schwarzen und roten Haaren einen höheren Mn-Anteil als in den weißen ermittelt. Im Cu-Gehalt besteht kein gesicherter Unterschied zwischen weißen und schwarzen Rinderhaaren. Dieses Ergebnis steht im Gegensatz zu den Befunden von SARATA [13], es stimmt aber mit den Ermittlungen von GOSS und GREEN [6] überein, die ebenfalls keinen Unterschied im Cu-Gehalt zwischen schwarzen und weißen Haaren fanden.

Der Fe-Anteil der weißen Rinderhaare ist höher als der der schwarzen ($P = < 0{,}01$). Vergleichbare Werte dazu waren in der Literatur nicht zu finden. Auf jeden Fall konnten die Angaben von KIKKAWA und Mitarb. [9], die in farbigen Kaninchenhaaren auf papierchromatographischem Wege mehr Fe, Cu und Co als in den weißen fanden, nicht bei allen Elementen bestätigt werden. In der Literatur wurden keine Co- und Mo-Gehaltszahlen von Rinderhaaren gefunden.

Da die schwarzen Haare mehr Asche, Mn, Mo und Co als die weißen enthalten, der Co-Anteil in beiden Haararten gleich ist, und der Fe-Gehalt der weißen höher als der der schwarzen liegt, macht es sich notwendig, die zur Analyse verwendeten Haare nach der Farbe zu trennen, um vergleichbare Zahlen zu erhalten. In den folgenden Versuchen wurde nur noch mit schwarzen Rinderhaaren gearbeitet, da sie mehr Mn, Co und Mo enthalten, sich demzufolge die chemische Bestimmung dieser Elemente leichter gestaltet und eher Unterschiede zu erwarten sind.

3. Vergleich des Spurenelementgehaltes der Rinderhaare bei unterschiedlicher Schwermetallaufnahme über das Futter

Zu Herbstbeginn 1957 und zu Frühjahrs- und Herbstanfang 1958 wurden von 5 auf mittlerem Buntsandstein in Stadtroda und 10 auf Muschelkalkverwitterungsboden in Remderoda gehaltenen Rindern schwarze Haare gesammelt. Durch die Probenahme im Herbst sollte geprüft werden, ob der Spurenelementgehalt der Haare die Spurenelementversorgung während der Sommermonate widerspiegelt. Bei dem Haarschnitt im Frühjahr besaßen die Rinder noch ihre Winterhaare. Hier mußte getestet werden, ob über das Haar Rückschlüsse auf die Spurenelementversorgung während der Wintermonate möglich sind.

a) Mangan

Bei der Untersuchung des Mn-Gehaltes der auf mittlerem Buntsandstein gewachsenen Futtermittel fiel auf, daß ihr Mn-Gehalt doppelt so hoch wie der des auf Muschelkalkverwitterungsboden erzeugten Futters war. Auf Grund des geringen Mn-Gehaltes des im Winter in Remderoda zur Verfügung stehenden Futters wurden zur Verhinderung von Mn-Mangelerscheinungen ab 15. 1. 1958 an die Hälfte der Milchkühe je Tier und Tag 2 g $MnSO_4$ verabreicht. Gleichzeitig konnte so untersucht werden, wie sich diese zusätzlichen Mn-Gaben auf die Mn-Konzentration der Haare auswirken. In der Tabelle 8 ist der Mn-Gehalt der Rinderhaare von Remderoda und Stadtroda der Jahre 1957 und 1958 gegenübergestellt.

Der Mn-Gehalt der Stadtrodaer Rinderhaare liegt in jedem Fall höher als der der Remderodaer. Die Differenz ist gut gesichert.

Im Sommer 1957 gingen die Stadtrodaer Kühe zur Weide und nahmen dort ein sehr Mn-reiches Futter (96 p. p. m.) auf, auch im Winter 1957/58 war die Mn-Versorgung der Rinder über Wiesenheu (96 p. p. m.) und verschiedene Silagearten sehr gut. Die reichliche Mn-Versorgung spiegelt sich im Mn-Gehalt der Haare wider. Ganz anders gestaltet sich die Mn-Versorgung während des Sommers 1958. In diesem Futterabschnitt konnten die Kühe nicht wie 1957 zur Weide gehen, sondern mußten mit Rotklee und Maissilage, die nur 50% Mn des Weidefutters enthielten, ernährt werden. Die schlechtere Mn-Versorgung zeigt sich auch im Mn-Gehalt der Haare. 1958 besitzen die Sommerhaare 40% weniger Mn als 1957.

Tabelle 8. *Der Mangangehalt schwarzer Rinderhaare von Muschelkalkverwitterungsboden* (Remd.) *und mittlerem Buntsandstein* (Stadtr.) *in p. p. m.*

	Sommerhaare 1957	Winterhaare 1957/58	Sommerhaare 1958
Stadtroda	8,3	11,9	4,9
Remderoda ohne Mn . . .	2,2	1,4	2,0
Remderoda mit Mn . . .		2,0	4,3

In Remderoda wurden die Rinder sowohl 1957 als auch 1958 auf der Weide ernährt. Der Mn-Gehalt des Weidefutters beider Jahre war annähernd gleich, auch der Mn-Anteil der Haare weist keine Unterschiede auf. Demgegenüber fällt er im Winter um rund 40% ab. Das zeigt die schlechtere Mn-Versorgung während der Wintermonate. In dieser Futterperiode erhielten die Rinder Luzerneheu (20 p. p. m.), Rüben (11 p. p. m.) und Rübenblattsilage (40 p. p. m.), die Mn-ärmer als das Weidefutter (47 p. p. m.) waren.

Eine Erklärung für die große Differenz im Mn-Gehalt der Haare von Stadtroda und Remderoda, die größer ist als der Unterschied im Mn-Gehalt des Futters, kann nur schwer gegeben werden. GRAHUIS[7] und HAWKINS und Mitarbeiter[8] wiesen darauf hin, daß hohe Ca- und P-Mengen im Futter den Mn-Bedarf der Tiere erhöhen. Das könnte eine der Ursachen für den großen Unterschied im Mn-Gehalt der Winterhaare zwischen Remderoda und Stadtroda sein. Das Remderodaer Luzerneheu enthielt z. B. nach BUGDOL[4] 21 g Ca/kg, während im Stadtrodaer Wiesenheu nur 8 g gefunden wurden.

Durch die Beifütterung von 2 g $MnSO_4$ ab 15. 1. 58 erhöhte sich der Mn-Anteil der Winterhaare um rund 40% und der der Sommerhaare um 115%. Die Haare zeigen also auch hier die bessere Mn-Versorgung an. VAN KOETSVELD[18] konnte durch zusätzliche Mn-Verfütterung (860 p. p. m. Mn/kg Trockensubstanz) innerhalb von 3 Monaten den Mn-Gehalt der Haare von 9,5 bzw. 6,0 p. p. m. auf 23,5 bzw. 36,8 p. p. m. Mn steigern. Das war in Remderoda nicht möglich. Unter anderen Bedingungen kann aber der Mn-Gehalt der Haare auch ohne zusätzliche Mn-Beifütterung über die von VAN KOETSVELD[18] angegebenen Zahlen hinausgehen. Z. B. enthielten schwarze Haare des schwarzbunten Niederungsviehes und rotbraune des Höhenfleckviehes, die zusammen auf Gneisverwitterungsboden im Schleizer Gebiet gehalten und mit Mn-reichem Futter versorgt wurden, nach unseren Befunden bis zu 58,3 p. p. m. Mn. Diese Tatsache weist, obwohl die zusätzlicher Mn-Gehalt in Remderoda niedriger als bei VAN KOETSVELD[18] lagen, auf die resorptionshemmende Wirkung bestimmter Elemente hin.

VAN KOETSVELD [18] betrachtet nach holländischen Erfahrungen 8 p. p. m. im Haar der Rinder als Grenzzahl für eine ausreichende Versorgung mit Mn. Die Mn-Zufütterung an Milchkühe in Remderoda erhöhte den Mn-Gehalt der Haare im Durchschnitt nur auf 4,3 p. p. m., beseitigte aber die Fortpflanzungsstörungen, die ohne zusätzliche Mn-Versorgung auftraten. Der Besamungsindex betrug in der $MnSO_4$-Gruppe 1,4, während er in der Vergleichsgruppe ohne $MnSO_4$ bei 3,3 lag (ANKE 1). Der von VAN KOETSVELD [18] angegebene Grenzwert für Mn muß demzufolge überprüft werden, da offenbar verschiedene Elemente auf die Resorption des Mn Einfluß nehmen können.

b) Kupfer

Das wirtschaftseigene Futter des mittleren Buntsandsteins enthält im Durchschnitt rund 50% mehr Cu als das des Muschelkalkverwitterungsbodens.

Tabelle 9 zeigt den Cu-Gehalt der Sommer- und Winterhaare von Stadtroda und Remderoda.

Tabelle 9. *Der Kupfergehalt der Sommer- und Winterhaare von Muschelkalkverwitterungsboden* (Remd.) *und mittlerem Buntsandstein* (Stadtr.) *in p. p. m.*

	Winterhaare 1957/58		Sommerhaare 1958	
Ort	Stadtroda	Remderoda	Stadtroda	Remderoda
Cu-Gehalt	10,1	6,1	9,4	6,8

Sowohl die Sommer- als auch die Winterhaare der Stadtrodaer Milchkühe enthalten gesichert mehr Cu als die der von Remderoda. Dabei beträgt die Differenz zwischen den Winterhaaren beider Standorte rund 65%, während sie bei den Sommerhaaren annähernd 40% ausmacht. Das entspricht dem ungefähr 50% höheren Gehalt der in Stadtroda verfütterten wirtschaftseigenen Futtermittel.

Der Cu-Gehalt der Remderodaer Winter- und Sommerhaare übersteigt bei insgesamt 20 untersuchten Tieren nur zweimal knapp die mit 8 p. p. m. für Cu von VAN KOETSVELD [18] angegebene Mangelgrenze, während von den Stadtrodaer Tieren die Mangelgrenze nur zweimal unterschritten wird. Cu-Mangelerscheinungen konnten in beiden Herden nicht beobachtet werden, so daß es gerechtfertigt erscheint, die Grenzzahl für Cu niedriger als 8 anzusetzen.

c) Molybdän

Besonders große Unterschiede waren im Mo-Gehalt der Rinderhaare beider Standorte zu erwarten, da das Remderodaer Futter ausgesprochen Mo-arm ist. Dies zeigte sich auch bei der Analyse der Rinderhaare (Tabelle 10).

Der Mo-Gehalt der Stadtrodaer Rinderhaare liegt gesichert höher als der der Remderodaer ($P = < 0{,}001$). Die Stadtrodaer Winterhaare enthalten ungefähr den dreifachen Mo-Anteil der Remderodaer, während in den Sommerhaaren die sechsfache Menge gefunden wurde. Die Unterschiede entsprechen dem verschiedenen Mo-Angebot im Futter. Während der Sommerfütterung bekamen z. B. die Remderodaer Rinder mit dem Weidefutter im Durchschnitt 0,13 p. p. m. Mo;

zur gleichen Zeit erhielten die Stadtrodaer Kühe über den Rotklee 0,59 p. p. m. Mo. Mo-Gehaltszahlen von Kuhhaaren konnten in der Literatur nicht ermittelt werden, aber WINOGRADOWA [20] hat schon darauf hingewiesen, daß der Mo-Gehalt der Haare durch Mo-Gaben beeinflußt wird.

Tabelle 10. *Der Molybdängehalt der Sommer- und Winterhaare von Muschelkalkverwitterungboden und mittlerem Buntsandstein in p. p. m.*

	Winterhaare 1957/58		Sommerhaare 1958	
Ort	Stadtroda	Remderoda	Stadtroda	Remderoda
Mo-Gehalt	0,22	0,07	0,19	0,03

d) Eisen und Kobalt

Im Fe- und Co-Gehalt besteht zwischen den auf mittlerem Buntsandstein und Muschelkalkverwitterungsboden gewachsenen Rauhfutter kein statistisch gesicherter Unterschied. Der durchschnittliche Fe-Gehalt der Muschelkalkfuttermittel liegt zwar etwas höher als der der Buntsandsteinpflanzen. Diese Differenz ließ sich jedoch nicht sichern. Der Co-Gehalt des Futters beider Bodenarten stimmt überein. Tabelle 11 zeigt den Fe- und Co-Gehalt der Rinderhaare beider Standorte.

Tabelle 11. *Der Eisen- und Kobaltgehalt der Sommerhaare von Muschelkalkverwitterungsboden und mittlerem Buntsandstein in p. p. m.*

Fe-Gehalt		Co-Gehalt	
Stadtroda	Remderoda	Stadtroda	Remderoda
34	61	0,06	0,07

Der Unterschied im Fe-Gehalt der Haare zwischen Remderoda und Stadtroda ist nicht gesichert. Die auf Muschelkalkverwitterungsboden gehaltenen Rinder besaßen das Fe-reichere Haar. Der gleiche Unterschied wurde bei der Pflanzenanalyse gefunden. Im Co-Gehalt der Haare beider Standorte besteht schon rein zahlenmäßig kein großer Unterschied. Der Co-Gehalt der Haare gibt die gleiche Co-Versorgung beider Standorte wider. Co- und Fe-Gehaltsangaben von Rinderhaaren konnten in der Literatur nicht ermittelt werden.

Der Spurenelementgehalt der Haare spiegelt demnach die unterschiedliche Fe-, Mn-, Mo-, Co- und Cu-Versorgung der Rinder auf mittlerem Buntsandstein und Muschelkalkverwitterungsboden wider. Ausgangs des Winters geschnittene Haare geben Hinweise über die Spurenelementversorgung während der Winterfütterungsperiode, und zu Herbstbeginn genommene Haarproben zeigen die Spurenelementversorgung während der Sommermonate. Die von VAN KOETSVELD [18] für Cu und Mn angegebene Grenzzahl von 8 p. p. m. bedarf der Überprüfung.

IV. Zusammenfassung

Es wurde der Spurenelementgehalt des wirtschaftseigenen Futters und der Rinderhaare des Muschelkalkverwitterungsbodens und des mittleren Buntsandsteins ermittelt und gegenübergestellt. Ziel der Untersuchungen war es, die *Spurenelementversorgung der Rinder* über das wirtschaftseigene Futter in beiden Gebieten festzustellen und zu prüfen, ob sich die unterschiedliche Versorgung im Spurenelementgehalt der Haare widerspiegelt. Die Untersuchungen brachten folgende Ergebnisse:

1. Der Mn-, Mo- und Cu-Gehalt aller untersuchten wirtschaftseigenen Futtermittel des Muschelkalkverwitterungsbodens lag niediger als der des mittleren Buntsandsteins. Im Fe- und Co-Gehalt bestanden keine statistisch gesicherten Unterschiede.

2. Als besonders Mn-arm erwiesen sich Luzerne, Rotklee und Rüben. Bei Verfütterung dieser Futtermittel besteht auf Muschelkalkverwitterungsboden die Möglichkeit des Auftretens von Mn-Mangelerscheinungen.

3. Der Fe-, Cu-, Co- und Mo-Gehalt der wirtschaftseigenen Futtermittel reicht nach Literaturangaben aus, um den Bedarf der Wiederkäuer auf beiden Bodenarten zu decken

4. Schwarze Rinderhaare enthalten mehr Asche, Mn, Mo und Co als weiße. Der Fe-Anteil weißer Haare ist höher als der schwarzer. Im Cu-Gehalt besteht zwischen beiden Haararten kein gesicherter Unterschied.

5. Der Spurenelementgehalt der Haare spiegelt die unterschiedliche Spurenelementversorgung der Kühe auf mittlerem Buntsandstein und auf Muschelkalkverwitterungsboden wider. So besitzen beispielsweise die auf mittlerem Buntsandstein gehaltenen Kühe einen höheren Mn-, Mo- und Cu-Gehalt im Haar als die auf Muschelkalkverwitterungsboden ernährten, während im Fe- und Co-Gehalt keine gesicherten Unterschiede bestehen.

6. Verwendet man zur Haaranalyse die Rumpfhaare der Rinder, so gibt die Analyse am Anfang des Frühjahres Hinweise über die Spurenelementversorgung während des Winters. Durch die Haaruntersuchung im Herbst kann die Spurenelementversorgung während der Sommermonate getestet werden.

7. Durch die Beifütterung von 2 g $MnSO_4$ wurde der Mn-Gehalt der Haare erhöht. Gleichzeitig verschwanden die Fortpflanzungsstörungen bei den Milchkühen, die bei den Tieren ohne Mn-Zusatz weiterhin auftraten.

Literaturverzeichnis

[1] ANKE, M.: Untersuchungen über den Spurenelementgehalt der Grünland- und Ackerpflanzen verschiedener Bodenarten sowie Maßnahmen zur Erkennung und Verhütung von Mangelerscheinungen bei Milchkühen. Diss. Jena 1959.

[2] ANKE, M.: Der Spurenelementgehalt verschiedener Ackerfutterpflanzen. Jahrb. d. Arbeitsgemeinschaft f. Fütterungsberatung 2, im Druck 1960.

[3] BROCHART, M.: L' exploration de la nutrition phospho-calcique des vaches laitières au moyen du dosage du calcium et du phosphore dans les poils. Ann. Inst. nat. Rech. agronom., Sér. D 6. 151—79, 185—235, 1957.

[4] BUGDOL, G.: Unveröffentlichte Arbeiten des Instituts für Tierernährung der Friedrich-Schiller-Universität Jena (1959).

[5] DAVIES, E. B.: Factors affecting molybdenum availability in soils. Soil Sci. **81**, 209 (1956).

[6] GOSS, H. und GREEN, M. M.: Copper in hair. Science **122**, 330 (1955).

[7] GRASHUIS, J.: Manganmangel beim Rindvieh. Kraftfutter **36**, 15 (1953).

[8] HAWKINS, G. E., WISE, G. H., MATRONE, G. und WAUGH, R. K.: Manganese in the nutrition of young dairy cattle fed different levels of calcium and phosphorus. Dairy Sci. **38**, 536—547 (1955).

[9] KIKKAWA, H., OGISTA, Z. und FUJITO, S.: Nature of pigments derived from tyrosine and tryptophan in animals. Science **121**, 43 (1955).

[10] LINDER, A.: Statistische Methoden. Verlag Birkhäuser, Basel (1951).

[11] PAPENDICK, K.: Spurenelemente und Mangelkrankheiten. Beiheft 6 zum Archiv für Tierernährung (1955).

[12] PHILLIPS, P. H.: Spurenelemente in der Tierernährung. Futter und Fütterung 41/42 (1954).

[13] SARATA, U.: Studies in the biochemistry of copper. XI. Copper and pigmentation of skin and hair. Jap. J. Med. Sci. Trans. II. Biochm. **3**, 79 (1935).

[14] SCHMIDT, J., v. PATHOW, C. und KLIESCH, J.: Züchtung, Ernährung und Haltung der landwirtschaftlichen Haustiere. Besonderer Teil, Verlag Paul Parey, Berlin und Hamburg 6. Aufl. S. 50 (1953).

[15] SJOLLEMA, B.: Kupfermangel als Ursache von Tierkrankheiten. Biochem. Ztschr. **295**, 372 (1937).

[16] SNEDECOR, G. W.: Statistical methods. Fifth edition. The Iowa State College Press, Iowa (1956).

[17] UNDERWOOD, E. J.: Trace elements in human and animal nutrition. Academic Press Inc. Publishers New York (1956).

[18] VAN KOETSVELD, E. E.: The manganese and copper contents of hair as an indication of the feeding condition of cattle regarding manganese and copper. Tijdschr. Diergeneeskunde **83**, 229 (1958).

[19] WEBER, E.: Grundriß der biologischen Statistik für Naturwissenschaftler, Landwirte und Mediziner. VEB. Fischer-Verlag Jena, 3. Aufl. (1958).

[20] WINOGRADOWA, CH. G.: Die biologische Bedeutung des Molybdäns. In: Winogradow, A. P., Spurenelemente in der Landwirtschaft. Akademie-Verlag Berlin (1958).

Eingegangen am 25. 11. 1959

Aus dem Institut für Tierzuchtforschung Dummerstorf der Deutschen Akademie der Landwirtschaftswissenschaften zu Berlin
(Direktor: Prof. Dr. Dr. h. c. W. STAHL)

H. STEGER, B. PIATKOWSKI und *F. PÜSCHEL*

Über den Nährwert und die Verdaulichkeit von Datteln

Die Einfuhr großer Mengen Datteln aus dem Irak, der etwa 40% der Weltproduktion erzeugt, macht ein Verwendung als Nahrungsmittel für Menschen und als Futtermittel für Tiere notwendig. Im Irak und anderen dattelanbauenden Ländern ist die Verfütterung weniger gefragter Sorten dieser Früchte schon lange üblich. Zur gleichartigen Nutzung für unsere Zwecke sind Nährstoffzusammensetzung und Futterwert von Interesse. Bei den eingeführten Früchten handelt es sich vornehmlich um die Varietät Zahdi. Während die Zusammensetzung von Fruchtfleisch und Kernen der Datteln in mehreren älteren Arbeiten [2, 4, 9, 10, 14] und neuerdings auch wieder in der Literatur der letzten Jahre [3, 8, 12, 13, 15] zu finden ist, sind Untersuchungen über ihren Futterwert spärlicher. RICHTER, BECKER und CRANZ [13] führten entsprechende Versuche an Schweinen und das Department of Animal Husbandry Abu-Ghraib Experiment Station [8] an einigen Wiederkäuern wie Schafen, Rindern und Milchkühen durch. Für die uns zukünftig in großen Mengen als Schweinemastfutter zur Verfügung stehenden Datteln dürften deshalb die *Nähr- und Mineralstoffzusammensetzung* ihres Fruchtfleisches und ihrer Kerne sowie ihr durch Verdauungsversuche *an Schweinen gefundener Futterwert* von allgemeinem Interesse sein. Auch schien es uns in diesem Zusammenhang wichtig zu sein, Angaben über Konstanten und Zusammensetzung des zu 10% *in den Kernen enthaltenen fetten Öles* zu machen, zumal umfangreichere Unterlagen hierüber nicht vorzuliegen scheinen.

Nährstoffgehalt der Datteln

Während in einigen älteren Arbeiten der Kernanteil der Datteln mit 15% [10] und 18% [2] angegeben wird, fanden wir nur 11,46%. Zu einem fast genau übereinstimmenden Wert kamen auch RICHTER und Mitarbeiter [13], die offenbar dieselbe Dattelvarietät wie wir untersuchten. Es dürfte wohl kaum ein Zweifel bestehen, daß größere Differenzen auf Sortenunterschiede zurückzuführen sind. In nachfolgender Tabelle 1 sind die *Nährstoffzusammensetzungen* für die *Gesamtfrucht*, aber auch für das *Fruchtfleisch* und die *Kerne* im einzelnen zusammengestellt, was für die weitere Beurteilung sicher nicht unwesentlich sein dürfte.

Tabelle 1. *Nährstoffzusammensetzung der Datteln sowie des Fruchtfleisches und ihrer Kerne* (in 100 g natürl. Substanz)

	Gesamtfrucht Fruchtfleisch + Kerne	Fruchtfleisch ohne Kerne	Kerne
Anteil	100	88,54	11,46
Wasser	15,46	15,85	12,37
Trockensubstanz	84,54	84,15	87,63
Organische Substanz	82,58	82,67	86,58
Asche	1,959	2,08	1,04
Rohfett	1,197	0,12	9,48
Rohfaser (WEENDER)	3,729	1,81	18,53
Rohprotein	2,092	1,76	4,68
Reinprotein	1,33	0,97	4,10
N-freie Extraktstoffe	75,565	78,38	53,90
Gesamtzucker (ber. als Inv.-Zucker)	59,92	67,00	7,05
direkt red. Zucker	58,12	65,00	3,77
Glukose	—	40,7	—
Fruktose	—	26,06	—
Pentosane	=	—	3,08

Bei einem Vergleich des Fruchtfleisches mit den Kernen zeigt sich, daß letztere mehr Fett, Eiweiß und Rohfaser, dafür aber weniger Asche und leicht resorbierbare Kohlenhydrate enthalten. Auch liegt der prozentuale Anteil des Rohproteins an Amid-N im Fruchtfleisch viel höher. Die an sich nicht nährstoffarmen Kerne sind wegen ihrer außerordentlichen Härte unzerkleinert von den Tieren nicht verdaulich. Darüber wird später noch einiges zu sagen sein. Soweit Ergebnis e in der Literatur vorliegen, stimmen die gefundenen Analysenwerte größtenteils gut mit unseren überein [2, 9, 12, 14]. Bei den Kernen sind für Rohfaser und Rohfett die größten Abweichungen feststellbar. So fanden RICHTER und Mitarbeiter [12] Rohfasergehalte von ca. 30% und CORNEVIN [2] nur Werte von 12,36%. Mit 18,53% liegt unser Ergebnis dazwischen. Diese großen Unterschiede scheinen offenbar auf das Untersuchungsverfahren oder auf einen ungenügenden Zerkleinerungsgrad des Analysenmaterials zurückzuführen zu sein. Bei der Überprüfung unserer Ergebnisse konnten wir feststellen, daß das Ausmaß der Zerkleinerung einen Einfluß ausübt. In Tabelle 2 haben wir deshalb die Werte, die wir an fein und gröber zerkleinertem Material nach der Weender-Methode und nach der von Scharrer erhielten, gegenübergestellt.

Ähnliche Schwankungen bestehen auch beim Rohfettgehalt. Die Mehrzahl der Untersucher fanden Werte von 8–10%. Nach den Angaben von RICHTER [13] sind es 7,11% und nach CORNEVIN [2] sogar nur 4,18%. Wider Erwarten tief liegt der Pentosangehalt der Kerne. Auch C. WITTMANN [16] kam bei seinem Material zu dem gleichen Ergebnis. Die für das Dattelfleisch gefundenen Resultate stimmen im wesentlichen mit den in der Literatur angegebenen Mengen überein. Der von RICHTER [13] angeführte hohe Rohaschegehalt von 5,73% dürfte wohl kaum den tatsächlichen Verhältnissen entsprechen. Den Hauptnährwert liefern im Dattelfleisch die Kohlenhydrate, die zum überwiegenden Teil aus leicht resorbierbaren Zuckern bestehen. Im wäßrigen Extrakt des Fruchtfleisches und der Kerne fanden wir papierchromatographisch nur Glukose, Fruktose und Saccharose.

Tabelle 2. *% Rohfaser in der natürlichen Substanz*

Bestimmung nach SCHARRER		Bestimmung nach WEENDER-Methode	
fein zerkleinert	gröber zerkleinert	fein zerkleinert	gröber zerkleinert
37,85	40,9	18,56	22,75

Mineralstoffgehalt der Datteln

Neben dem Nährstoffgehalt hat vor allem der Mineralstoffgehalt für ein Futtermittel Bedeutung. Untersuchungen hierüber sind nur unvollständig und spärlich. Wir ermittelten für Fruchtfleisch und Kerne folgende in Tabelle 3 aufgeführten Ergebnisse.

Tabelle 3. *Mineralstoffzusammensetzung von Fruchtfleisch und Kernen der Datteln* (in 100 g Tr.-S.)

	Fruchtfleisch %	Kerne %		Fruchtfleisch %	Kerne %
Natrium (Na)	0,005 g	0,001 g	Zink (Zn)	0,93 mg	2,79 mg
Kalium (K)	0,69 g	0,31 g	Molybdän (Mo)	9,3 γ	10,5 γ
Calcium (Ca)	0,05 g	0,03 g	Phosphor (P)	0,074 g	0,163 g
Magnesium (Mg)	0,027 g	0,023 g	Schwefel (S)	0,19 g	0,321 g
Mangan (Mn)	1,78 mg	3,27 mg	Chlor (Cl)	0,374 g	0,097 g
Kupfer (Cu)	0,31 mg	1,07 mg			

Wie nicht anders zu erwarten, ist die Mineralstoffzusammensetzung beider Fruchtbestandteile nicht einheitlich. Die Kerne sind besser mit Phosphor, Schwefel und Mikroelementen versorgt, während das Fruchtfleisch reicher an Kalium, Calcium, Natrium und Chlorionen ist. Berechnet man das Säure-Basenverhältnis, so ergeben sich für beide Teile der Frucht negative Gesamtalkalitäten, wobei die Erdalkalitäten weniger negativ als die Alkalialkalitäten sind. Die von Date Association Bagdad [12] bekannt gegebenen Mineralstoffzusammensetzungen der Dattelasche stimmen im wesentlichen gut mit unseren Befunden überein. Wir fanden aber für Phosphor, Schwefel und Chlor höhere Gehalte. Auch der Kupfergehalt liegt bei dem von uns untersuchten Material etwas höher.

Das fette Öl der Dattelkerne

Wie bereits erwähnt wurde, sind die Kerne wegen ihrer großen Härte unzerkleinert von den Tieren nicht verwertbar. Als ihr wertvollster Nährstoff ist wohl der Gehalt an fettem Öl anzusprechen. Die Ausbeute beträgt ca. 10%. Auf die Gesamtfrucht berechnet ist allerdings der Fettgehalt nur klein (1,2%). Das mit Äther extrahierbare Fett ist ein goldgelbes, klares, bei normaler Temperatur flüssiges Öl von geruchlich und geschmacklich einwandfreier Beschaffenheit, das bei Temperaturen unter + 10° C zu einer vaselineartigen Konsistenz erstarrt. Da nach unseren Feststellungen eingehende Untersuchungen [5] nicht vorzuliegen scheinen, sollen deshalb in Tabelle 4 einige Angaben darüber gemacht werden.

Tabelle 4. *Zusammensetzung des Dattelkernfettes*

Brechungsindex n_{40}^{D}	1,45785 = 47,8 SK. T.
Verseifungszahl	207,3
Hehnerzahl	93,3
Reichert-Meißl-Zahl	0,6
Buttersäurezahl (n. GROSSFELD)	0
Gesamtzahl (n. GROSSFELD)	2,7
Restzahl	2,7
Jodzahl (n. KAUFMANN)	52,88
Rhodanzahl	44,75
Gesättigte Fettsäuren (n. BERTRAM)	30,2
Unverseitbares	0,72
Sterine	0,117% = 16% des Unverseifbaren (vornehmlich β Sistosterine)
Carotin	nachweisbar
Tocopherol	nachweisbar

Für die aus dem Öl isolierten Gesamtfettsäuren fanden wir folgende in Tabelle 5 aufgeführten Merkmale.

Tabelle 5. *Gesamtfettsäure des Dattelkernfettes*

Berechnungsindex n_{40}^{D}	1,4480 = SK. T. 33,9
Neutralisationszahl	212
Mittleres Molekulargewicht	264
Jodzahl (n. KAUFMANN)	56,17
Rhodanzahl (n. KAUFMANN)	46,93
Gesättigte Fettsäuren (n. BERTRAM)	33,2% (JZ : O; RhZ : O; NZ 218; MMG 256)

Auf Grund papierchromatographischer Untersuchungen nach der Hydrier-Differenzmethode [1, 6] und den gesättigten und flüssigen Fettsäuren im einzelnen dürften die Fettsäuren des Dattelöles grob etwa wie folgt zusammengesetzt sein:

Laurinsäure	ca. 8%	Palmitinsäure	ca. 25%	Linolensäure	0
Myristinsäure	ca. 4%	Stearinsäure	ca. 10%	Linolsäure	ca. 10%
		Ölsäure	ca. 45%		

Außerdem konnten Capryl- und Caprinsäure nachgewiesen werden.

Die Verdaulichkeit von Datteln in Versuchen an Schweinen

Um den Futterwert der Datteln zu untersuchen, wurde an 4 Börgen der Gewichtsklasse 70–80 kg die Verdaulichkeit überprüft. Es konnten nur die ganzen Früchte mit den Kernen verfüttert werden, da eine Zerkleinerung der Datteln mit den gebräuchlichen Futterreißern nicht möglich war. In der vorausgegangenen Grundfutterperiode erhielten Schwein I und II 2200 g Gerste, 200 g Fischmehl, 100 g Trockenhefe und 38 g Mineralstoffgemisch. Schwein III und IV 2500 g Gerste. Im Verlaufe der Versuchsperiode wurde bei allen Tieren die Hälfte des Grundfutters durch 1,5 kg Datteln ersetzt. Die Vorperiode dauerte jeweils 5, die Hauptperiode 10 Tage. Der gesamte anfallende Kot wurde täglich zu einer homogenen Masse vermischt und $^1/_{10}$ davon zu einer durchschnittlichen Sammelprobe vereinigt. Die Feststellung der Nährstoffe erfolgte nach dem üblichen konventionellen Analysenverfahren. Die erzielten VK sind in Tabelle 6 enthalten.

Tabelle 6. *Verdaulichkeit von Datteln in %*

	Schwein I	Schwein II	Schwein III	Schwein IV	Mittel
Trockensubstanz . .	82,77	80,57	82,20	82,35	81,97
Organische Substanz	82,83	80,46	82,76	82,15	82,05
Rohprotein	45,93	44,02	13,15	40,67	35,87
Rohfett	7,50	12,50	6,70	13,34	10,01
Rohfaser	8,40	—	—	—	2,10
N-freie Extraktstoffe .	88,77	86,52	90,03	88,45	88,44
Rohasche	79,60	85,22	58,70	90,82	77,94

Vergleicht man die für Trockensubstanz, organische Substanz und N-freie Substanz erhaltenen Werte, so ist für diese entscheidenden Fraktionen bei den Tieren I, III und IV eine recht befriedigende Übereinstimmung festzustellen. Die Abweichungen von 1,5–2% bei Tier II dürften auf das Verhalten dieses Versuchstieres zurückzuführen sein, da es das Futter in beiden Perioden nur zögernd aufnahm. Für Rohprotein, Rohfett und Rohfaser ergeben sich größere Abweichungen, die jedoch auf das Endergebnis an verdaulichen Nährstoffen ohne besonderen Einfluß bleiben. Diese Abweichungen sind nicht zuletzt auch darauf zurückzuführen, daß gerade diese 3 Nährstoffbestandteile zur Hauptsache in den *Kernen* enthalten sind, die wegen ihrer Härte von den Tieren entweder nicht aufgenommen oder nicht verdaut werden. Nach RICHTER und Mitarbeitern [13] sollen die Kerne von den Tieren mit verzehrt werden und sich auch im Kot keine größeren

Reste davon nachweisen lassen. Diese Beobachtungen konnten wir nicht bestätigen. Nach unseren Erfahrungen wurden die Fruchtkerne größtenteils mitgefressen, erschienen aber unverdaut im Kot wieder. Das war nicht nur bei den 4 Versuchstieren so, sondern auch bei einer größeren Gruppe von Tieren, die in einem Dattelmastversuch standen. Es wird also *praktisch nur das* rohfaser-, rohfett- und rohproteinarme *Fruchtfleisch* verdaut und die entsprechenden Nährstoffe der Kerne nicht. Das ohnehin an wirklichem Eiweiß und Reinfett arme Dattelfleisch ergibt deshalb für diese Stoffe nur eine geringe Auswertung. Es wäre demnach günstiger gewesen, unsere Versuche mit entkernten Früchten durchzuführen. Da dieses aber eine außerordentlich umständliche und bei der praktischen Fütterung unmögliche Arbeit ist, trugen wir den wirklichkeitsentsprechenden Bedingungen Rechnung, indem wir die Datteln mit Kernen prüften. Ähnlich verhält es sich mit der Rohfaser. Im Gegensatz zu den Ergebnissen von RICHTER u. a.[13] fanden wir auch hier praktisch keine Verdaulichkeit. Bemerkenswert ist ferner die hohe Ausnutzung der Rohasche mit ihrem negativen Säure-Basenverhältnis.

In der folgenden Übersicht Tab. 7 ist der *Nährstoffwert der gesamten Dattelfrucht* für die einzelnen Schweine auf Grund unserer Versuche berechnet worden.

Tabelle 7. *Verdauliche Nährstoffe in 100 g Datteln* (natürl. Substanz)

	Schwein I	Schwein II	Schwein III	Schwein IV	Mittel
Trockensubstanz . .	69,97	68,10	69,49	69,62	69,29
Organische Substanz	68,40	66,44	68,34	67,84	67,75
Rohprotein	0,96	0,92	0,22	0,85	0,74
Rohfett	0,09	0,15	0,08	0,16	0,12
Rohfaser	0,30	0	0	0	0,07
N-freie Extraktstoffe	67,05	65,37	68,04	66,83	66,82
Rohasche	1,57	1,67	1,15	1,78	1,54

Danach würde 1 kg Datteln 679 g verdauliche Gesamtnährstoffe und 7,4 g verdauliches Rohprotein enthalten.

Nun ist bekannt, daß Zucker einen niedrigeren Produktionswert besitzt als Stärke[11] (1 kg Stärke bildet beim Schwein 356 g Fett (= 100), 1 kg Zucker hingegen nur 293 g (= 82,31)). Legt man eine vollständige Verdaulichkeit des in den Datteln enthaltenen Zuckers zugrunde, so ergibt sich ein *Gesamtnährstoffgehalt* von 597,5 g je 1 kg Datteln. Er liegt damit etwas niedriger als der in neueren Futterwerttabellen[7] mit 634 g angegeben.

Zusammenfassung

Die in großen Mengen importierten Datteln machen eine Verwendung als Futtermittel für Schweine notwendig. Es wurde deshalb ihr Nährstoff- und Mineralstoffgehalt untersucht und der Futterwert in Verdauungsversuchen an 4 Schweinen bestimmt. Es konnte bei Verfütterung von ganzen Datteln festgestellt werden, daß die Verdaulichkeit der organischen Substanz 82,05, die der N-freien Extraktstoffe 88,44% beträgt. Der Gehalt an verdaulichen Gesamtnährstoffen ist unter Berücksichtigung des niedrigeren Produktionswertes von Zucker mit 597,5 g anzugeben. Weiterhin wurden Konstanten und Zusammensetzung des zu ca. 10% in den Kernen der Dattel vorkommenden Öles untersucht.

Literaturverzeichnis

[1] CHOWDHURY, D., K.: Die Nahrung 3. 252. 1959.

[2] KORNEVIN, CH.: Annal. agronomic. **20**. 209. 1894.

[3] DIXON, T. F. Food value of the date 1948, zit nach RICHTER [13].

[4] GRESHOFF, M., J. SACK, J. J. van ECK: Analysen des Colonialminist. zu Haarlem. Zit. nach J. KÖNIG, Chem. Zusammensetzung Nahrungs- u. Genußmittel. Berlin. Springer Verlag. 1903. 1498.

[5] GRÜN, Ad.: Anlayse der Fette und Wachse. Berlin, Springer Verlag. 1929.

[6] KAUFMANN, H. P., H. KIRSCHUNK, A. KARABATUR: Fette, Seifen, Anstrichmittel, **59**. 920. 1957.

[7] KELLNER, O., M. BECKER: Grundzüge der Fütterungslehre, 12. Auflage. Hamburg und Berlin. Verlag Paul Parey. 1959.

[8] KHALID, T. ALI, C. N. FINE, N. H. SARSAM und G. B. McLEROY: The use of dates und dates pits for livestock feeding. Ber. des Department of Husbandry Abu Ghraib Experiment Station 1955, zit. nach RICHTER [13].

[9] KÖNIG, J.: Chemische Zusammensetzung Nahrungs- und Genußmittel. Berlin. Springer Verlag. 1903.

[10] LELAY: Mitteilung vom Internationalen Patentbureau C. F. Reichert Berlin, Vieteljahrsber. Nahrungs- und Genußmittel **10**. 95. 1895.

[11] NEHRING, K.: Lehrbuch der Tierernährung und Futtermittelkunde, 6. Auflage. Radebeul — Berlin. Neumann-Verlag. 1955.

[12] Anonym: Released by the Date Association Baghdad.

[13] RICHTER, K., M. BECKER und K. L. CRANZ: Ztschr. Tierernähr. und Futtermittelkunde **11**. 169—181. 1956.

[14] STORER, F.: Bull. Bussey Inst. **5**. 373. 1876.

[15] Anonym: The Industrial Research Inst. Baghdad Food Value of the Date 1948. Zit. nach RICHTER [13].

[16] WITTMANN, C.: Ztschr. Versuchs- und Untersuchungswesen. Österreich. **4**. 131. 1901.

Eingegangen am 12. 12. 1959

ARCHIV FÜR TIERERNÄHRUNG

UNTER MITWIRKUNG VON

Prof. Dr. A. Hock, Berlin. Prof. Dr. Dr. W. Lenkeit, Göttingen.

Prof. Dr. Dr. h. c. K. Nehring, Rostock. Prof. Dr. Dr. W. Wöhlbier, Stuttgart-Hohenheim.

HERAUSGEGEBEN VON

ERNST MANGOLD

Prof. Dr. med. Dr. phil. Dr. med. vet. h. c. Dr. agr. h. c. Dr. agr. h. c.

Direktor em. des Instituts für Tierernährungslehre

der Humboldt-Universität Berlin

10. BAND

Ausgegeben am 1. JUNI 1960

HEFT

3

AKADEMIE-VERLAG · BERLIN

ARCH. TIERERNÄHRUNG · 10. BAND NR. 3 · S. 161–240 · BERLIN · 1. JUNI 1960

INHALT

Das Archiv für Tierernährung erscheint zweimonatlich in Heften zu 80 Seiten im Format 17,5 × 25 cm. Der Preis des Heftes beträgt DM 8,50. 6 Hefte werden zu einem Band vereinigt. Der Besteller muß sich zur Abnahme eines Bandes verpflichten. Die Hefte werden jeweils einzeln berechnet. Im Jahre erscheint nicht mehr als 1 Band. Bestellungen werden direkt an den Akademie-Verlag GmbH, Berlin W 1, Leipziger Straße 3–4, oder über eine wissenschaftliche Buchhandlung erbeten.

Manuskriptsendungen — zugelassen sind die vier Kongreßsprachen — sind an den Herausgeber, Herrn Prof. Dr. Ernst Mangold, Berlin N 4, Invalidenstr. 42, zu richten. Mit der Veröffentlichung geht das alleinige Verlagsrecht an das Archiv für Tierernährung über. Daher müssen Arbeiten, die bereits an anderer Stelle veröffentlicht worden sind, zurückgewiesen werden. Die Verfasser verpflichten sich, Manuskripte, die vom Archiv für Tierernährung angenommen worden sind, nicht an anderer Stelle zu veröffentlichen.

Die Verfasser erhalten von größeren wissenschaftlichen Arbeiten 50 Sonderdrucke unentgeltlich. Den Manuskripten beiliegende Zeichnungen müssen sauber, in zweifacher Größe ausgeführt sein. Wenn sie nicht voll reproduktionsfähig nach den Vorschriften des Normblattes DIN 474 eingereicht werden, ist die Beschriftung nur mit Bleistift einzutragen. Zur Herstellung von Netzätzungen sind nur einwandfreie Photographien brauchbar.

Für alle Literaturzitate sind die Vorschriften des Normblattes DIN 1502 und 1502 Beiblatt I maßgebend. Die Zitate müssen den Verfasser (mit den Anfangsbuchstaben der Vornamen), den vollständigen Titel der Arbeit und die Quelle mit Band, Seitenzahl und Erscheinungsjahr enthalten. Das Literaturverzeichnis soll alphabetisch geordnet sein.

Herausgeber und verantwortlich für den Inhalt: Prof. Dr. med. Dr. phil. Dr. med. vet. h. c. Dr. agr. h. c. Dr. agr. h. c. Ernst Mangold, Berlin N 4, Invalidenstraße 42 (Fernruf 42 49 64). Verlag: Akademie-Verlag GmbH, Berlin W 1, Leipziger Str. 3-4 (Fernruf: 22 04 41; Postscheckkonto Berlin: 350 21). Bestellnummer dieses Heftes: 1010/X/3. Das Archiv für Tierernährung erscheint vorläufig jährlich in 1 Band zu 6 Heften. Bezugspreis je Einzelheft DM 8.50, ausschließlich Porto und Verpackung. Satz und Druck: Robert Noske, Borna (Bez. Leipzig). Veröffentlicht unter der Lizenznummer ZLN 5003 des Ministeriums für Kultur, Hauptverwaltung Verlagswesen. Printed in Germany.

Aus dem Institut für Tierernährungslehre der Humboldt-Universität Berlin
(Direktor: Prof. Dr. A. HOCK)

A. HOCK und *H. BERGNER*

Jodeinbau (^{131}J) in die Schilddrüsen von Küken unter dem Einfluß von Tetracyclinen

A. Einleitung

Im Rahmen der Arbeiten über die Ursachen der Wachstumswirkung der Antibiotika ist von verschiedenen Autoren eine Beeinflussung des Hormonstoffwechsels durch diese Wirkstoffe vermutet und untersucht worden. In dieser Hinsicht denkt man wohl zuerst an die Wirkung der Schilddrüse bzw. an die Steuerungsfunktionen des von ihr produzierten Hormons; es steigert bekanntlich den Grundumsatz und vermindert damit die für Produktionsleistungen, zu denen ja das Wachstum in erster Linie zählt, verfügbare Energie. Eine durch Antibiotika verursachte Wachstumsbeschleunigung könnte demnach ihre Ursache darin haben, daß die Hormonproduktion der Schilddrüse und dementsprechend der Grundumsatz gesenkt werden. Andererseits ist allerdings ein schnelles Wachstum auch mit einer optimalen Schilddrüsenaktivität gekoppelt, was z. B. BIELLIER und TURNER [2] bei Geflügel zeigen konnten; sie fanden, daß eine enge Beziehung zwischen der Wachstumsrate und der Höhe der Thyreoidsekretion besteht.

Die Angaben der Literatur über die *Schilddrüsenfunktion unter Antibiotikaeinfluß* sind sehr widerspruchsvoll. Wir wollen im folgenden die wichtigsten Arbeiten aufzählen:

TELKÄ und KUUSISTO [24], die bei Ratten einen positiven Wachstumseffekt nach Aureomycyn- und Terramycingaben erhielten, bestimmten die Schilddrüsengewichte, sowie das Verhältnis von Epithel, Stroma und Kolloid. Sie konnten keine Beeinflussung durch diese Tetracycline feststellen.

CALESNIK, HARRIS und JONES [5] fanden dagegen nach einer Penicillin- und Aureomycinfütterung (1 mg je kg Futter) bei Ratten vergrößerte Schilddrüsen und einen verminderten ^{131}J-Einbau. GRANT [10] überprüfte diese Versuche und konnte selbst bei 20-fach höherer Aureomycindosierung weder ein höheres Schilddrüsengewicht noch eine verminderte Radiojodspeicherung der Rattenschilddrüsen feststellen.

THOMPSON, STURTEVANT, BIRD und GLAZKO [25] untersuchten die Wirkung hoher Chloramphenicol-Gaben an der Ratte. Sie fanden eine starke Kropfbildung (bis 3-faches Schilddrüsengewicht) und eine verminderte Jodspeicherung.

LIBBY und MEITES [17] fanden bei jungen Ratten nach Penicillin- und Aureomycingaben eine gesteigerte Körpergewichtszunahme, ohne daß die Größe der Schilddrüse und ihre ^{131}J-Aufnahme verändert war. Ebenso schreiben KITTS und WOOD [15], daß nach Antibiotikagaben an Ratten keine Unterschiede im Schilddrüsengewicht und in der ^{131}J-Aufnahme der Schilddrüse zu finden waren. Jedoch wurden in diesem Fall auch kein besseres Wachstum und keine bessere Futterverwertung erhalten.

BRAUDE, CAMBELL, LUCAS, LUSCOMBE, ROBINSON und TAYLOR [3] sowie BARBER, BRAUDE und MITCHELL [1] berichten von einem zusätzlichen Masterfolg bei Schweinen, wenn sie dem Aureomycinzusatz noch Thyroxin beifügten. An Hand von Energiestoffwechsel-Untersuchungen bei Schweinen kommt HÖRNICKE [12] zu dem Ergebnis, daß ein Einfluß von Aureomycingaben auf die Kalorienproduktion nicht besteht.

VANDERSALL, HIBBS und CONRAD [26] verabreichten an Kälber 100 bzw. 110 mg Aureomycin pro Tier und Tag; sie stellten keine Änderung der Schilddrüsenfunktion fest (geprüft durch ^{131}J-Einbau).

Bei Küken beobachteten dagegen MELLEN und WALLER [21] nach Aureomycin- (75 g/t) und Bacitracingaben Schilddrüsenvergrößerungen; diese waren jedoch nicht vorhanden, wenn man das höhere Körpergewicht berücksichtigte. DRAPER und FIRTH [8] fütterten an Küken 100 mg Penicillin je kg Futter und erhielten ein um 9,5% höheres Körpergewicht und ein um 33% höheres Schilddrüsengewicht. LIBBY und MEITES [17] erhielten dagegen bei Hühnern nach Penicillinfütterung kein höheres Körper- oder Schilddrüsengewicht.

Bei in vitro-Versuchen mit Schilddrüsenschnitten von Schafen fand SLINGERLAND [23] eine Hemmung der ^{131}J-Aufnahme, wenn Penicillin zugegen war.

JUDINCEV [13] fand bei thyreoidektomierten Kaninchen nach subcutanen Antibiotika-Gaben (Albomycin, Streptomycin und Penicillin) einen höheren Antibiotikaspiegel im Blut als bei Normaltieren.

KEELING, HILL, GARREN und KELLY [14] erhielten nach Aureomycingaben an Küken keine signifikante Wirkung auf das Gewicht oder das histologische Bild der Schilddrüsen. Dagegen zeigte sich, daß bei rein pflanzlicher Kost die Schilddrüsen größer waren und dem histologischen Bild nach aktiver schienen, als wenn die Diät 5% Fischmehl enthielt.. Die Verfasser führen dies auf den Jodgehalt des Fischmehls zurück. Diese Schlußfolgerung muß nicht unbedingt richtig sein. Nach eigenen, noch unveröffentlichten Versuchen besteht nämlich ein enger Zusammenhang zwischen dem Eiweißgehalt bzw. der Eiweißqualität der Nahrung und der Schilddrüsenaktivität.

SCHOLE und HIEBER [22] konnten mit Hilfe des Kaulquappentestes nachweisen, daß die durch Thyroxin beschleunigte Kaulquappenmetamorphose durch sogenannte synthesefördernde, anabole Verbindungen, zu denen sie Aureomycin und Terramycin zählen, gehemmt wurde. Dieser Effekt wird durch eine Einschränkung der Angriffsmöglichkeit des Thyroxins in der Zelle erklärt. Falls nun aber die Blockade der Thyroxinwirkung durch Erhöhung der Tetracylindosis eine bestimmte Schwelle überschreitet, erfolgt nach Meinung dieser Autoren eine Gegenregulation durch erhöhte Thyroxinausschüttung der Schilddrüse und gleichzeitig eine Hormon-Überproduktion der Nebennierenrinde (NNR). Diese erhöhte Aktivierung der Hormonproduktion führt dann zu einer Hypertrophie der entsprechenden Drüsen. Eine derartige Vergrößerung konnten BRÜGGEMANN, KARY und SCHOLE [4] tatsächlich, wenigstens bei den NNR von Ratten nachweisen.

DICKSON, PATERSON, STERN und MC GINNIS [7] erhielten dagegen nach Terramycinfütterung an Ratten kein höheres Nebennierengewicht.

VOGEL, HAUGE und ANDREWS [27] fanden bei Ratten eine Senkung des durch Schilddrüsenhormon erhöhten O_2-Verbrauchs nach Penicillin- und Aureomycingaben. Da sie keinen Einfluß der Antibiotika auf die Schilddrüsenfunktion, aber mit Sicherheit eine Senkung der Stoffwechselaktivität finden, vermuten sie einen Einfluß der Antibiotika auf den Thyroxinhaushalt.

Die Hypothesen von BRÜGGEMANN und Mitarbeitern [4, 22] über die Möglichkeit einer konträren Wirkung verschieden hoher Antibiotikadosen könnten die unterschiedlichen Befunde der Literatur teilweise erklären. Unsere noch unveröffentlichten Ergebnisse bezüglich der Wirkung von Eiweiß auf die Schilddrüsenaktivität zeigen ferner, daß Antibiotika-Effekte auf die Schilddrüse auch durch manche Diäten vorgetäuscht werden können. Die Nahrung muß einen möglichst optimalen Rohproteingehalt aufweisen, um ernährungsbedingte Schwankungen der Schilddrüsenaktivität auszuschalten. Andererseits darf aber das Eiweißangebot nicht zu günstig sein, um noch einen Wachstumseffekt mit Antibiotikazusätzen zu erhalten. Wir verwendeten deshalb eine Versuchsnahrung, die nach Untersuchungen unseres Arbeitskreises [11] diesen Erwägungen entsprach.

Ein weiteres Ziel unserer Arbeit war, den Einfluß der Haltungsbedingungen auf den antibiotikabedingten Wachstumseffekt zu untersuchen.

B. Durchführung der Versuche

I. Versuchstiere, Haltung und Fütterung

Als Versuchstiere dienten New-Hampshire-Eintagsküken. Sie erhielten die in Tabelle 1 angegebenen Diäten. Es wurden je Versuchsgruppe 2 Reihen von Tieren mit bzw. ohne Zulage von Terramycin *) gebildet. Im ganzen wurden 3 derartige Versuche durchgeführt. Die Versuchsgruppen I und III wurden unter optimalen hygienischen Bedingungen auf Drahtrosten gehalten, Gruppe II lebte auf einem Steinfußboden mit Häckselstreuauflage. Die Anzahl der Tiere je Versuchsgruppe ist aus den Abbildungen 1–3 (Gewichtsverlauf) ersichtlich. Futter und Wasser wurden ad libitum gegeben.

Die Antibiotikazulagen wurden morgens der ersten Futtergabe beigemischt und gelangten so stets quantitativ zum Verzehr; ein Futterverlust durch Verstreuen wurde durch Auffangunterlagen verhütet. Es wurden 5 mg Terramycin *) je kg Körpergewicht und Tag verabfolgt. Dementsprechend wurden die Tiere der Versuchsgruppen jeden zweiten Tag insgesamt gewogen. Das Gewicht der Kontrollgruppentiere wurde wöchentlich bestimmt. Ab dritter Versuchswoche erhielten 12 Tiere der Versuchsgruppe I 14 Tage lang die 10-fache Terramycindosis (Reihe I a).

64 weitere Küken dienten der Untersuchung der Schilddrüsenaktivität unter dem Einfluß von einmaligen Aureomycin- **) bzw. Terramycindosen von 500 mg je kg Körpergewicht. Um einen eventuellen Einfluß einer undefinierten Ernährung auf die Schilddrüsenaktivität auszuschalten, erhielten die Tiere vor der Antibiotikaverabfolgung 2–3 Wochen die Diät der Gruppen I und II. Die Haltung der Tiere erfolgte auf Drahtrosten. 24 Stunden nach der Antibiotikagabe wurden die Tiere nach einem 2-stündigen ^{131}J-Einbau getötet.

*) Terramycin der Firma Pfizer USA

**) Aureomycin der Firma Lederle USA

Tabelle 1. *Zusammensetzung der Diäten in % der Frischsubstanz*

Diät-Gruppe	Roh-protein	Weizen-schrot	Weizen-kleie	Hafer	Trocken-hefe	Fischmehl	Sojaschrot	Sojaöl	Quell-stärke	Mineralstoffgemisch	
										USP XIV[6]	McCollum[19]
I u. II	18,7	31,5	12,0	25,0	—	4,0	16,0	1,5	7,0	3,0	—
III	19,31	25,0	10,0	—	3,0	—	25,0	2,0	32,0	—	3,0

Vitamindosierung je kg Futter:

Diäten Gr. I und II: Vit. A = 10 000 IE, Vit. E = 7,5 mg, Vit. D_2 = 45 000 IE, Cholinchlorid = 2 500 mg, Thiamin = 5 mg, Riboflavin = 2 mg, Nikotinsäureamid = 20 mg, Pyridoxin = 2 mg, Calciumpantothenat = 3 mg.

Diät Gr. III: Vit. A = 5 250 IE, Vit. D_3 = 7 000 IE, Vit. E = 3,5 mg, Thiamin = 5 mg, Riboflavin = 2 mg, Nikotinsäureamid = 20 mg, Pyridoxin = 2 mg, Calciumpantothenat = 3 mg.

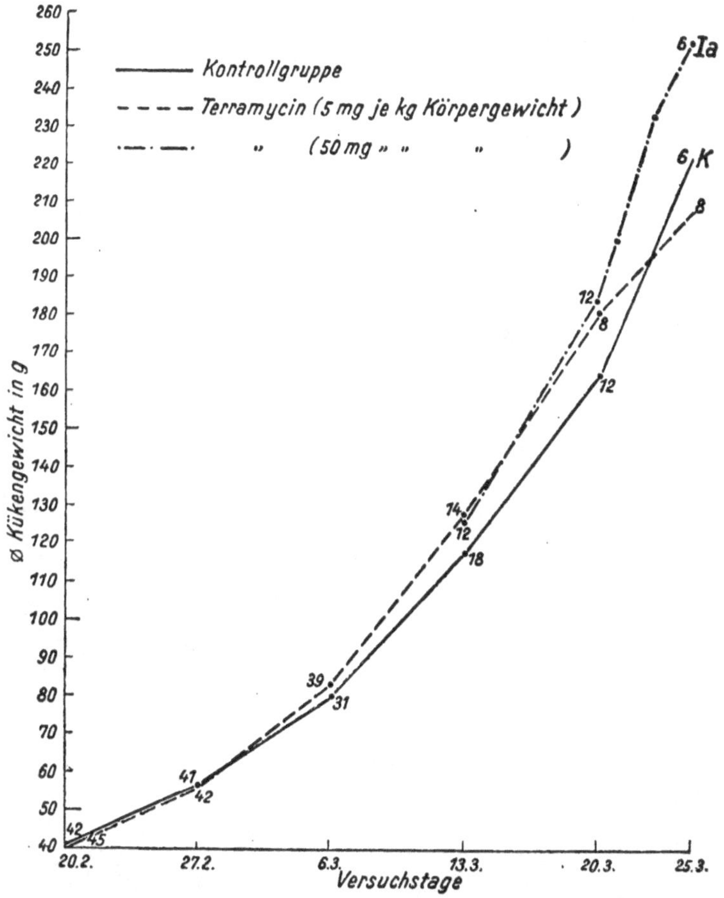

Abb. 1. Gewichtsverlauf der Gruppe I (Drahtrosthaltung)
Bem. Zahlen bei den Meßpunkten = Anzahl der Tiere

II. Untersuchungen des ^{131}J-Einbaus in die Schilddrüse

Zwischen dem 10. und 87. Versuchstag wurden den verschiedenen Versuchsreihen Tiere entnommen; diese erhielten nach einer 2-stündigen Hungerzeit eine i p. Injektion von trägerfreiem $Na^{131}J$ in physiologischer Kochsalzlösung. Es wurden entweder 1 μC ^{131}J pro Tier oder bei höherem Körpergewicht 0,5 μC ^{131}J je 100 g Kükengewicht verabfolgt. Nach 2 Stunden wurden die Tiere durch Äthernarkose oder Dekapitation (Gruppe III) getötet; die Schilddrüsen wurden entnommen und in heißer Chromschwefelsäure nach LEIPERT [10] oxydierend verascht. An Hand von Blindversuchen wurde festgestellt, daß hierbei eine verlustlose Oxydation des Jodids zum Jodat erfolgt. Die Impulszahlmessungen wurden in allen Fällen mittels eines G-M Becherzählrohres durchgeführt *). Die Impuls-

*) Es wurden Zählrohre und Zählgeräte des Instituts für Gerätebau der Deutschen Akademie der Wissenschaften bzw. des VEB Vakutronik Dresden verwendet.

raten der veraschten Schilddrüsen wurden dann in Prozent der injizierten Impulse als Einbauraten ausgewertet. Bei allen Vergleichswerten der Versuchstiere zu den Kontrolltieren ist der mittlere Fehler des Mittelwertes berechnet worden. Die statistischen Sicherungen wurden nach dem t-Test von Student oder nach der Differenzmethode durchgeführt.

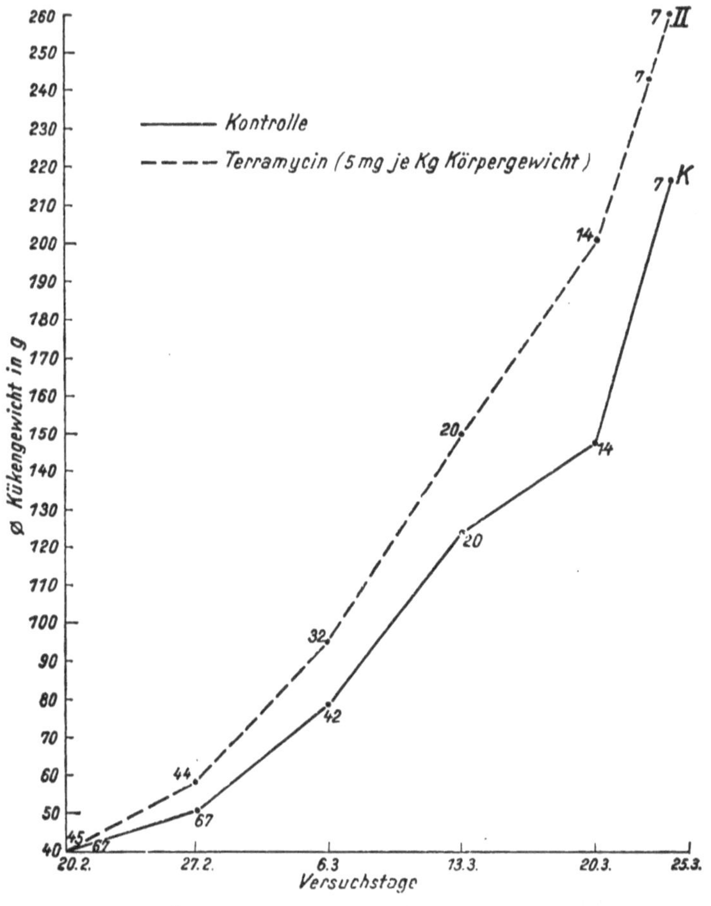

Abb. 2. Gewichtsverlauf der Gruppe II (Häckselstreuhaltung)
Bem. Zahlen bei den Meßpunkten = Anzahl der Tiere

C. Ergebnisse

Die Gewichtszunahmen der Tiere unter den verschiedenen Haltungs- und Fütterungsbedingungen sind aus den Abbildungen 1, 2 und 3 ersichtlich. Hieraus ist zu entnehmen, daß eine Antibiotikazulage stets einen positiven Einfluß auf das Wachstum hatte, besonders bei den Tieren, die auf Häckselstreu gehalten wurden. Die höheren Gewichtszunahmen der Versuchstiere auf Häckselstreu (Gruppe II) konnten nach der Differenzmethode an Hand der Endgewichte je Einzeltier statistisch gesichert werden ($p < 0{,}001$). Dagegen waren die höheren

Gewichtszunahmen der Tiere mit Antibiotikazulage auf Drahtrosten (Gruppen I und III) nicht signifikant ($p > 0,05$). Die Aufzuchtverluste betrugen in Gruppe I mit Oxytetracyclin 2,2%, ohne Terramycin 14%; in Gruppe II mit Terramycin 2,2%, ohne Terramycin 4,5%. In Gruppe III waren keine Verluste zu verzeichnen.

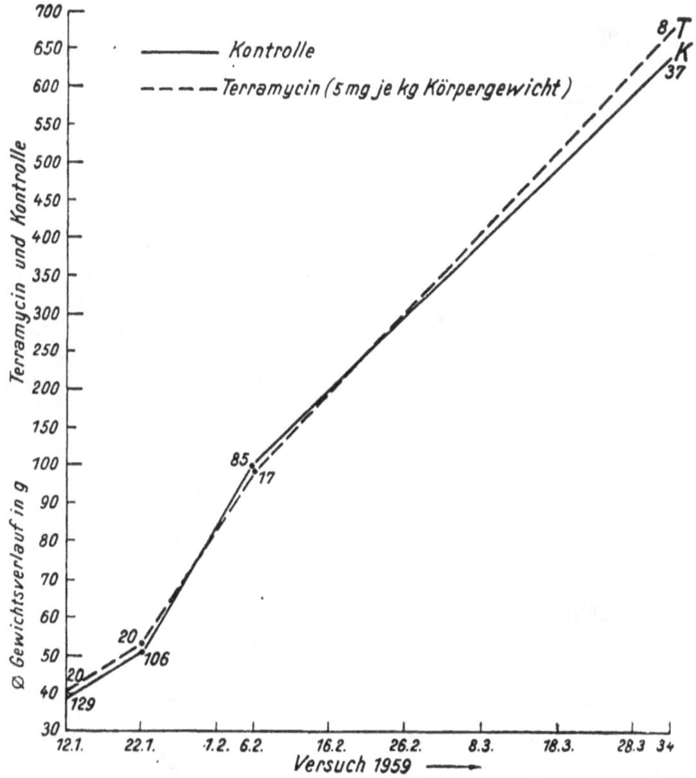

Abb. 3. Gewichtsverlauf der Gruppe III (Drahtrosthaltung)

Bem. Zahlen bei den Meßpunkten = Anzahl der Tiere

In den Abbildungen 4, 5 und 6 ist der ^{131}J-Einbau verschiedener Stichproben aus den Kollektiven der Versuchsreihen graphisch dargestellt. Methodisch gesehen ist hierbei festzustellen, daß der ^{131}J-Einbau unabhängig von der Höhe der Injektionsdosis und der Tötungsart war.

Die mit Terramycin gefütterten Tiere der Gruppe II hatten stets einen höheren ^{131}J-Einbau aufzuweisen, als die Kontrollen. Einen Vergleich der ^{131}J-Einbauraten der Gruppen I und II insgesamt zeigt die Abbildung 7. Hieraus ist ersichtlich, daß der höhere Jodeinbau der Antibiotikatiere in Gruppe II statistisch gesichert ist ($p < 0,02$). Das gleiche gilt für die Versuchstiere der Gruppe I a, die die 10-fache Terramycindosis ab 21. Versuchstag erhielten ($p < 0,05$). In den Gruppen I und III waren keine gesicherten Unterschiede zwischen den Versuchs-

und Kontrollreihen vorhanden. Der absolut höhere ^{131}J-Einbau in Gruppe III, der sowohl die Kontrolltiere als auch die Versuchstiere betrifft (Abb. 6), liegt darin begründet, daß das in Gruppe III verabreichte Salzgemisch nach Mc COLLUM im Gegensatz zu USP XIV jodfrei war, und dementsprechend war die Aufnahme der Schilddrüsen dieser Tiere an markierten Jodatomen insgesamt größer.

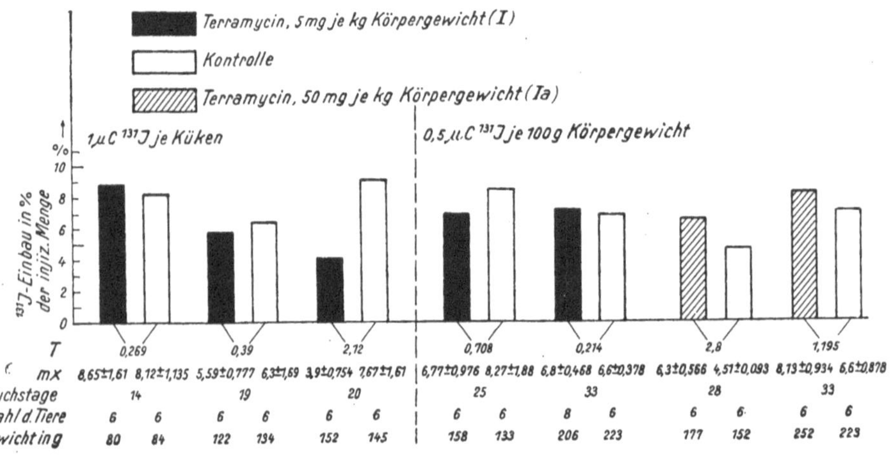

Abb. 4. ^{131}J-Einbau in die Schilddrüsen der Gruppe I
(Küken auf Drahtrosten gehalten)

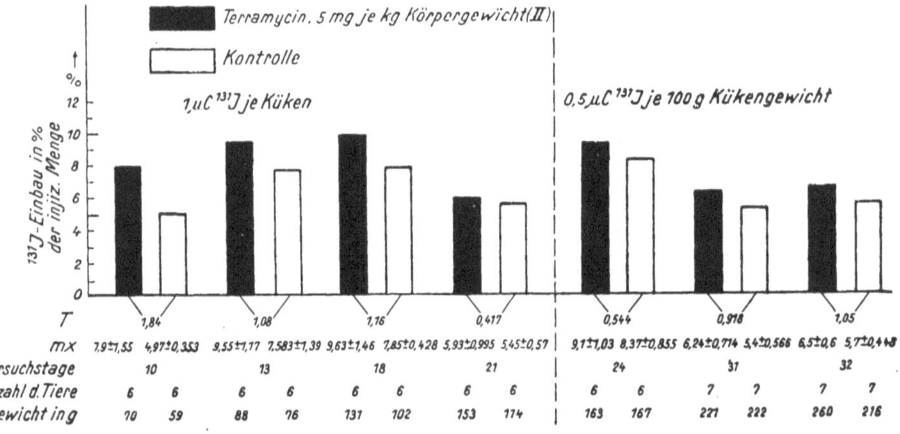

Abb. 5. ^{131}J-Einbau in die Schilddrüse der Gruppe II
(Küken auf Häcksel gehalten)

Bei den Tieren mit den einmaligen Tetracyclingaben von 500 mg/kg Körpergewicht konnten keine gesicherten Unterschiede im ^{131}J-Einbau gegenüber den Kontrollen erhalten werden (Abb. 8).

Der technischen Assistentin Frau CHRISTA LINKE danken wir herzlich für ihre Mitarbeit.

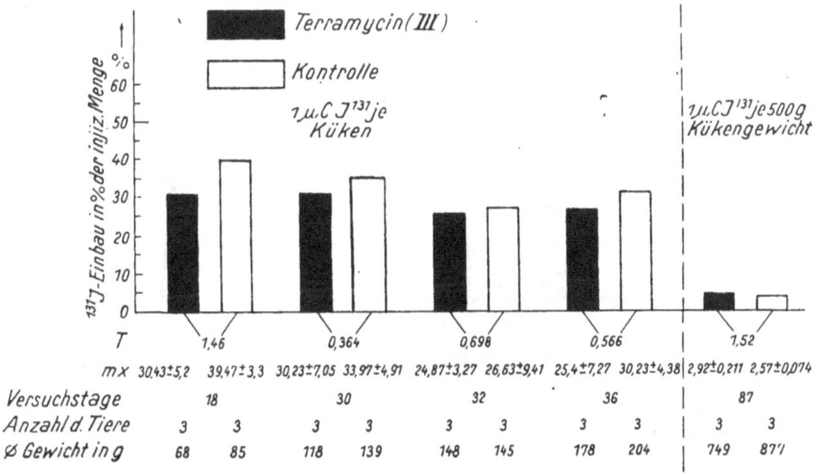

Abb. 6. ^{131}J-Einbau in die Schilddrüse der Gruppe III
(Küken auf Drahtrosten gehalten)

D. Besprechung der Ergebnisse

Unsere Befunde haben mit hoher Wahrscheinlichkeit gezeigt, daß bei allen Versuchsreihen, die durch Antibiotikazugabe ein verbessertes Wachstum zeigten, auch der Jodeinbau in die Schilddrüse aktiviert war. Die Versuche zeigten ferner, daß in den Fällen, in denen die Antibiotikazulage keine signifikant verbessertes Wachstum bewirkte, auch kein statistisch gesicherter Unterschied im Jodeinbau zwischen Versuchs- und Kontrollreihen vorhanden war.

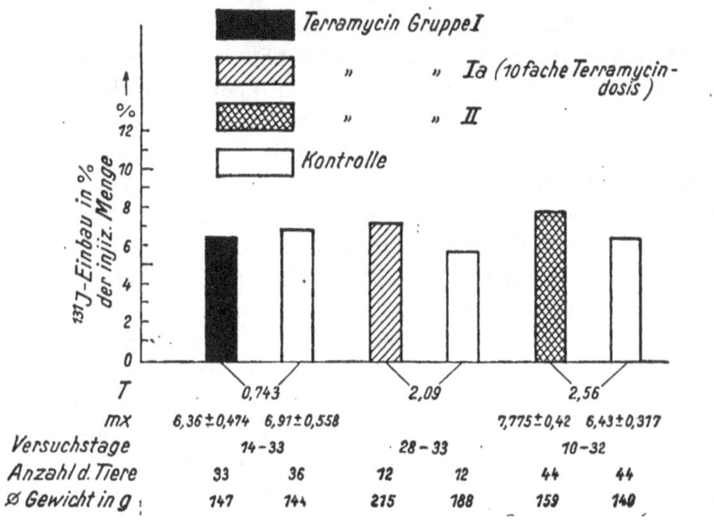

Abb. 7. ^{131}J-Einbau in die Schilddrüse
(Gesamtreihen der Gruppen I, I a, II)

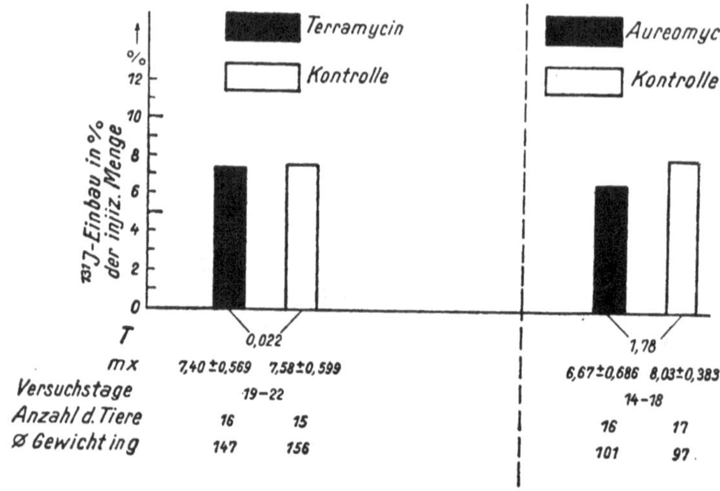

Abb. 8. ^{131}J-Einbau in die Schilddrüse nach einmaliger Tetracyclingabe von 500 mg/kg Kükengewicht

Man könnte nun annehmen, daß der erhöhte Jodeinbau bei den Tieren mit verbessertem Wachstum eine Folge des höheren endgültig erreichten Körpergewichts sei. Diese Annahme widerlegt unsere Abbildung 9. Wir haben hier das Körpergewicht gegen den prozentualen ^{131}J-Einbau in die Schilddrüse aufgetragen. Die Berechnung der Regressionsgeraden zeigt eindeutig, daß zwischen Körpergewicht und prozentualem Jodeinbau keine Korrelation besteht.

Wir ziehen aus unseren Ergebnissen zunächst den Schluß, daß in Übereinstimmung mit den Befunden von BIELLIER und TURNER [2] der erhöhte Jodeinbau bei den mit Antibiotika behandelten Tieren der Versuchsgruppe II eine Folge der Wachstumsbeschleunigung und nicht der Antibiotikazulage selbst ist. Wenn letzteres der Fall wäre, müßten wir einen erhöhten prozentualen Jodeinbau auch bei den Versuchsreihen feststellen, die zwar keine signifikante Wachstumsverbesserung aufweisen, aber immerhin unter dem Einfluß eines Tetracyclins gestanden haben. Im gleichen Sinne liegen die Ergebnisse unserer Versuche mit einer einmaligen hohen Chlortetracylindosis. Bei diesen Versuchen konnte logischerweise kein Wachstumseffekt beobachtet werden, ein Einfluß auf die Schilddrüse hätte sich aber unseres Erachtens zeigen müssen.

Eine Antibiotikawirkung im Sinne des Thiourcils, also eine Hemmung der Schilddrüsenfunktion, ist nach unseren Befunden bei Küken als ausgeschlossen zu betrachten. In Übereinstimmung damit konnten LIBBY und MEITES [17] zeigen, daß bei Küken mit Thiouracil eine Wachstumsverzögerung auftritt. Dagegen ist die Annahme von SCHOLE und HIEBER [22] sowie VOGEL und Mitarbeitern [27], daß die Antibiotika die Angriffsmöglichkeit des Thyroxins in der Zelle oder den Thyroxrinhaushalt beeinflussen, durchaus möglich. Hierfür sprechen auch die Befunde von ERSHOFF [9] sowie MEITES und OGLE [20], die nach Antibiotikagaben an hyperthyreotisch gemachten Ratten gegenregulatorische Effekte feststellten. Darüber sagen unsere Versuche, die lediglich den Schilddrüseneffekt selbst untersuchten, nichts aus.

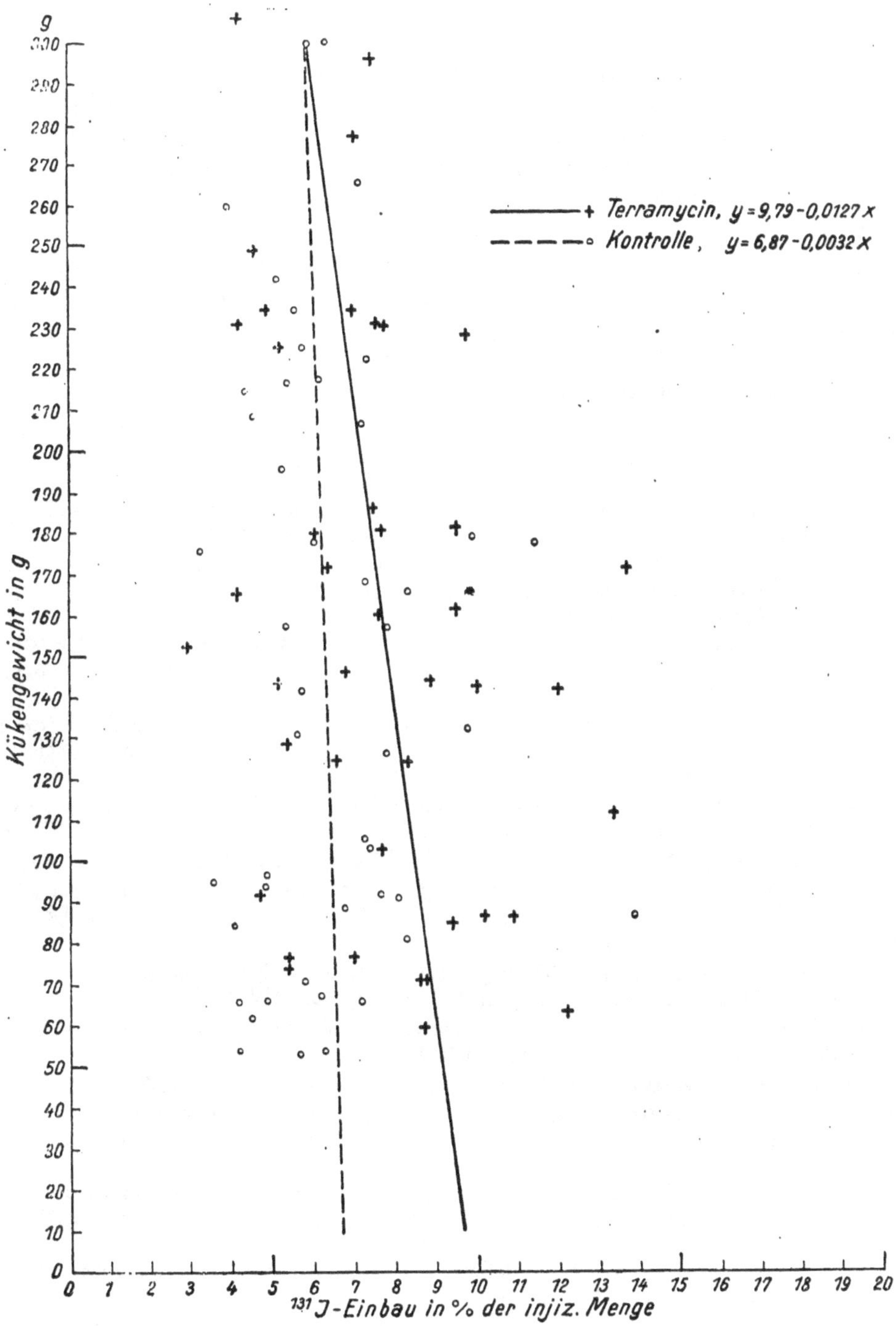

Abb. 9. Gewicht und ^{131}J-Einbau in die Schilddrüse (Gruppe II)

E. Zusammenfassung

1. Durch Terramycingaben in Höhe von 5 mg/Tier/Tag an New-Hampshire-Küken vom 2. Lebenstag an wurden bei der verwendeten Diät in allen Versuchen die Wachstumsraten positiv beeinflußt. Die Beschleunigung des Wachstums war dagegen nur unter üblichen Haltungsbedingungen auf Häckselstreu so groß, daß sie statistisch gesichert werden konnte ($p < 0{,}001$). Bei Haltung auf Drahtrosten war dies nicht der Fall.

2. In allen Fällen, in denen eine statistisch gesicherte Wachstumsverbesserung vorlag, war auch mit hoher Sicherung ($p < 0{,}02$) eine Aktivierung des Jodeinbaues in die Schilddrüse festzustellen. Diese Aktivierung war unabhängig vom Körpergewicht. Bei Versuchsreihen, bei denen eine Verbesserung der Wachstumsrate durch Antibiotikazulage nicht gesichert war, konnte keine Beeinflussung der Schilddrüsenaktivität beobachtet werden.

F. Literaturverzeichnis

[1] BARBER, R. S., BRAUDE, R. and MITCHELL, K. G.: Antibiotics and endocrine stimulants as promotors of growth in fattening pigs. Chem. and Indust. Nr. 3, S. 76, 1954.

[2] BIELLIER, H. V. and TURNER, C. W.: The thyroid hormone secretion rate of domestic fowls as determined by radio-iodine techniques. Univ. Missouri, Coll. Agric., agric. Exp. Stat., Bull. 1957, Nr. 622, 1—96.

[3] BRAUDE, R., CAMPBELL, C., LUCAS, J. A. M., LUSCOMBE, J. R., ROBINSON, K. L. and TAYLOR, J. H.: Antibiotics and endocrine stimulants as promotors of growth in fattening pigs. Brit. J. Nutrit., Vol. 9, p. 191, 1955.

[4] BRÜGGEMANN, J., KARY, H. und SCHOLE, J.: Beiträge zur Wirkungsweise der Antibiotika. I. Mitt.: Untersuchungen über die Wirkung von Aureomycin auf das Hypophysen-Nebennierenrinden-System. Vitamine und Hormone, Bd. 7, S. 338, 1956.

[5] CALESNICK, B. HARRIS, W. D. and JONES, R. S.: Antithyroid action of Antibiotics. Science, Vol. 119, p. 128, 1954.

[6] CREMER, H. D.: In Rauen, H. M., Biochemisches Taschenbuch, S. 792, 1956.

[7] DICKSON, W. M., PATTERSON, E. B., STERN, J. R. and Mc GINNIS, J.: The effect of terramycin or fish solubles, or both, on the growth, adrenal glands and gonads of the rat. J. Nutrit., Bd. 54, S. 631, 1954.

[8] DRAPER, H. H. and FIRTH, J. A.: The regression of thyroid weight on body weight in the growing chick and the influence of penicillin. Poultry Sci., Vol. 36, p. 42, 1957.

[9] ERBSHOFF, B. H.: Prolonged survival of hyperthyroid rats fed penicillin and aureomycin residues. Arch. of Biochem., Vol. 28, p. 359, 1950.

[10] GRANT, W. C.: Aureomycin and the thyroid gland. Science, Vol. 120, p. 754, 1954.

[11] HOCK, A. und LENNERTS, L.: Nucleinsäure- und Eiweißbildung während des Wachstums unter dem Einfluß von Antibiotika-Zulagen zur Nahrung. Arch. f. Tierernährung, Bd. 8, S. 194, 1958.

[12] HÖRNICKE, H.: Untersuchungen über den Einfluß von Antibiotika auf den respiratorischen Stoffwechsel des Schweines. Z. Tierphysiol., Tierernähr. Futtermittelkd., Bd. 13, S. 74, 1958.

[13] JUDINCEV, S. D.: Der Einfluß der Schilddrüse auf den Kreislauf der Antbiotika. Dokl. Akad. Nauk SSSR, N. S., Bd. 103, S. 929, 1955 (Russisch).

[14] KEELING, A. D., HILL, C. H., GARREN, H. W. and KELLY, J. W.: The effect of chlortetracycline and fish meal on the growth and thyroids of chickens. Poultry Sci., Vol. 34, p. 1453, 1955.

15 KITTS, W. D. and WOOD, A. J.: The effect of antibiotic feed supplementation on thyroid size and activity in the albino rat. Acta endocrinol. (Copenhagen), Bd. 23, S. 407, 1956.

16 LEIPERT, TH.: Die Bestimmung kleinster Jodmengen in organischem Material. Bioch. Ztschr., Bd. 261, S. 436, 1933.

17 LIBBY, D. and MEITES, J.: Negative effects of antibiotics on thyroid gland. Science Vol. 120, p. 354, 1954.

18 LIBBY, D. and MEITES, J.: Effects of vitamin B_{12} and penicillin on thiouracil action in chicks. Proc. Soc. Exper. Biol. a. Med., Vol. 79, p. 370, 1952.

19 Mc COLLUM, E. V. and DAVIS, M.: J. biol. Chemistry, Vol. 20, p. 641, 1915.

20 MEITES, J. and OGLE, R. C.: Antithyrotoxic effects of antibiotics in rats. Proc. Soc. Exper. Biol. a. Med., Vol. 77, p. 758, 1951.

21 MELLEN, W. J. and WALLER, E. F.: Antibiotics and thyroid size in growing chickens. Poultry Science, Vol. 33, p. 1036, 1954.

22 SCHOLE, J. und HIEBER, E.: Beiträge zur Wirkungsweise der Antibiotika II, Über die Beeinflussung der durch Thyroxin beschleunigten Kaulquappenmetamorphose durch die Tetracycline und andere wachstumsfördernde Verbindungen. Vitamine und Hormone, Bd. 8, S. 78, 1958.

23 SLINGERLAND, D. W.: The influence of various factors on the uptake of iodine by the thyroid. J. Clin. Endocrin. a. Metabolism, Vol. 15, p. 131, 1955.

24 TELKÄ, A. and KUUSISTO, A. N.: Is the growth-promoting effect of antibiotics conected with thyroidfunction? Aca endocrinol. (Copenh.), Bd. 16, S. 365, 1954.

25 THOMPSON, R. Q., STURTEVANT, M., BIRD, O. D., GLAZKO, A. J.: The effect of metabolites of chloramphenicol (chloromycetin) on the thyroid of the rat. Endocrinology, Vol. 55, p. 665, 1954.

26 VANDERSALL, J.H., HIBBS, J. W. and CONRAD, H. R.: ^{131}J uptake in calves fed chlortetracycline. J. Dairy Sci., Vol. 40, p. 1365, 1957.

27 VOGEL, G. R., HAUGE, S. M. and ANDREWS, F. N.: Effect on intramuscular administration of antibiotics on the oxygen consumption of normal and hyperthyroid rats. Amer. J. Physiol., Vol. 192, p. 73, 1958.

Eingegangen am 11. 12. 1959

Aus dem Physiologischen Institut der Tierärztlichen Hochschule Hannover
(Direktor: Prof. Dr. H. HILL)

H. HÖLLER

Untersuchungen zur Beeinflussung des Stoffwechsels wachsender Schweine durch ein Salicylsäurederivat

A. Einleitung und Schrifttum

Trotz der schon seit längerer Zeit üblichen vielfältigen Anwendung verschiedener *Salicylsäurederivate* (u. a. Salicylsäure, Na-Salicylat, p-Aminosalicylsäure, Acetylsalicylat = Aspirin, Salicylamid) in Humanmedizin und Veterinärmedizin und einer Fülle klinischer Beobachtungen (GROSS u. GREENBERG [30]) ist erst in den letzten Jahren damit begonnen worden, die diesen Substanzen gemeinsamen Eingriffe in das Stoffwechselgeschehen aufzuklären und gegenseitig abzugrenzen. Erst auf dieser Grundlage kann daran gedacht werden, gewünschte und gezielte Beeinflussungen des Stoffwechsels vorzunehmen.

Die bisher durchgeführten Arbeiten lassen folgende *Wirkungsrichtungen der Salicylate* als hauptsächliche erkennen:

a) Wirkung auf bzw. über die Nebennieren
b) Beeinflussung des Glucose- und Glycogenstoffwechsels
c) Beeinflussung von Respiration und Gewebsatmung
d) Eingriff in die oxydative Phosphorylierung
e) Einfluß auf die Schilddrüsentätigkeit, evtl. über die Hypophyse
f) Auswirkungen auf das Wachstum.

Die *Nebennieren* verarmen unter Salicylat an Ascorbinsäure[6, 10, 15, 17, 23, 31, 40] und Cholesterin [15, 44, 51], was auf eine erhöhte Aktivität der Nebennierenrinde hinweist. Hypophysektomie hebt nach HETZEL u. HINE [31], BLANCHARD u. a [10] sowie VAN CAUWENBERGE [15] diesen Effekt auf, nach WEIDMANN [79] u. UNGAR, DAMGAARD u. HUMMEL [67] soll die Hypophyse nicht erforderlich sein. Da CRONHEIM, KING u. HYDER [22, 23] und LOWENTHAL u. JAQUES [40] 53 aliphatische und aromatische Säuren, darunter die p- und m-Isomeren der Salicylsäure, als unwirksam ermittelt haben, nehmen sie eine spezifische Wirkung (Hypothalamus) – Hypophyse – Nebennierenrinde an. Demgegenüber fand SMITH [54] eine Ascorbinsäureverarmung auch nach Applikation der p- und m-Isomeren. Die Ausscheidung von 17 – Ketosteroiden im Harn steigt nach BERTOLANI [8] bei Meerschweinchen an, bei Rheumatikern und Arthritis-Kranken nach längerer Salicylatbehandlung bleibt sie unverändert [11, 16, 48] bei steigender Ausscheidung reduzierender Steroide [16].

Es bleibt damit offen, ob Salicylate unspezifisch als Stressoren oder/und spezifisch corticotrop wirksam sind.

Im *Glucose- und Glycogenstoffwechsel* führen Salicylate zu folgenden Veränderungen: bei normalen Ratten Abnahme des Leberglycogens [55, 56] und Muskelglycogens [28], kurzzeitige Hypoglycämie [57], bei adrenalektomierten Ratten Abnahme des Leberglycogens [26, 57, 62], starker Abfall der Blutglucose [58, 62]. Bei alloxan-diabetischen oder pancreatektomierten Tieren wird die Blutglucose um 50% gesenkt und die Glycosurie vermindert [12, 34, 35, 36, 56]. Glycogenabbau wurde auch in Leberschnitten beobachtet [42, 59]. Diese Ergebnisse weisen auf einen Cortison-Antagonismus der Salicylate hin und legen neben der Nebennieren-Wirkung einen spezifischen Einfluß auf den Kohlenhydrat-Stoffwechsel, entweder direkt oder indirekt über die Hypophyse, nahe.

BRODY [14] wies 1956 auf die Gleichsinnigkeit der Wirkung von Salicylaten und 2,4-Dinitrophenol hin und fand in Mitochondrien-Suspensionen eine Entkopplung der oxydativen Phosphorylierung durch Na-Salicylat. In Verbindung damit erfolgte eine Hemmung der Fettsäure-Oxydation und eine Stimulierung der ATP-Hydrolyse. Obwohl der Entkopplungsmechanismus selbst noch nicht restlos aufgeklärt ist, lassen sich mit dieser Wirkung folgende Veränderungen erklären: gesteigertes Energiebedürfnis des Organismus durch ATP-Mangel, Hemmung der Synthese bzw. Steigerung des Abbaues energiereicher Verbindungen wie Fett und Eiweiß, worauf die Erniedrigung des respiratorischen Quotienten [21, 52, 60] und negative N-Bilanzen [37, 49, 64, 73] hinweisen. In gleicher Weise wären erhöhte Gewebsatmung [14, 27, 60, 64], Abnahme des Muskel- und Leberglycogens [28, 55, 56, 73], der Blutglucose [57] und der Glycogenneubildung zu erklären. Unterstützend kann dabei eine Hemmung der Succinatdehydrogenase [46] und einiger anderer Dehydrogenasen und Decarboxylasen hinzutreten. Die mehrfach beobachtete Milchsäureanhäufung nach Salicylatzugabe zu Gewebsschnitten [60, 61] kann eine Folge der gleichzeitig gesteigerten Glycolyse sein.

Auf eine *Schilddrüsenbeteiligung* weisen die nach Salicylatzufuhr auftretende Erhöhung des Sauerstoffverbrauchs [1, 5, 7, 21, 50, 65] und des Grundumsatzes [1, 4, 5, 1, 52] hin. Es kommt ferner zu einer etwa 30–40%igen Erniedrigung des Plasmaspiegels an eiweißgebundenem Jod [4, 5], zu einer um 40% gesenkten J-Aufnahme der Schilddrüse und Verringerung der Halbwertszeit von Radiothyroxin [5], wahrscheinlich infolgr erhöhten peripheren Verbrauchs von Schilddrüsenhormon. Da die Reaktionsfähigkeit der Schilddrüse auf thyreotropes Hormon unverändert ist und die Hypophyse keine Zeichen einer Hyperaktivität zeigt [74], wird eine Störung der Hypophysen-Regulation angenommen. Nach CHRISTENSEN [18, 19] steigt der Spiegel des freien Thyroxins im Plasma nach Na-Salicylat und p-Aminosalicylsäure an und könnte damit einen hemmenden Einfluß auf die Hypophyse und die Freisetzung des thyreotropen Hormons ausüben. Es wird vermutet, daß Salicylat und 2,4-Dinitrophenol die spezifischen Bindungsstellen für Thyroxin und Plasmaproteinen blockieren. Diese Wirkungsweise würde eine Erklärung für den schnell einsetzenden, aber vorübergehenden calorigenen Effekt der Salicylate sowie für die bekannte Cholesterinverminderung im Blutserum geben.

Das *Wachstum* wird nach klinischen Ergebnissen [30] unter längerdauernder Salicylatzufuhr gehemmt, was eine Folge der Entkopplung der oxydativen Phosphorylierung zu sein scheint. Demgegenüber erzielte WING [70, 71] bei Kälbern durch tägliche Zufuhr von p-Aminosalicylsäure eine Wachstumsvermehrung, deren Ursache nicht geklärt ist. Gegenüber Antibiotica bestand dabei ein deutlicher Antagonismus [71, 72]. Von KESLER, SHELLENBERGER u. WILSON [39] konnte diese Wachstumsförderung jedoch nicht bestätigt werden.

B. Eigene Fragestellung

Im Zusammenhang mit einer anderen Fragestellung sollte ein Salicylsäurederivat auf seine Wirkung beim Schwein geprüft werden. Insbesondere war dabei zu klären, ob mit verträglichen Dosen eine Verringerung des Fettansatzes bei möglichst ungestörter N-Bilanz erreicht werden kann und evtl. eine wirtschaftlich vertretbare Minderzunahme zugunsten eines höherwertigen Schlachtproduktes eintritt. Die Untersuchungen umfaßten Gewichtsentwicklung, Futterverwertung, Rohprotein-Verdaulichkeit, Stickstoff-Bilanz, Serumeiweißbild, Cholesterinspiegel im Blutserum, spezif. Gewicht des ausgeschlachteten Tierkörpers zur Beurteilung des Fettansatzes und Glycogengehalt der Leber. Über die gleichzeitig registrierte Harnausscheidung von 17-Ketosteroiden und 17-ketogenen Steroiden wird an anderer Stelle berichtet werden. Der hier mitgeteilte erste Versuchsabschnitt erfaßte wachsende Schweine bis zu einem Endgewicht von 100 kg.

C. Versuchsmaterial und Methodik

Tiermaterial und Fütterung

6 männliche veredelte Landschweine (kastriert, Wurfgeschwister) wurden im Alter von 9 Wochen so unterteilt, daß je 2 gewichtsgleiche Tiere ein Versuchspaar, bestehend aus Kontroll- und Versuchstier, bildeten (Tiere Nr. 1–3 Kontrolltiere, Nr. 4–6 Versuchstiere).

Die Futterrationen wurden in Anlehnung an die Nährstoffnormen der DLG aus gedämpften Kartoffeln, Gerstenschrot und Fischmehl unter Zusatz von „Ramikal 24" *) als Mineralstoff- und Vitamingemisch zusammengestellt (Tab. 1). Unter Berücksichtigung von Gewicht und N-Bilanzperiode erfolgte die Futterzuteilung innerhalb jedes Paares zu gleichen Rationen, täglich zweimal in Einzelfütterung.

Die *Futteranalysen* auf N-Gehalt wurden mittels des Kjeldahl-Verfahrens durchgeführt, die Bestimmung der Trockenmasse durch Trocknung bei 110° C bis zur Gewichtskonstanz.

Die Tiere erhielten die zu *prüfende Substanz* täglich mit dem ersten Futter in den Dosierungen 5 mg/kg u. Tag (Nr. 4), 10 mg/kg u. Tag (Nr. 5) und 20 mg/kg u. Tag (Nr. 6). Nach 9 Versuchswochen wurden die Dosen auf 30–60 mg/kg u. Tag erhöht, um die Verträglichkeitsgrenze festzustellen. Während der letzten 8 Wochen vor der Schlachtung war die Dosis für alle drei Versuchstiere einheitlich auf 1 g/Tag festgesetzt.

Die Schweine wurden wöchentlich gewogen, das Anfangsgewicht betrug 10–15 kg, das Schlachtgewicht etwa 100 kg.

Die *Futterverwertung* wurde in kg verzehrter Trockenmasse/kg Gewichtszuwachs ausgedrückt und für jedes Versuchspaar getrennt bestimmt. Wegen der wechselnden Rationsanteile in den einzelnen Gewichtsstufen können Kontroll- und Versuchswerte nur innerhalb jeder einzelnen Fütterungsperiode von

*) Fa. H. Michelsen u. Co., Hamburg.

Tabelle 1. *Futterplan*

Kg	Kartoffeln g	Gersten-Schrot g	Fischmehl g	verd. Eiweiß g	Ges.-Nährst. g	Trockenmasse g	Eiweiß der T M %	Anteil tier. Eiweiß %
– 15	1000	500	150	130	640	790	16,5	60,0
15 – 20	1300	520	200	160	745	920	17,4	65,0
20 – 30	1700	550	200	170	850	1040	16,3	61,2
30 – 40	2200	550	200	180	950	1150	15,7	57,8
40 – 50	3200	600	220	205	1200	1440	14,3	55,5
50 – 60	4500	600	230	226	1471	1750	13,0	53,1
60 – 70	5500	650	230	243	1710	2020	12,0	49,4
70 – 80	6500	650	230	256	1812	2250	11,4	46,8
80 – 90	7500	600	200	250	2060	2410	10,4	41,6
90 – 100	8500	600	150	253	2230	2600	9,7	44,5

+ je Tier und Tag 20 g „Ramikal 24"

2–4 Wochen Dauer miteinander verglichen werden. Die statistische Auswertung erfolgte nach der t-Verteilung.

Das gleiche gilt für die Ermittlung der *Rohproteinverdaulichkeit.*

Die *N-Bilanzen* umfaßten eine 16-tägige Vorbereitungszeit und eine 5-tägige Hauptperiode, wobei jeweils ein Versuchspaar verwendet wurde. Die benützten Stoffwechselgestelle sowie Aufarbeitung von Harn und Faeces sind an anderer Stelle [32] beschrieben worden. Die Bilanzuntersuchungen erstreckten sich bis zu einem Endgewicht von 70 kg.

Serumeiweißgehalt und *-fraktionen* wurden in regelmäßigen Abständen nach dem Mikroelektrophoreseverfahren von ANTWEILER [3] mit Dole-Puffer ph 8,6 und Jonenstärke $\mu = 0{,}18$ geprüft.

Die Bestimmung von *Gesamtcholesterin* und *verestertem Cholesterin* erfolgte zum Ende der Versuchszeit nach der etwas modifizierten Methode von SPERRY u. WEBB [63], freies Cholesterin wurde als Differenz beider errechnet.

Zur Beurteilung des *Fettgehaltes der Schlachtkörper* diente das spezifische Gewicht der Schlachtviertel einschl. Flomen und Kopf, jedoch ohne Organe. Zu diesem Zweck wurden die auf eine Innentemperatur von 14–16° C ausgekühlten Tierkörper zunächst in Luft und anschließend unter Wasser gleicher Temperatur gewogen. Wegen der geringen Temperaturunterschiede und annähernd gleicher Schlachtgewichte wurde auf entsprechende Korrekturen verzichtet.

Zur Glycogenbestimmung nach GOOD, KRAMER u. SOMOGYI [29] bzw. SHAFFER u. SOMOGYI [58] fanden während der Schlachtung aus dem Lobus sin. medialis entnommene und sofort bei – 45° C eingefrorene Gewebsproben Verwendung.

D. Ergebnisse

1. *Verträglichkeit der Versuchssubstanz*

Bis zu einer Dosierung von 40 mg/kg u. Tag und einer Tagesgesamtmenge von 2,5 g wurde das Salicylsäurederivat ohne gesundheitliche Störung vertragen. Nach einer Erhöhung bis auf 60 mg/kg u. Tag traten zunächst Unruheerscheinungen, später Apathie auf, ferner Temperaturerhöhung bis zu mittlerem Fieber, völlige Futterverweigerung, wechselnde Durchfälle und Obstipationen und Oligurie. Diese Erscheinungen weisen Ähnlichkeit mit der Salicylatvergiftung beim Menschen auf [68].

2. *Gewichtsentwicklung* (Abb. 1)

Während das Versuchstier Nr. 4 bei einer maximalen Dosis von 20 mg/kg u. Tag keine Beeinflussung des Wachstums aufwies, kam es bei Nr. 5 und Nr. 6 nach Verabfolgung toxischer Dosen über 40 mg/kg u. Tag zu Störungen der Futteraufnahme und leichter Wachstumshemmung. Letztere wurde innerhalb weniger Tage nach Absetzen oder Reduzierung der Substanzmenge wieder ausgeglichen, der Gewichtsrückstand jedoch nicht mehr aufgeholt.

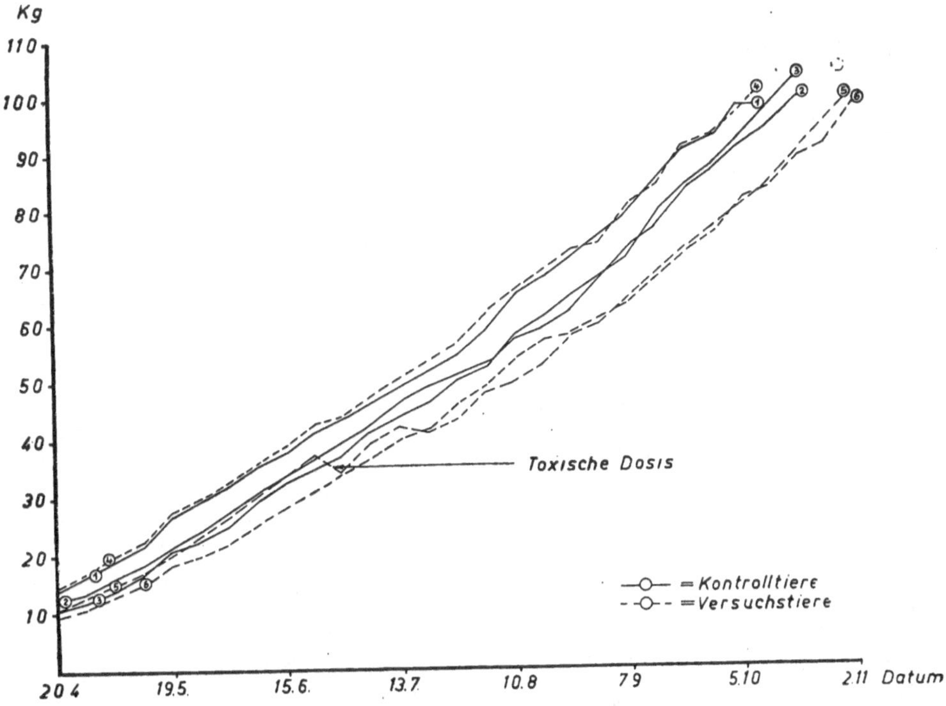

Abb. 1. Gewichtskurven der Kontroll- und Versuchstiere

3. *Futterverwertung*

Die Futterverwertung wird in den Tabellen 2–4 angegeben. Eine Beurteilung erfolgte nur dann, wenn eine bei den Versuchstieren gelegentlich auftretende Futterverweigerung noch in der gleichen Woche durch Mehraufnahme ausgeglichen wurde und die verzehrte Menge Trockenmasse vergleichbar blieb. Nach der 17. Woche mußten die Rationen der Versuchstiere wegen Überdosierung gesenkt werden, weshalb auf weitere Ermittlung der Futterverwertung verzichtet wurde.

Wie die Tabellen 2–4 zeigen, treten zwar innerhalb der Tiergruppen und Fütterungsperioden größere Schwankungen auf, welche vereinzelt den Bereich der statistischen Sicherung erreichen, doch sind sie nicht gerichtet und nicht ursächlich auf die Verabfolgung des Salicylsäurederivates zurückzuführen.

4. *Rohproteinverdaulichkeit*

Wie aus der Tabelle 5 hervorgeht, wird die im Verlauf der N-Bilanz-Untersuchungen ermittelte Verdaulichkeit des Rohproteins der Gesamtration durch die Versuchssubstanz in wechselnden Dosen nicht beeinflußt. Es ist dabei wieder zu berücksichtigen, daß in den einzelnen Bilanzperioden die Zusammensetzung der Gesamtration etwas variiert und damit die Verdaulichkeitskoeffizienten nur innerhalb einer Fütterungsperiode miteinander verglichen werden können.

Tabelle 2. *Futterverwertung des ersten Versuchspaares*

Versuchswoche	verzehrte TM in Kg /Woche	Gewichtszunahme in Kg/Woche K 1	Gewichtszunahme in Kg/Woche S 4	Futterverwertung in Kg TM / Kg Gewichtszunahme K 1	Futterverwertung in Kg TM / Kg Gewichtszunahme S 4	statistische Signifikanz der Differenzen
I	5,37	2,5	2,5			
II	5,37	2,5	2,8	2,24	2,12	—
III	5,37	2,2	2,3			
IV	6,90	4,4	4,2			
V	6,90	3,2	3,1	2,00	2,06	—
VI	6,90	2,8	2,6			
VII	6,90	3,4	3,5			
VIII	7,54	2,3	2,8		2,22	
IX	7,54	3,6	4,0	2,71		—
X	7,54	2,0	1,3		—	
XI	7,54	3,2	3,3		—	
XII	9,26	2,5	3,1			
XIII	9,26	2,7	2,8	3,47	3,05	+
XIV	9,26	2,8	3,2			
XV	12,01	4,2	3,2	2,86	2,31	
XVI	13,85	5,1	3,4	3,04	4,20	+
XVII	13,85	4,0	3,2			

Tabelle 3. *Futterverwertung des zweiten Versuchspaares*

Versuchswoche	verzehrte TM in Kg/Woche	Gewichtszunahme in Kg / Woche K 2	Gewichtszunahme in Kg / Woche S 5	Futterverwertung in Kg TM/Kg Gewichtszunahme K 2	Futterverwertung in Kg TM/Kg Gewichtszunahme S 5	statistische Signifikanz der Differenzen
I	4,43	1,5	1,5			
II	4,43	2,5	2,0	1,91	2,04	—
III	4,43	2,0	2,0			
IV	4,43	3,3	3,2			
V	6,90	2,5	2,7			
VI	6,90	3,3	3,7	2,26	2,12	—
VII	6,90	3,4	3,6			
VIII	6,90	3,0	3,0			
IX	7,54	3,0	3,6		2,09	
X	7,54	2,5	-2,9	2,66	—	
XI	7,54	3,0	4,6		—	
XII	9,26	3,7	3,0	2,94	3,08	—
XIII	9,26	2,6	-0,8		—	
XIV	7,54	2,2	2,0	3,43	—	
XV	8,04	2,0	4,7	2,36	—	
XVI	8,04	4,8	1,6		—	
XVII	12,02	3,7	3,1	3,25	—	

Tabelle 4. *Futterverwertung des dritten Versuchspaares*

Versuchswoche	verzehrte TM in Kg / Woche	Gewichtszunahme in Kg / Woche		Futterverwertung in Kg TM / Kg Gewichtszunahme		statistische Signifikanz der Differenzen
		K 3	S 6	K 3	S 6	
I	4,43	1,5	1,5			
II	4,43	2,0	2,0	2,21	2,51	—
III	4,43	2,5	1,8			
IV	5,37	3,0	2,4			
V	5,37	3,0	2,2	1,94	2,67	+
VI	5,37	2,3	2,1			
VII	6,90	4,2	3,6			
VIII	6,90	3,2	2,6	2,30	2,28	—
IX	6,90	2,3	2,6			
X	6,90	2,3	3,3			
XI	7,54	3,9	2,5			
XII	7,54	2,6	3,4	2,57	2,72	—
XIII	7,54	2,3	2,4			
XIV	9,26	3,0	3,2	3,19	2,81	—
XV	9,26	2,8	3,1			
XVI	10,00	4,0	4,5	2,78	2,53	—
XVII	10,00	3,2	3,4			

Tabelle 5 *Ergebnisse der N-Bilanzuntersuchungen*

Bilanz-Nr.	Tier-Nr.	Salicylat in mg/Kg u. Tag	Nahrgs.-N in g / Tag	Kot-N in g / Tag	Rohprot.-Verdaulichkt. in %	Harn-N in g / Tag	Harnvol. in ml / Tag u. Kg	Retinierter N in g	Retinierter N in %	Diff. statist. gesichert
I	K 1	—	26,65	5,06	81,0	8,72	52,6	12,86	59,6	—
	S 4	5		4,44	83,8	9,47	51,5	12,74	57,3	
II	K 2	—	20,54	5,09	75,2	6,51	42,0	8,94	57,8	—
	S 5	10		4,77	76,8	7,31	45,3	8,47	53,6	
III	K 3	—	32,20	6,85	78,5	12,45	55,9	12,89	50,1	—
	S 6	20		7,18	77,6	12,09	50,5	12,91	51,6	
IV	K 1	—	34,14	5,70	83,3	16,99	57,8	11,49	40,1	—
	S 4	5		5,56	83,7	18,88	54,8	9,69	34,5	
V	K 2	—	34,14	6,69	80,4	11,15	50,0	16,30	59,3	—
	S 5	10		6,93	79,7	12,22	52,5	14,99	55,1	
VI	K 3	—	34,14	5,85	82,2	14,15	50,0	14,14	49,9	—
	S 6	40		6,45	81,1	15,01	47,9	12,67	46,9	
VII	K 3	—	37,14	6,62	82,2	17,12	60,3	13,40	43,0	—
	S 6	50		7,89	78,8	16,70	56,4	12,55	42,8	
VIII	K 1	—	42,94	6,83	84,1	22,69	68,0	13,43	36,6	—
	S 4	20		6,80	84,0	21,37	62,3	14,69	40,0	
IX	K 2	—	39,12	7,54	80,7	17,12	45,5	14,34	45,5	+
	S 5	60		7,56	80,7	11,77	34,5	19,78	62,7	
X	K 3	—	45,82	10,13	77,9	21,36	46,0	14,34	41,0	—
	S 6	40		9,75	78,7	22,16	39,4	13,91	38,0	

5. *N-Bilanzen*

Es wurden insgesamt 10 N-Bilanzperioden mit je 1 Tierpaar so durchgeführt, daß jedes Tier mindestens dreimal zur Verwendung kam. Dabei wurde der Gewichtsbereich von 18–70 kg ziemlich gleichmäßig erfaßt. Die verabfolgten Substanzmengen lagen zwischen 5 und 60 mg/kg u. Tag. Die Ergebnisse sind in der Tabelle 5 zusammengefaßt.

In 7 Bilanzperioden liegt der Wert für den retinierten Stickstoff (Verzehrter N – [Harn-N + Kot-N]) bei den Kontrolltieren höher als bei den jeweils dazugehörigen Versuchstieren. Die Unterschiede können statistisch nicht gesichert werden, außerdem ist kein Einfluß der Dosierung wahrnehmbar. In drei Fällen liegt die N-Retention der Versuchstiere höher, wobei die Differenz in der Bilanzperiode IX hochsignifikant ist. Es ist jedoch zu berücksichtigen, daß das Tier S 5 zu dieser Zeit eine toxische Dosis von 60 mg/kg u. Tag erhielt und eine deutliche Verringerung der Harnmenge/kg u. Tag aufwies.

Das tägliche Harnvolumen war bei Dosierungen unter 60 mg/kg u. Tag nicht beeinflußt.

6. *Serumeiweißgehalt und -Fraktionen*

Wie die Ergebnisse der N-Bilanzuntersuchungen vermuten lassen, wird weder der Serumeiweißgehalt noch der relative Anteil der einzelnen Fraktionen durch die Versuchssubstanz beeinflußt. Tab. 6 gibt einen Ausschnitt aus den laufenden Untersuchungen wieder.

Tabelle 6. *Serumeiweißbild*

Tier-Nr.	Datum	Serumeiweiß in g %	Albumin %	α-Globulin %	β-Globulin %	γ-Globulin %
K 1	11. 9. 59	7,3	52,2	19,0	15,0	13,7
K 2	9. 9. 59	6,4	48,9	18,4	17,2	15,5
K 3	11. 9. 59	7,0	46,8	19,9	16,4	16,8
S 4	11. 9. 59	6,4	47,9	21,7	12,6	17,8
S 5	15. 9. 59	6,9	50,5	20,5	13,5	15,5
S 6	19. 9. 59	6,7	44,8	18,9	17,5	18,9

7. *Serum-Cholesterin*

Das Serumcholesterin wurde zum Ende der Versuchszeit bestimmt, als die Salicylatdosis für die drei Versuchstiere einheitlich 1 g/Tag betrug. Wie die Tabelle 7 zeigt, sind Gesamtcholesterin und verestertes Cholesterin bei den Versuchstieren gegenüber den Kontrolltieren deutlich erniedrigt, wobei die Differenz durchschnittlich 30% bzw. 50% beträgt und statistisch gesichert ist. Das als Rest errechnete freie Cholesterin bleibt unbeeinflußt. Außerdem ändert sich das Verhältnis verestertes Cholesterin/Gesamtcholesterin von durchschnittlich 0,65 auf 0,53.

8. *Leberglycogen*

Der Glycogengehalt der einzelnen Leberproben geht aus Tab. 7 hervor. Die Einzelwerte sind in Mehrfachbestimmungen gut reproduzierbar, schwanken jedoch von Tier zu Tier zwischen 45 und 1798 mg %, ohne einen bestimmenden Einfluß der Versuchssubstanz erkennen zu lassen.

9. *Spezifische Gewichte der Schlachtkörper*

Die spezifischen Gewichte der Kontrolltiere betrugen einheitlich 1,041–1,043, diejenigen der Versuchstiere 1,033–1,047 bei einem Mittelwert von 1,042. (Tab. 7). Die Besichtigung der Schlachthälften ergab keine Anhaltspunkte für Veränderungen des Fettansatzes oder der Fettverteilung.

E. Diskussion

Bei der Beurteilung der Wachstumshemmung nach höheren Dosen des Salicylsäurederivates ist es nicht möglich, eine eindeutige ursächliche Scheidung zwischen direkter Stoffwechselwirkung und unterbrochener Futteraufnahme vorzunehmen. Bei Vergleichen mit Ergebnissen der Humanmedizin muß berücksichtigt werden, daß es sich in unseren Versuchen um langdauernde Verabfolgung in steigenden Dosen mit möglicher Anpassung der Tiere handelt sowie um eine sehr energiereiche Kostform. Die von WING [70, 71] mitgeteilte Wachstumssteigerung bei Kälbern deutet u. a. wegen des Antagonismus zu Penicillin und Aureomycin [71, 72] auf einen Wirkungsort in der Vormagen-Flora und ist deshalb bei Schweinen auch kaum zu erwarten.

In sinngemäßer Übereinstimmung mit der ungestörten Gewichtsentwicklung bei nicht toxischen Dosen stehen die nicht veränderten Futterverwertungs- und Rohproteinverdaulichkeitszahlen. Die N-Bilanzversuche deuten in ihrer Mehrzahl eine Verringerung der N-Retention und damit möglicherweise eine gehemmte Eiweiß-Synthese bzw. erhöhten Eiweißabbau an, doch sind diese Aussagen statistisch nicht zu sichern. Eine systematische Erhöhung der Substanzmenge führt deshalb nicht weiter, weil die als Folge der Toxizität einsetzende Oligurie die N-Ausscheidung überdeckt. Eine Verringerung der Eiweißzufuhr oder der verwertbaren Energie im Futter schied aus, da die Substanz als Zusatz zur üblichen Schweinefutterration geprüft werden sollte. Die spezifischen Gewichte der Schlachtkörper können wegen der geringen Tierzahl nur als Hinweise verwendet werden. Dennoch bleibt das Ergebnis unklar. Der Erhöhung des spezifischen Gewichtes bei Tier Nr. 5 steht eine Erniedrigung bei Tier Nr. 6 *unter* die Kontrollwerte gegenüber. Zu erwähnen ist, daß das spez. schwerste Tier Nr. 5 die höchsten, zuweilen toxischen Dosen erhalten hatte.

Einigen Aussagewert besitzen die Veränderungen im Serumcholesterinspiegel. Trotz des bekannten erheblichen Schwankungsbereiches des Serumcholesterins [25] sehen wir die Abnahme des Gesamtcholesterins, des veresterten Cholesterins

Tabelle 7 *Serumcholesterin, Leberglycogen und spez. Gewichte*

Tier Nr.	Gesamt-Cholesterin mg %	verestertes Cholesterin mg %	freies Cholesterin mg %	verestertes / ges. Cholesterin	freies / ges Cholesterin	Leber-glycogen mg %	spezif. Gewicht
K 1	190	122	68	0,64	0,36	120	1,042
K 2	175	110	65	0,63 } 0,65	0,37 } 0,35	67	1,043
K 3	160	108	52	0,67	0,32	45	1,041
S 1	124	64	60	0,51	0,50	113	1,042
S 2	127	64	63	0,50 } 0,52	0,49 } 0,48	1798	1,047
S 3	126	70	56	0,55	0,44	1477	1,033

und des Verhältnisses verestertes Cholesterin : Gesamtcholesterin als Folge der Salicylatzufütterung an. Nach DARRASPEN u. a. [24] soll dieses Verhältnis überaus konstant sein und für das Schwein 0,75 betragen.

Abnahme des Serumcholesterins kann durch verschiedene endokrine Störungen bedingt sein, so insbesondere durch eine Schilddrüsen-Hyperfunktion [4, 3, 44, 45]. Nach BOYD u. CONNELL [13] steigt dabei das Verhältnis freies : gesamtem Cholesterin an, die veresterte Fraktion nimmt stärker ab als die Fraktion des freien Cholesterins. Eine längere Zufuhr von Salicylaten senkt das Serumcholesterin [2, 5, 11, 66], obwohl beispielsweise p-Aminosalicylsäure antithyroidale Eigenschaften besitzt [21] und zu Myxödemen führen kann [43]. CHRISTENSEN [19] vermutet in diesem Falle eine Hemmung der Thyreotropinbildung im Hypophysenvorderlappen und damit eine dem Thyroxin analoge Wirkung des Salicylates. Auch JORES [38] beschreibt als Ausdruck des „hypophysären Typs des Myxödems" eine Serumcholesterin-Abnahme, deren Ursache in einer Insuffizienz des Hypophysenvorderlappens liegen soll. Da die bei unseren Tieren zu gleicher Zeit durchgeführten Kontrollen der Steroidausscheidung im Harn einen Abfall der täglichen Ausscheidung von 17-Ketosteroiden und 17-ketogenen Steroiden bei erhaltener Reaktionsfähigkeit der NNR auf ACTH ergeben haben [41], halten wir eine Beeinträchtigung der Hypophysenvorderlappen-Funktion als ursächliches Moment als wahrscheinlich.

Zusammenfassend ist zu sagen, daß das von uns verfütterte Salicylsäurederivat trotz seiner wahrscheinlichen Beeinflussung der Hypophysenfunktion nach den bisherigen Ergebnissen nicht geeignet erscheint, den Eiweiß- oder Fettansatz bei *wachsenden* Schweinen in bestimmter Weise zu beeinflussen. Weitere Untersuchungen sind zur Zeit in Vorbereitung.

F. Zusammenfassung

Es wird über die Beifütterung einer Salicylsäureverbindung an wachsende Schweine berichtet. Bei Dosierungen unterhalb der toxischen Grenze werden auch über längere Zeit Wachstum, Futterverwertung, Rohproteinverdaulichkeit, Serumeiweißbild und Leberglycogen nicht beeinflußt. Eine mehrfach beobachtete Verringerung der N-Retention sowie eine Erhöhung des spezifischen Gewichtes des Schlachtkörpers können nicht mit Sicherheit dem Salicylsäurederivat zugeschrieben werden. Veränderungen im Serumspiegel des gesamten und des veresterten Cholesterins können als Folgen einer Hypophyenvorderlappeninsuffizienz verstanden werden.

Die geprüfte Substanz erscheint nach den bisher vorliegenden Ergebnissen zur Beeinflussung von Eiweiß- und Fettansatz wachsender Schweine unter den üblichen Fütterungsbedingungen nicht geeignet. Ob dagegen eine Fetteinschmelzung bereits ausgemästeter Tiere zu erzielen ist, müssen weitere Untersuchungen klären.

G. Literaturverzeichnis

1 ALEXANDER, W. D. u. K. W. JOHNSON (1956): Nature **178**, 259.

2 ALEXANDER, W. D. u. K. W. JOHNSON (1956): Clin. Sci. **15**, 593.

3 ANTWEILER, H. J. (1957): Die quantitative Elektrophorese in der Medizin, Springer-Verlag Berlin.

4 AUSTEN, F. K., RUBINI, M. E., MERONEY, W. H. u. J. WOLFF (1957): J. Clin. Invest. **36**, 870.

5 AUSTEN, F. K., RUBINI, M. E., MERONEY, W. H. u. J. WOLFF (1958): J. Clin. Invest. **37**, 1131.

6 BACH, F., FREEDMAN, A. u. L. BERNSTOCK (1952): Brit. med. J. **2**, 582.

7 BALOGH, L., DONHOFFER, SC., MESTYAN, G., PAP, T. u. J. TOTH (1952): Arch. exp. Path. Pharmakol. **214**, 299.

8 BERTOLANI, F., LORENZINI, R. u. B. BONATI (1951): Lancet **1**, 54.

9 BING, H. J. u. H. HECKSCHER (1923): Biochem. Z. **158**, 403.

10 BLANCHARD, K. C., DEARBORN, E. M., MAREN, T. H. u. E. K. K. MARSHALL (1950): Bull. John Hopkin's Hosp. **86**, 83.

11 BÖE, J. u. F. STOA (1953): Acta Endocrinol. **12**, 201.

12 BORNSTEIN, J., MEADE, B. W. u. M. J. SMITH (1952): Nature **169**, 115.

13 BOYD, E. M. u. W. F. CONNELL (1936): Quart. J. Med. **5**, 455.

14 BRODY, T. M. (1956): J. Pharmacol. exp. Therap. **117**, 39.

15 VAN CAUWENBERGE, H. (1951): Lancet **2**, 374.

16 VAN CAUWENBERGE, H. u. C. HEUSCHEM (1951): Lancet **1**, 771.

17 CHAMPY, C. u. M. DEMAY (1951): Acad. de Med. **135**, 13.

18 CHRISTENSEN, K. L. (1959): Nature **183**, 1189.

19 CHRISTENSEN, K. L. (1959): Acta Endocrinol. **31**, 608.

20 CLAUSEN, K.H. u. K. KJERULF-JENSEN (1951): Nord. Med. **45**, 475.

21 COCHRAN, J. B. (1952): Brit. med. J. **2**, 964.

22 CRONHEIM, G., KING, J. u. N. HYDER (1953): Proc. Soc. Exptl. Biol. Med. **82**, 109.

23 CRONHEIM, G., KING, J. u. N. HYDER (1952): Proc. Soc. Exptl. Biol. Med. **80**, 51.

24 DARRASPEN, E., FLORIO, R., u. P. EMANGARD (1949): Compt. rend. soc. biol. **143**, 1419.

25 DEUEL, H. J. (1955). The Lipids Interscience Publishers New York.

26 EDELMAN, A., BOGNER, R. L. u. R. STEELE (1954): Fed. Proc. **13**, 39.

27 FISHGOLD, J. T., FIELD, J. u. V. E. HALL (1951): Am. J. Physiol. **164**, 727.

28 FEENEY, G. C., CARLO, P. u. K. P. SMITH (1955): J. Pharmacol. exp. Therap. **114**, 299.

29 GOOD, C., KRAMER, H. u. M. SOMOGYI (1933): J. Biol. Chem. **100**, 485.

30 GROSS, M. u. L. A. GREENBERG (1948): The Salicylates Hillhouse Press New Haven.

31 HETZEL, B. S. u. D. C. HINE (1951): Lancet **2**, 94.

32 HÖLLER, H. (1959): Arch. Tierernährung **9**, 236.

33 HURXTHAL, L. M. (1933): Arch. Internal. Med. **52**, 86.

34 INGLE, D. J. u. R. C. MEEKS (1952): Am. J. Physiol. **171**, 600.

35 INGLE, D. J., BEARY, D. F. u. A. PURMALIS (1953): Endocrinology **52**, 403.

36 INGLE, D. J. (1950): Proc. Soc. Exper. Biol. Med. **75**, 673.

37 ISENSCHMID, R. (1913): Arch. exp. Path. Pharm. **75**, 10.

38 JORES, A. (1955): in Handbuch der Inneren Medizin 4. Aufl. Band VII/1 S. 8 ff. Springer Verlag Berlin.

39 KESLER, E. M., SHELLENBERGER, P. R., u. J. M. WILSON (1958): J. Dairy Ccience **41**, 694.

40 LOWENTHAL, J. u. L. B. JAQUES (1953): J. Pharmacol. exp. Therap. **107**, 172.

41 LURIE, K. in Vorbereitung

42 LUTWAK-MANN, C. (1942): Biochem. J. **36**, 706.

43 MACGREGOR, A. G. u. A. R. SOMNER (1954): Brit. med. J. 1, 1494.

44 MAN, E. B., GILDEA, E. F. u. J. P. PETERS (1940): J. Clin. Invest. **19**, 43.

45 NICHOLLS, E. G. u. W. A. PERLZWEIG (1928): J. Clin. Invest. **5**, 195.

46 NITZESCU, J. u. J. COSIMA (1923): C. r. Soc. Biol. Paris **89**, 1401.

47 PASQUALINI, R. Q., PASQUALINI, C. u. J. G. GARBORI (1950): Rev. soc. argent. Biol. **26**, 120.

48 PETERSON, R. E., BLACK, R. L. u. J. J. BUNIM (1958): Arth. Rheumat. **1**, 29.

49 REID, J., WATSON, A. D. u. D. H. SPROULL (1950): Quart. J. Med. **19**, 1.

50 REID, J. (1957): Scot. med. J. **2**, 91.

51 ROBINSON, F. B. (1951): Brit. med. J. **1**, 300.

52 ROSSIER, PH. u. A. BÜHLMANN (1950): Helv. Med. Acta **17**, 651.

53 SHAFFER, S. u. M. SOMOGYI (1920): J. Biol. Chem. **45**, 365.

54 SMITH, M. J. H. (1952): Lancet **1**, 991.

55 SMITH, M. J. H. (1952): Nature **170**, 240.

56 SMITH, M. J. H., MEADE, B. W. u. J. BORNSTEIN (1952): Biochem. J. **51**, 18.

57 SMITH, M. J. H. (1952): Biochem. J. **52**, 649.

58 SMITH, M. J. H. (1955): Brit. J. Pharmacol. **10**, 110.

59 SMITH, M. J. H. (1955): Biochem. J. **59**, 52.

60 SMITH, M. J. H. u. S. W. JEFFREY (1955): Nature **178**, 310.

61 SMITH, M. J. H. u. S. W. JEFFREY (1956): Biochem. J. **63**, 524.

62 SMITH, M. J. H. (1954): Biochem. J. **57**, 349.

63 SPERRY, W. M. u. M. WEBB (1950): J. Biol. Chem. **187**, 97.

64 SPROULL, D. H. (1954): Brit. J. Pharmacol. **9**, 262.

65 TENNEY, S. M. u. R. M. MILLER (1955): Amer. J. Med. **19**, 498.

66 TYGSTRUP, N., WINKLER, K. u. E. WARBURG (1959): Lancet **1**, 503.

67 UNGAR, G., DAMGAARD, E. u. F. P. HUMMEL (1952): Am. J. Physiol. **171**, 545.

68 CHARTERS, A. D. (1944): Brit. med. J. **1**, 10.

69 WEIDMANN, H. (1955): Arch. exptl. Pathol. Pharmakol. **225**, 342.

70 WING, J. M. (1955): J. Dairy Science **38**, 621.

71 WING, J. M. (1957): J. Anim. Sci. **16**, 854.

72 WING, J. M. (1958): J. Dairy Sci. **41**, 1112.

73 WINTERS, R. W. u. M. F. MORRILL (1955): Proc. Soc. Exper. Biol. Med. **88**, 409.

74 WOLFF, J. u. F. AUSTEN (1958): J. Clin. Invest. **37**, 1144.

Eingegangen am 10. 12. 1959

Aus dem Institut für Tierernährung der Forschungsanstalt für Landwirtschaft, Braunschweig-Völkenrode
(Direktor: Prof. Dr. K. RICHTER)

H. J. OSLAGE, F. E. FARRIES, E. ZORITA und *M. BECKER*

Über den intestinalen Abbau von Calciumoxalat beim Wiederkäuer

I. Teil

Oxalsäurebilanzen bei Milchkühen und Schafen

A. Einleitung und Problemstellung

Wegen ihrer besonderen stoffwechselphysiologischen Eigenschaften ist die Oxalsäure häufig und schon in früheren Jahren Gegenstand von Untersuchungen gewesen. Einen breiten Raum nehmen hierbei Arbeiten über ihre Toxizität sowie vor allem über die Beziehungen der Oxalsäure zum Calciumstoffwechsel, d. h. ihre entcalcifizierende Wirkung, ein. Zusammenfassende und umfangreiche Darstellungen der Literatur sind erst in neuerer Zeit gegeben worden [3, 28].

Die für die nachstehenden Untersuchungen im besonderen interessierenden *Verhältnisse beim Wiederkäuer* lassen sich aus der vorliegenden Literatur kurz wie folgt näher kennzeichnen. Der mikrobielle Abbau leichtlöslicher Oxalsäureverbindungen im Verdauungstrakt der Wiederkäuer erfolgt nach den entsprechenden experimentellen Arbeiten recht schnell und intensiv (fairly rapid). Die ersten diesbezüglichen qualitativen Nachweise wurden durch Versuche in vitro schon in den 20er Jahren von ZUNTZ und NATHUSIUS [34] geführt und in neuerer Zeit in entsprechenden Arbeiten am künstlichen Pansen erweitert und bestätigt [18, 31]. Auch wurden aus diesbezüglichen Bilanzversuchen Bestätigungen und Hinweise in dieser Richtung gegeben [1, 4, 5, 6]. Von mikrobiologischer Seite liegt daneben der Nachweis eines Abbaues von Oxalsäure für bestimmte Formen oder Stämme von Mikroorganismen – allerdings nur unter aeroben Bedingungen – vor. Hierbei handelt es sich vorwiegend um Proaktinomyceten sowie auch um nichtsporenbildende Mikroorganismen, die teilweise aus dem Wiederkäuerpansen und z. T. aus dem Boden isoliert wurden [12, 19].

Die speziellen Kenntnisse über die Zusammenhänge und Beziehungen zwischen *Mikroflora und Oxalsäureabbau* in den Gärkammern der Wiederkäuer sind allerdings noch sehr gering bzw. absolut unzulänglich. In der Literatur sind lediglich einige Hinweise gegeben, daß der Umfang des bakteriellen Abbaues nach „Gewöhnung“, d. h. bei Tieren, die normalerweise Oxalsäure in ihrem Futter aufgenommen haben, größer war als bei solchen, die vorher keine Oxalsäure erhalten hatten. In gleicher Weise soll die Empfindlichkeit für Vergiftungserscheinungen durch hohe Oxalsäuregaben nach vorheriger Gewöhnung an die Aufnahme kleinerer Mengen geringer sein [31].

Aus dem mikrobiellen Abbau löslicher Oxalsäureverbindungen beim Wiederkäuer folgt weiterhin, daß die *decalcifizierende Wirkung der Oxalsäure* im Sinne einer Ca-Fällung im Verdauungstrakt hier von anderen Bedingungen ausgeht als beim Einmäger. Das Ausmaß, in dem eine solche Fällung von Ca als Calciumoxalat stattfinden kann, muß beim Wiederkäuer abhängig sein von der verhältnismäßigen Geschwindigkeit, mit der der bakterielle Abbau einerseits und die Reaktion zwischen Ca und Oxalsäure auf der anderen Seite ablaufen. Da jeder der beiden Prozesse für sich von den verschiedensten Faktoren abhängig ist und diese Bedingungen sehr unterschiedlich sein können, muß auch der Umfang einer Ca-Ausfällung durch lösliche Oxalsäureverbindungen wechselnd und verschieden sein. Diesem entsprechend finden sich auch in den diesbezüglichen experimentellen Untersuchungen, in denen über eine summarische Oxalsäurebestimmung hinaus die Differenzierung in den löslichen und unlöslichen Anteil vorgenommen ist, verschiedene Befunde. So sind z. B. in den umfangreichen Arbeiten von BRUNE [4] sowohl Versuche zu finden, in denen weniger, als auch solche, in denen mehr unlösliche Oxalsäure im Kot ausgeschieden wurde, als mit dem Futter aufgenommen worden war. Letzteres trat erklärlicherweise vor allem bei hoher Ca-Zufuhr – im besonderen nach zusätzlicher Verabfolgung von Calciumcarbonat – auf.

Arbeiten von TALAPATRA u. Mitarb. ([29, 30]) berichten von einem fast völligen Abbau der löslichen Oxalsäure. Die Oxalsäureausscheidungen im Kot umfaßten hier praktisch nur die im Futter als unlösliche Oxalsäure vorliegenden Mengen. Die letztgenannten Arbeiten beruhten jedoch auf der Grundlage von Reisstroh, das innerhalb eines Gesamtoxalsäuregehaltes von etwa 1,5—1,8% der Trockensubstanz nur um 10—15% als unlösliches Calciumoxalat enthält. Auch ist der Ca-Gehalt des Reisstrohes sowie auch der gesamte Ca-Gehalt der in diesen Untersuchungen zur Verfütterung gelangten Rationen relativ gering.

Demgegenüber sind in unseren Gegenden bei Verfütterung von Zuckerrübenblatt andere Bedingungen gegeben. In einer Silage aus Zuckerrübenblatt sowie auch in getrocknetem Zuckerrübenblatt und in Trockenschnitzeln liegt die Oxalsäure weitgehend bzw. oft praktisch völlig als unlösliches Oxalat, d. h. im wesentlichen als Calciumoxalat, vor. Im frischen Zuckerrübenblatt ist zwar der Anteil löslicher Oxalsäureverbindungen höher, er kann etwa um 30–40% der gesamten Oxalsäure liegen, jedoch bleibt bei dem sehr hohen Geasmtoxalsäuregehalt der unlösliche Anteil auch hier bestimmend. Dementsprechend erwies sich in Stoffwechselversuchen unter solchen Fütterungsbedingugen immer wieder eine starke Beeinflussung des Ca-Stoffwechsels durch die Oxalsäure [1, 21, 25, 29, 30].

Die allgemein anerkannte *Lehrmeinung der Unresorbierbarkeit des Calciumoxalats* sowie die vorstehend nur kurz angedeuteten zahlreichen und mehrfach reproduzierten experimentellen Untersuchungen über das Schicksal der Oxalsäure im Verdauungstrakt der Wiederkäuer und ihre Ca-resorptionshemmende Wirkung führten daher dazu, bei oxalsäurereichen Fütterungsverhältnissen das der Oxalsäure äquivalente Ca bzw. mancherseits auch das gesamte Ca der oxalsäurereichen Futtermittel (Zuckerrübenblatt) als unverwertbar anzusehen. Auf dieser Grundlage wurden in den letzten Jahren allgemein die Fragen der Mineralstoffversorgung und des -bedarfs für die Verhältisse oxalsäurereicher Fütterung berechnet [2, 5, 8, 13, 22, 26].

Demgegenüber wurde in neuerer Zeit zuerst von BRUNE[4, 6] geäußert, daß die Oxalsäure auch in Form ihres wasserunlöslichen Ca-Salzes mikrobiell abgebaut werden könne und daher auch das Ca aus Calciumoxalat zu einem erheblichen Teil der Resorption zur Verfügung stehen müsse. Diese Annahme gründet sich im wesentlichen auf eine Reihe von Bilanzversuchen an Schafen, in denen stets ein Teil der aufgenommenen Oxalsäure nicht in den Ausscheidungen wiedergefunden wurde. Entscheidend für die Folgerungen auf einen mikrobiellen Abbau von Calciumoxalat war, daß hierbei in mehreren Versuchen mit dem Kot weniger Oxalsäure ausgeschieden wurde, als unlösliche Oxalsäure im Futter aufgenommen war.

Als weiterer Beweis eines mikrobiellen Abbaues von Calciumoxalat dienten BRUNE daneben die korrespondierend verlaufenden Bewegungen in der Ca-Bilanz bei ausgewachsenen Hammeln nach Zulage bzw. Fortfall von Calciumoxalat. Die Veränderungen in den Bilanzen zeigten sich hierbei im wesentlichen jeweils in den ersten 5 Tages-Perioden nach Zugabe oder Fortfall des Calciumoxalatpräparates.

Ähnliche Befunde über einen Oxalsäureschwund waren bereits vorher von verschiedenen Autoren mitgeteilt. So hatte BECKER nach Versuchen an Milchkühen, bei allerdings nur summarischer Untersuchung der gesamten Oxalsäure, außerordentlich wechselnde Verluste festgestellt (1) sowie einige Jahre vorher auch TALAPATRA (29, 30) nach Stoffwechselversuchen mit Rindern eine gewisse Verminderung der unlöslichen Oxalsäure im Kot gegenüber der Aufnahme im Futter berichtet. Zu der Folgerung eines mikrobiellen Abbaues auch des Calciumoxalats hatten sich diese Autoren jedoch nach ihren Untersuchungen augenscheinlich nicht berechtigt gesehen.

Zusammenfassend ließ sich demnach aus den bisher vorliegenden Ergebnissen der Literatur zu dem hier in Rede stehenden Problem des Oxalsäureabbaues beim Wiederkäuer folgendes entnehmen: *Ein mikrobieller Abbau löslicher Oxalsäureverbindungen im Intestinaltrakt der Wiederkäuer* ist sicher bewiesen. Daneben sind einige Hinweise dafür gegeben, daß auch das Calciumoxalat den Verdauungstrakt der Wiederkäuer nicht immer unverändert und quantitativ passiert. Ein exakter Beweis für einen mikrobiellen Abbau des Calciumoxalats sowie auch die Erklärung für dessen grundsätzliche Möglichkeit standen jedoch bisher noch aus. Für die Problemstellung der eigenen Arbeiten mußte daher im besonderen die Frage des Schicksals von Calciumoxalat bzw. die Möglichkeit eines mikrobiellen Abbaues der Oxalsäure auch aus ihrem wasserunlöslichen Ca-Salz im Vordergrund stehen. Für die Untersuchung dieser Frage erschien über einfache Oxalsäurebilanzen hinaus die Anwendung anderer experimenteller Methoden notwendig.

B. Experimentelle Untersuchungen

Die Versuche mit Milchkühen hatten zunächst das Ziel, die experimentellen Unterlagen über den Oxalsäureschwund beim Wiederkäuer durch entsprechende Stoffwechselversuche an Tieren mit einer absolut hohen Aufnahme von Oxalsäure zu erweitern. Als Versuchstiere dienten 8 Milchkühe der Rasse Schwarzbuntes Niederungsvieh. Die Fütterung stand auf der Grundlage vom Zuckerrübenblatt, frisch oder eingesäuert, und entsprach den Verhältnissen intensiv Zuckerrüben bauender Betriebe. Einzelheiten über die Versuchstiere, ihre Fütterung sowie weitere notwendige Berechnungsunterlagen sind in den Versuchsprotokollen im Archiv des Instituts einzusehen.

Die *Stoffwechselversuche* wurden hinsichtlich Dauer, Technik der Kot- und Harnsammlung sowie der Aufarbeitung dieser Substanzen in der bereits früher von RICHTER und BECKER [24] beschriebenen Weise ausgeführt.

Da die früher angewandte *Methodik zur Bestimmung von Oxalsäure* im pflanzlichen Material [14] bei bestimmten Stoffen Schwierigkeiten bereitete, die im besonderen in der Trennung der Oxalsäure von Begleitsubstanzen lagen, wurde die Methodik in Anlehnung an die von HAWK und BERGHEIM [11], SALKOWSKI [27] und BRUNE [3] beschriebenen Verfahren wie folgt modifiziert:

Je nach dem zu erwartenden Oxalsäuregehalt werden 2—5 g der analysenfeinen Substanz mit 100—150 ml 2n HCl zum Sieden erhitzt und auf etwa 50 ml eingeengt. Es folgt eine 18—24stündige Extraktion mit Äther im Perforator nach PRAUSNITZ ([23]). Für die Erzielung guter Analysenwerte ist es erforderlich, die Extraktion mit peroxydfreiem Äther durchzuführen, da die Peroxyde, die im handelüblichen Äther ggf. nach Lagerung auftreten, die Oxalsäure teilweise zu oxydieren vermögen ([32]). Im ätherfreien und mit 20prozentiger Na_2CO_3-Lösung verseiften Extraktionsrückstand wird die Oxalsäure im schwach essigsauren Milieu (pH. ca. 4,5) mit 10prozentiger $CaCl_2$-Lösung als $Ca(COO)_2$ gefällt. Die Reinigung des gefällten Oxalats erfolgt durch eine ca. 18stündige Extraktion der Oxalsäure aus dem in heißer Mineralsäure gelösten $Ca(COO)_2$-Niederschlag mit peroxydfreiem Äther im Perforator. Im ätherfreien Extraktionsrückstand wird die Oxalsäure wie oben gefällt — der Niederschlag ist dann einwandfrei sauber — und in üblicher Weise mit n/10 $KMnO_4$ titriert.

Die Ergebnisse der *Stoffwechselversuche mit Milchkühen* hinsichtlich der *Oxalsäure- und Ca-Bilanzen* sind in Tabelle 1 zusammengestellt.

Wie die Tabelle 1 zeigt, ergibt sich aus der Gegenüberstellung von Oxalsäureaufnahme und -ausscheidung ein uneinheitliches Bild. In allen Versuchen liegt ein Oxalsäureschwund vor, der jedoch in seinem Ausmaß recht unterschiedlich ist. Die absoluten Verluste liegen zwischen wenigen g bis zu über 100 g, d. h. daß in einigen Fällen praktisch keine Oxalsäure abgebaut wurde, während im anderen Extrem nur etwas mehr als 50% der Aufnahme im Kot wiedergefunden wurde. Die Oxalsäureausscheidungen im Harn blieben bei der obigen Aufstellung in Tabelle 1 unberücksichtigt. Obwohl sie bei den Kühen unter den hier vorliegenden Verhältnissen mit etwa 4–6 täglich zweifellos überwiegend nicht endogenen Ursprungs sind, sondern weitgehend als resorbierte Oxalsäure angesehen werden müssen und auch in ihrer Größenordnung nicht völlig zu vernachlässigen sind, beeinflussen sie die Tendenz der Befunde über den Oxalsäureabbau nicht.

Das summarische Bild vom *Verhalten der Oxalsäure im Verdauungstrakt der Wiederkäuer* entspricht somit in diesen Versuchen den Feststellungen in der Literatur, wie z. B. den früheren Arbeiten von BECKER an Milchkühen [1] und auch den Versuchen von BRUNE [4], der bei ausschließlicher Verfütterung von Zuckerrübenprodukten an Schafe Verluste von 1–22 g Oxalsäure – das entsprach unter den dort gegebenen Verhältnissen etwa 4–70% der Aufnahme – ermittelte.

Diese großen Schwankungen im Umfang der Oxalsäureverluste lassen erkennen, daß der *mikrobielle Abbau von Oxalsäure* der Einflußnahme verschiedenster Faktoren unterliegt und auch – wie in den vorliegenden Versuchen – unter

Tabelle 1. *Oxalsäure- und Ca-Bilanzen bei Milchkühen*

Versuch Nr.	Kennzeichnender Futterbestandteil	*Oxalsäure* g/Tag Aufnahme	*Oxalsäure* g/Tag Ausscheid. Kot	Differenz absolut	Differenz in % d. Aufn.	*Calcium* g/Tag Aufnahme	*Calcium* g/Tag Ausscheidung Kot	*Calcium* g/Tag Ausscheidung Harn	*Calcium* g/Tag Ausscheidung Milch	*Calcium* g/Tag Bilanz
3 Rosemarie I	60 kg Zuckerrübenblatt, frisch	273,002	160,076	112,926	41,36	209,819	190,130	2,109	15,621	+ 1,959
3 Cilla II	60 kg Zuckerrübenblatt, frisch	268,745	165,530	103,215	38,40	210,222	191,217	2,464	18,445	— 1,904
8 Hanne I	35 kg Zuckerrübenblatt, frisch	105,304	70,338	34,966	33,20	134,430	146,576	0,671	—	— 12,817
8 Gesine III	45 kg Zuckerrübenblatt, frisch	186,418	105,169	81,249	43,58	170,152	168,487	0,880	—	+ 0,785
11 Asta I	35 kg Zuckerrübenblatt, frisch	105,083	61,969	43,114	41,03	94,865	85,630	0,771	—	+ 8,464
11 Gesine III	45 kg Zuckerrübenblatt, frisch	139,308	74,755	46,553	46,34	113,569	103,527	0,752	—	+ 9,290
14 Gesa II	45 kg Zuckerrübenblatt, frisch	140,568	72,265	68,303	48,59	105,991	83,619	0,678	—	+ 21,694
14 Hunka IV	45 kg Zuckerrübenblatt, frisch	165,793	92,541	73,252	44,18	125,994	100,954	0,416	10,686	+ 13,938
4 Rosemarie II	20 kg Zuckerrübenblattsilage	142,851	122,588	20,263	14,18	182,448	173,145	0,543	—	+ 8,760
4 Dalerta II	20 kg Zuckerrübenblattsilage	122,469	101,604	20,865	17,04	141,652	140,851	0,532	—	+ 0,269
15 Gesa II	45 kg Zuckerrübenblattsilage	260,964	224,176	36,788	14,10	216,334	191,508	0,760	16,145	+ 7,921
15 Hunka I	45 kg Zuckerrübenblattsilage	273,924	226,811	47,113	17,20	229,958	200,033	0,579	20,432	+ 8,914
22 Asta I	50 kg Zuckerrübenblattsilage	291,066	263,927	27,139	9,32	204,229	209,769	0,456	17,053	— 23,049
22 Gesa II	55 kg Zuckerrübenblattsilage	287,731	284,315	3,416	1,19	234,397	223,575	0,931	21,946	— 12,055
23 Asta I	50 kg Zuckerrübenblattsilage	275,747	192,673	83,074	30,13	171,895	154,703	0,391	15,933	+ 0,868
23 Gesa II	50 kg Zuckerrübenblattsilage	251,411	177,536	73,875	29,38	182,878	165,147	0,683	15,741	+ 1,307
24 Asta I	50 kg Zuckerrübenblattsilage	288,810	241,821	46,989	16,27	181,081	184,076	0,381	16,414	— 19,790
24 Gesa II	50 kg Zuckerrübenblattsilage	283,149	235,141	48,008	16,96	213,431	206,534	0,405	14,736	— 8,244

recht ähnlichen oder gleich erscheinenden Bedingungen erheblich variieren kann. Die größten Abbauquoten sowohl absolut als auch relativ zur Aufnahme sind, wie zu erwarten, in den Versuchen mit Verfütterung von frischem Zuckerrübenblatt zu finden, da hier der höchste Anteil löslicher Oxalsäure vorhanden ist. Ob über diesen Anteil löslicher Oxalsäure hinaus auch ein Teil der unlöslichen Oxalsäure des Futters verschwunden ist, läßt sich ohne nähere analytische Differenzierung aus diesen Zahlen nicht entnehmen. Nach den durchschnittlich zu erwartenden Anteilen löslicher und unlöslicher Oxalsäure, die im Frischblatt etwa 30–40% und in der Silage etwa um 10% lösliche Oxalsäure betragen, ist das jedoch nur für einige Versuche wahrscheinlich. Aus den vorstehenden Ergebnissen war damit zwar die Bestätigung eines prinzipiellen Abbaues von Oxalsäure, jedoch nicht ohne weiteres eine solche für Calciumoxalat zu entnehmen.

Sehr viel deutlicher sind in dieser Hinsicht die Ergebnisse der nachstehend berichteten *Versuche an Schafen.* Zu einer praktisch oxalsäurefreien Grundration aus Wiesenheu und Kartoffelflocken wurden hier Zulagen an Oxalsäure in Form von Natriumoxalat und Calciumoxa'at gegeben. Die Versuche wurden in üblicher Weise mit jeweils 10 tägiger Vor- und Hauptperiode unter Nachschaltung einer ebenfalls 10 tägigen Nachperiode durchgeführt. Als Versuchstiere standen 3 bzw. im letzten Versuch 2 ausgewachsene Hammel der Merinofleischschafrasse zur Verfügung.

Die Ergebnisse dieser Versuche sind in der Tabelle 2 zusammengefaßt aufgeführt, wobei neben den Oxalsäurebilanzen auch die Ca-Bilanzen mit dargestellt wurden.

Tabelle 2. *Oxalsäure- und Ca-Bilanzen bei Schafen nach Zugabe von Na- und Ca-Oxalat* (in g/Tag)

Versuchstier	*Oxalsäure*		Differenz		*Calcium*		
	Aufnahme	Ausscheid. Kot	absolut	in % der Aufn.	Aufnahme	Ausscheid. Kot	Bilanz
		Vers. 74	Zugabe von 9,7 g Natriumoxalat				
M VIII	6,370	0,00	6,370	100	1,814	2,022	— 0,208
M X	6,370	0,00	6,370	100	1,814	1,956	— 0,142
M XII	6,370	0,00	5,370	100	1,814	1,754	+ 0,060
		Vers. 72	Zugabe von 9,2 g Calciumoxalat				
M VIII	6,321	2,102	4,219	66,74	4,694	3,792	+ 0,902
M X	6,321	2,492	3,829	60,57	4,694	3,990	+ 0,704
M XII	6,321	3,540	2,781	44,00	4,694	4,067	+ 0,627
		Vers. 78	Zugabe von 35 g Calciumoxalat				
M VIII	24,049	15,600	8,449	35,13	12,806	10,743	+ 2,063
M X	24,049	14,388	9,661	40,17	12,806	10,190	+ 2,616

Bezüglich der Oxalsäure geht hieraus hervor, daß in den ersten Versuchen mit einer Zulage von Natriumoxalat bei keinem der drei Versuchstiere noch Oxalsäure im Kot nachgewiesen werden konnte. Dieses Ergebnis konte nach Kenntnis der Literatur vielleicht hinsichtlich des Umfanges des Oxalsäureabbaues, nicht jedoch in seiner Tendenz überraschen. Unerwarteter war jedoch, daß in dem folgenden Versuch nach Zugabe der gleichen Menge Oxalsäure in Form von Calciumoxalat ein erheblicher Verlust zu bemerken war, der etwa 3–4 g, entsprechend 45–65% der Aufnahme, betrug. In entsprechender Tendenz verliefen auch die Ca-Bilanzen, die im ersten Versuch Nr. 74 bei der geringen Zufuhr von 1,81 g Ca bei allen Versuchstieren leicht negativ bzw. knapp ausgeglichen waren und nach der Calciumoxalatzugabe mit + 0,6 bis 0,9 g eine deutliche Verschiebung zum Positiven erkennen ließen.

Zur Sicherung dieser Ergebnisse wurde daraufhin ein dritter Versuch Nr. 78 durchgeführt, in dem 35 g Calciumoxalat je Tier und Tag gegeben wurden, um durch die höhere Zufuhr die Verhältnisse noch klarer hervortreten zu lassen. Wie die Zahlen der Tabelle 2 zeigen, bestätigte dieser Versuch die vorherigen Befunde sehr deutlich. Der absolute tägliche Verlust an Oxalsäure war hier mit durchschnittlich etwa 8–9 g täglich noch größer als im Versuch Nr. 72. Bei der höheren Aufnahme entspıach diese Menge etwa 35–40% der Zufuhr. Bei den Ca-Bilanzen ist ebenfalls ein deutlicher Anstieg der Ca-Retention gegenüber der geringeren Calciumzugabe im Versuch Nr. 72 zu erkennen.

Nach den Ergebnissen dieser Versuche war die Annahme eines *Abbaues auch des wasserunlöslichen Calciumoxalats durch die Mikroflora* im Verdauungstrakt beim Wiederkäuer und einer entsprechenden Resorption des Ca sehr bestärkt. Obwohl, wie eingangs zitiert, ähnliche Ergebnisse und auch Schlußfolgerungen schon von anderen Autoren mitgeteilt wurden, erschienen uns jedoch diese Befunde allein noch nicht als ein exakter und absolut sicherer Beweis. Der Annahme eines mikrobiellen Abbaues von Calciumoxalat stand zunächst die Tatsache entgegen, daß ein solcher Abbau bei einer unlöslichen, kristallinen Substanz theoretisch unmöglich erschien. Weiterhin war auch vor einer sicheren Schlußfolgerung aus den Ergebnissen derartiger Bilanzversuche trotz der im vorliegenden Falle 30 tägigen Versuchsdauer sicher zu beweisen, daß *keine mechanische Entmischung zwischen Futter und Calciumoxalatzugaben* und somit eine Ablagerung und Anreicherung des Salzes im Pansen eintrat, die bei der feinkristallinen Substanz und dem anatomischen Bau der Vormägen nicht ohne weiteres ausgeschlossen werden konnten.

Um zunächst die letztgenannte Frage sicher zu klären, wurde daher mit zwei Hammeln folgender Versuch durchgeführt. Zu einer Grundration aus Wiesenheu und Gerstenschrot wurden nach einer 10 tägigen Vorperiode über einen Zeitraum von 20 Tagen beiden Versuchstieren täglich 20 g Calciumoxalat verabreicht. Von Versuchsbeginn an wurde der Ausscheidungsverlauf für Oxalsäure und Ca durch tägliche Kotuntersuchungen ermittelt. Der Harn wurde – seiner für die Oxalsäure- und Ca-Ausscheidung quantitativ geringeren Bedeutung wegen – in Durchschnittsproben aus jeweils 5 Tagen untersucht. Bei Versuchsende wurden die Tiere getötet und der *Inhalt des gesamten Verdauungstraktes* in folgenden

Abschnitten quantitativ auf seinen Gehalt an Oxalsäure analysiert: Pansen, Haube und Psalter, Labmagen, Dünndarm, Blinddarm, Dickdarm, proximaler Teil, Dickdarm, distaler Teil.

Der Dickdarm wurde an der Stelle beginnender Kotformung, also im letzten Drittel des Kolon, zum distalen Teil getrennt. Die vom Inhalt gesäuberten Organe des Verdauungstraktes wurden nach Zerkleinerung nur gemeinsam untersucht, um die trotz sorgfältiger Abtrennung des Inhalts ggf. zurückgebliebenen Reste des Darminhalts zu erfassen.

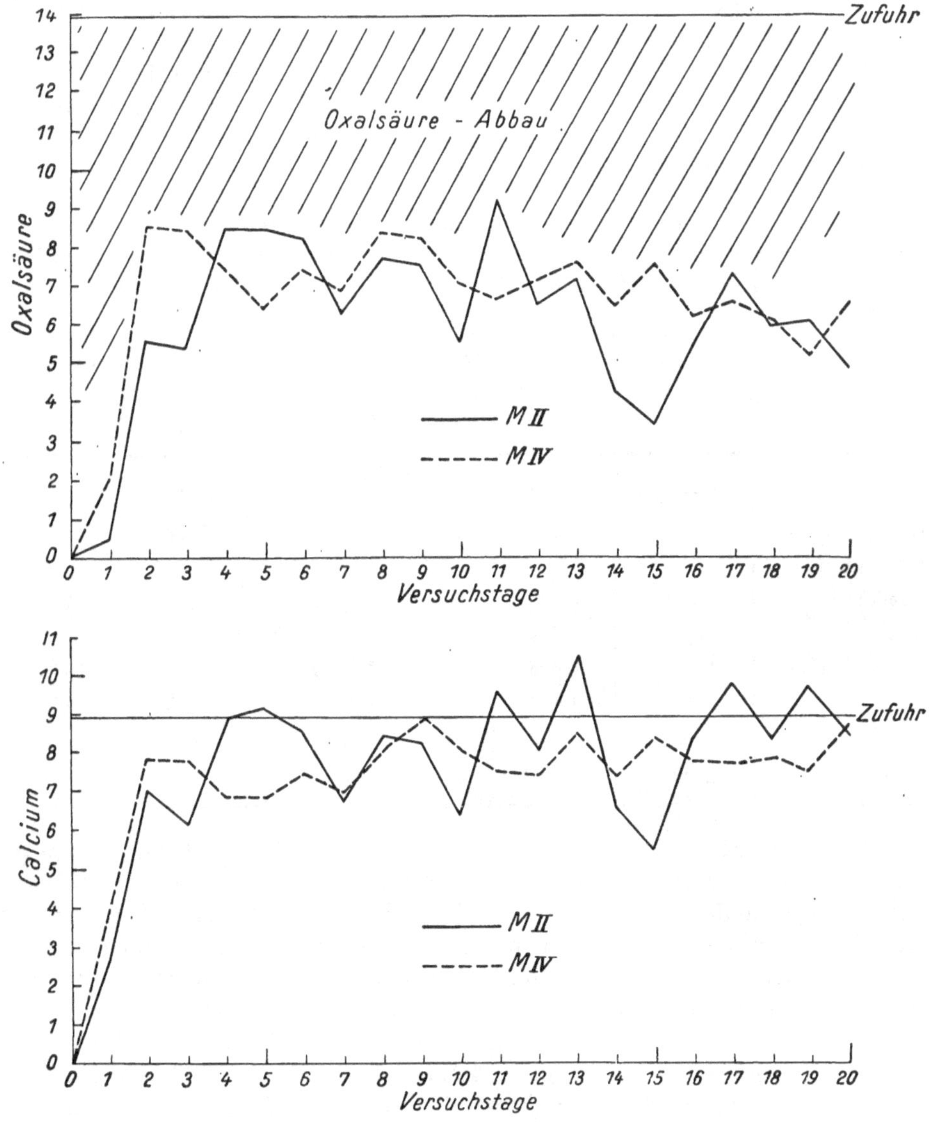

Abb. 1. Verlauf der Oxalsäure-Ausscheidung im Kot g/Tag
Verlauf der Calcium-Ausscheidungen im Kot g/Tag

Hinsichtlich des *zeitlichen Verlaufs der Ausscheidungen* ging aus den täglichen Kotanalysen eindeutig hervor, daß der Durchgang des zugegebenen Calciumoxalats normal verlief. Wie die graphischen Darstellungen in Abb. 1 erkennen lassen, war bereits nach 24 Stunden, d. h. im Kot des zweiten Tages, die normale Höhe der üblichen Ausscheidungsquoten erreicht.

Die Gesamtsumme der täglichen Ausscheidungen von Oxalsäure im Kot belief sich auf etwa 123 g bzw. 133 g bei Hammel M II bzw. M IV und ließ damit zu der gesamten Zufuhr von etwa 277 g eine erhebliche Differenz offen. Die täglichen Oxalsäureausscheidungen im Harn betrugen bei M II etwa 20–45 mg und bei M IV etwa 30–60 mg. Bei einer Gesamtausscheidung im Harn innerhalb der 20 Versuchstage von 0,641 g Oxalsäure bei M II bzw. 0,910 g Oxalsäure bei M IV waren diese Werte für die Gesamtbilanz unbedeutend, so daß auf ihre einzelne Wiedergabe hier verzichtet werden kann.

Tabelle 3. *Oxalsäuregehalt im Verdauungstrakt*

	Hammel M II			*Hammel M IV*		
	Trocken-substanz-menge g	Oxal-säure-menge g	Oxalsäure-konzen-tration mg/g Tr.-Subst.	Trocken-substanz-menge g	Oxal-säure-menge g	Oxalsäure-konzen-tration mg/g Tr.-Subst.
Pansen	723,92	2,418	3,3	612,81	1,416	2,3
Haube u. Psalter .	27,79	0,131	4,7	34,97	0,126	3,6
Labmagen . . .	73,26	0,280	3,8	43,95	0,040	0,9
Dünndarm . . .	65,2	0,320	4,9	34,6	0,140	4,0
Blinddarm . . .	42,28	0,554	13,1	37,58	0,549	14,6
Dickdarm prox. .	116,15	1,505	13,0	80,15	1,349	16,8
Dickdarm dist. .	65,21	1,115	17,1	86,32	1,882	21,8
Organe, leer . .	—	0,028	—	—	0,020	—
Summe	—	6,351	—	—	5,522	—

Die sofort nach Versuchsende vorgenommene Analyse des Inhalts des Verdauungstraktes bewies, daß *keine Anreicherung des Calciumoxalats in den Vormägen* stattgefunden hatte. Aus der Tabelle 3 wird ersichtlich, daß die größte Oxalsäurekonzentration zum Zeitpunkt der Schlachtung, d. h. 24 Stunden nach der letzten Zugabe, bereits in den hinteren Abschnitten des Verdauungstraktes liegt. Im Pansen und in den anderen Vormägen ist die Konzentration nicht größer als im Labmagen und im Dünndarm. Absolut (s. Tab. 3 u. Abb. 2) befinden sich im Pansen nur noch etwa 1,4–2,4 g Oxalsäure, d. h. etwa 10–20% einer Tagesgabe. Im gesamten Verdauungstrakt wurden nur noch 5,5 bzw. 6,4 g Oxalsäure, das entspricht etwa 45–50% der täglichen Zugabe, gefunden. Die gleiche Differenz von etwa 50% der Aufnahme liegt auch in der Gesamtbilanz, d. h. in der Summe aller täglichen Ausscheidungen und dem Inhalt des Verdauungstraktes, vor, wo gegenüber einer Aufnahme von etwa 277,5 g Oxalsäure bei M II 147,3 g und bei M IV 137,5 g gefunden wurden (Tabelle 4). Hieraus berechnet sich eine tägliche Verlustmenge von etwa 7 g Oxalsäure im Durchschnitt des 20tägigen Versuches. Die absolute Höhe des täglichen Oxalsäureschwundes liegt damit recht gut in der Größenordnung der Verluste bei den vorher berichteten Stoffwechselversuchen mit entsprechend hohen Zugaben von Calciumoxalat (Versuch Nr. 78, Tabelle 2). Diese Menge Oxalsäure muß demnach unter Einschluß der Befunde aus der Analyse des Verdauungstraktes in der relativ kurzen Zeit der normalen Passage abgebaut werden.

Tabelle 4. *Oxalsäurebilanz einschl. Inhalt des Verdauungstraktes*
Oxalsäure in g

	Hammel M II	*Hammel M IV*
Aufnahme	277,480	277,480
Ausscheidung, Kot	123,220	133,525
Ausscheidung, Harn	0,641	0,910
Verdauungstrakt	6,351	5,522
Verlust, absolut	147,268	137,523
Verlust, % der Aufnahme	53,07	49,56

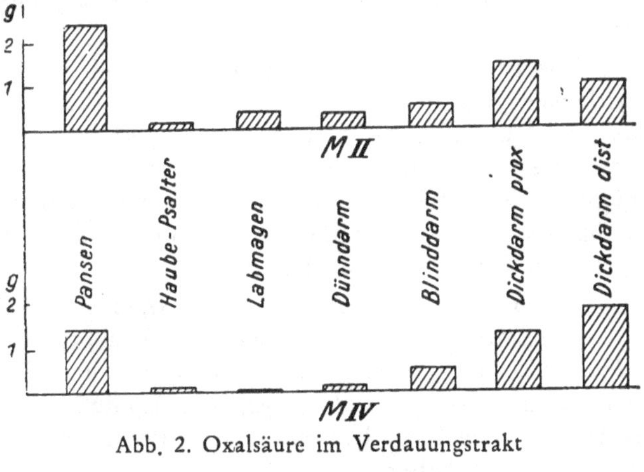

Abb. 2. Oxalsäure im Verdauungstrakt

Mit diesen Ergebnissen waren daher die Zweifel an der Versuchstechnik in den Bilanzversuchen ausgeschaltet und daneben eine weitere Bestärkung der früheren eigenen Befunde und der Ergebnisse anderer Autoren auf einen *Abbau von Calciumoxalat* gegeben. Für die sichere Beweisführung, daß es sich hierbei um einen *mikrobiellen Abbau des Calciumoxalats* handelt, erschienen entsprechende spezielle Untersuchungen notwendig, über die in einem nachfolgenden 2. Teil berichtet wird.

Zusammenfassung und Literatur am Ende des 2. Teiles.

Eingegangen am 15. 12. 1959

Aus dem Institut für Tierernährung der Forschungsanstalt für Landwirtschaft,
Braunschweig-Völkenrode
(Direktor: Prof. Dr. K. RICHTER)

H. J. OSLAGE, F. E. FARRIES, E. ZORITA

Über den intestinalen Abbau von Calciumoxalat beim Wiederkäuer

2. Teil

Untersuchungen über den mikrobiellen Oxalsäureabbau im Pansen (»in vitro«)

In dem vorher berichteten 1. Teil dieser Arbeit war in einer größeren Reihe verschiedenartig angelegter Bilanzversuche an Milchkühen und Schafen – z. T. unter Einschluß der Analyse des Verdauungstraktes – nachgewiesen worden, daß die *Oxalsäure auch in Form ihres schwer löslichen Ca-Salzes den Verdauungstrakt von Wiederkäuern nicht unangegriffen und quantitativ passiert.* Hiermit waren frühere Befunde und Hinweise verschiedener anderer Autoren [1, 4, 6, 29, 30] bestätigt und bestärkt.

Für die sichere Beweisführung, daß es sich hierbei um einen mikrobiellen Abbau handelt, erschienen entsprechende Versuche in vitro – d. h. mit Hilfe des *künstlichen Pansens* – am geeignetsten. Die diesbezüglichen Versuche schlossen gleichzeitig eingehende mikrobielle Studien ein. Dies geschah einmal aus grundsätzlichen Erwägungen über die Bedeutung der Mikroflora bei den Pansenumsetzungen sowie im besonderen wegen der weitgehenden Unkenntnis, die in den vorliegenden speziellen Fragen hierüber besteht.

Wegen des großen Umfanges der gesamten Untersuchungen soll sich jedoch die nachfolgende Berichterstattung auf die eigentlichen Ergebnisse zur *Frage des mikrobiellen Abbaues der Oxalsäure* bzw. ihrer Natrium- und Calciumsalze beschränken. Die Untersuchungen über Beziehung und Einfluß der Oxalsäure auf die Pansenflora und die bakteriellen Umsetzungen im Pansen sollen dagegen einer gesonderten Mitteilung vorbehalten bleiben.

Methodik und Anlage der Versuche

Die Gärungen wurden in einem sogenannten künstlichen Pansen nach dem Prinzip der von BURROUGHS und Mitarb., MÜLLER und KRAMPITZ u. a. [7, 20] beschriebenen Apparate vorgenommen. Wir verwendeten ein gegen Wärmeausstrahlung isoliertes 10 l-Gefäß, in dem Gärflaschen von 250 ml Inhalt durch einen mit einem Rührwerk gekoppelten Thermostaten konstant auf 40° C gehalten wurden. Die Kohlensäure wurde im allgemeinen in zwei parallelen Strömen durch die jeweils zu einer Serie gehörenden Ansatzflaschen geleitet. Die als „künstlicher

Speichel" bezeichnete Salzlösung wurde nach McDOUGALL[16] in der in einer früheren Arbeit des Instituts[33] angegebenen Zusammensetzung verwendet.

Der für die Ansätze notwendige Panseninhalt wurde mittels einer Sonde von den jeweils vorgesehenen Hammeln (ausgewachsene Merinofleischschafe) unter CO_2-Atmosphäre entnommen, zur Abtrennung von groben Futterbestandteilen in einer kleinen Hochdruckpresse durch eine vierfache Gaze filtriert und sofort in einem auf Körpertemperatur erwärmten Wasserbad ins Laboratorium gebracht.

Die Gärflaschen enthielten 1 g Cellulose, 15 ml der o. a. Salzlösung, 35 ml Pansenflüssigkeit und 40 ml aqua dest. Hierzu wurden jeweils 100 mg Natriumoxalat bzw. Calciumoxalat hinzugegeben. Diese Menge war so gewählt, daß sie etwa der im Pansen zu erwartenden Konzentration von Oxalsäure bei ausschließlicher Verfütterung von Rübenblattsilage entsprach.

Zur Frage der Dauer der Gärung sowie bzgl. des Verhältnisses der Salzlösung zur Menge der verwendeten Pansenflüssigkeit bzw. der Größe des gesamten Ansatzes wurde eine Reihe von Vorversuchen durchgeführt.

Die Gärungsdauer wurde so ausgedehnt, daß das Ausmaß eines Oxalsäureabbaues keinesfalls durch die Zeit begrenzt wurde und in etwa der durchschnittlichen Verweildauer der Nahrung im Pansen entsprach. Als Kriterium diente die Intensität der bakteriellen Umsetzungen, gemessen am Celluloseabbau unter den vorliegenden Bedingungen.

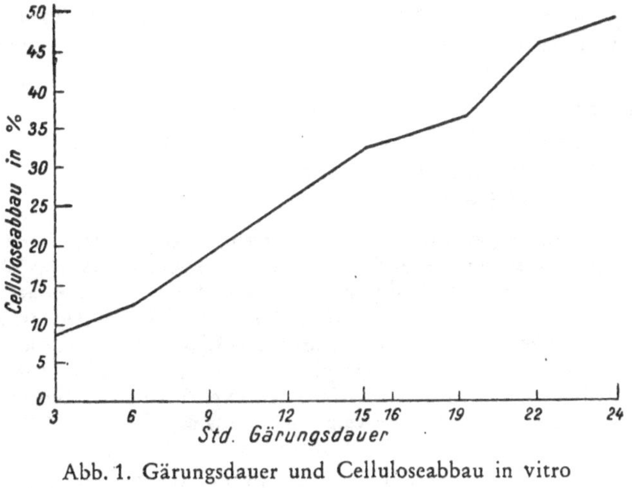

Abb. 1. Gärungsdauer und Celluloseabbau in vitro

Wie Abb. 1 zeigt, ergab sich in den entsprechenden Vorversuchen (Cellulosemehl 123, Schleicher & Schüll) ein fast geradlinig ansteigender Celluloseabbau bis zu einer 22- oder 24stündigen Gärungsdauer. Da sich diese Zeit gleichzeitig etwa mit den Angaben MANGOLDS[15] über die Verweildauer des Futters im Pansen deckt, wurde für alle Ansätze eine Gärungsdauer von 24 Stunden gewählt.

Die Vorversuche über die optimale Höhe des Anteiles der Salzlösung ergaben, wie aus den Zahlen der nachstehenden Tabelle 1 hervorgeht – bei dem hier gegebenen Volumen der Ansätze – die eindeutig besten Verhältnisse für die bakterielle Gärungstätigkeit bei einem Zusatz von 15 ml Salzlösung.

Tabelle 1. *Celluloseabbau in vitro bei verschiedenen Mengen Salzlösung*
Abbau in %

Tier	Zahl der Ansätze	0 ml Salzlös.	Zahl der Ansätze	15 ml Salzlös.	Zahl der Ansätze	30 ml Salzlös.
A	7	15,9	7	48,9	7	23,6
B	7	37,7	7	80,0	5	70,0
C	4	16,0	3	55,1	3	29,8
D	3	39,0	3	55,0	3	38,0
Durchschnitt	21	26,5	20	61,6	18	39,9

Zu den Versuchen wurden 11 Schafe in zwei Fütterungsgruppen zu 5 bzw. 6 Tieren eingeteilt. Die Tiere standen in Einzelfütterung, um ihr Verhalten besonders hinsichtlich Futter- und Wasseraufnahme, Verdauung usw. besser beobachten und kontrollieren zu können. Die Futterration der Gruppe I bestand aus Wiesenheu und ewas Futtergetreide (Gerstenschrot); die Tiere der Gruppe II erhielten Rübenblattsilage. Diese verschiedenen Futtergrundlagen wurden gewählt, um den im ersten Teil der Arbeit näher zitierten Hinweisen und Befunden auf spezifisch oxalsäureabbauende Mikroorganismen [12, 19, 31] nachzugehen. Im vorliegenden Falle sollte festgestellt werden, ob eine Pansenflora nach längerer Verfütterung von Rübenblattsilage – also eines stark oxalsäurehaltigen Futtermittels – andere Verhältnisse hinsichtlich eines Oxalsäureabbaues erkennen läßt als eine „Normalflora“ nach Verfütterung von Heu und Getreideschrot. Die Untersuchungen in vitro begannen nach etwa vier Wochen Vorfütterung mit den gekennzeichneten Versuchsrationen und umfaßten *Versuchsreihen mit Zusatz von Natriumoxalat und Calciumoxalat.*

In allen Gärungsansätzen wurden von der Pansenflüssigkeit jedes Tieres 6 Gärflaschen angesetzt. Hiervon dienten jeweils 2 Flaschen der Bestimmung des Oxalsäureabbaues. In zwei weiteren Flaschen wurde der Celluloseabbau ohne Zugabe von Oxalaten bestimmt, um hieran stets ein Kriterium für die Aktivität der jeweiligen Probe der Pansenflüssgkeit zu haben. In den letzten beiden Gärflaschen wurde gleichfalls der Celluloseabbau bestimmt, jedoch nach Zusatz von Oxalaten, um einen hierdurch bedingten Einfluß auf die bakteriellen Umsetzungen jeweils erkennen zu können. In einer zweiten Wiederholungsserie konnte auf die Untersuchungen des Celluloseabbaues verzichtet werden.

Ergebnisse und Diskussion der Versuche

In der Tabelle 2 sind die Ergebnisse der insgesamt 117 Ansätze – aufgeschlüsselt für die einzelnen Versuchstiere – wiedergegeben. Aus Gründen der Übersichtlichkeit sind in Tabelle 3 die Durchschnittswerte gesondert aufgeführt.

Aus der Tabelle 2 ergibt sich zunächst, daß die Pansenfloren beider Fütterungsarten nicht nur – wie erwartet – die Oxalsäure aus ihrem wasserlöslichen Na-Salz abbauten, sondern deutlich auch zu einem Abbau von Calciumoxalat in der Lage waren. Hiermit waren die im 1. Teil dieser Arbeit diskutierten Ergebnisse der Bilanzversuche mit Calciumoxalat bestätigt sowie bei der vorliegenden Versuchsanstellung auch sicher erwiesen, daß ein *mikrobieller Abbau von Oxalsäure auch aus*

Tabelle 2. *Abbau von Natriumoxalat und Calciumoxalat in vitro*

Fütterungsgruppe	Tier Nr.	Zahl der Ansätze	Oxalsäure je Ansatz mg	Oxalsäure abgebaut mg	Oxalsäure abgebaut %
		A. *Zugabe von Natriumoxalat*			
I Wiesenheu	H 5	14	67,18	19,34	28,8
	H 6	6	67,18	15,53	23,1
	H 7	6	67,18	13,95	20,8
	H 8	5	67,18	10,52	15,7
	H 9	2	67,18	13,98	20,8
Mittel		33	67,18	16,00	23,8
II Zuckerrübenblatt-silage	S 1	6	76,69	39,26	51,2
	S 2	6	75,28	39,39	52,3
	S 3	6	73,74	38,66	52,4
	S 2a	2	80,58	59,92	74,4
	S 4a	2	78,51	39,81	50,7
	S 9	4	72,63	17,48	24,1
Mittel		26	75,50	37,43	48,8
		B. *Zugabe von Calciumoxalat*			
I Wiesenheu	H 5	13	61,60	14,52	23,6
	H 6	6	61,60	13,45	21,8
	H 7	6	61,60	12,15	19,7
	H 8	5	61,60	11,79	19,1
	H 9	2	61,60	17,46	28,3
Mittel		32	61,60	13,63	22,1
II Zuckerrübenblatt-silage	S 1	6	71,34	19,17	26,9
	S 2	6	69,84	15,46	22,1
	S 3	6	66,05	17,07	25,8
	S 2a	2	73,30	20,77	28,3
	S 4a	2	77,31	10,72	13,9
	S 9	4	67,05	16,10	24,0
Mittel		26	69,72	16,83	24,0

dem Ca-Salz erfolgen muß. Die Erklärung dieser eindeutigen experimentellen Befunde gegenüber den in unserer 1. Mitteilung geäußerten theoretischen Bedenken über einen mikrobiellen Abbau einer unlöslichen kristallinen Substanz konnte nur darin liegen, daß die Löslichkeit des Calciumoxalats unter den Be-

Tabelle 3. *Abbau von Natrium- und Calciumoxalat in vitro im Durchschnitt der Fütterungsgruppen*

Fütterungsart	Oxalsäure, abgebaut				P %
	Natriumoxalat		Calciumoxalat		
	$\bar{x}$	s %	$\bar{x}$	s %	
Wiesenheu	16,00 mg 23,8 %	43,7	13,63 mg 22,1 %	25,6	〉5
Zuckerrübenblattsilage . .	37,43 mg 48,8 %	42,2	16,83 mg 24,0 %	33,2	〈 0,1
P %	〈 0,1		〉5		

dingungen des Pansens erheblich größer ist als in Wasser. Hinweise hierzu ergaben sich aus der Literatur in den Arbeiten von MEYER, HAMMERSTEN und DULCE [8, 10, 17] über den Einfluß verschiedener Kristalloide auf die Löslichkeit von Calciumoxalat. Eigene kurze Testreihen zu dieser Frage, bei der wir die nach 24 Stunden bei 40° C gelöste Oxalsäuremenge in aqua dest. und bei Zusatz verschiedener Salze bestimmten, ergaben die in Abb. 2 dargestellten Werte.

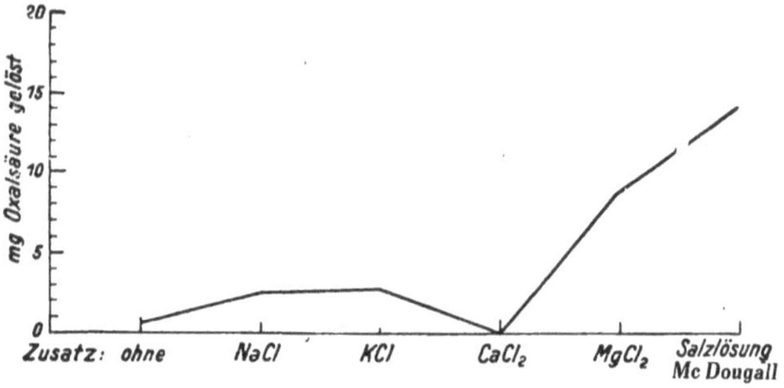

Abb. 2. Löslichkeit von Calciumoxalat
(100 mg $Ca(COO)_2$ in 1000 ml Wasser — 24 Stunden — 40° C)

Hieraus bestätigt sich der bekannte unterschiedliche Einfluß verschiedener Kationen, wobei auch der negative Einfluß von Ca^{++} deutlich wird, der die Befunde in manchen Bilanzversuchen der Literatur über ein verlustloses Wiederfinden der Futteroxalsäure im Kot bzw. eine Erhöhung der unlöslichen Oxalsäure im Kot gegenüber dem Futter gut erklärt. Weiterhin zeigt sich, daß unter dem Einfluß einer komplex zusammengesetzten Salzlösung, wie sie auch unter physiologischen Verhältnissen im Pansen gegeben ist, eine erhebliche Steigerung der Löslichkeit von Calciumoxalat eintritt. Die Frage eines intestinalen Abbaues von Calciumoxalat gegenüber wasserlöslichen Oxalaten ist somit keine prinzipielle, sondern nur eine graduelle.

Hinsichtlich der verschiedenen Pansenfloren zeigen die Werte der Tabellen 2 und 3 weiterhin, daß in den Versuchen mit Zugabe von Natriumoxalat die Mikroflora *nach Verfütterung von Rübenblattsilage einen deutlich höheren Oxalsäureabbau* aufwies als die nach Verfütterung von Heu. Während hier im Durchschnitt von 33 Ansätzen 16,0 mg Oxalsäure = 23,8% der zugeführten Menge abgebaut wurden, betrug die Abbauquote in den entsprechenden 26 Ansätzen mit der Pansenflüssigkeit nach Rübenblattsilage 37,4 mg = 48,8%. Diese Differenz ist erheblich und trotz großer Streuung der Einzelwerte auch statistisch hoch signifikant (P% < 0,1). Es ist hierzu noch zu bemerken, daß der aus Tabelle 2 ersichtliche unterschiedliche Oxalsäuregehalt in den Ansätzen der einzelnen Tiere der Fütterungsgruppe II trotz der stets gleichen Zugabe von Oxalaten in die Gärflaschen auf dem Oxalsäuregehalt in der Pansenflüssigkeit nach Verfütterung von Rübenblattsilage beruht. Da zu erwarten ist, daß diese native Oxalsäure der Rübenblattsilage ganz überwiegend als Calciumoxalat vorliegt, ist die relative Abbauquote von 484,8% für Natriumoxalat in dieser Gruppe nicht ganz korrekt, sondern sie müßte noch etwas höher liegen.

Die *größere Fähigkeit der Pansenflora nach Rübenblattsilage* zu einem Oxalsäureabbau zeigt sich dagegen nicht bei den Ansätzen mit Zugabe von Calciumoxalat. Die Differenz zwischen den Mittelwerten von 13,6 mg bzw. 22,1% der Zufuhr (Wiesenheu) und 16,8 mg bzw. 24,0% der Zufuhr (Rübenblattsilage) ist erheblich geringer als in den Ansätzen mit Natriumoxalat. Die statistische Prüfung zeigt, daß keine Signifikanz vorliegt (P% > 5).

Die Erklärung für diese Befunde wird nach dem oben Gesagten darin liegen, daß die Löslichkeit des Calciumoxalats in den beiden verschiedenen Pansenflüssigkeiten nicht sehr unterschiedlich war und damit auch durch die Pansenflora nach Verfütterung von Rübenblattsilage kein stärkerer Abbau erfolgen konnte, obwohl die Fähigkeit zu einer intensiveren Zersetzung bei größeren Angeboten an löslicher Oxalsäure, wie in den Versuchen mit Natriumoxalat nachgewiesen, vorlag.

Diese Hypothese erfährt eine weitere Bestärkung in dem *Vergleich der Abbauquoten bei Natrium- und Calciumoxalat* innerhalb der beiden Fütterungsgruppen. Für die Mikroflora der mit Heu gefütterten Tiere entsprach das in Lösung gegangene Calciumoxalat augenscheinlich in etwa ihrer Zersetzungskapazität unter den vorliegenden Bedingungen, so daß hier für Natrium- und Calciumoxalat keine unterschiedlichen Abbauquoten vorlagen. Die Abweichung zwischen den Mittelwerten von 16,0 mg und 13,6 mg liegt im Zufallsbereich der Verteilung, d. h. sie ist statistisch nicht signifikant. Der entsprechende Vergleich bei der Fütterungsgruppe Zuckerrübenblattsilage läßt dagegen die in der Löslichkeit des Calciumoxalats liegende Begrenzung des Oxalsäureabbaues aus Calciumoxalat deutlich erkennen.

Schlußfolgerungen

Zur Frage der intestinalen Oxalsäurezersetzung ist damit aus den vorliegenden Untersuchungen folgendes zu entnehmen:

Der in der Literatur bereits mehrfach berichtete Abbau löslicher Oxalsäureverbindungen wurde in vitro und in vivo bestätigt.

Darüber hinaus konnte der Nachweis erbracht werden, daß auch Calciumoxalat in den Vormägen der Wiederkäuer einem gewissen Abbau unterliegt. Die grundsätzliche Möglichkeit sowie auch die Begrenzung des Umfanges für einen mikrobiellen Abbau der Oxalsäure aus Calciumoxalat sind in seiner Löslichkeit an den Stellen des Abbaues gegeben, die hier mehrfach höher ist als in Wasser.

Der Umfang des Abbaues von Oxalsäure aus löslichen und unlöslichen Verbindungen steht in engem Zusammenhang mit der Mikroflora und ist von den Substratverhältnissen im Pansen in weitestem Sinne abhängig. Ein Abbau wird in erster Linie den Anteil der löslichen Oxaläureverbindungen im Futter betreffen sowie das Calciumoxalat nach Maßgabe seiner Löslichkeit während der Verweildauer im Pansen. Parallel dazu kann eine Resorption löslicher Oxalsäure sowie in gewissem Sinne gegenläufig auch eine Ausfällung von Calciumoxalat erfolgen. Das Endergebnis wird von der relativen Geschwindigkeit und dem Umfang der einzelnen Prozesse abhängen, die durch vielerlei Faktoren wechselseitiger Wirkung bestimmt werden.

Hieraus folgt, daß es nicht möglich ist, eine Abbauquote für Calciumoxalat oder auch für Oxalsäure allgemein in Prozenten anzugeben. Pansenumsetzungen sind nicht relativ, sondern in ihrer absoluten Höhe begrenzt. Das mögliche Ausmaß einer mikrobiellen Zersetzung ist durch die jeweils gegebenen Verhältnisse im Pansen bedingt und festgelegt. Es wird daher lediglich für bestimmte, definierte Bedingungen in etwa eine Größenordnung des zu erwartenden Abbaues von Oxalsäure angegeben werden können. .

Zusammenfassung

Die Frage eines Abbaues von Oxalsäure im Verdauungstrakt von Wiederkäuern wurde zunächst in 18 Stoffwechselversuchen mit Milchkühen an nativer Oxalsäure untersucht.

Die Versuchstiere befanden sich in verschiedenen Laktationsstadien. Die Fütterung basierte auf der Grundlage von frischem oder eingesäuertem Zuckerrübenblatt, ergänzt durch Luzerneheu, Trockenschnitzel und Kraftfutter in einer dem jeweiligen Bedarf entsprechenden Menge.

Die Oxalsäureaufnahme lag in den verschiedenen Versuchen etwa zwischen 105 g und 290 g je Tier und Tag. In allen Versuchen wurde ein Oxalsäureverlust festgestellt, der im Extrem zwischen 3 g–112 g und zwischen 1–49% der Aufnahme schwankte.

Die größten Verlustquoten, sowohl absolut als auch relativ zur Aufnahme, wurden in den Versuchen mit frischem Zuckerrübenblatt erhalten. Die Erklärung liegt in dem höheren Anteil löslicher Oxalsäureverbindungen im Frischblatt gegenüber der Rübenblattsilage. Da keine analytische Differenzierung in lösliche und unlösliche Oxalsäure vorgenommen worden war, ließ sich aus diesen Versuchen nur ein Abbau von Oxalsäure allgemein, nicht jedoch mit Sicherheit ein solcher für das unlösliche Calciumoxalat entnehmen. Insoweit waren diese Ergebnisse eine Bestätigung der Arbeiten anderer Autoren zu dieser Frage.

Stoffwechselversuche mit Schafen, in denen zu einem oxalsäurefreien Grundfutter Zulagen von Natrium- bzw. Calciumoxalat gegeben wurden, zeigten jedoch eindeutig, daß nicht nur lösliche Oxalsäureverbindungen sondern auch Calciumoxalat den Intestinaltrakt des Wiederkäuers nicht unangegriffen und verlustlos durchlaufen. Durch Töten der Tiere und quantitative Untersuchung des gesamten Verdauungstraktes wurde nachgewiesen, daß diese Verluste an Calciumoxalat in den Bilanzversuchen echt waren und nicht auf Mängeln der Versuchstechnik, z. B. einer Zurückhaltung und Ablagerung im Pansen infolge Entmischung der fein kristallinen Substanz und des Futters, beruhten.

Durch Versuche in vitro (mit Hilfe eines künstlichen Pansens) wurden diese Ergebnisse bestätigt und gleichzeitig bewiesen, daß es sich hierbei um einen mikrobiellen Abbau der Oxalsäure aus Calciumoxalat handelt.

Die Erklärung für die grundsätzliche Möglichkeit eines solchen mikrobiellen Abbaues einer wasserunlöslichen kristallinen Substanz liegt in der erhöhten Löslichkeit von Calciumoxalat im Pansen. Gleichzeitig ist mit der Löslichkeit des Calciumoxalats während der Verweildauer im Pansen auch die Grenze für seinen mikrobiellen Abbau gegeben. Die Unterschiede in einem mikrobiellen Abbau von löslichen und unlöslichen Oxalsäureverbindungen sind daher nur graduell.

Durch das Arbeiten mit verschiedenartigem Panseninhalt wurde deutlich, daß der Abbau von Oxalsäure in einem engen Zusammenhang mit der jeweiligen Mikroflora steht und damit von den gegebenen Verhältnissen in den Gärkammern abhängig ist.

So zeigte eine Mikroflora nach Verfütterung von Rübenblattsilage bei entsprechendem Vorhandensein löslicher Oxalsäure eine erheblich größere Fähigkeit zum Oxalsäureabbau als eine Pansenflüssigkeit nach Wiesenheu und Getreideschrot.

Zahlenmäßige Angaben über den Umfang eines Oxalsäureabbaues können daher nur für definierte Bedingungen gemacht werden.

Literaturverzeichnis

1 BECKER, M., Archiv f. Tierern., **2**, 338 (1952).

2 BECKER, M., Kraftfutter, **3**, 244 (1955).

3 BRUNE, H., Z. f. Tierern. u. Futtermittelkd., **10**, 103—112 (1955).

4 BRUNE, H., Z. f. Tierern. u. Futtermittelkd., **10**, 147 (1955).

5 BRUNE, H. u. K. H. SIECK, Z. f. Tierern. u Futtermittelkd., **11**, 113 (1956).

6 BRUNE, H. u. O. KUDLICH, Z. f. Tierphysiol., Tierern. u. Futtermittelkd., **13**, 1 (1958).

7 BURROUGHS, W., H. G. HEADLEY, R. M. BETH+E a. P. GERLAUGH, J.. Anim. Sci., **9**, 513 (1950).

8 DULCE, H. J., Phys. Chemie, **311**, 191 (1958).

9 GABELE, A., Ref. Haustierern. DLG, Bad Homburg, 1955.

10 HAMMARSTEN, G., C. r. Trav. Lab. Carlsberg, **17**, 1 (1929).

11 HAWK u. BERGHEIM, Prakt. Physiol. Chem. **11**, 757 (1942).

12 KOLB, E., Die Naturwissenschaften **44**, 12 (1957).

13 LENKEIT, W., Arch. f. Tierern., Beih. **4**, 11 (1954).

[14] LENKEIT, W. u. BECKER, M., Prakt. d. Ern. Physiol. d. Haust., Vandenhoeck & Ruprecht, Göttingen.

[15] MANGOLD, E., Hdb. d. Ern. u. Stoffw. landw. Nutztiere, II. Bd., Verlag J. Springer, Berlin, 1929.

[16] McDOUGALL, E. J., Biochem. J., **43**, 99 (1948).

[17] MEYER, J., Z. klin. Med., **11**, 613 (1929).

[18] MORRIS, M. P., J. GARCIA-RIVERA, J. of Dairy Science, **38**, 1169 (1955).

[19] MÜLLER, H., Arch. f. Mikrobiol., **15**, 137 (1950).

[20] MÜLLER, R. u. G. KRAMPITZ, Tierzucht u. Züchtungsbiol. **65**, 181 (1955).

[21] OSLAGE, W. u. M. BECKER, Arch. f. Tierern., **4**, 265 (1954).

[22] PAPENDIECK, K., Landw. Forschung **8**, 45 (1955/56).

[23] PRAUSNITZ, Chemiker-Ztg., **63**, 185 (1939).

[24] RICHTER, K. u. M. BECKER, Arch. f. Tierern., **2**, 232 (1952).

[25] RICHTER, K. u. M. BECKER, Züchtungskd., **27**, 63 (1955).

[26] RICHTER, K. u. H. J. OSLAGE, Züchtungskd., **28**, 148 (1956).

[27] SALKOWSKI, E., Ztschr. Physiol. Chemie **29**, 437 (1900).

[28] SCHUPHAN, W. u. J. WEINMANN, Anal. Plant et Mat. Veg., **5**, 1 (1958).

[29] TALAPATRA, S. K., S. C. RAY, N. D. KEHAR a. K. C. SEN, Sci. a. Cult., **8**, 209 (1943).

[30] TALAPATRA, S. K., S. C. RAY a. K. C. SEN, J. of Agric. Sci., **38**, 163 (1948).

[31] WATTS, P. S., Austral. J. Agric. Res., **8**, 266 (1957).

[32] YARBRO, C. L. a. R. E. SIMPSON, J. Lab. a. Clin. Med., **48**, 304 (1956).

[33] ZORITA, E. u. M. L. CALVO DE ZORITA, Z. Tierern. u. Futtermittelkd., **11**, 323 (1956).

[34] ZUNTZ, u. v. NATHUSIUS, Biederm. Zentralbl. Agrikulturchemie, **26** (1927), zit. v. Carlens, O., Berl. Tierärztl. Wochenschr., **43**, 713 (1927).

Eingegangen am 15. 12. 1959

Aus dem Institut für Agrikulturchemie und Bodenkunde der Universität Rostock
(Direktor: Prof. Dr. Dr. h. c. K. NEHRING)

SIEGFRIED POPPE

Über die Anwendung von Stilböstrol bei der Mast von Schafen

Einleitung

Nachdem 1949 die ersten Versuche über die Anwendung von Stilböstrol bei der Mast von Schafen durch ANDREWS und Mitarb. [1] veröffentlicht wurden, setzten umfangreiche Untersuchungen über die Verwendung von Östrogenen bei der Mast von Wiederkäuern ein. In fast allen Untersuchungen wird berichtet, daß Stilböstrolverabreichung an Wiederkäuer die Tageszunahmen um 15–20% erhöhen und bei einer gleichzeitigen Senkung des Futterverbrauches um 10–12% pro kg Zuwachs.

Diese Ergebnisse, die in verschiedenen Ländern, wie z. B. in der Sowjetunion [4, 8], in England [7], Brasilien [9], Ungarn [12], Österreich [13] u. a. bestätigt werden konnten, waren der Anlaß für die vorliegende und andere Tastuntersuchungen, die das Ziel verfolgen, zu prüfen, inwieweit unter unseren konkreten wirtschaftlichen Bedingungen mit dem vorhandenen Tiermaterial gleichartige Ergebnisse zu erzielen sind.

Ehe man zu einer umfangreichen Anwendung dieses Präparates kommt, falls sich die Ergebnisse bestätigen sollten, müssen auch eingehend die evtl. Auswirkungen dieses Präparates auf den Menschen in Betracht gezogen werden. Obwohl in der Literatur [8, 11, 1[illegible]] u. a.) keine Angaben zu finden sind, die eine wesentliche Erhöhung des Östrogengehaltes in den Schlachtprodukten anzeigen, wird es zweckmäßig sein, dieses Problem einmal in längeren biologischen Testen zu überprüfen.

Versuchsdurchführung und Fütterung

Der Versuch wurde in der Zeit vom 15. April bis 3. August 1959 durchgeführt. Zur Verfügung standen 16 Hammel, die uns freundlicherweise vom Institut für Pflanzenzüchtung der Deutschen Akademie der Landwirtschaftswissenschaften in Groß-Lüsewitz aus der Herbstlammung des Vorjahres überlassen wurden.

Nach der Überführung der Tiere in den Versuchsstall wurden sie gewichtsmäßig in zwei annähernd gleiche Gruppen zu je 8 Tieren eingeteilt. Das Durchschnittsgewicht der Kontrolltiere betrug 40,5 kg mit Schwankungen von 38,1 bis 43,0 kg, das der Versuchstiere entsprechend 40,6 kg mit Schwankungen von 38,6–43,9 kg.

Nach einer 30 tägigen Vorperiode begann der eigentliche Versuch. Die Dauer der Versuchsperiode wurde auf 80 Tage festgelegt. Wir hielten es für zweckmäßig, während und nach der Versuchsperiode folgende Untersuchungen vorzunehmen:

1. Entwicklung des Lebendgewichtes
2. Ermittlung des Futterverzehrs
3. Beurteilung der Fleischqualität der geschlachteten Tiere
4. Biochemische Untersuchungen des Blutserums
5. Bestimmung der N-, Ca- und P-Bilanz vor und während des Versuches
6. Histologische Untersuchungen einzelner Organe
7. Feststellung äußerlich sichtbarer Veränderungen.

Während der Versuchsperiode erhielten die Versuchstiere täglich 2 mg *Diäthylstilböstrol* in öliger Lösung dem Kraftfutter beigemischt. Die Ration der Tiere bestand aus Heu (32,8% der Trockensubstanz der Ration), Kraftfutter (28,6% der Trockensubstanz), Trockenschnitzel (37,6% der Trockensubstanz) und 1% Mineralstoffmischung.

Der Gehalt der Futtermittel an Rohnährstoffen (Weender-Futtermittelanalyse) ist in Tabelle 1 angegeben. Die angeführten Ergebnisse stellen Durchschnittswerte mehrerer Analysen dar.

Tabelle 1. *Gehalt an Rohnährstoffen in den Futtermitteln* (in % der Tr.-S.)

Futtermittel	Rohasche	Organische Substanz	Rohprotein	Rohfaser	Rohfett	Stickstoffreie Extraktstoffe
Heu	9,63	90,37	13,73	26,53	2,93	47,18
Kraftfutter . .	3,15	96,85	17,06	4,17	1,81	73,81
Trockenschnitzel	7,74	92,26	7,79	18,46	0,28	65,73

Aus technischen Gründen war eine Einzelfütterung nicht möglich, da jeweils 2 Tiere in jeder Bucht standen. Es konnte also lediglich der Futterverbrauch pro Tierpaar bestimmt werden. Das Futter wurde während des Versuches jeweils für 20 Tage im voraus für die einzelnen Tierpaare abgewogen. Es wurde zweimal täglich, morgens und abends, gefüttert. Vor jeder Fütterung wurden vorhandene Futterreste gesammelt und alle 20 Tage zurückgewogen. Die Futterreste bestanden im wesentlichen aus Heu.

Ergebnisse des Fütterungsversuches

In der Tabelle 2 sind die Rationen und der Futterverzehr der Versuchs- und Kontrollgruppe für die einzelnen Mastabschnitte zusammengestellt (berechnet auf Trockensubstanz).

Tabelle 2. *Rationen und täglicher Futterverzehr* (in kg Tr.-S.)

	1.—20. Tag		21.—40. Tag		41.—60. Tag		61.—80. Tag		1.—80. Tag	
	Kontroll-gruppe	Versuchs-gruppe	Kontroll-gruppe	Versuchs-gruppe	Kontroll-gruppe	Versuchs-gruppe	Kontroll-gruppe	Versuchs-gruppe	Kontroll-gruppe	Versuchs-gruppe
Heu	0,53		0,63		0,73		0,57		0,62	
Kraftfutter	0,53		0,53		0,56		0,56		0,54	
Trockenschnitzel	0,63		0,72		0,75		0,75		0,71	
Mineralstoffmischung	0,02		0,02		0,02		0,02		0,02	
Insgesamt	1,71		1,90		2,06		1,90		1,89	
Futterreste	0,05	0,13	0,13	0,15	0,25	0,39	0,15	0,26	0,14	0,23
Tatsächlicher Verzehr	1,66	1,58	1,77	1,75	1,81	1,67	1,75	1,64	1,75	1,66

Aus der Tabelle ist ersichtlich, daß die Versuchstiere in allen Phasen des Versuches und demzufolge auch insgesamt etwas weniger Futter als die Kontrolltiere verbrauchten. Wahrscheinlich findet diese geringfügige Appetitsdepression ihre Erklärung in der Wirkung des Stilböstrols.

Die Entwicklung der Gewichtszunahmen der Tiere in den einzelnen Mastperioden zeigt einen deutlichen Vorteil der Stilbröstolgruppe (Tabelle 3).

Tabelle 3. *Gewichtszunahmen in den einzelnen Mastabschnitten*

	Vorversuch (30 Tage)	Hauptversuch				Insgesamt 1.—80. Tag
		1.—20. Tag	21.—40. Tag	41.—60. Tag	61.—80. Tag	
Kontrollgruppe	6,7	5,1	2,9	2,6	3,6	14,3
Versuchsgruppe	5,4	5,8[1])	4,1[1])	2,5	3,8	16,2[1])
Versuchsgruppe in % der Kontrollgruppe (= 100)	80,6	113,7	141,4	96,2	105,6	113,2

[1]) Unterschied mit P = $\leqslant$ 0,05 gesichert.

Im Vorversuch nahmen die Versuchstiere weniger zu als die Kontrolltiere. Wir verzichteten auf eine Ausgleichung der Gruppen hinsichtlich der Zunahmen, da sonst zu große Differenzen im durchschnittlichen Lebendgewicht der Gruppen aufgetreten wären. Außerdem mußten die Versuchstiere diesen Rückstand einholen und die Kontrollgruppe noch übertreffen, wenn die Wirkung des Stilböstrols so deutlich sein sollte, wie sie in der Literatur beschriebnn wird.

Schon nach 20 Tagen hatten die Versuchstiere höhere Zunahmen als die Kontrolltiere. Die Stilböstrolgruppe erreichte vom 21.–40. Tag des Hauptversuches relativ die höchsten Mehrzunahmen gegenüber den Kontrolltieren, um dann später wieder abzufallen. Das starke Absinken der Zunahmen beider Gruppen in der Periode vom 41.–60. Tag des Hauptversuches kann wahrscheinlich mit dem erheblichen Anstieg der Außentemperaturen in dieser Periode und der damit in Verbindung stehenden Anpassung der Tiere an diese Verhältnisse in Zusammenhang gebracht werden. Die Außentemperaturen stiegen von einem Dekadenmittel in der Mastperiode vom 21.–40. Tag von 15,4° C auf 20,7° C in der Mastperiode vom 41.–60. Tag an, wobei die Stalltemperaturen naturgemäß wesentlich höher lagen. Die Versuchstiere reagierten jedoch stärker als die Kontrollen. Dies kommt besonders deutlich im Absinken des Gewichtszuwachses gegenüber der vorhergehenden Mastperiode, aber auch in der Verminderung der Futteraufnahme zum Ausdruck.

Bei einer zusammenfassenden Betrachtung der *Ergebnisse der Gewichtsentwicklung und des Futterverzehrs für* die gesamte Mastperiode ergibt sich, daß die *Tageszunahmen der Stilböstroltiere* mit 202 g gegenüber 178 g bei den Kontrolltieren um *13,2% höher lagen.* Dieser Mehrzuwachs konnte bei einem um 5% niedrigeren Futteraufwand erzielt werden. Pro kg Zuwachs wurde bei den Kontrolltieren 9,83 kg Futtertrockensubstanz und bei den Versuchstieren 8,22 kg benötigt, das entspricht einer *Futtereinsparung pro kg Zuwachs von 16,4%.*

Ergebnisse der Ausschlachtung

Um einen möglichen Einfluß der Stilböstrolfütterung auf die Schlachtkörper- und Fleischqualität feststellen zu können, wurden jeweils 2 Tierpaare aus der Versuchs- und Kontrollgruppe geschlachtet. Die Schlachtung erfolgte im VEB Schlachthof Rostock. Bei der Schlachtung beschränkten wir uns auf die Feststellung folgender Angaben: Lebendgewicht am Ende des Versuches, Lebendgewicht 24 Stunden nach der letzten Fütterung (Nüchterngewicht), *Nüchterngewicht* geschoren (die Tiere wurden vor dem Schlachten geschoren), Gewicht des warmen Schlachtkörpers ohne Innereien (*Schlachtgewicht* warm). Außerdem wurde das *Hautgewicht* der einzelnen Tiere festgestellt, da in der Literatur Hinweise zu finden sind, die andeuten, daß Stilböstrolverabreichung die Haut verdicken soll [4, 10]. Schließlich mußten *Fleischproben* einer chemischen Analyse unterzogen werden, um Anhaltspunkte für die Qualität des Fleisches zu erhalten. Die Fleischprobe wurde dem Unterarmmuskel des linken Vorderbeines entnommen.

Wie bereits erwähnt, wurden die Tiere vor dem Schlachten geschoren. Das Schmutzwollgewicht betrug in der Kontrollgruppe 2,32 kg, in der Versuchsgruppe 2,31 kg und war somit in beiden Gruppen praktisch gleich. Das nach der Schlachtung ermittelte Hautgewicht (Frischhaut) lag für die Kontrollgruppe bei 4,88 kg und bei 5,50 kg für die Versuchsgruppe. Da dieser Unterschied statistisch nicht zu sichern ist, muß auf Grund dieser Ergebnisse von einer Stellungnahme zu den Mitteilungen von BULASCHEWITSCH [4] Abstand genommen werden.

Bei der Ausschlachtung der Tiere wurden folgende Ergebnisse erhalten:

Tabelle 4

	Lebendgewicht am Versuchsende in kg (1)	Nüchterngewicht in kg (2)	Gewichtsverlust nach 24 Std. Nüchternheit (Differenz zwischen 1 u. 2) (3)		Nüchterngewicht geschoren in kg (4)	Schlachtgewicht warm (5)	
			in kg	in %		in kg	in % v. 4
Kontrollgruppe	62,5	60,1	2,4	3,84	57,8	33,4	57,79
Versuchsgruppe	66,0	63,0	3,0	4,55	60,7	36,5	60,13

Wie aus der Tabelle ersichtlich ist, lag der absolute wie auch der relative *Gewichtsverlust nach 24 Stunden Nüchternheit* bei den Versuchstieren höher als bei den Kontrolltieren. Das bedeutet, das der ursprüngliche Vorteil der Stilböstrolgruppe, der bei der Betrachtung der Lebendgewichtzunahmen in Erscheinung trat, eine wenn auch geringfügige Einschränkung erfährt.

Nach der Ausschlachtung jedoch ergab sich ein deutlicher Vorteil der Versuchsgruppe gegenüber der Kontrollgruppe. Diese Unterschiede der Versuchs- und Kontrollgruppe werden später einer zusammenhängenden Betrachtung unterzogen werden müssen, so daß nun zunächst die Ergebnisse der *Fleischanalyse* wiedergegeben werden sollen (Tab. 5).

Tabelle 5. *Chemische Zusammensetzung des Fleisches* (in % der Frischsubstanz)

	Wasser	Fett (Ätherextrakt)	Eiweiß (N × 6,25)	Insgesamt
Kontrollgruppe . .	73,46	8,20	18,16	99,82
Versuchsgruppe . .	75,03*)	6,38*)	18,38	99,77

*) Unterschied statistisch hoch gesichert; P = $\leqslant$ 0,01

Bei der Betrachtung der Ergebnisse der chemischen Fleichsanalyse wird deutlich, daß der Vorteil der Stilböstrolgruppe bei den Lebendgewichtszunahmen zum Teil auf Kosten eines *höheren Wassergehaltes des Fleisches* erzielt wurde. Entsprechend der Erhöhung des Wassergehaltes des Fleisches vermindert sich der Fettgehalt, während der Eiweißgehalt praktisch unverändert blieb.

Bei einer zusammenfassenden Betrachtung der Ergebnisse des Schlachtversuches ergibt sich nun die Frage, inwieweit das Stilböströl einen Einfluß auf den wirklichen Ansatz von Fleisch und Fett im Organismus hat. Es sei vorausgeschickt, daß diese Frage endgültig erst in weiteren Untersuchungen mit Hilfe von Respirationsapparaten eine exakte Erklärung erfahren kann. Dennoch soll hier versucht werden, an Hand der erhaltenen Ergebnisse einen Überblick zu geben, wie sich die *Vor- und Nachteile der Stilböstrolfütterung* in den einzelnen „Schlachtabschnitten" insgesamt auswirken. Bei der Berechnung soll aus Gründen der

Vereinfachung das Lebendgewicht am Ende des Versuches für die Kontrolltiere gleich 100 gesetzt werden. Es ist nun zu berechnen, um wieviel höher das Endgewicht der Versuchstiere war. Dazu wurde das Durchschnittsgewicht von Versuchs- und Kontrolltieren am Anfang des Versuches herangezogen und für beide Gruppen zugrundegelegt (46,63 kg), dazu addierten wir die tatsächlichen Zunahmen und erhielten das Endgewicht beider Gruppen (von einem gleichen Anfangsgewicht ausgegangen). Die Differenz betrug 3,07% zu Gunsten der Versuchsgruppe. Es ergibt sich dann weiter folgende Rechnung (Tab. 6):

Tabelle 6

	Kontrollgruppe	Versuchsgruppe
Lebendgewicht am Ende des Versuches in kg	100,00	103,07
Nüchternverlust in %	3,84	4,55
Nüchternverlust in kg	3,84	4,68
Nüchterngewicht in kg	96,16	98,39
Schlachtgewicht, warm, in % vom Nüchterngewicht	57,78	60,13
Schlachtgewicht in kg	55,56	59,16
davon rd. 50% Fleisch	27,78	29,58
Trockensubstanzgehalt des Fleisches in %	26,54	24,97
verbleiben Trockenmasse des Fleisches in kg	7,37	7,39

Aus dieser Rechnung, die die Wirklichkeit nur grob wiedergeben kann, ist ersichtlich, daß infolge des höheren Wassergehaltes im Fleisch der Versuchstiere und wegen des höheren Nüchternverlustes im Endergebnis *keine Mehrleistung an Fleischtrockensubstanz* vorhanden zu sein scheint.

Untersuchung der N-, Ca- und P-Bilanz

Aus der Literatur sind Hinweise bekannt[2, 3, 5, 15], daß sich die Retention von N, Ca und P bei Verfütterung von Stilböstrol erheblich, bis zu 50–100%, erhöhen soll. Davon ausgehend untersuchten wir bei je zwei Tieren aus der Versuchs- und Kontrollgruppe die *Bilanzen von N, Ca und P.* Die erste Untersuchungsperiode lag im Vorversuch (21.–30. Tag), während die zweite Untersuchungsperiode in den Hauptversuch gelegt wurde (41.–50. Tag). Unmittelbar nach jedem Bilanzversuch wurde von diesen 4 Tieren eine Blutprobe entnommen, um einige *biochemische Kennziffern im Blutserum* bestimmen zu können. In der Tabelle 7 sind die wichtigsten Angaben der Bilanzversuche einzeln für jedes Tier dargestellt.

Aus dem angeführten Material ist ersichtlich, daß zwischen Versuchs- und Kontrollgruppe nicht solche Unterschiede auftraten, wie sie in der Literatur beschrieben sind. Die vorhandenen Unterschiede deuten nur im gewissen Umfang einen Einfluß des Stilböstrol an. Die Ursache, daß nur geringe Unterschiede auftraten, kann unseres Erachtens folgende Gründe haben. Die durch Stilböstrol-

Tabelle 7

		Stickstoff				Calcium				Phosphor			
		Kontrolle		Versuch		Kontrolle		Versuch		Kontrolle		Versuch	
		Tier 1	Tier 2	Tier 3	Tier 4	Tier 1	Tier 2	Tier 3	Tier 4	Tier 1	Tier 2	Tier 3	Tier 4
Vorversuch	aufgenommen in g	26,49	26,74	24,94	23,03	12,31	13,27	12,63	10,91	8,35	8,23	7,70	7,14
	verdaut in g	16,35	15,98	14,67	14,36	1,41	1,47	1,53	1,16	3,00	2,05	2,64	2,54
	retiniert in g	8,40	7,10	6,81	6,36	1,36	1,39	1,44	1,11	2,48	1,97	2,56	2,24
	retiniert in %	31,71	26,55	27,30	27,63	11,05	10,47	11,40	10,17	29,70	23,94	33,25	31,37
Hauptversuch	aufgenommen in g	34,74	26,94	27,50	30,44	24,74	16,52	21,85	17,70	9,44	7,78	8,18	7,45
	verdaut in g	19,05	17,42	16,51	16,72	5,25	3,39	6,60	3,91	2,60	1,65	2,63	2,06
	retiniert in g	5,69	3,67	6,25	4,30	5,10	3,28	6,48	3,85	2,47	1,56	2,52	1,93
	retiniert in %	16,38	13,62	22,73	14,12	20,61	19,85	29,66	21,75	26,17	20,05	30,81	25,91

fütterung verursachten höheren Zunahmen dauerten nur bis zum 40. Versuchstag an, so daß bei der Bilanzuntersuchung vom 41.–50. Tag keine erhöhten Zunahmen und folglich auch keine erhöhten Bilanzen vorlagen. Eine weitere Ursache scheint in dem individuellen Reaktionsvermögen der Tiere auf die Stilböstrolgabe zu liegen. Während bei allen anderen Versuchstieren mehr oder weniger stark ausgeprägte Nebenerscheinungen auftraten, war dies bei den 2 Tieren, die im Bilanzversuch standen, nicht der Fall. Es wird also in Zukunft mit einer größeren Tierzahl gearbeitet werden müssen, wobei gleichzeitig die Untersuchungen des Stoffwechsels unmittelbar nach Beginn der Stilböstrolverabreichung begonnen werden sollten.

Die *biochemischen Untersuchungen des Blutserums* widerspiegeln im großen Rahmen die in den Bilanzversuchen gemachten Feststellungen, wie aus der folgenden Tabelle 8 ersichtlich ist.

Tabelle 8. *Biochemische Kennziffern des Blutserums der Versuchstiere*

		Gesamt-N in %	Eiweiß-N in %	Eiweiß in %	Rest-N in mg %	Ca in mg %	anorg. P in mg %
		Vorversuch					
Tier 1	Kontrolle	1,11	1,09	6,79	22	9,65	2,29
Tier 2	Kontrolle	1,09	1,06	6,65	30	10,17	2,31
Tier 3	Versuch	1,01	0,99	6,17	21	9,40	2,37
Tier 4	Versuch	1,00	0,97	6,07	26	9,56	2,22
		Hauptversuch					
Tier 1	Kontrolle	1,11	1,07	6,69	36	9,53	2,20
Tier 2	Kontrolle	1,10	1,06	6,63	39	10,58	2,40
Tier 3	Versuch	1,15	1,12	7,02	30	11,00	2,48
Tier 4	Versuch	1,01	0,99	6,18	19	11,52	2,48

Histologische Untersuchungen

Zur histologischen Untersuchung wurden Präparate *) der Prostata, der Hypophysen und Nebennieren herangezogen. Es standen von 6 Tieren die Prostata, von 4 Tieren die Hypophyse und von 8 Tieren die Nebennieren zur Verfügung.

Bei der Betrachtung der *Hypophysenpräparate* zeigte sich sowohl bei den Versuchs- als auch Kontrolltieren eine stark ausgeprägte Eosinophilie, die möglicherweise als Kastrationseffekt gedeutet werden könnte. Zwischen Versuchs- und Kontrolltieren konnten histologisch keine Unterschiede festgestellt werden. Auch bei der Durchsicht der *Nebennierenpräparate* von allen geschlachteten Tieren konnten keine sichtbaren Abweichungen zwischen Versuchs- und Kontrolltieren beobachtet werden. Bei der Betrachtung der *Prostatapräparate* traten augenscheinliche Unterschiede zwischen Versuchs- und Kontrolltieren auf. Die Kontrolltiere

*) Die Präparate wurden freundlicherweise vom Tiergesundheitsamt Rostock angefertigt.

zeigten im Präparat eine adenomartige Hyperplasie, die von einer bedeutenden Stroma-Verarmung begleitet wurde (Abb. 1). In den Präparaten der Versuchstiere dagegen wurde eine erhebliche Atrophie der Drüsenzellen festgestellt, wobei sich das Stroma übermäßig vermehrte (Abb. 2).

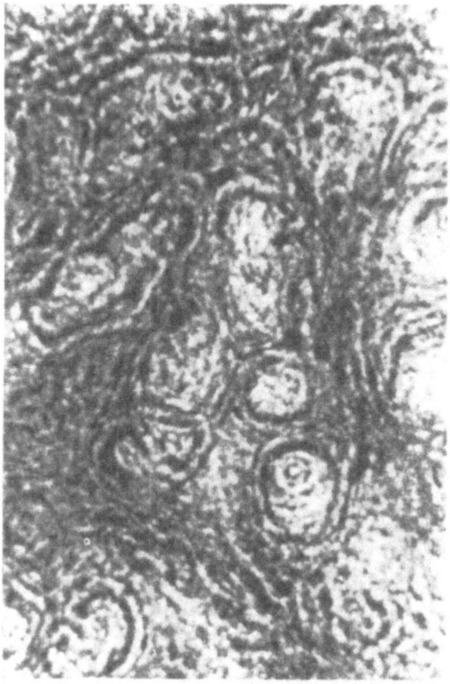

Abb. 1 Prostatapräparat (80 fach)
Kontrolltier (ohne Stilböstrol)

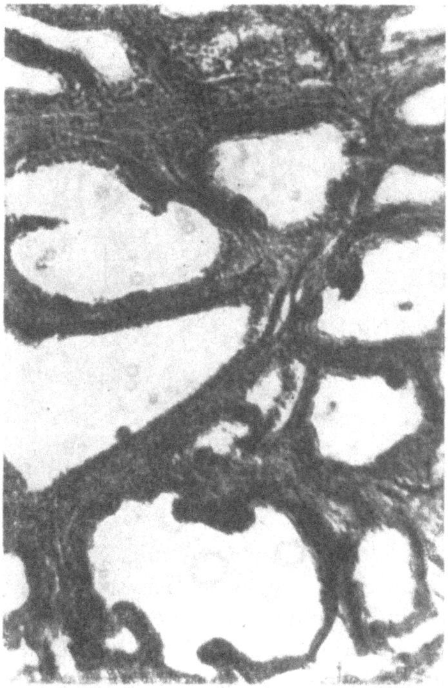

Abb. 2. Prostatapräparat (80 fach)
Versuchstier (mit Stilböstrol)

Nebenerscheinungen

Die Verabfolgung von Stilböstrol wird, wie aus Literaturangaben [5, 6] hervorgeht, durch das Auftreten unerwünschter Nebenerscheinungen kompliziert. Diese Erscheinungen, die sich naturgemäß vor allem auf die Region der Geschlechtsorgane erstrecken, wenn man von der Verminderung der Schlachtkörperqualität absieht, traten vorwiegend bei der subcutanen Verabreichung des Präparates auf. Es ist deshalb verständlich, wenn auch in unserem Versuch die Tiere von Zeit zu Zeit gründlich auf derartige Nebenerscheinungen untersucht wurden. Die erste Untersuchung wurde am 50. Tag, die zweite am 80. Tag des Hauptversuches vorgenommen. Im Folgenden sollen die Ergebnisse dieser Untersuchungen besprochen werden, wobei die Kontrolltiere unerwähnt bleiben, da bei diesen keinerlei Veränderungen in der genannten Richtung auftraten.

Bei der ersten Durchsicht der Versuchstiere konnte bei allen eine *verstärkte Entwicklung der Brustwarzen* (Zitzen) beobachtet werden. Der Versuchshammel Nr. 14 sonderte beim Melken ein milchiges Sekret ab (1,5 ml). Bei drei weiteren

Tieren entwickelten sich *Nekrosen* am Geschlechtsglied. Über das Ausmaß der Nekrosen kann man an Hand der Abb. 3 eine Vorstellung gewinnen.

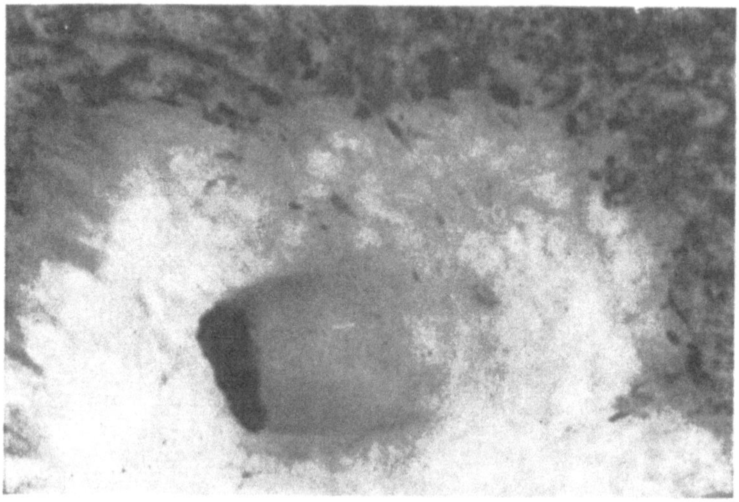

Abb. 3. Nekrosen am Geschlechtsglied eines Hammels
(nach Stilböstrolfütterung)

Die Nekrosen wurden mit „Salthion", einem Sulfonamidpräparat, behandelt. Dadurch wurde zwar die weitere Entwicklung der Nekrosen aufgehalten, eine Heilung konnte jedoch nicht erzielt werden.

Bei der zweiten Durchsicht der Versuchstiere am Versuchsende wurden dieselben Beobachtungen gemacht. Die verstärkte Entwicklung der Zitzen war auch hier bei allen Versuchstieren deutlich zu erkennen. Um eine Vorstellung von dieser Entwicklung zu geben, sind auf den Abb. 4 und 5 die Eutergegenden je eines Hammels der Versuchs- und Kontrollgruppe gegenübergestellt.

Abb. 4 Eutergegend eines Kontrollhammels

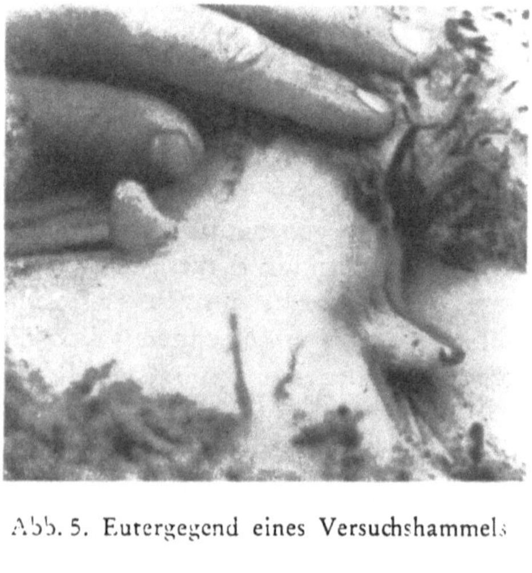

Abb. 5. Eutergegend eines Versuchshammels

Von den 8 Versuchstieren sonderten 3 beim Melken ein milchiges Sekret ab. Vom Veruchstier Nr. 14 konnten wiederum 0,9 ml „Hammelmilch" gewonnen werden. Bei der Bestimmung des Stickstoffgehaltes dieses milchigen Sekretes ergaben sich folgende Werte:

am 50. Versuchstag	1,00% N bzw.	6,25% Eiweiß
am 80. Versuchstag	0,93% N bzw.	5,81% Eiweiß.

Nekrosen am Geschlechtsglied wurde am Versuchsende bei 4 Tieren der Versuchsgruppe festgestellt.

Zusammenfassend konnte festgestellt werden, daß unerwünschte Nebenerscheinungen bei Stilböstrolverabreichung an Schafe nicht nur bei subcutaner, sondern auch bei peroraler Applikation auftreten. Es müßte in weiteren Untersuchungen geklärt werden, ob diese Nebenerscheinungen nur durch eine evtl. Überdosierung oder aber durch andere schwerwiegendere Ursachen hervorgerufen werden.

Zusammenfassung

In einem Mastversuch mit 16 Hammeln wurde der Einfluß peroraler Stilböstrolabgaben (2 mg/Tier/Tag) auf die Entwicklung der Gewichtszunahmen, auf den N-, Ca- und P-Stoffwechsel, sowie auf die Qualität des Schlachtproduktes verfolgt.

Die Lebendgewichtszunahmen der Versuchsgruppe (mit Stilböstrol) übertrafen die der Kontrollgruppe um 13,2%, wobei der Futterverbrauch pro kg Zuwachs sich um 16,4% verminderte.

Bei der Schlachung ergab sich in einer groben Überschlagsrechnung infolge eines höheren Nüchternverlustes und eines höheren Wassergehaltes des Fleisches bei den Versuchstieren, daß sich die Versuchs- und Kontrolltiere hinsichtlich der Erzeugung von Fleischtrockensubstanz nicht unterschieden.

Weiterhin wurden einige histologische Befunde berichtet und äußerlich auftretende Nebenerscheinungen beschrieben.

Literaturverzeichnis

1 ANDREWS, F. N., W. M. BEESON, M. HARPER: The effect of Stilbestrol and testerone on the growth of fattening lambs. Journ. animal sci. **8**, 578, 1949.

2 BELL, M. C., J. R. TAYLOR, R. L. MURPHREE, C. S. HOBBS: The effect of feeding urea and stilbestrol on ration digestibility and on calcium, phosphorus and nitrogen retention in lambs. Journ. animal sci. **14**, 1193, 1955.

3 BELL, M. C., J. R. TAYLOR, R. L. MURPHREE: Effect of feeding stilbestrol and urea on ration digestibility and on retention of Calcium, Phosphorus and Nitrogen in lambs. Journ. animal sci. **16**, 821, 1957.

4 BULASCHEWITSCH, M. E.: Verwendung östrogener Substanzen bei der Mast von Wiederkäuern (russ.).
Животноводство (Shivotnowodstwo) 4, 63, 1956.

5 CLEGG, N. T., H. H. COLE: The action of stilbestrol on the growth response in ruminants. Journ. animal. sci. **13**, 108, 1954.

[6] JORDAN, R. M.: The effect of stilbestrol on fattening lambs. Journ. animal sci. **9**, 383, 1950.

[7] LAMMING, G. E.: The use hormones in meat production. Report of agricultura, Nothingham, p. 66, 1956.

[8] MOSGOWAJA, R. P., W. J. SOLOWJOW, N. W. SADOWNIKOWA, A. A. IWANOWA: Die Anwendung von Diäthylstilböstrol bei der Rindermast und die Methode zur Bestimmung seines Gehaltes im Fleisch.
Доклады ВАСХНИЛ 'a (Dokladij WASCHNIL) 8, 8, 1957.

[9] QUINN, L. R., G. O. MOTT, W. B. BISCHOFF, A. C. McCLUNG: Stilbestrol and its effect on pasture fed zebn steers. Ibec Research Institute 1958.

[10] SEMAK, J. P.: Einfluß von Diäthylstilböstrol auf die Erhöhung der Fleischproduktivität von Jungvieh (russ.).
Животноводство (Shivotnowodstwo) 5, 54, 1957.

[11] STOB, N., F. N. ANDRE[S, M. K. ZARROW, M. M. BEESON: Estrogenic activity of meat of cattle, sheep and poultry following treatment with synthetic estrogens and progesteron. Journ. animal sci. **13**, 138, 1954.

[12] TANGL, H.: Die Rolle der Vitamine, Hormone und Antibiotika in der Tierzucht. Budapest 1959.

[13] TSCHIDERER, K.: Rindermastversuche mit Sexualhormonen in Österreich. Archiv f. Tierernähr. **9**, 202, 1959.

[14] TURNER, C. W.: Biological assay of beefsteer caracasses for estrogenic activity following the feeding on diethylstilbestrol at a level of 10 mg per day in the ration. Journ. animal sci. **15**, 13, 1956.

[15] WHITEHAIR, C. K., W. D. GALLUP, M. C. BELL: Effect of stilbestrol on ration digestibility and on calcium, phosphorus and nitrogen retention in lambs. Journ. animal sci. **12**, 331, 1953.

Eingegangen am 19. 12. 1959

Aus dem Institut für Tierzuchtforschung Dummerstorf der Deutschen Akademie der Landwirtschaftswissenschaften zu Berlin
(Direktor: Prof. Dr. Dr. h. c. W. STAHL)

E. OTTO und *B. PIATKOWSKI*

Weitere Untersuchungen über den Einfluß der Naßfütterung auf Mastleistung und Schlachtertrag

I. Einleitung

Diese Frage beansprucht das Interesse von Forschung und Praxis, da mit ihr die Mechanisierung der Schweinefütterung aufs engste verknüpft ist. Daher soll in Ergänzung zu einer früheren Arbeit [5] über einen weiteren Versuch berichtet werden.

Zunächst erscheint jedoch wichtig zu klären, was unter „suppigem", „nassem" bzw. „feuchtem" Futter zu verstehen ist, zumal die Bezeichnung „Naßfutter" erst in jüngerer Zeit gebräuchlich wird (wahrscheinlich um den in Mißkredit geratenen Begriff „suppig" zu umgehen).

In der Übersicht der Tab. 1 ist das Verhältnis von Trockenfutter: Wasser, der Trockensubstanzgehalt der Mischungen und die vorzuschlagende bzw. gebräuchliche Bezeichnung enthalten. Hierbei wurde die bekannte Tatsache zugrundegelegt, daß Brei (Kartoffel- oder Grießbrei) keine flüssige Konsistenz besitzt, und

Tabelle 1. *Bezeichnung der Futterkonsistenz*

Verhältnis von Trockenfutter : Wasser	Tr.-S.-Gehalt der Mischungen in %	Bezeichnung	
1 : 0	86	trocken	
1 : 0,5	57	trockenkrümelig	
1 : 1	43	feuchtkrümelig	
1 : 1,5	34	dickbreiig	
1 : 2	28	dünnbreiig	naß
1 : 2,5	24	dicksuppig	naß
1 : 3	21	suppig	naß

versucht, den verschiedenen angewandten Begriffen eine reproduzierbare Grundlage zu geben, da jede Stufe durch einen bestimmten Tr.-S.-Gehalt charakterisiert wird. Damit ist diese Einteilung auch auf die Hackfruchtfütterung übertragbar. „Nasses" Futter kann also dünnbreiig, dicksuppig oder suppig sein und umfaßt damit die Mischungsverhältnisse 1 : 2 bis 3.

II. Versuchsanlage

Während im ersten Versuch auf „blanken" Trog gefüttert wurde, erhielten jetzt die Tiere eine Zulage zur täglichen Ration, wenn der Trog bis zur nächsten Mahlzeit geleert war. Es standen diesmal zwei Würfe mit 16 Ferkeln zur Verfügung, die vom selben Vatertier abstammten. Die Mütter waren Schwestern, so daß es sich um ein einheitliches Material handelte. An Gruppe I wurde das Futter in trockenkrümligem (1 : 0,25), an Gruppe II in dicksuppigem Zustand (1 : 2,5) verabreicht. Im ersten Gewichtsabschnitt bis 50 kg betrug das Verhältnis von Gerste: Eiweißbeifutter ($^2/_3$ Fischmehl + $^1/_3$ Trockenhefe) = 88 : 12 (I), von 50—75 kg 92 : 8 (II) und bis 116 kg 96 : 4 (III). Je 1 kg Futtermischung wurden 15 g Mineralstoffstandardgemisch und je Tier und Tag 5 g Oxytetracylin-Beifutter, 30 g Grünmehl sowie 0,2 g Zinksulfat verabreicht. Auf Grund durchgeführter Verdaulichkeitsversuche enthielt je kg Mischung I 664 g verdauliche Gesamtnährstoffe und 119 g verdauliches Rohprotein, Mischung II 658 g und 105 g, Mischung III 652 g und 91 g.

Weiterhin wurden die verwendeten Futterstoffe auf ihren Gehalt an Mineralstoffen untersucht. Das Ergebnis enthält Tabelle 2.

Tabelle 2. *Der durchschnittliche Gehalt (g) von Mineralstoffen je kg Mischung*

Mischung	Ca	P	K	Na	K/Na-Verhältnis	Ca/P-Verhältnis
88 : 12	11,36	7,71	4,72	1,57	3,0 : 1	1,47 : 1
92 : 8	9,44	6,61	4,50	1,41	3,2 : 1	1,42 : 1
96 : 4	7,52	5,50	4,37	1,24	3,5 : 1	1,31 : 1

Zur Verbesserung des K/Na-Verhältnisses von 3,5 : 1 erhielt jedes Tier der Naßfütterungsgruppe im letzten Mastabschnitt täglich 4 g Kochsalz, was zu einem wünschenswerten Verhältnis [3] von 2 : 1 führte. Anlaß zu dieser Maßnahme gab die Tatsache, daß die naßgefütterten Tiere im Gegensatz zu den anderen die Holzstangen der Bucht befraßen.

Tabelle 3. *Mastdauer und tägl. Zuwachs*

Fütterung	Anfangsgewicht kg	Endgewicht kg	Masttage	Ø tägliche Gewichtszunahme g
trockenkrümelig . .	19,3	115,9	148,6	652
dicksuppig . . .	18,8	115,8	145,8	665

III. Versuchsergebnisse

1. *Gewichtszuwachs und Futterverwertung*

Die Tiere wurden bis zu einem Endgewicht von 116 kg gemästet und anschließend ausgeschlachtet. Die bei den Gruppen festgestellte Mastdauer sowie die tägliche Gewichtszunahme enthält Tabelle 3.

Hieraus geht hervor, daß zwischen den beiden Fütterungsgruppen keine bedeutenden Differenzen auftraten. Ein Unterschied in der täglichen Futteraufnahme konnte nicht beobachtet werden, obgleich im letzten Mastabschnitt jedes Tier der Gruppe II mit den zugeteilten 3,7 kg Trockenfutter 9,25 kg Wasser verzehrte. Zu einem ähnlichen Ergebnis gelangt man bei der Betrachtung der in Tabelle 4 enthaltenen Werte.

Tabelle 4. *Verbrauch an Trockenfutter, verdaulichen Gesamtnährstoffen (GN) und verdaulichem Rohprotein (v. R.) je 100 kg Zuwachs*

Fütterung	Trockenfutter (kg)	GN (kg)	v. R. (kg)
trockenkrümelig	429	279,6	44,7
dicksuppig	425	277,0	44,8

Danach verschlechterte sich die Futterverwertung durch die suppige Fütterung nicht. Es kann aber auch nicht auf eine deutliche Verbesserung geschlossen werden.

2. *Schlachtwert*

Zur Feststellung des Schlachtwertes wurden wieder subjektive Beurteilungen und objektive Messungen durchgeführt.

Die *Lebendbeurteilung vor dem Schlachten* erbrachte wie im ersten Versuch eine gute Übereinstimmung von 44,7 bzw. 44,4 Punkten. Auch die in beiden Gruppen gleichen Nüchterungsverluste und die höheren *Schlachtverluste* der Trockenfütterungstiere konnten wieder gefunden werden (Tab. 5).

Tabelle 5. *Durchschnittliche Gewichte*

n =	Trockenfütterung 8 kg	%	Naßfütterung 8 kg	%
Lebendgewicht	116,4		116,0	
Schlachthofgewicht	111,0		110,6	
Nüchterungsverlust	5,4	4,64	5,4	4,66
Warmgewicht	91,6		92,1	
Schlachtverlust	19,4	17,48	18,5	16,72
Kaltgewicht	89,4		90,0	
Kühlverlust	2,2	2,40	2,1	2,28

Die absolute Differenz von 0,9 kg prozentual 0,76%, ließ sich nicht statistisch sichern (F-Test 1,221, Tab. $P_5\%$ = 4,667). Die allgemein angegebenen höheren Nüchterungsverluste bei suppiger Fütterung infolge der kürzeren Durchgangszeit des Futters durch den Magendarmkanal treten zumindest bei der 24-stündigen Nüchterung entsprechend der Vorschrift für Mastprüfungsanstalten nicht auf. Als Ursache des höheren Schlachtverlustes muß die höhere Magen-Darmfüllung angenommen werden, wie aus der Tabelle 6 zu ersehen ist.

Tabelle 6. *Innereien*

	Trockenfütterung		Naßfütterung	
	g	%	g	%
Leber	1597	1,44	1470	1,33
Herz	369	0,32	370	0,33
Nieren	126	0,11	119	0,11
Milz	161	0,14	150	0,14
Bauchspeicheldrüse	299	0,27	296	0,27
Lunge	1798	1,62	1836	1,66
Zunge	415	0,37	398	0,36
Blase leer	64	0,06	94	0,08
Galle voll	76	0,07	85	0,08
„ leer	15	0,01	16	0,01
Magen voll	1257	1,13	942	0,85
„ leer	781	0,70	732	0,66
Dünndarm voll	1727	1,56	1524	1,38
„ leer	1361	1,22	1315	1,19
Dickdarm voll	3100	2,79	2275	2,06
„ leer	1709	1,54	1745	1,58
Dünndarm m	17,85		16,74	
Dickdarm m	5,00		4,74	

Der Tabelle 6 ist zu entnehmen, daß ein Einfluß der unterschiedlichen Fütterung auf das Gewicht der Organe nicht vorliegt. Selbst die große Differenz des vollen Dickdarms befindet sich noch im Zufallsbereich (F = 2,686, Tab. $P_5\%$ = 4,667). Auch für den größeren Unterschied bei der leeren Blase wird mit F = 4,400 (Tab. $P_5\%$ = 4,600) keine Sicherheit gefunden. Für den um 1 m längeren Dünndarm der Trockenfütterungsgruppe ergibt die Verrechnung mit F = 4,950 eine geringe Überschreitung der 5% Grenze, was im Gegensatz zu dem Ergebnis von SCHOLZ und SIEGL [7] steht.

Die *subjektive Schlachtbeurteilung* erbachte wie im ersten Versuch eine etwas bessere Bewertung für Schinken und Kamm/Kotelett bei den trockengefütterten Tieren, bei denen Kotelett, Schinken und Blatt um 1,13% schwerer, der Speckanteil hingegen um 0,95% leichter sind. Die Verrechnung ergibt aber keinen Anhalt für einen echten Unterschied (F = 1,600, Tab. $P_5\%$ = 4,667).

Die *Schinkenzerlegung* erbrachte eine weitgehende Übereinstimmung der manuell bestimmten Anteile von Fleisch, Fett, Schwarte, ebenfalls die Messungen der *Speck- und Bauchstärken.* Größere Abweichungen lassen sich beim Fettgehalt im Schinken und Schlachtkörper erkennen (Tab. 7), ohne jedoch für eine stat. Sicherung auszureichen (F = 1,591, Tab. $P_5\%$ = 4,667).

Tabelle 7. *Trockensubstanz- und Fettgehalt*

	Trockenfütterung	Naßfütterung
n =	8	8
Tr.-S. im Schinken	49,85	50,96
Fettgehalt im Schinken	35,92	37,44
Fettgehalt im Schlachtkörper	36,67	37,99

Die Messung des Koteletts und die Bestimmung der Anteile zeigt, daß die Fettfläche bei den naßgefütterten Tieren um 19% größer (Tab. 8), die Fläche des Kotelettauges fast gleich groß ist.

Tabelle 8. *Kotelettmessung*

		Trockenfütterung	Naßfütterung
n =		8	8
Kotelett	cm^2	97,04	103,22
Kotelettauge	cm^2	33,33	32,84
Gesamtfleisch	cm^2	54,33	52,76
Knochen	cm^2	9,40	10,75
Fett	cm^2	33,31	39,61
prozentualer Anteil			
Kotelettauge		34,35	31,82
Gesamtfleisch		55,99	51,11
Knochen		9,69	10,41
Fett		34,32	38,38

Nach der stat. Verrechnung liegen jedoch die Differenzen des Fettanteiles im Zufallsbereich (F = 1,447, Tab. $P_5\%$ = 4,667).

Als weiteres Kriterium diente der *Wassergehalt* und der Anteil an lockerem Wasser in den Muskeln (Tab. 9).

Bei den geprüften Muskeln M. biceps femoris, M. adductores, M. psoas, M. long. dorsi ist der Wassergehalt in der Naßfütterungsgruppe wohl infolge des höheren Fettgehaltes etwas geringer. Beim lockeren Wasser zeigt sich eine Umkehrung der Tendenz gegenüber dem ersten Versuch, da hier bei den trockengefütterten Tieren der Anteil leicht erhöht war. Allerdings überschritten auch damals nur die Werte beim M. biceps femoris die Grenze von 5%. Die Verrechnung der erhaltenen Zahlen ergibt für keinen der Muskeln einen die Grenze von 5% überschreitenden Wert. Der niedrigere Anteil an lockerem Wasser im zweiten Versuch dürfte aller Wahrscheinlichkeit nach mit der zusätzlichen Kochsalzgabe an die Naßfütterungsgruppe zusammenhängen, da Natrium die Wasserbindung erhöht. Es ist nämlich bekannt, daß bei Abgabe überschüssigen Wassers im Harn eine Ausspülung von Kochsalz erfolgen kann [4].

Tabelle 9. *Preßversuch*

	Wassergehalt %	ausgetr. Wasser cm^2	lockeres Wasser %
n =		M. biceps femoris	
T 8	74,40	8,46	36,40
N 8	74,06	7,58	32,39
		M. adductores	
T 8	74,75	7,10	29,83
N 8	74,57	6,29	26,08
		M. psoas	
T 8	76,71	7,44	30,75
N 8	76,40	6,60	26,88
		M. long. dorsi	
T 8	72,67	7,09	30,64
N 8	72,35	7,12	30,92

Die Farbmessungen bestätigen das Ergebnis des ersten Versuches, daß keine statistisch gesicherten Unterschiede vorhanden sind. Zwar sind die Mm. biceps femoris, adductores psoas bei den trockengefütterten Tieren heller, der M. long. dorsi dunkler, doch ist die Varianz innerhalb der Gruppen größer als zwischen den Gruppen.

Auch bei der *Muskelfaserstärke* war wie im früheren Versuch keine Beeinflussung durch die Fütterung festzustellen (Tab. 10).

Tabelle 10. *Muskelfaserstärke in μ*

	Trockenfütterung	Naßfütterung
n =	8	8
M. biceps femoris	55,33	50,99
M. adductores	58,04	59,63
M. psoas	38,91	36,79
M. long. dorsi	55,33	55,11

Bei drei Muskeln ist der Durchmesser bei den trockengefütterten Tieren größer, bei einem bei den naßgefütterten. Die Verrechnung ergibt auch bei der größten Differenz keine Sicherheit, da die Streuungen zu groß sind.

IV. Besprechung der Ergebnisse

Während in dem vorhergehenden Versuch [5] die Tiere der Naßfütterung geringfügig – jedoch nicht statistisch gesichert – schlechter waren als die der Trockenfütterung, kann des den vorliegenden Ergebnissen nicht entnommen werden. Dieses ist darauf zurückzuführen, daß die Tiere längere Freßzeiten hatten und während der kalten Jahreszeit angewärmtes Wasser erhielten. Die Gewichtszunahmen der trocken-krümelig gefütterten Tiere wurden sonst nicht erreicht.

Die Versuchsergebnisse zeigen wiederum, daß die oft vertretene Ansicht einer schlechteren Futterverwertung [2, 4, 6] bei einer breiigen bis suppigen Fütterung nicht bestätigt werden kann [1, 5, 7].

Von Bedeutung ist das K/Na-Verhältnis, da es bei Naßfütterung durch die Kochsalz-Ausspülung ungünstig beeinflußt zu werden scheint. Bei einem entsprechenden Fischmehlanteil genügt eine Beigabe von 2–5 g Kochsalz, bei Hackfruchtfütterung sollten die Angaben LIEBSCHERS [3] gelten (5–15 g).

Bemerkenswert ist die Tendenz des höheren Fettansatzes bei den naßgefütterten Schweinen. Die Erklärung dafür könnte nach bisherigen Erkenntnissen auf einen geringeren Energieaufwand für die Kau- und Verdauungsarbeit bei breiigsuppiger Konsistenz des Futters zurückgeführt werden, da es schneller den Verdauungskanal passiert als trockenes. Die eingesparte Energie erscheint so in Form von Fett. Ein höherer Fettanteil wird aber vom Verbraucher abgelehnt, weil mit ihm eine Qualitätsverschlechterung verbunden ist. Nicht unerwähnt soll die höhere Stallnässe bei Naßfütterung bleiben, der während der kalten Jahreszeit durch Temperaturregulierung und Belüftung zu begegnen ist, um besonders junge Tiere gesund und leistungsfähig zu erhalten.

V. Zusammenfassung

Die Versuche bei Naß- und Trockenfütterung ion Mastschweinen zeigten:

1. Zuwachs und Futterverwertung bleiben durch nasse Fütterung (breiig-suppig) unbeeinflußt.

2. Wasser stellt keinen die Futter- und Nährstoffaufnahme einschränkenden Faktor dar, wenn ausreichende Freßzeiten gewährt werden.

3. In der kalten Jahreszeit werden durch Aufnahme großer Mengen kalten Wassers und durch kalte, nasse Ställe die Mastergebeisse negativ beeinflußt.

4. Eine Beigabe von Kochsalz erscheint bei naßgefütterten Tieren notwendig.

5. Bei Naßfütterung ergibt sich die Tendenz eines erhöhten Fettansatzes, was den qualitativen Anforderungen entgegensteht.

VI. Literaturverzeichnis

1 BARBER, R. S., R. BRAUDE und G. K. MITCHELL: Water for baconer. Pig farming 6. Nr 1. 25. 1958

2 KELLNER, O. — M. BECKER: Grundzüge der Fütterungslehre. 12. völlig neubearbeitete Auflage. 1959. Hamburg und Berlin. Verlag Paul Parey.

3 LIEBSCHER, W.: Die Wirkstoffe in der Ernährung der landwirtschaftlichen Nutztiere. 1959. Wien. Verlag von Carl Gerolds Sohn.

4 NEHRING, K.: Lehrbuch der Tierernährung und Futtermittelkunde 2. Auflage 1955. Radebeul. Neumann-Verlag.

5 PIATKOWSKI, B. und E. OTTO: Der Einfluß der Naßfütterung der Mastschweine auf Zunahmen, Verdaulichkeit und Futterverwertung sowie Schlachtleistung und -qualität. Arch. Tierernährung 9. 350. 1959.

6 SCHMIDT, J., J. KLIESCH, V. GOERTTLER: Lehrbuch der Schweinezucht. 2. Auflage 1949. Berlin. Verlag Paul Parey.

7 SCHOLZ, K. und O. SIEGL: Untersuchungen über den Einsatz von pumpfähigem Futter in der Schweinemast im Vergleich zur trockenen Automatenfütterung. Dtsch. Landwirtschaft 9. 492—97. 1958.

Eingegangen am 5. 1. 1960

Aus dem Oskar Kellner-Institut für Tierernährung, Rostock
(Direktor: Prof. Dr. Dr. h. c. K. NEHRING)

L. HOFFMANN, R. SCHIEMANN und *K. NEHRING*

Zur Berechnung der Netto-Energie von Futterstoffen

Die Bewertung der Futterstoffe für die tierische Produktion ist von KELLNER erstmalig auf der Grundlage ihres Leistungsvermögens aufgebaut und in Form des Stärkewertes in die landwirtschaftliche Fütterungspraxis eingeführt worden. Dieses Prinzip KELLNERs, die Leistung der Futterstoffe direkt am Tier zu messen und zwar durch Feststellung des Fettansatzes beim ausgewachsenen Tier, stellt die wissenschaftlich am besten begründete Methode dar, einen Wertvergleich der Futterstoffe durchzuführen und damit eine rationelle Fütterung der landwirtschaftlichen Nutztiere zu ermöglichen.

Die Bewertung der Futterstoffe auf der Grundlage ihrer *Leistung* ist jedoch mit erheblichen Schwierigkeiten methodisch-technischer Art verknüpft. Die genaue Bestimmung des Leistungsvermögens der Futterstoffe im Tierversuch setzt umfangreiche technische Anlagen (Respirationsapparate) voraus und erfordert einen hohen Zeit- und Arbeitsaufwand, der einmal durch die Anwendung des Differenzverfahrens, im besonderen aber durch das Messen des Gaswechsels bedingt ist.

In Anbetracht derVielzahl der vorhandenen Futterstoffe und der beschränkten Möglichkeit, ihr Leistungsvermögen in Gesamtstoffwechselversuchen experimentell zu bestimmen, ist es verständlich, daß KELLNER selbst schon versucht hat, ein *rechnerisches Verfahren* für die Ermittlung des Stärkewertes aufzubauen, das heute vielfach Anwendung findet. Dieses Verfahren befriedigt jedoch nicht restlos; die Gründe hierfür liegen darin, daß es einmal eine nicht voll ausreichende experimentelle Grundlage besitzt und zweitens zum Teil auch nicht auf ganz richtigen Vorstellungen beruht.

KELLNER hat die *verdaulichen Nährstoffe* als Grundlage der rechnerischen Ermittlung des Leistungsvermögens der Futterstoffe benutzt, ausgehend von dem Grundgedanken, daß zwischen den verdaulichen Nährstoffen und ihren Leistungen, d. h. der *Nettoenergie,* bestimmte Beziehungen bestehen. Er hat zunächst die Nettoenergie der reinen Nährstoffe und zwar des Proteins, des Fettes, der Rohfaser und der Stärke bestimmt. Die im Versuch ermittelten Nettoenergiewerte der reinen Nährstoffe wurden von KELLNER auf den verdauten Anteil bezogen und somit die allgemein bekannten Energie- bzw. Umrechnungsfaktoren erhalten, die in der folgenden Tabelle 1 angeführt sind.

Tabelle 1. *Faktoren nach* KELLNER *zur Errechnung der Nettoenergie bzw. des Stärkewertes von Futterstoffen aus den verdaulichen Nährstoffen*

Nährstoff	Energiefaktoren cal/g verdaul. Nährstoff	Umrechnungsfaktoren Leistungswert der Stärke = 1 gesetzt
Stärke	2360	1,00
Rohfaser	2400	1,00
Rohrzucker	1790	0,76
Fett aus Ölsamen	5685	2,41
Fett aus Getreide	5000	2,12
Fett aus Rauhfutter	4500	1,91
Eiweiß	2220	0,94

Nach Feststellung der Nettoenergiewerte für die reinen Nährstoffe ist KELLNER dazu übergegangen, die Nettoenergie bzw. das Fettbildungsvermögen der verschiedenen Futterstoffe zu bestimmen. Dadurch war es ihm möglich, die experimentell in Gesamtstoffwechselversuchen ermittelte Nettoenergie mit den Werten zu vergleichen, die sich rein rechnerisch aus dem Gehalt an verdaulichen Nährstoffen der entsprechenden Futterstoffe bei Verwendung der oben erwähnten Ansatzfaktoren ergeben. Dabei konnte er feststellen, daß bei einigen Futterstoffen die Versuchsergebnisse und die rechnerisch erhaltenen Ergebnisse gut übereinstimmten. Bei einer größeren Anzahl von Untersuchungen konnte jedoch eine Übereinstimmung nicht gefunden werden. Besonders die gewonnenen Nettoenergiewerte an Rauhfutterstoffen wichen stark von den theoretischen Erwartungen ab. Auf Grund dieser Ergebnisse gelangte KELLNER zu der sehr bedeutungsvollen Schlußfolgerung, die unser Denken bis heute beeinflußt hat, daß die einzelnen verdaulichen Nährstoffe der verschiedenen Futterstoffe für die Produktionsleistung nicht gleichwertig sind und daß es nicht möglich ist, ausschließlich auf der Basis der verdaulichen Nährstoffe die Nettoenergie von Futterstoffen zu berechnen. KELLNER selbst schreibt dazu in seinem Lehrbuch [1]:

> Die S. 160—168 angegebenen und andere, in gleicher Weise ausgeführten Untersuchungen des Verf. beweisen, daß die verdaulichen Nährstoffe der verschiedenen Futtermittel nicht gleichwertig sind, sondern sehr verschieden wirken, je nach dem Widerstand, den die Futterstoffe der Zerkleinerung und der Auflösung entgegensetzen.

Um diese Schwierigkeiten zu überwinden, hat KELLNER den Begriff der *Wertigkeit der Futterstoffe* als ein Hilfsmittel eingeführt, mit dessen Hilfe aus dem Gehalt an verdaulichen Nährstoffen bis heute die Stärkewerte nach der von ihm angegebenen Methode berechnet werden. Dieses *Prinzip der Stärkewertberechnung* bzw. der *Errechnung der Netto-Energiewerte* aus dem Gehalt an verdaulichen Nährstoffen steht eigentlich im Widerspruch zu der Auffassung, daß der Leistungswert der einzelnen Nährstoffe bei den verschiedenen Futterstoffen nicht der gleiche ist. Auch durch die Einführung des Wertigkeitsbegriffes ist dieser Widerspruch nicht restlos beseitigt worden; er ist jedoch nur von theoretischer Bedeutung und hat bei der Anwendung der Wertigkeit keine fehlerhafte Auswirkung auf den zu errechnenden Nettoenergiegehalt.

Nachdem KELLNER für eine größere Anzahl von Futterstoffen der verschiedenen Futtermittelgruppen den Nettoenergiegehalt experimentell bestimmt hatte, gingen seine Bemühungen dahin, die Wertigkeit bzw. den *Wertverlust der Futterstoffe* gegenüber den reinen Nährstoffen zu begründen. So hat er für die Rauhfutterstoffe über die verdaulichen Nährstoffe hinaus zum Rohfasergehalt eine Beziehung geknüpft, die die Nichtübereinstimmung zwischen beobachteter Leistung und theoretischer Erwartung aufheben sollte. Mit der Auffassung, den Produktionsausfall bei Rauhfutterstoffen auf die erhöhte Kau- und Verdauungsarbeit zurückzuführen, hat er gleichzeitig eine plausible Erklärung für diese Erscheinung gegeben und die Berechnung des Stärkewertes bzw. des Nettoenergiegehaltes von Futterstoffen durch eine Gleichung allgemeingültiger Natur ermöglicht, wobei jedoch auch hier bemerkt werden muß, daß der Abzug für den Rohfasergehalt (für 1 g 1360 cal) experimentell mit einer nicht unerheblichen Unsicherheit behaftet ist. Um einen unmittelbaren Vergleich der Leistung der verdaulichen Nährstoffe zwischen allen Futterstoffen gegenüber den reinen Nährstoffen aufrecht zu erhalten, hat KELLNER den Begriff der Wertigkeit auch weiterhin auf die Rauhfutterstoffe angewendet.

Eindeutige Beziehungen zwischen irgendwelchen stofflichen Bestandteilen und der Wertigkeit der Futterstoffe aus den anderen Gruppen (Saft- und Kraftfuttermittelgruppe) konnte KELLNER nicht nachweisen und damit für diese Gruppen ein den Rauhfutterstoffen entsprechendes Berechnungsverfahren nicht entwickeln.

Der entscheidende Nachteil, der dem *Berechnungsverfahren* KELLNERs *für die Nettoenergie* unter Verwendung der Wertigkeit anhaftet, ist der, daß es grundsätzlich nicht möglich ist, Vorausberechnungen vorzunehmen, d. h. den Nettoenergiewert von Futterstoffen zu berechnen, deren Leistungsvermögen nicht in Gesamtstoffwechselversuchen gemessen wurde. Die Wertigkeitslehre KELLNERs verlangt theoretisch für alle Futterstoffe die Durchführung von Gesamtstoffwechselversuchen zur Ableitung der Wertigkeit. Bei der praktischen Durchführung der Futterwertmessung wird man sich unter dem Aspekt einer weiteren Anwendung der von KELLNER eingeführten Berechnungsmethode wegen des großen Aufwandes an Arbeit zwangsläufig mit einer Beschränkung der Leistungsermittlung auf bestimmte Futterstoffe einzelner Futtermittelgruppen einverstanden erklären können. Die Untersuchung von etwa 100–120 Futterstoffen ist dabei als untere Grenze anzusehen, um zu gesicherten Ergebnissen zu kommen, wobei noch damit zu rechnen ist, daß von Zeit zu Zeit neue Futterstoffe auftreten können, die geprüft werden müssen.

Bei der Verallgemeinerung der so erhaltenen *Wertigkeitszahlen* spezifischer Futtermittelgruppen kann jedoch die Unsicherheit der Übertragung der Wertfaktoren auf nicht experimentell geprüfte Futterstoffe nicht übersehen werden, wenn die Voraussetzung, auf der das Prinzip KELLNERs aufgebaut ist, nämlich daß das *Leistungsvermögen der einzelnen verdaulichen Nährstoffe* von der Art des Futtermittels abhängt, zutrifft.

Ist die Schlußfolgerung KELLNERs richtig, daß die verschiedenen verdaulichen Nährstoffe in den Futterstoffen in ihrer Leistung nicht gleichwertig sind, dann bietet sich keine Möglichkeit für die Ableitung eines *allgemeingültigen* Berechnungsverfahrens der Nettoenergiewerte, und eine Lösung der Aufgabe, die Bewertung der Futterstoffe ausschließlich nach ihrem Leistungsvermögen vorzunehmen, ist für die nahe Zukunft auch unter Berücksichtigung der oben genannten Einschränkungen praktisch nicht realisierbar.

Nun ist die Schlußfolgerung KELLNERs von der Inkonstanz des Leistungsvermögens der verdaulichen Nährstoffgruppen aus der Übertragung der Leistungswerte der reinen verdaulichen Nährstoffe auf die Verhältnisse bei den Futterstoffen und der hierbei festgestellten Unstimmigkeiten gezogen worden.

Bei der Beurteilung der von KELLNER aufgezeigten Differenz muß jedoch einmal eine gewisse Unsicherheit der von ihm angegebenen Berechnungsfaktoren in Betracht gezogen werden, da die Zahl der für ihre Bestimmung durchgeführten Untersuchungen zum Teil recht gering ist. Dies gilt sowohl für das Fett als auch für das Rohprotein und für die Rohfaser. *Neue Untersuchungen zur Bestimmung der Nettoenergiewerte* für die verschiedenen reinen Nährstoffe unter Verwendung einer größeren Anzahl von Paralleltieren laufen zur Zeit in unserem Institut.

Des weiteren ist aber zur Erklärung dieser Differenzen denkbar, daß die reinen Nährstoffe, in isoliertem Zustand verabreicht, im Organismus andere Wirkungen auslösen als die entsprechenden Nährstoffe im biologischen Verband der Futterstoffe, und daß die von KELLNER vorgenommene Übertragung den *unterschiedlichen Leistungswert* der verdaulichen Nährstoffe in Abhängigkeit von der Art der Futterstoffe nur vortäuscht.

Um zunächst einmal zu klären, ob der von KELLNER eingeführte Wertigkeitsbegriff nicht etwa auf unrichtigen Voraussetzungen aufgebaut ist, erschien es uns nützlich, die Frage nach den Beziehungen zwischen den einzelnen *verdaulichen Nährstoffen und ihren Nettoenergiewerten* zu stellen.

Das in der Zwischenzeit auch in den biologischen Wissenschaften eingeführte Verfahren der *Korrelationsrechnung* eröffnet die Möglichkeit, auf dem Wege der Mehrfachkorrelation den Beziehungen zwischen der Nettoenergie und den einzelnen verdaulichen Nährsoffen nachzugehen, um ggf. aus den sich ergebenden Abhängigkeiten entsprechende Leistungsfaktoren abzuleiten und ein Berechnungssystem für den Nettoenergiegehalt der Futtermittel zu schaffen, das nicht nur die Veränderlichkeit der verdaulichen Nährstoffe bei den verschiedenen Futterstoffen berücksichtigt, sondern auch die Vorausberechnung des Nettoenergiegehaltes gestattet.

Das von KELLNER zur Produktionswertbestimmung der Futterstoffe erarbeitete Zahlenmaterial bietet bis heute praktisch die alleinige Grundlage, dieser Frage nach der Enge der Beziehung zwischen der Nettoenergie und dem Gehalt an den einzelnen verdaulichen Nährstoffen nachzugehen *). Es ist deshalb für die nachstehenden Untersuchungen auf dieses Material zurückgegriffen worden. Von den rund 40 Futterstoffen, von denen KELLNER die Nettoenergie experimentell bestimmte, sind die *Untersuchungsergebnisse von 34 Futterstoffen* für eine entsprechende korrelative Auswertung verwertbar und in der Tabelle 2 zusammengestellt.

---

*) Eine entsprechende Auswertung der Versuchsergebnisse FINGERLINGS mit Ochsen. Schweinen und Pferden ist beabsichtigt.

Tabelle 2. *Zusammenstellung der ausgewerteten Futterstoffe*

Art des Futterstoffs	Ochse	Literatur
I. Kraftfutterstoffe		
1. Gerstenschrot	U, V	2
2. Roggenschrot	P	3
3. Ackerbohnenschrot	R	3
4. Baumwollsaatmehl	M	4
5. Kokoskuchenmehl	R	3
6. Palmkernmehl	M	3
7. Leinkuchenmehl	N	4
8. Erdnußmehl	T, T	4
9. Reisfuttermehl	N	3
10. Reisfuttermehl	P	3
11. Weizenkleie	R	3
12. Roggenkleie	M, N, R, T	3, 4
13. Biertreber	R	4
14. Malzkeime	M, N, W	4
15. Maisschlempe, getr.	O	4
II. Rauhfutterstoffe		
1. Wiesenheu V	F, G	5
2. Wiesenheu VI	H, H, J	5
3. Kleeheu	K	4
4. Grummet	K	4
5. Grasheu	K	4
6. Weizenstroh	J	5
7. Weizenstrohhäcksel	O	4
8. Weizenspreu	O	4
9. Haferstroh	F, G	5
10. Gerstenstrohhäcksel	O	4
III. Saftfutterstoffe		
1. Mohrrüben	Y, Z	6
2. Topinambur	W, X	7
3. Kartoffeln	O, P	4
4. Kartoffelflocken	U	8
5. Kartoffelschnitzel	U, V	8
6. Kartoffelpülpe	K	4
7. Runkelrüben	W, X, Q	9
8. Trockenschnitzel	Q, K, M, Q	10
9. Sauerschnitzel	Q	4

Es wurden sowohl für die Gesamtzahl der 34 Futterstoffe als auch für die einzelnen Futtermittelgruppen, die Kraftfutterstoffe, die Rauhfutter- und Saftfutterstoffe, sowie für Zusammenfassungen von Futtermittelgruppen, für die Kraft- und Rauhfutterstoffe und für die Kraft- und Saftfutterstoffe, die *totalen Korrelations-*

koeffizienten berechnet, die den Zusammenhang zwischen den verdaulichen Nährstoffen, also dem Rohprotein, dem Rohfett, der Rohfaser und den NFE auf der einen Seite und der Nettoenergie auf der anderen Seite wiedergeben. Um auch entsprechend dem Vorgehen KELLNERs dem *Einfluß der Rohfaser* der Futterstoffe auf die Nettoenergie nachzugehen, wurde die korrelative Untersuchung bei den Rauhfutterstoffen und bei zwei Futtermittelgruppen-Zusammenfassungen auch auf den Rohfasergehalt der Futterstoffe ausgedehnt. Die totalen Korrelationskoeffizienten sind in der folgenden Tabelle 3 mit der Zahl der Meßwerte angegeben, die den Berechnungen zugrundeliegen.

Tabelle 3. *Totale Korrelationskoeffizienten, die den Zusammenhang zwischen der Nettoenergie* (y) *und den Gruppen der verdaulichen Nährstoffe* (x_1—x_4) *sowie der Nettoenergie* (y) *und den verdaulichen Nährstoffen und der Rohfaser* (x_5) *wiedergeben*

Futtermittelgruppe	R $y/x_1 - x_4$	R $y/x_1 - x_5$	Zahl der Versuche
Kraft-, Rauh- und Saftfutter (KRS) . (gesamte Futterstoffe)	0,949	0,944	34
Kraftfutter (K)	0,831		15
Rauhfutter (R)	0,947	0,962	10
Saftfutter (S)	0,778		9
Kraft- und Rauhfutter (KR)	0,977	0,978	25
Kraft- nnd Saftfutter (KS)	0,706		24

Die gemeinsame korrelative Behandlung der Gesamtheit der 34 Futterstoffe und die getrennte Behandlung der einzelnen Futtermittelgruppen deckt – mit Ausnahme für das Saftfutter – einen überraschend engen *Zusammenhang zwischen der Nettoenergie und den einzelnen verdaulichen Nährstoffen* auf. Es ist daher anzunehmen, daß die Verschiedenheit der Verwertung der verdaulichen Nährstoffe bei den einzelnen Futterstoffen nicht in dem Umfang besteht, wie es bisher auf Grund der Ansichten von KELLNER allgemein angenommen wurde.

Ob der weniger enge Zusammenhang bei den Saftfutterstoffen, der sich auch bei der Zusammenfassung dieser Gruppe mit der der Kraftfuttermittel stark auswirkt, auf irgendwelche den Leistungswert beeinflussende stoffliche Faktoren zurückzuführen ist, die wir nicht durch die WEENDER Analyse und damit auch nicht durch die Korrelationsanalyse erfassen, oder ob Versuchsfehler vorliegen, kann z. Zt. nicht entschieden werden. Die Ausdehnung der korrelativen Untersuchung auch auf die Rohfaser der Futterstoffe weist nur für das Rauhfutter etwas engere Abhängigkeitsverhältnisse nach.

Es muß bei der Beurteilung der berechneten Korrelationskoeffizienten darauf hingewiesen werden, daß die Produktionswerte der Futterstoffe von KELLNER, wie bereits schon angedeutet wurde, im allgemeinen nur durch einen bzw. zwei Versuche ermittelt wurden. Wir sind heute auf Grund eigener Versuche im Institut der Auffassung, daß je nach Futterstoff 4–8 Parallelen notwendig sind, um einen verallgemeinerungsfähigen Wert für die Nettoenergie zu erhalten. Daraus wird die Unsicherheit ersichtlich, die den von KELLNER bestimmten Nettoenergiewerten noch anhaftet. Wir dürfen erwarten, daß bei Verwendung von Mittelwerten mit einer Streuung von ± 5% – und das streben wir an – sich noch engere Beziehungen zwischen den verdaulichen Nährstoffen und der Nettoenergie ableiten lassen, als es die Untersuchungsergebnisse von KELLNER gestatten. Es darf jedoch bereits aus den angeführten Korrelationskoeffizienten die Schlußfolgerung gezogen werden, daß zwischen der Nettoenergie und den einzelnen verdaulichen Nährstoffen ein genügend enger Zusammenhang besteht, der zur Ableitung eines Berechnungsverfahrens für Nettoenergiewerte führen kann, ohne den *Hilfsbegriff der Wertigkeit* weiterhin anwenden zu müssen.

Für die Gesamtzahl der 34 Futterstoffe und für die einzelnen Futtermittelgruppen und Gruppenzusammenfassungen wurden auf Grund der aufgedeckten Beziehung die Energiefaktoren der verdaulichen Nährstoffe berechnet und Gleichungen zur Bestimmung der Nettoenergie aufgestellt, die in der Tabelle 4 mitgeteilt sind.

Tabelle 4. *Gleichungen zur Berechnung der Nettoenergie von Futterstoffen aus dem Gehalt an verdaulichen Nährstoffen*

Nettoenergie		verd. Rohprotein	verd. Rohfett	verd. Rohfaser	verd. NFE	Gesamt-Rohfaser	Streuung kcal / kg Futterstoff		
							K	R	S
$y_{KELLNER}$	=	$2{,}22x_1$	$+5{,}00x_2$	$+2{,}42x_3$	$+2{,}36x_4$				
y_{KRS}	=	$1{,}70x_1$	$+7{,}40x_2$	$+0{,}05x_3$	$+2{,}12x_4$		±140	± 86	±274
y_K	=	$1{,}70x_1$	$+7{,}13x_2$	$+1{,}24x_3$	$+2{,}09x_4$		±135	—	—
y_R	=	$1{,}16x_1$	$+(7{,}40x_2)$	$-0{,}35x_3$	$+2{,}56x_4$		—	± 80	—
y_{KR}	=	$1{,}71x_1$	$+7{,}42x_2$	$+0{,}18x_3$	$+2{,}11x_4$		±150	± 85	—
y_{KS}	=	$1{,}66x_1$	$+7{,}34x_2$	$-0{,}02x_3$	$+2{,}17x_4$		±142	—	±270
y_R	=	$1{,}20x_1$	$+(7{,}40x_2)$	$+1{,}17x_3$	$+2{,}50x_4$	$-0{,}76x_5$	—	± 66	—
Mittel		1,52	7,32		2,26				

In der Tabelle 4 ist die Gleichung, die sich aus den von KELLNER mitgeteilten Werten für Nettoenergieberechnungen aufstellen läßt und die somit auf der unter der Bedingung der Fettmast bestimmten Leistung der reinen Nährstoffe aufbaut, den Gleichungen gegenübergestellt, die sich aus den analogen Versuchsergebnissen KELLNERs mit Futterstoffen ableiten lassen.

Der unmittelbare Vergleich der auf verschiedenen Wegen gewonnenen Eergiefaktoren weist nicht unwesentliche Differenzen auf. Diese bei dem Vergleich hervortretenden Differenzen erklären letztlich, daß KELLNER den Begriff der Wertigkeit der Futtermittel einzuführen veranlaßt war. Mit der Berechnung von Energiefaktoren, die den *tatsächlichen Leistungswert der verdaulichen Nährstoffe* der Futterstoffe wiedergeben, verliert die Wertigkeit ihre Bedeutung.

Im einzelnen ist aus der Gegenüberstellung der beiden ersten Gleichungen in Tabelle 4, also der Grundgleichung KELLNERs mit der Gleichung, die für alle Futterstoffe Bezug hat (KRS), ersichtlich, daß der Leistungswert des *verdaulichen Proteins* und der *verdaulichen Rohfaser* für die Fettmast nach dem Nettoenergie-

Ermittlungsverfahren KELLNERs zu hoch bewertet, dagegen das *verdauliche Rohfett* unterbewertet wird. Man kann wohl sagen, daß der niedrige Leistungswert für das Fett, der von KELLNER angegeben und aus den Versuchen mit Erdnußöl hergeleitet wurde, nicht in Einklang mit den Erkenntnissen steht, die wir heute über den intermediären Fettstoffwechsel besitzen, und einer Überprüfung bedarf. Auch bezüglich des Leistungswertes der *verdaulichen Rohfaser* wird eine gewisse Revision unserer Anschauungen notwendig sein. Die für alle Futterstoffe gültige Gleichung weist praktisch keine Leistung für die verdauliche Rohfaser bei der Fettmast nach. Nur für Kraftfutterstoffe und dann, wenn der negative Einfluß der Rohfaser im Futterstoff isoliert wird (s. Gleichung 6), treten positive Faktoren auf, die in ihrer Größe mit dem Wert KELLNERs jedoch nicht vergleichbar sind. Allein die *Faktoren für die NFE* stimmen bei beiden Gleichungen praktisch überein. Es soll darauf hingewiesen werden, daß diese gute Übereinstimmung gegenüber den oben angeführten Abweichungen bei den anderen Nährstoffgruppen im Zusammenhang mit der größeren Sicherheit des Leistungswertes der Stärke, der von KELLNER in 9 Versuchen ermittelt wurde, gesehen werden kann. Das aus dem Vergleich dieser beiden Gleichungen erhaltene Differenzbild der Energiefaktoren ist für alle weiteren Vergleiche prinzipiell zutreffend; das ergibt sich auch aus den in Tabelle 4 angeführten Mittelwerten der Energiefaktoren für das verdauliche Rohprotein, das verdauliche Rohfett und die verdaulichen NFE.

Wir können heute keine sichere Aussage darüber machen, ob die aufgezeigten Unterschiede zwischen den Energiefaktoren der verdaulichen Nährstoffe, die einmal aus Versuchen mit reinen Nährstoffen, zum anderen direkt aus Versuchen mit Futterstoffen abgeleitet wurden, echte Unterschiede darstellen oder durch Versuchsfehler bedingt sind. Es ist darauf hinzuweisen, daß das Messen der Nettoenergie reiner Nährstoffe sowohl von der methodischen als auch von der physiologischen Seite her stets mit besonderen Schwierigkeiten verbunden ist, die eine größere Anzahl paralleler Bestimmungen erforderlich machen. Die Zahl der Untersuchungen KELLNERs mit reinen Nährstoffen sind – mit Ausnahme der Stärke – zu gering, um ihnen eine genügende Sicherheit als Voraussetzung einer Aussage beimessen zu können.

Im Institut laufen, wie bereits gesagt wurde, zur Zeit Versuche mit reinen Nährstoffen an Rindern, Schweinen und Schafen, so daß in absehbarer Zeit mit einer Beantwortung der hier aufgetretenen Frage gerechnet werden kann.

Die Variation der in Tabelle 4 angeführten Energiefaktoren in der Senkrechten gibt einen Einblick in die Abhängigket dieser Faktoren von der Art der Futtermittelzusammenfassung und damit die Möglichkeit, darüber eine Aussage zu machen, ob eine gruppenspezifische Leistungsgebundenheit der verdaulichen Nährstoffe besteht oder nicht. Die Beantwortung dieser Frage ist wichtig für die weitere experimentelle Bearbeitung des hier dargelegten Problems.

Zunächst kann auf die gute Übereinstimmung der Faktoren des verdaulichen *Rohfettes* hingewiesen werden, so daß, entgegen der von KELLNER vorgenommenen Faktorendifferenzierung, unabhängig vom Futterstoff mit einem konstanten Leistungsvermögen des verdaulichen Fettes unter der Bedingung der Fettmast gerechnet werden kann.

Es muß jedoch darauf hingewiesen werden, daß der Faktor 7,40 für das verdauliche Rohfett in der Gleichung für Rauhfutterstoffe aus der Gleichung für die Gesamtzahl der Futterstoffe übernommen wurde, weil auf Grund der sehr kleinen verdaulichen Fettmengen bei dieser Futtermittelgruppe und der Unsicherheit ihrer analytischen Bestimmung im Differenzverfahren von vornherein eine physiologisch begründete Beziehung zur Nettoenergie nicht erwartet werden kann.

Zwischen den Faktoren des verdaulichen *Rohproteins* und der verdaulichen *NFE* der Kraft- und Rauhfuttermittelgruppe zeichnen sich gewisse Differenzen ab. Wenn deren Signifikanz auf Grund der zu geringen Zahl von Versuchen auch nicht behauptet werden kann, so geben sie jedoch den Hinweis der Möglichkeit bestehender Leistungsunterschiede der entsprechenden verdaulichen Nährstoffe zwischen den verschiedenen Futtermittelgruppen und zeigen die Notwendigkeit auf, bei kommenden Untersuchungen den Futtermittelgruppen eine gesonderte Aufmerksamkeit zu schenken.

Der Unterschied im Leistungswert der verdaulichen *Rohfaser* zwischen den Kraft- und Rauhfutterstoffen ist offensichtlich. Dies kann darin begründet sein, daß die Zusammensetzung der Rohfaser, die eine komplexe Substanz darstellt, sehr verschieden sein kann. Wenn jedoch die Beziehung der Nettoenergie zum Gesamtrohfasergehalt erweitert wird (s. untere Gleichung), gleichen sich die Faktoren gut einander an.

Es ist noch zu bemerken, daß von der Mitteilung einer speziellen Gleichung für die Futterstoffe der Saftfuttermittelgruppe Abstand genommen wurde, weil bei ihrer Ableitung Faktoren auftraten, die sich der physiologischen Deutung entziehen. Bei der Beurteilung der totalen Korrelationskoeffizienten wurde bereits auf den ungenügenden Zusammenhang der Nettoenergie mit den verdaulichen Nährstoffen dieser Futtermittelgruppe hingewiesen.

Mit Hilfe der in Tabelle 4 angeführten Gleichungen ist es möglich, den *Nettoenergiewert* eines Futterstoffes aus zwei oder sogar mehreren Gleichungen zu berechnen. Für die Ermittlung der Nettoenergie von Kraftfutterstoffen stehen z. B. 4 verschiedene Gleichungen zur Verfügung. Um zu prüfen, welche der angeführten Gleichungen für entsprechende Berechnungen am besten geeignet und damit zu empfehlen ist, sind die Streuungen zwischen der direkt beobachteten Nettoenergie und der mit Hilfe der Gleichungen abgeleiteten Nettoenergie berechnet und gleichfalls in Tabelle 4 mit angeführt worden. Die Streuungen beziehen sich auf den Nettoenergiegehalt von 1 kg Futtertrockenmasse und sind als ein Ausdruck der Wiedergabegenauigkeit der Versuchsrgebnisse KELLNERs durch die Gleichungen zu werten.

Die kleinsten Streuungen und damit die größte Wiedergabegenauigkeit werden durch eine getrennte Behandlung der einzelnen Futtermittelgruppen erhalten. Auf den durchschnittlichen Ansatzwert je kg Futterstoff der entsprechenden Futtermittelgruppen bezogen, betragen die Streuungen für die Kraftfutterstoffe ± 8,3% (± 135 kcal), für die Rauhfutterstoffe ± 9,6% (± 66 kcal). Die Ungenauigkeit der von KELLNER gemessenen Nettoenergiewerte der Futterstoffe wurde von SCHIEMANN [11] mit ± 14% angegeben. Aus der Gegenüberstellung dieser Streuungsgrößen ist abzuleiten, daß aus den Versuchsergebnissen KELLNERs engere Abhängigkeitsverhältnisse zwischen den einzelnen verdaulichen Nährstoffen und der Nettoenergie nicht erwartet werden können.

Die Streuungen, die sich für die Futterstoffe der einzelnen Futtermittelgruppen aus der alle Futterstoffe einschließenden Gleichung berechnen, sind gegenüber den Streuungen der speziellen Gleichungen nicht wesentlich erhöht und betragen ±8,6% für die Kraftfutterstoffe und ± 11,5% für die Rauhfutterstoffe. Somit weist auch die Gleichung, die für alle Futterstoffe gültig ist, eine durchaus befriedigende *Übereinstimmung zwischen Versuchs- und Rechenergebnis* nach. Die Beurteilung der Streuungen der Meßwerte um die einzelnen Gleichungen liefert uns also den wichtigen Hinweis, daß z. B. die Nettoenergie eines Futterstoffes mit nahezu gleich guter Genauigkeit aus der speziellen Gleichung für die entsprechende Futtermittelgruppe als auch aus der für alle Futterstoffe gültigen Gleichung errechnet werden kann.

Diese Aussage eröffnet prinzipiell zwei Wege der experimentellen Bearbeitung der uns gestellten Aufgabe, die von KELLNER geschaffenen Grundlagen der energetischen Bewertung der Futterstoffe zu festigen und auszubauen.

Auf Grund der nachgewiesenen Möglichkeit, den Leistungswert der Futterstoffe durch eine einzige Gleichung zum Ausdruck zu bringen, erscheint es zunächst vertretbar, bei der weiteren experimentellen Arbeit von vornherein von der Untersuchung der Einzelfutterstoffe abzusehen und nur den Nettoenergiewert von Rationen zu messen, die gleichfalls einem Grundfutter zugelegt werden. Die Vorzüge, die ein solches Vorgehen einschließt, sind die, daß einmal die Frage der evtl. Ergänzungswirkung der einzelnen Nährstoffe nicht besteht und zum anderen, daß der erforderliche Zeitaufwand zur Erarbeitung ausreichender experimenteller Grunddaten als relativ gering eingeschätzt werden kann, denn das Messen der Nettoenergie von etwa 20 Rationen dürfte in Anlehnung an die Auswertung der Versuche KELLNERs bereits hinreichende Unterlagen liefern. Durch die Kombination von Futterstoffen zu typischen Rationen der landwirtschaftlichen Fütterungspraxis muß jedoch zwangsläufig eine starke Verringerung der Variation im Gehalt an den einzelnen verdaulichen Nährstoffen eintreten, die zwischen den einzelnen Futtermitteln offensichtlich besteht und die zur Ableitung der Leistungsfaktoren der verdaulichen Nährstoffe unbedingt gegeben sein muß. Diese Aufhebung der Variation durch Rationsbildung kann möglicherweise soweit gehen, daß eine entsprechende Auswertung der Meßergebnisse stark in Frage gestellt wird. Trotz der aufgezeigten Vorteile erscheint uns daher das Messen der Nettoenergie von *Rationen* zum Zweck der allgemeinen Ableitung der Leistungsfaktoren der einzelnen verdaulichen Nährstoffe wegen des damit verbundenen Risikos der Nichtauswertbarkeit der Versuche zu groß, um ein solches Vorgehen für weitere experimentelle Arbeiten empfehlen zu können.

Aussicht auf Erfolg bei der Ableitung der Energiefaktoren der einzelnen verdaulichen Nährstoffe dagegen besteht mit sehr großer Wahrscheinlichkeit, wenn die Nettoenergie einer *größeren Zahl von Futterstoffen* gemessen wird. Das wird durch die besprochene Auswertung der Versuchsergebnisse KELLNERs nachgewiesen. Dieser Weg, der im wesentlichen unsere weitere Arbeit auf dem Gebiet der Nettoenergiemessung bestimmen wird, ist zwar etwas zeitaufwendiger; er hat aber dafür den großen Vorteil, daß er mit keinem Risiko verbunden ist und daß er alle Möglichkeiten der Versuchsauswertung im Hinblick auf die Ableitung der Leistungsfaktoren der verdaulichen Nährstoffe offen läßt. Dabei wird so vorzugehen sein, daß aus den einzelnen Futtermittelgruppen Futterstoffe als typische Vertreter dieser Gruppen mit variierendem Gehalt an verdaulichen Nährstoffen auszuwählen sind, um deren Nettoenergiewert im Versuch mit vier bis acht Parallelen zu bestimmen. Es darf angenommen werden, daß Gesamtstoffwechselversuche mit etwa 15 Futterstoffen je Gruppe ausreichend sind, um eine genügend enge Beziehung zwischen den verdaulichen Nährstoffen und der Nettoenergie nachzuweisen. Bei der Saftfuttermittelgruppe dürfte mit 10 Futterstoffen bereis die mögliche Untersuchungsbreite ausgeschöpft sein, so daß auch unter Umständen auf die Ableitung dieser Futtermittelgruppe verzichtet werden kann, wenn hier, wie bei KELLNER angedeutet, besondere, nicht erkennbare Einflüsse die Beziehung zwischen verdaulichen Nährstoffen und Nettoenergie stören sollten. Bei der Kraftfuttermittelgruppe wäre ggf. wegen der Heterogenität der hier zuammengefaßten Futterstoffe an die Bildung von zwei bis drei Untergruppen mit jeweils etwa 10 Futterstoffen zu denken.

Eine weitere Differenzierung ist nicht ratsam, weil sonst die Variabilität der verdaulichen Nährstoffe, die zur rechnerischen Auswertung unbedingt gegeben sein muß, verloren geht. Sollten sich bei der Berechnung der Leistungsfaktoren der verdaulichen Nährstoffe zwischen den Untergruppen nur geringe Unterschiede ergeben, dann bleibt eine geschlossene Versuchsauswertung der Kraftfutterstoffe möglich.

Somit ist zu schlußfolgern, daß mit der Untersuchung von etwa 50 Futterstoffen aus den verschiedenen Futtermittelgruppen bei ausreichender Sicherung der Einzelmeßwerte durch eine entsprechende Anzahl von Parallelversuchen die Möglichkeit gegeben ist, die Leistungsfaktoren der verdaulichen Nährstoffe abzuleiten, mit deren Hilfe die Nettoenergie der Futterstoffe auf Grund ihres Gehaltes an verdaulichen Nährstoffen berechnet werden kann. Auf Grund der Auswertung der Meßergebnisse wird dann darüber zu entscheiden sein, ob die Leistungsfaktoren zur Errechnung der Nettoenergie speziell für die einzelnen Futtermittelgruppen oder einheitlich für die Gesamtzahl der Futterstoffe festgelegt werden können.

Damit wäre es nicht mehr notwendig, die Nettoenergie für sämtliche Futterstoffe oder zumindest für eine größere Anzahl experimentell, d. h. durch Gesamtstoffwechselversuche zu bestimmen, wodurch das Problem einer gesicherten Bewertung der Futterstoffe auf der Grundlage der Fettmast ausgewachsener Tiere im wesentlichen als gelöst anzusehen sein dürfte.

Wenn auch die klassische WEENDER Stoffgruppenanalyse ohne Zweifel die überwiegenden Einflußgrößen auf die Leistung bei der Fettmast angibt, so soll jedoch zum Schluß betont werden, daß bei der weiteren Arbeit zum Problem der Nettoenergiemessung das Bemühen dahingehen muß, neben diesen komplexen Wertkomponenten weitere Bestandteile der verdaulichen Nährstoffe zu analysieren und ihre Wirkung auf die Leistung des tierischen Organismus zu prüfen. Gedacht wird dabei zunächst an die Erweiterung der Rohfaseranalyse zur Gerüstsubstanzanalyse und später an die Aufgliederung der Stoffgruppe der N-freien Extraktstoffe. Die Kenntnis möglichst vieler Einflußgrößen auf die Nettoenergie reduziert die Differenz zwischen direkt beobachteter und berechneter Nettoenergie und gibt damit eine größere Sicherheit bei der Verallgemeinerung entsprechend abgeleiteter Gleichungen.

Zusammenfassung

Es wurden Überlegungen und Untersuchungen zur Berechnung der Nettoenergie von Futterstoffen angestellt. Dabei wurden folgende Ergebnisse erhalten:

1. Zwischen der experimentellen Feststellung des Gehaltes der Nettoenergie von Futterstoffen mit Hilfe von Gesamtstoffwechselversuchen und den nach dem Vorschlag von KELLNER aus dem Gehalt an verdaulichen Nährstoffen berechneten Werten bestehen vielfach erhebliche Differenzen.

2. KELLNER hat den Grund für diese Abweichungen darin gesehen, daß die verdaulichen Nährstoffgruppen in den verschiedenen Futterstoffen einen unterschiedlichen Produktionswert besitzen. Zum Ausgleich der Differenzen hat KELLNER den Begriff der Wertigkeit eingeführt.

3. Demgegenüber wurde mit Hilfe einer mehrfachkorrelativen Auswertung der Versuchsergebnisse KELLNERs mit Futterstoffen versucht, den Beziehungen zwischen dem Gehalt an verdaulichen Nährstoffen und dem Nettoenergiegehalt der Futterstoffe nachzugehen. Hierbei ergaben sich gesicherte Korrelationen, die sich bei einer getrennten Auswertung der Futtermittelgruppen als noch enger erwiesen.

4. Es wurden Gleichungen entwickelt, die es gestatten, den Gehalt an Nettoenergie der Futterstoffe aus dem Gehalt an verdaulichen Nährstoffen ohne Benutzung des Wertigkeitsbegriffes zu errechnen.

5. Es wurde die Arbeitsrichtung aufgezeigt, um die errechneten Faktoren weiter zu sichern.

Literaturverzeichnis

[1] KELLNER, O.: Die Ernährung der landwirtschaftlichen Nutztiere. P. Parey-Verlag, Berlin, 1916, S. 168.

[2] FINGERLING, G.: Der Stärkewert des Gerstenschrotes. Die landw. Versuschsstationen 116, 1933, 1.

[3] NEHRING, K. und A. WERNER: Festschrift zum hundertjährigen Bestehen der Landw. Versuchsstation Leipzig-Möckern. Wiss. Abh DAL, Bd. V/1, Berlin 1956, 27.

[4] NEHRING, K.: Festschrift zum hundertjährigen Bestehen der Landw. Versuchsstation Leipzig-Möckern, Wiss. Abh. DAL, B. V/3, Berlin 1956, 38.

[5] KELLNER, O.: Untersuchungen über den Stoff- und Energieumsatz des erwachsenen Rindes bei Erhaltungs- und Produktionsfutter. Die landw. Versuchsstationen 53, 1900, 172.

[6] FINGERLING, G.: Der Stärkewert der Mohrrüben. Die landw. Versuchsstationen 127, 1936, 157.

[7] FINGERLING, G.: Der Stärkewert der Topinamburknollen. Z. Tierernähr. und Futtermittelkunde 8, 1944, 107.

[8] FINGERLING, G.: Der Nährwert von Kartoffelflocken und Kartoffelschnitzeln. Die landw. Versuchsstationen 114, 1932, 1.

[9] FINGERLING, G.: Der Stärkewert der Runkelrüben. Die landw. Versuchsstationen 121, 1934, 1.

[10] FINGERLING, G.: Der Stärkewert der Trockenschnitzel. Die landw. Versuchsstationen 129, 1936, 177.

[11] SCHIEMANN, R.: Kritische Betrachtungen über die Entwicklung der Stärkewertlehre OSKAR KELLNERS. Wiss. Abh. DAL, Berlin, Nr. 31, 1958, 45.

Eingegangen am 30. 1. 1960

ARCHIV FÜR TIERERNÄHRUNG

UNTER MITWIRKUNG VON

Prof. Dr. A. Hock, Berlin. Prof. Dr. Dr. W. Lenkeit, Göttingen.

Prof. Dr. Dr. h. c. K. Nehring, Rostock. Prof. Dr. Dr. W. Wöhlbier, Stuttgart-Hohenheim.

HERAUSGEGEBEN VON

ERNST MANGOLD

Prof. Dr. med. Dr. phil. Dr. med. vet. h. c. Dr. agr. h. c. Dr. agr. h. c.

Direktor em. des Instituts für Tierernährungslehre der Humboldt-Universität Berlin

10. BAND

Ausgegeben am 1. AUGUST 1960

HEFT

4

AKADEMIE-VERLAG · BERLIN

ARCH. TIERERNÄHRUNG · 10. BAND NR. 4 · S. 241–320 · BERLIN · 1. AUGUST 1960

INHALT

Das Archiv für Tierernährung erscheint zweimonatlich in Heften zu 80 Seiten im Format 17,5 × 25 cm unbeschnitten. Der Preis des Heftes beträgt DM 8,50. 6 Hefte werden zu einem Band vereinigt. Der Besteller muß sich zur Abnahme eines Bandes verpflichten. Die Hefte werden jeweils einzeln berechnet. Im Jahre erscheint nicht mehr als 1 Band. Bestellungen werden direkt an den Akademie-Verlag GmbH, Berlin W 1, Leipziger Straße 3—4, oder über eine wissenschaftliche Buchhandlung erbeten.

Manuskriptsendungen — zugelassen sind die vier Kongreßsprachen — sind an den Herausgeber, Herrn Prof. Dr. Ernst Mangold, Berlin N 4, Invalidenstr. 42, zu richten. Mit der Veröffentlichung geht das alleinige Verlagsrecht an das Archiv für Tierernährung über. Daher müssen Arbeiten, die bereits an anderer Stelle veröffentlicht worden sind, zurückgewiesen werden. Die Verfasser verpflichten sich, Manuskripte, die vom Archiv für Tierernährung angenommen worden sind, nicht an anderer Stelle zu veröffentlichen.

Die Verfasser erhalten von größeren wissenschaftlichen Arbeiten 50 **Sonderdrucke** unentgeltlich. Den Manuskripten beiliegende **Zeichnungen** müssen sauber, in zweifacher Größe ausgeführt sein. Wenn sie nicht voll reproduktionsfähig nach den Vorschriften des Normblattes DIN 474 eingereicht werden, ist die Beschriftung nur mit Bleistift einzutragen. Zur Herstellung von Netzätzungen sind nur einwandfreie Photographien brauchbar.

Für alle Literaturzitate sind die Vorschriften des Normblattes DIN 1502 und 1502 Beiblatt I maßgebend. Die Zitate müssen den Verfasser (mit den Anfangsbuchstaben der Vornamen), den vollständigen Titel der Arbeit und die Quelle mit Band, Seitenzahl und Erscheinungsjahr enthalten. Das Literaturverzeichnis soll alphabetisch geordnet sein.

Herausgeber und verantwortlich für den Inhalt: Prof. Dr. med. Dr. phil. Dr. med. vet. h. c. Dr. agr. h. c. Dr. agr. h. c. Ernst Mangold, Berlin N 4, Invalidenstraße 42 (Fernruf 42 00 18). Verlag: Akademie-Verlag GmbH, Berlin W 1, Leipziger Str. 3-4 (Fernruf: 22 04 41; Postscheckkonto Berlin: 350 21). Bestellnummer dieses Heftes: 1010/X/4. Das Archiv für Tierernährung erscheint jährlich in 1 Band zu 6 Heften. Bezugspreis je Einzelheft DM 8.50, ausschließlich Porto und Verpackung. Satz und Druck: Robert Noske, Borna (Bez. Leipzig). Veröffentlicht unter der Lizenznummer ZLN 5003 des Ministeriums für Kultur, Hauptverwaltung Verlagswesen. Printed in Germany.

Aus dem Institut für Mikrobiologie der Humboldt-Universität zu Berlin
(Direktor: Prof. Dr. R. KOCH)

GUNTHER MÜLLER

Ein Beitrag zur „Futterverpilzung durch Selbsterhitzung"

I. Einleitung

Ein in den letzten Jahren häufig diskutiertes Futteraufbereitungsverfahren ist die vor allem von ROHDE [19–24] propagierte „Futterverpilzung durch Selbsterhitzung". In einem eigenen Beitrag (MÜLLER [17]) habe ich bereits über mikrobiologische Untersuchungen zu diesem Thema berichtet. In dieser Arbeit wurde auch auf die bereits erschienenen zahlreichen Veröffentlichungen näher eingegangen. In vorliegender Arbeit werden die Ergebnisse chemischer Untersuchungen mitgeteilt, die parallel mit den mikrobiologischen durchgeführt wurden. Die chemischen Untersuchungen dienen einmal als Ergänzung der mikrobiologischen Analysen und zum anderen zur Klärung der bei der Futterverpilzung ablaufenden biochemischen Prozesse. Im einzelnen wurden *folgende Fragenkomplexe* untersucht, die besonders wichtig erschienen: Nährstoffverlust, Zellulosezersetzung, Luftstickstoffbindung, Fettgehalt, Alkohol und Estergehalt, Säuregehalt. Weiterhin wurden verschiedene verpilzte und unverpilzte Proben auf ihren Vitamingehalt untersucht.

II. Untersuchungsmaterial und Methoden

Übere die Herkunft und Zusammensetzung der Futterproben, sowie über die Probeentnahme wurde bereits ausführlich in der vorangegangenen Arbeit (MÜLLER [17]) berichtet. Darüber hinaus wurden für die chemischen Untersuchungen weitere Futterproben entnommen, die im folgenden beschrieben werden. Diese Proben stammten sämtlich aus Futterstöcken der Mastanstalt Berlin-Albrechtshof.*)

Futterproben C vom 24. VI. 1957

Diese Proben stammten aus der Quarantäneabteilung von einem Vollmastmischfutter folgender Zusammensetzung:

- 55% Gersten- und Haferschrot
- 30% Roggen- und Weizenkleie
- 1% Kohlensaurer Kalk
- 14% Eiweißkonzentrat für Schweine mit Antibiotikazusatz, bestehend aus:
  - 36% Extraktionsschrote (Soja-, Raps-, Senfschrot)
  - 33% Fischmehl
  - 17% Tierkörpermehl
- 10% Futtertrockenhefe

*) Dem VEB Mast von Schlachtvieh, Berlin-Albrechtshof, danke ich für die freundliche Unterstützung.

4% Procain-Penicillin-Spezialmischung,
bestehend aus:
995 g Kohlensaurer Kalk,
5 g Penicillin einschl. Stabilisator
= 2,5 g Reinpenicillin je 1 kg.

Das Futter war in einer Kastenform verpilzt worden. Ausführliche Darstellung siehe bei MÜLLER [17].

Die Futterproben E vom 24. VI. 1957

stammten aus der Mastabteilung, in der ohne Kastenform verpilzt wurde. Das Futter bestand aus dem gleichen Vollmastmischfutter wie die Futterprobe C, enthielt jedoch zusätzlich auf 8 dz Mischfutter noch 50 kg Gerstenkeime, die als Malzabfälle von Brauereien anfielen.

Die Futterproben F vom 11. VII. 1957

waren in der Quarantäneabteilung verpilzt worden. Das Futter hatte die gleiche Zusammensetzung wie die Futterproben E, zusätzlich wurden jedoch jedem Futterstock noch 0,5 dz Keimabfälle zugesetzt.

Futterproben J und K vom 21. VIII und 10. IX. 1957

Diese Proben stammten aus der Quarantäneabteilung. Das verpilzte Futtergemisch bestand zu 75% aus dem bei den Futterproben C beschriebenen Vollmastmischfutter. Die restlichen 25% waren Hafer und Malzkeime.

Für die Vitaminuntersuchungen wurden weiterhin folgende Proben herangezogen. Sie stammten aus verpilzten bzw. unverpilzten Futterstöcken der Quarantäneabteilung der Mastanstalt Albrechtshof.

Proben L vom 9. VII. 1958

Diese Proben stammten aus Fertigmischfutter für Schweine folgender Zusammensetzung:

60% Getreideschrot (Weizen, Gerste)
25% Futtermittel auf Getreidebasis (Roggen-, Weizenkleie)
1% Kohlensaurer Kalk
14% Eiweißkonzentrat, bestehend aus
50% Tierisches Eiweiß (Fischmehl, Tierkörpermehl)
26% Extraktionsschrote (Soja oder Lein)
10% Extraktionsschrote (Raps oder Sesam)
10% Trockenhefe
4% Kohlensaurer Kalk

Das Futter enthielt ca. 18,3% Rohprotein
ca. 3,0% Rohfett
ca. 3,3% Rohfaser
ca. 57,4% stickstofffreie Extraktionsstoffe

Jedem Futterstock waren ca. 15—17 kg Malzkeime zugesetzt worden.

Futterproben M vom 9. X. 1958

Die Futterproben hatten etwa die gleiche prozentuale Zusammensetzung wie die Proben K. Auf jeden Futterstock entfielen ca. 30 kg Malzkeime.

Futterproben N vom 28. X. 1958

Sie hatten ebenfalls die gleiche prozentuale Zusammensetzung wie die Proben L, enthielten jedoch einen größeren Prozentsatz Maisschrot.

Futterproben O vom 11. XI. 1958

Diese Proben stammten aus einem Futterstock, der aus Futter der Zusammensetzung der Proben L sowie aus Malzkeimen und Eiweißmischfutter für Schweine (Konzentrat) gemischt war. Außerdem war das Vitaminpräparat Betapan zugesetzt worden.

Einzelheiten über die Untersuchungsmethoden werden zur besseren Übersicht in den entsprechenden Kapiteln behandelt.

III. Versuchsergebnisse

1. Nährstoffverluste

Die an der Futterverpilzung durch Selbsterhitzung beteiligten Mikroorganismen erzeugen die für ihre Stoffwechselvorgänge notwendige Energie durch Veratmung oder Vergärung von Nährstoffen, was sich als Verlust negativ auswirkt. Die Erhitzung des Futters während des Verpilzungsprozeses, die nach den durchgeführten Untersuchungen bis auf Temperaturen von 67 °C erfolgen kann, hat einen nicht unbeträchtlichen Futterverlust zur Folge. Dieser Nährstoffverlust ist nicht nur für die Beurteilung der Wirtschaftlichkeit der Futterverpilzung von Bedeutung, sondern muß auch zur Klärung der in einem folgenden Kapitel behandelten Frage, ob bei der Verpilzung atmosphärischer Stickstoff gebunden wird, bekannt sein.

Um den bei der Verpilzung durch Selbsterhitzung eintretenden Nährstoffverlust zu bestimmen, kann man bei den vorliegenden Futtermitteln einfach den eintretenden Verlust an Trockensubstanz ermitteln. Leider war dies in Großversuchen der Praxis nicht möglich. Es wurden deshalb folgende Laborversuche durchgeführt:

Das in der üblichen Art mit Wasser gut vermengte Futter wurde in einen Glaskasten von 12 × 12 × 12 cm eingedrückt und Temperaturverlauf und Gewichtsabnahme während der Verpilzung verfolgt. Um annähernd gleiche Verhältnisse zu erzielen, wie sie bei der Verpilzung größerer Futtermengen in der Praxis auftreten, mußten die Glaskästen im Brutschrank aufbewahrt werden, da sonst die Verpilzung und die damit verbundene Temperaturerhöhung nur langsam in Gang kam. Bei Versuchen, die bei Zimmertemperatur durchgeführt wurden, ging die Verpilzung nur schlecht voran und die Temperatur stieg nur auf ca. 35° C an.

Im folgenden sind die *Ergebnisse einer Reihe von Versuchen* wiedergegeben.

Tabelle 1. *Substanzverlust*

Futterzusammensetzung wie bei Versuch A, MÜLLER[17]

Verpilzungs-tag	Zeit	Temperatur in °C	Gewicht des Futters in g	Gewichtsverlust in g
1	17^{00}	37,0	700,00	
1	8^{00}	40,1	695,97	4,03
1	17^{00}	42,0	688,32	11,78
2	8^{00}	42,0	674,80	25,20
2	17^{00}	47,0	669,90	30,10
3	8^{00}	46,0	660,47	39,53
3	17^{00}	49,0	657,09	42,91
4	8^{00}	58,0	644,50	55,50
4	17^{00}	60,0	638,77	61,23

Feuchtigkeitsgehalt zu Beginn der Verpilzung 28,9 %
Feuchtigkeitsgehalt nach der Verpilzung 28,5 %

In diesem Versuch hat sich der Feuchtigkeitsgehalt nach viertägiger Verpilzung nur innerhalb der Fehlergrenze verringert. Das errechnete Trockengewicht des Futters beträgt zu Beginn der Verpilzung 497,7 g, nach der Verpilzung 456,7 g. Somit ergibt sich ein Verlust an Trockensubstanz von 41,0 g, das sind 8,2 % der zur Verpilzung angesetzten Trockensubstanz. Bei einem zweiten Versuch betrug der Trockensubstanzverlust 5,2 % und bei einem dritten 7,6 %. Die Werte zahlreicher weiterer Parallelversuche liegen ebenfalls in diesem Bereich. NEHRING [18] berichtet von Nährstoffverlusten, die noch größer waren und zwischen 5 % und 17 % lagen und größtenteils 8–10 % betrugen. Die Schwankungen sind erklärlich, da der Substanzverlust von den jeweiligen Futterarten, Versuchsbedingungen und der Versuchsdauer beeinflußt wird.

ROHDE [20] gibt an, daß der bei der Futterverpilzung durch Selbsterhitzung eintretende Substanzverlust nicht nur auf der Veratmung von wertvollen Kohlenhydraten durch Mikroorganismen beruht. Teilweise soll der Substanzverlust durch den Abbau von Zellulose und Pentosanen hervorgerufen werden, die für viele Tiere nicht verwertbar sind. In dem folgenden Kapitel, in dem die Frage der Zellulosezersetzung bei der Futterverpilzung geprüft wurde, wurde jedoch nachgewiesen, daß bei den untersuchten verpilzten Futtermitteln ein Rohfaserabbau nicht eintrat. Es fand im Gegenteil eine prozentuale Anreicherung der Rohfaser statt. Da bei den untersuchten Futtermitteln durch die Verpilzung auch eine prozentuale Zunahme der Rohproteins sowie des Rohfettes eintrat, ist zu schließen, daß der eintretende Substanzverlust vorwiegend durch den Abbau von Kohlenhydraten, vor allem Stärke, bedingt ist. Dieser erhebliche Nachteil der Futterverpilzung darf bei der wirtschaftlichen Beurteilung des Verfahrens nicht außer acht gelassen werden.

2. *Zellulosezersetzung*

Unsere landwirtschaftlichen Nutztiere können Zellulose und Pentosane direkt nicht verdauen, da sie die dazu notwendigen Fermente nicht besitzen. ROHDE [20] gibt nun u. a. an, daß bei der „Futterverpilzung durch Selbsterhitzung“ Zellulose und Pentosane von Mikroorganismen angegriffen werden und durch diese „Vorverdauung“ in eine für das Tier verdaubare Form umgewandelt werden. Da die meisten Futtermittel pflanzlichen Ursprungs sind und einen mitunter beträchtlichen Zellulosegehalt aufweisen, hat die Frage des Zelluloseaufschlusses durch Mikroorganismen bei der Futterverpilzung wirtschaftliches Interesse. Aus diesem Grunde wurden in den vorangegangenen mikrobiologischen Untersuchungen (MÜLLER [17]) sämtliche aus verpilztem Futter isolierten Keimarten auf ihre zellulosezersetzende Fähigkeit geprüft. Von den isolierten 195 Mikroorganismenstämmen war dazu jedoch lediglich ein Stamm in der Lage, der im Laborversuch nach acht Wochen Wachstum eine geringe Zersetzung von Zellulose bewirkte. Dabei muß man aber berücksichtigen, daß die Mikroorganismen in Reinkultur ganz andere physiologische Leistungen zeigen können als in freier Natur, und man die mit Laboratoriumsmethoden erzielten Ergebnisse nicht direkt auf die Praxis übertragen kann. Außerdem sind die Methoden zur Untersuchung von Mikroorganismen auf ihre zellulosezersetzende Fähigkeit nur unbefriedigend, obwohl in der Literatur viele Methoden beschrieben sind. Im Verlaufe der Untersuchungen wurden diese von verschiedenen Forschern beschriebenen Methoden ausprobiert. Es wurde jedoch keine Methode gefunden, die zufriedenstellende Ergebnisse zeigte. Aus diesem Grunde wurden zur eindeutigen Klärung der Frage des Zelluloseaufschlusses die im folgenden dargelegten *Bilanzversuche zur Bestimmung des Rohfasergehaltes* von unverpilztem und verpilztem Futter durchgeführt. In Anlehnung an das vom Verband Deutscher Landwirtschaftlicher Untersuchungsanstalten vereinbarte Verfahren nach W. HENNEBERG und F. STOHMANN (WEENDER-Verfahren [6]) wurden die Untersuchungen nach folgender Methode vorgenommen:

3 g der getrockneten Probe werden fein gemörsert und in einem Becherglas, das bei 200 ml eine Marke trägt, mit 50 ml 5-prozentiger H_2SO_4 und 150 ml H_2O genau 30 min gekocht. Verdampftes Wasser wird laufend ersetzt. Nach dem Kochen läßt man absitzen und dekantiert dreimal vorsichtig unter Erneuerung des abgegossenen stärkehaltigen Wassers den oberen klaren Teil der Suspension. Dann saugt man durch ein Membranfilter, 90 mm ⌀, grob 1 (Fa. Sartorius, Göttingen) und wäscht den Rückstand bis zum Verschwinden der sauren Reaktion mit heißem Wasser. Das Filtrat muß vollkommen klar und frei von suspendierten Bestandteilen sein. Dann wird der Rückstand in das Becherglas zurückgegeben und genau 30 min in gleicher Weise mit 50 ml 5-prozentiger Natronlauge und 150 ml H_2O gekocht. Anschließend läßt man abkühlen und saugt wieder in der gleichen Weise ab. Der Rückstand wird bis zur neutralen Reaktion mit heißem Wasser ausgewaschen und zweimal mit Benzol oder Aceton nachgewaschen. Nach dem Trockensaugen wird der Rückstand quantitativ in eine geglühte Platinschale gebracht, 3 Std. bei 105° C getrocknet und nach dem Erkalten im Exsikkator gewogen. Dann wird 2 × 15 min geglüht und nach vollständigem Verbrennen der organischen Substanz der Ascherest ausgewogen. Der Gewichtsverlust ergibt den Gehalt an Rohfaser.

Diese Methode erfaßt nicht nur die Zellulose, sondern in gleicher Weise Pentosane, außerdem Lignin, Cutine, Gerbstoffe und Pektinverbindungen.

Es wurden jeweils Doppelbestimmungen durchgeführt. Falls nicht anders angegeben, waren die untersuchten Proben Mischproben aus allen 3 Schichten eines Futterstockes.

In Tabelle 2 ist, neben dem Aschegehalt, der Rohfasergehalt von den unverpilzten und den 4 Tage verpilzten Futterproben des Versuches B (MÜLLER [17]) wiedergegeben.

Tabelle 2. *Rohfasergehalt der Proben vom Versuch B*

Futterprobe	Einwaage in g	Aschegehalt in g	Rohfasergehalt		
			in g	in %	Mittelwert in %
unverpilzt . . .	4,0358	0,0115	0,2258	5,60	5,56
unverpilzt . . .	2,0464	0,0061	0,1132	5,53	
4 Tage verpilzt	4,0036	0,0090	0,2358	5,89	5,92
4 Tage verpilzt	1,9919	0,0042	0,1182	5,94	

In der Tabelle 3 sind Werte der Futterproben C wiedergegeben, die aus einem 3 und einem 4 Tage verpilzten Futterstock stammen.

Bei einem weiteren Versuch der Futterproben E stieg der prozentuale Rohfasergehalt während der dreitägigen Verpilzung von 5,61% auf 5,93% an.

Tabelle 3. *Rohfasergehalt der Futterproben C*

Probe	Einwaage in g	Aschegehalt in g	Rohfasergehalt in g	Rohfasergehalt in %	Rohfasergehalt Mittelwert in %
Unverp. Futterst. 6	3,0000	0,0047	0,1637	5,45	5,45
dto. . . .	3,0000	0,0050	0,1634	5,44	
3 Tage verpilzt Futterstock 5 .	2,0000	0,0060	0,1130	5,65	5,76
dto. . . .	3,0000	0,0079	0,1758	5,86	
4 Tage verpilzt Futterstock 1 . .	2,9881	0,0228	0,1928	6,15	6,28
dto. . . .	3,0352	0,0036	0,1944	6,40	

Tabelle 4 enthält Werte der Futterproben F. Bei diesem Versuch wurden neben der unverpilzten Futtermischung Proben von 2 und 3 Tage verpilztem Futter, sowie Proben aus den verschiedenen Schichten eines 4 Tage verpilzten Futterstockes untersucht.

Tabelle 4. *Rohfasergehalt der Futterproben F*

Probe	Entnahme-schicht	Einwaage in g	Aschegehalt in g	Rohfasergehalt in g	Rohfasergehalt in %	Rohfasergehalt Mittelwert in %
unverpilzt . .	Durchschnitt	2,9934	0,0186	0,1840	6,18	6,10
unverpilzt . .	Durchschnitt	2,9870	0,0194	0,1798	6,01	
2 Tage verp.	Durchschnitt	3,0230	0,0067	0,2096	6,93	6,93
3 Tage verp.	Durchschnitt	3,0214	0,0067	0,2214	7,32	7,23
3 Tage verp.	Durchschnitt	3,0444	0,0090	0,2172	7,13	
4 Tage verp.	Außenschicht	3,0796	0,1918	0,2432	7,90	7,46
4 Tage verp.	Außenschicht	3,1195	0,0108	0,2388	7,01	
4 Tage verp.	Mittelschicht	3,0274	0,0170	0,1832	6,05	6,14
4 Tage verp.	Mittelschicht	2,9758	0,0109	0,1852	6,22	
4 Tage verp.	Innenschicht	2,9847	0,0103	0,2179	7,30	7,58
4 Tage verp.	Innenschicht	3,0554	0,0126	0,2404	7,86	

Aus den Ergebnissen geht klar hervor, daß durch die „Futterverpilzung durch Selbsterhitzung" bei den untersuchten Proben ein *Zelluloseabbau nicht stattfand.* Im Gegenteil trat durch den Verpilzungsprozeß eine Anreicherung des prozentualen Rohfasergehaltes des Mischfutters ein, der zwischen 0,31 % und 0,79 % lag. Diese relative Zunahme des Rohfasergehaltes dürfte dadurch zu erklären sein, daß ein Teil der Stärke des Mischfutters durch den Verpilzungsprozeß abgebaut wird, während die Rohfaserstoffe nicht angegriffen werden, so daß sich prozentual ein erhöhter Rohfaseranteil ergibt. Darauf weisen die über den Substanzverlust durchgeführten Untersuchungen hin.

Somit bestätigen die zur Ermittlung des Zelluloseabbaues durchgeführten Bilanzversuche die mikrobiologischen Ergebnisse (MÜLLER [17]), nach denen bei der „Futterverpilzung durch Selbsterhitzung“ bei Futtermitteln, die an Kohlenhydraten, Fetten und Eiweißen reich sind, ein Zelluloseabbau nicht stattfindet. Diese Ergebnisse stehen im Gegensatz zu den Ausführungen von RHODE [20].

3. *Luftstickstoffbindung*

Bei einigen Bilanzversuchen fanden BEHM [2] und BÄHRECKE [1] im verpilzten Futter einen höheren Stickstoffgehalt gegenüber der Ausgangssubstanz. ROHDE [22] schließt daraus, daß während der Verpilzung Luftstickstoff organisch gebunden wird und dadurch Rohprotein neu entsteht. Er beruft sich darauf, daß an der „Futterverpilzung durch Selbsterhitzung“ Hefen beteiligt sind und bezieht sich auf eine 1954 erschienene Arbeit, nach der angeblich der einwandfreie wissenschaftlich Nachweis erbracht werden konnte, daß sauerstoffliebende Hefen Luftstickstoff binden können. Ihre Leistungsfähigkeit soll ungefähr 10 % von Azotobacter chroococcum betragen. Leider gibt ROHDE in seiner Veröffentlichung kein Literaturzitat über diese Arbeit. Wahrscheinlich bezieht er sich auf die Arbeiten von SCHANDERL mit Kahmhefen, dessen Ergebnisse jedoch von anderer Seite widerlegt wurden.

Da die Bindung von Luftstickstoff durch Mikroorganismen und die dadurch entstehende Vermehrung des Rohproteingehaltes bei der „Futterverpilzung durch Selbsterhitzung“ in Futtermitteln praktische Bedeutung haben kann, wurde dieser Frage näher nachgegangen. Bereits bei den mikrobiologischen Untersuchungen (MÜLLER [17]) wurde versucht, möglicherweise bei der Futterverpilzung vorkommende luftstickstoffbindende Mikroorganismen auf einem Spezialnährboden zu erfassen. Bei diesen Untersuchungen wurden jedoch keine luftstickstoffbindenden Keime gefunden.

Um die Ergebnisse weiter zu untermauern und eine eindeutige Klärung der Frage herbeizuführen, ob bei der „Futterverpilzung durch Selbsterhitzung“ Luftstickstoff zu organischer Substanz gebunden wird, wurde deshalb nach der KJELDAHL-Methode der Stickstoffgehalt von Durchschnittsproben von unverpilztem und vom gleichen verpilzten Futter bestimmt.

Das unverpilzte Futter vom Versuch B enthielt 2,48% Stickstoff, die 4 Tage verpilzte Substanz 2,56%. Die geringe Zunahme von 0,08% liegt innerhalb des Schwankungsbereiches. Tabelle 5 enthält Untersuchungsergebnisse der Futterproben C, die aus verschieden lang verpilzten Futterstöcken stammen.

Bildet man bei Tabelle 5 die Mittelwerte, so ergibt sich für den 4 Tage verpilzten Futterstock eine prozentuale Zunahme des Stickstoffgehaltes durch die Verpilzung von 3,20% auf 3,39%, das sind 0,19%. Für die 3 Tage verpilzte Substanz eines anderen Futterstockes ergab sich eine Zunahme von 0,30%.

In den Proben E vom 24. 6. 1957 erhöhte sich durch die dreitägige Verpilzung der Stickstoffgehalt von 3,21% auf 3,32%.

Für die untersuchten Proben K ergab sich nach viertägiger Verpilzung nur eine innerhalb der Fehlergrenze liegende Abnahme des Stickstoffgehaltes.

Tabelle 5

Probe	Einwaage in g	N-Gehalt in mg	N-Gehalt in %
Kontrolle	0,0000	0,0	0,00
unverpilzt	3,0728	98,0	3,19
unverpilzt	3,0052	96,6	3,21
4 Tage verpilzt . .	3,0212	100,9	3,34
4 Tage verpilzt . .	3,0482	105,0	3,44
3 Tage verpilzt . .	2,9974	105,0	3,50
3 Tage verpilzt . .	2,9906	105,0	3,50

Tabelle 6 enthält die Werte der Proben I vom 21. 8. 1957. Bei diesem Versuch wurde neben dem unverpilzten Futter verpilztes Futter aus den 3 verschiedenen Zonen eines 4 Tage verpilzten Futterstockes untersucht. Bildet man aus den Parallelwerten die Mittelwerte, so ergibt sich aus diesem Versuch folgendes:

Durch die Verpilzung nahm der prozentuale N-Gehalt in einem Futterstock, in der *Außenschicht* um 0,58% und in der *Mittelschicht* um 0,12% zu, während er in der *Innenschicht* 0,02 % abnahm. In weiteren Versuchen wurden entsprechende Ergebnisse erzielt.

Tabelle 6

Probe	Einwaage in g	N-Gehalt in mg	N-Gehalt in %
unverpilzt	2,0419	76,45	3,74
unverpilzt	2,0332	78,28	3,85
4 Tage verpilzt, Außenschicht	2,0212	88,70	4,38
4 Tage verpilzt, Außenschicht	2,0440	89,68	4,38
4 Tage verpilzt, Mittelschicht	1,9900	78,28	3,93
4 Tage verpilzt. Mittelschicht	2,0343	79,41	3,90
4 Tage verpilzt, Innenschicht	1,9949	74,24	3,72

Betrachtet man die Ergebnisse der Stickstoffuntersuchungen, so zeigt sich durch die Futterverpilzung fast immer eine Zunahme des prozentualen Stickstoffgehaltes des Futtermittels. Sie lag bei Durchschnittsproben aus allen Schichten eines Futterstockes zwischen 0,01 und 0,30%, bezogen auf das Futtertrockengewicht. Da die größte Abweichung des Stickstoffgehaltes zwischen 2 Parallelbestimmungen auf das Futtertrockengewicht bezogen 0,19% beträgt, liegen die gefundenen Zunahmen teilweise innerhalb des Fehlerbereiches.

Betrachtet man die *verschiedenen Schichten eines Futterstockes,* so zeigt sich besonders für die äußeren Schichten eine Erhöhung des prozentualen Stickstoffgehaltes, während sich für die Mittelschicht nur eine geringe Erhöhung ergibt. In der Innenschicht bleibt der Stickstoffgehalt nahezu unverändert.

Die gefundene Erhöhung des prozentualen Stickstoffgehaltes in verpilztem Futter bedeutet noch nicht, daß durch die Futterverpilzung der absolute Stickstoffgehalt und damit der absolute Rohproteingehalt des Futtermittels erhöht wurde. Vielmehr muß man zunächst berücksichtigen, daß durch die Verpilzung ein Kohlenhydratabbau stattfindet, der sich als Substanzverlust bemerkbar macht. Daraus resultiert bei Bilanzversuchen ein *relativ erhöhter prozentualer Stickstoffgehalt im verpilzten Futter.* Die größte prozentuale Erhöhung des Stickstoffgehaltes liegt bei 0,30%, bezogen auf das Futtertrockengewicht bei Versuch C. Das sind auf den Stickstoffgehalt des unverpilzten Futters bezogen 9,4%. Da der Kohlenhydratverlust bei der Futterverpilzung nach eigenen, im Labor durchgeführten Versuchen bei 8,2%, nach Angaben NEHRING's bis zu 17% betragen kann, geht aus diesen Untersuchungen hervor, daß eine *Erhöhung des absoluten Stickstoffgehaltes* durch die Verpilzung bei den untersuchten Futtermitteln *nicht eintrat.* Das bestätigt die bei den mikrobiologischen Untersuchungen (MÜLLER [17]) gefundenen Ergebnisse, wonach an der Futterverpilzung keine luftstickstoffbindenden Mikroorganismen beteiligt sind. Daß in der äußeren Schicht der Futterstöcke die prozentuale Erhöhung des Stickstoffgehaltes größer ist als in der weiter innen liegenden, kann dadurch erklärt werden, daß in der äußeren Schicht die intensivste Atmung erfolgt und damit auch der stärkste Kohlenhydratverlust eintritt.

Eine andere Erklärung kann damit gegeben werden, daß die Luft in dem Verpilzungsraum durch die angrenzenden Schweineställe stark ammoniakhaltig war, und daß dieses Ammoniak möglicherweise von den in der Außenschicht vorkommenden Mikroorganismen in stärkerem Maße gebunden wurde als in den inneren Schichten, wohin es weniger gut gelangte.

Im Gegensatz zur Auffassung ROHDE's ergeben sich also bei den untersuchten verpilzten Futtermitteln keinerlei Resultate, die auf eine Luftstickstoffbindung schließen lassen. Dazu siehe auch die bereits früher ausgeführten Bemerkungen (MÜLLER [17]).

4. *Fettgehalt*

Wie die mikrobiologischen Ausführungen zeigten, sind an der „Futterverpilzung durch Selbsterhitzung“ zahlreiche Mikroorganismen, vor allem Schimmelpilze und Bakterien beteiligt, die Fett spalten können. Außerdem ist es bekannt, daß Mikroorganismen, besonders Hefen, in der Lage sind, aus Kohlenhydraten Fette aufzubauen und zu speichern. Besonders in Notzeiten versuchte man diese Tatsache auszunutzen und auf mikrobiologischem Wege Fett aus Kohlenhydraten herzustellen. Es lag nun die Frage nahe, wieweit durch die „Futterverpilzung durch Selbsterhitzung“ eine Veränderung des Fettgehaltes der Futtermittel in positiver oder negativer Hinsicht eintritt. Um dies zu ermitteln, wurden *Bilanzversuche an unverpilzten und verpilzten Futtermitteln* durchgeführt. In Anlehnung an die im Handbuch der landwirtschaftlichen Versuchs- und Untersuchungsmethodik Bd. III angeführten Verfahren zur Bestimmung von Fett wurde methodisch folgendermaßen verfahren:

Die verpilzte bzw. unverpilzte Substanz wurde fein gemörsert und 3 Std. bei 95° C getrocknet. 15 g davon wurden in einem Becherglas mit 60 ml HCl (Spez. Gewicht = 1,125) 5 min gekocht, um das in Mikroorganismenzellen eingeschlossene Fett freizulegen. Nach dem Abkühlen wurde mit H_2O verdünnt, zerkleinertes Filterpapier zugesetzt, die breiige Masse filtriert und mit heißem Wasser bis zum Verschwinden der Salzsäure ausgewaschen. Filter und Rückstand wurden bei 95° C getrocknet, in fettfreie Papierhülsen gegeben, mit fettfreier Watte verschlossen und im SOXHLET-Apparat extrahiert. Teilweise wurden anstelle der Papierhülsen auch Glasfritten aus Jenaer Glas verwendet, die den Arbeitsgang vereinfachen. Nach 5—6 stündigem Extrahieren mit alkohol- und wasserfreiem Äther wurde der Äther abdestilliert, der Kolben mit dem Ätherauszug 1 Std. getrocknet und gewogen. Die Gewichtsdifferenz zum leeren Kolben ergibt die in der Substanz enthaltene Menge „Rohfett". Durch diese allgemein übliche „Fettbestimmungsmethode" werden außer dem eigentlichen Fett weitere ätherlösliche Stoffe wie Farbstoffe, höhermolekulare organische Säuren, ätherische Öle, Wachse, Harze, Phosphatide, Lecithine, Alkohole, Alkaloide und andere Stoffe erfaßt.

In den folgenden Tabellen sind die gefundenen Werte für den Ätherextrakt wiedergegeben.

Es wurden jeweils Doppelbestimmungen durchgeführt. Falls nicht anders vermerkt, waren die untersuchten Substanzen Mischproben aus allen 3 Schichten eines Futterstockes.

In Tabelle 7 sind die Werte der Proben B aufgeführt. Es wurde nur das unverpilzte und das 4 Tage verpilzte Mischfutter untersucht.

Tabelle 7. *Ätherauszug der Proben vom Versuch B*

Futterprobe	Einwaage in g	Ätherauszug in g	Ätherauszug in %	Ätherauszug Mittelwert in %
unverpilzt	7,0455	0,1640	2,32	2,49
unverpilzt	7,0946	0,1871	2,66	
4 Tage verpilzt . . .	9,1729	0,2719	3,19	3,19
4 Tage verpilzt . . .	8,5415	0,2909	3,18	

Tabelle 8 enthält Werte von unverpilztem und von 1 bis 4 Tage verpilztem Mischfutter der Proben C. Die Proben stammten aus verschiedenen Futterstöcken.

Tabelle 9 enthält die Werte der Proben I.

Tabelle 10 enthält die Werte von Proben des Versuches H. Neben unverpilztem Futter wurden Proben aus allen 3 Schichten eines 4 Tage verpilzten Futterstockes untersucht.

Tabelle 8. *Ätherauszug der Proben C vom 24. VI. 1957*

Futterprobe	Einwaage in g	Ätherauszug in g	Ätherauszug in %	Ätherauszug Mittelwert in %
unverpilzt Futterstock 6	15,1116	0,4780	3,16	3,16
unverpilzt Futterstock 6	14,9853	0,4723	3,15	
1 Tag verpilzt Futterst. 3	15,0168	0,4948	3,29	3,22
1 Tag verpilzt Futterst 3	15,0138	0,4733	3,15	
2 Tage verpilzt Futterst. 4	15,0742	0,4648	3,10	3,07
2 Tage verpilzt Futterst. 4	15,0516	0,4572	3,03	
3 Tage verpilzt Futterst. 5	14,9882	0,4586	3,05	3,08
3 Tage verpilzt Futterst. 5	15,0169	0,4664	3,10	
4 Tage verpilzt Futterst. 6	15,0606	0,5676	3,76	3,72
4 Tage verpilzt Futterst. 6	15,9814	0,5506	3,67	

Tabelle 9. *Ätherauszug der Proben I*

Futterprobe	Einwaage in g	Ätherauszug in g	Ätherauszug in %	Ätherauszug Mittelwert in %
unverpilzt	15,0194	0,5548	3,69	3,57
unverpilzt	14,9994	0,5186	3,45	
3 Tage verp. Mittelschicht .	15,0492	0,5682	3,77	3,87
3 Tage verp. Mittelschicht .	10,2378	0,3998	3,96	
3 Tage verp. Außenschicht .	15,0307	0,5572	3,70	3,58
3 Tage verp. Außenschicht .	14,9916	0,5180	3,45	

Betrachtet man die Ergebnisse der Tabellen 7–10, so ergibt sich folgendes:

Bei den Proben vom Versuch B nahm der Ätherauszug durch den viertägigen Verpilzungsprozeß von 2,49% auf 3,19%, also um 0,70% bezogen auf die Trockensubstanz zu. Bei den Proben vom 24. 6. ergab sich nach viertägiger Verpilzung eine Zunahme von 0,56%. Für 3 andere Futterstöcke, die 1–3 Tage dem Verpilzungsprozeß unterworfen waren, zeigten sich nur geringfügige Unterschiede des Ätherauszuges, die innerhalb des Schwankungsbereiches der Untersuchungsmethode liegen. Bei einem weiteren Versuch ergab sich bei einem viertägig verpilzten Futterstock eine Zunahme des Ätherauszuges von 0,15%, bezogen auf das Trockensubstanzgewicht. Während diese Untersuchungen an Durchschnittsproben aus allen 3 Schichten eines Futterstockes vorgenommen wurden, sind in den Tabellen 9 und 10 Werte von verschiedenen Schichten eines Futterstockes aufgeführt. Danach nahm der Ätherauszug in einem dreitägig verpilzten Futterstock in der *Mittelschicht* um 0,30%, in der *Außenschicht* nur um 0,01% zu. In einem dreitägig verpilzten Futterstock nahm er in der Mittelschicht um 0,42% zu, während er in der Außenschicht 0,51% und in der *Innenschicht* 0,05% abnahm. Auch aus diesen Werten dürfte für den Gesamtdurchschnitt des betreffenden Futterstockes eine geringe Erhöhung des Ätherauszuges resultieren.

Tabelle 10. *Ätherauszug der Proben vom Versuch H*

Futterprobe	Einwaage in g	Ätherauszug in g	Ätherauszug in %	Ätherauszug Mittelwert in %
unverpilzt	15,0214	0,6196	4,12	4,05
unverpilzt	15,0320	0,5984	3,98	
4 Tage verp. Außenschicht .	15,0162	0,5168	3,44	3,54
4 Tage verp. Außenschicht .	14,9956	0,5468	3,64	
4 Tage verp. Mittelschicht .	15,0526	0,6634	4,40	4,47
4 Tage verp. Mittelschicht .	15,0285	0,6820	4,53	
4 Tage verp. Innenschicht .	15,0330	0,5974	3,97	4,00
4 Tage verp. Innenschicht .	15,0586	0,6072	4,03	

Insgesamt gesehen ergibt sich also bei allen untersuchten Futterstöcken im Durchschnitt eine *Erhöhung des Ätherauszuges,* die auf das Trockengewicht des Futters bezogen zwischen 0,15% und 0,70% liegt.

Die gefundenen Zunahmen liegen meist außerhalb des Schwankungsbereiches, der bezogen auf die Trockensubstanz maximal 0,34% beträgt. HERRMANN[7] gibt den zulässigen Fehler bei Doppelbestimmung mit maximal 0,3% an, was also auch für die in vorliegenden Untersuchungen gewonnenen Werte zutrifft. Daß die durch die Verpilzung entstehenden prozentualen Zunahmen des Ätherextraktes auf einen Umbau von Kohlenhydraten in Fette durch Mikroorganismen hervorgerufen wurden, ist damit nicht gesagt. Man muß hier wiederum berücksichtigen, daß während der Verpilzung ein Abbau von Kohlenhydraten stattfindet, der einen Anstieg des Ätherextraktes vortäuschen kann. In einem vorhergehenden Abschnitt wurde ein während der Verpilzung in Laborversuchen eintretender Substanzverlust von maximal 8% der Futtertrockensubstanz gefunden. Die gefundene prozentuale Zunahme der Ätherauszuges liegt ebenfalls in diesem Bereich. Somit ergibt sich insgesamt, daß bei den untersuchten Futtermitteln eine *Erhöhung des absoluten Fettgehaltes durch die Futterverpilzung nicht eintrat.*

5. *Alkohol- und Estergehalt*

Wie aus den mikrobiologischen Untersuchungen hervorging, sind an dem Verpilzungsprozeß teilweise in nicht unerheblichem Maße Hefeorganismen beteiligt. Da die meisten isolierten Hefenarten zur Vergärung von Glukose und anderen

Zuckern fähig sind, und das verpilzte Futter einen angenehmen Geruch hat, lag die Vermutung nahe, daß bei dem Verpilzungsprozeß neben anderen Stoffwechselprodukten möglicherweise auch Äthylalkohol gebildet wird. Um dies näher zu untersuchen, wurden Proben von unverpilztem und von verschieden lange verpilztem Futter mit Wasser vermengt und destilliert. Die Destillate wurden nach der von KUNZ [10] verbesserten Jodoformprobe nach LIEBEN auf Äthylalkohol untersucht.

Bei diesem Test wird Jodoform gebildet, das als gelber Niederschlag ausfällt und an der Kristallform und an seinem charakteristischen Geruch erkannt wird. Es kann Alkohol noch in einer Verdünnung bis 1 : 23 000 nachgewiesen werden. Der Test ist jedoch nicht spezifisch, sondern er gibt nach MEIGH [14] positive Ergebnisse mit folgenden Verbindungen: CH_3CHO, CH_3CH_2OH, CH_3CO-R, $CH_3CHOH-R$, $R-COCH_2CO-R$ und $R-CHOH \cdot CH_2CHOH-R$, wobei R ein Alkyl- oder Arylrest bedeutet.

Alle nach dieser Methode untersuchten unverpilzten Proben zeigten negative, alle verpilzten Proben positive Ergebnisse. Da die Jodoformprobe keinen spezifischen Alkoholnachweis darstellt, wurden die Destillate weiterhin nach MEIGH [14] nach der Xanthogenat-Methode untersucht. Diese Methode beruht darauf, daß Alkohole mit Schwefelkohlenstoff bei Gegenwart von Alkali Alkylxanthogenate nach folgender Formel bilden: $ROH + CS_2 + NaOH \rightarrow RO \cdot CS \cdot SNa + H_2O$. Das Natriumxanthogenat bildet mit Ammoniummolybdat einen violetten Farbstoff $MoO_3 \left[SC\langle^{SH}_{OR} \right]_2$, der in Chloroform löslich ist. Die untersuchten Destillate bildeten jedoch keinen violetten, sondern einen braunen Farbstoff, der bei Zusatz von Ammoniummolybdat als brauner, in Chloroform unlöslicher Niederschlag ausfiel. Besonders stark trat der Niederschlag bei den Destillaten aus 4 Tagen verpilzten Proben auf. Diese Niederschläge entstehen bei Verbindungen, die die $-CH_2 \cdot CO \cdot CH_2$-Gruppe enthalten. Somit konnten also bei den untersuchten *Futterproben kein Äthylalkohol, sondern nur Ketone* nachgewiesen werden. Das besagt aber nicht, daß während des Verpilzungsvorganges von den Hefen kein Alkohol gebildet wird. Da in dem verpilzten Futter auch Mikroorganismen gefunden wurden, die in der Lage sind, Äthylalkohol als Kohlenstoffquelle zu verwenden, wäre es denkbar, daß möglicherweise gebildeter Äthylalkohol von diesen Organismen als Kohlenstoffquelle verwendet wurde und deshalb eine Anreicherung im verpilzten Futter nicht eintrat.

Ob gärungsfähige Hefen aus Zucker Alkohol bilden oder durch Atmung zu Kohlendioxyd und Wasser abbauen, ist auch eine Frage des Sauerstoffangebotes. Unter aeroben Verhältnissen wird Zucker meist veratmet, während unter aneroben Verhältnissen Gärung stattfindet. Es ist anzunehmen, daß während des Verpilzungsprozesses in den inneren Schichten der Futterhaufen ein verringertes Sauerstoffangebot herrscht. Das geht daraus hervor, daß sauerstoffliebende Organismen, z. B. Schimmelpilze, vorwiegend in der äußeren Schicht gefunden werden, während mikroaerophile Mikroorganismen, wie z. B. *Streptobacterium plantarum,* in den inneren Schichten gefunden werden. Außerdem bilden Hefen Äthylalkohol nur aus einigen Zuckern, die auch immer veratmet werden können, während viele andere organische Verbindungen wohl in den Atmungsstoffwechsel einbezogen werden können, aber nicht vergoren werden. Es wäre weiterhin denkbar, daß möglicherweise gebildeter Alkohol mit den im verpilzten Futter nachgewiesenen organischen Säuren Ester bilden würde, besonders, da das verpilzte Futter immer einen angenehmen Geruch hatte. Um dies zu untersuchen wurden die Destillate nach der Methode von BUCKLES u. a. [3] auf Ester geprüft. Die Methode ist sehr empfindlich und beruht auf einer Farbreaktion. In sämtlichen untersuchten Proben waren die Befunde jedoch negativ.

Somit konnten *im verpilzten Futter weder Alkohol noch Ester* nachgewiesen werden.

6. Säuregehalt

Viele Mikroorganismen bilden als Stoffwechselprodukte aus Kohlenhydraten Säuren, z. B. Essigsäure, Buttersäure oder Milchsäure. Diese Fähigkeiten nutzt man bei der Sauerfutterbereitung aus, bei der kohlenhydratreiche Grünfutter vorwiegend von Milchsäurebakterien angesäuert werden. Das so erhaltene Sauerfutter ist unter geeigneten Bedingungen gut haltbar. Außerdem besitzt es auf Grund des Milchsäuregehaltes diätetische Wirkung.

Der Wert eines auf mikrobiologischem Wege zubereiteten Futters ist von den in ihm vorhandenen Säuremengen und Säurearten abhängig. So soll der Hauptanteil der in gutem Sauerfutter vorkommenden organischen Säuren Milchsäure sein. Essigsäure ist unerwünscht, während Buttersäure als gesundheitsschädigend gilt.

Bei der in vorliegender Arbeit untersuchten „Futterverpilzung durch Selbsterhitzung" werden ebenfalls sehr stark kohlenhydrathaltige Futtermittel dem Einfluß von Mikroorganismen überlassen. Wie die mikrobiologischen Untersuchungen ergaben, sind an diesem Prozeß säurebildende Arten beteiligt. Um einmal festzustellen, welche Säuren und in welcher Menge bei der „Futterverpilzung durch Selbsterhitzung" entstehen, wurden die im folgenden beschriebenen Untersuchungen durchgeführt.

Freie Säuren wurden in Anlehnung an HERRMANN [7] folgendermaßen bestimmt:

20 g des zu untersuchenden Futters wurden mit 100 ml neutralem Äther 3 Stunden maschinell geschüttelt. Nach dem Absetzen wurden 50 ml des Eluats unter Zusatz von 25 ml Äthylalkohol mit n/10 Natronlauge titriert. Als Indikator diente Phenolpthalein. Mit dieser Methode werden fast nur organische Säuren erfaßt; Kohlenhydrate, Eiweiße und Aminosäuren werden mit Äther nicht extrahiert.

In Tabelle 11 sind die Werte von Untersuchungen der Proben F vom 11. VII. 1957 zusammengestellt. Die Proben stammten aus 5 verschiedenen Futterstöcken. Die unverpilzte Probe war noch nicht mit Wasser vermengt. Die Gesamtsäure wurde auf Milchsäure umgerechnet, da diese den größeren Anteil stellt. Dies geht aus späteren Untersuchungen hervor. Somit ergab sich auf Milchsäure umgerechnet für die unverpilzte Probe ein freier Säuregehalt von 0,3%. Da die untersuchte Probe noch nicht mit Wasser vermengt war, muß man entsprechend dem den verpilzten Proben zugesetzten Wasser noch ca. 30% des gefundenen Säuregehaltes abziehen, um diesen Wert mit den Werten der anderen Proben in Beziehung setzen zu können. Man erhält dann für die unverpilzte Probe einen Säuregehalt von 0,2%. Durch die Verpilzung stieg der freie Säuregehalt in den Durchschnittsproben der bis zu 3 Tagen verpilzten Futterstöcke bis auf das Doppelte an. In dem 4 Tage verpilzten Futterstock war der Säuregehalt in der

Außenschicht gegenüber dem unverpilzten Futter nahezu unverändert, während er in der *Mitteschicht* etwa auf das Doppelte und in der *Innenschicht* auf das Dreifache angestiegen war. Die Probe aus der Innenschicht hatte bei diesem Versuch einen hohen Feuchtigkeitsgehalt, roch besonders angenehm und machte den Eindruck starker Mikroorganismentätigkeit. Da diese Untersuchungen keinen Aufschluß über die vorkommenden Säurearten geben, wurden weitere Untersuchungen nach dieser Methode nicht durchgeführt.

Tabelle 11

Futterprobe	ml Verbrauch n/10 NaOH	Milchsäure in mg	% Milchsäure der Substanz
unverpilzt ohne H_2O . . Durchschnitt	3,0	27,0	0,3
1 Tag verpilzt . . . . . Durchschnitt	3,6	32,4	0,3
2 Tage verpilzt . . . . . Durchschnitt	4,3	38,7	0,4
3 Tage verpilzt . . . . . Durchschnitt	3,2	28,8	0,3
4 Tage verpilzt . . . . Außenschicht	2,5	22,5	0,2
4 Tage verpilzt . . . . Mittelschicht	4,6	41,4	0,4
4 Tage verpilzt . . . . Innenschicht	7,0	63,0	0,6

Um *festzustellen, welche Säuren* und in welchem Mengenverhältnis diese bei der Futterverpilzung gebildet werden, wurde nach den Untersuchungsmethoden für Gärfutter von LEPPER [11-13] und FLIEG [4, 5] verfahren. Diese Verfahren fußen auf der ursprünglichen Methode von WIEGNER und MAGASANIK [25].

In Tabelle 12 sind für die Futterproben C die Säurewerte in % bezogen auf das Futtergewicht wiedergegeben. Die Proben waren jeweils Durchschnittsproben aus den 3 Schichten verschieden lang verpilzter Futterstöcke.

Tabelle 12. *Säuregehalt der Futterproben C*

Probe	% Essigsäure	% Buttersäure	% Milchsäure
unverpilzt	0,1	0,0	0,7
1 Tag verpilzt	0,2	0,1	0,8
2 Tage verpilzt	0,3	0,0	0,7
3 Tage verpilzt	0,3	0,0	1,3
4 Tage verpilzt	0,4	0,0	1,7

In Tabelle 13 ist der Säuregehalt der Proben vom Versuch H wiedergegeben. Zwei weitere untersuchte Proben von 4 Tage verpilztem Futter erhielten 0,3 bzw. 0,4% Essigsäure und 2,0 bzw. 1,4% Milchsäure, während Buttersäure nicht nachgewiesen werden konnte.

Tabelle 13. *Säuregehalt der Proben vom Versuch H*

Probe	% Essigsäure	% Buttersäure	% Milchsäure
unverpilzt	0,2	0,0	0,8
1 Tag verp. Mittelschicht	0,1	0,2	0,7
1 Tag verp. Innenschicht	0,2	0,0	0,5
2 Tage verp. Außenschicht	0,2	0,0	0,8
2 Tage verp. Mittelschicht	0,2	0,0	0,8
2 Tage verp. Innenschicht	0,3	0,0	0,9
3 Tage verp. Außenschicht	0,2	0,0	0,7
3 Tage verp. Mittelschicht	0,2	0,0	0,9
3 Tage verp. Innenschicht	0,5	0,0	1,5
4 Tage verp. Außenschicht	0,2	0,0	0,8
4 Tage verp. Mittelschicht	0,3	0,0	1,1
4 Tage verp. Innenschicht	0,6	0,0	2,1

Bei zusammenfassender Betrachtung der Untersuchungen des Säuregehaltes in verpilztem Futter ergibt sich folgendes: Organische Säuren kommen im verpilzten Futter vor. Auf Milchsäure umgerechnet enthielt die Innenschicht eines 4 Tage verpilzten Futterstockes 0,6%, das ist die doppelte Menge, die in unverpilztem Futter gefunden wurde. In der Außenschicht blieb die Säuremenge unverändert, während sie in der Mittelschicht geringfügig anstieg. Dieser Anstieg liegt innerhalb der Fehlergrenze. Während der ersten 3 Versuchspilztage blieb der Säuregehalt im Futter nahezu unverändert. Bei der Bestimmung der verschiedenen Säurearten, bei der auch die als Salze gebundenen Säuren erfaßt wurden, ergab sich ebenfalls während der Verpilzung ein Anstieg des Milchsäuregehaltes. Die stärkste *Milchsäurebildung* trat in der Innenschicht der Futterstöcke ein. Sie erreichte bei einem 4 Tage verpilzten Futterstock 2,1%, gegenüber 1,1% in der Mittelschicht und einem unveränderten Säuregehalt von 0,8% in der Außenschicht. Bei den anderen untersuchten Durchschnittsproben aus allen 3 Schichten viertägig verpilzter Futterstöcke schwankte der Milchsäuregehalt zwischen 1,4 und 2,1%. *Buttersäure* wurde meist gar nicht oder nur in sehr geringen Mengen gefunden. Der höchste Wert lag bei 0,2%. Essigsäure wurde während der Verpilzung ebenfalls gebildet. Wie die Milchsäure trat sie vor allem in der Innenschicht auf. Während in der Mittelschicht nur ein geringer Anstieg erfolgte, blieb der prozentuale Gehalt in der Außenschicht unverändert. Der durchschnittliche *Essigsäuregehalt* lag bei 4 Tage verpilzten Futtermitteln zwischen 0,3 und 0,4% gegenüber 0,1 bis 0,2% in unverpilztem Futter. Anteilmäßig waren im allgemeinen $^3/_4$ der gesamten im Futter vorkommenden organischen Säuren Milchsäure und $^1/_4$ Essigsäure, während Buttersäure so gut wie überhaupt nicht auftrat.

7. *Vitaminuntersuchungen*

Es ist bekannt, daß zahlreiche Mikroorganismen Vitamine synthetisieren können und an Orten starker mikrobiologischer Tätigkeit häufig eine Vitaminanreicherung eintritt. So ist durchaus anzunehmen, daß auch bei der Futterverpilzung Vitamine angereichert werden, die die Mikroorganismen während ihrer Lebenstätigkeit bilden. Möglicherweise ist der angeblich bessere Gesundheitszustand der mit verpilztem Futter ernährten Tiere auf eine Vitaminwirkung zurückzuführen.

Über Vitaminuntersuchungen verpilzter Futtermittel ist bisher nur von BÄHRECKE, HAENEL und KRAACK [1, 9] berichtet worden. Sie konnten bei der Verpilzung einen zum Teil erheblichen Zuwachs an Riboflavin, Nikotinsäure und Pantothensäure feststellen. Für Thiamin waren die Verhältnisse uneinheitlich. Während in 2 Proben eine beträchtliche Zunahme gefunden wurde, veränderte sich der Gehalt in zwei weiteren Proben nahezu nicht.

Da unseres Erachtens den Vitaminuntersuchungen bei der Beurteilung des praktischen Wertes der Futterverpilzung Bedeutung zukommen kann, führten wir weitere Untersuchungen durch. Im Rahmen unseres Institutes wurden nur mikrobiologische Vitaminbestimmungsverfahren angewendet und damit von verschiedenen Futterproben der Gehalt an den Vitaminen B_1, B_2, B_6 und Nikotinsäure untersucht. Die verwendeten Methoden sind den jeweiligen Kapiteln vorangestellt.

a) Nikotinsäure und Nikotinsäureamid

Zur Bestimmung von Nikotinsäure und Nikotinsäureamid wurde der *Lactobacillus arabinosus* Test herangezogen, der gleichzeitig beide Komponenten erfaßt.

Es wurde der Stamm L. a. ATCC 8041 verwendet, der auf Micro Assay Culture Agar (Difco) gezüchtet wurde. Der Stamm wurde in Stichkultur gehalten und alle 7 Tage überimpft. Nach 24-stündiger Bebrütung bei 37° C wurde er anschließend im Kühlschrank bei 4° C aufbewahrt.

Zur Herstellung der Impfkultur wurde 2 Tage vor Versuchsansatz ein Röhrchen mit 8 ml Micro Inoculum Broth (Difco), einfach konzentriert, mit einer Öse geimpft und bei 37° C bebrütet. Am Versuchstage wurde abzentrifugiert, dreimal mit physiologischer Kochsalzlösung nachgewaschen und die abzentrifugierte Kultur schließlich mit 25 ml physiologischer Kochsalzlösung als schwach trübe Suspension aufgeschwemmt. Als Testmedium wurde Niacin Assay Medium (Difco) verwendet. Zur Extraktion wurden 5,0 g Futter mit 50,0 ml 1 n H_2SO_4 30 min bei 120° C autoklaviert, abgekühlt, das pH auf 4,5 eingestellt und auf 500,0 ml aufgefüllt. Anschließend wurde filtriert, das pH auf 6,8 eingestellt und auf 1000,0 ml aufgefüllt. Die Endverdünnung wurde so bereitet, daß bezogen auf die Annahme in 1,0 ml 100 ng $= 10^{-7}$ g Vitamin enthalten waren.

Zur Bereitung der Standardlösung wurden 10,0 mg Nikotinsäure in 100,0 ml sterilem aqua bidestillata gelöst und unter Toluol im Kühlschrank bei 4° C aufbewahrt. Diese Stammlösung ist bis zu 4 Wochen haltbar. Zur Bereitung der Standardlösung wurde der Stammlösung am Versuchstag ein Teil entnommen und so verdünnt, daß von der Standardlösung 1,0 ml 100 ng Nikotinsäure enthielt.

Zur Durchführung der Bestimmung wurden Kulturröhrchen mit je 4,0 ml doppelt konzentriertem Niacin Assay Medium (Difco) gefüllt und zu dem einen Teil Standardlösung, zum anderen Extrakt in folgenden Mengen pipettiert: 0; 0,5; 1,0; 2,0; 3,0; 4,0 ml. Dann wurde jedes Röhrchen mit aqua bidest. auf 8,0 ml aufgefüllt. Von der Standardreihe wurden 2, von der Extraktreihe 3 Parallelen angesetzt. Nach dem Momentautoklavieren wurden die Röhrchen schnell abgekühlt, mit je 2 Tropfen Impfkultur geimpft und bei 37° C bebrütet.

Nach 72 Stunden wurden die Kulturen mit 0,1 n NaOH gegen Bromthymolblau als Indikator titriert. Nach den Standardwerten wurde die Standardkurve gezeichnet und die zur Extraktreihe zugehörigen Werte durch Interpolation ausgerechnet.

Nähere Einzelheiten dazu sind bei MÜCKE [16] und WISS [26] nachzulesen.

Die untersuchten Futterproben enthielten umgerechnet pro g Trockensubstanz die im folgenden in mcg (1 mcg = 10^{-6} g) wiedergegebenen Mengen an Nikotinsäure. Falls nicht anders angegeben, sind die Proben Mischproben aus allen 3 Schichten eines Futterstockes.

Futterproben L vom 9. 7. 1958	unverpilzt	123,1 mcg
	4 Tage verpilzt	129,4 mcg
Futterproben M vom 9. 10. 1958	unverpilzt	33,7 mcg
	3 Tage verpilzt	35,5 mcg
Futterproben N vom 28. 10. 1958	unverpilzt	44,2 mcg
	4 Tage verpilzt	59,2 mcg
Futterproben O vom 11. 11. 1958	unverpilzt	46,5 mcg
	4 Tage verpilzt, Außenschicht	72,9 mcg
	4 Tage verpilzt, Innenschicht	83,1 mcg

b) Vitamin B_1 (Aneurin, Thiamin)

Vitamin B_1 wurde nur von den Proben O vom 11. 11. 1958 bestimmt. Als Teststamm diente *Lactobacillus fermentum* ATCC 9833 und als Nährmedium Difco Thiamin Assay Medium.

Die untersuchten Proben enthielten umgerechnet pro g Trockengewicht folgende Mengen Vitamin B_1:

unverpilzt	7,4 mcg
4 Tage verpilzt, Innenschicht	6,9 mcg
4 Tage verpilzt, Außenschicht	9,7 mcg

c) Vitamin B_2 (Riboflavin, Laktoflavin)

Vitamin B_2 wurde mit *Lactobacillus casei* ATCC 7469 bestimmt.

Die Kulturhaltung und Herstellung der Impfsuspension wurde wie für L. arabinosus vorgenommen.

Zur Extraktion wurden 5,0 g Futter mit 50,0 ml $^1/_{10}$ n HCl 15 min im Autoklav hydrolysiert, abgekühlt und das pH auf 4,5 eingestellt. Dann wurde mit aqua bidest. auf 100,0 ml aufgefüllt, filtriert, der pH-Wert auf 6,8 eingestellt und so verdünnt, daß bezogen auf die Annahme 1,0 ml 40 ng Vitamin B_2 enthielt.

Für die Standardlösung wurden 10,0 mg Laktoflavin in ca. 3 ml Eisessig gelöst und mit aqua bidest. auf 100,0 ml aufgefüllt. Unter Toluol ist diese Stammlösung bis zu 14 Tagen im Kühlschrank haltbar. Zum Ansatz wurde aus der Stammlösung 1,0 ml entnommen und so verdünnt, daß 1,0 ml 40 ng Laktoflavin enthielt.

Zur Bereitung des Ansatzes wurden Kulturröhrchen mit 4,0 ml frisch bereitetem, doppelt konzentriertem Difco Riboflavin Assay Medium gefüllt, in zweimal je 3 Parallelreihen aufgeteilt und dazu folgende Mengen Extrakt bzw. Standardlösung pipettiert: 0; 0,25; 0,5; 1,0; 1,5; 2,0; 3,0 und 4,0 ml. Die Röhrchen wurden mit aqua bidest. auf 80 ml aufgefüllt, momentautoklaviert und abgekühlt. Nach dem Impfen mit 2 Tropfen Impfsuspension wurde 72 Stunden bei 37° C bebrütet und mit n/10 NaOH unter Verwendung eines pH-Meßverstärkers elekrometrisch titriert. Die Werte der Extraktreihe wurden in der üblichen Weise nach der Standardkurve ermittelt.

Im Folgenden sind die für die einzelnen Proben gefundenen Mengen an Laktoflavin wiedergegeben. Die Werte sind auf 1,0 g Futtertrockensubstanz bezogen. Falls nicht anders vermerkt, waren die Proben Mischproben aus allen 3 Schichten eines Futterstockes.

Proben L vom 9. 7. 1958	unverpilzt	3,5 mcg/g
	4 Tage verpilzt	4,9 mcg/g
Proben M vom 9. 10. 1958	unverpilzt	2,7 mg/g
	3 Tage verpilzt	4,7 mcg/g
Proben N vom 28. 10, 1958	unverpilzt	3,2 mcg/g
	4 Tage verpilzt	5,3 mcg/g
Proben O vom 11. 11. 1958	unverpizt	1,2 mcg/g
	4 Tage verpilzt, Innenschicht	1,4 mcg/g
	4 Tage verpilzt, Außenschicht	4,0 mcg/g

d) Vitamin B_6

Außer den Vitaminen B_1, B_2 und Nikotinsäure wurde bei der Probe O auch der Gehalt an Vitamin B_6 mit *Neurospora sitophila* ATCC 9276 bestimmt. Diese Stamm erfaßt die 3 Komponenten Pyridoxin, Pyridoxamin und Pyridoxal.

Die Proben O vom 11. 11. 1958 enthielten umgerechnet pro g Futtersubstanz folgende Mengen an Vitamin B_6:

unverpilzt	6,6 mcg
4 Tage verpilzt, Innenschicht	6,5 mcg
4 Tage verpilzt, Außenschicht	8,5 mcg

e) Besprechung der Ergebnisse

Betrachtet man die für die verschiedenen untersuchten Vitamine erzielten Ergebnisse, so ergibt sich folgendes: Der *Vitamin B_1-Gehalt* nahm durch die Verpilzung in der Außenschicht pro g Futtertrockensubstanz um 2,3 mcg zu, während er in der Innenschicht nahezu unverändert blieb. Selbst wenn man den durch die Verpilzung bewirkten Kohlenhydratverlust berücksichtigt, ergibt sich für die Außenschicht noch eine deutliche Zunahme des absoluten Gehaltes an Vitamin B_1.

Für die *Laktoflavinuntersuchungen* ergibt sich ein ähnliches Bild. In dem untersuchten Futterstock O nahm der Vitamin-B_2-Gehalt während der Verpilzung in der Außenschicht um 2,8 mcg pro g Futtertrockensubstanz zu. In der Innenschicht blieb er nahezu unverändert. Sämtliche untersuchten verpilzten Durchschnittsproben weisen ebenfalls gegenüber den unverpilzten Proben — auch bei Berücksichtigung des Kohlenhydratverlustes – einen erhöhten Vitami-B_2-Gehalt auf. Die größte Vitaminanreicherung zeigen die Proben M. Hier wurde durch die Verpilzung der Vitamin-B_2-Gehalt um 2,0 mcg – bei 2,7 mcg in unverpilztem Futter – pro g Trockensubstanz erhöht.

In den Proben des Futterstockes O nahm auch der *Gehalt an B_6 in der Außenschicht* durch die Verpilzung zu. In der Innenschicht blieb er, ähnlich wie der Vitamin B_1- und B_2-Gehalt, nahezu unverändert.

Weitere Untersuchungen von Durchschnittsproben verpilzter und unverpilzter Futterstöcke lassen darauf schließen, daß *Vitamin* B_6 durch die Verpilzung nur in geringem Maße angereichert wird.

Für *Nikotinsäure* wurde ebenfalls in allen untersuchten verpilzten Proben eine mehr oder weniger starke Anreicherung festgstellt. Auch die Innenschicht des Futterstockes O, deren Gehalt an Vitamin B_1, B_2 und B_6 durch die Verpilzung nahezu unverändert blieb, zeigt einen erhöhten Nikotinsäuregehalt.

Zusammenfassend ergibt sich *aus den Vitaminuntersuchungen,* daß durch die Verpilzung der Gehalt der Futtermittel an den Vitaminen B_1, B_2, B_6 und Nikotinsäure ansteigt. Die Verpilzung ist demnach eine einfache Methode zur Anreicherung von bestimmten Vitaminen in Futtermitteln. Man darf jedoch nicht außer acht lassen, daß durch die Verpilzung ebenfalls ein nicht unerheblicher Kohlenhydratverlust eintritt. Weiterhin muß die Frage diskutiert werden, ob durch einen erhöhten Vitamingehalt der Nahrung die Leistung der Tiere generell gesteigert werden kann. Dazu ist zu sagen, daß bei optimaler Vitaminzufuhr bereits das Maximum der Wirkung erreicht ist. Es wäre also unsinnig, eine Nahrung, die bereits die notwendigen Vitaminmengen enthält, noch weiter mit Vitaminen anzureichern. Dabei besteht aber die Schwierigkeit, daß der Vitaminbedarf der einzelnen Tiergruppen und damit der notwendige Vitamingehalt der Nahrungsmittel nur ungenügend bekannt ist.

Wiederkäuer sind sämtlich auf die Zufuhr der Vitamine B_1, B_2, B_6 und Nikotinsäure mit der Nahrung nicht angewiesen. Sie besitzen in ihrem Verdauungsapparat gewaltige Hohlräume, in denen sich massenhaft Mikroorganismen entwickeln. Diese Mikroben synthetisieren während ihrer Lebenstätigkeit soviel Vitamine der B-Gruppe, daß die Wiederkäuer daraus ihren Bedarf voll decken können. Auch *Schweine und Pferde* besitzen einen Verdauungsapparat mit besonderen Gärkammern für die Lebenstätigkeit zahlreicher Bakterien. Sie können dadurch jedoch nur einen Teil ihres Vitaminbedarfes decken und sind auf die weitere Zufuhr von Vitaminen mit der Nahrung angewiesen. Über den zusätzlichen Bedarf liegen von verschiedenen Autoren unterschiedliche Angaben vor. In Tabelle 14 ist der tägliche Bedarf an Vitaminen für Schweine nach KIRSCH[8] wiedergegeben. Die Angaben fußen im wesentlichen auf den Untersuchungen amerikanischer Autoren.

Tabelle 14. *Täglicher Vitaminbedarf bei Schweinen in mg, nach* KIRSCH

Lebendgewicht in kg	Thiamin	B_2	NS	B_6
23	1,4	2,1	7,0	1,6
45	2,5	3,8	12,5	3,0
68	3,3	5,0	16,5	
91	3,8	5,7	19,0	
113	4,2	6,3	21,0	

MOUSTGAARD [15] machte auf dem 6. Internationalen Kongreß für Tierernährung folgende Angaben:

Vitaminbedarf wachsender Schweine in mcg/kg Körpergewicht: Thiamin 75, Riboflavin 60, Nikotinsäure 250, Vitamin B_6 100.

Andere Autoren [15] geben den Vitaminbedarf für wachsende Schweine wie folgt an:

Bedarf an Vitaminen in mg pro kg Futter	
Vitamin B_1	1,5—1,8
Vitamin B_2	1,6
Nikotinsäure	5

Vergleicht man die gefundenen Untersuchungsergebnisse mit den von den verschiedenen Forschern angegebenen Bedarfsnormen, so ergibt sich für die Vitamine B_1, B_6 und Nikotinsäure, daß der notwendige Bedarf bereits im unverpilzten Futter vorhanden ist. Anders verhält es sich mit *Laktoflavin.* Hier schwankt der Gehalt im unverpilzten Futter zwischen 1,2 bis 3,5 mg/kg. Bei den Proben O vom 11. 11. 1958, die den niedrigsten Laktoflavingehalt aufweisen, ist im unverpilzten Futter der geforderte Vitamingehalt nicht enthalten. Durch die Verpilzung wird der Laktoflavingehalt des Futterstockes jedoch so weit erhöht, daß der geforderte Bedarf für Schweine bei Durchmischung des Futterstockes erreicht wird.

Zu den angegebenen Bedarfsnormen muß gesagt werden, daß diese Zahlen nicht ohne Vorbehalt anzunehmen sind. Weiterhin muß darauf hingewiesen werden, daß die vorliegenden Vitaminuntersuchungen noch keine endgültige Beurteilung der angeschnittenen Fragen zulassen. Dazu sind weitere umfassendere Untersuchungen notwendig.

Vergleicht man die „Futterverpilzung durch Selbsterhitzung“ mit ähnlichen, bereits untersuchten mikrobiologischen Prozessen, so findet man in einigen Punkten Beziehungen zu der spontanen *Mehlteiggärung.* In beiden Prozessen wird Milchsäure bis zu 2% gebildet. Das ergänzt die Ergebnisse der mikrobiologischen Untersuchungen (MÜLLER [17]), nach denen bei beiden Prozessen die gleichen Organismengruppen vorkommen.

Weitere Beziehungen ergeben sich zum *Sauerteig,* der bekanntlich aus spontan gärendem Teig durch weitere Zufuhr von Nährstoffen und Wasser entsteht. Im normalen Sauerteig kommt Milchsäure ebenfalls bis zu ca. 2% vor. Höhere Konzentrationen wirken auf die Milchsäurebakterien selbst schädlich und töten sie ab.

Interessant ist ein Vergleich der *Gärverluste von Sauerteig und dem verpilzten Futter.* So werden für Sauerteigbackwerk, das weniger als einen Tag gärt, bereits Gärverluste von 0,5—5,0% angegeben, während im verpilzten Futter Kohlenhydratverluste bis 8% gefunden wurden.

Über den *praktischen Wert der Futterverpilzung* kann auf Grund der chemischen Untersuchungen und der Vitaminbestimmungen folgendes gesagt werden:

Eine von ROHDE für die „Futterverpilzung durch Selbsterhitzung“ beschriebene Neubildung von Eiweiß durch luftstickstoffbindende Hefen konnte in den untersuchten verpilzten Futterproben nicht bestätigt werden. Es ist also zwecklos, kohlenhydratreiche, eiweißhaltige Futtermittel zur Anreicherung von Eiweiß zu verpilzen.

Der absolute Rohfasergehalt wurde in den untersuchten Proben durch die Verpilzung nicht beeinflußt. Ein Aufschluß von Zellulose wurde nicht gefunden.

Als positiv muß der angenehme Geruch, der bis zu 2% betragende Milchsäuregehalt und der höhere Vitamingehalt des verpilzten Futters angesehen werden. Möglicherweise ist darauf der von Tierhaltern erwähnte bessere Gesundheitszustand der mit verpilztem Futter gehaltenen Tiere wenigstens zum Teil zurückzuführen. Es wäre zu empfehlen, weitere Untersuchungen in dieser Richtung durchzuführen. Spezielles Augenmerk sollte dabei auf die Schweine- und Geflügelhaltung gerichtet werden, da bei diesen Tiergruppen die Gefahr des Auftretens von Vitaminmangelerscheinungen relativ am größten ist. Bei einer Tierhaltung mit einseitiger und vitaminarmer Nahrung kann die Futterverpilzung gegebenenfalls eine Erhöhung der tierischen Leistung bewirken. Dabei darf man jedoch nie die Tatsache übersehen, daß jede Futterverpilzung einen Nährstoffverlust bewirkt.

Berücksichtigt man außerdem den notwendigen Arbeitsaufwand, so dürfte gegenwärtig die Anwendung von handelsüblichen Vitaminpräparaten aus ökonomischen Gründen vorzuziehen sein. Abschließend muß bemerkt werden, daß die behandelten Fragen nur einen Teilbetrag zum Thema Futterverpilzung darstellen. Endgültige Aussagen über die praktische Bedeutung der Futterverpilzung müssen selbstverständlich unter umfassenderen Gesichtspunkten erfolgen.

IV. Zusammenfassung

Es wurden chemische Untersuchungen sowie Vitaminbestimmungen über die „Futterverpilzung durch Selbsterhitzung“ durchgeführt. Die Untersuchungen führten zu folgenden Ergebnissen:

1. Die „Futterverpilzung durch Selbsterhitzung“ hat einige Ähnlichkeit mit der spontanen Mehlteiggärung. Als Gärungsprodukte wurden im verpilzten Futter bis zu 2,1% Milchsäure und durchschnittlich 0,3—0,4% Essigsäure gefunden. Buttersäure kam so gut wie nicht vor.

2. Durch die Futterverpilzung tritt ein Kohlenhydratabbau durch Veratmung und Vergärung ein. In Laborversuchen betrug der dadurch hervorgerufene Nährstoffverlust in kohlenhydratreichen Futtermitteln bis zu 8,2% der Trockensubstanz.

3. Im Gegensatz zu den Ausführungen von ROHDE wurde atmosphärischer Stickstoff durch die Verpilzung nicht gebunden und damit kein Eiweiß neu gebildet. Ein gegenüber dem unverpilzten Futter prozentual höherer Eiweißgehalt im verpilzten Futter wurde durch den Kohlenhydratverlust hervorgerufen.

4. Rohfaser wurde nicht aufgeschlossen. Wie bei dem Eiweißgehalt, trat eine relative Anreicherung durch den Kohlenhydratabbau ein.

5. Der Fettgehalt wurde durch die Verpilzung nicht verändert.

6. Alkohol und Ester konnten im verpilzten Futter nicht nachgewiesen werden.

7. Der absolute Gehalt der Futtermittel an den Viaminen B_1, B_2, B_6 und Nikotinsäure wurde in den meisten Fällen durch die Verpilzung erhöht. Für die verschiedenen Schichten der Futterstöcke ergaben sich unterschiedliche Zunahmen des Vitamingehaltes.

Abschließend wird die Bedeutung der Ergebnisse für die Praxis diskutiert.

V. Literaturverzeichnis

[1] BÄHRECKE, G., H. HAENEL u. E. KRAACK: Tierzucht, 9 : 373 (1955).

[2] BEHM, G.: Deutsche Geflügelzeitung, 4 : 6 (1955).

[3] BUCKLES, R. E. u. C. J. THELEN: Analyt. Chem., 22 : 676 (1950).

[4] FLIEG, O.: Tierernährung, 9 : 178 (1937).

[5] FLIEG, O.: Forschungsdienst, Sonderheft 7 : 261 (1938).

[6] HENNEBERG, W. u. F. STOHMANN: Siehe bei R. HERRMANN, 7.

[7] HERRMANN, R.: Handbuch der landwirtschaftlichen Versuchs- und Untersuchungsmethodik. Bd. III Methodenbuch. Radebeul-Berlin 1951.

[8] KIRSCH, W.: Schriftenreihe zur Fütterungslehre, Heft 9 (1945).

[9] KRAACK, E.: Tierzucht, 11 : 86 (1957).

[10] KUNZ, R.: Z. anal. Chemie, 59:302 (1920).

[11] LEPPER, W.: Landw. Versuchsst., 117:113 (1933).

[12] LEPPER, W.: Landw. Versuchsst., 128:127 (1937).

[13] LEPPER, W.: Z. Tierern. u. Futtermittelk. 1 : 187 (1938).

[14] MEIGH, D. F.: Aus „Moderne Methoden der Pflanzenanalyse“, Bd., II. Volatile Alcohols, Aldehydes, Ketones and Esters. Berlin 1955.

[15] MOUSTGAARD: Nach mündlicher Mitteilung von Prof. Hock.

[16] MÜCKE, D.: Einführung in mikrobiologische Bestimmungsverfahren. Leipzig 1955.

[17] MÜLLER, G.: Mikrobiologische Untersuchungen über die „Futterverpilzung durch Selbsterhitzung“. Erscheint im Zbl. Bakt., Abt. II.

[18] NEHRING, K.: Tierzucht, 11:130 (1957).

[19] ROHDE, G.:Der Zootechniker, Heft 4 (1955).

[20] ROHDE, G.: Schulungsbeilage der „Mitschurin-Bewegung“, Schulungsbeilage 7 (1955).

[21] RHODE,G.: Bibliothek Junger Neuerer der Landwirtschaft, Beilage zur Landjugend 6 (1956).

[22] ROHDE, G.: Deutsche Geflügelzeitung, 5:40 (1956).

[23] ROHDE, G.: „Mitschurin-Bewegung“, Schulungsbeilage 7 (1956).

[24] ROHDE, G.: Vitamin E in der Tierernährung. Berlin 1957.

[25] WIEGNER, G. und J. MAGASANIK: Ref. i. Zbl. Agr.-Chem., 51:140 (1922).

[26] WISS, O.: Mitteilungen aus dem Gebiet der Lebensmitteluntersuchung und Hygiene, 41 : 225 (1950).

Eingegangen am 22. 12. 1959

Aus dem Institut für Tierzucht und Tierfütterung der Universität Bonn
(Direktor: Prof. Dr. H. HAVERMANN)

W. HARTFIEL

Stoffwechselversuche mit Kälbern und Probleme bei der Fettbestimmung im anfallenden Kot

Versuche der letzten Jahre haben ergeben, daß die Vollmilch bei der Kälbermast durch sogenannte Milchaustauschfutter, die sich im wesentlichen aus Magermilchpulver oder anderen fettarmen Bestandteilen der Milch zusammensetzen, vollständig ersetzt werden kann.

Eines der Hauptprobleme bei der Zusammenstellung eines solchen Austauschfutters ist, den Tieren die durch die Entrahmung der Milch nicht mehr genügend angebotene Energiemenge durch Zusatz anderer Energieträger zu ersetzen. So ist man vielfach dazu übergegangen, tierische und weit mehr noch pflanzliche Fette den Milchaustauschern unterzumischen.

Wenn auch die Herstellungsart von großem Einfluß auf die Qualität der Austauschfutter ist, so erscheint jedoch die Beantwortung der Frage ungleich wichtiger, welche Fette für die Kälber – ernährungsphysiologisch gesehen – die günstigsten Eigenschaften aufweisen und in welchen Mengen sie den Futtermischungen zugesetzt werden dürfen, ohne Verdauungsstörungen hervorzurufen.

Zur hinreichenden Aufklärung dieses Problems ist die Durchführung von *Stoffwechselversuchen* unumgänglich, die einmal durch das Einstellen von Tieren in Stoffwechselkästen und zum anderen bei Aufenthalt der Tiere in üblichen Aufzuchtboxen mit einer Größe von ungefähr 1 × 2 m Grundfläche ausgeführt werden können. Da die Versuchszeit nach Möglichkeit über die gesamte Mastzeit ausgedehnt werden soll, um die Verdaulichkeit in den verschiedenen Altersabschnitten verfolgen zu können, wirkt sich ein 8–10 wöchiger Aufenthalt der Tiere in den engen Versuchskäfigen sicherlich sehr negativ aus. WÖHLBIER und Mitarbeiter [11] machen in diesem Zusammenhang den Vorschlag, die Tiere in solchen Fällen regelmäßig von Zeit zu Zeit in einen Auslauf zu bringen und die anfallenden Exkremente während dieses Aufenthaltes sorgfältig in Gefäßen von Hand aufzufangen.

Von einer solchen *Haltung der Tiere* in Stoffwechselkäfigen ist man jedoch heute vielfach abgegangen und läßt die Tiere in einer schon oben erwähnten Boxe frei herumlaufen. Zum *Auffangen des Kotes* muß man bei dieser Haltung allerdings ein Geschirr verwenden. Daraus ergibt sich, daß nur männliche Tiere zu den Untersuchungen herangezogen werden können. Eine Verwendung der bisher bei Schafen und Ziegen üblichen *Geschirre und Kotbeutel* ist jedoch kaum möglich, da der Kälberkot im Gegensatz zu dem der Schafe von bedeutend weicherer Konsistenz, ja zuweilen recht breiig bis flüssig sein kann. Die zum Auffangen solcher Exkremente notwendigen Beutel müssen sehr breit sein und eng anliegend vom Rücken an den Schenkeln vorbei bis zur Bauchunterseite geführt werden. Da die bisher bei anderen Tieren angewandten Geschirre zum Halten solcher Beutel nicht geeignet sind, ist man zum Beispiel in Amerika und in Schweden dazu übergegangen, Befestigungsstreifen für die Sammelbeutel direkt auf die Haut der Tiere zu kleben. Wie NOLLER und Mitarbeiter [6] berichten, verwandten sie hierbei einen Spezialklebstoff, um ein gutes Haften der Haltevorrichtung zu gewährleisten. Die Beutel wurden jedoch von den Autoren alle vier Stunden – sofern Kot ausgeschieden war – gewechselt.

Aus Schweden berichtet THOMKE [10] über ein ähnliches Anheften der Kotbeutel. Mittels Druckknöpfe befestigte er den aus Kunststoff (Gallon) gefertigten Beute an einem oberhalb des Schwanzansatzes auf den Rücken der Tiere geklebten Streifen. Die andere Seite des Beutels befestigte THOMKE nicht wie NOLLER an einem aufgeklebten Streifen zwischen den Schenkeln der Tiere, sondern zog die verjüngte untere Seite des Beutels zwischen den Unterschenkeln hindurch und schnürte sie mittels eines Bandes um den Körper des Kalbes in einem Knoten zusammen.

Um nun die im hiesigen Institut schon seit längerer Zeit durchgeführten Fütterungsversuche über vollmilcharme bzw. ohne Vollmilch durchgeführte Mast mit Kälbern – wie sie von GERKEN [2] und RÜTER [8] mitgeteilt wurden – zu erweitern und exaktere Unterlagen über die Verdaulichkeit von Milchaustauschfuttermischungen zu erhalten, begannen wir parallel zu den üblichen *Fütterungsversuchen mit Stoffwechseluntersuchungen* bei einem Teil der Masttiere.

Die von uns zunächst verwendeten Geschirre wurden nach einem schwedischen Muster angefertigt, das uns freundlicher Weise von Herrn Professor ERIKSSON, Uppsala, zur Verfügung gestellt wurde. Während der von uns begonnenen Untersuchungen stellte es sich jedoch heraus, daß die aufgeklebten breiten Kunststoffstreifen zum Halten der Kotbeutel nicht über die gesamte Versuchsdauer haften blieben, sondern nach 2 bis 3 Wochen sich zu lösen begannen und ein mehrmaliges Nachkleben notwendig wurde.

Um diesen Unsicherheitsfaktor zu beseitigen, entschlossen wir uns, den Kunststoffstreifen nicht aufzukleben, sondern mittels weniger Lederriemen und eines Stoffgurtes an der gleichen Stelle zu halten, wie es beim Kleben vorgesehen war. Auf diese Weise konnten wir die Kotbeutel nach geringen Abänderungen wieder einsetzen.

Wie es zum Teil auf den Abbildungen 1 und 2 zu erkennen ist, wird der Stoffstreifen – der mit Schaumgummi unterlegt wurde – mittels dreier Lederriemen und einem längeren Gurtband gehalten. Zwei Riemen werden lose rechts und links um die Keulen und einer unter dem Körper her geschnallt. Das Gurtband wird nach vorn um den Hals geführt, um den Zug des Kotbeutels nach hinten abzufangen. Die Befestigung des Kunststoffbeutels erfolgt nach schwedischem Muster in der Mitte mit zwei großen Druckknöpfen. An den Außenseiten mußten wir jedoch zwei kleine Lederschnallen anbringen, da die Seitenwände unserer

Kälberboxen aus in kleinen Abständen angebrachten starken Holzlatten bestehen, deren Kanten beim Vorbeistreifen des Geschirres oft ein Öffnen der zunächst auch außen angebrachten Druckknöpfe bewirkte.

Abb. 1

Abb. 2

Im weiteren Verlauf der Stoffwechseluntersuchungen zeigten sich bald neue Schwierigkeiten, und zwar bei der *Untersuchung des Kotes.* Durch den oft hohen Fettanteil in den Exkrementen der Kälber war es in vielen Fällen nach dem Trocknen des Kotes nicht möglich, diesen in einer Mühle zu zerkleinern. Die Substanzen klebten im Innern der Mühle fest und erwärmten sich erheblich durch die ständige Reibung.

Da wir bei Stoffwechseluntersuchungen mit Hühnern aus anderen Erwägungen heraus zur frischen Verarbeitung der Exkremente übergegangen sind, schlugen wir den gleichen Weg auch für den Analysengang des Kälberkotes ein. Der Kot wurde in 2 l fassenden Kunststoffeimern gesammelt und vor der Verarbeitung mit einem *Mixer,* der jeweils von Hand in ein Gefäß hineingehalten werden kann, homogenisiert. Innerhalb weniger Minuten ist die Substanz nach diesem Arbeitsverfahren zur Probeentnahme fertig. Der Vorteil dieses Mixgerätes ist – neben der guten Handhabung – durch eine äußerst schnelle Reinigungsmöglichkeit gekennzeichnet.

Mit der nassen Verarbeitung des Kotes wurde nun gleichzeitig die Frage nach einer geeigneten *Fettbestimmung* aufgeworfen. Grundsätzlich ist die Verarbeitung der feuchten Substanz zu bevorzugen, da es wohl als erwiesen hingestellt werden kann, daß bei einer noch so schonenden Trocknung durch Oxydation und Polymerisation ungesättigter Fettsäuren gewisse Anteile des Rohfettes ätherunlöslich werden.

Nach BECKER, KARSTEN und OSLAGE [7] sind Unterschiede der Fettgehalte im Vergleich mit einer eigenen Methode bei gleichem Ausgangsmaterial um so größer, je wasserhaltiger die Substanzen sind, d. h. je länger die Vortrocknung andauern muß, um die konventionelle Weender Fettanalyse durchführen zu können. Je nach Art der angewandten Methode stellt auch THOMKE [10] bei seinen Untersuchungen zum Teil erhebliche Unterschiede des Fettgehaltes in Kälberkot fest. Er extrahierte einmal nach einer Trocknung bei 60° C normal mit Äther und zum anderen nach Hydrolyse durch Salzsäure mit einer Mischung von Benzin-Äther nach Gottlieb-Röse.

Weiter stellte sich uns die Frage, ob die geringen Extraktionsergebnisse der *Weender Fettanalyse* nicht von dem angewandten Extraktionsmittel herrühren. So ist durch zahlreiche Untersuchungen von GLIKIN [1],KUMAGAVA und SUTO [3] und durch neuere Ergebnisse von BECKER und Mitarbeiter [7] und von NAUMANN [5] erwiesen, daß der Äther durchaus nicht den meisten Extrakt bringt. Es extrahiert vielmehr der Äthylalkohol ungleich mehr, wobei allerdings die Zusammensetzung des Extraktes u. a. aus einem Gemenge verschiedenster Verbindungen besteht, die der Qualität nach zum Teil mit Fettsubstanzen nicht identisch sind.

Allgemeine, kritische Betrachtungen der Weender Fettanalyse lassen erkennen, daß keinesfalls der gesamte Fettgehalt nach dieser Methode erfaßt werden kann, da u. a. koaguliertes Eiweiß und geschrumpfte Zellwände Fett so einschließen, daß es sich der Extraktion entzieht und auch eine sehr feine Vermahlung daran wenig zu ändern vermag. Nach den Vorschriften des Verbandes Deutscher Landwirtschaftlicher Untersuchungs- und Forschunganstalten [9] ist es daher notwendig, z. B. bei Hefe, Dauermilcherzeugnissen, Blut- und Fleichmehl vor der Extraktion diese Substanzen mit Salzsäure aufzuschließen. Aus diesem Grund und weil andere Analysenvorschläge, z. B. die von BECKER, KARSTEN und OSLAGE, die, für Futtermittel gedacht, bei der Kotuntersuchung aber nicht zum Ziel führten, entschlossen wir uns, das Hauptaugenmerk auf die *Vortrocknung* und auf den *Salzsäureaufschluß* zu richten; d. h. uns war die Vorbehandlung des Untersuchungsmaterials wichtiger als die anschließende Extraktion mit verschiedenen Extraktionsmitteln, die wir – wie üblich – mit Äther durchführten.

Da die Analysen im Zusammenhang mit Stoffwechseluntersuchungen ausgeführt wurden, kam es uns auf eine möglichst einfache und doch annähernd alles wirkliche Fett erfassende Methode an. Der unverseifbare Anteil konnte nach keiner von uns angewandten Methode erfaßt werden. Diese Tatsache ist in gewisser Hinsicht auch unbedeutend, da diese Substanzen — wie auch BECKER [7] erwähnt — keinen Nährwert haben.

Problematisch bleibt es für die Verdauungsversuche, daß die Berechnung der wahren Verdaulichkeit und der Resorption des Futters durch die endogene Ausscheidung von ätherlöslichen Stoffen erheblich erschwert und verfälscht wird. Jedoch vermag daran auch eine noch so genaue Fettbestimmungsmethode nichts zu ändern.

Im Rahmen der vorliegenden Arbeit haben wir uns – wie schon angedeutet – darauf beschränkt, die Wirkung *verschiedener Vorbehandlungen der Exkremente* auf die anschließende Fettbestimmung zu untersuchen und die Ergebnisse untereinander zu vergleichen.

Die *Verarbeitung der Exkremente* wurde auf folgende 4 Arten vorgenommen:

1. Probe des frischen Kotes langsam an der Luft über 48 bis 72 Stunden und anschließend im Trockenschrank über 2 Stunden bei 95° C trocknen und extrahieren.

2. Probe des frischen Kotes mit Salzsäure hydrolysieren, filtrieren, Filter antrocknen lassen, 2 Stunden im Trockenschrank bei 95° C trocknen und extrahieren.

3. Kot bei 65° bis 70° C über 48 Stunden im Trockenschrank trocknen, im Mörser zerkleinern, Probe 2 Stunden im Trockenschrank bei 95° C nachtrocknen und extrahieren.

4. Kot bei 65° bis 70° C über 48 Stunden im Trockenschrank trocknen, im Mörser zerkleinern, Probe mit Salzsäure hydrolysieren, filtrieren, Filter antrocknen lassen, über 2 Stunden im Trockenschrank bei 95° C trocknen und extrahieren.

Angewandte *Methode zur Gesamtfettbestimmung*[4]

Der Aufschluß der Kotsubstanz erfolgt in Anlehnung an die Methode Weibull-Stoldt (Fette u. Seifen 54, 206, 1952): Ungefähr 30–40 g frische oder 5 g Trockensubstanz werden in ein 400 ml-Becherglas eingewogen. Die nach Einwaage und Trockensubstanzgehalt geschätzte Wassermenge der Probe wird auf 100 ml Wasser ergänzt und 60 ml Salzsäure (1,19) zugegeben. Das Becherglas wird mit einem Uhrglas abgedeckt, unter häufigem Rühren mit einem Glasstab der Inhalt langsam zum Sieden erhitzt und über 30–40 Minuten mäßig gekocht. Anschließend wird mit ungefähr 100 ml heißem Wasser das Uhrglas abgespült und gleichzeitig damit die Lösung in dem Becherglas verdünnt.

Noch heiß wird durch zwei ineinander gelegte, feuchte Faltenfilter (außen 588 ⌀ 15 cm, innen 520 b ½ ⌀ 15 bzw. 18,5 cm von S. u. S.) filtiert. Schwierigkeiten bei der Filtration treten nicht auf. Nach gründlichem Auswaschen des Becherglases und der Filter mit heißem Wasser setzt man die Filter nach dem Abtropfen auf ein 100 ml-Becherglas (hohe Form) zum Antrocknen, läßt sie anschließend in der Extraktionshülse 2 Stunden bei 95° C vollständig trocknen und extrahiert.

Schon die ersten Untersuchungen (Übersicht 1) lassen deutlich große Unterschiede zwischen den verschiedenen Bestimmungsverfahren erkennen. Weitere Anhaltspunkte über den Einfluß der einzelnen Arbeitsmethoden auf die Analysenresultate bei der Fettbestimmung ergaben Kotproben von Kälbern, denen in der 7., 8. und 9. Lebenswoche ansschließlich ein Milchaustauschfutter mit einem Fettgehalt von 15% verabfolgt wurde (Übersicht 2, 3, 4). Die Zusammensetzung des Fettes war zu 80% tierischer und zu 20% pflanzlicher Herkunft.

Bei der Untersuchung des Kotes von drei verschiedenen Kälbern mit unterschiedlichem Lebensalter haben wir das *erste Verfahren* gleich fallen gelassen. Ohne vorheriges Trocknen oder Aufschließen war eine Untersuchung des frischen Kotes derartig umständlich und zeitraubend, daß wir darauf verzichteten, uns weiter mit dieser Art der Verarbeitung zu befassen. Darüber hinaus konnten wir auch kaum mit brauchbaren Ergebnissen rechnen, da das Fett in dem zusammengetrockneten Kot eingeschlossen wurde und das mechanische Zerkleinern außerordentlich schwierig war.

Übersicht 1

Fettbestimmung im Kot eines 6 Wochen alten Kalbes nach Verfütterung eines Milchaustauschfutters mit 8% Vollmilchfett

frisch verarbeitet		bei 65° bis 70°C getrocknet	
nicht aufgeschl. % i. d. Trs.	mit HCl aufgeschl. % i. d. Trs.	nicht aufgeschl. % i. d. Trs.	mit HCl aufgeschl. % i. d. Trs.
3,22	7,68	4,71	7,22
3,31	7,77	4,65	7,10
3,42	7,59	—	7,15
Ø 3,32 ± 0,06	Ø 7,68 ± 0,05	Ø 4,68 ± 0,04	Ø 7,15 ± 0,04
m% 1,86	m% 0,69	m% 0,8	m% 0,54

Übersicht 2

Fettbestimmung im Kot eines 7 Wochen alten Kalbes nach Verfütterung eines Milchaustauschfutters mit 15% Fett

frisch verarbeitet	bei 65° bis 70°C getrocknet	
mit HCl aufgeschl. % in d. Trs.	nicht aufgeschl. % in der Trs.	mit HCl aufgeschl. % in d. Trs.
39,54	13,75	39,40
39,48	14,51	39,32
40,59	13,26	39,26
Ø 39,87 ± 0,40	Ø 13,84 ± 0,40	Ø 39,33 ± 0,04
m% 0,99	m% 2,85	m% 0,11

Übersicht 3

Fettbestimmung im Kot eines 8 Wochen alten Kalbes nach Verfütterung eines Milchaustauschfutters mit 15% Fett

frisch verarbeitet	bei 65° bis 70°C getrocknet	
mit HCl aufgeschl. % in d. Trs.	nicht aufgeschl. % in d. Trs.	mit HCl aufgeschl. % in d. Trs.
15,81	6,39	15,34
15,79	7,04	15,50
15,79	6,36	15,29
Ø 15,80 ± 0,01	Ø 6,60 ± 0,26	Ø 15,36 ± 0,07
m% 0,06	m% 3,98	m% 0,44

Übersicht 4

Fettbestimmung im Kot eines 9 Wochen alten Kalbes nach Verfütterung eines Milchaustauschfutters mit 15% Fett

frisch verarbeitet	bei 65° bis 70°C getrocknet	
mit HCl aufgeschl. % in d. Trs.	nicht aufgeschl. % in d. Trs.	mit HCl aufgeschl. % in d. Trs.
19,93	15,51	19,43
20,03	15,95	19,57
19,85	15,16	19,38
∅ 19,94 ± 0,06	∅ 15,54 ± 0,24	∅ 19,43 ± 0,08
m% 0,28	m% 1,55	m% 0,42

Anders verhält es sich mit den *Untersuchungsergebnissen der anderen drei Kolonnen.* Erhebliche Unterschiede zwischen getrocknet aufgeschlossen und nicht aufgeschlossen sind zu erkennen. Durch die Hydrolysierung bewirkt man eine Spaltung der verseiften Fettsäuren, wie natürlich auch eine gewisse Freilegung des Fettes an sich.

Setzt man die beiden Werte miteinander in Beziehung, so stellt man fest, daß im Kot des 6 Wochen alten Kalbes (Übersicht 1) annähernd 35% des Gesamtfettes in verseifter Form vorgelegen hat. Für die Übersichten 2, 3 und 4 sind die entsprechenden Zahlen 65%, 57% und 20%. Der Umfang der Verseifung ist demnach vom Alter der Tiere und der Art des verabreichten Fettes abhängig, wie es schon von THOMKE [10] festgestellt werden konnte.

Betrachten wir nun die Ergebnisse der *frisch aufgeschlossenen Kotproben,* so ist eindeutig bei allem zur Untersuchung gelangten Material festzustellen, daß diese etwa 0,5% höher liegen als die der getrocknet aufgeschlossenen Kotproben. Wenn auch diese Unterschiede nicht erheblich sind, so lassen sie immerhin erkennen, daß durch Oxydation und Polymerisation während des Trocknungsvorganges ein gewisser – wenn auch geringer – Anteil ätherunlöslich geworden ist. Danach kann wohl die Entscheidung gefällt werden, daß ohne größere Bedenken die *Fettbestimmung im frischen Material* vorgenommen werden kann. Allerdings ist eine *vorherige Hydrolyse* der Kotprobe unumgänglich.

Im vorliegenden Falle hatten wir noch einen weiteren Grund, uns für den HCl-Aufschluß zu entscheiden. Nach den Vorschriften des Verbandes Deutscher Landwirtschaftlicher Untersuchungs- und Forschungsanstalten sind — wie schon erwähnt — Milchkonserven nur nach vorheriger Behandlung mit Salzsäure zu extrahieren. Da sich der Kot der Mastkälber aus unverdauten Bestandteilen verschiedener Milchtrockenprodukte zusammensetzt, wäre es vielleicht auch ratsam, diese Rückstände vor der eigentlichen Analyse der gleichen Behandlung — wie sie bei den verfütterten Ausgangsprodukten angewandt wird — auszusetzen.

Endlich bleibt noch die Entscheidung offen, *welches der beiden Arbeitsverfahren mit vorherigem Aufschluß* die einfachste und sicherste Möglichkeit einer Durchführung gewährleistet. Wie schon zu Anfang erwähnt, ist die Verarbeitung des frischen Kotes verhältnismäßig einfach. Die Probe ist in wenigen Minuten mit Hilfe des Mixgerätes homogenisiert und kann in entsprechende Gefäße eingewogen werden. Die Analysensubstanz ist also keinerlei Einflüssen einer Vorbehandlung ausgesetzt. Anders ist es dagegen beim vorherigen *Trocknen der Exkremente.* Einmal geht – selbst bei vorsichtiger Trocknung im Vakuumschrank – ein geringer Teil des Stickstoffes verloren, was ja für die Gesamtuntersuchung des Kotes auf alle Nährstoffe hin bedeutend ist. Hinzu kommt, daß eine Vermahlung des getrockneten Kotes mehr Zeit in Anspruch nimmt und die Staubentwicklung während der Zerkleinerung oft sehr unangenehm sein kann. (Das Einfüllen der frischen Substanz kann unter dem Abzug vorgenommen werden.) Vor allen Dingen aber ist bei Kälberkot nach Verfütterung von Substanzen mit hohen Fettgehalten vielfach ein Zerkleinern in Mühlen unmöglich, da sich die Exkremente im Innern der Geräte festsetzen und erwärmen. Die anschließende Reinigung der Mühle ist zudem oft schwierig und zeitraubend.

Neben den mehr technischen Vorteilen bei der Verarbeitung der frischen Substanz sind noch einige für die Verläßlichkeit der erzielten Ergebnisse wichtige Faktoren zu nennen, die für uns maßgebend waren, das 2. Verfahren zu unseren weiteren Untersuchungen heranzuziehen.

Durch die direkte Verarbeitung der frischen Exkremente und die vor der Extraktion noch notwendige Trocknung von 2 Stunden bei 95° C ist eine Veränderung des Fettes kaum möglich. Anders verhält sich die Einwirkung von langen Trocknungszeiten über 48 Stunden bei 65–70° C auf den Kot. Durch das längere Erwärmen selbst bei niedrigen Temperaturen wird das Fett leicht oxydiert und polymerisiert und auf diese Weise ein Teil der ungesättigten Fettsäuren ätherunlöslich. Damit sind die bei allen Untersuchungen gefundenen *geringeren Gehalte in den getrockneten und aufgeschlossenen Kotproben* zu erklären. Selbst ein Trocknen im Vakuumschrank verhindert das Verharzen des Fettes nicht vollständig, sondern verringert lediglich sein Ausmaß.

Nun müssen wir noch eine Reihe von Untersuchungsergebnissen zur Diskussion stellen, die wir gleichfalls bei einigen Versuchsserien fanden. Es handelt lich auch hier um Kot von Mastkälbern im Alter von 3 bis 10 Wochen, denen ein Milchaustauschfutter mit einem Fettgehalt von 15% (80% Fett tierischen und 20% pflanzlichen Ursprungs) verabreicht wurde (Übersicht 5 und 6).

Übersicht 5

Fettbestimmung im Kot zweier Mastkälber im Alter von 3 Wochen
Fettbestimmung im Kot eines Mastkalbes von 6 Wochen

frisch verarbeitet	bei 65° bis 70°C getrocknet	
mit HCl aufgeschl. % in d. Trs.	nicht aufgeschl. % in d. Trs.	mit HCl aufgeschl. % in d. Trs.
42,63 ± 0,30	44,48 ± 0,13	42,19 ± 0,35
43,46 ± 0,13	48,91 ± 0,14	42,84 ± 0,11
Fettbestimmung im Kot eines Mastkalbes von 6 Wochen		
27,53 ± 0,06	31,38 ± 0,22	26,65 ± 0,05

Übersicht 6

Fettbestimmung im Kot sieben verschicdener Kälber im Alter von 9—10 Wochen

	frisch verarbeitet	bei 65° bis 70°C getrocknet	
Kalb Nr.	Mit HCl aufgeschl. % in d. Trs.	nicht aufgeschl. % in d. Trs.	mit HCl aufgeschl. % in d. Trs.
1	42,11 ± 0,55	43,75 ± 1,47	41,76 ± 0,19
2	29,59 ± 0	29,33 ± 0,07	28,08 ± 0,19
3	42,71 ± 0,85	52,32 ± 0,05	40,71 ± 0,58
4	42,29 ± 0,72	48,72 ± 0,40	40,41 ± 0,04
5	27,09 ± 0,10	29,51 ± 0,79	26,38 ± 0,18
6	42,37 ± 0,18	46,03 ± 0,35	41,71 ± 0,57
7	44,52 ± 0,08	51,07 ± 0,47	43,80 ± 0,13

Der frisch aufgeschlossene und der getrocknet hydrolysierte Kot zeigen das gleiche Verhalten wie bei den vorangegangenen Untersuchungen auch. Der getrocknete, nicht aufgeschlossene Kot aber bringt solch *überhöhte Ergebnisse,* für die wir folgende Erklärung anführen möchten. Alle in den letzten beiden Übersichten aufgeführten Kotproben konnten nicht unmittelbar nach dem Aufsammeln untersucht bzw. zur Konservierung tiefgefroren werden. Während der Aufbewahrungszeit von 1–2 Tagen bei normaler Stalltemperatur scheint nun eine *Zersetzung in der Kotsubstanz* stattgefunden zu haben, die diese überhöhten Extraktionsergebnisse bedingte. Interessant dürfte es sein, diesen Kotbestandteilen nachzuspüren. Für uns aber ist es eine weitere Bestätigung, nach den beiden anderen Methoden zu arbeiten.

Zusammenfassung

Um den Wert von Futterstoffen, insbesondere von Milchaustauschern in der Kälbermast zu untersuchen, ist die Durchführung von Stoffwechseluntersuchungen mit diesen Tieren unbedingt notwendig.

Bei der Ausführung solcher Versuche ist die Verwendung von Stoffwechselkästen nicht zu empfehlen, sondern das Verbleiben der Tiere in den üblichen Aufzuchtboxen vorzuziehen, wobei allerdings zum Aufsammeln des Kotes Geschirre eingesetzt werden müssen. Da die bisher bei Schafen und Ziegen gebräuchlichen Geschirre und Beutel im wesentlichen auf Grund der bedeutend weicheren Konsistenz des Kälberkotes kaum verwendet werden können, ist nach amerikanischen und schwedischen Berichten eine Befestigung des Kotbeutels mit direkt auf die Haut der Tiere geklebten Befestigungsstreifen von Vorteil.

Unsere Bemühungen, auf diese Weise die Kunststoffsäcke zum Kotsammeln anzubringen, sind nicht recht gelungen, da sich nach 2–3 Wochen die versuchsweise mit verschiedenen Klebern befestigten Streifen immer wieder lösten. Ein daraufhin nach unseren Angaben gefertigtes Geschirr, das aus einem zur Befestigung des Kotbeutels dienenden Stoffstreifen mit einer Schaumgummiunterlage und vier Riemen bzw. Gurten besteht, ermöglichte eine ungestörte Versuchsdurchführung.

Durch den Einsatz von Magermilchpulver und anderen fettarmen Milchbestandteilen wird vielfach der zu geringe Energiegehalt von Austauschfuttermischungen durch Zusatz von tierischen und vor allen Dingen pflanzlichen Fetten erhöht. Kenntnisse über die Verdaulichkeit dieser verschiedenartigen Zusätze erscheinen unbedingt notwendig.

Da die jeweils angewandten Analysenmethoden von großer Bedeutung und Einfluß auf die Ergebnisse sind, sollten vier verschiedene Untersuchungsverfahren zur Fettbestimmung in Kälberkot – die sich ausschließlich auf die Vorbehandlung der Probesubstanzen bezogen – miteinander verglichen werden:

1. frischer Kot, langsam an der Luft getrocknet
2. frischer Kot mit HCl hydrolysiert
3. Kot bei 65–70° C getrocknet
4. Kot bei 65–70° C getrocknet. mit HCl hydrolysiert

Die nach 1. vorgeschlagene Behandlung des Kotes mußte sofort fallen gelassen werden, da sie auf der einen Seite zu umständlich und zeitraubend ist, vor allen Dingen aber völlig unzureichende Ergebnisse bringt. Ebenso ist eine Trocknung bei 65–70° C auch nur dann erfolgreich, wenn anschließend eine Hydrolysierung erfolgt. Das verseifte Fett kann andernfalls nicht erfaßt werden. Die besten Ergebnisse lieferten die 2. und 4. Arbeitsmethode, wobei die 0,5–1% niedrigeren Werte der Methode 4 dadurch zu erklären sind, daß bei dem Trocknen des Kotes ein Teil der freien Fettsäuren oxydiert und polymerisiert wird und somit nicht mehr ätherlöslich ist.

Die Ergebnisse der frisch aufgeschlossenen Kotproben kommen aller Wahrscheinlichkeit nach dem Gehalt an echten Fetten am nächsten. Der unverseifbare Fettanteil kann nach dieser Methode nicht erfaßt werden, was aber vernachlässigt werden kann, da diese Substanzen keinen Nährwert haben. Das Trocknen des Kälberkotes ist jedenfalls wenig empfehlenswert, da neben den auftretenden Stickstoffverlusten eine anschließende Zerkleinerung der Probe in der Mühle auf Grund ihres hohen Fettgehaltes vielfach nicht gelingt.

Literaturverzeichnis

[1] GLIKIN, W.: Untersuchungen zur Methode der Fettbestimmung in tierischem Material. Arch. f. d. Ges. Physiol. 95, 107, 1903.

[2] GERKEN, H.: Kälbermast mit aufgewerteter Trockenmagermilch und Trockenmolke. Diss. Bonn vom 1. 10. 1958.

[3] KUMAGAVA, M. und SUTO, K.: Ein neues Verfahren zur quantitativen Bestimmung des Fettes und der unverseifbaren Substanzen in tierischem Material nebst der Kritik einiger gebräuchlicher Methoden. Bioch. Z., 8, 212, 1908.

[4] NAUMANN, K.: Fettbestimmung in Futtermitteln. Kraftfutter, 11, 1957, S. 301.

[5] NAUMANN, K.: Vergleichende Fettbestimmungen mit Aethylaether und Methylenchlorid. Mitteilungen des Verbandes Deutscher Landwirtschaftlicher Untersuchungs- und Forschungsanstalten Nr. 3, 1959, S. 18.

[6] NOLLER, C. H., WARD, G. M., MCGILLIARD, A. D., HUFFMAN, C. F. and DUNCAN, C. W.: The effect of age on the calf on the availability of nutrients in vegetable milk-replacer rations. J. Dairy Science, Vol. XXXIX, July 1956, S. 1288.

[7] RICHTER, K., CRANZ, K. L., BECKER, M., KARSTEN, G. und OSLAGE, W.: Untersuchungen über den Einfluß des Fettgehaltes und einzelner Fettbestandteile im Futter landwirtschaftlicher Nutztiere. Verlag M. u. H. Schaper, Hannover 1953, 3. Teil Seite 76 ff.

[8] RÜTER, H.: Über eine Kälberaufzuchtmethode. Landw. Zeitschr. der Nord-Rheinprovinz 16, 19. 4. 1958.

[9] SCHWARZ, G., HAGEMANN, B., HÜTTIG, C., KELLERMANN, R. und STAEGE, W.: Untersuchungen von Milch und Milcherzeugnissen und Molkereihilfsstoffen. Methodenbuch Bd. VI, 1950, S. 67. Verlag Neumann, Berlin-Radebeul.

[10] THOMKE, S.: Utfodrings- och smältbarhetsförsök med hemjölk och SMR: s kalvnäringsblandnign. Bisher nicht veröffentlichte Arbeit aus: Institutionen för utfodringslära, Landbrukshögskolan, Uppsala.

[11] WÖHLBIER, W., EGGERS, G. und LEDERLE, P.: Die Technik des Tierversuches. Methodenbuch Bd. XIII, 1953, S. 51. Verlag Neumann, Berlin-Radebeul.

Eingegangen am 29. 2. 1960

Aus dem Oskar Kellner-Institut für Tierernährung Rostock
(Direktor: Prof. Dr. Dr. h. c. K. NEHRING)

K. NEHRING, R. SCHIEMANN, L. HOFFMANN und *W. KLIPPEL*

Die Verwertung der Futterenergie in Abhängigkeit vom Ernährungsniveau

2. *Mitteilung*

Versuche mit Schweinen

In der ersten Mitteilung[4] wurde über umfangreiche Gesamtstoffwechselversuche mit Kaninchen und Ratten berichet, die hauptsächlich zur Klärung der Frage durchgeführt wurden, ob im Bereich der Fettmast ausgewachsener Tiere bei einer vollwertigen Ration die Beziehung zwischen Energiezufuhr (umsetzbare Energie) und Leistung (Nettoenergie) linear ist. Als wichtigstes Ergebnis dieser Arbeit konnte herausgestellt werden, daß diese Beziehung bei beiden Tierarten mit guter Anpassung aller Einzelmeßwerte eine Gerade ergibt, daß also die vom Tier über den Erhaltungsbedarf hinaus aufgenommene Energie unabhängig von der Höhe der Zulage jeweils zu einem gleichbleibenden Prozentsatz für den Ansatz von Körpersubstanz, vornehmlich Körperfett, verwertet wird. Auf Grund des großen Umfanges des experimentellen Materials konnte dieses Ergebnis biostatistisch gesichert werden.

In der ersten Mitteilung sind einleitend die in der Literatur vorliegenden Ergebnisse zum Verwertungsproblem in Abhängigkeit vom Ernährungsniveau für den Ernährungsabschnitt der Mast einer kritischen Analyse unterzogen worden, worauf verwiesen wird. Diese Gesamtauswertung der Literaturergebnisse ergab den Hinweis, daß die Beziehung zwischen Futtermenge und produktiver Wirkung als linear aufzufassen ist, wobei das vorliegende Material jedoch nicht ausreichend erscheint, eine völlig eindeutige Aussage zu diesem Problem zu treffen.

Wegen der grundlegenden Bedeutung dieser Problematik im Hinblick auf die Bestimmung des energetischen Produktionswertes der Futterstoffe haben wir im Anschluß an die Versuche mit Kleintieren die Untersuchung dieser Frage nach der Beziehung zwischen Höhe der umsetzbaren Energie und Höhe der Nettoenergie im Ernährungsbereich der Fettmast auf die wichtigsten landwirtschaftlichen Nutztierarten (Rind, Schaf, Schwein) ausgedehnt. Denn nur bei einer Linearität dieser Beziehung kann das Differenzverfahren als wichtigstes Meßprinzip zur Bestimmung des energetischen Produktionswertes der Futterstoffe, so wie es von KELLNER angewendet worden ist, zu reproduzierbaren und damit verallgemeinerungsfähigen Ergebnissen führen. Im folgenden soll über die entsprechenden Versuche mit Schweinen berichtet werden.

Die Versuche mit Wiederkäuern werden in einer weiteren Mitteilung veröffentlicht werden.

Die Versuche an Schweinen zum Proportionalitätsproblem wurden in 3 Versuchsreihen mit insgesamt 132 Gesamtstoffwechelversuchen (Respirationsversuchen) an 18 Tieren (Börge) durchgeführt. In der ersten Versuchsreihe, die in der Arbeitsgruppe Leipzig-Möckern zur Ausführung kam, wurde die gesamte Ration in verschiedener Höhe zugelegt, in den beiden anderen in Rostock durchgeführten Versuchsreihen wurde Gerste in Gaben bis zu 1,2 kg als Zulage zu einem Grundfutter gegeben. Dadurch sollte neben der Bearbeitung des Proportionalitätsproblems gleichzeitig der energetische Produktionswert der Gerste bestimmt werden.

Die Grundfutterrationen hatten folgende Zusammensetzung:

Versuchsreihe I	Versuchsreihe II und III
42% Gerstenschrot	63% Gerstenschrot
42% Maisschrot	23% Haferschrot
7% Sojaextr.-Schrot	6% Sojaextr.-Schrot
7% Fischmehl	6% Fischmehl
2% Mineralsalzmischung	2% Mineralsalzmischung

Die Höhe der Grundfutterration war in Versuchsreihe I mit 1530 g Lufttrockensubstanz (entsprechend 1331 g Tr.-Substanz) vorgesehen, wurde dann aber im Verlauf des Versuchs um 15% erhöht, da die Tiere bei dieser Ration zu unruhig waren. In den beiden anderen Versuchsreihen wurde die Gabe von vornherein auf 1730 bzw. 1720 g Tr.-Substanz festgelegt.

Den 3 Versuchsreihen lag der folgende Versuchsplan zugrunde:

Perioden	Versuchsreihe I 6 Tiere	Versuchsreihe II 4 Tiere	Versuchsreihe III 8 Tiere
1.	Grundfutter	Grundfutter	Grundfutter
2.	GF + 40% Zulage	GF + 500 g Gerste	GF + 400 g Gerste
3.	GF	GF	GF
4.	GF + 60% Zulage	GF + 1000 g Gerste	GF + 800 g Gerste
5.	erhöhtes GF	GF	GF
6.	GF + 20% Zulage		GF + 1200 g Gerste
7.	GF + 40% Zulage		GF + 600 g Gerste
8.	GF		GF

Als Versuchstiere dienten Deutsche Edelschweine. Die gut an die Versuchsbedingungen gewöhnten Tiere kamen mit durchschnittlich 100 kg Lebendgewicht in die Versuche und hatten am Ende der Versuchsreihen ein Lebendgewicht von etwa 175 kg. Unter diesen Bedingungen entfielen ca. 90% des energetischen Ansatzes auf den Fettansatz. Die ständige Wiederholung der Grundfutterperioden wurde gewählt, um begründete Korrekturwerte für die Lebendgewichtsänderung zu ermitteln und ferner die Möglichkeit der direkten Differenzauswertung in Anlehnung an die geplante Versuchsdurchführung bei der Bestimmung des energetischen Produktionswertes der Futterstoffe selbst zu erreichen.

I. Methodischer Teil

1. Methodik der Versuchsdurchführung

1.1 Periodendauer

Die Vorfütterungsperioden, in der die Tiere in Stoffwechselbuchten gehalten wurden, dauerten 14 bzw. 15 Tage. Die Dauer der Hauptperioden betrug 14 bzw. 13 Tage. (Der genaue Zeitplan der Versuche kann dem *Zahlenanhang* entnommen werden.) Während der Hauptperioden wurden die Tiere in fahrbaren Stoffwechselkästen gehalten, die auch beim Arbeiten ohne Stoffwechselgeschirre eine quantitative Sammlung von Kot und Harn gestatten. Der Gaswechsel wurde an 3mal 2 Tagen gemessen. Hierzu wurden die Tiere mit den Stoffwechselkästen in die Respirationskammern gefahren, um äußere Störungen weitgehend zu vermeiden.

1.2 Futterzubereitung und Fütterung

Die verfütterten Körnerfrüchte wurden geschrotet. Die Rationen wurden für wenigstens eine Periode an einem Tage in der I. Versuchsreihe lufttrocken und in der II. und III. Versuchsreihe nach dem Gehalt an Trockensubstanz mit einer Genauigkeit von ± 2 g eingewogen, um Futterverzehrkorrekturen weitestgehend zu vermeiden. Kleine Differenzen in der Verzehrmenge sind durch geringe Futterrückstände bedingt. Die genauen Angaben über die Verzehrmenge können dem *Zahlenanhang* entnommen werden. Zur Verringerung des Arbeitsaufwandes wurden in der II. und III. Versuchsreihe für das Grundfutter Gerstenschrot und Haferschrot sowie Fischmehl und Sojaextraktionsschrot vor der Einwaage nach Trockensubstanzanteilen gemischt.

Die Fütterung erfolgte 2mal täglich um 8 und 16 Uhr. Die jeweilige halbe Tagesration wurde den Tieren feucht-krümelig verabreicht. Wasseraufnahme erfolgte ad libitum bis maximal 8 l unter Feststellung der aufgenommenen Wassermenge.

Die verwendeten Mineralsalzmischungen hatten folgende Zusammensetzung:

Versuchsreihe I	Versuchsreihe II und III
53% $CaCO_3$	40% $CaCO_3$
30% Knochenfuttermehl	35% NaCl
15% NaCl	15% $KHCO_3$
1,6% $FeSO_4$	9% $MgCl_2$
0,3% $CuSO_4$	0,6 % $ZnCO_3$
0,6% $MnSO_4$	0,5 % $FeSO_4$
	0,01% $CuSO_4$
	0,01% $MnCl_2$
	0,001% KJ

1.3 Sammlung und Aufarbeitung von Kot und Harn

Kot und Harn wurden täglich einmal quantitativ dem Stoffwechselkasten entnommen, mit einer Genauigkeit von ± 10 g ausgewogen und nach anschließender gründlicher Mischung (hierzu hat sich eine Rühr- und Schlagmaschine für Bäckereibetriebe gut bewährt) 10% für eine Sammelprobe abgenommen. Die Sammelproben wurden in einem Kühlraum bei einer Temperatur von $+3° \pm 2°$ C aufbewahrt. Nach Abschluß der Periode wurden die Kotproben im Umlauftrockenschrank bei 50—60° C getrocknet, gemahlen und es wurde eine entsprechende Analysenprobe gezogen.

Neben den üblichen Bestimmungsstücken der WEENDER Futtermittelanalyse wurde im Kot wie in den Futtereinnahmen der C-Gehalt und der Brennwert ermittelt. Die N-Bestimmung erfolgte im frischen und getrockneten Kot. Es ergaben sich bei den Schweineversuchen systematische kleinere Differenzen im Sinne eines N-Verlustes beim Trocknen. In der Bilanzaufrechnung wurde der im Frischkot bestimmte Stickstoff in Rechnung gesetzt.

Im Harn wurden C- und N-Gehalt sowie der Brennwert bestimmt. Die Analysenmethoden waren die gleichen, wie in der ersten Mitteilung[4] angegeben. Die aus den analytischen Bestimmungen ermittelten Einnahmegrößen, getrennt nach Grundfutter und Zulage, sowie die Ausscheidungsgrößen im Kot und Harn sind im Zahlenanhang zusammengestellt.

1.4 Die Respirationsapparate

Für die Versuchsserie in Möckern standen 3 Respirationsapparate zur Verfügung, von denen 2 noch von FINGERLING aufgebaut worden waren. Diese Apparaturen wurden vor Beginn der Versuche so umgebaut, daß auch der Sauerstoffverbrauch der Tiere gemessen werden konnte. Die Gasmengenmessung erfolgte mittels nasser Gasuhren. Der Meßfehler der Anlagen beträgt nach den durchgeführten Eichversuchen ± 2% und ist etwa doppelt so hoch wie in den neu aufgebauten Anlagen in Rostock. Über Aufbau und Funktionsweise der Respirationsapparate in Rostock ist früher von uns[5] berichtet worden, worauf verwiesen wird.

Wie erwähnt kamen die Tiere während einer Periode in der Regel an 3mal 2 Tagen in die Respirationskammern, so daß die Gaswechselgrößen den Mittelwert von 6 Tagen darstellen. Sie sind im *Zahlenanhang* mit der Angabe der Mittelwertstreuung aufgeführt.

In der II. und III. Versuchsreihe (insgesamt 85 Stoffwechselperioden) ergibt sich folgende Verteilung der Streuungen um den jeweiligen Mittelwert der Gaswechselgrößen:

Streuung	CO_2 % der Versuche	O_2 % der Versuche
≦ 0,5	13	11
≦ 1,0	54	41
≦ 1,5	24	33
> 1,5	9	15

Demnach ist die Streuungsgröße beim Sauerstoff etwas höher als bei der Kohlensäure. Insgesamt gesehen ist die erreichte Genauigkeit zufriedenstellend, da 67% aller Versuche beim CO_2 und 52% beim O_2 eine Streuung bis zu 1,0% aufweisen und nur 9% (CO_2) bzw. 15% (O_2) der Versuche eine mittlere Streuung der Gaswechselgrößen von 1,5% überschreiten.

In den Respirationskammern wurde eine Temperatur von 18 ± 1° C und eine relative Luftfeuchte von 70—90% während der gesamten Versuchszeit eingehalten.

1.5 Die Gewichtsbestimmung der Tiere

Die Tiere wurden jeweils zu Beginn und nach Abschluß der 2-tägigen Respirationsversuche im Stoffwechselkasten gewogen, so daß die im Zahlenanhang angegebenen Gewichte das Mittel aus jeweils 6 Wägungen der Tiere darstellen, wobei darauf hinzuweisen ist, daß die Respirationsversuche etwa gleichmäßig über die Stoffwechselperiode verteilt wurden.

1.6 Die Kontrolle der Aktivität der Tiere

Eine systematische Kontrolle der Aktivität wurde nicht vorgenommen, sondern es wurden nur allgemeine visuelle Beobachtungen gemacht. Dabei zeigte sich, daß in der I. Versuchsreihe bei 1530 g Grundfutter die Tiere sehr unruhig waren, so daß in der 5. Periode das Grundfutter erhöht wurde. Von dieser Ausnahme abgesehen, ergab die visuelle Beobachtung keine besondere Unruhe der Tiere mit Ausnahme der üblichen Unruhe direkt vor der Fütterung, so daß ein systematischer Einfluß auf die Energiebilanzen nicht zu befürchten ist.

1.7 Der Einfluß der Fehlerstreuung (analytische Fehler) und der Variationsstreuung (biologische Streubreite) auf den Fehler der C-Bilanz

In der ersten Mitteilung[4] wurde versucht, den analytischen Fehler der C-Bilanz und die Variationsstreuung aus den Kleintierversuchen mit Kaninchen und Ratten zu ermitteln. Es dürfte vergleichend interessieren, mit welchem Fehler bei Versuchen mit Schweinen zu rechnen ist und wie sich die Fehler auf die einzelnen Bestimmungsgrößen aufteilen. Es wurde daher in gleicher Weise, wie in der ersten Mitteilung[4] angegeben, die entsprechende Fehlerbetrachtung durchgeführt, wobei für diese Betrachtung sämtliche Grundfutterperioden der III. Versuchsserie (d. h. insgesamt 32 Stoffwechselperioden) zugrundegelegt wurden. Die Ergebnisse sind in den folgenden 2 Tabellen Nr. 1 und 2 wiedergegeben.

Tabelle 1. *Die analytischen Fehler und ihre Auswirkung auf die C-Bilanz*

	Bestimmungsstück	Ermittelte Ungenauigkeit $\bar{s}$ %	$\bar{s}$ g C
1. Futter	Einwaage	± 0,10	± 0,91
	Tr. S. 1 (Ration)	± 0,04	± 0,31
	Tr. S. 2 (Analyse	± 0,04	± 0,31
	C	± 0,13	± 1,01
	„Futterfehler“		± 1,43
2. Kot	Auswaage	± 0,50	± 0,76
	Tr. S. 1 (Frischkot)	± 0,19	± 0,31
	Tr. S. 2 (Analyse)	± 0,04	± 0,07
	C	± 0,17	± 0,28
	„Kotfehler“		± 0,87
3. Harn	C	± 0,77	± 0,20
	„Harnfehler“		± 0,20
4. Respiration	C	± 0,50	± 2,32
	Analytischer Fehler der C-Bilanz		± 2,87
	Analytischer Fehler der C-Bilanz · 12,4		± 36 kcal

Tabelle 2. *Fehler- und Variationsstreuung des C-Anteils der Stoffwechselkomponenten und ihre Auswirkung auf die Energiebilanz*
(Grundfutterperioden der III. Versuchsreihe)

	Fehlerstreuung g C	Variationsstreuung g C	partielle Gesamtstreuung g C
Futter	± 1,43	—	± 1,43
Kot	± 0,87	± 5,32	± 5,39
Harn	± 0,20	± 0,85	± 0,87
Respiration	± 2,32	± 4,37	± 4,95
Gesamtstreuung (Periodenfehler)	± 2,87	± 6,94	± 7,51
Periodenfehler · 12,4)	± 36 kcal	± 86 kcal	± 93 kcal

Die Variationsstreuung liegt etwa $2^1/_2$ mal so hoch wie die Fehlerstreuung, so daß auch für die Versuche mit Schweinen die Schlußfolgerung gezogen werden kann, daß die Genauigkeit der Analytik ausreichend ist und die Fehlerstreuung in einem richtigen Verhältnis zu der durch das Tier bedingten Variationsstreuung steht. Eine Verfeinerung der Analytik, die im allgemeinen nur durch Erhöhung des Arbeitsaufwandes erreicht werden kann, ergibt keine bedeutende Verminderung des Periodenfehlers.

Es ist folglich damit zu rechnen, daß die Energiebilanz der Einzelperiode (ermittelt aus den stofflichen Bilanzen) im Ernährungsabschnitt der Fettmast mit einem durchschnittlichen Fehler von ± 90–100 kcal behaftet ist. Bezogen auf die kalorischen Einnahmen der Grundfutterration beträgt die Fehlergröße 1,2%.

2. *Methodik der Versuchsauswertung*

2.1 Faktoren der Bilanzaufrechnung der Wärmeproduktion

Bei der Bilanzaufrechnung wurden die gleichen Faktoren angewendet, wie sie in der ersten Mitteilung [4] für Kaninchen und Ratten angegeben sind. Die Gesamtwärmeproduktion wurde nach folgender von L. HOFFMANN [2] abgeleiteten Gleichung berechnet:

$$Q = 1{,}250 \cdot 1\ CO_2 + 3{,}841 \cdot 1\ O_2 - 1{,}257 \cdot g\ N_H,$$

wobei N_H die im Harn ausgeschiedene Gesamt-N-Menge bedeutet.

2.2 Die Bilanzkontrolle über das Gesetz der Erhaltung der Energie

In sämtlichen Versuchen wurde außer der N-, C- und Cal-Bilanz der Sauerstoffverbrauch der Tiere bestimmt, so daß die Möglichkeit besteht, neben der energetisch ausgedrückten stofflichen Bilanz auch die energetische Bilanz durch Errechnen der Wärmeproduktion zu ermitteln. Theoretisch müßten beide Bilanzaufrechnungen entsprechend dem Gesetz der Erhaltung der Energie bei fehlerfreier Versuchsdurchführung und fehlerfreien Umrechnungskoeffizienten den gleichen Wert ergeben. Da kein Versuch völlig fehlerfrei ist, könnte die Abweichung der Bilanzen ein Maß für die Sicherheit der Versuchsdurchführung darstellen, wobei jedoch von vornherein, wie es HOFFMANN [2] ausführlich dargelegt hat, die Einschränkung zu machen ist, daß dieses Kontrollverfahren der doppelten Bilanzaufrechnung kein absolut sicherer Weg ist, die Sicherheit des Gesamtstoffwechselversuchs abzuschätzen, da die einzelnen Rechengrößen in beiden Bilanzen nicht vollständig unabhängig voneinander sind. Demzufolge ist neben der Bilanzkontrolle die Durchführung von ausreichenden Parallelversuchen notwendig.

Ergeben sich systematische Abweichungen zwischen den beiden Bilanzaufrechnungen, so kann mit großer Wahrscheinlichkeit angenommen werden, daß in der Versuchsdurchführung (Analytik) oder in der Versuchsauswertung (Faktoren der Aufrechnung) ein oder mehrere systematische Fehler vorliegen. In allen 3 Versuchsreihen mit Schweinen erhielten wir systematische Abweichungen zwischen der energetisch ausgedrückten stofflichen Bilanz und der energetischen Bilanz in der Richtung, daß letztere niedrigere Werte ergab. Dies ist der folgenden Übersicht (Tab. 3) zu entnehmen:

Tabelle 3. *Mittelwerte der Abweichungen zwischen der energetisch ausgedrückten stofflichen Bilanz und der energetischen Bilanz sowie die Verteilung der Abweichungen um die Mittelwerte*

(bezogen auf 8000 kcal Einnahme)

Versuchs-serie	Mittel der Abweichung %	Verteilung der Abweichungen um die Mittelwerte absolut uud relativ ± 0–1,0%	± 1,1–2,0%	〉± 2%
I	– 2,8 ± 1,12	29 63%	14 30%	3 7%
II	– 0,8 ± 0,22	19 91%	2 9%	— —
III	– 1,6 ± 0,83	50 78%	12 19%	2 3%
Durchschnitt		75%	21%	4%

Die Höhe der systematischen Abweichungen ist in den 3 Versuchsreihen unterschiedlich. Alle unternommenen Versuche, die Ursachen für diese Abweichungen zu finden, haben bisher zu keinem Ergebnis geführt. Da aus verschiedenen Erwägungen heraus angenommen werden kann, daß diese Abweichungen mit den Ausscheidungen an organischen Substanzen im Harn in Zusammenhang stehen, ist eine systematische Arbeit zur quantitativen Bestimmung der einzelnen organischen Substanzen im Harn eingeleitet worden.

Es erhebt sich zunächst die Frage, ob trotz der Abweichungen die Einzelversuche zur Klärung des gestellten Problems geeignet sind. Diese Frage läßt sich im Hinblick auf die Differenzauswertung aus der Größe der Streuungen um die gefundenen Mittelwerte eindeutig positiv beantworten, da 75% aller Einzelversuche innerhalb des Streuungsbereiches von 0–1% um den jeweiligen Mittelwert liegen und nur 5 Einzelversuche den Streuungsbereich von 2% überschreiten.

Aus der Einzelbetrachtung der Versuchsreihen ergibt sich, daß die in Möckern durchgeführte I. Versuchsserie die höchsten Streuungen aufweist. Dies ist dadurch bedingt, daß die Meßgenauigkeit der in Möckern vorhandenen Respirationsapparaturen wegen der Gasmengenmessung mittels nasser Gasuhren niedriger liegt als bei den Anlagen in Rostock (s. S. 278). Aber auch in dieser Versuchsreihe sind die Streuungen um den Mittelwert als befriedigend zu betrachten.

Die weitere Frage, welche der beiden Bilanzaufrechnungen den kleineren Fehler enthält und die absolut richtigeren Werte ergibt, läßt sich aus dem vorhandenen Versuchsmaterial nicht entscheiden. Für die Differenzauswertung und die korrelative Auswertung des Materials zur Ermittlung der Verwertungshöhe in Abhängigkeit vom Ernährungsniveau ist es ohne Bedeutung, welche der beiden Bilanzaufrechnungen gewählt wird, da es sich nur um eine Parallelverschiebung der Meßwerte handelt. In Anlehnung an die Versuche mit Kleintieren [4] wird die Auswertung des gesamten Versuchsmaterials über die energetisch ausgedrückte stffliche Bilanz einheitlich vorgenommen. Zur Vereinfachung des Ausdrucks ist im folgenden unter „Energiebilanz" stets die energetisch ausgedrückte stoffliche Bilanz zu verstehen.

2.3 Die Lebendgewichtskorrekturen

Im Durchschnitt der 3 Versuchsreihen kamen die Tiere mit 103 kg Lebendgewicht in die Versuche und hatten am Schluß der Versuchsreihen ein Lebendgewicht von 174 kg. Diese relativ hohen Lebendgewichtsänderungen bei Versuchen mit Schweinen stellen an die Versuchsplanung die Forderung, die Möglichkeit einer experimentellen Kontrolle des energetischen Mehrbedarfs für die Lebendgewichtszunahme zu schaffen. Dies kann durch das Einschalten von genügend Grundfutterperioden (wenigstens 3–4) in die Versuchsreihen zweckmäßig erfolgen.

Bei der vorliegenden Versuchsdurchführung mit steigenden Zulagen der Ration bzw. steigenden Zulagen des gleichen Futterstoffes zu einem konstanten Grundfutter ist die exakteste Bestimmung der Korrektur für den Mehraufwand an Nettoenergie für die Erhaltung je Zuwachseinheit die mehrfachkorrelative individuelle Auswertung der Versuchsreihen, da hierbei sämtliche Stoffwechselversuche zur Ermittlung der Korrektur herangezogen werden können. In der III. Versuchsreihe wurde die Lebendgewichtskorrektur auch aus den jeweils 4 Grundfutterperioden für die einzelnen Tiere einfachkorrelativ nach Umrechnung der Einnahmen auf gleiche umsetzbare Energie errechnet. Die Ergebnisse dieser Berechnungen sind der folgenden Tabelle 4 zu entnehmen:

Tabelle 4. *Individuelle Lebendgewichtskorrekturen pro kg Gewichtszuwachs*

	Versuchsreihe I		Versuchsreihe II		Versuchsreihe III	
Tier	Korrektur*) kcal/kg	Tier	Korrektur*) kcal/kg	Tier	Korrektur*) kcal/kg	Korrektur**) kcal/kg
I	— 11,68	1	— 20,00	5	— 7,64	— 6,39
II	— 7,87	2	— 17,80	6	— 7,57	— 7,24
III	— 11,67	3	— 12,21	7	— 0,44	— 0,41
IV	— 12,38	4	— 11,96	8	— 1,99	— 0,40
V	— 14,29			9	— 3,64	— 3,77
VI	— 8,71			10	— 8,98	— 7,99
				11	— 3,23	— 3,01
				12	— 3,52	— 2,15
Mittel	— 11,10		— 15,49		— 4,63	— 3,92

Aus Tabelle 4 ist eindeutig zu entnehmen, daß die Höhe des Mehrbedarfs für den Lebendgewichtszuwachs starken individuellen Schwankungen unterliegt. Obwohl die Tiere alle der gleichen Rasse angehörten – es wurde mit Deutschen Edelschweinen gearbeitet – liegen die Korrekturwerte zwischen – 1 bis – 20 kcal/kg Gewichtszuwachs. Zwischen den einzelnen Versuchsreihen zeichnen sich deutliche Unterschiede in der Höhe der Korrekturwerte ab. Die Tiere der

*) berechnet durch Mehrfachkorrelation (umsetzbare Energie, Nettoenergie, Lebendgewicht) aus allen Stoffwechselperioden

**) berechnet durch Einfachkorrelation (Nettoenergie, Lebendgewicht) aus den Grundfutterperioden.

3 Versuchsserien wurden von verschiedenen Zucht- bzw. Mastbetrieben für unsere Versuchszwecke zur Verfügung gestellt, so daß zwischen den Serien genetisch bedingte Unterschiede von vornherein angenommen werden müssen. die auch in der äußeren Konstitution der Tiere zu erkennen waren. Obwohl die Bearbeitung dieses Problems nicht beabsichtigt war, erscheint es wichtig, im Hinblick auf die Selektion futterdankbarer Typen und Linien dieses Problem in enger Zusammenarbeit mit der Tierzucht weiterhin zu bearbeiten.

Auf Grund dieser Ergebnisse erschien es uns nicht gerechtfertigt, bei der Auswertung der Versuchsreihen mit mittleren Lebendgewichtskorrekturen zu rechnen, sondern es wurde jeweils der für das Einzeltier ermittelte individuelle Korrekturwert angewendet.

Die Berechtigung hierzu ergibt sich auch aus der statistischen Prüfung der Regressionskoeffizienten für die Lebendgewichtskorrektur (t-Test). Die Ergebnisse der *Signifikanzprüfung* sind in der folgenden Übersicht für die einzelnen Versuchsreihen und zwischen den Versuchsreihen zusammengestellt:

Versuchsreihe	Zahl der Kombination	Zahl der gesicherten Differenzen		
		$P < 0{,}05$	$P < 0{,}01$	$P < 0{,}001$
I	15	1	—	—
II	6	1	—	—
III	28	7	4	1
I/II	25	5	—	—
I/III	48	6	11	11
II/III	32	4	12	8
insgesamt	153	24	27	20

Von den insgesamt 153 Kombinationsmöglichkeiten der Regressionskoeffizienten unterscheiden sich 71 signifikant. Insbesondere aus der Versuchsrehe III und der Kombination mit den Versuchsreihen I und II ergibt sich die Berechtigung, individuelle Korrekturwerte anzuwenden.

Für zukünftige Versuchsplanungen im Hinblick auf die Bestimmung des energetischen Produktionswertes von Futterstoffen ist zu schlußfolgern, daß in eine Versuchsreihe 3–4 Grundfutterperioden einzuschalten sind; denn wie aus Tabelle 4 entnommen werden kann, führt die einfachkorrelative Auswertung von 4 Grundfutterperioden annähernd zu den gleichen individellen Korrekturwerten wie die korrelative Behandlung der 8 Perioden.

II. Experimenteller Teil

1. Die Zusammensetzung und Verdaulichkeit

1.1 Die Zusammensetzung und Verdaulichkeit der Rationen

In Versuchsserie I wurde entsprechend dem Versuchsplan eine Ration gleicher Zusammensetzung in verschiedener Höhe an die Tiere verfüttert.

Die Ration hatte folgende Zusammensetzung:

42%	Gerstenschrot	Organische Substanz	94,64%
42%	Maisschrot	Rohprotein	18,10%
7%	Sojaextraktionsschrot	Rohfett	3,68%
7%	Fischmehl	Rohfaser	3,45%
2%	Mineralsalzmischung	NFE	69,41%
		C	45,14%
		cal/g	4451

Da sich zwischen der Höhe der Futtergabe und der Verdaulichkeit keine Abhängigkeit ergibt, werden in der folgenden Tabelle 5 nur die Mittelwerte der Verdauungskoeffizienten für die Einzeltiere angegeben, die sich aus den jeweils 8 durchgeführten Versuchsperioden errechnen. Zur Beurteilung der individuellen Variation der Verdaulichkeit ist die Mittelwertstreuung bei der organischen Substanz angeführt:

Tabelle 5. *Die Verdauungskoeffizienten der Versuchsration in Versuchsreihe I*

Tier	Organ. Substanz	Rohprot.	Rohfett	Rohfaser	NFE	C	Q
I	86,8 ± 0,40	85,8	85,4	30,0	90,3	85,0	84,2
II	87,7 ± 0,33	86,1	88,8	34,1	90,8	86,0	85,3
III	88,8 ± 0,33	87,5	89,0	40,5	91,6	87,2	86,4
IV	88,0 ± 0,10	87,0	88,3	36,5	90,9	86,5	85,8
V	87,6 ± 0,38	85,9	88,1	35,6	90,8	86,0	85,2
VI	88,1 ± 0,39	86,8	88,9	37,4	91,0	86,5	85,7
Mittel	87,8 ± 0,27	86,5 ± 0,28	88,1 ± 0,56	35,7 ± 1,43	90,9 ± 0,17	86,2 ± 0,30	85,4 ± 0,30

Die Übereinstimmung der Verdaulichkeit ist sowohl bei den Einzeltieren als auch zwischen den Tieren als gut zu bezeichnen. Die Prüfung auf *individuelle Unterschiede* im Verdauungsvermögen der organischen Substanz (t-Test) ergibt eine gesicherte Erhöhung ($P < 0,01$) des Verdauungsvermögens von Tier III gegenüber Tier I und eine schwach gesicherte Erhöhung ($P < 0,05$) gegenüber den Tieren II, IV und V. Ebenfalls schwach gesichert liegt das Verdauungsvermögen von Tier I niedrger als das der Tiere IV und VI.

In den Versuchsserien II und III wurde zu der mehrfach wiederholten Grundfutterration Gerste in verschieden hohen Gaben zugelegt. Die Grundfutterrationen hatten folgende durchschnittliche Zusammensetzung:

			Versuchsreihe II	Versuchsreihe III
63%	Gerstenschrot	Org. Substanz	94,15	94,98
23%	Haferschrot	Rohprotein	15,27	15,66
6%	Sojaextr.-Schrot	Rohfett	2,93	2,95
2%	Mineralsalzmischung	Rohfaser	8,49	8,18
6%	Fischmehl	NFE	67,46	68,19
		C	45,18	45,19
		cal/g	4440	4459

Zur Beurteilung der Übereinstimmung der *Verdaulichkeit der Grundfutterration* sind in der folgenden Tabelle 6 die mittleren Verdauungskoeffizienten zusammengestellt:

Tabelle 6. *Die Verdauungskoeffizienten der Grundfutterration in Versuchsreihe II und III*

Tier	Org. Substanz	Rohprot.	Rohfett	Rohfaser	NFE	C	Q
			Versuchsreihe II (n = 3)				
1	79,7 ± 0,35	81,5	88,2	27,6	85,3	78,3	78,1
2	80,1 ± 0,26	81,4	87,4	30,7	85,7	78,8	78,5
3	81,2 ± 0,43	82,1	82,5	33,4	86,9	79,7	79,1
4	80,2 ± 0,33	82,0	84,1	24,4	86,5	78,7	78,2
Mittel	80,3 ± 0,32	81,8 ± 0,18	85,6 ± 1,35	29,0 ± 1,94	86,1 ± 0,37	78,9 ± 0,30	78,5 ± 0,24
			Versuchsreihe III (n = 4)				
5	80,2 ± 0,48	81,8	85,9	27,7	85,7	78,6	78,1
6	80,5 ± 1,06	81,9	83,7	26,2	86,5	78,7	78,3
7	81,1 ± 0,58	83,3	86,4	28,1	86,6	79,4	79,0
8	79,8 ± 0,77	81,4	82,5	24,7	85,9	78,1	77,7
9	81,1 ± 0,58	83,9	80,1	32,8	86,3	79,4	79,0
10	81,4 ± 0,63	84,6	81,9	29,5	86,8	79,7	79,4
11	80,7 ± 0,77	83,9	84,1	26,5	86,3	79,0	78,5
12	79,6 ± 0,71	82,3	79,7	23,7	85,7	77,9	77,4
Mittel	80,6 ± 0,23	82,9 ± 0,42	83,0 ± 0,87	27,4 ± 1,03	86,2 ± 0,15	78,8 ± 0,23	78,4 ± 0,24

Auch in diesen beiden Versuchsreihen ist die Übereinstimmung der Verdaulichkeit sowohl bei den Einzeltieren als auch zwischen den Tieren und zwischen den beiden Versuchsserien als gut zu bezeichnen. Hinweise auf individuelle Unterschiede in der Verdaulichkeit lassen sich aus den vorliegenden Werten nicht ableiten. Die absolute Höhe der Verdaulichkeit der Ration liegt gegenüber der der Versuchsreihe I um 7% niedriger, im wesentlichen bedingt durch den Anteil an Haferschrot gegenüber Maisschrot in Versuchsreihe I.

1.2 Die Zusammensetzung und Verdaulichkeit der Gerste

In den Versuchsreihen II und III wurde Gerste in verschiedener Höhe dem Grundfutter zugelegt, und zwar in Versuchsreihe II 500 g bzw. 1000 g und in Versuchsreihe III 400 g, 600 g, 800 g und 1200 g. Bis auf die 600 g-Zulage entstammte die Gerste einer einheitlichen Partie (Gerste 1). Bei der 600 g-Zulage mußte eine neue Gerstenlieferung (Gerste 2) herangezogen werden. Die Gerste hatte folgende mittlere Zusammensetzung:

	Gerste 1 Versuchsreihe II	Gerste 1 Versuchsreihe III	Gerste 2
Organische Substanz	97,21%	97,13%	97,64%
Rohprotein	8,92%	8,67%	10,96%
Rohfett	1,93%	1,91%	2,22%
Rohfaser	7,01%	7,00%	6,52%
NFE	79,35%	79,55%	77,94%
C	45,42%	45,18%	45,38%
cal/g	4402	4356	4410

In der folgenden Tabelle sind die im Differenzverfahren ermittelten *Verdauungskoeffizienten der Gerste* jeweils als Mittel der durchgeführten Periode zusammengestellt:

Tabelle 7. *Verdauungskoeffizienten der Gerste*

Zulagenhöhe	Organische Substanz	Rohprotein	Rohfett	Rohfaser	NFE	C	Q	n
				Versuchsreihe II				
500 g	85,3 ± 1,76	79,2	47,5	45,0	92,3	82,0	80,7	6
1000 g	83,4 ± 0,96	69,9	72,0	21,2	90,4	81,0	80,1	4
				Versuchsreihe III				
400 g	81,6 ± 0,74	74,1	32,4	33,8	88,5	78,2	77,3	8
600 g	84,0 ± 0,95	69,0	45,5	19,8	91,6	81,4	80,6	8
800 g	82,0 ± 0,47	67,5	69,4	26,6	89,8	80,2	79,7	8
1200 g	83,3 ± 0,42	68,9	48,5	33,0	90,1	81,3	80,2	8
Gesamtmittel	83,2	71,2	50,9	30,0	90,4	80,6	79,7	

Insgesamt gesehen ist die Übereinstimmung der Verdauungskoeffizienten zufriedenstellend. Ebenfalls zufriedenstellend ist die Streuung der Mittelwerte bei den einzelnen Zulagenhöhen, wobei darauf hinzuweisen ist, daß sich die Streuung mit Erhöhung der Zulage vermindert. Da sich weder zu der Höhe der Gabe gesicherte Beziehungen ergeben noch sich zwischen den Versuchsreihen und den verschiedenen Partien bzw. Proben gesicherte Differenzen ableiten lassen, wurde das gewogene Gesamtmittel für die Verdaulichkeit der Gerste errechnet. Daraus ergeben sich unter Zugrundelegung der durchschnittlichen Zusammensetzung der verfütterten Gerste folgende *Gehalte an verdaulichen Nährstoffen:*

Nährstoff	mittlere Zusammensetzung in %	Verdauungskoeffizient	% verdauliche Nährstoffe
Rohprotein	9,16	71,2	6,52
Rohfett	1,98	50,9	1,01
Rohfaser	6,92	30,0	2,08
NFE	79,18	90,4	71,58
(Energie	4377 cal/g	79,7	3488 cal/g)

2. Die umsetzbare Energie

2.1 Die umsetzbare Energie der Rationen

In Tabelle 8 ist die umsetzbare Energie in % der verdaulichen Energie im Mittel der Messungen an den Einzeltieren für die gesamte Periodenfolge der Versuchsreihe I und für die Grundfutterperioden der Versuchsreihen II und III zusammengestellt:

Tabelle 8. *Umsetzbare Energie in % der verdaulichen Energie*

Versuchsreihe I			Versuchsreihe II			Versuchsreihe III		
Tier	Zahl der Perioden	u. E. in % der v. E.	Tier	Zahl der Perioden	u. E. in % d. v. E.	Tier	Zahl der Perioden	u. E. in % d. v. E.
I	8	95,0 ± 0,15	1	2	96,7 ± 0,10	5	4	96,1 ± 0,27
II	8	95,0 ± 0,18	2	3	97,0 ± 0,33	6	4	96,3 ± 0,27
III	8	95,1 ± 0,27	3	3	96,4 ± 0,33	7	4	96,1 ± 0,28
IV	8	95,3 ± 0,14	4	3	96,6 ± 0,19	8	4	96,4 ± 0,42
V	8	95,4 ± 0,18	Mittel		96,7 ± 0,13	9	4	95,8 ± 0,26
VI	8	95,4 ± 0,11				10	4	95,8 ± 0,39
Mittel		95,2 ± 0,08				11	4	96,0 ± 0,36
						12	4	96,2 ± 0,42
						Mittel		96,1 ± 0,08

Die Variation der umsetzbaren Energie ist sowohl bei den Einzeltieren als auch zwischen den Tieren sehr gering. In Versuchsreihe II liegt die umsetzbare Energie im Mittel um 0,6% höher als in Versuchsreihe III trotz gleicher Rationszusammenstellung. Diese Differenz ist zwar gesichert, und auch bei der umsetzbaren Energie der Gerste (s. Tab. 9) liegen die Werte in Versuchsreihe II höher. Diese Differenzen haben jedoch bei der wesentlich höheren Variation der Verwertung der umsetzbaren Energie keinen wesentlichen Einfluß auf die Messung der Nettoenergie.

2.2 Die umsetzbare Energie der Gerste

In Tabelle 9 sind die im Differenzverfahren (Aufrechnung gegen die die Zulagenperioden jeweils einschließenden Grundfutterperioden) ermittelten Werte für die umsetzbare Energie der Gerste in % der verdaulichen Energie zusammengestellt.

Bedingt durch die Differenzmethode liegen die Streuungen gegenüber der umsetzbaren Energie der Rationen höher, wobei aber auch hier die Übereinstimmung zwischen den Tieren völlig zufriedenstellend ist. Die energetische Mehrausscheidung im Harn durch die Zulage von Gerste beträgt nur etwa 2% der resorbierten Energie der Zulage.

Tabelle 9. *Umsetzbare Energie der Gerste in % der verdaulichen Energie*

Versuchsreihe II		Versuchsreihe III			
Tier	u. E. in % der v. E.	Tier	u. E. in % der v. E.	Tier	u. E. in % der v. E.
1	99,1 ± 1,21	5	97,7 ± 0,78	9	96,3 ± 0,49
2	97,3 ± 0,84	6	97,4 ± 0,68	10	98,3 ± 0,46
3	98,4 ± 0,50	7	97,1 ± 0,41	11	98,0 ± 0,42
4	98,6 ± 0,70	8	97,7 + 0,92	12	97,3 ± 0,39
Mittel	98,4 ± 0,38			Mittel	97,5 ± 0,22

3. *Die Beziehungen zwischen umsetzbarer Energie und Energiebilanz*

3.1 Versuchsreihe I

Entsprechend dem Versuchsplan (s. S. 276) wurde in dieser Versuchsreihe, die mit 6 Tieren durchgeführt wurde, in jeweils 8 Perioden die Gesamtration in verschiedener Höhe an die Tiere verfüttert, wobei darauf hinzuweisen ist, daß die Grundfutterration in der 5. und 8. Periode um 15% erhöht wurde. In Tabelle 10 sind die wichtigsten Meßergebnisse zur Ableitung der Beziehungen zwischen umsetzbarer Energie und Energiebilanz zusammengestellt. Die Energiebilanzen sind mit Hilfe der durch Mehrfachkorrelation gewonnenen individuellen Korrekturwerte für die Lebendgewichtsänderungen auf das mittlere Lebendgewicht der Einzeltiere korrigiert.

Tabelle 10. *Bruttoenergie, verdauliche Energie, umsetzbare Energie und Energiebilanzen in der I. Versuchsreihe*

Tier	Periode	Futter g Tr. S.	Brutto-energie kcal	verdaul. Energie kcal	umsetzb. Energie kcal	Energie-bilanz kcal	Energie-bilanz*) korr. kcal	Lebend-gewicht kg
I	1	1331	5887	4893	4680	1315	905	104,6
	2	1851	8237	6946	6621	2443	2193	118,3
	3	1331	5887	4880	4626	866	679	123,7
	4	2112	9413	8008	7642	3098	3079	138,1
	5	1531	6668	5743	5466	1538	1568	142,3
	6	1832	8043	6653	6284	1820	1966	152,2
	7	2132	9399	8040	7649	2944	3218	163,2
	8	1531	6688	5638	5320	819	1235	175,3

*) Lebendgewichtskorrektur: — 11,68 kcal/kg; mittleres Lebendgewicht: 139,7 kg

Tier	Periode	Futter g Tr. S.	Brutto-energie kcal	verdaul. Energie kcal	umsetzb. Energie kcal	Energie-bilanz kcal	Energie-bilanz*) korr. kcal	Lebend-gewicht kg
II	1	1331	5887	4908	4701	1468	1141	101,5
	2	1851	8237	7086	6756	2638	2482	117,4
	(3	1331	5887	4959	4680	655	—	122,1)
	4	2112	9413	8057	7678	3095	3078	140,8
	5	1531	6688	5740	5439	1411	1428	145,1
	6	1832	8043	6843	6485	2093	2168	152,5
	7	2132	9399	8069	7703	3064	3247	166,3
	8	1531	6688	5753	5433	1360	1632	177,6

*) Lebendgewichtskorrektur: — 7,87 kcal/kg; mittleres Lebendgewicht: 143,0 kg

Fortsetzung Tabelle 10

Tier	Periode	Futter g Tr. S.	Brutto-energie kcal	verd. Energie kcal	umsetzb. Energie kcal	Energie-bilanz kcal	Energie-bilanz*) korr. kcal	Lebend-gewicht kg
III	1	1331	5887	5130	4946	1554	1123	100,0
	2	1851	8237	7274	6952	1724	2437	112,3
	(3	1331	5887	5009	4705	1572	—	119,4)
	4	2112	9413	8243	7832	3270	3227	133,2
	5	1531	6688	5694	5405	1492	1507	138,2
	6	1832	8043	6868	6513	2137	2262	147,6
	7	2132	9399	8177	7825	2788	3042	158,7
	8	1531	6688	5744	5437	1076	1442	168,3

*) Lebendgewichtskorrektur: — 11,67 kcal/kg; mittleres Lebendgewicht: 136,9 kg

Tier	Periode	Futter g Tr. S.	Brutto-energie kcal	verd. Energie kcal	umsetzb. Energie kcal	Energie-bilanz kcal	Energie-bilanz*) korr. kcal	Lebend-gewicht kg
IV	1	1331	5887	5079	4883	1787	1315	98,7
	2	1851	8237	7032	6693	2923	2599	110,6
	3	1331	5887	5049	4795	1590	1331	115,9
	4	2112	9413	8117	7746	3548	3512	133,9
	5	1531	6688	5741	5444	1877	1931	141,2
	6	1832	8043	6906	6591	2576	2747	150,6
	7	2132	9399	8076	7671	3213	3547	164,8
	8	1531	6688	5687	5425	1065	1579	178,3

*) Lebendgewichtskorrektur:. — 12,38 kcal/kg; mittleres Lebendgewicht: 136,8 kg

Tier	Periode	Futter g Tr. S.	Brutto-energie kcal	verd. Energie kcal	umsetzb. Energie kcal	Energie-bilanz kcal	Energie-bilanz*) korr. kcal	Lebend-gewicht kg
V	1	1331	5887	4894	4705	1440	951	101,3
	2	1851	8237	6998	6680	2604	2290	113,5
	3	1331	5887	5031	4799	1296	1039	117,5
	4	2112	9413	8176	7801	3423	3406	134,3
	5	1531	6688	5716	5402	1462	1533	140,5
	6	1832	8043	6904	6590	1995	2175	148,1
	7	2132	9399	7977	7580	2828	3161	158,8
	8	1531	6688	5738	5509	1030	1520	169,8

*) Lebendgewichtskorrektur: — 14,29 kcal/kg; mittleres Lebendgewicht: 135,5 kg

Tier	Periode	Futter g Tr. S.	Brutto-energie kcal	verd. Energie kcal	umsetzb. Energie kcal	Energie-bilanz kcal	Energie-bilanz*) korr. kcal	Lebend-gewicht kg
VI	1	1331	5887	4904	4696	1401	1080	102,3
	2	1851	8237	7028	6696	2767	2561	115,5
	3	1331	5887	5056	4817	1570	1402	119,9
	4	2112	9413	8085	7709	3352	3314	134,8
	5	1531	6688	5773	5479	1745	1782	143,5
	6	1832	8043	6938	6614	2173	2291	152,7
	7	2132	9399	8071	7695	3329	3566	166,4
	8	1531	6688	5796	5556	1352	1693	178,3

*) Lebendgewichtskorrektur: — 8,71 kcal/kg; mittleres Lebendgewicht: 139,2 kg

Von den 48 durchgeführten Gesamtstoffwechselperioden wurden für die Auswertung 2 Perioden (3. Periode mit den Tieren II und III) ausgeschaltet, da die respiratorischen Meßgrößen (s. Zahlenanhang) mit einer sehr hohen Streuung behaftet sind bei ebenfalls hoher Abweichung zwischen energetischer und energetisch ausgedrückter stofflicher Bilanz.

In Abbildung 1 ist die Beziehung zwischen der umsetzbaren Energie und der auf gleiches Lebendgewicht der Einzeltiere korrigierten Energiebilanz graphisch dargestellt.

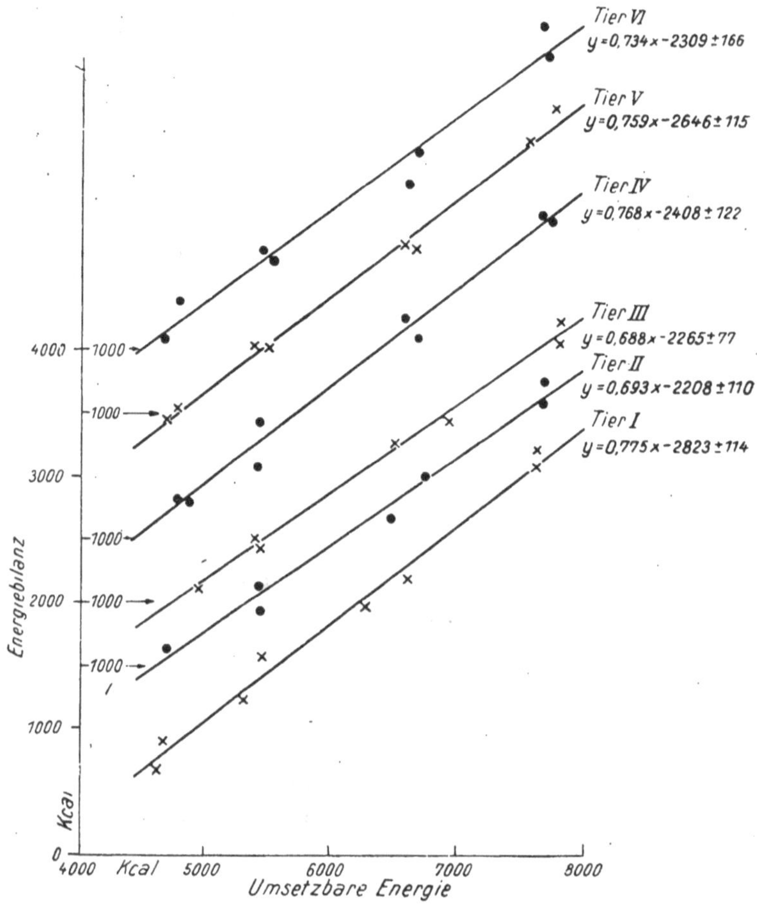

Abb. 1. Beziehung zwischen umsetzbarer Energie und Energiebilanz in Versuchsreihe I

Aus der Abbildung ergibt sich die Verteilung der Meßpunkte um die berechneten Regressionsgeraden. Zur besseren Übersicht sind die Regressionsgeraden für die einzelnen Tiere zur x-Achse hin verschoben. Betrachtet man die Verteilung der Meßpunkte um die Geraden, so ergibt sich mit aller Eindeutigkeit *daß im untersuchten Ernährungsbereich die Beziehung zwischen Energiebilanz und umsetzbarer Energie bei befriedigender Anpassung der Einzelmeßwerte linear verläuft.* Dies zeigt sich auch in den hohen Korrelationskoeffizienten von durchschnittlich 0,992, die der nachfolgenden Zusammenstellung der Regressionsgleichungen zu entnehmen sind:

Tier	Regressionsgleichung			r	Lebendgew. korr. kcal/kg	mittl. Lebendgew. kg
I	y = 0,775 x	−2823 ±	114;	0,994	−11,68	139,7
II	y = 0,693 x	−2208 ±	110;	0,992	− 7,87	143,0
III	y = 0,688 x	−2265 ±	77;	0,996	−11,67	136,9
IV	y = 0,768 x	−2408 ±	122;	0,992	−12,38	136,8
V	y = 0,759 x	−2646 ±	115;	0,993	−14,29	135,5
VI	y = 0,734 x	−2309 ±	166;	0,985	− 8,71	139,2
im Mittel	0,736 ± 0,0155		117	0,992		

Die Verwertung der umsetzbaren Energie zum Ansatz der gemischten Ration errechnet sich zu *73,6%* ± 1,55. Die durchschnittliche Streuung der Meßwerte um die Gerade beträgt 117 kcal, das sind 3–4% des Ansatzwertes der höchsten Futtergabe in der Versuchsreihe. Die Prüfung auf individuelle Unterschiede im Verwertungsvermögen der verfütterten Ration ergibt keine signifikanten Differenzen (t-Test-Prüfung der Regressionskoeffizienten).

3.2 Versuchsreihe II

Nach dem Versuchsplan (s. S. 276) sollten in dieser Versuchsreihe, die mit 4 Tieren durchgeführt wurde, jeweils eingeschlossen in Grundfutterperioden Zulagen von 500 und 1000 g Gerste verabfolgt werden. Bei Tier 1 mußte die 4. Periode (1000 g Zulage) wegen einer Klauenverletzung abgebrochen werden. Es wurde daher nach der Ausheilung statt der 3. Grundfutterperiode die Zulageperiode mit 1000 g durchgeführt und mit den Tieren 1 und 2 die 2. Periode mit 500 g Gerstenzulage wiederholt. In Tabelle 11 sind die wichtigsten Meßdaten zur Ableitung der Beziehung zwischen umsetzbarer Energie und Energiebilanz zusammengestellt. Analog wie bei der Versuchsreihe I sind die Energiebilanzen mit den individuellen Korrekturen für die Lebendgewichtsänderungen auf das jeweilige mittlere Lebendgewicht der Einzeltiere korrigiert:

Tabelle 11. *Bruttoenergie, verdauliche Energie, umsetzbare Energie und Energiebilanz in Versuchsreihe II*

Tier	Periode	GF g Tr. S.	Futterzulage g Tr. S.	Bruttoenergie kcal	verd. Energie kcal	umsetzb. Energie kcal	Energiebilanz kcal	Energiebilanz*) korr. kcal	Lebendgewicht kg
1	1	1730	—	7695	5976	5784	1405	911	122,3
	2	1730	500	9900	7748	7478	2974	2732	134,9
	3	1728	—	7686	6026	5822	1439	1275	138,8
	4	Versuch wegen Verletzung ausgefallen							
	5	1730	1000	12069	9431	9231	3667	4008	164,1
	6	1720	500	9825	7670	7484	1995	2549	174,7

*) Lebendgewichtskorrektur: — 20,00 kcal/kg; mittleres Lebendgewicht · 147,0 kg

Fortsetzung Tabelle 11

Tier	Periode	GF g Tr.S.	Futter-zulage g Tr.S.	Brutto-energie kcal	verd. Energie kcal	umsetzb. Energie kcal	Energie-bilanz kcal	Energie-bilanz*) korr. kcal	Lebend-gewicht kg
2	(1	1730	—	7695	6036	5814	1344	—	117,7)
	2	1730	498	9891	7916	7661	3164	2820	130,7
	3	1730	—	7695	6100	5938	1649	1380	135,4
	4	1730	996	12051	9606	9367	4060	4088	151,6
	5	1728	—	7651	5954	5796	1114	1290	159,9
	6	1720	500	9825	7773	7593	2355	2752	172,3

*) Lebendgewichtskorrektur: — 17,80 kcal/kg; mittleres Lebendgewicht: 150,0 kg

Tier	Periode	GF	Futter-zulage	Brutto-energie	verd. Energie	umsetzb. Energie	Energie-bilanz	Energie-bilanz*) korr.	Lebend-gewicht
3	1	1730	—	7695	6032	5856	1257	933	121,1
	2	1730	500	9900	7947	7696	2440	2367	130,7
	3	1728	—	7686	6087	5844	1073	1055	146,1
	4	1730	1000	12069	9722	9443	3743	3915	161,7
	5	1730	—	7695	6111	5879	657	902	167,7

*) Lebendgewichtskorrektur: — 12,21 kcal/kg; mittleres Lebendgewicht: 147,6 kg

Tier	Periode	GF	Futter-zulage	Brutto-energie	verd. Energie	umsetzb. Energie	Energie-bilanz	Energie-bilanz*) korr.	Lebend-gewicht
4	1	1730	—	7695	6012	5825	1018	790	124,3
	2	1730	496	9882	7685	7463	2190	2094	135,4
	3	1726	—	7677	6061	5876	976	940	140,0
	4	1730	996	12051	9534	9301	3382	3530	155,8
	5	1728	—	7650	5934	5700	489	698	160,9

*) Lebendgewichtskorrektur: — 11,96 kcal/kg; mittleres Lebendgewicht: 143,4 kg

Von den insgesamt 23 durchgeführten Gesamtstoffwechselperioden wurde für die Auswertung die 1. Periode mit Tier 2 ausgeschaltet. Aus den im Vergleich zu den anderen Stoffwechselperioden stark erhöhten Gaswechselgrößen muß angenommen werden, daß sich das Tier in der 1. Versuchsperiode noch nicht an die Versuchsbedingungen gewöhnt hatte.

In Abbildung 2 ist die Beziehung zwischen der umsetzbaren Energie und der korrigierten Energiebilanz graphisch dargestellt, wobei zur besseren Übersicht die Regressionsgeraden für die einzelnen Tiere zur x-Achse hin verschoben sind.

Aus der Verteilung der Meßpunkte um die berechneten Regressionsgeraden ergibt sich auch in dieser Versuchsserie, daß zumindest bei den Tieren 2–4 im untersuchten Ernährungsbereich *die Beziehung zwischen Energiebilanz und umsetzbarer Energie bei sehr guter Anpassung der Einzelwerte geradlinig verläuft.* Nur bei Tier 1 ist die Streuung der Meßwerte um die Regressionsgerade verhältnismäßig hoch. Da auch bei diesem Tier die Werte für die Lebendgewichtkorrektur und für den Verwertungskoeffizienten extrem hoch liegen und mögliche Nachwirkungen der Verletzung in der 4. Versuchsperiode vermutet werden können, erscheint es unter Einbeziehung der Ergebnisse der Versuchsreihe III gerechtfertigt, die Meßergebnisse an Tier 1 bei der Gesamtauswertung der Versuchsreihen auszuschalten. Im folgenden sind die Regressionsgleichungen zusammengestellt:

Tier	Regressionsgleichung	r	Lebendgew. korr. kcal/kg	mittl. Lebendgew. kg
(1	y = 0,861 x −3870 ± 172;	0,993	−20,00	147,0)
2	y = 0,792 x −3293 ± 43;	0,999	−17,80	150,0
3	y = 0,815 x −3825 ± 94;	0,998	−12,21	147,6
4	y = 0,778 x −3706 ± 51;	0,999	−11,96	143,4
im Mittel (2—4)	0,795 ± 0,0108 63	0,999		

Die durchschnittliche Streuung um die Gerade von 63 kcal entspricht 1,5–2% des maximalen energetischen Ansatzes in der Versuchsreihe.

Der Verwertungskoeffizient **der Gerste ergibt** sich im Durchschnitt der 3 Tiere zu 79,5% ± **1,08.**

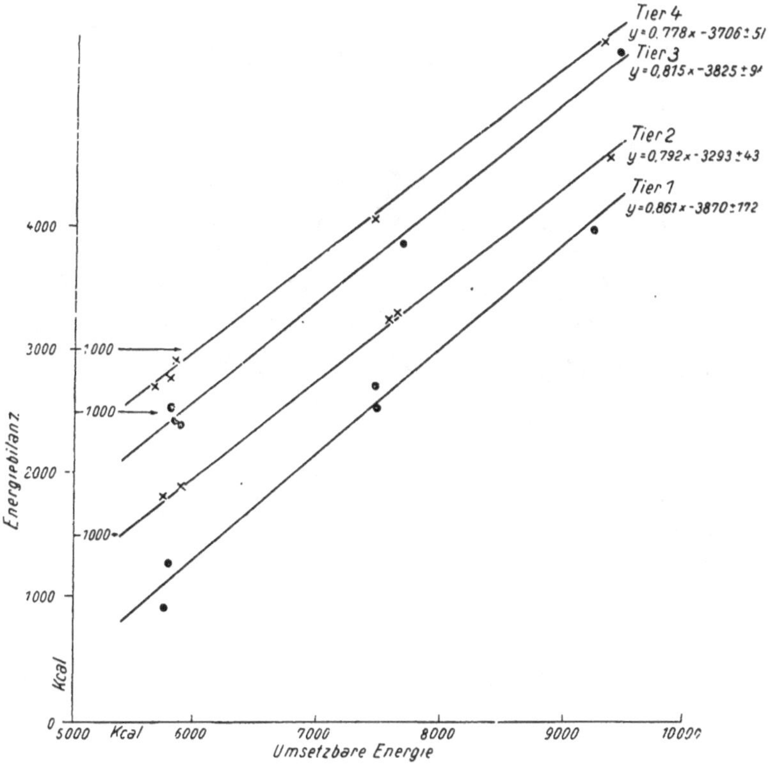

Abb. 2. Beziehungen zwischen umsetzbarer Energie und Energiebilanz in Versuchsreihe II

3.3 Versuchsreihe III

In Versuchsreihe III wurde an 8 Tieren in jeweils 8 Gesamtstoffwechselversuchen Gerste in Gaben von 400, 600, 800 und 1200 g zu den die Zulageperioden einschließenden Grundfutterperioden zugelegt (Versuchsplan s. S. 276). Diese Versuchsreihe verlief ohne jegliche Störung. In Tabelle 12 sind analog wie bei den Versuchsreihen I und II die entsprechenden Meßdaten zur Ableitung der Beziehungen zwischen umsetzbarer Energie und Energiebilanz zusammengestellt:

In Abbildung 3 ist die Beziehung zwischen der umsetzbaren Energie und der auf das Durchschnittsgewicht der einzelnen Tiere korrigierten Energiebilanz graphisch dargestellt, wobei auch hier wiederum die Regressionsgeraden für die einzelnen Tiere zur x-Achse hin verschoben sind.

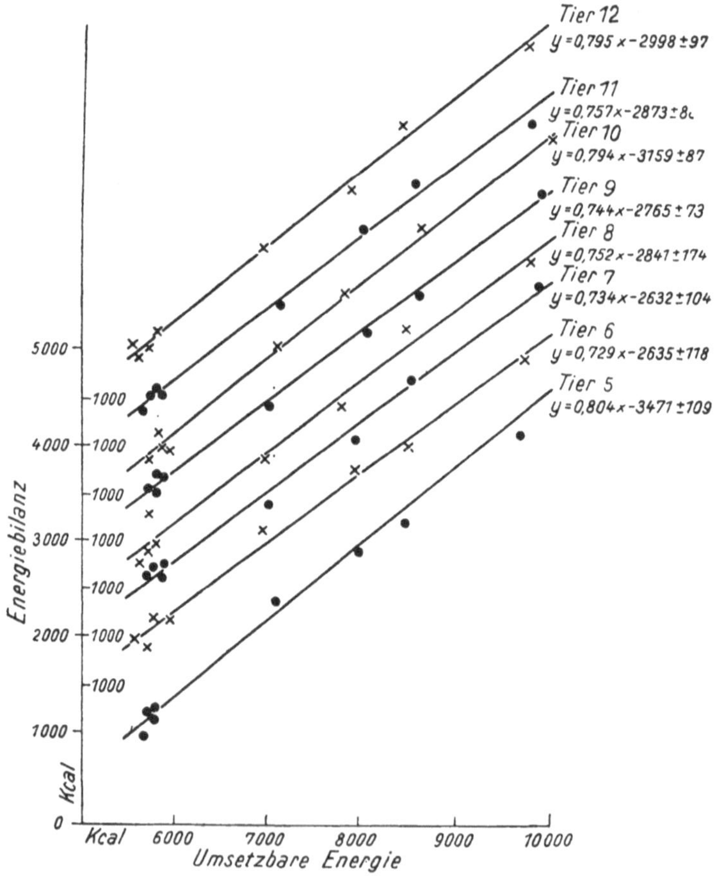

Abb. 3. Beziehungen zwischen umsetzbarer Energie und Energiebilanz in Versuchsreihe III

Tabelle 12. *Bruttoenergie, verdauliche Energie, umsetzbare Energie und Energiebilanz in Versuchsreihe III*

Tier	Periode	GF g Tr.S.	Futter-zulage g Tr. S.	Brutto-energie kcal	verd. Energie kcal	umsetzb. Energie kcal	Energie-bilanz kcal	Energie-bilanz*) korr. kcal	Lebend-gewicht kg
5	1	1718	—	7632	5880	5674	1255	943	94,6
	2	1720	396	9366	7288	7072	2584	2382	109,0
	3	1718	—	7670	6014	5805	1386	1226	114,6
	4	1720	797	11151	8703	8437	3247	3216	131,4
	5	1717	—	7630	5958	5713	1203	1213	136,8
	6	1720	1189	12820	10055	9657	4134	4317	159,4
	7	1720	600	10366	8309	7958	2660	2901	167,1
	8	1718	—	7695	6058	5781	870	1140	170,9

*) Lebendgewichtskorrektur: — 7,64 kcal/kg; mittleres Lebendgewicht: 135,5 kg

6	1	1718	—	7632	5776	5598	1816	1443	82,8
	2	1720	397	9370	7186	6961	2843	2600	100,1
	3	1720	—	7679	5928	5713	1530	1357	109,3
	4	1720	796	11146	8773	8521	3514	3478	127,4
	5	1715	—	7621	6025	5804	1669	1696	135,8
	6	1720	1186	12807	10075	9720	4223	4429	159,4
	7	1720	597	10353	8296	7952	2965	3236	168,0
	8	1720	—	7704	6239	5966	1348	1672	175,0

*) Lebendgewichtskorrektur: — 7,56 kcal/kg; mittleres Lebendgewicht: 132,2 kg

7	1	1720	—	7641	5920	5727	1666	1648	101,9
	2	1720	395	9362	7251	6992	2386	2374	116,0
	3	1717	—	7666	6086	5859	1618	1609	122,9
	4	1720	797	11151	8838	8523	3680	3678	139,0
	5	1720	—	7643	6021	5772	1700	1700	143,9
	6	1720	1194	12842	10202	9861	4678	4688	167,0
	7	1720	600	10366	8266	7931	3034	3048	174,9
	8	1720	—	7704	6179	5893	1709	1726	181,7

*) Lebendgewichtskorrektur: — 0,44 kcal/kg; mittleres Lebendgewicht: 143,4 kg

8	1	1719	—	7637	5796	5637	1343	1262	81,5
	2	1720	397	9370	7202	6966	2420	2367	95,9
	3	1717	—	7666	5920	5729	1431	1392	102,6
	4	1720	794	11138	8723	8470	3741	3735	119,5
	5	1712	—	7607	5979	5731	1764	1768	124,3
	6	1720	1176	12763	10065	9784	4398	4443	144,9
	7	1720	600	10366	8133	7806	2853	2913	152,3
	8	1720	—	7704	6076	5797	1372	1442	157,5

*) Lebendgewichtskorrektur: — 1,99 kcal/kg; mittleres Lebendgewicht: 122,3 kg

9	1	1719	—	7637	5943	5709	1685	1528	106,4
	2	1720	400	9383	7271	6986	2523	2419	120,8
	3	1720	—	7679	6032	5814	1542	1464	128,0
	4	1720	794	11138	8873	8571	3598	3585	145,8
	5	1714	—	7616	6088	5817	1669	1689	155,0
	6	1720	1196	12850	10266	9892	4555	4638	172,3
	7	1720	597	10353	8403	8029	3070	3181	180,0
	8	1720	—	7704	6151	5861	1422	1557	186,5

*) Lebendgewichtskorrektur: — 3,64 kcal/kg; mittleres Lebendgewicht: 149,4 kg

Fortsetzung Tabelle 12

Tier	Periode	GF g Tr. S.	Futter-Zulage g Tr. S.	Brutto-energie kcal	verd. Energie kcal	umsetzb. Energie kcal	Energie-bilanz kcal	Energie-bilanz *) korr. kcal	Lebend-gewicht kg
10	1	1719	—	7637	5917	5716	1730	1328	98,7
	2	1720	398	9375	7362	7115	2784	2514	113,4
	3	1720	—	7679	6123	5903	1634	1445	122,4
	4	1720	795	11142	8891	8615	3800	3778	141,1
	5	1720	—	7643	6121	5823	1548	1606	150,0
	6	1720	1197	12855	10361	10008	4519	4735	167,6
	7	1720	600	10366	8263	7924	2803	3090	175,5
	8	1720	—	7704	6164	5871	1142	1463	179,2

*) Lebendgewichtskorrektur: — 8,98 kcal/kg; mittleres Lebendgewicht: 143,5 kg

Tier	Periode	GF g Tr. S.	Futter-Zulage g Tr. S.	Brutto-energie kcal	verd. Energie kcal	umsetzb. Energie kcal	Energie-bilanz kcal	Energie-bilanz *) korr. kcal	Lebend-gewicht kg
11	1	1717	—	7628	5850	5656	1480	1344	102,8
	2	1720	400	9383	7307	7093	2569	2478	116,9
	3	1716	—	7661	5999	5790	1605	1540	124,9
	4	1720	790	11120	8757	8448	3667	3656	141,6
	5	1717	—	7630	6062	5775	1476	1494	150,5
	6	1720	1152	12659	10117	9747	4303	4378	168,1
	7	1720	597	10353	8354	8003	3146	3244	175,4
	8	1717	—	7691	6129	5848	1411	1524	180,0

*) Lebendgewichtskorrektur: — 3,23 kcal/kg; mittleres Lebendgewicht: 145,0 kg

Tier	Periode	GF g Tr. S.	Futter-Zulage g Tr. S.	Brutto-energie kcal	verd. Energie kcal	umsetzb. Energie kcal	Energie-bilanz kcal	Energie-bilanz *) korr. kcal	Lebend-gewicht kg
12	1	1718	—	7632	5793	5630	1568	1410	99,1
	2	1720	397	9370	7215	6986	2660	2552	113,3
	3	1717	—	7666	5934	5729	1586	1510	122,3
	4	1720	793	11133	8721	8434	3885	3871	140,0
	5	1708	—	7590	5822	5559	1493	1513	149,5
	6	1720	1185	12802	10163	9768	4634	4716	167,2
	7	1720	600	10366	8240	7890	3053	3167	176,2
	8	1720	—	7704	6116	5839	1520	1660	183,7

*) Lebendgewichtskorrektur: — 3,52 kcal/kg; mittleres Lebendgewicht: 143,9 kg

Auch in dieser dem Umfang nach größten Versuchsreihe bestätigt sich das aus den ersten beiden Versuchsreihen gewonnene Ergebnis, daß im Rahmen der Fehlergrenze solcher Versuche *die Beziehung zwischen Energiezufuhr (umsetzbare Energie) und Leistung (Nettoenergie) im Bereich der Fettmast linear verläuft*, daß also die vom Tier über den Erhaltungsbedarf hinaus aufgenommene Energie unabhängig von der Höhe der Zufuhr jeweils zu einem gleichbleibenden Prozentsatz für den Ansatz von Körpersubstanz, vornehmlich von Körperfett, verwertet wird. Die Anpassung der Meßwerte an die Gerade ist mit Ausnahme der bei Tier 8, bei dem die Streuung verhältnismäßig hoch liegt, als gut zu bezeichnen. Ebenfalls liegen die Korrelationskoeffizienten mit im Durchschnitt 0,996 sehr hoch, wie dies der nachfolgenden Zusammenstellung der Regressionsgleichungen zu entnehmen ist:

Tier	Regressionsgleichung	r	Lebendgew. korr. kcal/kg	mittl. Lebendgew. kg
5	y = 0,804 x −3471 ± 109;	0,997	−7,64	135,5
6	y = 0,729 x −2635 ± 118;	0,995	−7,56	132,2
7	y = 0,734 x −2632 ± 104;	0,996	−0,44	143,4
8	y = 0,752 x −2842 ± 174;	0,991	−1,99	122,3
9	y = 0,744 x −2765 ± 73;	0,998	−3,64	149,4
10	y = 0,794 x −3159 ± 87;	0,998	—8,98	143,5
11	y = 0,757 x −2873 ± 86;	0,998	−3,23	145,0
12	y = 0,795 x —2998 ± 97;	0,997	−3,52	143,9
im Mittel:	0,764 ± 0,0105 106	0,996		

Die durchschnittliche Streuung um die Gerade von 106 kcal entspricht etwa 2,5% des maximalen energetischen Ansatzes der Tiere in der Versuchsreihe. Der Verwertungskoeffizient der Gerste errechnet sich zu 76,4% ± 1,05.

4. *Der Produktionswert der Gerste*

Wie bereits in der Einleitung ausgeführt wurde, sollte durch die Versuchsreihen II und III als Nebenproblem der energetische Produktionswert der Gerste mit möglichst hoher Sicherung ermittelt werden. Aus Versuchsreihe II errechnet sich korrelativ ein Verwertungskoeffizient der umsetzbaren Energie zur Nettoenergie von 79,5% ± 1,08 und aus Versuchsreihe III 76,4% ± 1,05. Die statistische Prüfung (t-Test) ergibt weder zwischen den Tieren noch zwischen den Versuchsreihen eine gesicherte Differenz, so daß beide Versuchsreihen gemeinsam behandelt werden können. Aus der korrelativen Auswertung beider Versuchsreichen errechnet sich die Verwertung der Gerste zu 77,3% ± 0,91. Der mittlere Verwertungskoeffizient ist demnach zu 98,8% gesichert.

In Anlehnung an die beabsichtigte Bestimmung des energetischen Produktionswertes der Futterstoffe durch das Differenzverfahren besteht auch bei der vorliegenden Versuchsanordnung die Möglichkeit, die Verwertungskoeffizienten der Gerste durch Differenzbildung der umsetzbaren Energie und der Energiebilanz der Zulageperioden gegen die entsprechenden Werte der die Zulageperioden einschließenden Grundfutterperioden zu berechnen. In der folgenden Tabelle 13 sind die durch Differenzbildung gewonnenen Verwertungskoeffizienten getrennt nach der Zulagenhöhe für die einzelnen Tiere zusammengestellt:

Tabelle 13. *Verwertungskoeffizienten der Gerste, errechnet nach dem vollständigen Differenzverfahren*

	Versuchsreihe II; Gerstenzulage	
Tier	500 g	1000 g
2	82,3	74,3
3	67,2	82,0
4	76,4	77,2
in Mittel:	75,3 ± 4.39	77,8 ± 2,25

Fortsetzung Tabelle 13

	Versuchsreihe III; Gerstenzulage			
Tier	400 g	600 g	800 g	1200 g
5	96,7	77,3	74,3	80,2
6	92,2	75,1	70,5	71,6
7	62,5	63,7	74,8	73,9
8	80,6	63,3	78,3	70,5
9	75,7	71,3	72,9	74,4
10	86,3	74,4	81,8	76,9
11	75,4	79,1	80,3	72,9
12	83,4	71,7	84,5	77,0
in Mittel:	81,6 ± 3,79	72,0 ± 2,07	77,2 ± 1,71	74,7 ± 1,13

Aus der Zusammenstellung ist ersichtlich, daß sich im Rahmen der Fehlergrenze keine Abhängigkeit zwischen der Höhe der Zulage und der Verwertungshöhe ergibt, daß aber die Streuung mit Erhöhung der Zulage, d. h. der Erzielung einer größeren Differenz der Energiebilanz zwischen Grundfutter- und Zulagenperiode, sich stark erniedrigt und daß bei einer Zulagenhöhe von 1000 bis 1200 g Trockenmasse mit 4–6 Paralleltieren die angestrebte Sicherung des energetischen Produktionswertes mit 95% erreicht werden kann.

Als gewogenes Gesamtmittel errechnet sich der *Verwertungskoeffizient der Gerste nach dem Differenzverfahren* zu 76,8% und stimmt mit dem auf korrelativem Wege abgeleiteten Werte von 77,3% praktisch vollständig überein.

Von FINGERLING[1] und KNIBBE[3] wurde die Verwertung der Gerste beim Schwein unter analogen Versuchsbedingungen bestimmt, wobei verschiedene Gerstensorten zur Untersuchung kamen. FINGERLING fand in den an 2 Tieren durchgeführten Versuchen einen mittleren Verwertungskoeffizienten von 87,7%. Die Höhe der Zulage betrug bei seinen Versuchen nur 200 g. Demzufolge ist die ermittelte Verwertungshöhe nicht als gesichert anzusehen.

KNIBBE verglich in seinem Gesamtsoffwechselversuchen den energetischen Produktionswerte von Wintergerste, Sommergerste und Nacktgerste. Die Zulagenhöhe betrug 500 g Lufttrockensubstanz. Von den jeweils 4 geplanten Versuchen wurden bei Sommer- und Wintergerste je 2 Versuche bei der Auswertung ausgeschaltet. Die Verwertung der umsetzbaren Energie zum Ansatz bestimmte er für die 3 Gerstensorten zu:

Wintergerste	81,3% ± 4,40
Sommergerste	84,4% ± 3,70
Nacktgerste	80,0% ± 1,23

Zwischen den Sorten ergaben sich demnach keine gesicherten Unterschiede im Verwertungsvermögen. Gegenüber den eigenen Versuchen liegt die von KNIBBE gefundene Verwertung um 3 bis 9% höher, ohne daß sich statistisch eine signifikante Differenz zwischen den einzelnen Mittelwerten ableiten läßt. Auf Grund des wesentlich größeren Versuchsmaterials kommt dem in den eigenen Versuchen ermittelten energetischen Produktionswert der Gerste eine wesentlich höhere Sicherung zu.

Zur Beurteilung des energetischen Leistungsvermögens der verfütterten Gerste sind in der folgenden Tabelle 14 die aus sämtlichen Zulageperioden nach dem Differenzverfahren errechneten Mittelwerte für die verdauliche Energie und die Nettoenergie und die umsetzbare Energie in Prozent der Bruttoenergie für die einzelnen Tiere zusammengestellt:

Tabelle 14. *Verdauliche Energie, umsetzbare Energie und Nettoenergie der Gerste in % der Bruttoenergie*

Tier	Brutto-energie	verdl. Energie	umsetzb. Energie	Nettoenergie Differenz-verfahren	Nettoenergie Korrelations-rechnung
2	100,0	82,5	80,3	63,9	63,6
3	100,0	84,1	82,8	61,8	67,5
4	100,0	79,9	76,8	59,0	59,8
5	100,0	79,8	78,0	64,0	62,7
6	100,0	78,7	76,7	59,3	55,9
7	100,0	78,1	75,8	52,1	55,6
8	100,0	78,5	76,7	56,1	57,7
9	100,0	79,9	76,9	56,6	57,2
10	100,0	79,5	78,1	62,3	62,0
11	100,0	80,6	79,0	60,8	59,8
12	100,0	81,0	78,8	62,3	62,6
im Mittel:	100,0	80,2 ± 0,54	78,2 ± 0,61	59,8 ± 1,11	60,4 ± 1,11

Demnach sind von der mit Gerste zugeführten Energie 80,2% verdaulich, 78,2% umsetzbar und 60% werden vom Tier angesetzt. Die Streuung der Mittelwerte nimmt erwartungsgemäß von der verdaulichen Energie über die umsetzbare Energie zur Nettoenergie hin zu.

Die Bruttoenergie der Gerste wurde im Durchschnitt zu 4377 kcal/kg Trockensubstanz bestimmt. Somit bewirken 1 kg Trockensubstanz einen Ansatz von 2626 kcal. Bezogen auf 1 kg verdauliche organische Substanz errechnet sich der Ansatzwert der Gerste zu 3156 kcal.

Abschließend soll der ermittelte Produktionswert der Gerste mit dem aus dem Gehalt an verdaulichen Nährstoffen (s. S. 286) mit Hilfe der von FINGERLING angegebenen Energiefaktoren zu errechnenden Wert verglichen werden:

6,52% verdauliches Rohprotein	× 3,41 kcal	=	22,2 kcal
1,01% verdauliches Rohfett	× 8,36 kcal	=	8,4 kcal
2,08% verdauliche Rohfaser	× 2,36 kcal	=	4,9 kcal
71,58% verdauliches NFE	× 3,45 kcal	=	247,0 kcal
Aus den verdauten Nährstoffen berechnet:			282,5 kcal
In den Tierversuchen gefunden:			262,6 kcal

Der im Tierversuch bestimmte energetische Produktionswert der Gerste liegt um 7% niedriger als der errechnete. Es sei hier darauf hingewiesen, daß sich auch für die erste Versuchsreihe, in der die Gesamtration (s. S. 288) zugelegt wurde, zwischen dem aus dem Gehalt an verdaulichen Nährstoffen errechneten Wert (3010 kcal/kg Trockensubstanz) und dem im Tierversuch gefundenen Mittelwert (2663 kcal/kg Trockensubstanz) eine Abweichung von 347 kcal/kg Trokkensubstanz entsprechend −11,5% ergibt.

Zusammenfassung

In 3 Versuchsreihen mit insgesamt 132 Gesamtstoffwechselversuchen an 18 Schweinen wurden die Beziehungen zwischen der Zufuhr an umsetzbarer Energie und der Höhe der Nettoenergie im Bereich der Fettmast „ausgewachsener" Tiere untersucht. In der ersten Versuchsreihe wurde eine gemischte Ration in verschiedener Höhe zugelegt, in den beiden anderen Versuchsreihen wurde Gerste in Gaben bis zu 1,2 kg als Zulage zu einem Grundfutter gegeben.

Analog unseren früheren Versuchen mit Kaninchen und Ratten [4] erbrachten auch die Versuche mit Schweinen als wichtigstes Ergebnis der vorliegenden Untersuchungen, daß im Ernährungsabschnitt der Mast bei biostatistischer Sicherung die Beziehung zwischen Energiezufuhr (umsetzbare Energie) und Leistung (Nettoenergie) bei guter Anpassung aller Einzelmeßwerte eine Gerade ergibt, daß also die vom Tier über den Erhaltungsbedarf hinaus aufgenommene Energie unabhängig von der Höhe der Zufuhr jeweils zu einem gleichbleibenden Prozentsatz für den Ansatz von Körpersubstanz, vornehmlich von Körperfett, verwertet wird. Damit ist die Anwendung des Differenzverfahrens zur Bestimmung des energetischen Produktionswertes von Futterstoffen voll gerechtfertigt.

Aus den Zulagenversuchen mit Gerste ergab sich bei einer Verdaulichkeit der organischen Substanz von 83,2%, einer Verdaulichkeit der Energie von 80,2% ± 0,54 und bei einer umsetzbaren Energie von 97,7% der verdaulichen Energie die Verwertung der umsetzbaren Energie zu 77,3% ± 0,91. Die Nettoenergie von 1 kg Gerstentrockensubstanz errechnet sich zu 2626 kcal.

Die biostatistische und fehlerkritische Auswertung des Versuchsmaterials führte weiterhin zu den Schlußfolgerungen, daß

1. für zukünftige Versuchsplanungen im Hinblick auf die Bestimmung des energetischen Produktionswertes von Futterstoffen wenigstens 3–4 Grundfutterperioden in eine Versuchsreihe einzuschalten sind, damit wegen der in den vorliegenden Untersuchungen beobachteten starken Variation des energetischen Mehrbedarfs für den Lebendgewichtszuwachs die Möglichkeit der Berechnung der individuellen Korrekturwerte für den Lebendgewichtszuwachs auf korrelativem Wege besteht,

2. analog den Befunden bei Kleintieren die erreichte apparative und analytische Genauigkeit als ausreichend zu betrachten ist, da eine Verfeinerung dieser Genauigkeit die Sicherheit der Einzelmessung auf Grund der Größe der biologischen Variationsstreuung praktisch nicht erhöhen wird,

3. bei Verwendung des Differenzverfahrens zur Bestimmung des energetischen Produktionswertes von Futterstoffen mit 4–6 Paralleltieren bei einer Zulagenhöhe an verdaulicher Energie von mindestens 40–50% der des Grundfutters gearbeitet werden muß, falls der resultierende Mittelwert mit wenigstens 95% gesichert sein soll,

4. im untersuchten Bereich der Fettmast „ausgewachsener" Tiere keine gesicherten Differenzen in der Verwertungshöhe zwischen Paralleltieren nachweisbar waren, wie es auch aus den früheren Versuchen mit Kleintieren [4] festgestellt werden konnte.

Literaturverzeichnis

[1] FINGERLING, G.: Der Stärkewert des Gerstenschrotes. Die Landw. Versuchsstationen **116**, 1, 1933.

[2] HOFFMANN, L.: Zur Berechnung der Wärmeproduktion und zur Kontrolle eines Gesamtstoffwechselversuchs über das Gesetz der Erhaltung der Energie. Wiss. Abh. DAL, Berlin, Nr. 37, 83, 1958.

[3] KNIBBE, R.: Der Stärkewert der Nacktgerste im Vergleich zu bespelzter Gerste beim Schwein. Die landw. Versuchsstationen **117**, 131, 1933.

[4] NEHRING, K., L. HOFFMANN und R. SCHIEMANN: Die Verwertung der Futterenergie in Abhängigkeit vom Ernährungsniveau. 1. Mitt. Versuche mit Kaninchen und Ratten. Arch. Tierernähr. **9**, 85, 1959.

[5] NEHRING, K., R. SCHIEMANN, L. HOFFMANN und M. SCHMIDT: Über den apparativen Aufbau von Respirationsanlagen für Rinder, Schweine und Schafe im Rahmen des Neubaues des Oskar-Kellner-Instituts für Tierernährung Rostock. Wiss. Abh. DAL **37**, 34, 1958.

Eingegangen am 9. 3. 1960

Zahlenanhang

der Gesamtstoffwechselversuche

mit Schweinen

Tier		I		I		I		I	
Periode		1		2		3		4	
Vorfütterung		22. 9.— 1. 10. 57		19. 10.—29. 10. 57		16. 11.—26. 11. 57		27. 12.— 7. 1. 58	
Versuch		2. 10.—18. 10. 57		30. 10.—15. 11. 57		27. 11.—13. 12. 57		8. 1.—24. 1. 58	
Lebendgewicht	kg	104,6		118,3		123,7		138,1	
CO_2 1		683 ± 10		885 ± 11		749 ± 72		983 ± 12	
O_2 1		699 ± 2		846 ± 9		767 ± 62		945 ± 11	
	g N	22,3		31,4		24,0		36,3	
Harn	g C	21,7		29,1		22,9		31,6	
	kcal	213		325		254		366	
		Ration	Kot	Ration	Kot	Ration	Kot	Ration	Kot
Trockensubstanz	g	1331	235	1851	298	1331	234,7	2112	319,3
Org. Substanz	g	1251,9	179,1	1751,8	237,6	1251,9	182,8	2001,7	252,9
Rohasche	g	78,7	55,5	99,5	60,7	78,7	51,9	109,8	66,5
Rohprotein	g	239,8	41,2	335,1	46,2	239,8	39,8	382,8	49,7
Rohfett	g	48,7	6,6	68,1	10,7	48,7	6,3	77,8	17,0
Rohfaser	g	45,6	31,4	63,8	48,9	45,6	36,2	72,9	52,0
NFE	g	917,9	100,0	1284,7	131,7	917,9	100,5	1468,2	134,2
N	g	38,4	5,8	53,6	7,4	38,4	6,1	61,3	8,7
C	g	597,5	97,3	835,5	125,7	597,5	97,4	954,2	136,0
	kcal	5887	995	8238	1291	5887	1008	9413	1405

Tier		I		I		I		I	
Periode		5		6		7		8	
Vorfütterung		27. 1.— 4. 2. 58		23. 2.— 4. 3. 58		28. 3.— 8. 4. 58		18. 5. —27. 5 58	
Versuch		5. 2.—21. 2. 58		5. 3.—21. 3. 58		9. 4.—25. 4. 58		28. 5.—13. 6. 58	
Lebendgewicht	kg	142,3		152,2		163,2		175,3	
CO_2 1		820 ± 10		944 ± 3		1032 ± 16		914 ± 17	
O_2 1		843 ± 8		932 ± 16		989 ± 17		937 ± 20	
	g N	27,4		35,8		40,3		31,5	
Harn	g C	26,7		32,6		34,4		28,2	
	kcal	276		369		391		318	
		Ration	Kot	Ration	Kot	Ration	Kot	Ration	Kot
Trockensubstanz	g	1531	221	1832	317	2132	311	1531	247
Org. Substanz	g	1444,6	169,3	1733,1	249,9	2021,6	242,9	1444,6	183,8
Rohasche	g	86,5	51,9	98,4	67,3	110,3	68,4	86,5	63,1
Rohprotein	g	277,8	37,9	333,0	55,7	388,3	53,3	277,8	43,2
Rohfett	g	56,5	5,4	67,7	10,1	79,0	12,1	56,5	7,3
Rohfaser	g	53,2	31,2	63,9	50,8	74,6	44,4	53,2	35,3
NFE	g	1057,2	94,7	1268,5	133,2	1479,7	133,1	1057,2	98,1
N	g	44,4	6,3	53,3	7,5	964,9	131,4	44,4	6,2
C	g	690,1	92,0	827,5	134,7	62,1	9,2	689,9	100,4
	kcal	6688	945	8043	1390	9399	1359	6688	1050

Tier		II		II		II		II	
Periode		1		2		3		4	
Vorfütterung		22. 9.— 1. 10. 57		19. 10.—29. 10. 57		16. 11.—26. 11. 57		27. 12.— 7. 1. 58	
Versuch		2. 10.—18. 10. 57		30. 10.—15. 11. 57		27. 11.—13. 12. 57		8. 1.—24. 1. 58	
Lebendgewicht	kg	101,5		117, 4		122,1		140,8	
CO_2 1		658 ± 8		872 ± 14		793 ± 57		970 ± 12	
O_2 1		651 ± 5		818±25		803 ± 64		941 ± 16	
	g N	23,3		33,6		27,0		36,5	
Harn	g C	24,0		30,2		25,2		32,7	
	kcal	207		331		279		379	
		Ration	Kot	Ration	Kot	Ration	Kot	Ration	Kot
Trockensubstanz	g	1331	230	1851	266	1331	220	2112	317
Org. Substanz	g	1251,9	176,3	1751,8	208,0	1251,9	166,5	2001,7	243,9
Rohasche	g	78,7	53,4	99,5	58,2	78,7	53,3	109,8	73,1
Rohprotein	g	239,8	40,5	335,1	44,1	239,8	35,6	382,8	52,5
Rohfett	g	48,7	6,9	68,1	6,8	48,7	4,6	77,8	10,3
Rohfaser	g	45,6	33,2	63,8	41,6	45,6	33,6	72,9	49,8
NFE	g	917,9	95,8	1284,7	115,5	917,9	92,7	1468,2	131,4
N	g	38,4	5,9	53,6	7,3	38,4	6,0	61,3	8,0
C	g	597,5	96,5	835,6	113,2	597,5	89,6	954,2	131,7
	kcal	5887	980	8238	1152	5887	929	9413	1356
Tier		II		II		II		II	
Periode		5		6		7		8	
Vorfütterung		27. 1.— 4. 2. 58		23. 2.— 4. 3. 58		28. 3.— 8. 4. 58		18. 5.—27. 5. 58	
Versuch		5. 2.—21. 2. 58		5. 3.—21. 3. 58		9. 4.—25. 4. 58		28. 5.—13. 6. 58	
Lebendgewicht	kg	145,1		152,5		166,3		177,6	
CO_2 1		838 ± 18		937 ± 8		1016 ± 9		850 ± 9	
O_2 1		832 ± 14		903 ± 12		968 ± 12		860 ± 9	
	g N	30,2		35,4		40,0		30,7	
Harn	g C	29,2		33,3		36,8		28,7	
	kcal	300		358		366		320	
		Ration	Kot	Ration	Kot	Ration	Kot	Ration	Kot
Trockensubstanz	g	1531	224	1832	280	2132	303	1531	221
Org. Substanz	g	1444,6	169,5	1733,1	214,4	2021,6	234,9	1444,6	164,7
Rohasche	g	86,5	54,3	98,4	65,5	110,3	68,2	86,5	55,9
Rohprotein	g	277,8	35,8	333,0	46,2	388,3	55,3	277,8	38,6
Rohfett	g	56,5	5,0	67,7	7,4	79,0	9,9	56,5	6,1
Rohfaser	g	53,2	34,9	63,9	43,2	74,6	41,5	53,2	31,5
NFE	g	1057,2	93,8	1268,5	117,6	1479,7	128,2	1057,2	88,6
N	g	44,4	6,1	53,3	7,2	62,1	8,8	44,4	5,5
C	g	690,1	91,6	827,5	115,8	964,9	127,2	689,9	89,8
	kcal	6688	948	8043	1200	9399	1329	6688	935

Tier		III		III		III		III	
Periode		1		2		3		4	
Vorfütterung		22. 9.— 1. 10. 57		19. 10.—29. 10. 57		16. 11.—26. 11. 57		27. 12.— 7. 1. 58	
Versuch		2. 10.—18. 10. 57		30. 10.—15. 11. 57		27. 11.—13. 12. 57		8. 1.—24. 1. 58	
Lebendgewicht	kg	100,0		112,3		119,4		133,2	
CO_2 1		686 ± 9		899 ± 6		660 ± 75		993 ± 14	
O_2 1		703 ± 16		878 ± 15		673 ± 76		935 ± 15	
	g N	19,1		31,3		26,4		40,1	
Harn	g C	22,7		30,6		27,4		35,5	
	kcal	184		322		304		411	
		Ration	Kot	Ration	Kot	Ration	Kot	Ration	Kot
Trockensubstanz	g	1331	176	1851	220	1331	205	2112	273
Org. Substanz	g	1251,9	134,4	1751,8	171,7	1251,9	154,8	2001,7	210,1
Rohasche	g	78,7	42,0	99,5	48,8	78,7	49,9	109,8	62,8
Rohprotein	g	239,8	28,2	335,1	37,3	239,8	32,5	382,8	45,0
Rohfett	g	48,7	5,0	68,1	6,7	48,7	5,4	77,8	9,6
Rohfaser	g	45,6	24,6	63,8	34,7	45,6	28,9	72,9	45,4
NFE	g	117,9	76,6	1284,7	93,0	917,9	87,9	1468,2	110,1
N	g	38,4	4,7	53,6	5,9	38,4	4,8	61,3	8,2
C	g	597,5	73,2	835,5	93,5	597,5	84,6	954,2	113,9
	kcal	5887	757	8238	964	5887	879	9413	1170

Tier		III		III		III		III	
Periode		5		6		7		8	
Vorfütterung		27. 1.— 4. 2. 58		23. 2.— 4. 3. 58		28. 3.— 8. 4. 58		18. 5.—27. 5. 58	
Versuch		5. 2.—21. 2. 58		5. 3.—21. 3. 58		9. 4.—25. 4. 58		28. 5.—13. 6. 58	
Lebendgewicht	kg	138,2		147,6		158,7		168,3	
CO_2 1		818 ± 8		933 ± 24		1078 ± 11		893 ± 9	
O_2 1		820 ± 8		927 ± 15		1037 ± 10		908 ± 11	
	g N	29,5		35,0		39,0		28,2	
Harn	g C	27,4		32,9		35,8		26,6	
	kcal	289		356		351		307	
		Ration	Kot	Ration	Kot	Ration	Kot	Ration	Kot
Trockensubstanz	g	1531	237	1832	270	2132	281	1531	222
Org. Substanz	g	1444,6	176,7	1733,1	207,0	2021,6	213,0	1444,6	165,8
Rohasche	g	86,5	60,0	98,4	63,0	110,3	67,6	86,5	56,5
Rohprotein	g	277,8	37,4	333,0	41,2	388,3	50,9	277,8	39,0
Rohfett	g	56,5	4,7	67,7	9,4	79,0	8,4	56,5	6,5
Rohfaser	g	53,2	35,7	63,9	41,3	74,6	38,1	53,2	31,5
NFE	g	1057,2	98,8	1268,5	115,1	1479,7	115,6	1057,2	88,7
N	g	44,4	6,6	53,3	6,0	62,1	7,8	44,4	5,5
C	g	690,1	97,1	827,5	113,8	964,9	116,6	689,9	90,3
	kcal	6688	994	8043	1175	9399	1222	6688	944

Tier		IV		IV		IV		IV	
Periode		1		2		3		4	
Vorfütterung		5. 10.—15. 10. 57		2. 11.—12. 11. 57		1. 12.—10. 12. 57		10. 1.—21. 1. 58	
Versuch		16. 10.— 1. 11. 57		13. 11.—29. 11. 57		11. 12.—27. 12. 57		22. 1.—7. 2. 58	
Lebendgewicht	kg	98,7		110,6		115,9		133,9	
CO_2 1		645 ± 10		830 ± 9		670 ± 5		955 ± 13	
O_2 1		635±10		766 ± 7		665 ± 8		883 ± 11	
Harn	g N	21,5		33,9		27,3		39,3	
	g C	21,3		30,1		23,6		33,6	
	kcal	196		338		254		371	
		Ration	Kot	Ration	Kot	Ration	Kot	Ration	Kot
Trockensubstanz	g	1331	190	1851	281	1331	201	2112	299
Org. Substanz	g	1251,9	148,7	1751,8	220,5	1251,9	151,3	2001,7	236,8
Rohasche	g	78,7	41,3	99,5	60,2	78,7	49,2	109,8	62,1
Rohprotein	g	239,8	31,2	335,1	43,2	239,8	31,5	382,8	46,2
Rohfett	g	48,7	6,2	68,1	8,1	48,7	6,9	77,8	8,3
Rohfaser	g	45,6	28,7	63,8	44,9	45,6	28,5	72,9	48,8
NFE	g	917,9	82,6	1248,7	124,3	917,9	84,5	1468,2	133,6
N	g	38,4	5,4	53,6	6,9	38,4	4,9	61,3	8,2
C	g	597,5	79,3	835,5	116,9	597,5	81,6	954,2	124,8
	kcal	5887	808	8238	1206	5887	838	9413	1296
Tier		IV		IV		IV		IV	
Periode		5		6		7		8	
Vorfütterung		9. 2.—18. 2. 58		9. 3.—18. 3. 58		11. 4.—22. 4. 58		1. 6.—10. 6. 58	
Versuch		19. 2.— 7. 3. 58		19. 3.— 4. 4. 58		23. 4.— 9. 5. 58		11. 6.—27. 6. 58	
Lebendgewicht	kg	141,2		150,6		164,8		178,3	
CO_2 1		772 ± 8		882 ± 6		998 ± 10		886 ± 16	
O_2 1		759 ± 10		834 ± 8		941 ± 17		893 ± 15	
Harn	g N	31,4		32,6		43,3		31,7	
	g C	26,8		28,3		35,6		28,1	
	kcal	297		315		405		263	
		Ration	Kot	Ration	Kot	Ration	Kot	Ration	Kot
Trockensubstanz	g	1531	223	1832	265	2132	304	1531	239
Org. Substanz	g	1444,6	170,3	1733,1	204,1	2021,6	239,6	1444,6	177,0
Rohasche	g	86,5	52,9	98,4	60,8	110,3	64,0	86,5	62,2
Rohprotein	g	277,8	36,9	333,0	44,0	388,3	50,1	277,8	45,0
Rohfett	g	56,5	5,5	67,7	7,5	79,0	10,3	56,5	5,9
Rohfaser	g	53,2	34,6	63,9	37,9	74,6	47,6	53,2	30,4
NFE	g	1057,2	93,2	1268,5	114,7	1479,7	131,6	1057,2	95,7
N	g	44,4	5,5	53,3	7,0	62,1	8,1	44,4	5,7
C	g	690,1	92,4	827,5	110,0	964,9	127,7	689,9	95,3
	kcal	6688	948	8043	1138	9399	1323	6688	1001

Tier		V		V		V		V	
Periode		1		2		3		4	
Vorfütterung		5. 10.—15. 10. 57		2. 11.—12. 11. 57		1. 12.—10. 12. 57		10. 1.—21. 1. 58	
Versuch		16. 10.— 1. 11. 57		13. 11.—29. 11. 57		11. 12.—27. 12. 57		22. 1.— 7. 2. 58	
Lebendgewicht	kg	101,3		113,5		117,5		134,3	
CO_2 1		663 ± 8		869 ± 12		709 ± 7		956 ± 7	
O_2 1		670 ± 3		817 ± 10		711 ± 4		917 ± 17	
	g N	21,5		31,8		23,7		38,4	
Harn	g C	21,8		29,1		23,2		33,5	
	kcal	189		318		233		376	
		Ration	Kot	Ration	Kot	Ration	Kot	Ration	Kot
Trockensubstanz	g	1331	234	1851	290	1331	201	2112,0	286
Org. Substanz	g	1251,9	183,5	1751,8	229,9	1251,9	155,0	2001,7	225,3
Rohasche	g	78,7	50,9	99,5	60,3	78,7	45,9	109,8	60,3
Rohprotein	g	239,8	40,6	335,1	49,5	239,8	34,4	382,8	49,5
Rohfett	g	48,7	5,9	68,1	6,0	48,7	5,9	77,8	8,6
Rohfaser	g	45,6	35,1	63,8	44,9	45,6	29,8	72,9	43,2
NFE	g	917,9	101,9	1284,7	129,5	917,9	85,0	1468,2	124,1
N	g	38,4	6,7	53,6	7,8	38,4	5,0	61,3	8,5
C	g	597,5	97,6	835,5	121,8	597,5	83,3	954,2	123,2
	kcal	5887	993	8238	1240	5887	856	9413	1237
Tier		V		V		V		V	
Periode		5		6		7		8	
Vorfütterung		9. 2.—18. 2. 58		9. 3.—18. 3. 58		11. 4.—22. 4. 58		1. 6.—10. 6. 58	
Versuch		19. 2.— 7. 3. 58		19. 3.— 4. 4. 58		23. 4.— 9. 5. 58		11. 6.—27. 6. 58	
Lebendgewicht	kg	140,5		148,1		158,8		169,8	
CO_2 1		826 ± 14		968 ± 13		1042 ± 9		903 ± 15	
O_2 1		840 ± 16		952 ± 10		1032 ± 7		927 ± 12	
	g N	30,5		31,6		40,9		28,0	
Harn	g C	28,9		27,8		34,8		25,4	
	kcal	315		314		397		229	
		Ration	Kot	Ration	Kot	Ration	Kot	Ration	Kot
Trockensubstanz	g	1531	226	1832	261	2132	321	1531	226
Org. Substanz	g	1444,6	174,3	1733,1	204,7	2021,6	248,1	1444,6	167,1
Rohasche	g	86,5	51,7	98,4	56,4	110,3	72,6	86,5	58,6
Rohprotein	g	277,8	37,6	333,0	45,4	388,3	61,1	277,8	42,2
Rohfett	g	56,5	7,0	67,7	7,7	79,0	13,5	56,5	5,5
Rohfaser	g	53,2	34,7	63,9	40,6	74,6	43,4	53,2	30,1
NFE	g	1057,2	95,1	1268,5	111,1	1479,7	130,2	1057,2	89,3
N	g	44,4	5,9	53,3	7,5	62,1	8,3	44,4	6,1
C	g	690,1	94,3	827,5	110,6	964,9	134,8	689,9	90,0
	kcal	6688	972	8043	1140	9399	1422	6688	950

Tier		VI		VI		VI		VI	
Periode		1		2		3		4	
Vorfütterung		5. 10.—15. 10. 57		2. 11.—12. 11. 57		1. 12.—10. 12. 57		10. 1.—21. 1. 58	
Versuch		16. 10.— 1. 11. 57		13. 11.—29. 11. 57		11. 12.—27. 12. 57		22. 1.— 7. 2. 58	
Lebendgewicht	kg	102,3		115,5		119,9		134,8	
CO_2 1		670 ± 6		853 ± 15		675 ± 7		952 ± 14	
O_2 1		675 ± 9		801 ± 8		673 ± 9		929 ± 10	
Harn	g N	20,6		33,8		25,0		37,9	
	g C	22,2		30,4		22,5		33,7	
	kcal	209		332		239		376	
		Ration	Kot	Ration	Kot	Ration	Kot	Ration	Kot
Trockensubstanz	g	1331	229	1851	283	1331	197	2112	305
Org. Substanz	g	1251,9	179,3	1751,8	217,8	1251,9	148,7	2001,7	242,5
Rohasche	g	78,7	49,7	99,5	65,0	78,7	48,7	109,8	62,2
Rohprotein	g	239,8	38,6	335,1	45,4	239,8	33,2	382,8	48,4
Rohfett	g	48,7	6,6	68,1	8,1	48,7	4,4	77,8	8,5
Rohfaser	g	45,6	34,4	63,8	42,4	45,6	28,5	72,9	49,2
NFE	g	917,9	99,6	1284,7	121,9	917,9	82,6	1468,2	136,4
N	g	38,4	6,3	53,6	7,5	38,4	5,0	61,3	8,3
C	g	597,5	96,1	835,5	117,0	597,5	80,8	954,2	130,8
	kcal	5887	983	8238	1210	5887	832	9412,8	1327,4
Tier		VI		VI		VI		VI	
Periode		5		6		7		8	
Vorfütterung		9. 2.—18. 2. 58		9. 3.—18. 3. 58		11. 4.—22. 4. 58		1. 6.—10. 6. 58	
Versuch		19. 2.— 7. 3. 58		19. 3.— 4. 4. 58		23. 4.— 9. 5. 58		11. 6.—27. 6. 58	
Lebendgewicht	kg	143,5		152,7		166,4		178,3	
CO_2 1		796 ± 9		948 ± 17		985 ± 18		863 ± 8	
O_2 1		790 ± 4		909 ± 18		946 ± 16		875 ± 12	
Harn	g N	28,1		32,4		40,3		30,6	
	g C	27,2		28,7		33,2		27,0	
	kcal	294		324		376		240	
		Ration	Kot	Ration	Kot	Ration	Kot	Ration	Kot
Trockensubstanz	g	1531	213	1832	250	2132	305	1531	213
Org. Substanz	g	1444,6	161,0	1733,1	194,5	2021,6	233,1	1444,6	157,9
Rohasche	g	86,5	51,9	98,4	55,9	110,3	71,8	86,5	55,4
Rohprotein	g	277,8	35,4	333,0	42,6	388,3	55,8	277,8	39,3
Rohfett	g	56,5	4,7	67,7	6,4	79,0	11,6	56,5	6,1
Rohfaser	g	53,2	32,5	63,9	38,5	74,6	41,8	53,2	27,5
NFE	g	1057,2	88,4	1268,5	107,2	1479,7	124,0	1057,2	85,0
N	g	44,5	4,6	53,3	6,6	62,1	8,1	44,4	5,9
C	g	690,1	87,9	827,5	106,3	964,9	126,2	689,9	84,9
	kcal	6688	915	8043	1105	9399	1328	6688	892

Tier		1		1			1		1		
Periode		1		2			3		4		
Vorfütterung		7. 3.—16. 3. 58		31. 3.— 9. 4. 58			24. 4.— 4. 5. 58		12. 6.—22. 6. 58		
Versuch		17. 3.—30. 3. 58		10. 4.—23. 4 58			5. 5.—18. 5. 58		23. 6.— 6. 7. 58		
Lebendgewicht	kg	122,3		134,9			138,8		164,1		
CO_2 1		877 ± 3		989,9			887 ± 7		1199 ± 21		
O_2 1		853 ± 5		893,9			880 ± 6		1098 ± 23		
	g N	27,8		29,8			30,1		26,8		
Harn	g C	21,8		21,4			21,1		22,4		
	kcal	192		270			204		200		
		GF	Kot	GF	Zul.	Kot	GF	Kot	GF	Zul.	Kot
Trockensubstanz	g	1730	391	1730	500	478	1728	383	1730	1000	585
Org. Subsstanz	g	1628,8	337,7	1628,8	486,2	415,4	1626,9	326,1	1626,1	972,3	504,5
Rohasche	g	101,2	53,3	101,2	13,9	62,6	101,1	56,9	103,9	27,7	80,5
Rohprotein	g	265,4	50,4	265,4	45,0	58,6	265,1	47,9	261,9	89,9	82,3
Rohfett	g	53,0	8,3	53,0	9,7	11,9	53,0	4,2	50,6	19,4	10,9
Rohfaser	g	145,7	104,8	145,7	33,2	142,8	145,5	106,1	146,1	66,3	153,8
NFE	g	1164,9	174,2	1164,9	398,4	202,1	1163,6	167,9	1167,4	796,7	257,5
N	g	43,0	8,1	43,0	7,2	9,4	43,0	7,7	42,3	14.4	13,2
C	g	785,1	174,1	785,7	227,7	214,2	784,7	167,0	777,7	455,3	261,4
	kcal	7695	1719	7695	2205	2152	7686	1660	7659	4410	2638

Tier		1		
Periode		6		
Vorfütterung		23. 7.— 4. 8. 58		
Versuch		5. 8.—17. 8. 58		
Lebendgewicht	kg	174,7		
CO_2 1		1112 ± 11		
O_2 1		1111 ± 13		
	g N	27,9		
Harn	g C	19,4		
	kcal	186		
		GF	Zul.	Kot
Trockensubstanz	g	1720	500	473
Org. Subsstanz	g	1629,8	485,8	402,1
Rohasche	g	90,3	14,3	70,9
Rohprotein	g	262,5	43,2	60,6
Rohfett	g	37,2	9,5	22,7
Rohfaser	g	155,4	42,7	122,6
NFE	g	1174,7	390,4	196,2
N	g	42,1	6,9	9,7
C	g	771,3	224,9	211,5
	kcal	7641	2184	2155

Tier		2		2			2		2		
Periode		1		2			3		4		
Vorfütterung		7. 3.—16. 3. 58		31. 3.— 9. 4. 58			24. 4.— 4. 5. 58		19. 5.—28. 5. 58		
Versuch		17. 3.—30. 3. 58		10. 4.—23. 4 58			5. 5.—18. 5. 58		29. 5.—11. 6. 58		
Lebendgewicht	kg	117,7		130,7			135,4		151,6		
CO_2 1		902 ± 8		981 ± 6			867 ± 4		1161 ± 10		
O_2 1		877 ± 9		893 ± 6			857 ± 5		1034 ± 11		
Harn	g N	25,3		25,8			21,9		30,9		
	g C	20,0		22,7			18,1		26,5		
	kcal	222		255			162		239		
		GF	Kot	GF	Zul.	Kot	GF	Kot	GF	Zul.	Kot
Trockensubstanz	g	1730	375	1730	498	438	1730	365	1730	996	548
Org. Subsstanz	g	1628,8	324,9	1628,8	484,2	378,2	1628,8	316,5	1626,1	968,4	475,7
Rohasche	g	101,2	50,1	101,2	13,8	59,8	101,2	48,5	103,9	27,6	72,3
Rohprotein	g	265,4	57,2	265,4	44,8	49.3	265,4	41,3	261,9	89,5	68,2
Rohfett	g	53,0	9,9	53,0	9,7	15,5	53,0	4,2	50,6	19,3	10,1
Rohfaser	g	145,7	100,7	145,7	33,0	122,1	145,7	98,1	146,1	66,0	150,3
NFE	g	1164,9	157,1	1164,9	396,8	191,4	1164,9	173,0	1167,4	793,5	247,1
N	g	43,0	9,2	43,0	7,2	7,9	43,0	6,6	42,3	14,3	10,9
C	g	785,1	166,7	785,4	226,7	198,4	785,4	160,7	777,5	453,5	244,8
	kcal	7695	1659	7695	2196	1975	7695	1595	7659	4392	2445

Tier		2		2		
Periode		5		6		
Vorfütterung		12. 6.—22. 6. 58		23. 7.— 4. 8. 58		
Versuch		23. 6.— 6. 7. 58		5. 8.—17. 8. 58		
Lebendgewicht	kg	159,9		172,3		
CO_2 1		916 ± 15		1077 ± 14		
O_2 1		943 ± 26		1044 ± 17		
Harn	g N	18,3		25,8		
	g C	16,9		19,4		
	kcal	158		180		
		GF	Kot	GF	Zul.	Kot
Trockensubstanz	g	1728,2	381	1720	500	453
Org. Subsstanz	g	1624,4	329,4	1629,8	485,8	377,8
Rohasche	g	103,8	51,6	90,3	14,3	75,2
Rohprotein	g	261,6	48,6	262,5	43,2	60,6
Rohfett	g	50,6	5,6	37,2	9,5	29,0
Rohfaser	g	145,9	104,5	155,4	42,7	105,2
NFE	g	1166,2	170,7	1174,7	390,4	183,0
N	g	42,3	7,8	42,1	6,9	9,7
C	g	776,7	169,0	771,1	224,9	200,2
	kcal	7651	1697	7641	2184	2052

Tier		3		3			3		3		
Periode		1		2			3		4		
Vorfütterung		17. 3.—26. 3. 58		10. 4.—20. 4 58			5. 5.—14. 5. 58		29. 5.— 8. 6. 58		
Versuch		27. 3 — 9. 4. 58		21. 4.— 4. 5 58			15. 5.—28. 5. 58		9. 6.—22. 6. 58		
Lebendgewicht	kg	121,1		141,6			146,1		161,7		
CO_2 1		914 ± 7		1096 ± 9			955 ± 10		1236 ± 8		
O_2 1		921 ± 11		1027 ± 14			977 ± 10		1125 ± 6		
Harn	g N	26,1		26,8			26,9		31,4		
	g C	21,1		24,2			21,6		27,3		
	kcal	176		251			243		279		
		GF	Kot	GF	Zul.	Kot	GF	Kot	GF	Zul.	Kot
Trockensubstanz	g	1730	376	1730	500	432	1728	362	1730	1000	511
Org. Substanz	g	1628,8	318,8	1628,8	486,2	371,3	1626,9	306,5	1626,1	972,3	441,7
Rohasche	g	101,2	57,2	101,2	13,9	60,7	101,1	55,5	103,9	27,7	69,3
Rohprotein	g	265,4	46,3	265,4	45,0	54,8	265,1	48,4	261,9	89,9	68,0
Rohfett	g	53,0	14,3	53,0	9,7	10,4	53,0	6,2	50,6	19,4	10,0
Rohfaser	g	145,7	99,8	145,7	33,2	116,2	145,5	96,7	146,1	66,3	141,3
NFE	g	1164,9	158,5	1164,9	398,4	190,0	1163,6	155,2	1167,4	796,7	222,3
N	g	43,0	7,4	43,0	7,2	8,8	43,0	7,7	42,3	14,4	10,9
C	g	785,6	166,1	785,4	227,7	194,9	784,6	157,8	777,5	455,3	231,1
	kcal	7695	1663	7695	2205	1953	7686	1599	7659	4410	2347

Tier		3	
Periode		5	
Vorfütterung		23. 6.— 2. 7. 58	
Versuch		3. 7.—16. 7 58	
Lebendgewicht	kg	167,7	
CO_2 1		1009 ± 14	
O_2 1		1063 ± 11	
Harn	g N	28,0	
	g C	24,5	
	kcal	232	
		GF	Kot
Trockensubstanz	g	1730	346
Org. Substanz	g	1626,1	294,8
Rohasche	g	103,9	51,2
Rohprotein	g	261,9	47,2
Rohfett	g	50,6	7,0
Rohfaser	g	146,1	94,6
NFE	g	1167,4	146,0
N	g	42,3	7,5
C	g	777,4	152,7
	kcal	7659	1548

Tier		4			4			4			4		
Periode		1			2			3			4		
Vorfütterung		17. 3.—26. 3. 58			10. 4.—20. 4. 58			5. 5.—14. 5. 58			29. 5.— 8. 6. 58		
Versuch		27. 3.— 9. 4. 58			21. 4.— 4. 5. 58			15. 5.—28. 5. 58			9. 6.—22. 6. 58		
Lebendgewicht	kg	124,3			135,4			140,4			155,8		
CO_2 1		945 ± 9			1085 ± 8			964 ± 5			1251 ± 10		
O_2 1		960 ± 11			1021 ± 11			976 ± 7			1145 ± 13		
	g N	23,3			23,1			20,1			26,7		
Harn	g C	21,3			22,0			16,8			26,3		
	kcal	187			222			185			233		
		GF		Kot	GF	Zul.	Kot	GF		Kot	GF	Zul.	Kot
Trockensubstanz	g	1730		383	1730	496	489	1726		366	1730	996	553
Org. Substanz	g	1628,8		328,1	1628,8	482,3	424,0	1625,0		312,6	1626,1	968,4	483,3
Rohasche	g	101,2		54,9	101,2	13,7	65,0	101,0		53,4	103,9	27,6	69,7
Rohprotein	g	265,4		47,4	265,4	44,6	59,9	264,8		45,3	261,9	89,5	70,5
Rohfett	g	53,0		10,9	53,0	9,6	6,1	52,9		5.8	50,6	19,3	10,2
Rohfaser	g	145,7		112,9	145,7	32,9	146,3	145,4		105,4	146,1	66,0	171,1
NFE	g	1164,9		156,8	1164,9	395,2	211,6	1162,2		156,1	1167,4	793,5	231,5
N	g	43,0		7,6	43,0	7,1	9,6	42,9		7,2	42,3	14,3	11,3
C	g	785,5		168,3	785,4	225,8	220,0	783,6		161,5	777,5	453,5	249,5
	kcal	7695		1683	7695	2187	2197	7677		1616	7659	4392	2517

Tier		4	
Periode		5	
Vorfütterung		23. 6.—2. 7. 58	
Versuch		3. 7.—16. 7. 58	
Lebendgewicht	kg	160,9	
CO_2 1		1004 ± 16	
O_2 1		1060 ± 18	
	g N	25,5	
Harn	g C	22,0	
	kcal	234	
		GF	Kot
Trockensubstanz	g	1728	382
Org. Substanz	g	1624,2	329,9
Rohasche	g	103,8	52,1
Rohprotein	g	261,6	49,4
Rohfett	g	50,5	8,1
Rohfaser	g	145,9	112,1
NFE	g	1166,0	160,2
N	g	42,3	7,9
C	g	776,4	169,6
	kcal	7650	1716

Tier		5			5			5			5		
Periode		1			2			3			4		
Vorfütterung		9. 8.—18. 8. 58			1. 9.—15. 9. 58			29. 9.—13. 10. 58			27. 10.—10. 11. 58		
Versuch		19. 8.—31. 8. 58			16. 9.—28. 9. 58			14. 10.—26. 10. 58			11. 11.—23. 11. 58		
Lebendgewicht	kg	94,6			109,0			114,6			131,4		
CO_2 1		873 ± 5			946 ± 11			883 ± 5			1110 ± 16		
O_2 1		887 ± 18			890 ± 10			880 ± 7			1006 ± 14		
Harn	g N	22,0			24,5			24,6			27,5		
	g C	19,1			18,5			19,3			24,2		
	kcal	206			216			209			266		
		GF		Kot	GF	Zul.	Kot	GF		Kot	GF	Zul.	Kot
Trockensubstanz	g	1718		392	1720	396	464	1718		375	1720	797	548
Org. Substanz	g	1627,9		342,8	1629,8	384,4	407,4	1629,5		323,1	1631,4	773,7	479,7
Rohasche	g	90,2		49,2	90,3	11,6	56,6	88,5		51,9	88,6	23,3	68,3
Rohprotein	g	262,2		58,1	262,5	34,0	66,7	249,3		48,5	249,6	68,5	72,9
Rohfett	g	37,2		6,9	37,2	7,6	7,5	52,9		6,5	52,9	15,2	10,7
Rohfaser	g	155,2		108,8	155,4	27,9	135,2	151,1		98,8	151,3	56,2	169,7
NFE	g	1173,3		169,0	1174,7	314,9	198,0	1176,3		169,3	1177,7	633,9	226,4
N	g	42,1		9,3	42,1	5,4	10,7	39,9		7,8	39,9	10,9	11,7
C	g	770,3		174,5	771,1	178,9	207,7	775,6		165,1	776,4	360,1	247,1
	kcal	7632		1752	7641	1725	2078	7670		1656	7679	3472	2448

Tier		5			5			5			5		
Periode		5			6			7			8		
Vorfütterung		24. 11.— 8. 12. 58			29. 12.—12. 1. 59			26. 1.— 9. 2. 59			23. 2.— 9. 3. 59		
Versuch		9. 12.—21. 12. 58			13. 1.—25, 1. 59			10. 2.—22. 2. 59			10. 3.—22. 3. 59		
Lebendgewicht	kg	136,8			159,4			167,1			170,9		
CO_2 1		905 ± 9			1266 ± 12			1121 ± 9			975 ± 6		
O_2 1		922 ± 13			1106 ± 10			1054 ± 9			1006 ± 18		
Harn	g N	31,2			41,6			42,3			34,4		
	g C	25,0			28,2			30,4			22,4		
	kcal	245			398			351			277		
		GF		Kot	GF	Zul.	Kot	GF	Zul.	Kot	GF		Kot
Trockensubstanz	g	1717		363	1720	1189	593	1720	600	441	1718		353
Org. Substanz	g	1631,2		320,3	1634,1	1155,9	519,9	1643,2	585,8	389,3	1633,6		307,4
Rohasche	g	85,8		42,7	86,0	33,1	73,1	76,8	14,2	51,7	84,4		45,6
Rohprotein	g	275,6		44,9	276,1	105,0	83,0	284,9	65,8	61,2	293,0		43,7
Rohfett	g	58,3		6,6	58,4	22,8	20,0	50,6	13,3	15,8	57,4		8,2
Rohfaser	g	132,5		109,5	132,7	82,2	152,0	119,9	39,1	112,6	126,4		89,7
NFE	g	1164,9		159,2	1166,9	946,0	264,8	1188,0	467,6	199,7	1156,9		165,8
N	g	44,2		7,2	44,3	16,8	13,3	45,6	10,5	9,8	46,8		7,0
C	g	777,0		164,5	778,4	537,3	268,9	782,5	272,3	203,7	782,2		161,5
	kcal	7630		1672	7643	5177	2765	7720	2646	2057	7695		1637

Tier		6			6			6			6		
Periode		1			2			3			4		
Vorfütterung		9. 8.—18. 8. 58			1. 9.—15. 9. 58			29. 9.—13. 10. 58			27. 10.—10. 11. 58		
Versuch		19. 8.—31. 8. 58			16. 9.—28. 9. 58			14. 10.—26. 10. 58			11. 11.—23. 11. 58		
Lebendgewicht	kg	82,8			100,1			109,3			127,4		
CO_2 1		775 ± 12			891 ± 7			850 ± 9			1088 ± 6		
O_2 1		758 ± 9			810 ± 10			841 ± 11			972 ± 13		
Harn	g N	19,3			22,7			23,2			26,8		
	g C	16,5			19,7			17,3			24,0		
	kcal	178			225			215			252		
		GF		Kot	GF	Zul.	Kot	GF		Kot	GF	Zul.	Kot
Trockensubstanz	g	1718		404	1720	397	470	1720		383	1720	796	517
Org. Substanz	g	1627,9		356,2	1629,8	385,4	419,3	1631,4		334,6	1631,4	772,8	455,3
Rohasche	g	90,2		47,8	90,3	11,6	50,7	88,6		48,4	88,6	23,2	61,7
Rohprotein	g	262,2		58,8	262,5	34,1	62,3	249,6		49,1	249,6	68,4	66,6
Rohfett	g	37,2		9,1	37,2	7,6	11,0	52,9		7,0	52,9	15,2	14,3
Rohfaser	g	155,2		116,1	155,4	28,0	135,5	151,3		110,3	151,3	56,1	159,0
NFE	g	1173,3		172,2	1174,7	315,7	210,5	1177,7		168,2	1177,7	633,1	215,4
N	g	42,1		9,4	42,1	5,4	10,0	39,9		7,9	39,9	10,9	10,7
C	g	770,2		184,8	771,1	179,4	214,8	776,5		173,6	776,4	359,6	236,3
	kcal	7632		1856	7641	1729	2184	7679		1751	7679	3467	2373

Tier		6			6			6			6		
Periode		5			6			7			8		
Vorfütterung		24. 11.— 8. 12. 58			29. 12.—12. 1. 59			26. 1.— 9. 2. 59			23. 1.— 9. 3. 59		
Versuch		9. 12.—21. 12. 58			13. 1.—25, 1. 59			10. 2.—22. 2. 59			10. 3.—22. 3. 59		
Lebendgewicht	kg	135,8			159,4			168,0			175,0		
CO_2 1		849 ± 17			1241 ± 9			1075 ± 6			930 ± 11		
O_2 1		860 ± 23			1074 ± 10			996 ± 13			956 ± 15		
Harn	g N	26,0			38,4			38,7			31,3		
	g C	19,8			32,0			29,1			23,7		
	kcal	221			355			344			273		
		GF		Kot	GF	Zul.	Kot	GF	Zul.	Kot	GF		Kot
Trockensubstanz	g	1715		346	1720	1186	588	1720	597	440	1720		316
Org. Substanz	g	1629,3		306,3	1634,1	1153,0	518,1	1643,2	582,9	387,9	1635,5		278,5
Rohasche	g	85,7		39,7	86,0	33,0	69,9	76,8	14,1	52,1	84,5		37,5
Rohprotein	g	275,3		45,6	276,1	104,7	83,8	284,9	65,4	60,2	293,3		40,3
Rohfett	g	58,2		9,5	58,4	22,8	22,3	50,6	13,3	15,9	57,5		6,5
Rohfaser	g	132,3		105,0	132,7	82,0	153,2	119,9	38,9	116,2	126,5		86,3
NFE	g	1163,5		146,1	1166,9	943,6	258,8	1188,0	465,3	195,5	1158,3		145,4
N	g	44,2		7,3	44,3	16,7	13,4	45,6	10,4	9,6	46,9		6,4
C	g	775,9		159,1	778,3	536,0	268,8	782,5	270,9	202,2	783,0		145,1
	kcal	7621		1596	7643	5164	2732	7720	2633	2057	7704		1465

Tier		7			7			7			7		
Periode		1			2			3			4		
Vorfütterung		9. 8.—18. 8. 58			1. 9.—15. 9. 58			29. 9.—13. 10. 58			27. 10.—10. 11. 58		
Versuch		19. 8.—31. 8. 58			16. 9.—28. 9. 58			14. 10.—26. 10. 58			11. 11.—23. 11. 58		
Lebendgewicht	kg	101,9			116,0			122,9			139,0		
CO_2 1		817 ± 7			977 ± 7			859 ± 3			1083 ± 8		
O_2 1		806 ± 11			923 ± 7			854 ± 9			970 ± 4		
Harn	g N	26,2			26,8			25,9			31,1		
	g C	20,7			17,1			21,0			22,1		
	kcal	193			259			227			315		
		GF		Kot	GF	Zul.	Kot	GF	Zul.	Kot	GF	Zul.	Kot
Trockensubstanz	g	1720		384	1720	395	463	1717		358	1720	797	508
Org. Substanz	g	1629,8		332,0	1629,8	383,5	404,7	1628,6		308,5	1631,4	773,7	444,4
Rohasche	g	90,3		52,0	90,3	11,5	58,3	88,4		49,5	88,6	23,3	63,6
Rohprotein	g	262,5		53,8	262,5	33,9	60,2	249,2		44,8	249,6	68,5	62,5
Rohfett	g	37,2		6,3	37,2	7,5	13,5	52,8		6,7	52,9	15,2	12,9
Rohfaser	g	155,4		102,0	155,4	27,8	130,0	151,0		101,2	151,3	56,2	147,5
NFE	g	1174,7		169,9	1174,7	314,1	201,0	1175,6		155,9	1177,7	633,9	221,5
N	g	42,1		8,6	42,1	5,4	9,6	39,8		7,2	39,9	10,9	10,0
C	g	771,3		172,5	771,4	178,5	208,8	775,3		157,8	776,7	360,1	229,9
	kcal	7641		1721	7641	1721	2111	7666		1580	7679	3472	2313

Tier		7			7			7			7		
Periode		5			6			7			8		
Vorfütterung		24. 11.— 8. 12. 58			29. 12.—12. 1. 59			26. 1.— 9. 2. 59			23. 2.— 9. 3. 59		
Versuch		9. 12.—21. 12. 58			13. 1.—25, 1. 59			10. 2.—22. 2. 59			10. 3.—22. 3. 59		
Lebendgewicht	kg	143,9			167,0			174,9			181,7		
CO_2 1		839 ± 11			1212 ± 13			1060 ± 7			869 ± 17		
O_2 1		829 ± 16			1049 ± 8			978 ± 7			868 ± 20		
Harn	g N	32,6			39,7			40,9			36,9		
	g C	27,3			25,0			27,2			24,0		
	kcal	249			341			335			286		
		GF		Kot	GF	Zul.	Kot	GF	Zul.	Kot	GF		Kot
Trockensubstanz	g	1720		351	1720	1194	571	1720	600	455	1720		329
Org. Substanz	g	1634,1		306,3	1634,1	1160,8	498,1	1643,2	585,8	399,4	1635,5		288,1
Rohasche	g	86,0		44,7	86,0	33,2	72,9	76,8	14,2	55,6	84,5		40,9
Rohprotein	g	276,1		42,8	276,1	105,4	76,7	284,9	65,8	62,0	293,3		37,8
Rohfett	g	58,4		6,7	58,4	22,9	16,2	50,6	13,3	10,1	57,5		7,7
Rohfaser	g	132,7		107,2	132,7	82,5	149,7	119,9	39,1	115,8	126,5		93,7
NFE	g	1166,9		149,6	1166,9	949,9	255,5	1188,0	467,6	211,5	1158,3		148,9
N	g	44,3		6,8	44,3	16,8	12,3	45,6	10,5	9,9	46,9		6,1
C	g	778,5		159,6	778,5	539,6	258,6	782,7	272,3	209,3	783,3		151,2
	kcal	7643		1622	7643	5199	2640	7720	2646	2100	7704		1525

Tier		8			8			8			8		
Periode		1			2			3			4		
Vorfütterung		9. 8.—18. 8. 58			1. 9.—15. 9. 58			29. 9.—13. 10. 58			27. 10.—10. 11. 58		
Versuch		19. 8.—31. 8. 58			16. 9.—28. 9. 58			14. 10.—26. 10. 58			11. 11.—23. 11. 58		
Lebendgewicht	kg	81,5			95,9			102,6			119,5		
CO_2 1		847 ± 11			950 ± 6			860 ± 7			1046 ± 10		
O_2 1		878 ± 14			896 ± 5			857 ± 7			939 ± 8		
	g N	20,1			24,4			21,7			26,9		
Harn	g C	17,0			20,5			17,1			22,6		
	kcal	159			236			191			253		
		GF		Kot	GF	Zul.	Kot	GF		Kot	GF	Zul.	Kot
Trockensubstanz	g	1719		408	1720	397	477	1717		399	1720	794	535
Org. Substanz	g	1628,9		355,1	1629,8	385,4	415,9	1628,6		346,3	1631,4	770,8	472,5
Rohasche	g	90,2		52,9	90,3	116	61,1	88,4		52,7	88,6	23,2	62,5
Rohprotein	g	262,3		56,3	262,5	34,1	64,1	249,2		52,4	249,6	68,2	69,6
Rohfett	g	37,2		9,6	37,2	7,6	11,9	52,8		7,3	52,9	15,2	11,1
Rohfaser	g	155,3		115,1	155,4	28,0	127,4	151,0		111,8	151,3	56,0	158,4
NFE	g	1174,0		174,1	1174,7	315,7	212,5	1175,6		174,8	1177,7	631,5	233,4
N	g	42,1		9,0	42,1	5,4	10,3	39,8		8,4	39,9	10,9	11,1
C	g	770,7		183,0	771,0	179,4	217,1	775,0		174,5	776,3	358,7	241,4
	kcal	7637		1841	7641	1729	2168	7666		1746	7679	3459	2415

Tier		8			8			8			8		
Periode		5			6			7			8		
Vorfütterung		24. 11.— 8. 12. 58			29. 12.—12. 1. 59			26. 1.— 9. 2. 59			23. 2.— 9. 3. 59		
Versuch		9. 12.—21. 12. 58			13. 1.—25, 1. 59			10. 2.—22. 2. 59			10. 3.—22. 3. 59		
Lebendgewicht	kg	124,3			144,9			152,3			157,5		
CO_2 1		826 ± 11			1209 ± 7			1065 ± 5			898 ± 7		
O_2 1		818 ± 12			1047 ± 8			992 ± 5			899 ± 11		
	g N	28,8			38,3			38,3			32,9		
Harn	g C	22,5			29,8			27,9			24,3		
	kcal	248			281			327			279		
		GF		Kot	GF	Zul.	Kot	GF	Zul.	Kot	GF		Kot
Trockensubstanz	g	1712		353	1720	1176	593	1720	600	478	1720		351
Org. Substanz	g	1626,5		306,9	1634,1	1143,3	514,8	1643,2	585,8	419,7	1635,5		308,7
Rohasche	g	85,6		46,1	86,0	32,7	78,2	76,8	14,2	58,3	84,5		42,3
Rohprotein	g	274,8		45,2	276,1	103,8	81,9	284,9	65,8	69,6	293,3		45,8
Rohfett	g	58,1		7,7	58,4	22,6	16,7	50,6	13,3	18,9	57,5		9,8
Rohfaser	g	132,1		99,4	132,7	81,3	161,9	119,9	39,1	121,9	126,5		98,5
NFE	g	1161,4		154,6	1166,9	935,6	254,2	1188,0	467,6	209,3	1158,3		154,5
N	g	44,1		7,2	44,3	16,6	13,1	45,6	10,5	11,1	46,9		7,3
C	g	774,6		161,0	778,3	531,4	269,4	782,4	272,3	219,6	783,0		160,9
	kcal	7607		1628	7643	5120	2698	7720	2646	2233	7704		1628

Tier		9			9			9			9		
Periode		1			2			3			4		
Vorfütterung		22. 8.— 1. 9. 58			15. 9.—29. 9. 58			13. 10,—27. 10. 58			10. 11.—24. 11. 58		
Versuch		2. 9.—14. 9. 58			30. 9.—12. 10. 58			28. 10.— 9. 11. 58			25. 11.— 7. 12, 58		
Lebendgewicht	kg	106,4			120,8			128,0			145,8		
CO_2 1		817 ± 8			945 ± 12			861 ± 6			1094 ± 7		
O_2 1		822 ± 12			875 ± 4			863 ± 7			993 ± 11		
	g N	28,3			30,5			25,3			32,7		
Harn	g C	21,9			24,7			20,0			26,5		
	kcal	234			285			218			302		
		GF		Kot	GF	Zul.	Kot	GF		Kot	GF	Zul.	Kot
Trockensubstanz	g	1719		377	1720	400	465	1720		370	1720	794	499
Org. Substanz	g	1628,9		329,3	1629,8	388,3	402,3	1631,4		320,0	1631,4	770,8	436,0
Rohasche	g	90,2		47,7	90,3	11,7	62,7	88,6		50,0	88,6	23,2	63,0
Rohprotein	g	262,3		49,7	262,5	34,4	57,0	249,6		42,8	249,6	68,2	61,4
Rohfett	g	37,2		8,4	37,2	7,6	13,3	52,9		9,5	52,9	15,2	12,9
Rohfaser	g	155,3		100,5	155,4	28,2	128,8	151,3		100,9	151,3	56,0	145,0
NFE	g	1174,0		170,7	1174,7	318,1	203,2	1177,7		166,8	1177,7	631,5	216,7
N	g	42,1		8,0	42,1	5,5	9,1	39,9		6,8	39,9	10,9	9,8
C	g	770,7		169,9	771,1	180,7	210,7	776,5		164,5	776,4	358,7	225,1
	kcal	7637		1694	7641	1742	2112	7679		1647	7679	3459	2265
Tier		9			9			9			9		
Periode		5			6			7			8		
Vorfütterung		15. 12.—29. 12. 58			12. 1.—26. 1. 59			9. 2.—23. 2. 59			9. 3.—23. 3. 59		
Versuch		30. 12.—11. 1. 59			27. 1.— 8. 2. 59			24. 2.— 8. 3. 59			24. 3.— 5. 4. 59		
Lebendgewicht	kg	155,0			172,3			180,0			186,5		
CO_2 1		861 ± 7			1222 ± 10			1080 ± 15			902 ± 12		
O_2 1		861 ± 4			1062 ± 9			1006 ± 14			900 ± 12		
	g N	31,6			42,6			43,8			35,1		
Harn	g C	22,7			33,6			29,2			25,5		
	kcal	271			374			374			290		
		GF		Kot	GF	Zul.	Kot	GF	Zul.	Kot	GF		Kot
Trockensubstanz	g	1714		332	1720	1196	560	1720	597	419	1720		339
Org. Substanz	g	1628,4		291,7	1634,1	1162,8	491,9	1643,2	582,9	364,6	1635,5		293,6
Rohasche	g	85,7		40,3	86,0	33,2	68,1	76,8	14,1	54,4	84,5		45,4
Rohprotein	g	275,1		39,6	276,1	105,6	72,1	284,9	65,4	58,2	293,3		41,3
Rohfett	g	58,2		11,1	58,4	23,0	17,3	50,6	13,3	19,5	57,5		11,4
Rohfaser	g	132,2		92,4	132,7	82,6	167,3	119,9	38,9	109,7	126,5		85,2
NFE	g	1162,8		148,6	1166,9	951,5	235,2	1188,0	465,3	177,2	1158,3		155,7
N	g	44,1		6,3	44,3	16,9	11,5	45,6	10,4	9,3	46,9		6,6
C	g	775,6		151,3	778,8	540,5	256,1	782,5	270,9	193,1	783,1		154,3
	kcal	7616		1528	7643	5207	2584	7720	2633	1950	7704		1553

Tier		10			10			10			10		
Periode		1			2			3			4		
Vorfütterung		22. 8.— 1. 9. 58			15. 9.—29. 9. 58			13. 10,—27. 10. 58			10. 11.—24. 11. 58		
Versuch		2. 9.—14. 9. 58			30. 9.—12. 10. 58			28. 10.— 9. 11. 58			25. 11.— 7. 12, 58		
Lebendgewicht	kg	98,7			113,4			122,4			141,1		
CO_2 1		812 ± 5			926 ± 10			862 ± 6			1075 ± 4		
O_2 1		790 ± 7			852 ± 8			868 ± 7			952 ± 9		
Harn	g N	24,0			27,0			25,7			30,0		
	g C	17,0			20,5			20,0			22,9		
	kcal	201			247			220			276		
		GF		Kot	GF	Zul.	Kot	GF		Kot	GF	Zul.	Kot
Trockensubstanz	g	1719		381	1720	398	440	1720		346	1720	795	494
Org. Substanz	g	1628,9		334,2	1629,8	386,4	384,6	1631,4		302,1	1631,4	771,8	435,4
Rohasche	g	90,2		46,8	90,3	11,6	55,4	88,6		43,9	88,6	23,2	58,6
Rohprotein	g	262,3		46,2	262,5	34,2	51,7	249,6		40,7	249,6	68,3	56,8
Rohfett	g	37,2		7,8	37,2	7,6	13,5	52,9		7,1	52,9	15,2	13,4
Rohfaser	g	155,3		115,3	155,4	28,1	125,3	151,3		101,5	151,3	56,0	138,9
NFE	g	1174,0		164,9	1174,7	316,5	194,2	1177,7		152,8	1177,7	632,3	226,3
N	g	42,1		7,4	42,1	5,5	8,3	39,9		6,5	39,9	10,9	9,1
C	g	770,7		171,8	771,1	179,8	201,3	776,4		156,5	776,4	359,2	221,7
	kcal	7637		1720	7641	1734	2013	7679		1556	7679	3463	2251

Tier		10			10			10			10		
Periode		5			6			7			8		
Vorfütterung		15 12.—29. 12. 58			12. 1.—26. 1. 59			9. 2.—23. 2. 59			9. 3.—23. 3. 59		
Versuch		30. 12.—11. 1. 59			27. 1.— 8. 2. 59			24. 2.— 8. 3. 59			24. 3.— 5. 4. 59		
Lebendgewicht	kg	150,0			167,6			175,5			179,2		
CO_2 1		884 ± 18			1249 ± 9			1102 ± 6			949 ± 10		
O_2 1		871 ± 17			1092 ± 9			1034 ± 4			969 ± 5		
Harn	g N	34,8			41,2			42,9			37,1		
	g C	24,8			30,7			27,7			25,6		
	kcal	298			353			339			293		
		GF		Kot	GF	Zul.	Kot	GF	Zul.	Kot	GF		Kot
Trockensubstanz	g	1720		330	1720	1197	541	1720	600	447	1720		335
Org. Substanz	g	1634,1		291,3	1634,1	1163,7	477,8	1643,2	585,5	392,7	1635,5		290,9
Rohasche	g	86,0		38,7	86,0	33,3	63,2	76,8	14,2	54,3	84,5		44,1
Rohprotein	g	276,1		38,6	276,1	105,7	66,3	284,9	65,8	56,5	293,3		40,4
Rohfett	g	58,4		10,0	58,4	23,0	24,1	50,6	13,3	14,3	57,5		12,0
Rohfaser	g	132,7		91,3	132,7	82,7	152,1	119,9	39,1	128,5	126,5		91,0
NFE	g	1166,9		151,4	1166,9	952,3	235,3	1188,0	467,6	193,5	1158,3		147,5
N	g	44,3		6,2	44,3	16,9	10,6	45,6	10,5	9,0	46,9		6,5
C	g	778,4		150,7	778,4	540,9	246,9	782,5	272,3	205,1	783,3		152,4
	kcal	7643		1522	7643	5212	2494	7720	2646	2103	7704		1540

Tier		11			11			11			11		
Periode		1			2			3			4		
Vorfütterung		22. 8.— 1. 9. 58			15. 9.—29. 9. 58			13. 10,—27. 10. 58			10. 11.—24. 11. 58		
Versuch		2. 9.—14. 9. 58			30. 9.—12. 10. 58			28. 10.— 9. 11. 58			25. 11.— 7. 12, 58		
Lebendgewicht	kg	102,8			116,9			124,9			141,6		
CO_2 1		836 ± 10			945 ± 14			843 ± 6			1058 ± 13		
O_2 1		831 ± 10			895 ± 12			861 ± 7			961 ± 9		
Harn	g N	23,1			25,7			24,1			30,6		
	g C	18,7			22,8			20,6			27,4		
	kcal	194			214			209			309		
		GF		Kot	GF	Zul.	Kot	GF		Kot	GF	Zul.	Kot
Trockensubstanz	g	1717		397	1720	400	454	1716		372	1720	790	522
Org. Substanz	g	1627,0		344,9	1629,8	388,3	396,0	1627,6		325,2	1631,4	766,9	457,2
Rohasche	g	90,1		52,1	90,3	11,7	58,0	88,4		46,8	88,6	23,1	64,8
Rohprotein	g	262,0		51,1	262,5	34,4	56,5	249,0		42,8	249,6	67,9	61,3
Rohfett	g	37,1		7,2	37,2	7,6	9,8	52,8		6,9	52,9	15,1	10,9
Rohfaser	g	155,1		118,3	155,4	28,2	121,7	150,9		108,8	151,3	55,7	151,1
NFE	g	1172,6		168,3	1174,7	318,1	208,1	1175,0		166,8	1177,7	628,3	233,9
N	g	42,0		8,2	42,1	5,5	9,0	39,8		6,8	39,9	10,8	9,8
C	g	770,0		176,6	771,0	180,7	206,7	774,6		166,2	776,3	356,9	235,4
	kcal	7628		1778	7641	1742	2076	7661		1662	7679	3441	2363

Tier		11			11			11			11		
Periode		5			6			7			8		
Vorfütterung		15. 12.—29. 12. 58			12. 1.—26. 1. 59			9. 2.—23. 2. 59			9. 3.—23. 3. 59		
Versuch		30. 12.— 11. 1. 59			27. 1.— 8. 2. 59			24. 2.— 8. 3. 59			24. 3.— 5. 4. 59		
Lebendgewicht	kg	150,5			168,1			175,4			180,0		
CO_2 1		879 ± 10			1235 ± 14			1058 ± 4			902 ± 20		
O_2 1		871 ± 8			1093 ± 12			983 ± 5			920 ± 19		
Harn	g N	31,8			41,3			39,1			30,8		
	g C	25,3			32,9			30,4			24,8		
	kcal	287			370			351			281		
		GF		Kot	GF	Zul.	Kot	GF	Zul.	Kot	GF		Kot
Trockensubstanz	g	1717		340	1720	1152	546	1720	597	422	1717		338
Org. Substanz	g	1631,2		300,0	1634,1	1120,0	479,9	1643,2	582,9	372,1	1632,6		291,1
Rohasche	g	85,8		40,0	86,0	32,0	66,1	76,8	14,1	49,9	84,4		46,9
Rohprotein	g	275,6		39,3	276,1	101,7	65,5	284,9	65,4	53,6	292,8		39,3
Rohfett	g	58,3		8,4	58,4	22,1	18,1	50,6	13,3	13,6	57,4		9,5
Rohfaser	g	132,5		100,5	132,7	79,6	152,1	119,9	38,9	114,9	126,3		88,3
NFE	g	1164,9		151,8	1166,9	916,5	244,2	1188,0	465,3	190,1	1156,3		154,1
N	g	44,2		6,3	44,3	16,2	10,5	45,6	10,4	8,6	46,8		6,3
C	g	776,8		155,8	778,3	520,6	249,5	782,4	270,9	195,2	781,6		152,4
	kcal	7630		1568	7643	5016	2542	7720	2633	1999	7691		1562

Tier		12			12			12			12			
Periode		1			2			3			4			
Vorfütterung		22. 8.— 1. 9. 58			15. 9.—29. 9. 58			13. 10,—27. 10. 58			10. 11.—24. 11. 58			
Versuch		2. 9.—14. 9. 58			30. 9.—12. 10. 58			28. 10.— 9. 11. 58			25. 11.— 7. 12, 58			
Lebendgewicht	kg	99,1			113,3			122,3			140,0			
CO_2 1		817 ± 8			924 ± 5			837 ± 4			1027 ± 7			
O_2 1		789 ± 11			854 ± 4			843 ± 11			915 ± 9			
	g N	23,4			25,3			23,6			29,5			
Harn	g C	16,6			18,2			19,0			25,4			
	kcal	163			229			205			287			
		GF		Kot	GF	Zul.	Kot	GF		Kot	GF	Zul.	Kot	
Trockensubstanz	g	1718		411	1720	397	474	1717		388	1720	793	530	
Org. Substanz	g	1627,9		353,8	1629,8	385,4	412,7	1628,6		337,8	1631,4	769,8	464,2	
Rohasche	g	90,2		57,3	90,3	11,6	61,3	88,4		50,2	88,6	23,2	65,8	
Rohprotein	g	262,2		53,4	262,5	34,1	61,1	249,2		49,0	249,6	68,1	67,6	
Rohfett	g	37,2		9,4	37,2	7,6	16,2	52,8		7,7	52,9	15,1	13,1	
Rohfaser	g	155,2		117,9	155,4	28,0	129,7	151,0		112,3	151,3	55,9	154,6	
NFE	g	1173,3		173,0	1174,7	315,7	205,7	1175,6		168,7	1177,7	630,7	228,9	
N	g	42,1		8,5	42,1	5,4	9,8	39,8		7,8	39,9	10,9	10,8	
C	g	770,2		182,2	771,1	179,4	214,3	775,0		173,1	776,4	358,3	237.9	
	kcal	7632		1839	7641	1729	2155	7666		1732	7679	3454	2412	

Tier		12			12			12			12		
Periode		5			6			7			8		
Vorfütterung		15. 12.—29. 12. 58			12. 1.—26. 1. 59			9. 2.—23. 2. 59			9. 3.—23. 3. 59		
Versuch		30. 12.— 11. 1. 59			27. 1.— 8. 2. 59			24. 2.— 8. 3. 59			24. 3.— 5. 4. 59		
Lebendgewicht	kg	149,5			167,2			176,2			183,7		
CO_2 1		837 ± 8			1190 ± 6			1056 ± 6			885 ± 8		
O_2 1		819 ± 5			1011 ± 9			962 ± 7			873 ± 10		
	g N	31,2			42,3			41,4			33,6		
Harn	g C	23,2			31,2			28,5			24,5		
	kcal	263			368			350			277		
		GF		Kot	GF	Zul.	Kot	GF	Zul.	Kot	GF		Kot
Trockensubstanz	g	1708		380	1720	1185	576	1720	600	449	1720		343
Org. Substanz	g	1622,7		337,8	1634,1	1152,1	508,8	1643,2	585,8	395,6	1635,5		300,9
Rohasche	g	85,4		42,2	86,0	32,9	67,2	76,8	14,2	53,4	84,5		42,1
Rohprotein	g	274,2		47,3	276,1	104,6	75,2	284,9	65,8	60,6	293,3		39,7
Rohfett	g	58,0		12,3	58,4	22,8	31,7	50,6	13,3	17,5	57,5		11,7
Rohfaser	g	131,8		111,9	132,7	81,9	171,5	119,9	39,1	117,8	126,5		88,5
NFE	g	1158,8		166,3	1166,9	942,8	230,3	1188,0	467,6	199,7	1158,3		161,1
N	g	44,0		7,6	44,3	16,7	12,0	45,6	10,5	9,7	46,9		6,3
C	g	772,9		175,7	778,3	535,5	264,6	782,4	272,3	208,5	783,0		155,6
	kcal	7590		1768	7643	5159	2666	7720	2646	2126	7704		1588

ARCHIV FÜR TIERERNÄHRUNG

UNTER MITWIRKUNG VON

Prof. Dr. A. Hock, Berlin. Prof. Dr. Dr. W. Lenkeit, Göttingen

Prof. Dr. Dr. h. c. K. Nehring, Rostock. Prof. Dr. Dr. Dr. h. c. W. Wöhlbier, Stuttgart-Hohenheim

HERAUSGEGEBEN VON

ERNST MANGOLD

Prof. Dr. med. Dr. phil. Dr. med. vet. h. c. Dr. agr. h. c. Dr. agr. h. c.

Direktor em. des Instituts für Tierernährungslehre

der Humboldt-Universität Berlin

10. BAND

Ausgegeben am 1. OKTOBER 1960

HEFT

5

AKADEMIE-VERLAG · BERLIN

ARCH. TIERERNÄHRUNG · 10. BAND NR. 5 · S. 321–400 · BERLIN · 1. OKTOBER 1960

INHALT

Das Archiv für Tierernährung erscheint zweimonatlich in Heften zu 80 Seiten im Format 17,5 × 25 cm unbeschnitten. Der Preis des Heftes beträgt DM 8,50. 6 Hefte werden zu einem Band vereinigt. Der Besteller muß sich zur Abnahme eines Bandes verpflichten. Die Hefte werden jeweils einzeln berechnet. Im Jahre erscheint nicht mehr als 1 Band. Bestellungen werden direkt an den Akademie-Verlag GmbH, Berlin W 1, Leipziger Straße 3–4, oder über eine wissenschaftliche Buchhandlung erbeten.

Manuskriptsendungen — zugelassen sind die vier Kongreßsprachen — sind an den Herausgeber, Herrn Prof. Dr. Ernst Mangold, Berlin N 4, Invalidenstr. 42, zu richten. Mit der Veröffentlichung geht das alleinige Verlagsrecht an das Archiv für Tierernährung über. Daher müssen Arbeiten, die bereits an anderer Stelle veröffentlicht worden sind, zurückgewiesen werden. Die Verfasser verpflichten sich, Manuskripte, die vom Archiv für Tierernährung angenommen worden sind, nicht an anderer Stelle zu veröffentlichen.

Die Verfasser erhalten von größeren wissenschaftlichen Arbeiten 50 Sonderdrucke unentgeltlich. Den Manuskripten beiliegende Zeichnungen müssen sauber, in zweifacher Größe ausgeführt sein. Wenn sie nicht voll reproduktionsfähig nach den Vorschriften des Normblattes DIN 474 eingereicht werden, ist die Beschriftung nur mit Bleistift einzutragen. Zur Herstellung von Netzätzungen sind nur einwandfreie Photographien brauchbar.

Für alle Literaturzitate sind die Vorschriften des Normblattes DIN 1502 und 1502 Beiblatt I maßgebend. Die Zitate müssen den Verfasser (mit den Anfangsbuchstaben der Vornamen), den vollständigen Titel der Arbeit und die Quelle mit Band, Seitenzahl und Erscheinungsjahr enthalten. Das Literaturverzeichnis soll alphabetisch geordnet sein.

Herausgeber und verantwortlich für den Inhalt: Prof. Dr. med. Dr. phil. Dr. med. vet. h. c. Dr. agr. h. c. Dr. agr. h. c. Ernst Mangold, Berlin N 4, Invalidenstraße 42 (Fernruf 42 00 18). Verlag: Akademie-Verlag GmbH, Berlin W 1, Leipziger Str. 3-4 (Fernruf: 22 04 41; Postscheckkonto Berlin: 350 21). Bestellnummer dieses Heftes: 1010/X/5. Das Archiv für Tierernährung erscheint jährlich in 1 Band zu 6 Heften. Bezugspreis je Einzelheft DM 8.50, ausschließlich Porto und Verpackung. Satz und Druck: Robert Noske, Borna (Bez. Leipzig). Veröffentlicht unter der Lizenznummer ZLN 5003 des Ministeriums für Kultur, Hauptverwaltung Verlagswesen. Printed in Germany.

Aus dem Institut für Anatomie und Physiologie der Haustiere der Universität Bonn
(Direktor: Prof. Dr. SCHÜRMANN)

R. MÜLLER

Beiträge zur biologischen Proteinbewertung

1. Mitteilung:

Über die Ausrichtung der Versuchsmethoden zur biologischen Proteinbewertung

Die unter dem Leitgedanken der biologischen Proteinbewertung vorgesehenen Veröffentlichungen sollen, jedenfalls soweit sie bisher experimentell abgeschlossen sind, spezielle Fragen der Versuchsmethoden bei wachsenden Albinoratten behandeln. Aber selbst die methodischen Einzelheiten werden von den neuerdings wieder lebhaft diskutierten Prinzipien der Eiweißbewertung so stark berührt, daß der Versuchsansteller gezwungen ist, seinen Standpunkt zu erklären.

Seit Francois MAGENDIE [1] zu Beginn des vorigen Jahrhunderts die Lebensnotwendigkeit der N-Verbindungen nachwies, sind ungezählte Einzelheiten zur Chemie und zum Chemismus der „den ersten Rang einnehmenden" Proteine erarbeitet und praktisch verwertet worden. Die Ernährungswissenschaft hat daran relativ wenig partizipiert. Der KJELDAHL-N ist nach wie vor der Angelpunkt, der ruhende und zweifellos sichere Pol inmitten der Proteinbewertung. Die nach BARNSTEIN gefällten N-Verbindungen als wertbestimmend zu unterstellen, hat sich als sehr unzulänglicher Fortschritt erwiesen und hinsichtlich des Wiederkäuers nur Verwirrung gestiftet. Die verbesserte Aminosäuretrennung in den Dienst der Proteinbewertung zu stellen, ist zur Zeit noch Wunschbild der Ernährungsphysiologen.

Auch bei den eigenen, im Jahre 1952 zur vorliegenden Fragestellung begonnenen Untersuchungen war das Kjeldahl-Laboratorium bevorzug beansprucht. Es lieferte die greifbaren Daten über den Einfluß von Methionin und Lysin auf den Eiweißwert einer Gerste-Magermilchration bei wachsenden Schweinen [2] und Albinoratten [3] sowie zur Frage des Vergleichs von Ratte und Schwein bei der Proteinbewertung [4].

Die Untersuchungen gingen von den seinerzeit verzeichneten Angebots- und Bedarfszahlen hinsichtlich der essentiellen Aminosäuren aus. Weiterhin wurde prinzipiell im Rahmen einer möglichst einfachen, praxisnahen Modellration experimentiert. Die Fragestellung war auf die Leistungsrichtung „Fleischansatz beim Schwein" beschränkt.

Dabei ergab sich zwingend, Aminosäuredaten mit spezieller Ausrichtung auf die vorliegenden Probleme ausreichend genau zu erstellen [5, 6]. Das scheiterte an der Fragwürdigkeit der Hydrolyseverfahren; mit verbesserter Eiweißanalyse mußte zunächst nach geeigneten Methoden für die Proteinspaltung gesucht werden. Über diese von G. KRAMPITZ bearbeiteten Fragen wird derzeit laufend berichtet [7; 8; 9; 10; 11].

Daneben wurde mit Untersuchungen an Futtermitteln und tierischen Produkten begonnen. In Tabelle 1 sind diejenigen Gehaltsdaten verzeichnet, die nicht im Zusammenhang mit speziellen bzw. abgeschlossenen Versuchsanstellungen stehen.

Tabelle 1. *Aminosäure-Gehalt in Gramm je 16 Gramm N*

	Gerste	Hafer	Vollmilch	Kälber-nährmehl	Vollei	Schweine-fleisch	Ratten-muskel	Ratten-kot
Alanin	5,87	4,67	3,90	4,40	7,10	5,35	6,37	6,90
Asparaginsäure	7,51	9,85	9,34	7,46	12,80	7,29	8,17	10,50
Arginin	4,78	7,33	2,80	2,60	6,00	2,76	8,67	9,20
Glutaminsäure	24,82	20,83	24,40	24,22	15,20	20,29	14,48	12,80
Glycin	4,73	5,55	2,25	2,59	3,90	3,40	4,87	4,87
Histidin	1,44	1,00	2,50	2,40	2,30	2,47	2,89	2,59
Isoleucin	4,84	2,58	5,70	5,90	6,30	1,74	4,69	4,54
Leucin	9,16	6,63	11,40	11,20	9,60	4,32	7,42	8,08
Lysin	3,39	4,52	8,30	7,00	6,60	7,57	13,76	7,55
Methionin	1,85	2,12	2,70	2,60	3,30	1,95	2,65	1,35
Phenylalanin	6,28	4,71	5,60	5,20	5,60	3,95	4,13	4,30
Prolin	8,13	5,27	15,53	16,76	5,20	6,01	—	—
Serin	5,45	3,17	6,29	6,27	8,00	3,57	3,99	4,89
Threonin	4,73	3,58	5,52	5,06	5,70	3,92	4,70	4,77
Tyrosin	3,81	4,06	4,20	5,20	3,80	3,18	3,36	2,83
Valin	8,03	4,71	7,40	6,90	8,60	4,31	4,97	—

In einer abgeschlossenen Versuchsserie wurde die Lysin- und Histidinretention bei *Albinoratten* durch Analyse des Gesamtkörpers bestimmt [12]. Beide Aminosäuren waren nach dem hier eingeschlagenen säulenchromatographischen Verfahren nach MOORE und STEIN auf der „kurzen Säule“, d. h. mit dem relativ geringsten Aufwand zu erfassen.

Auch bei diesen Untersuchungen wurde die bereits erwähnte Modellration und zwar mit

89,3% Gerste
5,1% Magermilchpulver
5,1% Mineralstoffmischung
0,5% Vitaminvormischung

eingesetzt. Damit limitierte ein Cerealienprotein mit seinem niedrigen Lysingehalt den Eiweißwert der Ration.

Das Lysin erschien im übrigen als Untersuchungsobjekt interessant, weil es nur in untergeordnetem Maße am allgemeinen Stickstoffaustausch beteiligt ist [13]. Die Aminogruppe wird nach den isotopentechnisch gewonnenen Versuchsergebnissen nicht mit anderen Aminosäuren ausgetauscht. Das Lysin nimmt damit unter den essentiellen Eiweißbausteinen eine Sonderstellung ein; es entspricht als einzige Aminosäure der FOLINschen Vorstellung über das Schicksal des zugeführten Eiweißes (vgl. D. HÖTZEL [14]). E. KOFRANYL [15] stellt das Lysin unter den essentiellen Aminosäuren besonders heraus, indem er es unter den vier sog. Eckaminosäuren, die vorwiegend den Wert von pflanzlichen Nahrungsmittelproteinen begrenzen, an erster Stelle anführt.

Im Grundfutter (Modellration) wurden die in Tabelle 2 verzeichneten Aminosäuren bestimmt.

Tabelle 2. *Aminosäuren in mg je 100 g lufttrockenen Grundfutters*

Alanin	527	Histidin	221	Phenylalanin	525
Arginin	587	Isoleucin	812	Serin	468
Asparaginsäure	782	Leucin	839	Threonin	453
Glutaminsäure	2508	Lysin	426	Tyrosin	286
Glycin	483	Methionin	408	Valin	583

Es wurden zwei *Grundfutterversuche und ein dritter Versuch an Ratten* mit Zulage von DL-Butyryllysin durchgeführt, die dem aus Literaturangaben errechneten Defizit entsprechend auf 2,54 g L-Lysin je kg Futter bemessen war.

In den beiden Grundfutterversuchen waren gleiche Haltung und Fütterung angestrebt. Die bemessene Futterzuteilung mußte sich aber in etwa nach der geringsten Futteraufnahme ausrichten; diese war im zweiten Versuch durch einige Tiere reduziert, obwohl ein seit Jahren im Institut ingezüchteter Stamm verwendet wurde. Damit ist eine der in den nächsten Mitteilungen zu behandelnden methodischen Fragen bereits angesprochen.

Je Ratte wurden im ersten Versuch während der 30-tägigen Hauptperiode 367 g Futter verzehrt, im zweiten dagegen nur 349 g. Die geringere Futteraufnahme bewirkte eine verminderte Gewichtszunahme und einen entsprechend reduzierten Stickstoff-, Lysin- und Histidinansatz. Beide Versuche ließen sich aber vergleichen, wenn die Retention auf die Gesamtaufnahme bezogen wurde. In Tabelle 3 sind die nach dem Schema $\frac{\text{Zunahme}}{\text{Aufnahme}} \times 100$ errechneten Einzel- und Durchschnittswerte wiedergegeben:

Tabelle 3. *Ausnutzung von Stickstoff, Lysin und Histidin nach der Formel* $\frac{\text{Zunahme}}{\text{Aufnahme}} \times 100$

	Ratte Nr.*)	Stickstoff	Lysin	Histidin		Ratte Nr.*)	Stickstoff	Lysin	Histidin
Versuch	1 b	30,5	50,6	34,0	Versuch	7 b	32,6	54,6	35,2
1	2 b	28,9	46,4	32,4	2	8 b	29,4	48,4	33,2
	3 b	32,5	51,9	34,4		9 b	33,6	56,4	37,9
	4 b	34,4	59,7	40,4		10 b	32,5	54,3	37,6
	5 b	33,0	56,8	37,5		11 b	31,1	52,2	35,2
	6 b	29,7	48,9	32,2		12 b	31,4	50,1	34,8
	∅	31,5	52,4	35,2		∅	31,8	52,7	35,6

*) Je ein Geschwistertier wurde zu Beginn des 30-tägigen Versuches analysiert.

Der *Lysin-Zulageversuch* wurde u. a. auf der Basis gleicher Futteraufnahme, die im ersten und dritten Versuch gegeben war, ausgewertet. Tabelle 4 enthält die wesentlichen Ergebnisse dieses Vergleichs.

Tabelle 4

Versuch	Zulage	Durchschnittliche Retention von					
		Stickstoff		Lysin		Histidin	
		mg	%	mg	%	mg	%
1	ohne	1752	100	819	100	285	100
3	DL-Butyryllysin	1926	110	900	110	316	111

Die Zulage des limitierenden Lysins hat bewirkt, daß die Ratten im Durchschnitt 174 mg N, 81 mg Lysin und 31 mg Histidin mehr angesetzt haben. Diese Zahlen liegen im Rahmen einer um 10 Prozent besseren Ausnutzung des Rohproteins, wobei zu unterstellen sein dürfte, daß alle Aminosäuren entsprechend besser retiniert wurden.

Durch diese, an anderer Stelle ausführlicher dargestellten Versuchsergebnisse (l. c.) soll hier nur angedeutet werden, daß aminosäure-analytisch neben dem Bruttogehalt in den Futtermitteln auch stoffwechsel-physiologisch interessante Zahlen zu ermitteln sind. Die vorliegenden Daten weisen auf den Aminosäurebedarf für die Leistungsrichtung „Wachstum" hin.

An weitere Fortschritte der Aminosäurebestimmung werden hinsichtlich der Proteinbewertung und damit zusammenhängender stoffwechsel-physiologischer Fragen zu Recht große Erwartungen gestellt. Mit den neuen analytischen Verfahren wird es möglich sein, eine *unterschiedliche Eiweißqualität* zumindest grundsätzlich zu erkennen. Wie weit aber Analyse und biologischer Endeffekt, der über die praktischen Schlußfolgerungen entscheidet, übereinstimmen, kann nur im Versuch am lebenden Objekt ermittelt werden.

Der damit herausgestellte *Vorrang des Tierversuches* soll letztlich besagen, daß an ihm zu überprüfen ist, ob und inwieweit die chemische Analyse zur Eiweißbewertung beitragen kann.

Bei den eigenen Untersuchungen wurden fernerhin folgende *Grundsätze* unterstellt:

1. Die verschiedenen tierischen Leistungen stellen unterschiedliche Anforderungen an die Proteinqualität bzw. an das Angebot an essentiellen Aminosäuren.
2. Die Einzelbewertung der Eiweißträger kann nur Vorstufe zur Bewertung der praktisch stets gegebenen Proteinkombination sein.
3. Die Eiweißwertigkeit steht unter dem Einfluß der Gesamtration (Nähr-, Mineral-, Wirkstoffgehalt, Schmackhaftigkeit usw.).

Alles in allem werden damit hohe Anforderungen an den biologischen Versuch gestellt, die nur bei gesicherten und in den verschiedenen Forschungsstätten wenigstens relativ übereinstimmenden Ergebnissen zu erreichen sind.

Zusammenfassung

Zur Einführung in eine Veröffentlichungsreihe über spezielle Fragen der Versuchsmethoden bei wachsenden Albinoratten werden Prinzipien der biologischen Proteinbewertung behandelt. In diesem Rahmen wird auf Möglichkeiten und Grenzen hinsichtlich der Aminosäurebestimmung hingewiesen sowie auf den Vorrang des Tierversuches.

Literaturverzeichnis

[1] MAGENDIE, F.: Sur les propriétés nutritives des substances qui ne contiennent pas d'azote. Ann. chim. et ser. phys. (2) **3**, 66—77 (1816) (zit. nach MAYNARD, L. A. u. J. K. LOOSLI: Animal nutrition, 4. Aufl., New York, 1956).

[2] MÜLLER, R. u. J. MASSBERG: Der Einfluß von Methionin und Lysin auf den Eiweißwert einer Gerste-Magermilchration bei wachsenden Schweinen. Arch. Tierernähr. **4**, 241—257 (1953).

[3] MÜLLER, R. u. D. HÖTZEL: Die Ergänzung einer Gerste-Magermilchdiät bei wachsenden Albinoratten durch technische Lysinpräparate. Arch. Tierernähr. **7**, 66—79 (1957).

[4] MÜLLER, R. u. D. HÖTZEL: Zur Frage des Vergleiches von Ratte und Schwein bei der Proteinbewertung. Arch. Tierernähr. **7**. 233—243 (1957).

[5] MÜLLER, R. u. G. KRAMPITZ: Beiträge zur Aminosäurebestimmung im biologischen Material. (1.—5. Mitteilung). Zschr. Tierernähr. Futtermittelk. **10**, 223—228 (1955); **11**, 44—53 (1956); **11**, 226—231 (1956); **11**, 357—365 (1956); **14**, 114—128 (1959).

[6] KRAMPITZ, G., R. MÜLLER und M. VOLLMERS: Beiträge zur Aminosäurebestimmung im biologischen Material; 6. Mitteilung: Über Methoden zur Schnellbestimmung von Aminosäuren und verwandten ninhydrinpositiven Verbindungen. Zschr. Tierphysiol. Tierernähr. Futtermittelk. **14**, 311—318 (1959).

[7] KRAMPITZ, G.: Über den Einfluß der Hydrolysedauer auf die Zusammensetzung der Proteinspaltprodukte. Naturwissenschaften **44**, 36 (1957).

[8] KRAMPITZ, G.: Über die Verbesserung der Eiweißhydrolyse durch Proteinvorbehandlung mit Perameisensäure. Experientia, Basel **13**, 239—242 (1957).

[9] KRAMPITZ, G.: Untersuchungen über die hydrolytische Spaltung von Nahrungsproteinen. Zschr. Tierernähr. Futtermittelk. **12**, 193—194 (1957).

[10] KRAMPITZ, G.: Die Proteinspaltprodukte nach enzymatischer Hydrolyse in vitro. Zschr. Tierphysiol. Tierernähr. Futtermittelk. **13**, 83—90 (1958).

[11] KRAMPITZ, G.: Vergleichende Untersuchungen zur Frage der Proteinhydrolyse im Hinblick auf die Herabsetzung des Zerstörungsgrades der Eiweißbausteine. (1.—3. Mitteilung.) Zschr. Tierphysiol. Tierernähr. Futtermittelk. **15**, 40—46 (1960); **15**, 76—86 (1960); **15**, 87—95 (1960).

[12] DROLSHAGEN, R.: Bestimmung der Stickstoff-, Lysin- und Histidin-Retention bei Albinoratten durch Analyse des Gesamtkörpers. Diss. agr., Bonn, 1958.

[13] WISS, O.: Stoffwechsel der Eiweißstoffe und Aminosäuren (im Lehr- und Handbuch der Physiologischen Chemie, herausgegeben von B. FLASCHENTRÄGER und E. LEHNARTZ, Bd. II/1b S. 967, Berlin, 1954).

[14] HÖTZEL, D.: Zur Problematik der Ermittlung der Eiweißwertigkeit. Zschr. Tierernähr. Futtermittelk. **13**, 193—256 (1958).

[15] KOFRANYI, E.: Zur Bestimmung der biologischen Wertigkeit von Nahrungsproteinen. Hoppe-Seyler Zschr. Physiol. Chem. **305**, 61—69 (1956).

Eingegangen am 17. 3. 1960

Aus dem Institut für Anatomie und Physiologie der Haustiere der Universität Bonn
(Direktor: Prof. Dr. E. SCHÜRMANN)

R. MÜLLER, G. WILMES, F. KNAPPEN

Beiträge zur biologischen Proteinbewertung

2. Mitteilung:

Vergleichende Untersuchungen an Albinoratten zur Frage der Divergenz der durch Körperanalyse und nach der Bilanzmethode bestimmten N-Retention

Für diese und weitere Mitteilungen wird unterstellt, daß bei der biologischen Proteinbewertung auf die Ermittlung der N-Retention nach wie vor nicht zu verzichten ist. Die dabei benutzen Verfahren sind aber gerade in den letzten Jahren Gegenstand kritischer Betrachtung gewesen. Ausgehend von experimentellen Arbeiten im Kieler Institut für Tierernährung [1, 2, 3, 4, 5, 6] wurden weitere Untersuchungen mit unterschiedlichem Ergebnis durchgeführt [7, 8, 9, 10]. Es geht um die Feststellung, daß nach dem klassischen N-Bilanzverfahren (N-Aufnahme minus N-Ausscheidungen) unter Umständen eine ganz erheblich höhere Retention ermittelt wird als bei der durch Körperanalyse bestimmten N-Zunahme. Zu dieser Frage wurde mit der nachfolgend beschriebenen Versuchsanstellung beigetragen.

Versuchsmethodik

Als *Versuchstiere* dienten Albinoratten aus dem Inzuchtstamm des hiesigen Institutes, und zwar ausschließlich Männchen. Sie wurden mit etwa 30 Tagen abgesetzt. Zwecks Gewichtsangleichung der aus 2–3 Tage auseinanderliegenden Wurfterminen stammenden Tiere blieben die jüngeren Würfe etwas länger bei den Müttern. In Einzelkäfigen wurde dann mit der Versuchsdiät vorgefüttert, bis die Tiere ein Gewicht von 55–60 g erreichten. Danach erfolgte die Gruppeneinteilung, und zwar so, daß auf die Versuchsgruppen und die „Vergleichsgruppen" (zu Beginn der Hauptperiode zu analysierende Tiere) Geschwister mit übereinstimmendem Gewicht aufgeteilt waren. Nach der eigentlichen 10-tägigen Vorperiode mit genau bemessener Fütterung wurde unter Wahrung der Geschwistereinteilung nochmals ein Gewichtsausgleich vorgenommen.

Das *Käfigsystem* für die Bilanzermittlung ist von MÜLLER und HÖTZEL beschrieben [11].

Im *Versuchsraum* wurde eine konstante Temperatur von 22° C eingehalten; nur für den letzten Versuch wurden 24° C eingestellt, um während der Sommermonate Abweichungen nach oben möglichst zu vermeiden. Schutz gegen direkte Sonneneinstrahlung war gegeben. Die relative Luftfeuchte lag zwischen 50 und 60% und der Luftdruck vorwiegend zwischen 750 und 760 mm bezogen auf N. N. Die genannten Daten wurden von einem Meteorographen registriert. Die Belichtung war für alle Tiere annähernd gleich.

Die *Versuchsdiät* war einem Schweinemastfutter angeglichen; sie diente auch in weiteren hiesigen Versuchen als Modellration und war bei einem (reduzierten) Rohproteinanteil von etwa 10% wie folgt zusammengesetzt:

89,5% Gerste (feinst vermahlen)
5,0% Magermilchpulver (im Sprühverfahren getrocknet)
5,0% Mineralstoffmischung nach DLG Standard II a
0,5% Vitaminvormischung für Schweine

Im Versuch 5 wurde eine weitere, dort beschriebene Ration verwendet (s. S. 338).

Die *Futterzuteilung* war bemessen und wurde dekadenweise dem Aufnahmevermögen angepaßt. In der Vorperiode wurde einmal um 10 Uhr gefüttert, während der Hauptperiode zweimal täglich, und zwar um 10 Uhr $1/3$ und um 18 Uhr $2/3$ der Tagesmenge. Die nur selten verbleibenden Reste wurden bei der nachfolgenden Zuteilung obenaufgegeben. Am Tage vor Beginn und Ende der Versuche wurde nur eine halbe Tagesration verabfolgt, um den Darminhalt möglichst niedrig zu halten.

Die *N-Bestimmung im Futter* erfolgte dekadenweise, weil ein unterschiedlicher Wassergehalt zu veranschlagen war. Bei jeweils 4 Paralleluntersuchungen nach dem Kjeldahlverfahren wurde nach Zusatz von H_2SO_4, Kupfer- und Kaliumsulfat in der üblichen Weise aufgeschlossen.

Die *Stoffwechselprodukte* wurden während der 30-tägigen Bilanzversuche nach jeder Dekade analysiert. Der Kot wurde von 6.30 Uhr bis 18.30 Uhr alle 2 Stunden mittels Pinzette von den Kotgittern abgelesen und in verschließbaren Flaschen unter 50-prozentiger Schwefelsäure aufbewahrt. Der Harn lief in die untergestellten Flaschen, und zwar ebenfalls in 50-prozentige Schwefelsäure. Salzsäure unterzustellen hatte sich im Vorversuch als unzweckmäßig erwiesen; sie belästigte die Versuchstiere erheblich. Dem Kotgitter und dem Harntrichter anhaftende Kotteilchen und Haare wurden jeden Morgen mit aqua dest. in die Harnflasche gespült. Daraufhin erhielten die Trichter einen dünnen Silikonefilm (Silikone DC 1107), der ein Anhaften des Harnes weitgehend verhinderte. Die an den genannten Unreinigkeiten auf der Trichterwand festgehaltenen Harntropfen wurden mit wenig aqua dest. abgespült.

Der *Kot* jeder Dekade wurde mit 150–250 ml Schwefelsäure und dem 2- bis 3fachen der üblichen Menge an Kupfer- und Kaliumsulfat bis 1 Stunde nach dem Grünwerden aufgeschlossen und nach Zusatz von 500 ml aqua dest. in 1000 ml-Meßkolben filtriert. Die Filterrückstände enthielten immer weniger als 0,02% des Kotstickstoffs und wurden nicht berücksichtigt. Für die Destillation wurden 100 ml-Proben entnommen.

Der je Dekade anfallende *Harn* wurde über ein N-armes Filter in 500-ml-Meßkolben filtriert, um Haare, kleinste Kotteilchen und Silikone abzutrennen. Letztere würde Probenahme und Aufschluß sehr stören. Auf dem Filter muß immer genügend Flüssigkeit stehen, weil sonst ein Teil der Silikone mit durchläuft. Für die Kjeldahlbestimmung wurden dem aufgefüllten Filtrat 50 ml-Proben entnommen.

An den Wandungen der Harnflaschen blieben mit den Silikonen noch N-haltige Partikel haften. Sie wurden mit Cyclohexan ausgespült und auf dem obengenannten Filter gesammelt. Die Silikone laufen mit dem Cyclohexan durch. In den Rückständen wurde der N bestimmt und der entsprechende Betrag dem Harn-N zugerechnet.

Die für die *Körperanalyse* vorgesehenen Ratten wurden nüchtern gewogen, mit Chloroform getötet und anschließend in 6n Salzsäure hydrolysiert. Über 70 g schwere Tiere mußten vorher zerkleinert werden, nachdem sie bei – 4° C eingefroren waren, wenn – wie in den beiden ersten Versuchen – am Rückflußkühler gearbeitet wurde. Bei den weiteren Versuchen benutzten wir 1-Liter-Weithals-Erlenmeyerkolben, die wir mit Uhrglas bedeckt 24 Stunden bei 105° C im Trokkenschrank beließen. Besser ist aber zweifellos das derzeit benutzte Glycerinbad in einem Abzugschrank.

Die abgekühlten Hydrolysate wurden über N-arme Filter in 1-Liter-Meßkolben filtriert. Nach Auffüllung mit aqua dest. und gründlicher Durchmischung wurden Doppelproben nach dem Kjeldahlverfahren (20 ml H_2SO_4, 1 g $CuSO_4$ und 15 g K_2SO_4) analysiert. Die Filterrückstände mußten mit 100 ml konzentrierter Schwefelsäure und der 3-fachen Menge der übrigen Zusätze aufgeschlossen werden. Nach Auffüllen in Meßkolben auf 1 l wurden 2 Proben von je 200 ml entnommen und destilliert. Die Summe aus dem N-Gehalt des Hydrolysates und dem der Filterrückstände ergab den Gesamt-Körper-N.

Versuchsbeschreibung

Versuch 1: Es wurden 18 Tiere aus 5 Würfen eingesetzt; 6 Ratten dienten als „Vergleichstiere“, d. h. sie wurden zu Beginn der Hauptperiode analysiert, 12 verblieben für den Bilanzversuch.

Während der Vorfütterung wurden je Tier und Tag 11 g lufttrockenes Futter (Modellration; s. S. 327) mit 10,5% Rohprotein verabfolgt, in der ersten Dekade des Bilanzversuches 12 g, in der zweiten 13 g und während der dritten Versuchsdekade 14 g. Diese Futtermenge wurde nicht von allen Tieren voll verzehrt. Die Ratte Nr. 4 b ließ in der ersten Dekade 4,052 g zurück und insgesamt 36,217 g. Das Tier ging am 20. Tage an einer Entzündung des Harnleiters ein. Während des Gesamtversuches verblieben im übrigen folgende Futterreste: Tier Nr. 5 b 6,145 g, Nr. 9 b 4,474 g und Nr. 11 b 5,389 g. Die Reste wurden analysiert; die in den Tabellen verzeichnete „N-Aufnahme“ ist entsprechend reduziert.

In den beigefügten Tabellen 1–3 sind die N-Bilanzen jedes Tieres, unter Hinweis auf die Wurfzugehörigkeit, zusammen mit den entsprechenden Grunddaten – nach Versuchsdekaden unterteilt – aufgeführt. Tabelle 4 enthält die gleichen Daten für die gesamte Versuchsperiode.

Die Ergebnisse der Körperanalysen sind mit den zugehörigen Daten in den Tabellen 5 und 6 wiedergegeben. Für die Berechnung des N-Gehaltes der Tiere zu Versuchsbeginn (Tab. 6) wurde der mittlere prozentuale N-Gehalt der in Tab. 5 aufgeführten Vergleichstiere (2,88%) zugrundegelegt.

Tabelle 1. *N-Bilanz der 1. Dekade in mg*

Tier Nr.	Familie	N-Aufnahme	N im Kot	N resorb.	N im Harn	N-Bilanz
1 b	I	2016	436	1580	703	877
2 b	I	2016	525	1491	672	819
3 b	II	2016	517	1499	782	717
4 b	II	1948	513	1435	653	782
5 b	II	2016	536	1480	705	775
6 b	II	2016	527	1489	670	819
7 b	III	2016	574	1442	630	812
8 b	III	2016	581	1435	682	753
9 b	IV	2016	566	1450	677	773
10 b	IV	2016	601	1415	659	756
11 b	V	2016	571	1445	700	745
12 b	V	2016	553	1463	791	672

Tabelle 2. *N-Bilanz der 2. Dekade in mg*

Tier Nr.	Familie	N-Aufnahme	N im Kot	N resorb.	N im Harn	N-Bilanz
1 b	I	2184	494	1690	853	837
2 b	I	2184	529	1655	786	869
3 b	II	2184	516	1668	841	827
4 b	II	1643	410	1233	574	659
5 b	II	2184	483	1701	707	994
6 b	II	2184	570	1614	738	876
7 b	III	2184	591	1593	768	825
8 b	III	2184	553	1631	739	892
9 b	IV	2184	539	1645	810	835
10 b	IV	2184	576	1608	778	830
11 b	V	2184	535	1649	769	880
12 b	V	2184	509	1675	879	796

Tabelle 3. *N-Bilanz der 3. Dekade in mg*

Tier Nr.	Familie	N-Aufnahme	N im Kot	N resorb.	N im Harn	N-Bilanz
1 b	I	2352	617	1735	901	834
2 b	I	2352	644	1708	986	722
3 b	II	2352	620	1732	979	753
5 b	II	2250	634	1616	891	725
6 b	II	2352	665	1687	926	761
7 b	III	2352	682	1670	910	760
8 b	III	2352	676	1676	959	717
9 b	IV	2276	644	1632	961	671
10 b	IV	2352	689	1663	1117	546
11 b	V	2276	602	1674	982	692
12 b	V	2352	634	1718	989	729

Tabelle 4. *N-Bilanz der gesamten Versuchsperiode in mg*

Tier Nr.	Familie	N-Aufnahme	N im Kot	N resorb.	N im Harn	N-Bilanz
1 b	I	6552	1547	5005	2457	2548
2 b	I	6552	1698	4854	2444	2410
3 b	II	6552	1653	4899	2602	2297
5 b	II	6450	1653	4797	2303	2494
6 b	II	6552	1762	4790	2334	2456
7 b	III	6552	1847	4705	2308	2397
8 b	III	6552	1810	4742	2380	2362
9 b	IV	6476	1749	4727	2448	2279
10 b	IV	6552	1866	4686	2554	2132
11 b	V	6476	1708	4768	2451	2317
12 b	V	6552	1696	4856	2659	2197

Tier 4 nach 20 Versuchstagen eingegangen.

Tabelle 5. *Körperanalyse der Vergleichstiere*

Tier Nr.	Familie	Gewicht in g	Körper-N in mg	Körper-N in % d. Gew.
1 a	I	72,0	2104	2,92
2 a	II	70,0	1976	2,82
3 a	II	74,0	1965	2,66
4 a	III	66,0	1911	2,90
5 a	IV	71,0	2076	2,92
6 a	V	72,0	2181	3,03

Tabelle 6. *N-Zunahme auf Grund der Körperanalysen*

Tier Nr.	Familie	Anfangs-Gewicht in g	Endgewicht in g	N-Gehalt zu Versuchsende in mg	N-Gehalt zu Versuchsanf.*) in mg	N-Zunahme in mg
1 b	I	73,5	140,9	4648	2117	2531
2 b	I	73,5	137,4	4560	2117	2443
3 b	II	66,0	142,7	4396	1901	2495
5 b	II	69,5	151,2	4522	2002	2520
6 b	II	69,0	152,9	4557	1987	2570
7 b	III	65,5	139,4	4336	1886	2450
8 b	III	69,0	139,6	4354	1987	2367
9 b	IV	68,5	126,6	4165	1973	2192
10 b	IV	69,0	125,3	4109	1987	2122
11 b	V	73,0	133,6	4410	2102	2308
12 b	V	71,5	132,3	4378	2059	2319

*) Nach der Körperanalyse der Vergleichstiere berechnet.

Versuch 2: Hierbei standen nur 14 Ratten aus 3 Würfen zur Verfügung. Davon ging ein Tier aus Familie II gegen Ende der Vorfütterung aus unbekanntem Grunde ein. Mit dem Rest wurde ein Tastversuch mit folgender Gruppeneinteilung angestellt:

Gruppe 1: zu Versuchsbeginn analysiert
Gruppe 2: Bilanz über 10 Tage
Gruppe 3: Bilanz über 20 Tage

Die wie zuvor zusammengesetzte Modellration enthielt 9,34% Rohprotein in der lufttrockenen Substanz. Während der Vorperiode wurden 10 g täglich, in der ersten Dekade 11 g und in der zweiten 12 g zugeteilt. Es verblieben keine Reste.

In den Tabellen 7–11 sind die Versuchsdaten aufgeführt und mit den wenigen Besonderheiten gekennzeichnet.

Tabelle 7. *N-Bilanz der 1. Dekade*

Tier Nr.	Familie	N-Aufnahme	N im Kot	N resorb.	N im Harn	N-Bilanz
1 b	I	1644	627	1017	474	543
3 b	I	1644	508	1136	513	623
4 b	I	1644	554	1090	494	596
5 b	II	1644	485	1159	528	631
6 b	II	1644	538	1106	556	550
7 b	III	1644	485	1159	499	660
8 b	III	1644	514	1130	446	684

Tier Nr. 2 b am 3. Versuchstag an einem lokalen Lungenödem eingegangen

Tabelle 8. *N-Bilanz der 2. Dekade*

Tier Nr.	Familie	N-Aufnahme	N im Kot	N resorb.	N im Harn	N-Bilanz
1 b	I	1793	546	1247	548	699
3 b	I	1793	503	1290	553	737
5 b	II	1793	496	1297	620	677
7 b	III	1793	496	1297	569	728

Tabelle 9. *N-Bilanz nach 20 Tagen*

Tier Nr.	Familie	N-Aufnahme	N im Kot	N resorb.	N im Harn	N-Bilanz
1 b	I	3437	1173	2264	1022	1242
3 b	I	3437	1011	2426	1066	1360
5 b	II	3437	981	2456	1148	1308
7 b	III	3437	981	2456	1068	1388

Tabelle 10. *Körperanalyse der Vergleichstiere*

Tier Nr.	Familie	Gewicht in g	Körper-N in mg	Körper-N in % des Gew.
1 a	I	59	1835	3,11
2 a	I	71	2155	3,03
3 a	II	77,5	2305	2,97
4 a	III	77	2343	3,04
5 a	III	83	2469	2,97

Tier 5 a wurde zusätzlich analysiert

Tabelle 11. *N-Zunahme auf Grund der Körperanalyse*

Tier Nr.	Familie	Anfangs-Gewicht	Endgewicht	N-Gehalt zu Versuchsende	N-Gehalt zu Versuchsanf.	N-Zunahme
1 b	I	59,5	94,3	2927	1797	1130
3 b	I	73,5	111,3	3553	2220	1333
4 b	I	73,0	87,0	2921	2205	716
5 b	II	72,0	106,2	3471	2174	1297
6 b	II	71,0	85,3	2825	2144	681
7 b	III	77,5	110,8	3754	2340	1414
8 b	III	79,0	93,0	3040	2386	654

Tier 4 b, 6 b und 8 b nach 10-tägigem und Tier 1 b, 3 b, 5 b und 7 b nach 20-tägigem Versuch analysiert.

Versuch 3: Mit 18 Ratten aus 4 Familien wurde ein 30-tägiger, wiederum in 3 Dekaden unterteilter Versuch angestellt. Die gleiche Modellration enthielt 9,81% Rohprotein. Von den für die 10-tägige Vorperiode eingewogenen 110 g Futter verblieben folgende Reste:

Tier Nr.	Futterreste in g
1 a	9
4 a	10
1 b	11
3 b	7
8 b	14

Für die 3 Versuchsdekaden wurden 110 g, 120 g und 130 g Futter eingewogen. Diese Menge wurde nur von Ratte Nr 8b nicht restlos aufgenommen; sie ließ in der zweiten Dekade 35,00 g und in der dritten 20,99 g zurück.

In den Tabellen 12–17 sind in der bisherigen Form die Versuchsergebnisse zahlenmäßig festgehalten.

Tabelle 12. *N-Bilanz der 1. Dekade*

Tier Nr.	Familie	N-Aufnahme	N im Kot	N resorb.	N im Harn	N-Bilanz
1 b	I	1727	475	1252	486	766
2 b	I	1727	525	1202	442	760
3 b	II	1727	461	1266	439	827
4 b	II	1727	444	1283	516	767
5 b	II	1727	507	1220	530	690
6 b	II	1727	454	1273	571	702
7 b	III	1727	585	1242	456	786
8 b	III	1727	506	1221	443	778
9 b	III	1727	521	1206	535	671
10 b	III	1727	524	1203	602	601
11 b	IV	1727	465	1262	494	768
12 b	IV	1727	488	1239	434	805

Tabelle 13. *N-Bilanz der 2. Dekade*

Tier Nr.	Familie	N-Aufnahme	N im Kot	N resorb.	N im Harn	N-Bilanz
1 b	I	1884	553	1331	516	815
2 b	I	1884	612	1272	426	846
3 b	II	1884	504	1380	546	834
4 b	II	1884	506	1378	606	772
5 b	II	1884	546	1338	570	768
6 b	II	1884	636	1248	626	622
7 b	III	1884	539	1345	549	796
8 b *)	III	1334	444	890	516	374
9 b	III	1884	552	1332	676	656
10 b	III	1884	525	1359	678	681
11 b	IV	1884	525	1359	529	830
12 b	IV	1884	522	1362	542	820

*) Futterrest von 35,00 g

Tabelle 14. *N-Bilanz der 3. Dekade*

Tier Nr.	Familie	N-Aufnahme	N im Kot	N resorb.	N im Harn	N-Bilanz
1 b	I	2041	609	1432	698	734
2 b	I	2041	654	1387	679	708
3 b	II	2041	576	1465	884	581
4 b	II	2041	556	1485	901	584
5 b	II	2041	590	1451	809	642
6 b	II	2041	709	1332	926	406
7 b	III	2041	634	1407	668	739
8 b *)	III	1712	503	1209	700	509
9 b	III	2041	656	1385	956	429
10 b	III	2041	619	1422	892	530
11 b	IV	2041	598	1443	770	673
12 b	IV	2041	561	1480	749	731

*) Futterrest von 20,99 g

Tabelle 15. *N-Bilanz der gesamten Versuchsperiode*

Tier Nr.	Familie	N-Aufnahme	N im Kot	N resorb.	N im Harn	N-Bilanz
1 b	I	5652	1637	4015	1700	2315
2 b	I	5652	1791	3861	1547	2314
3 b	II	5652	1541	4111	1869	2242
4 b	II	5652	1506	4146	2023	2123
5 b	II	5652	1643	4009	1909	2100
6 b	II	5652	1799	3853	2123	1730
7 b	III	5652	1758	3894	1673	2221
8 b *)	III	4773	1453	3320	1659	1661
9 b	III	5652	1729	3923	2167	1756
10 b	III	5652	1668	3984	2172	1812
11 b	IV	5652	1588	4064	1793	2271
12 b	IV	5652	1571	4081	1725	2356

*) Futterrest von 55,99 g

Tabelle 16. *Körperanalyse der Vergleichstiere*

Tier Nr.	Familie	Gewicht in g	Körper-N in mg	Körper-N in % des Gew.
1 a	I	63,0	1810	2,87
2 a	II	79,0	2338	2,95
3 a	II	73,5	2216	3,02
4 a	III	70,7	2156	3,05
5 a	III	79,1	2485	3,14
6 a	IV	78,8	2244	2,85

Tabelle 17. *N-Zunahme auf Grund der Körperanalyse*

Tier Nr.	Familie	Anfangs-Gewicht	Endgewicht	N-Gehalt zu Versuchsende	N-Gehalt zu Versuchsanf.	N-Zunahme
1 b	I	65,0	135,3	4116	1937	2179
2 b	I	73,0	133,5	4266	2175	2091
3 b	II	75,2	135,0	4484	2241	2243
4 b	II	75,0	133,5	4277	2235	2042
5 b	II	73,4	130,5	4382	2187	2195
6 b	II	72,8	122,5	3914	2169	1745
7 b	III	73,8	130,0	4237	2199	2038
8 b	III	69,9	113,8	3818	2083	1735
9 b	III	80,9	130,8	4192	2411	1781
10 b	III	77,9	128,8	4344	2321	2023
11 b	IV	76,0	137,5	4552	2265	2287
12 b	IV	74,5	141,8	4650	2220	2430

Versuch 4: Aus 6 Familien waren 18 Ratten verfügbar. Davon wurden diesmal 6 zu Versuchsbeginn analysiert.

Die Versuchsanstellung war im Prinzip die gleiche wie bisher. Die zumeist unvorhergesehenen Abweichungen sind bei der nachfolgenden Beschreibung mit erwähnt.

Bei der auf Grund einer Konvention zwischen mehreren Instituten nur 7-tägigen Vorfütterung wurden je Tier und Tag 10 g der Gerste-Magermilchdiät mit 11,81% Rohprotein verabfolgt und verzehrt. In der 1. Dekade betrug das Futterangebot 11 g bzw. insgesamt 110 g, wovon das Tier 8 b 17,75 g weniger aufnahm. Dieser Rest wurde aber in der zweiten Dekade (allgemeiner Futterverzehr 120 g) zusätzlich aufgenommen. In den letzten 10 Tagen wurden 130 g Futter mit 12,73% Rohprotein verzehrt. Bei Tier 3 b konnte die bereits erwähnte Futterpause vor der Tötung nicht eingehalten werden. Demzufolge ist mit einer höheren Darmfüllung zu rechnen.

Von der Ratte Nr. 4 b ging vor der Analyse für die 1. Dekade eine unbestimmbare Harnmenge verloren. Das Tier Nr. 6 b setzte im ersten Versuchsabschnitt häufig, später nur vereinzelt, Harn in die Freßkanzel ab. Dieser konnte nicht restlos erfaßt werden. Der Harn von Ratte Nr. 10 b war höher viskos und lief im Trichter schlecht ab. Tagsüber wurde jeweils mit aqua dest. nachgespült; über Nacht verblieben aber Reste von eingetrocknetem Harn auf der Trichterwand.

In den Tabellen 18–23 ist im Hinblick auf die Versuchsdaten nochmals verwiesen.

Tabelle 18. *N-Bilanz der 1. Dekade*

Tier Nr.	Familie	N-Aufnahme	N im Kot	N resorb.	N im Harn	N-Bilanz
1 b	I	2079	492	1587	786	801
2 b	I	2079	495	1584	807	777
3 b	II	2079	504	1575	748	827
4 b *)	II	2079	507	1572	732	840
5 b	III	2079	493	1586	798	788
6 b *)	III	2079	466	1613	720	893
7 b	IV	2079	509	1570	770	800
8 b **)	IV	1744	424	1320	690	630
9 b	V	2079	473	1606	741	865
10 b *)	V	2079	483	1596	641	955
11 b	VI	2079	518	1561	775	786
12 b	VI	2079	515	1564	737	827

*) N-Verluste (s. Text)

**) Futterrest von 17,75 g

Tabelle 19. *N-Bilanz der 2. Dekade*

Tier Nr.	Familie	N-Aufnahme	N im Kot	N resorb.	N im Harn	N-Bilanz
1 b	I	2268	528	1740	1011	729
2 b	I	2268	527	1741	964	777
3 b	II	2268	494	1774	797	977
4 b	II	2268	538	1730	870	860
5 b	III	2268	560	1708	900	808
6 b *)	III	2268	528	1740	869	871
7 b	IV	2268	544	1724	947	774
8 b **)	IV	2604	576	2028	978	1050
9 b	V	2268	522	1746	954	792
10 b *)	V	2268	532	1736	946	790
11 b	VI	2268	564	1704	996	708
12 b	VI	2268	586	1682	886	796

*) N-Verluste (s. Text)

**) Futtermehraufnahme von 17,75 g

Tabelle 20. *N-Bilanz der 3. Dekade*

Tier Nr.	Familie	N-Aufnahme	N im Kot	N resorb.	N im Harn	N-Bilanz
1 b	I	2648	576	2072	1325	747
2 b	I	2648	570	2078	1288	790
3 b **)	II	2648	646	2002	1283	719

**) Kürzere Nüchternzeit vor der Tötung (s. Text)

Fortsetzung Tabelle 20

Tier Nr.	Familie	N-Aufnahme	N im Kot	N resorb.	N im Harn	N-Bilanz
4 b	II	2648	572	2076	1250	826
5 b	III	2648	639	2009	1273	736
6 b *)	III	2648	548	2100	1266	834
7 b	IV	2648	583	2065	1314	751
8 b	IV	2648	616	2032	1200	832
9 b	V	2648	576	2072	1228	844
10 b *)	V	2648	574	2074	1293	781
11 b	VI	2648	616	2032	1191	841
12 b	VI	2648	616	2032	1213	819

*) N-Verluste (s. Text)

Tabelle 21. *N-Bilanz der gesamten Versuchsperiode*

Tier Nr.	Familie	N-Aufnahme	N im Kot	N resorb.	N im Harn	N-Bilanz
1 b	I	6995	1596	5399	3122	2277
2 b	I	6995	1592	5403	3059	2344
3 b **)	II	6995	1644	5351	2828	2523
4 b *)	II	6995	1617	5378	2852	2526
5 b	III	6995	1692	5303	2971	2332
6 b *)	III	6995	1542	5453	2855	2598
7 b	IV	6995	1636	5359	3031	2328
8 b	IV	6995	1616	5379	2868	2511
9 b	V	6995	1571	5424	2923	2501
10 b *)	V	6995	1589	5406	2880	2526
11 b	VI	6995	1698	5297	2962	2335
12 b	VI	6995	1717	5278	2836	2442

*) N-Verluste (s. Text)
**) Kürzere Nüchternzeit vor der Tötung (s. Text)

Tabelle 22. *Körperanalyse der Vergleichstiere*

Tier Nr.	Familie	Gewicht in g	Körper-N in mg	Körper-N in % d. Gew.
1 a	I	69,0	2294	3,32
2 a	II	64,5	2152	3,34
3 a	III	67,5	2113	3,13
4 a	IV	71,0	2252	3,17
5 a	V	65,0	2033	3,13
6 a	VI	65,5	2122	3,24

Tabelle 23. *N-Zunahme auf Grund der Körperanalyse*

Tier Nr.	Familie	Anfangs-Gewicht	Endgewicht	N-Gehalt zu Versuchsende	N-Gehalt zu Versuchsanf.	N-Zunahme
1 b	I	69,0	135,0	4472	2222	2250
2 b	I	69,0	135,0	4527	2222	2305
3 b	II	68,0	138,5	4561	2190	2371
4 b	II	67,0	127,8	4520	2157	2363
5 b	III	69,0	130,8	4426	2222	2204
6 b	III	70,5	138,0	4648	2270	2378
7 b	IV	69,0	134,0	4575	2222	2353
8 b	IV	70,0	139,0	4582	2254	2328
9 b	V	66,5	134,8	4467	2141	2326
10 b	V	67,5	132,0	4396	2173	2223
11 b	VI	64,0	125,2	4226	2061	2165
12 b	VI	62,5	129,0	4218	2012	2206

Versuch 5: Aus 5 Familien konnten 11 Tiere für die Bilanzversuche eingesetzt werden; die gleiche Zahl diente zur Körperanalyse.

Im Rahmen einer Enquete des Arbeitskreises für Eiweißbewertung bei der Gesellschaft für Ernährungsphysiologie der Haustiere wurde eine zweite Futtermischung eingesetzt. Neben der bisherigen Modellration, die diesmal 9,32% Rohprotein enthielt, war ein Futter (Enquetefutter) mit 22,91% Rohprotein und folgender Zusammensetzung zugeteilt:

55% Gerste	4% Sojaschrot
20% Fischmehl	3% Trockenhefe
11% Weizenkleie	2% Leinsamen
5% Luzerne	

Nach der 7-tägigen Vorfütterung (61 g Modellration, 63 g Enquetefutter) wurden die aus der Tabelle ersichtlichen Tiere getötet bzw. in den 30-tägigen Versuch genommen. Dabei war die Futterzuteilung (auf gleicher Trockensubstanzbasis) wie folgt:

	Modellration	Enquetefutter
1. Dekade	98,05 g	102,46 g
2. Dekade	108,94 g	113,86 g
3. Dekade	119,84 g	125,22 g

Tier 9 b fraß schlecht und ging am 18. Versuchstag ein. Die übrigen Ratten nahmen das zugeteilte Futter restlos auf.

Der Harn von Tier 3 b war außergewöhnlich viskos und blieb zu den Nachtstunden, als nicht nachgespült wurde, an der Trichterwand hängen und trocknete dort ein. Auch in diesem Versuch setzte ein Tier (Nr. 5 b) Harn in die Freßkanzel ab, der nicht restlos erfaßt werden konnte.

Die Versuchsdaten sind in der bisherigen Form in den Tabellen 24–29 wiedergegeben.

Tabelle 24. *N-Bilanz der 1. Dekade*

Tier Nr.	Familie	N-Aufnahme	N im Kot	N resorb.	N im Harn	N-Bilanz
1 b	I	3757	760	2997	2070	927
2 b	I	3757	830	2927	2070	857
3 b *)	II	3757	768	2989	1985	1004
4 b	III	3757	822	2935	1952	983
5 b *)	IV	3757	765	2992	1776	1216
6 b	V	3757	830	2927	2104	823
7 b	I	1462	451	1011	525	486
8 b	I	1462	458	1004	564	440
9 b **)	II	1432	509	923	469	454
10 b	III	1462	418	1044	468	576
11 b	IV	1462	494	968	617	351

Tiere 1—6 b mit Enquetefutter und Tiere 7—11 mit Modellration gefüttert

*) N-Verluste (s. Text)

**) Futterrest von 2 g

Tabelle 25. *N-Bilanz der 2. Dekade*

Tier Nr.	Familie	N-Aufnahme	N im Kot	N resorb.	N im Harn	N-Bilanz
1 b	I	4174	833	3341	2544	797
2 b	I	4174	903	3271	2369	902
3 b *)	II	4174	830	3344	2425	919
4 b	III	4174	898	3276	2282	994
5 b *)	IV	4174	838	3336	2306	1030
6 b	V	4174	895	3279	2541	738
7 b	I	1624	513	1111	492	619
8 b	I	1624	522	1102	497	605
10 b	III	1624	455	1169	609	560
11 b	IV	1624	527	1097	589	508

Tier 9 b ging im 18. Versuchstag ein.

*) N-Verluste (s. Text)

Tabelle 26. *N-Bilanz der 3. Dekade*

Tier Nr.	Familie	N-Aufnahme	N im Kot	N resorb.	N im Harn	N-Bilanz
1 b	I	4592	934	3658	2793	865
2 b	I	4592	1038	3554	2803	751
3 b *)	II	4592	975	3617	2850	767
4 b	III	4592	1057	3535	2724	811
5 b *)	IV	4592	947	3645	2499	1146
6 b	V	4592	954	3638	2904	734
7 b	I	1787	560	1227	589	638
8 b	I	1787	542	1245	635	610
10 b	III	1787	490	1297	757	540
11 b	IV	1787	623	1164	618	546

*) N-Verluste (s. Text)

Tabelle 27. *N-Bilanz der gesamten Versuchsperiode*

Tier Nr.	Familie	N-Aufnahme	N im Kot	N resorb.	N im Harn	N-Bilanz
1 b	I	12523	2527	9996	7407	2589
2 b	I	12523	2771	9752	7242	2510
3 b *)	II	12523	2573	9950	7260	2690
4 b	III	12523	2777	9745	6958	2787
5 b *)	IV	12523	2550	9973	6581	3392
6 b	V	12523	2679	9844	7549	2295
7 b	I	4873	1524	3349	1606	1743
8 b	I	4873	1522	3351	1696	1655
10 b	III	4873	1363	3510	1834	1676
11 b	IV	4873	1644	3229	1824	1405

*) N-Verluste (s. Text)

Tabelle 28. *Körperanalyse der Vergleichstiere*

Tier Nr.	Familie	Gewicht in g	Körper-N in mg	Körper-N in % des Gew.
1 a	I	75,0	2391	3,19
2 a	I	75,0	2437	3,25
3 a	II	70,5	2273	3,22
4 a	III	72,0	2329	3,23
5 a	IV	72,5	2247	3,10
6 a	V	68,0	2146	3,16

Fortsetzung Tabelle 28

Tier Nr.	Familie	Gewicht in g	Körner-N in mg	Körner-N in % des Gew.
7 a	I	76,5	2345	3,07
8 a	I	60,0	1811	3,02
9 a	II	59,0	1838	3,12
10 a	III	68,0	2102	3,09
11 a	IV	64,5	1989	3,08

1—6 a Vergleichstiere für die Gruppe mit Enquetefutter und 7—11 a für die Gruppe mit Modellration

Tabelle 29. *N-Zunahme auf Grund der Körperanalyse*

Tier Nr.	Familie	Anfangs-gewicht	Endgewicht	N-Gehalt zu Versuchsende	N-Gehalt zu Versuchsanf.	N-Zunahme
1 b	I	77,0	156,0	5016	2456	2560
2 b	I	74,0	140,3	4459	2361	2098
3 b	II	73,0	145,5	4652	2329	2323
4 b	III	71,0	146,2	4770	2265	2505
5 b	IV	65,5	135,0	4419	2089	2330
6 b	V	73,0	140,7	4343	2329	2014
7 b	I	68,0	125,7	3990	2094	1896
8 b	I	66,5	121,2	3801	2048	1753
10 b	III	69,0	121,2	3832	2125	1707
11 b	IV	65,5	111,3	3558	2017	1541

Tier 9 ging am 18. Versuchstag ein

Diskussion der Ergebnisse

Zur Auswertung der Versuchsergebnisse sind in den nachfolgenden Tabellen 30–34 die „N-Bilanzen“ (N-Aufnahme minus N-Ausscheidungen) den „N-Zunahmen“ gegenübergestellt. Die letztere Bezeichnung wurde zur Unterscheidung für diese Diskussion und analog dem Begriff „Gewichtszunahme“ gewählt. Die N-Zunahmen errechnen sich als Differenz zwischen dem Gesamt-Körper-N zu Versuchsende und dem zu Beginn der Hauptperiode unterstellten. Diesen Anfangswert liefern die am Ende der Vorperiode getöteten sog. „Vergleichstiere“; deren Verwandtschaft zu den Versuchstieren ist bei der Versuchsbeschreibung gekennzeichnet.

Die Anfangswerte errechnen sich aus dem Gewicht des jeweiligen Versuchstieres zu Beginn der Hauptperiode und dem Durchschnitt des prozentischen Körper-N-Gehaltes der Vergleichsgruppe.

Aus den Gegenüberstellungen ergibt sich insgesamt, daß unter den hier vorliegenden Versuchsbedingungen zwar m. o. w. große Abweichungen zwischen N-Bilanz und N-Zunahme zu verzeichnen, diese aber keineswegs „einseitig gerichtet“ und im Sinne vorherrschender „N-Verluste“ bei der Bilanzmethode zu deuten sind.

Bereits im 1. Versuch konnte festgestellt werden, daß Abweichungen nach beiden Seiten vorkommen, die in diesem Falle im Rahmen der Fehlerbreite im biologischen Versuch liegen.

Im 2. Versuch sind wiederum beiderseitige Abweichungen zu verzeichnen, die allerdings größer sind. Dabei ist jedoch die kürzere Versuchsdauer zu berücksichtigen, insbesondere, daß die stark abweichenden Tiere 4 b und 6 b nur 10 Tage im Versuch standen.

Tabelle 30. *N-Bilanz und N-Zunahme im 1. Versuch*

Tier Nr	N-Bilanz mg	N-Ansatz mg	Differenz in mg	in %
1 b	2548	2531	− 17	− 0,7
2 b	2410	2443	+ 33	+ 1,4
3 b	2297	2495	+ 198	+ 8,6
5 b	2494	2520	+ 26	+ 1,0
6 b	2456	2570	+ 114	+ 4,6
7 b	2397	2450	+ 53	+ 2,2
8 b	2362	2367	+ 5	+ 0,2
9 b	2279	2192	− 87	− 3,8
10 b	2132	2122	− 10	− 0,5
11 b	2317	2308	− 9	− 0,4
12 b	2197	2319	+ 122	+ 5,6

Tabelle 31. *N-Bilanz und N-Zunahme im 2. Versuch*

Tier Nr.	N-Bilanz mg	N-Ansatz mg	Differenz in mg	in %
1 b	1242	1130	− 112	− 9,0
3 b	1360	1333	− 27	− 2,0
4 b *)	596	716	+ 120	+ 20,1
5 b	1308	1297	− 11	− 0,8
6 b *)	550	681	+ 131	+ 23,8
7 b	1388	1414	+ 26	+ 1,9
8 b *)	684	654	− 30	− 4,4

*) 10-tägige Versuchsdauer (im übrigen 20 Tage)

Tabelle 32. *N-Bilanz- und N-Zunahme im 3. Versuch*

Tier Nr	N-Bilanz mg	N-Ansatz mg	Differenz in mg	in %
1 b	2315	2178	—136	– 5,9
2 b	2314	2091	—223	– 9,6
3 b	2242	2243	+ 1	+ 0,5
4 b	2123	2042	– 81	– 3,8
5 b	2100	2195	+ 95	+ 4,5
6 b	1730	1745	+ 15	+ 0,9
7 b	2221	2038	–183	– 8,2
8 b	1661	1735	+ 74	+ 4,5
9 b	1756	1781	+ 25	+ 1,4
10 b	1812	2023	+211	+11,6
11 b	2271	2287	+ 16	+ 0,7
12 b	2356	2430	+ 74	+ 3,1

Tabelle 33. *N-Bilanz und N-Zunahme im 4. Versuch*

Tier Nr.	N-Bilanz mg	N-Ansatz mg	Differenz in mg	in %
1 b	2277	2250	— 27	— 1,2
2 b	2344	2305	– 39	– 1,7
3 b	2523	2371	–152	– 6,0
4 b	2526	2363	–163	– 6,5
5 b	2332	2204	–128	– 5,5
6 b	2598	2378	–220	– 8,5
7 b	2328	2353	+ 25	+ 1,1
8 b	2511	2328	–183	– 7,3
9 b	2501	2326	–175	– 7,0
10 b	2526	2223	—303	—12,0
11 b	2335	2165	—170	– 7,3
12 b	2442	2206	–236	- 9,7

Der 3. Versuch bestätigt die Ergebnisse des ersten, während sich im 4. Versuch eine Tendenz zu „N-Verlusten“ anzeigt. Diese können hinsichtlich der Tiere 4 b, 6 b und 10 b mit Verlusten an Harn (vgl. S. 335) erklärt werden, die trotz des Silikonierens der Harntrichter auftraten.

Der 5. Versuch wurde unter teils erheblich veränderten Bedingungen durchgeführt (vgl. Versuchsbeschreibung S. 338). Die Tiere 1 b–6 b mit der außergewöhnlich hohen N-Aufnahme weisen „N-Verluste“ auf, die im Rahmen dieser Arbeit nicht erklärt werden können. Die mit der Modellration gefütterten Tiere 7 b–11 b haben demgegenüber eine „verlustlose“ Bilanz zu verzeichnen.

Verschiedene weitere Schlußfolgerungen aus den Versuchsdaten werden noch im Zusammenhang mit später angestellten Versuchsserien zu diskutieren sein. An Hand des vorliegenden Zahlenmaterials soll an dieser Stelle nur noch darauf hingewiesen werden, daß bei einer Gegenüberstellung von N-Aufnahme und N-Bilanz sich in allen Versuchen für die 3. Dekade eine schlechtere „N-Verwertung" errechnet. Das wird in Tabelle 35 deutlich, und zwar in dem Produktiven Eiweißwert (PEW) $= \frac{\text{N-Bilanz}}{\text{N-Aufnahme}} \cdot 100$, der dort dekadenweise aufgeführt ist. Der PEW liegt in der 3. Dekade um durchschnittlich $^1/_5$ niedriger als in den ersten 20 Versuchstagen. Es blieb offen, wodurch dieser Abfall bedingt ist und ob er nicht schon im Verlauf der 2. Dekade einsetzt. Da er jedoch die Durchschnittswerte einer 30-tägigen Periode beeinflußt, bleibt zu überlegen, wie lange Qualitätsprüfungen im Hinblick auf die intensive Fleischbildung ausgedehnt werden können.

Tabelle 34. *N-Bilanz und N-Zunahme im 5. Versuch*

Tier Nr.	N-Bilanz mg	N-Ansatz mg	Differenz in mg	Differenz in %
1 b	2589	2567	— 22	— 0,9
2 b	2510	2098	—412	—16,5
3 b	2690	2323	—367	—13,6
4 b	2787	2505	—282	—10,1
5 b	3392	2330	-1062	—31,3
6 b	2295	2014	—281	—12,4
7 b	1743	1896	+153	+ 8,8
8 b	1655	1753	+ 98	+ 5,9
10 b	1676	1707	+ 31	+ 1,8
11 b	1405	1541	+136	+ 9,7

Tabelle 35

Versuch Nr.	PEW der 1. Dekade	PEW der 2. Dekade	PEW der 3. Dekade
1	38,4	39,4	30,9
3	42,3	40,7	30,1
4	38,9	35,1	29,5
5	27,8	27,9	24,9

Versuch dauerte nur 20 Tage

Zusammenfassung

In 5 Versuchen an wachsenden Albinoratten wurde überprüft, ob bzw. inwieweit die nach dem N-Bilanzverfahren und durch Körperanalyse ermittelten N-Zunahmen übereinstimmen. Es zeigte sich, daß im 30-tägigen Versuch keine „einseitig gerichteten" Fehler auftreten. In einigen Fällen waren allerdings trotz besonderer Vorsicht N-Verluste bei der Bilanzmethode zu verzeichnen, die auf schlecht abfließenden und dabei eintrocknenden Harn zurückgeführt werden. Die in drei Dekaden eingeteilten Bilanzversuche erbrachten im letzten Abschnitt einen durchschnittlich $^1/_5$ niedrigeren Produktiven Eiweißwert ($PEW = \frac{\text{N-Bilanz}}{\text{N-Aufnahme}} \cdot 100$).

Literaturverzeichnis

1 STOTZ, H. und P. ZELENYJ: Der Eiweißansatz beim Huhn während eines längeren Versuchsabschnittes und vergleichend hierzu bei mehrmaliger zehntägiger Unterteilung. Arch. Geflügelk. **17**, 54—68 (1953).

2 STOTZ, H.: Stickstoff- und Schwefelansatz nach einer Gerstenfütterung bei wachsenden Schweinen. Arch. Tierernährg., Beih. Nr. 4, 38—50 (1954).

3 RAUF, F. B.: N-Retentionsversuche an Hühnern im Ablauf von 130 Tagen bei 10-tägiger Unterteilung. Diss. Kiel 1954.

4 KINZEL, H.: Läßt sich die N-, Ca- und P-Bilanz bei Hühnern und Enten durch Tieranalyse bestätigen? Diss. Kiel 1955.

5 SCHOEL, E.: Stickstoffretentionen an New Hamshire-Hähnen vom 1.—80. Lebenstage mit und ohne Wirkstoffzufütterung und ihre physiologische Bedeutung nach Ermittlung des N-Gehaltes der Versuchstiere. Diss. Kiel 1955.

6 FÖLSTER, H.: Langfristige N-, Ca- und P-Bilanzversuche und Analysen von 6 Hennen bei verschiedener Fütterung. Diss. Kiel 1956.

7 DREPPER, K.: Über die Differenz der „wahren" und „scheinbaren" N-Retention, ermittelt durch verschiedenartige Methoden zur Wertbeurteilung des Nahrungsstickstoffes. Naturwissenschaften **43**. 203 (1956).

8 NEHRING, K., W. LAUBE, E. SCHWERTFEGER, R. SCHIEMANN, E. HAESLER, L. HOFFMANN: Die Bestimmung der biologischen Wertigkeit des Eiweißes (N-Bilanz und N-Ansatz im Tier). Biochem. Zschr. **328**, 549—561 (1957).

9 BECKER, M. und S. HARNISCH: Neue Untersuchungen über die Gültigkeit und Exaktheit von Stickstoff-Bilanzen bei Stoffwechselversuchen an lebenden Tieren — 2. Mttl. — (Vergleich der aus der Bilanz errechneten N-Retention mit dem tatsächlichen N-Ansatz im Tierkörper bei Wachstumsversuchen mit Ratten). Arch. Tierernährg. **8**, 401—419 (1958).

10 HARNISCH, S. und M. BECKER: 3. Mttlg. (Vergleich der aus der Bilanz errechneten N-Retention mit dem N-Ansatz bei jungen wachsenden Küken — Hähnchen — und Schweinen). Arch. Tierernährg. **8**, 420—432 (1958).

11 MÜLLER, R. und D. HÖTZEL: Ein Vorschlag zur Verbesserung der Fütterungsvorrichtung von Stoffwechselkäfigen für Ratten. Arch. Tierernährg. **5**, 65—69 (1955).

Eingegangen am 23. 6. 1960

Aus dem Institut für Anatomie und Physiologie der Haustiere der Universität Bonn
(Direktor: Prof. Dr. E. SCHÜRMANN)

F. KNAPPEN

Beiträge zur biologischen Proteinbewertung

3. *Mitteilung:*

Über den Einfluß des Käfigstandortes im Rattenversuchsraum auf Gewichts- und N-Zunahme unter Berücksichtigung der Geschlechtsunterschiede

Bisherige Beobachtungen meist empirischer Natur legten es nahe, auch die Haltungsfragen im Versuchsprogramm zur biologischen Proteinbewertung zu berücksichtigen. Es ist durchaus zu beachten, welche Faktoren außerhalb der Futterwirkung das Ergebnis des Tierexperimentes beeinflussen. So stellte sich die Frage, ob bei den Versuchen an Albinoratten bei der üblichen, u. a. nach Höhe und Abstand von der Lichtquelle unterschiedlichen Aufstellung der Käfige bei gleichem Futter auch gleiche Bewertungsdaten erzielt werden. Zugleich sollte überprüft werden, wie sich das Geschlecht der Tiere auf die Gewichts- und N-Zunahme auswirkt.

Versuchsanstellung

Die *Haltungsbedingungen* stehen in diesem Falle im Vordergrund. Um die Unterbringung der Tiere kurz und in den wesentlichen Zügen zu veranschaulichen, wird eine Teilaufnahme des Versuchsraumes (rekonstruiert) vorangestellt (Abb. 1).

Der Raum hat eine Bodenfläche von 6,00 × 4,70 m; die Deckenhöhe beträgt 2,80 m. Die Fenster sind nach Nordwesten gerichtet. Die direkte Einstrahlung der Abendsonne wurde durch Rollos verhindert. Die Raumtemperatur war durch einen Thermostaten auf 23 ± 1 °C reguliert. Durch die an der Südwestecke des Raumes auf den ebenfalls beheizten Flur führende Tür erfolgte die Frischluftzufuhr.

In dem an der Nordostwand des Versuchsraumes stehenden Regal waren die Käfige für die Tiere dieses Versuchs so untergebracht, daß deren Lauffläche bei der Stellung „oben" 1,45 m und bei der Stellung „unten" 0.25 m über dem Fußboden des Raumes lag. Bei der Entfernung „nahe" betrug der mittlere Abstand 1,5 m, bei der Entfernung „fern" 2,5 m von der Fensterwand.

Außerdem befanden sich im Versuchsraum an den Wänden sowie auf Mitteltischen ca. 100—120 Versuchs- und Zuchtratten.

Um an einem bestimmten Standort eine größere Zahl von Tieren unterbringen zu können, wurden die Tiere nicht einzeln, sondern in Vierergruppen gehalten, die bei der Versuchsauswertung als eine Einheit bewertet wurden. Für die Gruppenhaltung dienten die von HÖTZEL [1] beschriebenen sog. Aufzuchtkäfige. Diese wurden jedoch dahingehend modifiziert, daß auf dem Drahtboden im Abstand von 4,5 cm voneinander über den Trog ragende Drahtbügel mit Maschendrahtquerwänden aufgelötet wurden, wodurch verhindert werden konnte, daß sich die Ratten in den Trog legten. Außerdem wurde es dadurch möglich, die Schrauben zum Festhalten des über dem Futter befindlichen Maschendrahtes zu entfernen, was eine Arbeitserleichterung beim Futtereinfüllen und Sauberhalten der Tröge bedeutet.

Abb. 1. Käfigstellung im Versuchsraum

Das *Tiermaterial* (je 32 männliche und weibliche Albinoratten) konnte aus einer größeren Anzahl von Jungtieren eines Wurftermins des institutseigenen Inzuchtstammes entnommen werden. Zu Beginn der Vorfütterung wurden aus 4 nach dem Geschlecht getrennten Gewichtsklassen die Ratten zufällig entnommen und zu Vierergruppen vereinigt. Je 8 Gruppen männlicher und weiblicher Tiere hatten etwa gleiche Ausgangsgewichte und Streuungen innerhalb der Gruppen. Es wurde zufällig auf die 4 Standorte „oben nah", „oben fern", „unten nah" und „unten fern" verteilt.

Die *Fütterung* (einmal täglich zwischen 8 und 9 Uhr) war einheitlich, und zwar bei folgender Zusammensetzung (lufttrockene Substanz) der Ration:

89,5% feingemahlene Wintergerste
5,0% nach dem Sprühverfahren hergestelltes Magermilchpulver
5,0% Mineralstoffmischung nach DLG Standard IIa
0,5% Vitaminvormischung für Schweine.

Als Tränkwasser stand Leitungswasser (Talsperrenwasser mit geringem Härtegrad) zur Aufnahme ad libitum bereit.

Während der Vorperiode erhielten die Gruppen je Tag 40,0 g der Futtermischung. An dem Morgen, an dem alle Gruppen ein Gewicht von 280 g erreicht oder überschritten hatten, wurde nur eine halbe Tagesration verabreicht. Am folgenden Morgen begann für die Versuchsgruppen die 30-tägige Hauptperiode während die Vergleichsgruppen zur Berechnung des „Körper-N-Gehaltes zu Versuchsbeginn" getötet und analysiert wurden.

Während der Hauptperiode erhielten die Versuchsgruppen gemäß den Richtlinien eines Arbeitskreises *) in der ersten Dekade 9,0 g, in der zweiten 10,0 g und in der dritten 11,0 g Trockensubstanz der Futtermischung je Tier und Tag.

Bei der Einwaage der Zehn-Tage-Rationen der Gruppen in Polyäthylenflaschen betrug der Trockensubstanz-Gehalt der Futtermischung für die erste Dekade 91,27, für die zweite 91,38 und die dritte 91,40%, während die entsprechenden Werte für den N-Gehalt 1,53, 1,51 bzw. 1,54% ausmachten. Somit wurden je Gruppe folgende Futtermengen verabreicht:

in der ersten Dekade	394,40 g	Futter	mit	6034 mg N
in der zweiten Dekade	437,72 g	Futter	mit	6609 mg N
in der dritten Dekade	481,40 g	Futter	mit	7414 mg N
in der gesamten Hauptperiode	1313,52 g	Futter	mit	20057 mg N

Das Futter der letzten Dekade mußte so verteilt werden, daß für den letzten Versuchstag nur noch eine halbe Tagesration verblieb, damit die Tiere bei der Tötung zur Analyse am Versuchsende denselben Status der Darmfüllung hatten wie zu Versuchsbeginn.

Versuchsablauf und Versuchsergebnisse

Die Hauptversuchsperiode verlief störungslos. Das zugeteilte Futter wurde restlos verzehrt. Die Gewichtsentwicklung (täglich verfolgt) war stetig. Durch die halbe Ration am letzten Tag der Vorfütterung wie auch der Hauptversuchsperiode büßten die Gruppen stark an Gewicht ein.

Die Tötung der Vergleichstiere zu Versuchsbeginn und der Versuchstiere zu Versuchsende erfolgte mit Chloroform. Jedes Tier wurde dann in dem 1 l-Weithals-Erlenmeyer-Kolben, in dem es getötet wurde, mit 800 ml 6n HCl unter Zusatz von 2—3 g $SnCl_2$ im Wärmebad knapp unter Siedetemperatur 24 Stunden lang hydrolysiert.

Nach dem Erkalten setzte sich auf dem klaren, braunrot gefärbten Hydrolysat eine wenige mm dicke zähe Schicht ab. Diese hauptsächlich aus Fetten bestehende Schicht ließ sich durch Filtrieren gut von dem Hydrolysat trennen. In aliquoten Anteilen des mit destilliertem Wasser auf 1 l aufgefüllten Filtrates wurde der Gesamtsickstoff nach dem Makrokjeldahlverfahren mit 20 ml H_2SO_4 (1,84), 15 g K_2SO und 1 g $CuSO_4$ bestimmt. Der Kjeldahlaufschluß der Filterrückstände dauerte sehr lange, dabei mußte mehrmals H_2SO_4 nachgegeben werden.

Der N-Gehalt der Filterrückstände erwies sich als gering. Er betrug bei den 32 Vergleichstieren (Gewicht 54,0 bis 81,4 g) durchschnittlich 0,92% des Filtrat-N mit einer Variationsbreite von 0,71 bis 1,14%, bei den 32 Versuchstieren (Gewicht 100,1 bis 154,7 g) im Mittel 1,06% mit Extremwerten von 0,54 und 1,32% des Filtrat-N.

---

*) Arbeitskreis für Eiweißbewertung in der Gesellschaft für Ernährungsphysiologie der Haustiere (Vorschläge vom 24. 4. 58 in Gießen).

Tabelle 1. *Ergebnisse des Hauptversuches*

Gruppe	Anfangs-gewicht g	Endgewicht g	Gewichts-zunahme g	Futter-verwertung (Frisch-substanz)	Berechneter Körper-N Anfang mg	Körper-N Ende mg	N-Gehalt mg N je g Lebend-gewicht	N-Zunahme mg	PEW
oben nah ♂	268,4	507,0	238,6	1 : 5,5	7623	15 573	30,7	7950	39,6
oben nah ♀	272,8	487,5	214,7	1 : 6,1	7693	14 953	30,7	7260	36,2
oben fern ♂	278,5	508,9	230,4	1 : 5,7	7909	15 818	31,1	7909	39,4
oben fern ♀	266,4	488,7	222,3	1 : 5,9	7512	15 159	31,0	7647	38,1
unten nah ♂	265,7	487,2	221,5	1 : 5,9	7812	15 303	31,4	7491	37,4
unten nah ♀	263,4	463,1	199,7	1 : 6,6	7744	14 733	31,8	6989	34,8
unten fern ♂	272,0	493,8	221,8	1 : 5,9	7997	15 751	31,9	7754	38,7
unten fern ♀	262,9	470,0	207,1	1 : 6,3	7729	14 904	31,7	7175	35,8

Die Körper-N-Bestimmungen der Vergleichstiere ergeben folgende N-Gehalte in mg je g Lebendgewicht

„oben ♂" 28,4 (—0,7) „unten ♂" 29,4 (+ 0,2)
„oben ♀" 28,2 (—0,2) „unten ♀" 29,4 (— 0,3).

Die Werte sind Durchschnittswerte der jeweiligen Vergleichsgruppen „nah" und „fern". Eine weitere Aufteilung in „nah" und „fern" war nicht zweckmäßig, da in der Vorperiode die äußeren beiden der vier Käfige jedes Standortes auf Grund ihrer Ausmaße weiter voneinander entfernt standen, als die mittlere Entfernung zwischen „nah" und „fern" (1,00 m) betrug. Die Wertpaare stimmten sehr gut überein. Die Differenzen zwischen „nah" und „fern" sind in Klammern angegeben (in mg/g).

Die in Tabelle 1 verzeichneten *Versuchsergebnisse der Hauptperiode* wurden biologisch-statistisch ausgewertet (SNEDECOR und COCHRAN [2]). Gewichtszunahme und Körper-N-Zunahme wurden nach der mehrfachen Varianzanalyse hinsichtlich der Vergleiche zwischen den Geschlechtern, Stellungen und Entfernungen geprüft (Tabelle 2 und 3). Die N-Gehalts-Zahlen sind als relative Zahlen nicht normal, sondern binominal verteilt. Sie mußten daher vor der Testung nach der Varianzanalyse in Prozentzahlen umgewandelt und dann nach arcsin $\sqrt{\%}$ transformiert werden (Tabelle 4 a und 4 b).

Tabelle 2. *Varianzanalyse der Gewichtszunahmen*

Ursache	SAQ	FG	Ø SAQ	SAQ zus. gef.	FG	Ø SAQ	F
Total	1.070,59	7					
Geschlecht	586,53	1	586,53				26,92**
Stellung	390,60	1	390,60				17,93*
Entfernung	6,30	1	6,30				< 1°
Geschlecht × Stellung	2,53	1	2,53				
Geschlecht × Entfernung	65,55	1	65,55	87,16	4	21,79	
Stellung × Entfernung	8,61	1	8,61				
Rest	10,47	1	10,47				

Sowohl hinsichtlich der Gewichtszunahme als auch der Körper-N-Zunahme bestehen – soweit dies im Rahmen der genannten Versuchsanordnung feststellbar war – keine gesicherten Wechselwirkungen. Diese können daher mit dem Rest zusammengefaßt werden. Bei der Prüfung gegen das zusammengefaßte Ø SAQ_R ergeben sich bei der Gewichtszunahme hoch gesicherte Unterschiede zwischen Geschlechtern ($0{,}01 > P > 0{,}005$). Die männlichen Tiere haben somit besser zugenommen als die weiblichen der entsprechenden Standorte. Während die Differenz zwischen den „Entfernungen" im Zufälligkeitsbereich liegt, ist der Einfluß der „Stellungen" signifikant (0,025 > P > 0,01). Das bedeutet, die „oben" stehenden Gruppen haben sich gewichtsmäßig günstiger entwickelt als die zugehörigen Gruppen „unten".

Tabelle 3. *Varianzanalyse der Körper-N-Zunahmen*

Ursache	SAQ	FG	∅ SAQ	SAQ zus. gef.	FG	∅ SAQ	F
Total	876 505	7					
Geschlecht	516 636	1	516 636				44,77**
Stellung	230 181	1	230 181				18,17*
Entfernung	79 003	1	79 003				6,23⁰
Geschleeht × Stellung	2 080	1	2 080⁰	50 685	4	12 671	
Stellung × Entfernung	1 326	1	1 326⁰				
Geschlecht × Entfernung	15 400	1	15 400⁰				
Rest	31 879	1	31 879				

Tabelle 4 a. *Transformation der Körper-N-Gehalte zu Versuchsende*

o b e n			u n t e n		
mg N/g Gewicht	% N	arcsin $\sqrt{\%}$	mg N/g Gewicht	% N	arcsin $\sqrt{\%}$
30,7	3,07	10,08	31,8	3,18	10,28
30,7	3,07	10,08	31,4	3,14	10,21
31,0	3,10	10,14	31,7	3,17	10,26
31,1	3,11	10,16	31,9	3,19	10,29

Tabelle 4 b. *Einfache Varianzanalyse der Körper-N-Gehalte*
(Vergleich „oben" — „unten"; alle Zahlen durch Subtraktion von 10,00 linear transformiert)

Ursache	SAQ	FG	∅ SAQ	F
Total	0,0510	7		
Stellung	0,0421	1	0,0421	28,07**
Rest	0,0089	6	0,0015	

Beim N-Ansatz ergibt sich ebenfalls ein hochgesicherter Unterschied ($0{,}005 > P > 0{,}001$) zu Gunsten der männlichen Ratten. Die Gruppen „oben" haben deutlich mehr N angesetzt als die entsprechenden „unten" ($0{,}025 > P > 0{,}01$). Der „Entfernungs"einfluß ist zwar nicht signifikant, liegt aber im Gegensatz zum Ergebnis bei der Gewichtszunahme in dem kritischen Bereich $0{,}1 > P > 0{,}05$.

Der Vergleich der Körper-N-Gehalte der Versuchstiere zu Versuchsende zeigt, daß zwischen den Stellungen „oben" und „unten" hoch gesicherte Differenzen bestehen ($0{,}005 > P > 0{,}001$). Die Gruppen „unten" haben somit einen sehr deutlich höheren N-Gehalt, d. h., daß die N-freien Substanzen – in der Hauptsache wohl Fett – entsprechend weniger vorhanden sind.

Zusammenfassung und Schlußfolgerungen

In einem 30-tägigen Versuch wurden je 4 Vierergruppen wachsender männlicher und weiblicher Albinoratten an genau festgelegten Käfigstandorten im Versuchsraum gehalten.

Die gleich gefütterten Versuchsgruppen hatten allein auf Grund der verschiedenen Käfigstandorte signifikant unterschiedliche Gewichts- und Körper-N-Zunahmen.

Die Raumtemperatur war über einen Thermostaten in engen Grenzen gesteuert. Dabei kann es aber durchaus zu schichtweisen Temperaturunterschieden sowie auch einseitigen Anreicherungen von Stoffwechsel- und Zersetzungsprodukten kommen. Es bleibt zu überprüfen, ob eine mechanische Luftumwälzung Abhilfe schafft. Ein zusätzlicher Lichteinfluß wird vermutet.

Unter den hier und vielfach auch andernorts vorliegenden Raumverhältnissen wird den unterschiedlichen Standortbedingungen durch genügend viele Wiederholungen und richtige Verteilung in Blöcken zu begegnen sein. Selbst beim Arbeiten in nur einer Höhe muß der „Entfernungs"-Einfluß mitberücksichtigt werden.

Die männlichen Ratten waren in Gewichts- und Körper-N-Zunahme den weiblichen hoch gesichert überlegen. Damit wird erneut die Forderung unterstrichen, bei der biologischen Proteinbewertung nur Tiere eines Geschlechtes zu verwenden. Bei den eigenen Untersuchungen und bei den Enqueten des genannten Arbeitskreises (s. S. 348) wurden nur männliche Ratten eingesetzt. Die bei der Aufzucht etwa in gleicher Zahl anfallenden weiblichen Tiere können nur dann mit in den Versuch genommen werden, wenn bei entsprechender Versuchsplanung die Einflußgröße durch das unterschiedliche Verhalten der Geschlechter bei der Auswertung eliminiert werden kann und wenn keine gesicherten Wechselwirkungen zu erwarten sind.

Der Körper-N-Gehalt der in der Stellung „unten" gehaltenen Tiere war im Vergleich zu den „oben" stehenden sehr deutlich höher. Diese Unterschiede dürften im wesentlichen auf einer Verschiebung des Fleisch-Fett-Verhältnisses beruhen und sind durch die Gewichtsermittlung allein nicht zu erkennen. Für die exakte Proteinbewertung insbesondere für die Leistungsrichtung „Fleischansatz" erscheint demnach die Bestimmung der N-Zunahme dringend geboten.

Literaturverzeichnis

[1] HÖTZEL, D.: Der Einfluß von Lysinzulagen auf den Eiweißwert einer Gerste-Magermilchdiät bei wachsenden Albinoratten unter vergleichender Berücksichtigung der Zulagewirkung von Lysin beim Schwein. Landwirtsch. Diss. Bonn 1955.

[2] SNEDECOR, G. W. with W. C. COCHRAN: Statistical Methods Applied to Experiments in Agriculture and Biology — 5th Edition, Reprinted. Iowa State College Press, Ames Iowa 1957.

Eingegangen am 11. 7. 1960

Aus dem Institut für Tierzucht und Haustiergenetik der Universität Gießen
(Direktor: Professor Dr. L. KRÜGER)

L. KRÜGER und *K. KIRCHBERG*

Untersuchungen über die Wirkung von Vitamin B12 und behandeltem Sojaschrot bei der Mast von Küken

Das *Vitamin-*B_{12} (Cobalamin) besitzt nach TANGL (1959) eine wachstumsstimulierende Wirkung, die mit gesteigerter Fleisch- bzw. Eiweißbildung verbunden ist. Mittelbar wird nach TIMM (1950) durch geringe Beigaben von Vitamin B_{12} der Eiweißhaushalt geändert und auch die Abwehrkraft gegen Infektionen gesteigert. Als Angriffspunkt dient wahrscheinlich der intermediäre Fett- und Eiweißstoffwechsel in der Leber, wo unter anderem Verbindung zur Synthese des *Methionins* festgestellt werden konnte. Der oft irrig vertretenen Ansicht, Vitamin B_{12} ersetze Eiweiß, tritt MEIER (1954) entgegen und stellt fest, daß das Vitamin B_{12} die Umsetzung pflanzlichen Eiweißes an Stelle des gesamten oder eines Teiles des tierischen Eiweißes der Ration ermöglicht. SINGSEN (1959) gibt den Minimalbedarf im kg Futter bei Küken mit 2 γ an und empfiehlt, dem Geflügelaufzucht- und Mastfutter 6 bis 12 mcg je kg Futter zuzusetzen. In der hier beschriebenen Versuchsreihe I wurden differenzierte Vitamin B_{12}-Gaben in Futtermischungen *ohne tierisches Eiweiß* an Leghornhähnchen in den ersten 8 Lebenswochen verabreicht.

Als pflanzlicher Eiweißträger gewinnt das *Sojaextraktionsschrot* in der Tierernährung immer mehr an Bedeutung. Nicht nur wegen seines hohen Gesamteiweißgehaltes ist es ein hervorragendes Futtermittel, sondern auch wegen des optimalen Gehaltes sämtlicher essentieller Aminosäuren, besonders der schwefelhaltigen, nimmt es innerhalb der pflanzlichen Eiweißfuttermittel die führende Rolle ein.

In nachstehender Tabelle sind die essentiellen Aminosäuren (prozentischer Anteil am Eiweiß) nach KELLNER-BECKER (1959) von Fischmehl und Sojaextraktionsschrot gegenübergestellt:

	Fischmehl		Sojaextraktionsschrot
Valin	5,8–6,0		5,1
Leucin	7,1–7,8		7,2
Isoleucin	5,6–6,0	>	4,9
Threonin	4,2–4,5	>	3,8
Cystin und Methionin	3,8–4,7	>	3,4
Tyrosin und Phenylalanin	7,3–7,5		9,0
Tryptophan	1,1–1,3		1,2
Lysin	7,8–9,0	>	5,8
Histidin	2,4–2,6		2,4
Arginin	5,9–7,4		6,7

Das Sojaextraktionsschrot enthält einen eiweißähnlichen, bisher unidentifizierten Stoff, der negativen Einfluß vor allem auf das Ferment Trypsin ausübt und damit die biologische Wertigkeit des Sojabohneneiweißes herabsetzt. Dieser Stoff wird als Trypsin-Hemmfaktor oder *Antitrypsin-Faktor* bezeichnet. Neben diesem Trypsin-Hemmfaktor kommt noch eine toxische Substanz, das Soyin, in der Sojabohne vor, das weder eine Urease – noch antitryptische Aktivität besitzt, aber wachstumshemmende Eigenschaften aufweist. Durch entsprechendes Erhitzen *(Toasten)* werden die oben erwähnten Hemmstoffe zum Teil zerstört, so daß der biologische Wert des Sojaeiweißes beträchtlich erhöht wird. Über den Toastprozeß sind bereits viele Veröffentlichungen geschrieben worden, daher erübrigt es sich, an dieser Stelle darauf einzugehen.

Versuchstechnik

Die Mast der Küken dieser nachfolgend beschriebenen zwei Versuchsreihen fand in einem heizbaren Raume in Batteriekäfigen mit zusätzlicher Deckenheizung statt. Um Versuchsfehler auf ein Minimum zu reduzieren, wurden die einzelnen Gruppen planmäßig im Raum verteilt untergebracht.

Am 2. Lebenstage begann die Fütterung mit dem Versuchsfutter, das in mehliger Form verabreicht wurde. Die Analyse desselben erfolgte im Labor des hiesigen Institutes nach der Weender Methode, und die Berechnung der verdaulichen Nährstoffe geschah mit Hilfe der Verdauungskoeffizienten nach FANGAUF (1953).

Soweit erforderlich, bekamen die Küken das Futter zweimal täglich zugewogen. Die Gesamtfutteraufnahme wurde durch Zurückwiegen des restlichen Futters am Ende jeder Versuchswoche festgestellt. Klares Wasser stand als Tränke zur Verfügung.

Auf einer Tachoschnellwaage mit Grammeinteilung ermittelten wir das 4-Wochengewicht und 8-Wochengewicht jedes einzelnen Tieres. In den anderen Versuchswochen wurden Gruppenwägungen vorgenommen.

Versuchsreihe I

Gestaffelte Vitamin-B_{12}-Gaben ohne tierische Eiweißträger im Futter der Versuchsgruppen in den ersten 8 Lebenswochen

In der Versuchsreihe I bestanden die Tiere aus 5 Versuchsgruppen aussortierter Leghornhähnchen. Da es sich hierbei um Nachkommen der Zuchtstämme des Oberen Hardthofes handelt, ist eine weitgehende genetische Ausgeglichenheit vorhanden. In jeder Versuchsgruppe waren bei Versuchsbeginn 31 Tiere, und die Versuchszeit erstreckte sich vom 8. Mai bis zum 3. Juli 1959 (8 Wochen).

Versuchsanordnung

Gruppe 1 Kontrollgruppe, Futtermischung 1 (siehe Tab. 1), 12% Fischmehl, 15% get. Sojaextraktionsschrot ohne Vit. B_{12}-Zusatz.

Gruppe 2 Versuchsgruppe, ohne tier. Eiweiß, 15% get. Sojaextraktionsschrot, 12% Erdnußschrot ohne Vit. B_{12}-Beigabe. Futtermischung 2 (siehe Tab. 1).

Gruppe 3 Versuchsgruppe ohne tier. Eiweiß, pflanzliche Eiweißträger wie Gruppe 2, Futtermischung 2 und zusätzlich 5 γ Vit. B_{12} je kg Futter.

Gruppe 4 Versuchsgruppe ohne tier. Eiweiß, pflanzliche Eiweißträger wie Gruppe 2, Futtermischung 2 und zusätzlich 20 γ Vit. B_{12} je kg Futter.

Gruppe 5 Versuchsgruppe ohne Tier. Eiweiß, pflanzliche Eiweißträger wie Gruppe 2, Futtermischung 2 und zusätzlich 35 γ Vit. B_{12} je kg Futter.

Tabelle 1. *Zusammensetzung der Futtermischungen* (Angaben in %)

Futtermischung	1	2
1) Maisschrot	43	43
2) Gerstenschrot	5	5
3) Haferschrot	5	5
4) Weizenschrot	5	5
5) Weizenvollmehl	2,2	2,2
6) Tapiokamehl	7	7
7) Sojaextr.-Schrot getoastet	15	15
8) Erdnußschrot	—	12
9) Fischmehl	12	—
10) Waldhof-Futter-Hefe	3	3
11) Mineralstoff DLG Ia	2	2
12) Nitrophenid-Konzentrat*)	0,8	0,8
13) Vitamine: Vit. A IE	3000	
D3 IE	1000	
E mg	5,0	
K mg	2,0	

*) Coccidiostaticum

Analysenwerte der Futtermischungen in Prozent

Futtermischung	1	2
1. Gesamtnährstoffe	73,6	74,4
2. Trockensubstanz	89,6	88,6
3. Rohprotein	20,6	19,5
4. verd. Rohprotein	17,4	15,8
5. Ballast	12,2	13,2
6. Rohfaser	3,2	3,9

Tabelle 2. *Ergebnisse der Versuchsreihe I/59*

Gruppe	1	2	3	4	5
Tierzahl (Anfang / Ende) . . .	31/31	31/29	31/28	31/31	31/31
Futterverzehr (g)	2279,3	2392,3	2293,0	2434,7	2418,8
Nährstoffverzehr (g)	1677,8	1778,7	1704,8	1810,2	1798,4
Anfangsgewicht (g)	38,0	38,0	38,0	38,0	38,0
Endgewicht (g)	778,5	711,9	730,7	745,6	787,9
Gewichtszunahme (g)	740,5	673,9	692,7	707,6	749,9
∅ tägl. Gew.-Zunahme (g) . .	13,22	12,03	12,37	12,64	13,39
Verwertungszahl	226,5	263,9	246,1	255,8	239,8
Rohverwertung (kg)	3,08	3,55	3,31	3,44	3,22
Streuung der Endgewichte s =	80,6	89,0	71,0	89,8	78,2
Variationskoeffizienten	10,4	12,5	9,7	12,0	9,90

Aus diesen Ergebnissen der Versuchsreihe I können folgende Schlüsse gezogen werden:

1. Der absolute Futterverzehr liegt in der Gruppe 4 mit 20 γ Vitamin B_{12} im Futter mit 2436 g am höchsten. Aus Tabelle 2 und Darstellung 1 geht weiterhin hervor, daß die Gruppe 1 mit 12% Fischmehl und 15% getoastetem Soja-extraktionsschrot die geringste Futteraufnahme von 2279 g innerhalb der Versuchszeit zeigte.

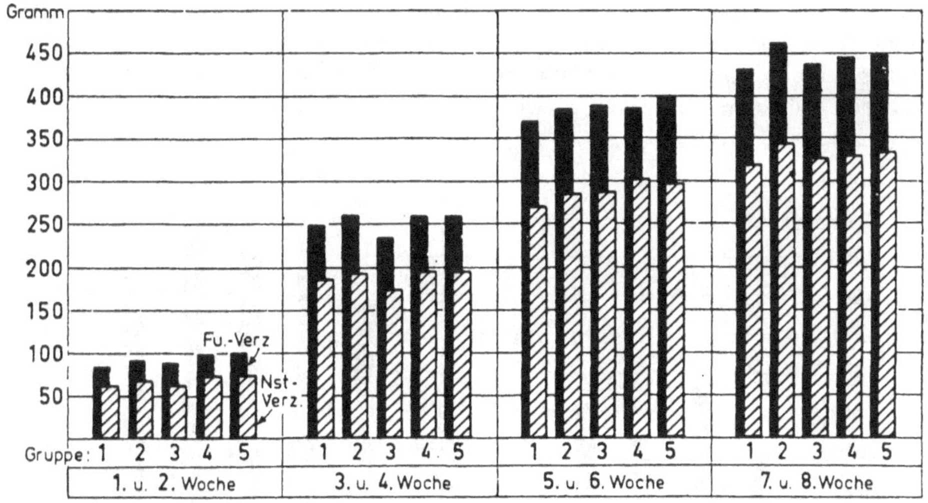

Darstellung 1. Durchschnittlicher wöchentlicher Futter- und Nährstoffverzehr

2. Deutlich steigende Zunahmen mit Erhöhung der Vitamin-B_{12}-Gaben: 712 g, 731 g, 746 g, 788 g. (Tabelle 2, diese Seite und Darstellung 2, Seite 358) Eine Überprüfung der Endgewichtsdifferenzen nach dem T-Test-Verfahren ergab allerdings keine signifikanten Unterschiede. Die Gruppe 1 mit Fischmehl hat etwas niedrigere Zunahmen (778 g) als die Gruppe 5 ohne Fischmehl und mit 35 γ B_{12}.

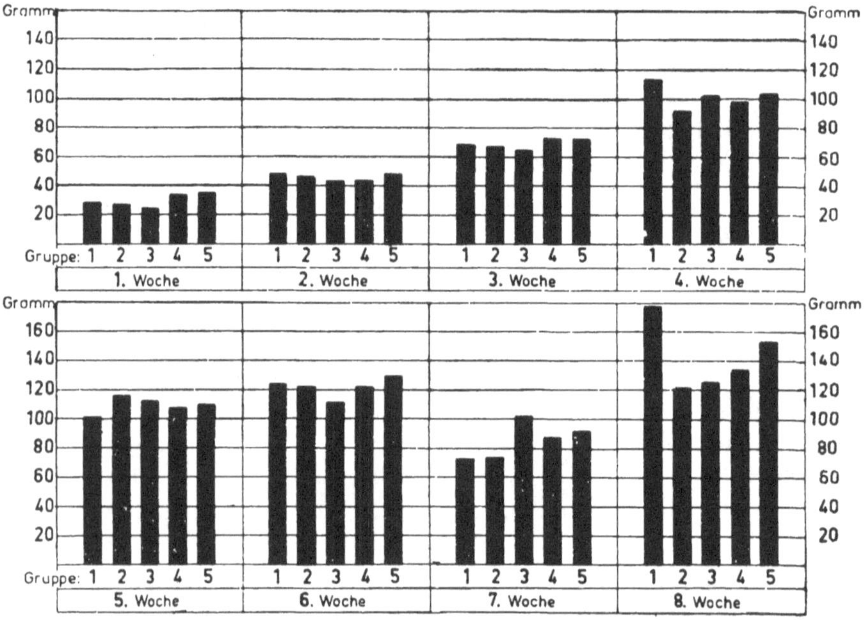

Darstellung 2. Durchschnittliche wöchentliche Gewichtszunahmen

3. Die beste Futterverwertung (Darstellung 4) von 3,08 kg/kg Zunahme innerhalb dieser Versuchsreihe hatte die Gruppe 1 mit tierischem Eiweiß im Futter. Es folgt die Gruppe 5 mit nur pflanzlichem Eiweiß und 30 (mcg) γ Vitamin B_{12} je kg Futter und 3,22 kg Futterverbrauch je 1 kg Zunahme. Innerhalb dieses Versuches zeigt die Gruppe 2 mit nur pflanzlichen Eiweißträgern und ohne Vitamin B_{12} den höchsten Futterverbrauch, 3,55 kg je 1 kg Zunahme während der 8-wöchigen Versuchszeit.

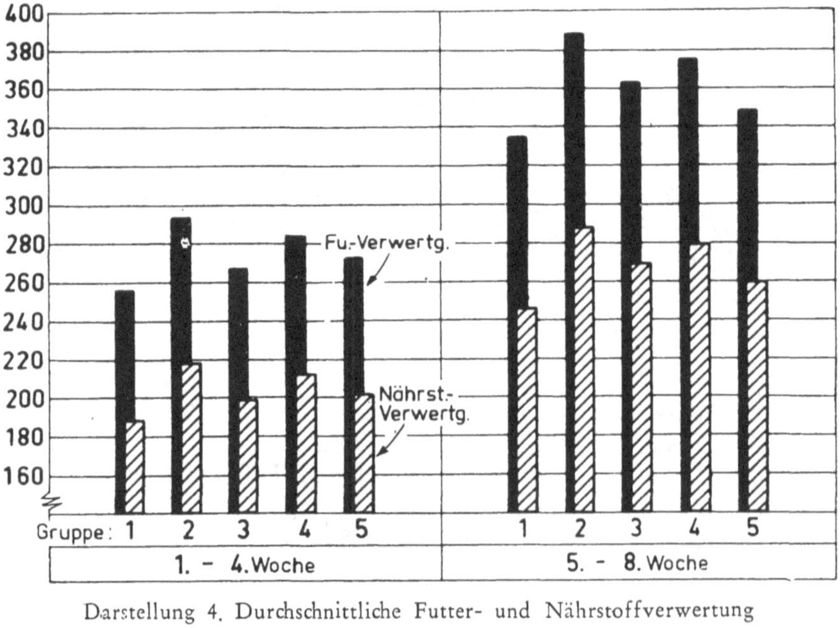

Darstellung 4. Durchschnittliche Futter- und Nährstoffverwertung

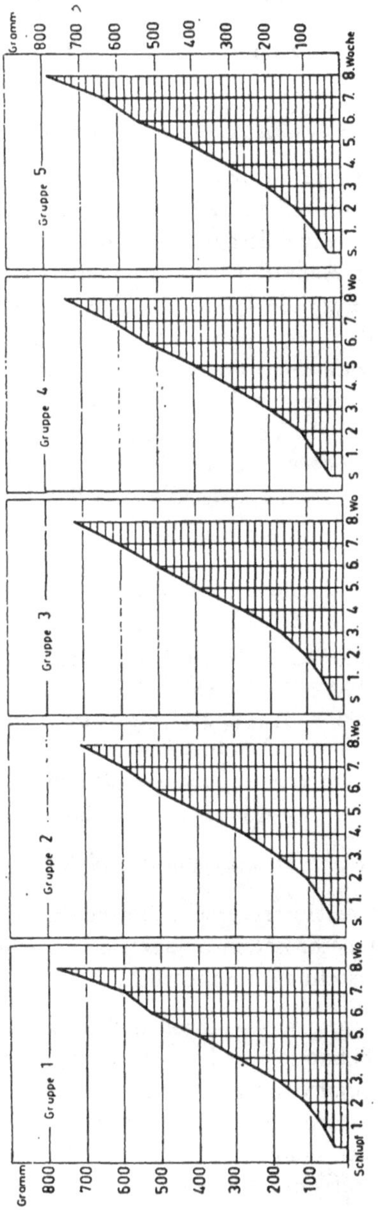

Darstellung 3. Gewichtsentwicklung

4. Zusammenfassend kann aus Versuchsreihe I gefolgert werden, daß besonders behandeltes (getoastetes) Sojaextraktionsschrot verglichen mit früheren Untersuchungen mit ungetoastetem Sojaextraktionsschrot vollwertiger geworden ist. Vitamin B_{12}-Beigaben, 5,20 und 35 γ je kg, erhöhen die Gesamtzunahmen.

Versuchsreihe II

Gegenüberstellung von ungetoastetem zu getoastetem Soajextraktionsschrot in Geflügelaufzuchtfuttermischungen

In dieser Versuchsreihe sollte nachgewiesen werden, wie weit das Sojaextraktionsschrot durch den Toastprozeß vollwertiger geworden ist, und ob bei Zusatz von Vitamin B_{12} tierische Eiweißträger aus Geflügelaufzuchtfuttermischungen weggelassen werden können. Außerdem wurde ungetoastetes Sojaextraktionsschrot getoastetem gegenübergestellt. Die Höhe der Dosierung der Vit.-B_{12}-Gaben in den Futtermischungen (Tab. 3) der Gruppen 3–6 wurden der Literatur und den Ergebnissen der vorhergegangenen Versuchsreihe I entnommen. Als Versuchsmaterial standen Kreuzungstiere aus der Paarung New Hampshire-Hahn × Leghorn-Henne zur Verfügung. Jede Versuchsgruppe bestand bei Versuchsbeginn aus 26 männlichen und 26 weiblichen Tieren, die gesondert aufgestellt wurden. Die Versuchszeit erstreckte sich vom 14. Aug. bis zum 9. Okt. 1959 (8 Wochen).

Versuchsanordnung

Gruppe 1, Futtermischung 1 (12% Fischmehl, 15% unget. Sojaschrot)

Gruppe 2, Futtermischung 2 (12% Fischmehl, 15% get. Sojaschrot)

Gruppe 3, Futtermischung 3 (6% Fischmehl, 21% unget. Sojaschrot und je kg Futter 12,5 mcg Vit. B_{12}).

Gruppe 4, Futtermischung 4 (6% Fischmehl, 21% getoastetes Sojaschrot und je kg Futter 12,5 mcg Vit. B_{12}).

Gruppe 5 , Futtermischung 5 (nur 27% ungetoastetes Sojaschrot und 25 mcg Vitamin B_{12}).

Gruppe 6, Futtermischung 6 (nur 27% getoastetes Sojaschrot und 25 mcg Vit. B_{12}).

Ergebnisse der Versuchsreihe II sind aus der Tabelle 4 ersichtlich.

1. Den niedrigsten Gesamtfutterverzehr hatten in dieser Versuchsreihe die Gruppen 1, 3 und 5 mit ungetoastetem Sojaextraktionsschrot im Futter. Näheres ist aus Tabelle 4 und Darstellung 5 ersichtlich.

2. Bereits nach einer Versuchswoche lagen die Gewichte der Versuchsgruppen 2, 4 und 6 mit beonders behandeltem Sojaschrot über denen der Gruppen 1, 3 und 5 mit ungetoastetem Sojaextraktionsschrot im Futter (Darstellung 6 und 7). Dieser Gewichtsvorsprung wurde bis zum Versuchsende weiterhin verbessert, so daß bei einem Vergleich nach dem t-Testverfahren die Gewichtsdifferenzen nach 8 Versuchswochen eine Signifikanz ergaben.

Gewichtszunahmen in

Gruppen mit besonders behandeltem Sojaschrot 747 g, 777 g, 757 g.

Gruppen mit unbehandeltem Sojaschrot 547 g, 556 g, 573 g.

Tabelle 3. *Zusammensetzung der Futtermischungen* (Angaben in Prozent)

Gruppe	1	2	3	4	5	6
1. Maisschrot	43	43	43	43	43	43
2. Gerstenschrot	5	5	5	5	5	5
3. Haferschrot	5	5	5	5	5	5
4. Weizenschrot	5	5	5	5	5	5
5. Wirkstoffkonzentrat*)	3	3	3	3	3	3
6. Tapiokamehl	7	7	7	7	7	7
7. Sojaextr.-Schrot unget.	15	—	21	—	27	—
8. Sojaextr.-Schrot get.	—	15	—	21	—	27
9. Fischmehl	12	12	6	6	—	—
10. Waldhof-Futterhefe	3	3	3	3	3	3
11. Mineralstoff DLG Ia	2	2	2	2	2	2
12. Vit. B_{12} je kg Futter mcg	—	—	12,5	12,5	25	25

*) Trägersubstanz Weizenvollmehl daran gebunden je kg Futter:
7000 IE. Vit. A, 1000 IE. Vit. D_3, 5 mg Vit. E, 2,5 mg Vit. K

Analysenergebnisse:	1	2	3	4	5	6
Gesamtnährstoffgehalt	72,8	73,0	73,0	73,2	73,2	73,4
Rohprotein	20,7	21,0	19,8	20,2	19,0	19,4
Rohfaser	3,4	3,6	3,8	3,9	4,1	4,3
Tier. Rohprotein	6,2	6,2	3,1	3,1	—	—
Pflanzl. Rohprotein	14,5	14,8	16,8	17,1	19,0	19,4

Tabelle 4. *Versuchsreihe II*

Tierzahl (Anfang/Ende), Futterverzehr, Nährstoffverzehr, Anfangsgewicht, Endgewicht, Gewichtszunahme, tägl. Gewichtszunahme, Verwertungszahl, Mastwertzahl, Roh- oder Futterverwertung sowie Streuungen und Variationskoeffizienten nach 8 Versuchswochen

Gruppe	1	2	3	4	5	6
Tierzahl*) Anfang / Ende	52/46	52/50	52/45	52/48	52/52	52/52
Futterverzehr (g)[1]	1786,7	2103,3	1815,0	2244,4	1876,4	2210,6
Nährstoffverzehr (g)	1299,8	1534,4	1324,4	1643,6	1372,7	1623,5
Anfangsgewicht (g)	39,0	39,0	39,0	39,0	39,0	39,0
Endgewicht (g)	586,1	785,5	595,2	815,8	611,7	796,0
Gewichtszunahme (g)	547,1	746,5	556,2	776,8	572,7	757,0
Tägl. Gewichtszunahme (g)	9,77	13,33	9,93	13,87	10,23	13,52
Verwertungszahl	238	206	238	212	240	214
Mastwertzahl	24,4	25,4	24,0	15,3	23,5	15,8
Roh- oder Futterverwertung (kg)	3,26	2,82	3,26	2,89	3,28	2,92
Streuung s $\pm$ g	142,1	180,3	166,5	165,5	141,8	138,2
Variationskoeffizient v %	23,6	26,0	27,6	20,5	23,2	17,4

*) 50% männliche und 50% weibliche Tiere.

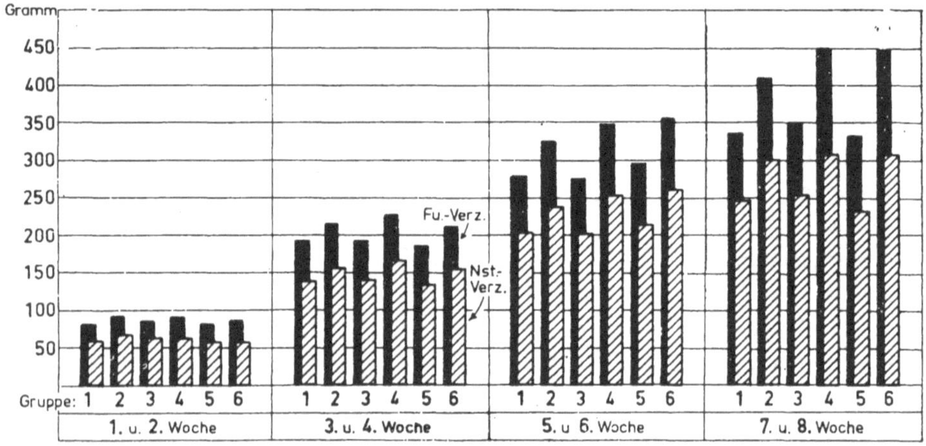

Darstellung 5. Durchschnittlicher wöchentlicher Futter- und Nährstoffverzehr

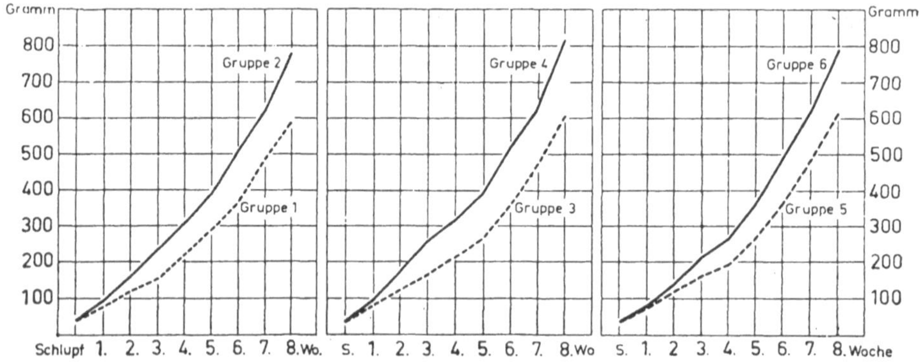

Darstellung 6. Gewichtsentwicklung

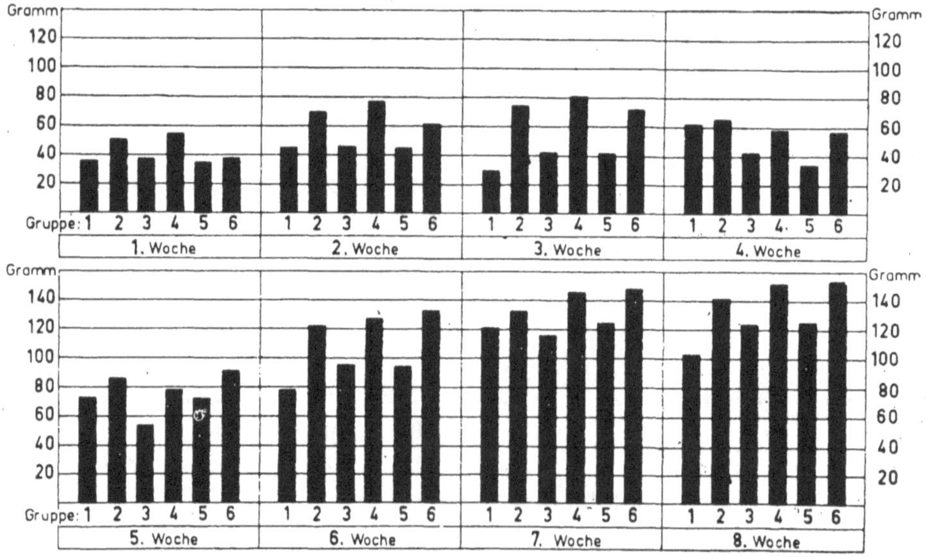

Darstellung 7. Durchschnittliche wöchentliche Gewichtszunahmen

3. Hinsichtlich der Futterverwertung zeigten die Versuchsgruppen ebenfalls bessere Ergebnisse als die Kontrollgruppen (Verwertungszahlen 206, 212, 214 gegenüber 238, 238, 240). (Darstellung 8.)

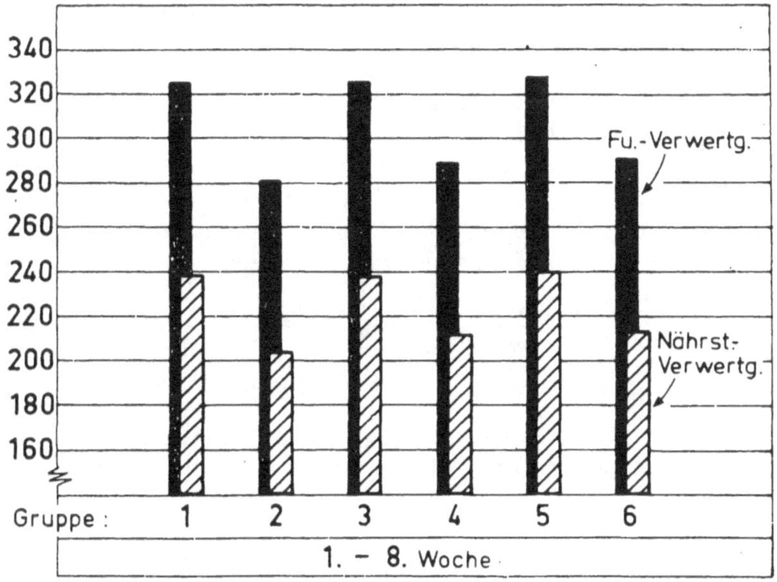

Darstellung 8. Durchschnittliche Futter- und Nährstoffverwertung

4. Versuchsverlauf: In der 3. Woche trat eine leichte Infektion unbekannter Ursache auf. Besonders auffallend ist die Zahl der Verluste in den Gruppen 1 und 3 mit ungetoastetem Sojaextraktionsschrot im Futter. Es erweckt den Anschein, daß die Tiere der Gruppen mit getoastetem Sojaextraktionsschrot die Infektion besser überstanden haben; dennoch sind die Abgänge nicht ungewöhnlich hoch.

Zusammenfassung der Ergebnisse

I. Fünf Gruppen zu je 31 Leghorn-Hähnchen erhielten gestaffelte Vitamin B_{12}-Gaben in Futterrationen ohne tierisches Eiweiß in den ersten 8 Wochen verabfolgt. Die Kontrollgruppe 1 mit 12% Fischmehl und 15% getoastetem Sojaextraktionsschrot zeigte keine bessere Gewichtszunahme als die Gruppe 5 mit 15% getoastetem Sojaextraktionsschrot, 12% Erdnußschrot und 35 mcg Vitamin B_{12} je kg Futter, während die Futterverwertung in Gruppe 1 bei 3,08 kg und bei Gruppe 2 bei 3,22 kg nach 8 Wochen lag. Am schlechtesten schnitt die Gruppe ohne tierisches Eiweiß ab; mit höherer Vitamin-B_{12}-Gabe war eine Steigerung der Futterverwertung und der Gewichtszunahme zu verzeichnen.

Ergebnisse:	Gr. 1	2	3	4	5	
	Kontrollgr.	—	5	20	35	mcg Vit. B_1 je kg Futter
Gewichtszunahme (g)	740	674	693	708	750	
Futterverwertung (kg)	3,08	3,55	3,31	3,44	3,22	

II. 6 Gruppen zu je 26 weiblichen und 26 männlichen Tieren der Kreuzung New Hampshire × Leghorn fanden als Tiermaterial der Versuchsreihe II Verwendung.

Versuchsanordnung: Gruppe 1 und 2 erhielten eine einheitliche Grundfuttermischung und 12⁰/₀ Fischmehl und 15⁰/₀ Sojaextraktionsschrot, erstgenannte Gruppe in ungetoasteter Form, letztere in getoastetem Zustande. Gruppe 3 und 4 erhielten 6⁰/₀ Fischmehl und 21⁰/₀ Sojaextraktionsschrot, dazu zusätzlich 12,5 mcg Vitamin B_{12} im kg Futter. Gruppe 3 bekam Sojaextraktionsschrot in ungetoasteter Form, Gruppe 4 in getoasteter. Gruppe 5 und Gruppe 6 bekamen keine tierischen Eiweißträger im Futter, nur 27⁰/₀ Sojaextraktionsschrot und 25 mcg Vitamin B_{12} je kg Futter. Während die Gruppe 5 wieder Soja in ungetoasteter Form erhielt, bekam Gruppe 6 Soja getoastet verabreicht.

Ergebnisse: Gr.	1	2	3	4	5	6
Gewichtszunahme (g)	547	746	556	777	573	757
Futterverwertung (kg) . . .	3,26	2,82	3,26	2,89	3,28	2,92

In der 3. Woche hat eine leichte Infektion einige Abgänge verursacht, die in den Gruppen ohne getoastetem Sojaschrot und ohne Vit. B_{12} etwas größer waren (11—12% gegenüber 4—8% und 0%).

Literaturverzeichnis

FANGAUF, R.: Geflügelfütterung 4. Aufl. E. Ulmer-Verlag, Stuttgart 1953.

KELLNER, O., BECKER, M.: Grundzüge der Fütterungslehre 12. Auflage, Verlag Paul Parey, 1959.

MEIER, H.: Die Anwendung von Vitaminen und Antibiotica in der praktischen Fütterung in den USA, ihr Einfluß auf die tierische Nutzung, die Zuchtziele und die Güte der Erzeugnisse. Diss. Gießen 1954.

TANGL, H.: Die Rolle der Vitamine, Hormone und Antibiotika in der Tierzucht. Verlag der Ungarischen Akademie der Wissenschaften, 1959.

TIMM, R.: Vitamine, Mineralstoffe, Spurenelemente, Antibiotika in der Tierernährung. Selbstverlag Robert Timm GMBH Hamburg 36, 1955.

SINGSEN, P.: D.W.G.Z., 11, 40, 868, 1959.

Eingegangen am 1. 4. 1960

Aus dem Institut für Tierernährungslehre der Landwirtschaftlichen Hochschule Hohenheim
(Direktor: Prof. Dr. Dr. Dr. h. c. W. WÖHLBIER)

M. KIRCHGESSNER und *H. GIESSLER*

Die Wirkung von aus Faulschlamm gewonnenem Vitamin B_{12} in der Kükenaufzucht

Es ist seit einigen Jahren bekannt, daß im Faulschlamm eine ganze Reihe von Vitamin B_{12}-Faktoren enthalten ist. BERNHAUER und FRIEDRICH [1] untersuchten den Vitamin B_{12}-Gehalt von Faulschlamm aus 40 Kläranlagen; die häufigsten Werte lagen bei 2–8 mg Vitamin B_{12} je kg Klärschlamm. Da Faulschlamm ein Abfallprodukt ist, das immer in großen Mengen anfällt, kann er als Quelle für die Vitamin B_{12}-Erzeugung noch bedeutsam werden, zumal nach FRIEDRICH und Mitarbeitern [3] schon ein technisches Verfahren zur Gewinnung von Vitamin B_{12} aus Faulschlamm entwickelt worden ist.

Das aus Faulschlamm gewonnene Vitamin B_{12} kann jedoch nur dann sinnvoll in der Fütterung verwendet werden, wenn durch entsprechende Versuche festgestellt wurde, daß seine Wirkung dem in der üblichen Art durch verschiedene Streptomycesarten [7] gebildeten Vitamin B_{12} entspricht. Für das aus Klärschlamm gewonnene Vitamin B_{12} wurde diese Gleichwertigkeit schon in verschiedenen mit Küken und Schweinen durchgeführten Versuchen nachgewiesen [4, 5, 6, 8, 9, 10]. Es erschien uns daher notwendig zu prüfen, ob auch das aus Faulschlamm gewonnene Vitamin B_{12} dem aus Mycel gewonnenen Vitamin B_{12} in der Kükenaufzucht gleichwertig ist. Als Grundlage dieser Versuche dienten die verschiedenen von W. WÖHLBIER und Mitarbeitern durchgeführten Versuche [11, 12, 13, 14], in denen nachgewiesen wurde, daß bei der Kükenaufzucht der übliche Anteil an tierischen Eiweißfuttermitteln ohne Verminderung der Gewichtszunahmen bis zu einer gewissen Grenze herabgesetzt werden kann, wenn zusätzlich Vitamin B_{12} dem Futter beigefügt wird.

In unserem ersten Versuch wurde geprüft, wie sich das aus Faulschlamm gewonnene Vitamin B_{12} in Zulagen von 7,5 μg und 15 μg je 1 kg Futter bei der Kükenaufzucht auswirkt. Der Versuch wurde mit 3 Gruppen (26, 25 und 27 Küken, männliche weiße Leghorn) in unseren Aufzuchtbatterien bis zu einem Alter von 60 Tagen durchgeführt. Das selbst hergestellte Mischfutter hatte folgende Zusammensetzung: 20% Futterweizen, 20% Gelbmais, 15% Gerste, geschält, 15% Weizenkleie, 11% Hafer, geschält, 6% Sojaschrot, extr., 5% Luzernegrünmehl, 4% Dorschmehl, 2% Mineralstoffmischung Ia (mit Vitaminvormischung), 2% Torulahefe. Die Vitaminzugabe je kg betrug 4000 IE Vitamin A, 300 IE Vitamin D_3 und 2 mg Vitamin B_2. Das Grundfutter enthielt 10 μg Vitamin B_{12} je 1 kg; bei Gruppe II wurden ihm 7,5 μg, bei Gruppe III 15 μg Vitamin B_{12} je 1 kg zugefügt. Das Futter dieser beiden Gruppen enthielt demnach bei Gruppe II 17,5 μg und bei Gruppe III 25 μg Vitamin B_{12} je 1 kg. Die Vitamin B_{12}-Gehalte wurden nach dem Leichmanii-Test nach Alkali-Behandlung bestimmt.

Das Fertigfutter hatte folgende Rohnährstoffgehalte: 93,9% organische Masse, 20,5% Rohprotein, 19,4% Reineiweiß, 3,7% Rohfaser, 5,9% Rohfett und 63,5% N-freie Extraktstoffe. Diese Werte sind Durchschnittswerte von 5 im Verlauf der Versuche gezogenen Proben bezogen auf abs. Trockensubstanz.

Die Küken sämtlicher Gruppen erhielten während des gesamten Versuchs das in Mehlform zubereitete Mischfutter sowie das Tränkwasser zur beliebigen Aufnahme. Die Gewichtszunahmen jedes Tieres sowie der Futterverbrauch jeder Gruppe wurden in 10-tägigen Abständen bestimmt. Die Aufzuchtverluste waren sehr gering.

In der Tabelle 1 sind die wichtigsten durchschnittlichen Ergebnisse dieses Versuches zusammengestellt.

Tabelle 1. *Zunahmen und Futterverbrauch* (Durchschnittswerte)

Gr.	Tierzahl	Gesamtzunahme g	Futterverbrauch je 1 kg Zunahme kg TM	GNSt-Verbrauch je Dekade	Verw.-zahl	Verbrauch an verd. Reineiweiß je 100 g Zunahme g
I	26	764,1 ± 110,5	2,83	244	192	49
II	25	781,3 ± 91,8	2,77	243	187	48
III	27	796,9 ± 107,2	2,74	246	185	47

Die mathematisch-biologische Auswertung der Gewichtszunahmen ergab, daß für die höheren Gewichtszunahmen der Gruppe III als Gruppe I eine Tendenz ($P < 0,2$) besteht. Der Futterverbrauch je kg Zunahme und die Verwertungszahl der Gruppe III sind niedriger als die der Gruppe I. Diese Ergebnisse zeigen, daß die Zulage von Vitamin B_{12}, das aus Faulschlamm gewonnen worden war, einen positiven Einfluß auf Gewichtszunahmen und Futterverwertung hatte.

Da dieser vorbereitende Versuch eine Wirkung des aus Faulschlamm gewonnenen Vitamin B_{12} nachwies, war es notwendig, seine Wirkung in einem umfassenderen Versuch mit der Wirkung eines aus Mycel gewonnenen Vitamin B_{12} zu vergleichen. Dies erfolgte durch folgende Gliederung des 2. Versuchs mit 8 Gruppen:

1. Vergleiche der Wirkung eines Vitamin B_{12} aus Mycel mit Vitamin B_{12} aus Faulschlamm (Gruppe I–IV zu Gruppe V–VIII).

2. Vergleich einer Zugabe von 10 μg und 20 μg Vitamin B_{12} je 1 kg Futter (Gruppe I, II, V, VI zu Gruppe III, IV, VII, VIII).

3. Vergleich der Einstellung des Vitamin B_{12}-Gehaltes nach dem Leichmanii- und dem Ochromonastest (Gruppe I, III, V, VII zu Gruppe II, IV, VI, VIII).

Die zuletzt genannte Fragestellung mußte in den Versuchsplan aufgenommen werden, da es z. Zt. noch keine vollständig exakte, mit geringen Fehlermöglichkeiten behaftete Bestimmungsmethode für Vitamin B_{12} in Futtermischungen gibt, und da der Gehalt nach verschiedenen mikrobiologischen Bestimmungsmethoden bestimmt werden kann, deren Ergebnisse nicht immer übereinstimmen. Der Leichmanii-Test dürfte wohl die gebräuchlichere Untersuchungsmethode sein; die Benutzung und der Vergleich mit dem Ochromonastest ist jedoch insofern gerechtfertigt, als nach COATES[2] die Protozoe Ochromonas malhamensis den gleichen Vitamin B_{12}-Bedarf wie Menschen und Tiere hat.

Der 2. Versuch entsprach daher dem Versuchsschema 2 : 2 : 2. Er wurde mit 8 Gruppen (25–27 Küken je Gruppe, insgesamt 204 Tiere, männliche weiße Leghorn) wiederum in unseren Aufzuchtbatterien bis zu einem Alter der Küken von 60 Tagen durchgeführt. Die Zusammensetzung des Mischfutters und seine Gehalte an Rohnährstoffen entsprach denen des 1. Versuchs. Der Versuchsplan ist in Tabelle 2 nochmals übersichtlich zusammengestellt.

Tabelle 2. *Art und Menge der Vitamin B_{12}-Zulagen*

Gr.	Vitamin B_{12}-Zulage zu 1 kg Futter	Test	Herkunft von Vitamin B_{12}
I	10 μg	Leichmanii	Mycel
II	10 μg	Ochromonas	
III	20 μg	Leichmanii	
IV	20 μg	Ochromonas	
V	10 μg	Leichmanii	Faulschlamm
VI	10 μg	Ochromonas	
VII	20 μg	Leichmanii	
VIII	20 μg	Ochromonas	

Die technische Durchführung dieses Versuches entsprach der des 1. Versuches. Die Aufzuchtverluste waren ebenfalls sehr gering. Die wichtigsten durchschnittlichen Versuchsergebnisse sind in der Tabelle 3 zusammengestellt.

Die biologisch-mathematische Auswertung der Gewichtszunahmen erbrachte folgende Ergebnisse:

1. Zwischen den Zunahmen der Küken, die Vitamin B_{12} aus Mycel und den Küken, die Vitamin B_{12} aus Faulschlamm erhalten hatten, lagen keine gesicherten Unterschiede vor (Gruppe I–IV zu Gruppe V–VIII).

2. Die Zugabe von 20 μg Vitamin B_{12} brachte gesichert höhere Zunahmen als die Zugabe von 10 μg Vitamin B_{12} je kg Futter ($F = 4{,}70$) (Gruppe III, IV, VII, VIII zu Gruppe I, II, V, VI).

3. Zwischen den Gruppen, deren Vitamin B_{12}-Zulage nach dem Leichmanii-Test und den Gruppen, deren Zulage nach dem Ochromonas-Test eingestellt worden war, lagen keine gesicherten Unterschiede vor (Gruppe I, III, V, VII zu

Gruppe II, IV, VI, VIII). Es ist lediglich eine Tendenz ($P < 0{,}2$) dafür festzustellen, daß die nach dem Leichmanii-Test eingestellten Zulagen höhere Zunahmen bewirkten als die nach dem Ochromonastest eingestellten Zulagen.

Tabelle 3. *Zunahme und Futterverbrauch* (Durchschnittswerte)

Gr.	Tier-zahl	Gesamt-zunahme g	Futter-verbrauch je kg Zunahme kg TM	GNSt-Verbrauch je Dekade	Verwert.-zahl	Verbrauch an verd. Rein-eiweiß je 100 g Zunahme g
I	27	810,6 ± 84,9	2,63	241	178	50
II	25	793,2 ± 72,7	2,67	239	181	51
III	25	852,3 ± 124,7	2,59	249	175	49
IV	24	823,4 ± 63,8	2,65	246	179	50
V	26	824,9 ± 54,0	2,64	246	179	50
VI	25	790,3 ± 103,6	2,71	242	184	52
VII	26	805,5 ± 80,6	2,67	243	181	51
VIII	26	834,9 ± 64,5	2,61	246	177	50

Der 2. Versuch bestätigte demnach das Ergebnis des 1. Versuchs; das *Vitamin B_{12} aus Faulschlamm ist dem Vitamin B_{12} aus Mycel gleichwertig.* Die Zugabe von 20 μg Vitamin B_{12} bewirkte – unabhängig von seiner Herkunft– höhere Zunahmen als die Zugabe von 10 μg Vitamin B_{12} je kg Futter. Die Ergebnisse der Vitamin B_{12}-Bestimmung nach dem Ochromonas- oder Leichmanii-Test führten zu sich etwa entsprechenden Werten, da die Einstellung ohne gesicherte Wirkung auf die Gewichtszunahmen war.

Die Ergebnisse der beiden Versuche erbrachten also den Nachweis, daß ein auf Faulschlamm-Basis gewonnenes Vitamin B_{12} dem mit Streptomycesarten gewonnenen Vitamin B_{12} bei der Kükenaufzucht gleichwertig war.

Zusammenfassung

In zwei Kükenaufzuchtversuchen (3 Gruppen mit insgesamt 78, sowie 8 Gruppen mit insgesamt 204 Küken) wurde untersucht, ob Vitamin B_{12}, das aus Faulschlamm hergestellt worden war, einem Vitamin B_{12}, das aus Streptmycesarten gewonnen worden war, in der Kükenaufzucht gleichwertig ist, wenn das Aufzuchtfutter nur 4% tierische Eiweißfuttermittel enthält. Die Versuche brachten folgende Ergebnisse:

1. Vitamin B_{12} aus Faulschlamm ist einem Vitamin B_{12} aus Mycel in der Wirkung auf das Wachstum gleichwertig.

2. Vitamin B_{12} bewirkt – unabhängig von seiner Herkunft – bei einem Zusatz in Höhe von 20 μg gesichert höhere Zunahmen als ein Zusatz von 10 μg je 1 kg Futter.

3. Die Art der Einstellung des Vitamin B_{12}-Gehaltes der Zulage in Bezug auf Ochromonas- oder Leichmanii-Test ist ohne gesicherten Einfluß auf die Gewichtszunahmen.

Literaturverzeichnis

1 BERNHAUER, K. und W. FRIEDRICH: Über die Vitamine der B_{12}-Gruppe. Angew. Chemie **66**, 776, 1954.

2 COATES, M. E. und I. E. FORD: The measurement of Vitamin B_{12}. Biochem. J. **59**, 28, 1955.

3 FRIEDRICH, W., HW. DELLWEG, G. GROSS, E. BECHER, S. SPAUDE und K. BERNHAUER: Vitamin B_{12}-ähnliche Faktoren des Faulschlammes. Vitamin B_{12} und Intrinsic-Factor, Stuttgart 1957.

4 FIRTH, J. A. und B. CONNOR JOHNSON: Sewage sludge as a feed ingredient for swine and poultry. J. Agric. Food Chem. **3**, 795, 1955.

5 JOHNSON, B. C. und H. E. SCHEUDEL: Aktivated sewage sludge as a source of Vitamin B_{12} for the pig. J. Anim. Sci. **11**, 767, 1952.

6 KRAACK, E.: Vergleichender Fütterungsversuch von Schweinen unter Verwendung von Vitamin B_{12} enthaltendem Klärschlamm und von Streptomycinrückständen. Tierzucht **9**, 44, 1955.

7 RICKES, E. L., N. G. BRINK, F. R. KONIUSZY, T. R. WOOD und K. FOLKERS: Science **107**, 396, 1948.

8 SCHEUDEL, H. E. und B. CONNOR JOHNSON: Activated sewage sludge as a source of Vitamin B_{12} for the pig. J. Agric. Food Chem. **2**, 23, 1954.

9 SCHEUNERT, A. und E. KRAACK: Schweinefütterungsversuch mit Klärschlammextrakt. Beihefte z. Arch. f. Tierern. Heft 4, 83, 1954.

10 SCHEUNERT, A. und H. SOMMER: Die Gewinnung eines Vitamin B_{12}-reichen Extraktes zu Fütterungszwecken aus Klärschlamm der Abwässerbeseitigung. „100 Jahre Möckern" Bd. II, 373, 1954.

11 WÖHLBIER, W. und M. KIRCHGESSNER: Die Wirkung eines Zusatzes von Methionin, Lysin und Vitamin B_{12} zu einer aus pflanzlichen Futtermitteln bestehenden Futterration in der Kükenaufzucht. Z. Tierern. u. Futtermittelkunde **11**, 296, 1956.

12 WÖHLBIER, W. und M. KIRCHGESSNER: Untersuchungen über die Einsparung tierischen Eiweißes in der Kükenaufzucht durch Zugabe von Vitamin B_{12}. Arch. f. Geflügelk. **21**, 73, 1957.

13 WÖHLBIER, W. und M. KIRCHGESSNER: Untersuchungen über die Wirkung abgestufter Vitamin B_{12}-Zulagen in der Kükenaufzucht. Z. Tierern. u. Futtermittelk. **12**, 279, 1957.

14 WÖHLBIER, W., A. ORTH, W. KUJUS und W. HACKER: Schweinemast und Kükenaufzuchtversuche mit Vitamin B_{12}-Präparaten. Beihefte zum Arch. f. Tierern. Heft 4, 182, 1954.

Eingegangen am 27. 6. 1960

Aus der Versuchsstation für Tierernährung, Perchtoldsdorf/Wien

A. K. HALAMA

Kükenmastversuch mit Oleandomycin

Seit den ersten Berichten über die wachstumsfördernde Wirkung bestimmter Antibiotika (MOORE et al., 1946; HARNED et al., 1948; STOCKSTAD & JUKES, 1949) ist mehr als ein Jahrzehnt verstrichen, und eine Reihe dieser Wirkstoffe hat weiten Eingang in die Praxis gefunden. Um so verwunderlicher ist es, daß die Ansichten über ihren Wirkungsmechanismus noch immer geteilt sind. Ein Hauptgrund für diese Erscheinung ist der, daß sämtliche Antibiotika in einen Topf geworfen werden, worauf RICHTER (1954) bereits vor geraumer Zeit hingewiesen hat. Ebenso oft wird übersehen, daß die Anwendung dieser Wirkstoffe unter sehr unterschiedlichen Verhältnissen, bei verschiedenen Haustiertypen und mit jeweils bestimmter Zielsetzung erfolgt. Unter diesen Gesichtspunkten wurde schon früher versucht, ein Konzept der Wirkungsweise von in nutritiven Dosen verabreichten antibiotischen Stoffen zu entwerfen (HALAMA, 1958).

Bezüglich des Effektes der Fütterungsantibiotika bei Mastküken dürfte doch die antimikrobielle Wirkung im Vordergrund stehen, wenigstens was die Tetracycline anlangt; dem Penicillin kann bei dieser Indikation u. U. auch Wachstumsfaktor-Wirkung zugeschrieben werden (KÄMMERER, 1952). Dennoch liefern gerade Untersuchungen mit diesem Fütterungsantibiotikum einen Beitrag zugunsten der CATRON'schen „disease level"-Theorie. So fand GORDON (1952) maximales Wachstum von Küken in steriler Umgebung, während unter „normalen Bedingungen" z. B. Penicillin das an sich wesentlich langsamere Wachstum fast auf ein optimales Niveau hob. Auch die ungewöhnlich geringe wachstumsfördernde Wirkung verschiedener Antibiotika in neuen bzw. mit Küken zum ersten Mal besetzten Stallungen (s. COATES et al., 1951) weist auf diesen Wirkungsmechanismus hin.

In den letzten Jahren mehren sich Berichte, nach denen die wiederholte Anwendung antibiotisch supplementierter Futtermischungen (vorzugsweise bei ständigem Einsatz des gleichen Wrrkstoffes) schließlich zu einer Verminderung der Differenz zwischen Kontroll- und Versuchsgruppen (mit und ohne Antibiotikum) führen (SHERMAN, 1958). Dies ist entweder durch zunehmende Resistenz der wachstumsbegrenzenden Keime gegenüber dem verwendeten Antibiotikum bedingt, oder aber die dauernde Anwesenheit des Wirkstoffes beeinflußt das gesamte bakterielle Milieu eines Stalles im Sinne fortschreitender Sanierung. Dies ist nun im Hinblick darauf, daß ein Stall – biologisch gesehen – ein offenes System darstellt (viel mehr als z. B. jedes Krankenhaus), welches dauernd mit seiner Umwelt kommuniziert, schwer zu verstehen; dennoch sprechen zahlreiche Arbeiten neueren Datums vor allem für die letztere Möglichkeit.

Beide Deutungen erscheinen jedenfalls mit der Beobachtung vereinbar, daß neue Antibiotika mit differentem Wirkungsspektrum oft eine Wachstumssteigerung auslösen können, wenn mit dem schon lange Zeit eingesetzten kein Effekt mehr erzielt wurde. Daher wird auch – im Gegensatz zu bisher allgemein geäußerten Ansichten – neuerdings der Kombination geeigneter Antibiotika als Futterzusatz Aufmerksamkeit geschenkt (z. B. MÜNCHBERG, 1959).

Von den in letzter Zeit in die Fütterung eingeführten antibiotischen Wirkstoffen scheint Oleandomycin, ein Fermentationsprodukt von Streptomyces antibioticus, das Wachstum von Mastküken zu fördern. Die ersten Untersuchungen stammen aus zwei US-amerikanischen Instituten (SHERMAN et al., 1957; McGINNIS, 1958). Dabei ergab sich bald, daß die erforderliche Dosierung außerordentlich niedrig war, was wirtschaftlich bedeutungsvoll ist. Dies und die Tatsache, daß auch unter bereits „antibiotikamüden“ Stallverhältnissen eindeutige Wachstumstimulierungen beobachtet wurden, ließen eine Überprüfung dieser Befunde von Interesse erscheinen.

Versuchsansatz und Ergebnisse

Für die Untersuchungen wurden drei Gruppen zu je 70 Eintagsküken (Parmenter) herangezogen. Die Haltung erfolgte in den ersten vier Lebenswochen in Warm-Kaltbatterien mit automatischer Temperaturregelung, anschließend in Kaltbatterien. Vom ersten Tag an wurde bis zu Versuchsende (acht Wochen) ein griffig geschrotenes Mastküken-Alleinfutter sowie Leitungswasser ad lib. angeboten. Unlöslicher Grit entsprechender Körnung wurde einmal wöchentlich verabreicht; andere Zusätze erfolgten nicht.

Das Futter war ein nach neuzeitlichen Grundsätzen zusammengesetztes „high energy“-Alleinfutter mit ca. 2150 Kal. produktiver Energie nach FRAPS pro Kilogramm, ausreichend tierischen Eiweißfuttermitteln, Mineralstoff- und Vitaminergänzung. Es wies folgende Analysenwerte auf: 22,8% Rohprotein, 6,2% Rohasche, 3,2% Rohfaser. Gruppe 1 erhielt dieses Futter ohne jeden antibiotischen Zusatz, Gruppe 2 mit 5 ppm Procain-Penicillin und Gruppe 3 mit 2 ppm *Oleandomycin.*

Die nach Abschluß des Fütterungsversuches am 56. Lebenstag erhobenen Befunde finden sich in der folgenden Tabelle:

	Kontrolle	Penicillin	Oleandomycin
Tierzahl	70	70	70
Verluste (Stück)	1	2	1
durchschnittl. 56-Tage-Gewicht (g)	1035	1056	1086
dto. Hähne	1079	1120	1133
dto. Hennen	849	857	937
kg Futter / kg Zunahme	2,38	2,33	2,25

Diskussion

Die spärlichen Verluste traten in der ersten Lebenswoche ein und waren ohne Einfluß auf das Versuchsergebnis. Endgewichte und Futterverwertung aller drei Gruppen waren allgemein zufriedenstellend. Die Gewichtsdifferenz zwischen Oleandomycin- und Kontrollgruppe betrug rund 5% zugunsten der ersteren und überschritt die 95%-Wahrscheinlichkeitsgrenze, so daß sie als statistisch gesichert angesehen werden kann. Für den Gewichtsunterschied zwischen Penicillin- und

Kontrollgruppe bzw. zwischen Oleandomycin- und Penicillingruppe gilt dies jedoch nicht. Die Wachstumssteigerungen durch die beiden Antibiotika erreichten nicht das in der Praxis oft angetroffene Ausmaß. Dies ist sicherlich nicht auf eine etwa eingetretene allgemeine Sanierung des Stallmilieus zurückzuführen ebensowenig auf die Bildung antibiotikaresistenter Bakterienstämme (wie z. B. durch McGINNIS et al., 1958, auch für Penicillin nachgewiesen) infolge laufender Fütterung desselben Antibiotikums. Im hiesigen Versuchsstall wurden nämlich bis heute verschiedenste Rationen mit und ohne verschiedene antibiotische Wirkstoffe erprobt. Wie in einer Versuchsanstalt unerläßlich, wird laufend intensiv gereinigt und desinfiziert, so daß sich eine Mikrobenpopulation höherer Dichte nur schwer etablieren kann. Im übrigen bestätigen die vorliegenden Ergebnisse die Beobachtungen von kanadischen und US-amerikanischen Autoren wie z. B. SCANDRETT et al. (1959) oder BIELY und MARCH (1959).

Das Ausmaß der Wachstumsreaktion auf eine Futtersupplementierung durch Oleandomycin war bei CARLSON (1958) unter ähnlichen Haltungs- und Fütterungsbedingungen ähnlich. 2 ppm Penicillin brachten 2,5 und 2 ppm Oleandomycin rund 7% Verbesserung der Vierwochengewichte von Küken gegenüber der unsupplementierten Kontrollgruppe. SHERMAN et al. (1959) fanden nicht nur in Batterien sondern auch bei Bodenhaltung stärkere Wachstumsstimulierung als z. B. durch (laufend angewandtes) Penicillin; TSCHIDERER und BERGER (1959) kamen zu ähnlichen Feststellungen nach einem Vergleich zwischen Tetracyclinen und Oleandomycin. Endlich erzielten auch FORBES et al. (1958) unter „normalen" Verhältnissen Wachstumssteigerung durch Oleandomycin in größerem Ausmaß als durch Penicillin: in keimfreier Umgebung war dagegen das Wachstum aller Gruppen optimal und es bestand so gut wie kein Unterscheid zwischen antibiotisch supplementierten und nicht supplementierten Gruppen.

Läßt man die übrigen Erklärungsmöglichkeiten des antibiotischen Fütterungseffektes ganz oder weitgehend außer Betracht, so bieten sich einige interessante Aspekte: dem unterschiedlichen bakteriellen Wirkungsspektrum von Penicillin und Oleandomycin steht ein unterschiedlicher quantitativer Fütterungseffekt gegenüber. Nach den Untersuchungen von NOYES et al. (1956) hemmt Oleandomycin eine Reihe gram-positiver Keime, die gegenüber Penicillin resistent sind. Auch wirkt es gegen gewisse gram-negative Bakterien der Gruppen Brucella, Neisseria und Haemophilus (SOBIN et al., 1954), im Gegensatz zu Penicillin. Wie weit diese Befunde aber tatsächlich mit dem Ausmaß der Wachstumsstimulierung bei Supplementierung der Ration zu korrelieren sind, kann noch nicht beurteilt werden.

Wegen der relativ leichten Übertragbarkeit von Versuchsergebnissen in die Praxis der Junggeflügelmast sind die bisher bekannt gewordenen Erfahrungen mit Oleandomycin als Futterzusatz auch von wirtschaftlicher Bedeutung. Dabei ist unter Praxisverhältnissen mit einer weit stärkeren Wachstumsanregung als im vorliegenden, außergewöhnlich sanitären Milieu zu rechnen. Die in der nächsten Zeit ohne Zweifel auch in Mitteleuropa einsetzende Verwendung dieses Wirkstoffes wird deren Ausmaß zeigen.

Zusammenfassung

Drei Gruppen von je 70 Parmeter Mastküken in automatisch temperaturgeregelten Batterien erhielten vom ersten bis 56. Lebenstag Alleinfuttermischungen vom „high energy"-Typ ohne, mit 5 ppm Penicillin bzw. 2 ppm Oleandolycin. 56 Tage-Gewichte (g) und Futterverbrauch (kg) pro Kilogramm Zuwachs waren: Kontrolle 1035, 2,38; Penicillingruppe 1056, 2,33 und Oleandomycin 1086, 2,25. Die durchschnittliche Gewichtsdifferenz zwischen Kontroll- und Oleandomycingruppe war signifikant ($P < 0,05$).

Literaturverzeichnis

BIELY, J. & MARCH, B. E.: Poult. Sci. **38**: 771 (1959).

CARLSON, C. W.: South Dakota Farm & Home Res. **9**: 21 (1958).

COATES, M. E., DICKINSON, C. D., HARRISON, G. F., KON, S. K., CUMMINS, S. H. & CUTHBERTSON, W. F. J.: Nature **168**: 332 (1951).

FORBES, H., SUPPLEE, W. C. & COMBS, G. F.: Proc. Soc. exper. Biol. Med. **99**: 110 (1958).

HALAMA, A. K.: Symposium V, Biochem. Kongress, Wien 1958.

HARNED, B. K., CUNNINGHAM, R. W., CLARK, M. C., COSGROVE, R., HINE, C. H., MCEAULEY; W. J., STOCKEY, E., VESSEY, R. E., YUDA, N. N. & SUBARROW, Y.: Ann. New York Acad. Sci. **51**: 182 (1948).

KÄMMERER, K.: Vet. Med. Nachr. **1958**: 231.

MCGINNIS, J.: Maryland Nutr. Conf. Feed Manuf., p. 41 (1958).

MCGINNIS, J., MERILL, L. H., FRY, R. E. & JENSEN, L. S.: Poult. Sci. **37**: 810 (1958).

MOORE, P. R., EVERSON, A., LUCKEY, T. D., MCCOY, E., ELVEHJEM, C. A. & HART, E. B.: J. biol. Chem. **165**: 457 (1946).

MÜNCHBERG, F.: Wien. tierärztl. Mschr. **46**: 876 (1959).

NOYES, H. E., NAGLE, S. C. jr., SANFORD, J. P. & ROBBIN, M. L.: Antibiotics & Chemother. **6**: 450 (1956).

RICHTER, R.: Wien. tierärztl. Mschr. **41**: 673 (1954).

SCANDRETT, W. B., ANDERSON, G. W. & SLINGER, S. J.: Meeting Poult. Ind. Comm., Guelph, Ontario 21. 1. 1959.

SHERMAN, W. C., DONOVAN, G. A., REYNOLDS, W. M. & LUTHER, H. G.: Poult. Sci. **38**: 869 (1959).

SHERMAN, W. C.: 6th ann. Res. Conf. (Pfizer), Chicago 1958.

SOBIN, B. A., ENGLISH, A. R. & CELMAR, W. D.: Antibiotics Annual, p. 827, Med. Encyclop., New York 1954.

STOCKSTAD, E. L. R. & JUKES, T. H.: Inform. Poult. Nutr. Conf., Fed. Meet. Chicago 1949.

TSCHIDERER, K. & BERGER, W.: Fortschrittl. Landw. **37**: F 89 (1959).

Eingegangen am 28. 4. 60

Aus dem Institut für Tierernährung der Forschungsanstalt für Landwirtschaft
Braunschweig-Völkenrode
(Direktor: Prof. Dr. K. RICHTER)

H. J. OSLAGE, F. E. FARRIES und *H. KEPPEL*

Über den intestinalen Abbau von Calciumoxalat beim Wiederkäuer

III. Teil:
Untersuchungen zur Resorption von Calcium aus Calciumoxalat mit Hilfe der Isotopentechnik

Nachdem in Teil I und II dieser Untersuchungen [1, 2] in Stoffwechselversuchen mit Schafen sowie in Arbeiten am künstlichen Pansen nachgewiesen worden war, daß auch das Calciumoxalat auf Grund und nach Maßgabe seiner erhöhten Löslichkeit im Milieu des Verdauungstraktes einem mikrobiellen Abbau unterliegt, mußte angenommen werden, daß das hierbei freigesetzte bzw. in eine andere Bindungsform übergeführte Calcium zur Resorption verfügbar ist. Ein sicherer Beweis einer solchen Resorption schien indessen als letzter Punkt dieser Untersuchungen wünschenswert oder notwendig. Am eindeutigsten war eine solche Beweisführung mit Hilfe des Radioisotops ^{45}Ca durch den Nachweis einer Inkorporierung im Knochengerüst der Tiere nach Zugabe von markiertem Calciumoxalat möglich.

Versuchsdurchführung

A) Anlage der Versuche

Der Versuchsplan sah vor, in einem Stoffwechselversuch Ca(^{45}Ca)-Oxalat an Schafe zu verfüttern und eine Resorption von Ca aus der Untersuchung bestimmter Organe (Blut, Knochen) zu ermitteln. Wir verwendeten für diese Versuche zwei junge, noch wachsende Merinohammellämmer (Alter 12 Monate) d. h. Tiere, bei denen eine deutliche Ca-Retention im Knochengerüst zu erwarten war.

Die Tiere wurden zunächst in einer Vorfütterungsperiode mit einer relativ Ca-armen Ration auf Strohbasis einer knappen Versorgung mit Ca ausgesetzt, um in der nachfolgenden Versuchsperiode eine möglichst hohe Retentionsfähigkeit im Ansatzorgan zu erreichen. Die Tiere erhielten in der Vorfütterungsperiode täglich 400 g Haferstroh und 300 g Gerstenschrot, woraus bei dem in Tab. 1 angegebenen Trockensubstanz- und Ca-Gehalt dieser Futtermittel eine tägliche Ca-Aufnahme von 1.67 g resultiert. Als Tränkwasser wurde aqua dest. gereicht.

Nach Ermittlung einer gleichmäßigen, leicht negativen Ausgangslage des Ca-Stoffwechsels wurden den Versuchstieren über die Dauer von 10 Tagen die mit

---

[1] OSLAGE, H. J., F. E. FARRIES, E. ZORITA, M. BECKER, Archiv f. Tierernährung **10**, 10, 1960.

[2] OSLAGE, H. J., F. E. FARRIES u. E. ZORITA, Archiv f. Tierernährung, **10**, 200, 1960.

^{45}Ca markierten Präparate verabfolgt, und zwar erhielt ein Tier (H. U.) Ca(^{45}Ca)-oxalat, während dem anderen (H. L.) Ca(^{45}Ca)chlorid gegeben wurde. Durch diese Gegenüberstellung von Calciumoxalat mit einem Ca-Salz bekannt guter Resorption sollte eine Vergleichsmöglichkeit und ein gewisser Bewertungsmaßstab für die Resorption des Ca aus Calciumoxalat erhalten werden. Der Ca-Gehalt und die spez. Aktivität waren in beiden Präparaten praktisch gleich. Die Präparate wurden den Tieren täglich vor der Morgenfütterung mittels Schlundsonde verabfolgt.

Tabelle 1

	Trockensubstanz %	Ca in % der Trockensubstanz
Haferstroh	84,18	0,429
Gerstenschrot	85,19	0,088

Während der Versuchsdauer wurden die Kotausscheidungen täglich, der Harn in Durchschnittsproben aus jeweils 5 Tagen untersucht. Bestimmt bzw. berechnet wurden der Ca-Gehalt sowie die Gesamtaktivität und die spezifische Aktivität. Nach Versuchsende, d. h. 24 Stunden nach der letzten Verabfolgung der Präparate wurden die Tiere getötet. Das Blut wurde aufgefangen und analysiert. Aus dem Skelett wurden jeweils der 3. Halswirbel, die 7. und 8. Rippe rechtsseitig sowie beide Metacarpalknochen herauspräpariert. Im Blut sowie in den Knochen wurden ebenfalls Ca-Gehalt, Gesamtaktivität und spezifische Aktivität ermittelt. Weiterhin wurden Autoradiogramme der Längsschnitte der Knochen angefertigt. Die radiochemischen Arbeiten wurden nach folgender Methodik ausgeführt.

B) Analytische Methodik

1. Herstellung der markierten Ca-Verbindungen

Die Radio-Calcium(^{45}Ca)-Lösung, spezifische Aktivität 5–10 mC ^{45}Ca/g Ca (Code CES. 1, Radiochem. Centre, Amersham/Engl.), mit einer Gesamtaktivität von ca. 1 mC wurde im Meßkolben auf 100 ml aufgefüllt und je zur Hälfte für die Markierung der Chlorid- bzw. Oxalat-Verbindung verwandt. Das Chlorid in Form seiner wäßrigen Lösung mit einem Gesamt-Ca-Gehalt von 8.676 g wurde nach Zusatz der Aktivität auf 100 ml gebracht und durch Abpipettieren in 10 Portionen à 10 ml überführt. Die spezifische Aktivität der Lösung betrug 60.28 μC/g Ca.

Eine $CaCl_2$-Lösung gleicher Konzentration diente zur Herstellung des markierten Oxalats. Nach Zusatz der Aktivität (ca. 500 μC) wurde das Ca (^{45}Ca) in üblicher Weise mit Oxalsäure gefällt, filtriert, mit heißem Wasser und anschließend mit getrocknetem Aceton nachgewaschen und bei 110° C bis zur Gewichtskonstanz getrocknet. Die Ausbeute betrug 31.340 g $CaC_2O_4 \cdot H_2O$. Der Niederschlag wurde zerkleinert und durch Auswägen in 10 gleiche Tagesportionen aufgeteilt. Infolge der Hygroskopizität des Präparates wurde zunächst annähernd die erforderliche Menge abgewogen und nach erneutem Trocknen bei 110° C das genaue Gewicht bestimmt. Hierdurch sind die geringen Schwankungen in den täglich verabreichten Ca-Mengen bedingt. Die spezifische Aktivität des Präparates betrug 60.96 μC/g Ca.

2. Analytische Bestimmung des Ca

Die Bestimmung des Ca erfolgte bei allen Proben nach einem im wesentlichen gleichen Verfahren: das zu untersuchende Material wurde verascht und das Ca im HCl-Auszug bei einem pH von 4 (bei dem Fe und Al infolge Komplexbildung nicht mitgefällt werden) als Oxalat abgeschieden. Der Niederschlag wurde zu Oxyd verglüht, gewogen und seine Aktivität gemessen. Im einzelnen wurde in den verschiedenen Substanzen wie folgt verfahren:

a) Kot

Aus der täglichen Kotmenge wurde zur Analyse eine Durchschnittsprobe von 20,0 g entnommen, diese bei 600–700° C für die Dauer von 3 Stunden geglüht, die Asche ausgewogen, anschließend mit 2 n HCl gelöst bzw. erschöpfend ausgezogen und in einen Meßkolben filtriert.

In einem aliquoten Teil erfolgte die Fällung des Ca als Calciumoxalat. Nach Filtration und Trocknung wurde der Niederschlag bei 1000° C für die Dauer von 30 min geglüht, gewogen und in ein Meßschälchen überführt.

Zur Kontrolle der Vollständigkeit des Salzsäure-Auszuges wurde der unlösliche Ascherückstand ebenfalls bei 1000° C geglüht, gewogen, im Mörser gemahlen und ein Aliquot von 100 mg in ein Meßschälchen gebracht. Die im Rückstand des HCl-Auszuges verbliebene Aktivität lag in der Größenordnung von 1%.

b) Harn

Von dem während der Versuchsdauer jeweils über 5 Tage gesammelten Harn wurden im Falle des mit Oxalat behandelten Tieres (nach vorhergehendem kräftigen Mischen) 500 ml, im Falle des mit Chlorid behandelten 300 ml in einem 750 ml Kjeldahl-Kolben bis fast zur Trockne eingedampft. Der Rückstand wurde in eine Porzellanschale überführt, auf einem Sandbad zur Trockne eingedampft, bei 600–700° C verglüht und gewogen. Die Weiterverarbeitung der Asche erfolgte in der gleichen Weise wie beim Kot.

c) Blut

Das beim Töten der Tiere aufgefangene Blut (je ca. 750 g) wurde (unter Zusatz von Weinsäure) geschlagen; jeweils 100 ml (= 104,5 g) wurden in einer Porzellanschale zur Trockne eingedampft und bei 700° C verglüht. Die Behandlung der Asche erfolgte analog der bei der Aufarbeitung des Kotes.

d) Knochen

Die Knochen wurden von anhaftendem Gewebe befreit und je ein Röhrenknochen und eine Rippe zur Analyse auf Ca, die anderen zur Herstellung einer Autoradiographie verwendet. Der Halswirbel wurde in der Längsrichtung durchgesägt und je eine Hälfte zur Analyse bzw. Autoradiographie herangezogen. Zur analytischen Bestimmung des Ca wurden die Knochen verglüht und die Asche, wie oben angegeben, weiterverarbeitet.

Zur Anfertigung einer Autoradiographie wurden die Knochen zunächst durch Auskochen von Gewebe- und Fettresten befreit. Die Rippe und der Röhrenknochen wurden darauf der Länge nach mittels einer Laubsäge durchgesägt und auf einen doppelseitigen Röntgenfilm (Doneo, Adox, 24 × 30) in einem lichtdichten Kasten aufgelegt. Von dem bereits halbierten Halswirbel wurde die

Schnittfläche auf den Film aufgelegt. Die Dauer der Exposition betrug für die Knochen des Hammel L ($Ca(^{45}Ca)Cl_2$) 10 Tage und bei Hammel U ($Ca(^{45}Ca)(COO)_2 \cdot H_2O$) 21 Tage.

3. Messung der Aktivität

Die Aktivität des zum Oxyd verglühten Ca-Oxalats, dessen Menge im Durchschnitt 20 mg betrug, wurde in einem Al-Schälchen von 30 mm Durchmesser und 8 mm Höhe mit dem Geiger-Müller-Zählrohr (Flächengewicht 1,2 bis 1,4 mg/cm^2) gemessen (Meßgerät FH 49). Die Zählimpulse wurden unter Berücksichtigung des Gerätefaktors und des zeitlichen Abfalls des Ca auf wahre Impulsraten umgerechnet.

Der Selbstabsorption des CaO und der Ascherückstände nach der HCl-Behandlung wurde durch Aufnahme der Selbstabsorptionskurve für eine bestimmte ^{45}Ca Aktivität bei steigendem Gehalt an CaO bzw. Ascherückständen Rechnung getragen und die Meßwerte entsprechend korrigiert.

C) Ergebnisse der Versuche

Die am Ende der Vorperiode durchgeführte 10tägige *Kontrolle der Ca-Bilanz* brachte das in Tab. 2 dargestellte Ergebnis.

Aus den Werten der Tabelle 2 wird deutlich, daß bei beiden Versuchstieren vor dem eigentlichen Versuchsbeginn eine leicht negative Ca-Bilanz vorgelegen hat, die sich innerhalb der 10tägigen Untersuchungsperiode unter Einschluß der üblichen und sich in 3–4tägigem Rhythmus wiederholenden Schwankungen in den täglichen Ausscheidungen recht gleichmäßig zeigte. Dies geht auch aus den Summen der Ca-Ausscheidungen im Kot für die untersuchte 10-Tageperiode hervor, die mit 19,3 g bei H. L. und 19,9 g bei H. U. annähernd gleich sind.

Tabelle 2. *Ca-Bilanz in der Vorperiode*

Ca-Aufnahme Hammel L u. U g/Tag	Hammel L			Hammel U		
	Ca-Kot	Ca-Harn g/Tag	Ca-Bilanz	Ca-Kot	Ca-Harn g/Tag	Ca-Bilanz
1,670	1,893		—0,334	2,078		—0,532
	1,652	Durchschnitt	—0,093	2,037	Durchschnitt	—0,491
	2,593	1.—4. Tag	—1,034	2,061	1.—4. Tag	—0,515
	1,756	0,111	—0,197	1,949	0,124	—0,403
	1,994		—0,423	2,046		—0,468
	1,973	Durchschnitt	—0,402	1,954	Durchschnitt	—0,376
	1,799	5.—10. Tag	—0,228	1,767	5.—10. Tag	—0,189
	1,735	0,099	—0,164	2,145	0,092	—0,567
	2,104		—0,533	2,111		—0,533
	1,766		—0,195	1,762		—0,184
Gesamt-Ca-Ausscheidung im Kot	19,265			19,910		

L = $Ca(^{45}Ca)Cl_2$ U = $Ca(^{45}Ca)(COO)_2 \cdot H_2O$

Unter den vorliegenden Bedingungen hinsichtlich Höhe der Ca-Zufuhr und Wachstumsstadium der Tiere konnte hierin die erstrebte leichte Depletierung als erreicht angesehen werden und es war bei der folgenden Zulage der markierten Ca-Verbindungen mit einer hohen Retentionsfähigkeit im Skelett zu rechnen.

Tabelle 3. *Aufnahme und Kotausscheidung*

Versuchs-tag	tägliche Aufnahme			tägliche Ausscheidung — Kot			
	g Ca im Futter	g Ca im Präparat	μC im Präparat	g Kot	g Ca	μC	μC/g Ca
	Hammel L — Zugabe Ca (^{45}Ca) Cl_2						
1	1,670	0,868	52,3	742,7	1,787	1,5	0,84
2	1,670	0,868	52,3	531,2	2,005	9,5	4,75
3	1,670	0,868	52,3	514,8	2,085	13,6	6,53
4	1,670	0,868	52,3	673,8	2,594	18,1	6,97
5	1,670	0,868	52,3	692,8	2,494	17,8	7,15
6	1,670	0,868	52,3	770,5	2,755	17,8	6,46
7	1,670	0,868	52,3	759,9	3,002	18,4	6,13
8	1,670	0,868	52,3	643,1	2,846	17,5	6,15
9	1,670	0,868	52,3	661,2	2,678	20,0	7,46
10	1,670	0,868	52,3	377,3	1,556	11,8	7,60
Summe 1.—10. Tag	16,70	8,68	523,0	6367,3	23,802	146,0	
	Hammel U — Zugabe Ca (^{45}Ca) $(COO)_2 \cdot H_2O$						
1	1,379	0,860	52,4	448,1	1,393	1,4	1,00
2	1,379	0,861	52,5	230,8	1,021	3,1	3,04
3	1,379	0,861	52,5	299,2	1,144	5,5	4,81
4	1,379	0,860	52,4	317,1	1,697	11,4	6,72
5	1,379	0,860	52,4	484,3	2,518	22,2	8,83
6	1,379	0,860	52,4	792,8	3,270	28,2	8,63
7	1,379	0,859	52,4	851,1	3,894	41,0	10,50
8	1,379	0,859	52,4	742,0	3,413	32,1	9,42
9	1,379	0,859	52,4	595,0	2,678	20,7	7,72
10	1,379	0,701	42,7	519,5	2,234	17,0	7,63
Summe 1. 10 Tag	13,79	8,44	514,5	5279,9	23,262	182,6	

Die *Ca-Aufnahme* und die *Aufnahme an Aktivität* mit dem Futter bzw. in den verabfolgten markierten Verbindungen sowie die entsprechenden täglichen Ausscheidungen im Kot sind in der Tabelle 3 wiedergegeben. Eine bilanzmäßige Auswertung war bei der gewählten Versuchsanstellung nicht möglich und auch nicht beabsichtigt.

Aus den Zahlen der Tabelle 3 wird ersichtlich, daß die gesamte *Ca-Ausscheidung im Kot* während der 10tägigen Versuchsperioden mit der Zugabe von Calciumchlorid bzw. Calciumoxalat bei den beiden Tieren mit 23,8 g bzw. 23,3 g kaum unterschiedlich ist. Der Verlauf der Ca-Ausscheidung im Kot ist allerdings bei den beiden Versuchstieren verschieden. Während bei Hammel L die Ca-Ausscheidung mit dem Kot nach der Zugabe des Präparates (Ca(^{45}Ca)-Chlorid) erwartungsgemäß nach einigen Tagen etwas ansteigt und dann praktisch – mit Ausnahme des letzten Tages – in dieser Höhe verbleibt, fällt beim Hammel U mit Beginn der eigentlichen Versuchsperiode (Zugabe von (Ca(^{45}Ca)-Oxalat) die Kot-Ca-Ausscheidung deutlich ab, um etwa mit dem 4.–5. Tage beginnend in den folgenden Versuchstagen stark anzusteigen. Die Ursache hierfür liegt darin, daß das Befinden des Hammels U in den ersten Tagen des Versuches – vermutlich auf Grund einer leichten Erkältung – beeinträchtigt war und er infolgedessen das Futter nur zögernd bzw. z. T. unter Zurücklassung geringer Futterreste aufnahm. Hierdurch war eine gewisse Störung in der Gleichmäßigkeit des Futterdurchganges bedingt, die in den entsprechenden Zahlen über die tägliche Kotausscheidung in Tabelle 3 sowie auch aus der Abb. 1 deutlich wird.

Aufschlußreich ist in diesem Zusammenhang der Verlauf der *spezifischen Aktivität im Kot*. Wie aus der Abb. 1 a und b ersichtlich wird, verläuft bei Hammel L die der täglichen Kotmenge parallel gehende Ca-Ausscheidung im Kot gegenläufig zur spez. Aktivität. Dies deutet darauf hin, daß das zugegebene markierte Calciumchlorid nicht vom Futterdurchgang beeinflußt wird, sondern gleichmäßig gut resorbiert wurde.

Bei Hammel U verläuft dagegen die spez. Aktivität den Bewegungen der Ca-Mengen im Kot bzw. der Kotmenge direkt parallel. Das Calciumoxalat ist demnach offensichtlich in stärkerem Umfang unresorbiert mit dem Futter durch den Verdauungstrakt gegangen und hierbei von der in diesem Falle vorliegenden Verzögerung der Ausscheidung ebenfalls betroffen worden.

Aus den Zahlen der Tab. 3 geht weiterhin hervor, daß die während der 10tägigen Versuchsperiode ausgeschiedene Aktivität bei Hammel L (Ca(^{45}Ca)-Chlorid) 146,0 μC und bei Hammel U (Ca(^{45}Ca)-Oxalat) 182,6 μC betrug. Die *Ausscheidung an Aktivität* war demnach bei Hammel U deutlich größer. Bei der Vergleichbarkeit der Tiere hinsichtlich ihres Calciumstoffwechsels, die sich in ihrem Verhalten während der Vorperiode sowie auch in der Übereinstimmung der gesamten Ca-Ausscheidung während des Versuches (23,8 gCa bei H. L. und 23,3 g Ca bei H. U.) zeigt, ist in diesem Befund eine Bestärkung des oben gegebenen Hinweises auf eine geringere Resorption des Ca aus Calciumoxalat gegenüber dem hier gegebenen Vergleichssalz Calciumchlorid gegeben.

Die *Untersuchung der* eingangs bezeichneten *Skeletteile* ergab zunächst, daß der Hammel U ein etwas stärkeres Knochengerüst besaß, als der Hammel L. Wie aus den Zahlen der Tabelle 4 hervorgeht, lagen sowohl das Gewicht der einzelnen Knochen als auch der Aschegehalt bei Hammel U jeweils etwas über den entsprechenden Werten von Hammel L. Auch waren der *Ca-Gehalt* sowie die absolute Ca-Menge in allen untersuchten Knochen bei diesem Tier jeweils etwas höher.

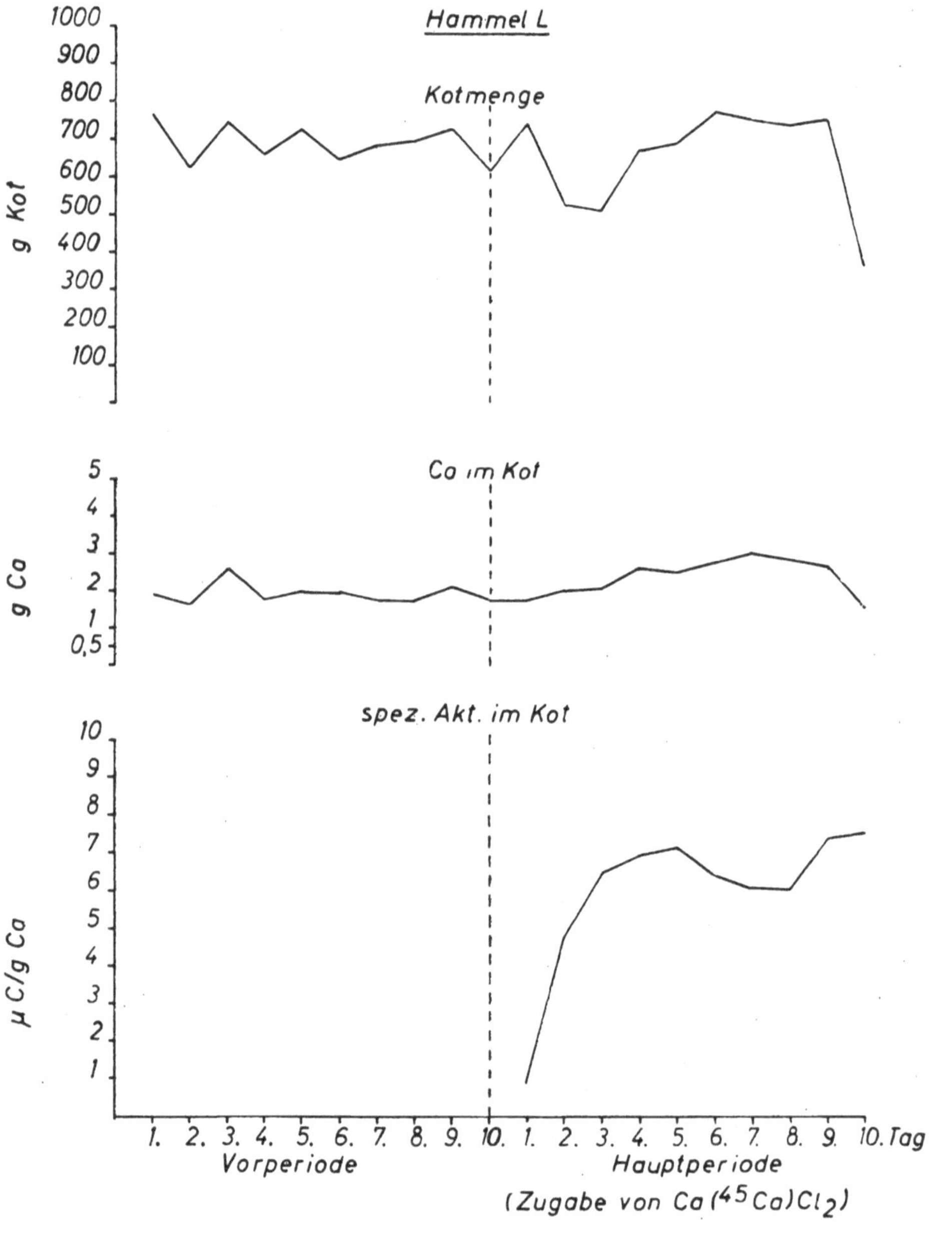

Abb. 1a. Kotmenge, Calcium und spezifische Aktivität im Kot

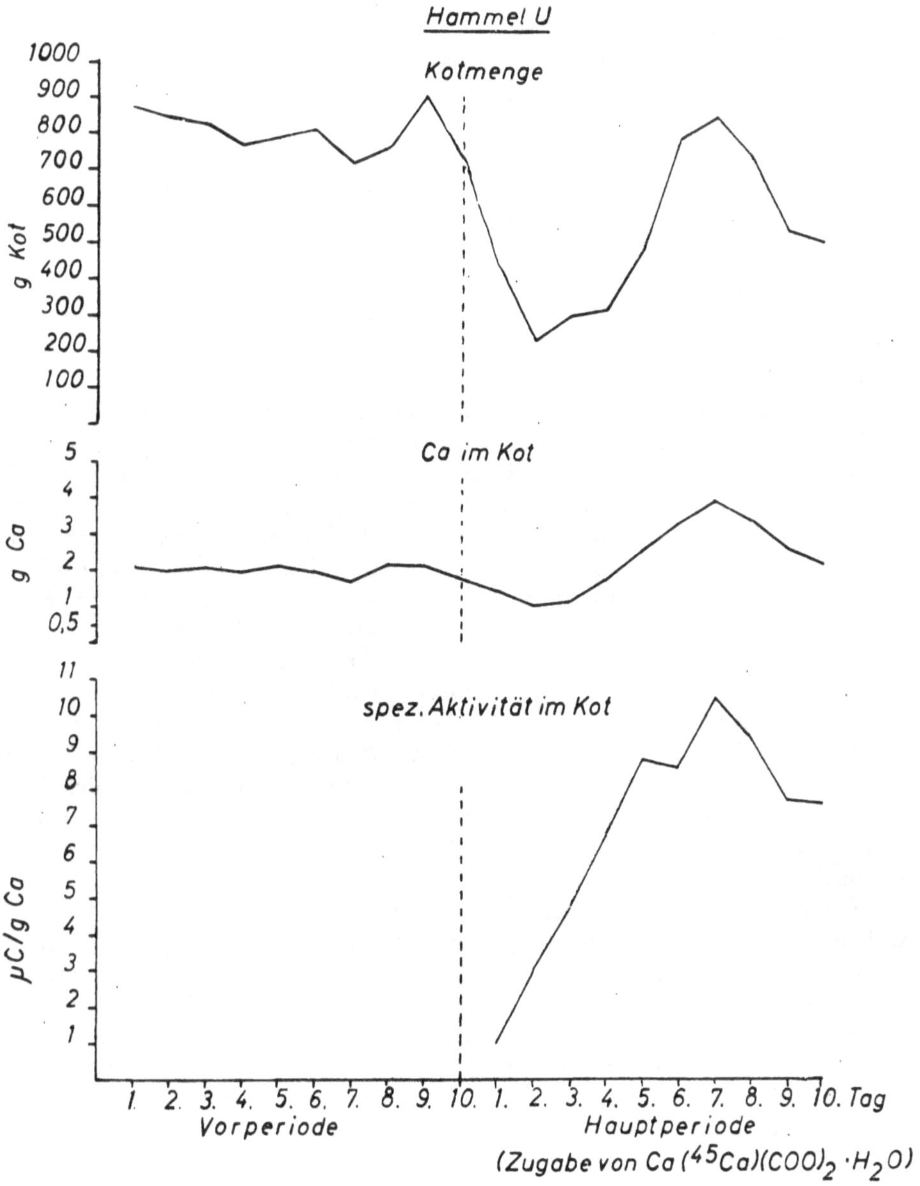

Abb. 1b. Kotmenge, Calcium und spezifische Aktivität im Kot

Tabelle 4. *Knochen*

Material	Hammel	Gewicht g	Asche %	Calcium %	Calcium g	Gesamt-aktivität μC	spez. Aktivität μC/g Ca
7. Rippe . . .	L	15,17	46,8	18,03	2,735	0,17	0,062
7. Rippe . . .	U	16,92	47,5	18,59	3,145	0,04	0,013
3. Halswirbel .	L	12,74	40,8	15,15	1,930	0,15	0,078
3. Halswirbel .	U	13,05	42,3	16,40	2,140	0,03	0,014
Vordermittelfuß .	L	52,55	45,1	17,43	9,160	0,34	0,037
Vordermittelfuß .	U	58,62	46,4	17,96	10,530	0,08	0,008

L = Ca (^{45}Ca) Cl_2 U = Ca (^{45}Ca) $(COO)_2 \cdot H_2O$

Die *radiochemischen Untersuchungen* lassen erkennen, daß nicht nur nach Ca(^{45}Ca)Cl_2, sondern auch nach Zugabe des markierten Calciumoxalatpräparates gewisse Mengen an ^{45}Ca in den Knochen nachweisbar waren. Damit war die Kernfrage dieser Versuche nach einer Resorption von Calcium aus Calciumoxalat bereits positiv zu beantworten. Hinsichtlich der Höhe des Ansatzes besteht jedoch zwischen den beiden Versuchstieren, d. h. zwischen Calciumchlorid und Calciumoxalat, ein augenfälliger Unterschied. Wie aus den entsprechenden Zahlen der Gesamtaktivität in den untersuchten Skeletteilen sowie deulicher noch aus der spezifischen Aktivität (Tabelle 4) hervorgeht, betrug der Ansatz von ^{45}Ca nach Verabfolgung des markierten Calciumoxalates nur etwa 20–25% dessen nach Calciumchloridzugabe. Bei den gleichen Bedingungen für beide Versuchstiere hinsichtlich ihres physiologischen Zustandes in der Ausgangslage des Ca-Stoffwechsels bei Versuchsbeginn kann hieraus eine unterschiedliche Resorptionsfähigkeit für die beiden Präparate, d. h. eine deutlich geringere Resorption für das Ca des Calciumoxalat im Vergleich zu dem bekannt gut resorbierbaren Calciumchlorid, gefolgert werden.

Die unterschiedlich starke Einlagerung von ^{45}Ca aus den beiden Präparaten ist auch auf den gefertigten *Autoradiogrammen* zu erkennen, die in den Abbildungen 2 bis 5 wiedergegeben sind. Zur richtigen Beurteilung der Autoradiogramme ist zu erwähnen, daß die Expositionszeit für die Knochen des H. L. 10 Tage, für die des H. U. dagegen 21 Tage betrug. Bezüglich der Lokalisation der Ablagerung ist aus den in den Abbildungen wiedergegebenen Autoradiogrammen zu entnehmen, daß bei den Röhrenknochen die Aktivität von der Mitte der Diaphyse zu den Enden hin deutlich zunimmt. Am stärksten ist sie in der Zone des für das Längenwachstum verantwortlichen Epiphysenfugenknorpels. Weiterhin ist eine verstärkte Schwärzung auch in der Oberflächenschicht, dem Periost, festzustellen.

Die aus dem verschiedenen Umfang des ^{45}Ca-Ansatzes im Skelett gefolgerte unterschiedliche Resorptionsfähigkeit der beiden Präparate wird auch aus den in Tab. 5 und 6 aufgeführten Ergebnissen der *Blut- und Harnuntersuchungen* deutlich.

Obwohl der *Harn* als Ausscheidungsstätte für Ca in quantitativer Hinsicht kaum eine Rolle spielt, wurde er jeweils in 5tägigen Perioden gesammelt, da bei der Empfindlichkeit der radiochemischen Methoden mit aufschlußreichen Befunden gerechnet werden konnte. Wie die entsprechenden Werte der Tabelle 5 erkennen lassen, war sowohl die Menge des ausgeschiedenen Harnes als auch ihre Veränderung in der ersten und zweiten Versuchshälfte recht verschieden. Die Ca-Ausscheidung im Harn erwies sich jedoch zunächst nicht sehr wesentlich unterschiedlich. Infolge höherer Ca-Konzentration im Harn liegt bei Hammel U trotz der geringeren Harnmenge in den ersten Versuchstagen eine etwas größere Ca-Ausscheidung vor. Nach einigen Tagen der Verabfolgung der Calciumpräparate, d. h. in der zweiten 5-Tageperiode, ist bei beiden Tieren ein deutlicher Anstieg im Calciumgehalt des Harnes zu erkennen, der jedoch bei Hammel L erheblich ausgeprägter ist. Hier steigt der Ca-Gehalt des Harnes von 0,008% auf 0,039%, während er bei Hammel U nur von 0,019% auf 0,030% heraufgeht. Dementsprechend liegt auch die absolute Ca-Ausscheidung in der zweiten Versuchshälfte bei Hammel L mit etwa 1,5 g merklich über der von Hammel U mit nur etwa 0,5 g Ca. Dieser stärkere Anstieg der Ca-Ausscheidung im Harn bei Hammel L gegenüber Hammel U kann auf Grund der Anionenform des zugegebenen Präparates durch allgemein regulatorische Belange mitbedingt sein und ist daher in diesem Zusammenhang nicht sehr bedeutungsvoll.

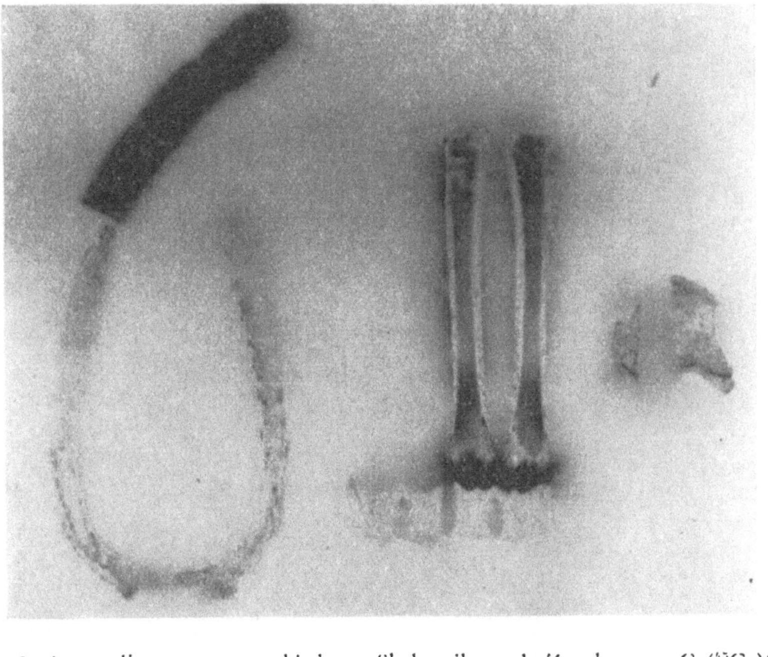

Abb. 2. Autoradiogramme verschiedener Skeletteile nach Zugabe von $Ca(^{45}Ca)Cl_2$ (Hammel L)

Links: 8. Rippe, dorsaler Teil im Längsschnitt, ventraler Teil in Aufsicht
Mitte: Metacarpus im Längsschnitt
Rechts: 3. Halswirbel im Längsschnitt

Eine sichere Aussage im Sinne der hier vorliegenden Fragestellung wird jedoch aus den Messungen der Aktivität im Harn möglich. So ergaben die entsprechenden Zahlen für den Hammel U (Tab. 5) bereits ohne jede Bewertung ihrer Größenordnung die Bestätigung für eine Resorption von Ca aus Calciumoxalat. Eine nähere Betrachtung der Ergebnisse und ein Vergleich der beiden Versuchstiere zeigen sehr deutlich, daß nach Verabfolgung von $Ca(^{45}Ca)Cl_2$ (Hammel L) ein erheblich höherer Anteil an ^{45}Ca im Harn vorliegt als nach dem markierten Calciumoxalat (Hammel U). Das ist im besonderen während der ersten 5 Versuchstage der Fall, wo die spezifische Aktivität nach $Ca(^{45}Ca)(COO)_2 \cdot H_2O$ etwa siebenmal höher war. In der zweiten Versuchshälfte tritt zwar bei beiden Tieren eine weitere Erhöhung der spezifischen Aktivität im Harn ein, jedoch ist der relative Anstieg gegenüber den ersten Versuchstagen unterschiedlich; während nach Zugabe des markierten Calciumchlorids die spez. Aktivität in der zweiten Hälfte des Versuchs nur etwa 20% höher war als in den ersten Tagen, wo sie bereits recht hoch lag, ist nach der Verabfolgung des markierten Calciumoxalats in der zweiten Versuchshälfte ein relativ größerer Anstieg der spez. Aktivität um mehr als das Doppelte gegenüber den ersten 5 Versuchstagen zu erkennen. Das Verhältnis der spez. Aktivität im Harn zwischen den beiden Tieren liegt daher in der zweiten Versuchshälfte mit etwa 3–4 : 1 in ähnlicher Größenordnung wie in den Knochen.

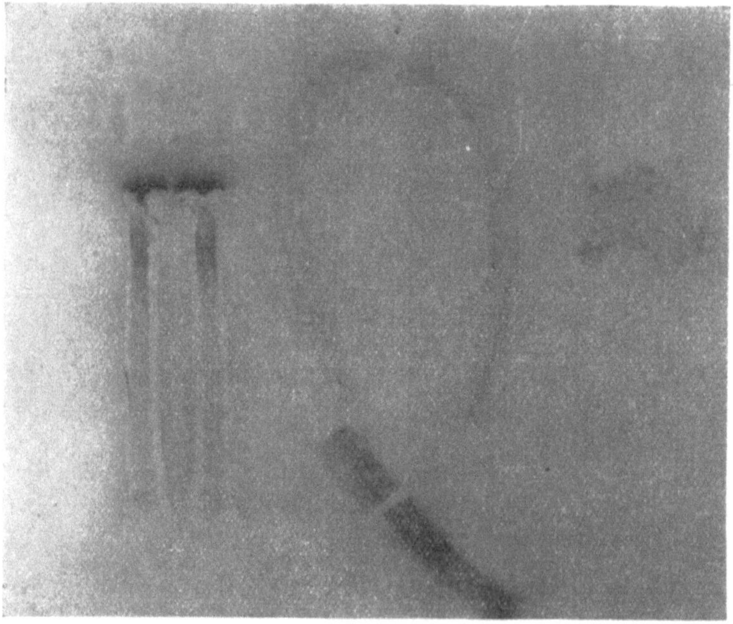

Abb. 3. Autoradiogramm verschiedener Skeletteile nach Zugabe von $Ca(^{45}Ca)\ (COO)_2 \cdot H_2O$ (Hammel U)

Links: 3. Halswirbel im Längsschnitt

Mitte: 8. Rippe, dorsaler Teil im Längsschnitt, ventraler Teil in Aufsicht

Rechts: Metacarpus im Längsschnitt

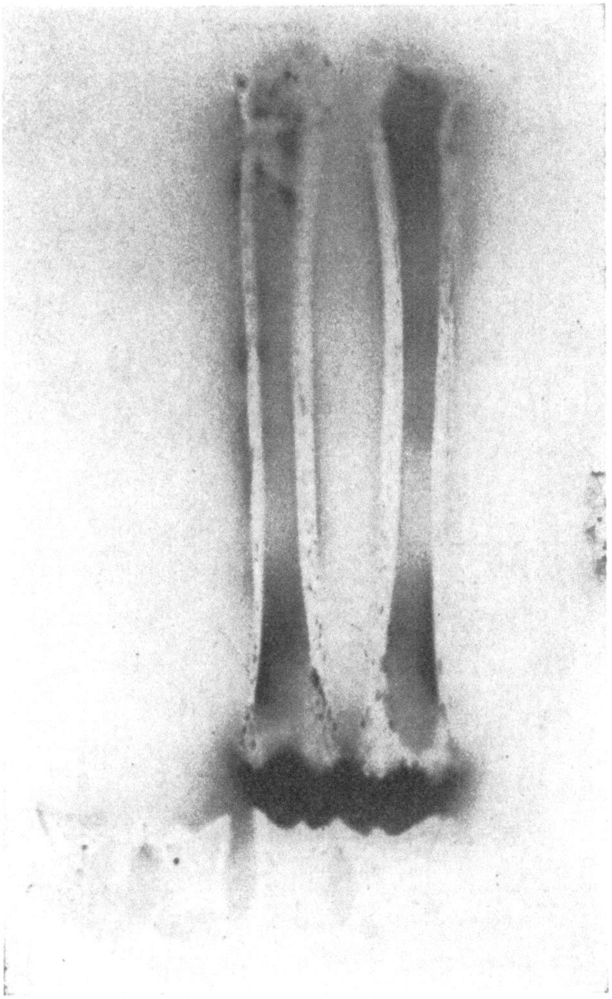

Abb. 4. Autoradiogramm vom Längsschnitt der Metacarpus nach Zugabe von $Ca(^{45}Ca)Cl_2$ (Hammel I.)

Dieser unterschiedliche relative Anstieg der spez. Aktivität des Harns im Verlauf des Versuches ist in Übereinstimmung mit den bisherigen Vorstellungen und Kenntnissen über die schnelle Resorption von Calciumchlorid im Gegensatz zu den entsprechenden Bedingungen bei Calciumoxalat mühelos verständlich.

Obwohl Harnuntersuchungen für eine Beurteilung der Ca-Resorption nur sehr bedingt aussagefähig sein können, läßt sich doch im vorliegenden Falle auch aus diesen Untersuchungen eine aufschlußreiche Bestätigung der bisher besprochenen Befunde entnehmen.

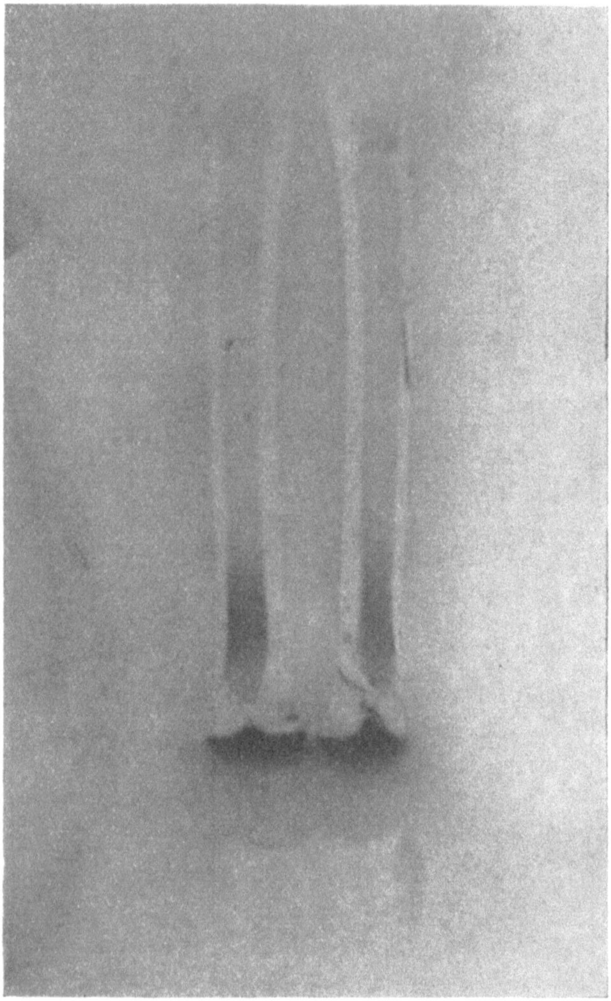

Abb. 5. Autoradiogramm vom Längsschnitt des Metacarpus nach Zugabe von $Ca(^{45}Ca)\ (COO)_2 \cdot H_2(H_2O)$, (Hammel U)

Eine gleiche Bestätigung ergibt sich aus den in Tab. 6 dargestellten Ergebnissen der *Blutuntersuchung*. Aus dem Vergleich beider Tiere wird die beschränkte Resorptionsfähigkeit des Ca aus Calciumoxalat auch hier recht deutlich. Wie die Zahlen in Tab. 6 zeigen, betrug die spezifische Aktivität im Blut bei dem Tier, das Calciumoxalat erhielt, nur etwa 1/3 der nach Verabreichung von Calciumchlorid. Da die Blutuntersuchungen 24 Stunden nach der letzten Verabfolgung der markierten Präparate durchgeführt wurden, beruhen die höheren Werte bei dem Hammel L nach Zugabe von $Ca(^{45}Ca)Cl_2$ nicht auf dem bekannten kurzfristigen Anstieg der Blutwerte nach derartigen Zulagen, sondern dürfen als Normalwerte des vorliegenden Blutspiegels angesehen werden und damit entsprechende Rückschlüsse auf die Resorption erlauben.

Tabelle 5. *Harn*

Versuchs-tier	Zeitraum	Harn-menge g	Asche %	Calcium %	Calcium g	Gesamt-aktivität μC	spez. Aktivität $\mu C/g$ Ca
Hammel L	1 — 5. Tag	2741	2,53	0,008	0,211	0,31	1,470
	6. — 10. Tag	3947	1,87	0,039	1,534	2,88	1,880
Hammel U	1. — 5. Tag	1666	2,99	0,019	0,322	0,07	0,217
	6 — 10. Tag	1756	3,44	0,030	0,526	0,28	0,532

L = Ca (^{45}Ca) Cl_2 U = Ca (^{45}Ca) $(COO)_2 \cdot H_2O$

Mit den Befunden dieser Untersuchungen war die Annahme einer Resorption des beim mikrobiellen Abbau von Calciumoxalat freigesetzten Calciums eindeutig bestätigt. Der aus dem Ansatz im Knochengerüst sowie aus den Kot-, Harn- und Blutuntersuchungen zu entnehmende geringere Resorptionsumfang gegenüber dem als Vergleich verwendeten, leicht resorbierbaren Calciumchlorid entsprach nach den Ergebnissen aus Teil I und II dieser Arbeit über den mikrobiellen Abbau den Erwartungen. Er bestätigt bzw. erklärt ebenfalls die dort näher zitierten Ergebnisse der verschiedensten Autoren über die geringe Ca-Ausnutzung aus oxalsäurereichen Futtermitteln auch bei Wiederkäuern.

Tabelle 6. *Blut*

Versuchs-tier	Asche %	Calcium g/1000 g Blut	Aktivität μC/1000 g Blut	spez Aktivität $\mu C/g$ Ca
Hammel L	0,98	0,0972	0,10	1,03
Hammel U	1,03	0,0856	0,03	0,35

L = Ca (^{45}Ca) Cl_2 U = Ca (^{45}Ca) $(COO)_2 \cdot H_2O$

Die in den ersten Teilen dieser Untersuchungen ausgeführten Gesichtspunkte über die Abhängigkeit und Begrenzung eines mikrobiellen Abbaues von Calciumoxalat vom Pansenmilieu, wie z. B. die durch die Verhältnisse im Pansen bedingte Löslichkeit des Calciumoxalates, die Art der Mikroflora, der Ca-Gehalt der Ration usw., werden daher auch den Umfang einer Resorption von Ca aus Calciumoxalat entscheidend bestimmen.

Zusammenfassung

Nach dem in früheren Untersuchungen festgestellten mikrobiellen Abbau von Calciumoxalat wurde die Resorption von Ca aus Calciumoxalat nachgewiesen.

Die Untersuchungen wurden mit jungen, noch wachsenden Merinohammeln ausgeführt, denen nach einer gewissen Ca-Depletierung ein mit ^{45}Ca markiertes Calciumoxalat verabfolgt wurde. Als Vergleichspräparat wurde ein entsprechend markiertes Calciumchlorid gegeben.

Aus den Analysen bestimmter Teile des Skeletts (7. Rippe, 3. Halswirbel, Vordermittelfußknochen) und Untersuchungen von Blut und Harn wurde eine Resorption von Ca aus Calciumoxalat deutlich nachgewiesen. Das Ausmaß der Inkorporierung von ^{45}Ca aus Calciumoxalat betrug etwa 20–25% des nach Verabfolgung von markiertem Calciumchlorid.

Die hieraus folgende geringere Resorptionsfähigkeit für Ca aus Calciumoxalat gegenüber dem als Vergleichssubstanz verwendeten Calciumchlorid wurde in gleicher Tendenz und Umfang aus den anderen untersuchten Kriterien (Kot, Harn, Blut) bestätigt.

Eingegangen am 18. 6. 1960

Aus dem Institut für Tierzuchtforschung Dummerstorf der Deutschen Akademie
der Landwirtschaftswissenschaften zu Berlin
(Direktor: Prof. Dr. Dr. h. c. W. STAHL)

H. STEGER

Die Veränderungen des Nähr- und Mineralstoffgehaltes, insbesondere einiger Phosphorfraktionen, im Maiskorn von seiner Bildung bis zur fast völligen Reife

Mit dem gesteigerten Anbau von Grünmais finden silierte Maiskolben und Körnermais in der Schweinemast immer mehr Verwendung. Ihr Futterwert hängt vom Reifungsgrad ab. Und gerade dieser ist im norddeutschen Raum von Jahr zu Jahr verschieden. Der stoffliche Aufbau der Nähr- und Mineralstoffe des Maiskornes liefert uns den besten Einblick in den jeweiligen Wert. Wir wissen, daß Körnermais trotz seiner hohen Verdaulichkeit nicht als vollkommenes Futtermittel angesehen werden kann. Seinem Eiweiß fehlt Tryptophan, und Lysin kommt nur in geringen Mengen vor. Aber auch die Mineralstoffzusammensetzung ist ungünstig. Deshalb verlangen die mineralischen Veränderungen während der Reifung des Maiskornes unsere Aufmerksamkeit. Dies gilt im Besonderen für das Kalzium-Phosphorverhältnis und für seine Phosphorfraktionen.

Anbau, Material, Methodik

Für solche Untersuchungen fanden sich 1959 besonders günstige Voraussetzungen, weil der Mai in Mecklenburg trotz des trockenen Jahres recht vorteilhafte Vegetationsbedingungen hatte, so daß selbst mittelfrühe Sorten zur Reife gelangten. Folgende 6 Maissorten gelangten zur Untersuchung:

Schindelmeiser	Wir 25
Strenzfelder	Pettender Goldflut
Mahndorfer	Gelber Badischer Landmais

Über die Anbaubedingungen, Entwicklung des Bestandes und die Erträge der Sorten wurde das Wesentliche in einer früheren Arbeit (17) mitgeteilt. Die ersten Kolben entnahmen wir bei allen Sorten einheitich kurz nach der Blüte am 20. 8. 59 und dann fortlaufend in Abständen von 8–14 Tagen bis zur fast völligen Reife am 8. 10. 59. Um dem jeweiligen Entwicklungsstand angemessene Resultate zu erhalten, suchten wir bei jeder Probenahme 12 dem Durchschnitt möglichst entsprechende Kolben der einzelnen Maissorten aus, lösten die Körner von den Spindeln und entfernten weitgehend die anhaftenden Spelzen. Das so gewonnene Material trockneten wir bei 60 ° im Luftumwälzschrank. Die feinstgemahlenen Proben gelangten zur Untersuchung.

Die *Nährstoffuntersuchungen* führten wir nach der Weender Analyse in üblicher Weise durch. Zur Stärkebestimmung bedienten wir uns des sehr bequemen Polarisationsverfahrens nach BAUMANN und GROSSFELD [2]. Als spezifischen Drehungswinkel für unter diesen Bedingungen hydrolysierte Maisstärke ergab sich ein Wert von $[\alpha] = 178{,}5$, den wir zur Berechnung zugrunde legten. Der Zuckergehalt wurde nach einer von uns ausgearbeiteten Methodik [18] ermittelt.

Die K-, Na- und Ca-Bestimmungen erfolgten flammenphotometrisch und die des Gesamtphosphors gravimetrisch als Ammoniumphosphormolybdat nach N. v. LORENZ. Als einzelne Fraktionen des Phosphors im Verlaufe des Körnerreifens untersuchten wir den säurelöslichen Phosphor, den Phytin- und Lipoidphosphor.

Zur Ermittlung des säurelöslichen Phosphors schüttelten wir 2,5 g Substanz in einem 100 ml fassenden Meßkolben mit 50 ml 0,5 n Salzsäure 3 Stunden bei Zimmertemperatur auf der Schüttelmaschine. Anschließend versetzten wir den Inhalt des Kolbens zum Abstumpfen der Säure mit 3 ml 4 n Natronlauge und klärten den Extrakt mit je 2 ml 15%ige Kaliumhexaferrat- und 30%iger Zinksulfatlösung. Die mit Wasser zu 100 ml aufgefüllte Mischung wurde gut geschüttelt und zentrifugiert und vom klaren Filtrat 20 bis 30 ml in einer Platinschale zur Trockne gebracht und mehrfach auf dem Wasserbade mit Salpetersäure (d = 1,4) abgeraucht. Schließlich wurde unter Zusatz von 1 g Magnesiumoxyd p. a. verascht. In der mit verdünnter Salpetersäure gelösten Asche wird der Phosphorgehalt gravimetrisch als Ammoniumphosphormolybdat bestimmt.

Bei der Phytinbestimmung arbeiteten wir nach einer von R. A. MC CANCE und E. M. WIDDOWSON [8] angegebenen und von J. SCHORMÜLLER, R. HÖHNE und G. WÜRDIG [15] modifizierten Methodik, die gut reproduzierbare Werte liefert. Allerdings zogen wir es vor, die Bestimmung des Phytinphosphors nicht kolorimetrisch, sondern gravimetrisch vorzunehmen, indem wir von einer entsprechend größeren Menge (50 ml) salzsauren Extraktes ausgingen.

Zur Bestimmung des Lipoidphosphors wogen wir 2,0 g Substanz in einen 100 ml Schliffkolben ein, versetzten mit 50 ml Alkohol-Benzolgemisch (20 ml Alkohol + 30 ml Benzol) und erhitzten 30 Minuten am Rückflußkühler auf dem Wasserbad. Nach dem Abkühlen verschlossen wir den Kolben mit einem Schliffstopfen und ließen unter öfterem Umschütteln mindestens 2 Stunden lang stehen. Nun filtrierten wir durch einen bedeckten Faltenfilter und brachten 25 ml des Filtrates im Vakuum bei einer 40° C nicht übersteigenden Temperatur zur Trockene. Der Rückstand wurde mit 25 ml Benzol versetzt und am Rückflußkühler auf dem Wasserbad 2 Stunden erhitzt. Nach dem Abkühlen und Filtrieren dampften wir 20 ml in einer Platinschale auf dem Wasserbade ein und rauchten dann mehrmals vorsichtig mit Salpetersäure (d = 1,4) ab. Schließlich wurde die organische Substanz restlos, aber vorsichtig mit Schwefelsalpetersäuregemisch auf einer Asbestplatte zersört, so daß keine Verluste an PO_4 eintreten konnten. Die kolorimetrische Bestimmung des Phosphors erfolgte nach H. ROTH [12] mit 2,4 Diaminophenol-Natriumsulffit als Molybdanblau.

Die einzelnen Phosphorwerte wurden auf mg % in der Trockensubstanz berechnet. Durch Differenzbetrachtungen lassen sich auf diese Weise noch andere Fraktionen wie säurelöslicher Nichtphytinphosphor und nicht säurelöslicher Phosphor ermitteln.

Ergebnisse

1. *Die Nährstoffe des Maiskornes im Verlauf der Reifung*

Der Nährstoffgehalt des Maiskornes im Verlauf der Reife ist in hohem Maße von der Entwicklung der Trockensubstanz abhängig. Kurz nach der Blüte des Maises ist diese noch sehr niedrig, nimmt aber – wie wir das in Abbildung 1 sehen – schon bald darauf sichtlich zu, um dann in den letzten 30 Tagen vor der Reife sehr steil anzusteigen. Bei den spätreifenden Sorten „Wir 25“ und „Pettender Goldflut“ vollzieht sich die Bildung der Trockensubstanz sichtlich verhaltener.

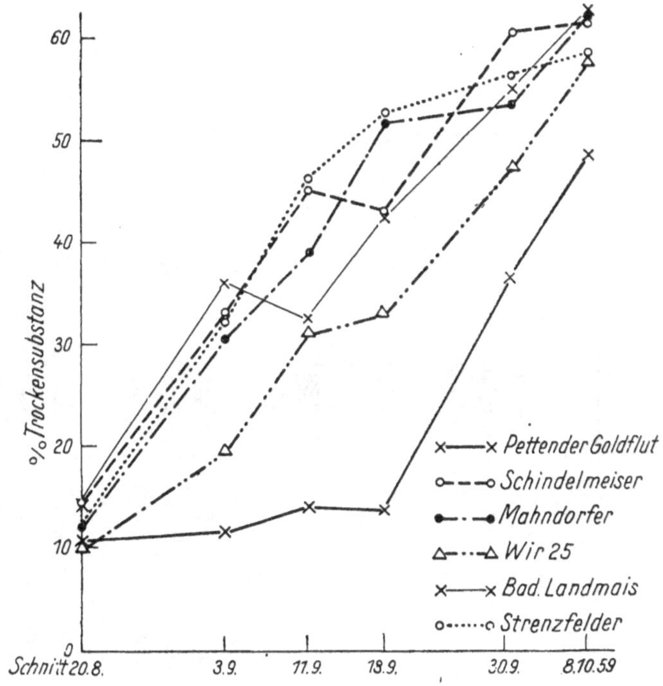

Abbildung 1

Der bisweilen in der graphischen Darstellung bei den einzelnen Maissorten von Schnitt zu Schnitt feststellbare, leicht abfallende Kurvenverlauf ist darauf zurückzuführen, daß bei einigen Schnittproben trotz größter Sorgfalt nicht immer ein dem Entwicklungszustand entsprechender Durchschnitt erhalten wurde. Die Ausbildung der Kolben und Reifung der Körner kann an der Einzelpflanze und von Maisstaude zu Maisstaude sehr unterschiedlich sein. Mit der Trockensubstanz steigen auch die Werte der meisten Inhaltsstoffe an. Nur der Zuckergehalt nimmt von einem gewissen Stadium der Ausbildung der Körner an laufend ab. In dem Maße, wie sich die Stärke anreichert, vermindert sich der Zuckerspiegel. Eine Übersicht finden wir in Tabelle 1.

Tabelle 1. *Nährstoffe des Maiskornes im Verlauf der Reifung bei verschiedenen Sorten*
In 100 g natürlicher Substanz sind enthalten

Sorte	Schnittdatum	Trocken-substanz	Roh-protein	Rohfett	Rohfaser	N-freie Extr.-St.	Asche	Stärke	Zucker
Pettender	20. 8. 59	10,77	2,02	—	—	—	0,640	0,06	4,00
	3. 9. 59	11,48	1,82	0,256	0,99	7,904	0,510	0,175	5,64
	11. 9. 59	13,92	2,33	0,410	0,91	9,456	0,814	2,07	5,55
	18. 9. 59	13,45	2,32	0,282	1,16	9,160	0,528	2,06	5,01
	30. 9. 59	35,15	3,89	1,55	3,80	25,210	0,700	22,60	3,80
	8. 10. 59	48,9	5,90	2,78	2,72	36,575	0,925	31,3	3,76
Schindelmeiser	20. 8. 59	14,69	2,58	0,38	1,16	9,976	0,594	2,89	4,55
	3. 9. 59	33,10	3,48	1,31	1,36	46,320	0,640	19,76	5,00
	11. 9. 59	45,00	4,30	2,20	1,21	36,127	0,763	28,20	4,74
	18. 9. 59	43,03	4,50	2,37	1,73	33,649	0,771	29,25	2,92
	30. 9. 59	60,88	5,31	2,38	2,87	49,474	0,846	43,50	2,89
	8. 10. 59	61,77	5,91	3,42	2,96	48,530	0,950	43,45	3,10
Mahndorfer	20. 8. 59	12,93	2,67	0,39	1,19	8,047	0,633	1,40	4,25
	3. 9. 59	30,80	3,67	1,29	1,16	23,945	0,745	17,60	4,70
	11. 9. 59	39,06	4,85	1,82	1,84	29,760	0,790	23,50	3,84
	18. 9. 59	51,93	6,01	3,15	2,50	39,360	0,911	34,9	3,13
	30. 9. 59	53,62	5,41	2,98	2,32	42,140	0,770	37,00	3,58
	8. 10. 59	62,17	6,65	3,67	2,89	48,030	0,930	43,00	4,10

Fortsetzung Tabelle 1

Sorte	Schnittdatum	Trocken-substanz	Roh-protein	Rohfett	Rohfaser	N-freie Extr.-St.	Asche	Stärke	Zucker
Wir 25	20. 8. 59	10,13	2,08	0,197	0,93	6,378	0,545	0,185	4,20
	3. 9. 59	19,47	2,64	0,642	0,93	14,642	0,616	9,90	3,78
	11. 9. 59	31,12	3,14	1,055	1,15	25,112	0,663	19,30	3,34
	18. 9. 59	33,11	3,56	1,315	1,48	26,120	0,635	22,55	2,89
	30. 9. 59	47,76	4,47	2,550	2,69	37,301	0,749	32,40	4,17
	8. 10. 59	58,06	4,88	2,960	3,12	46,339	0,761	41,8	4,30
Badischer Landmais	20. 8. 59	14,21	2,90	0,511	1,19	8,889	0,720	2,82	3,72
	3. 9. 59	36,24	4,98	1,57	1,37	27,435	0,885	21,42	3,72
	11. 9. 59	32,49	3,80	1,42	1,56	24,960	0,750	19,35	3,74
	18 9. 59	43,38	4,83	2,30	1,79	33,660	0,800	29,40	3,02
	30. 9. 59	55,40	6,15	3,163	2,98	42,242	0,865	38,71	2,72
	8. 10. 59	62,81	6,15	3,500	3,16	49,035	0,965	42,81	2,87
Strenzfelder	20. 8. 59	12,31	2,36	0,37	1,14	7,802	0,638	1,56	4,25
	3. 9. 59	31,96	4,73	1,67	1,19	23,524	0,846	17,80	3,70
	11. 9. 59	46,54	5,45	2,69	1,78	35,800	0,820	28,20	3,54
	18. 9. 59	53,09	5,72	3,84	3,30	39,338	0,892	35,40	3,87
	30. 9. 59	56,06	6,04	4,07	2,09	42,966	0,894	37,95	3,37
	8. 10. 59	58,07	5,88	3,98	3,09	44,345	0,775	40,65	3,50

Berechnet man die Ergebnisse auf absolute Trockensubstanz, dann kehren sich die Verhältnisse um. Infolge des hohen natürlichen Wassergehaltes der Körner im Jugendstadium findet man bei den auf Trockenmasse bezogenen Werten mit zunehmender Reife ein starkes Absinken der Eiweiß-, Zucker-, Asche- und Rohfaserwerte. Nur die Rohfett- und besonders die Stärkegehalte steigen eindeutig an.

2. Die Mineralstoffe des Maises im Verlaufe der Reifung

Da sich die Aschebestandteile in der natürlichen Substanz während des Reifungsprozesses vermehren, ist zu erwarten, daß dies auch für das mengenmäßig in der Asche weitaus an erster Stelle stehende Kalium zutrifft. Die Gehalte für Natrium und Kalzium zeigen dagegen wenig Schwankungen. Bei den auf absolute Trockensubstanz umgerechneten Werten fallen die Gehalte für alle drei Elemente mit zunehmender Entwicklung ab. So senkten sich die Spiegel für Kalium um etwa 75 und für Natrium sogar um 90%. Ähnlich, aber nicht so stark ausgeprägt liegen die Verhältnisse auch beim Gesamtphosphor. Auch hier wird mit fortschreitender Reife der Phosphor im Maiskorn angereichert. Im Verhältnis zur Trockensubstanz nimmt sein prozentualer Anteil ebenfalls ab. Als sehr ungünstig fällt das weite Kalzium-Phosphor-Verhältnis auf. Im Jugendzustand der Körner beträgt es noch 1 : 4, steigt aber dann sehr bald auf Werte von 1 : 10 und darüber. Es ist deshalb nicht verwunderlich, wenn durch Körnermaisfütterung bei Hunden und Schweinen rachitogene Erkrankungen beobachtet wurden [4, 5, 9, 13]. Als weiterer ungünstiger Umstand ist zu werten, daß ca. 70% des im Maiskorn vorhandenen Phosphors als Hexa- bzw. Pentaphosphorsäureester des Mesoinosites vorliegen und dieser sogenannte *Phytinphosphor* normalerweise schwer resorbiert wird und dazu die Eigenschaft besitzt, die Kalzium-, Magnesium- und Spurenelementaufnahme durch den Organismus zu verzögern. Wenn auch, wie in zahlreichen Arbeiten untersucht und festgestellt, durch zusätzliche Kalzium- und Vitamin-D-Gaben sowie durch Hydrolyse des Phytins eine bessere Resorption von Kalzium und Phosphor beobachtet werden konnte, so ist dieses Problem noch längst nicht gelöst. Nach K. LORENZEN [6] wird das Phytin nur dann im Körper umgesetzt, wenn gleichzeitig Phytase, die den Phosphor vom Phytin spaltet, vorhanden ist. Da nun Mais wie Hafer im Gegensatz zu Roggen und Weizen keine Phytase enthält, kann eine solche Spaltung im Organismus nur durch Bakterienphytase erfolgen. Die Resorptionsmöglichkeit ist dann aber im Organismus vom Ort dieser Reaktion abhängig. Auch die einzelnen Bakterienstämme sind verschieden aktiv. So berichten C. J. ANDEWS und E. HORRARTE [1], daß Colistämme und Darmbakterien zwischen 12 und 20% Phytin hydrolysieren, während R. REID [11] mit in vitro-Versuchen zeigen konnte, daß bei 37° der Phytingehalt der Kleie durch Mageninhalt von Schafen auf Grund der Getreidephytase und der Mikroorganismen des Pansens nach 8 Stunden völlig abgebaut wird. Die Untersuchung des Gesamtphosphorgehaltes sowie einige seiner Fraktionen beim Maiskorn im Verlauf der Reifung gewinnt deshalb an Bedeutung. In Tabelle 2 sind diese Verhältnisse von der Bildung bis zur Reife des Kornes für die natürliche Substanz aufgeführt und demonstrieren, wie sich mit zunehmender Vegetation Gesamtphosphor, säurelöslicher Phosphor und Phytinphosphor in den Körnern anreichern. Nicht säurelöslicher Phosphor und Lipoidphos-

Tabelle 2. *Mineralstoffe des Maiskornes im Verlauf der Reifung bei verschiedenen Sorten*

In 100 g natürlicher Substanz sind enthalten

Sorte	Schnitt-datum	Trocken-substanz	Na mg %	K mg %	Ca mg %	Ges. P mg %	Säurelösl. P mg %	Nicht-säurel. P mg %	Phytin-P mg %	Säurel. nicht Phytin P mg %	Lipoid-P mg %	Ca : P
Pettender	20. 8. 59	10,77	2,8	151,9	19,4	51,9	34,4	17,5	—	33,4	11,5	1 : 2,7
	3. 9. 59	11,48	1,4	131,4	8,4	50,7	33,2	17,5	—	33,2	8,2	1 : 6
	11. 9. 59	13,92	1,7	143,1	10,0	62,9	44,0	18,1	—	44,0	8,4	1 : 6,3
	18. 9. 59	13,45	2,4	136,3	8,6	65,7	50,8	14,9	3,1	47,7	10,7	1 : 7,7
	30. 9. 59	35,15	4,1	157,0	15,0	111,9	100,0	11,9	33,5	76,5	9,2	1 : 7,5
	8. 10. 59	48,9	1,1	201,3	21,4	189,6	163,8	15,8	99,4	64,4	14,0	1 : 8,9
Schindelmeiser	20. 8. 59	14,69	3,9	146,1	14,6	67,3	48,8	18,5	3,3	45,5	11,2	1 : 4,6
	3. 9. 59	33,10	4,0	166,3	16,6	107,1	90,9	16,2	25,5	65,4	15,8	1 : 6,5
	11. 9. 59	45,00	3,3	182,8	16,4	140,2	117,8	22,4	55,2	62,6	11,9	1 : 8,5
	18. 9. 59	43,03	4,2	185,7	23,0	143,4	121,8	21,6	57,2	64,6	12,5	1 : 6,2
	30. 9. 59	60,88	3,9	146,4	19,5	178,1	157,4	20,7	106,2	51,2	8,4	1 : 9,1
	8. 10. 59	61,77	1,3	172,4	17,5	191,7	177,5	14,2	137,9	39,6	19,3	1 : 10,9
Mahndorfer	20. 8. 59	12,93	3,0	137,2	15,9	68,0	51,7	16,3	0,8	50,9	11,9	1 : 4,3
	3. 9 59	30,81	4,3	166,0	12,0	109,2	85,8	23,4	22,7	63,1	19,2	1 : 9,1
	11. 9. 59	39,06	3,7	189,5	15,5	145,2	122,7	22,5	56,4	66,3	10,7	1 : 9,4
	18. 9. 59	51,93	4,6	176,7	18,8	172,1	148,9	23,2	87,7	61,2	8,6	1 : 9,2
	30. 9. 59	53,62	3,5	152,7	15,0	159,7	146,3	13,3	84,7	61,7	10,1	1 : 10,6
	8. 10. 59	62,17	2,7	164,9	18,9	187,9	167,5	20,4	129,8	37,7	10,3	1 : 10

Fortsetzung Tabelle 2

Sorte	Schnitt-datum	Trocken-substanz	Na mg %	K mg %	Ca mg %	Ges. P mg %	Säurelösl. P mg %	Nicht-säurel. P mg %	Phytin P mg %	Säurel. nicht Phytin P mg %	Lipoid-P mg %	Ca : P
Wir 25	20. 8. 59	10,13	2,3	137,7	13,8	53,9	36,9	17,0	—	36,9	7,3	1 : 3,9
	3. 9. 59	19,47	1,3	157,5	12,2	78,4	59,2	19,2	5,1	54,1	13,9	1 : 6,4
	11. 9. 59	31,12	3,9	164,1	12,9	97,9	78,8	19,1	22,8	56,0	11,7	1 : 7,6
	18. 9. 59	33,11	3,6	160,8	13,6	93,4	76,0	17,4	21,6	54,4	8,7	1 : 6,9
	30. 9. 59	47,76	3,6	160,3	14,8	142,5	129,4	13,1	69,1	60,3	11,5	1 : 9,6
	8. 10. 59	58,06	—	153,8	15,7	145,5	121,3	14,2	89,4	31,9	10,2	1 : 9,3
Badischer Landmais	20. 8. 59	14,21	2,3	150,2	18,7	75,1	55,2	19,9	1,8	53,4	13,4	1 : 4
	3. 9. 59	36,24	5,1	183,2	17,6	146,4	119,5	26,9	44,8	74,7	21,2	1 : 8,3
	11. 9. 59	32,49	3,7	179,3	12,9	115,6	93,6	22,0	26,9	66,7	14,1	1 : 12
	18. 9. 59	43,38	2,9	174,4	13,4	154,6	140,1	14,5	76,4	63,7	9,3	1 : 11,5
	30. 9. 59	55,40	3,0	163,2	16,6	190,0	170,1	19,9	104,2	65,9	11,1	1 : 11,4
	8. 10. 59	62,81	2,7	184,7	16,8	191,0	169,6	21,7	131,6	38,0	15,5	1 : 11,4
Strenzfelder	20. 8. 59	12,31	2,5	161,0	15,4	64,2	45,2	19,0	1,3	43,9	12,1	1 : 4,2
	3. 9. 59	31,96	4,2	183,2	14,2	132,3	100,6	31,7	38,9	61,7	15,8	1 : 9,3
	11. 9. 59	46,54	2,4	180,6	18,6	154,3	125,0	29,3	71,0	54,0	12,9	1 : 8,3
	18. 9. 59	53,09	3,5	176,9	25,9	183,1	157,3	25,8	101,2	56,1	14,9	1 : 7,1
	30. 9. 59	56,06	2,4	171,0	16,8	198,5	176,2	22,3	121,5	54,7	10,3	1 : 11,8
	8. 10. 59	58,07	2,5	173,9	15,0	179,4	163,9	15,5	125,9	38,0	10,1	1 : 12

phor unterliegen kleineren Schwankungen. Ihr Spiegel hält sich etwa auf gleicher Höhe.

Bereits BALICKA und IWANOWSKA studierten die Phytinbildung in der Pflanze und fanden, daß es in den Samen nach der Blüte auftritt[7]. E. E. DE TURK, I. R. HOLLERT und B. W. HOWK[19] sowie K. SCHMALFUSS[14] kamen beim Mais zu demselben Ergebnis. Es tritt nach der Bestäubung auf und vermehrt sich bis zur

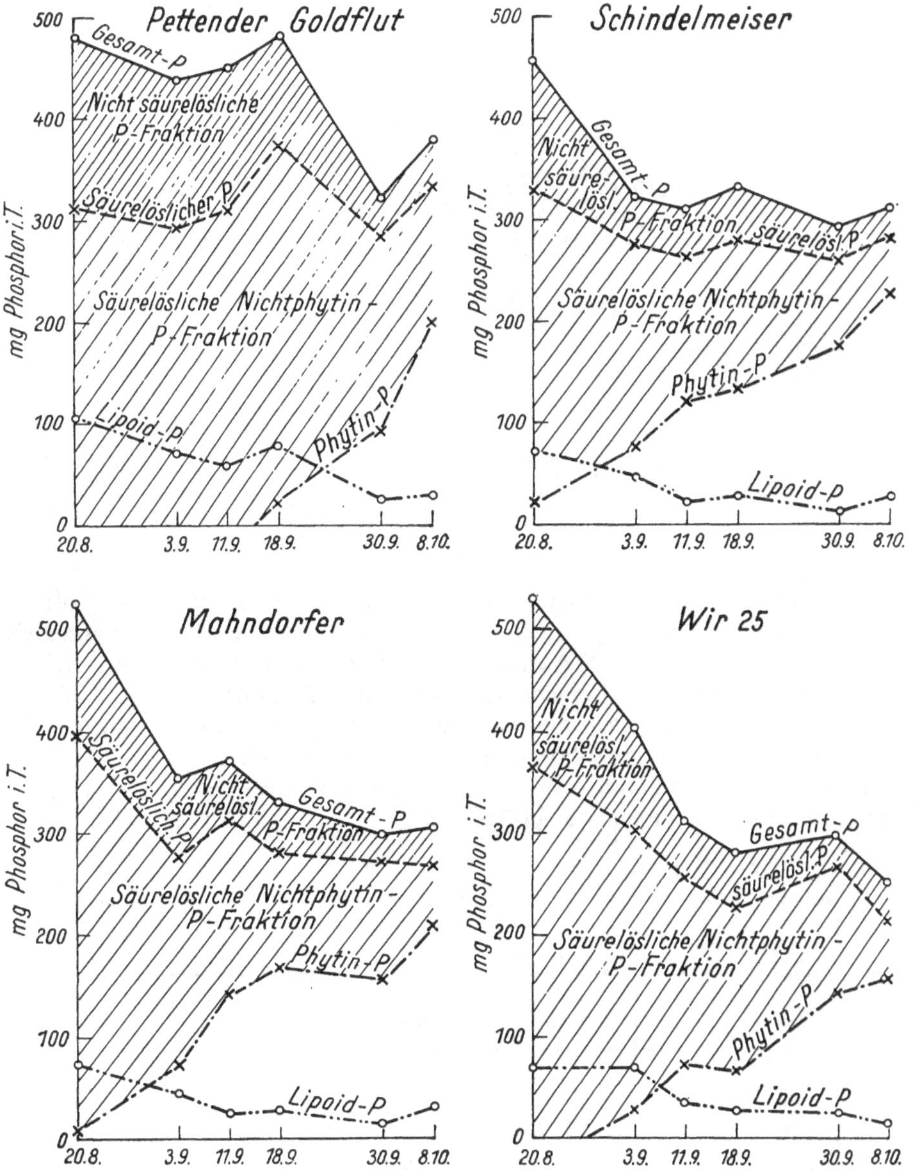

Abbildung 2 a—d

Samenreife ziemlich kontinuierlich. Auch wir konnten bei allen 6 geprüften Maissorten diese Befunde bestätigen. Die Abbildung 2 zeigt in den auf absolute Trockensubstanz bezogenen Werten die steile Zunahme. Je nach Sorte ist der Zeitpunkt der Phytinbildung sowie der Kurvenverlauf verschieden. Bei den spätreifenden Maissorten setzt sie später ein.

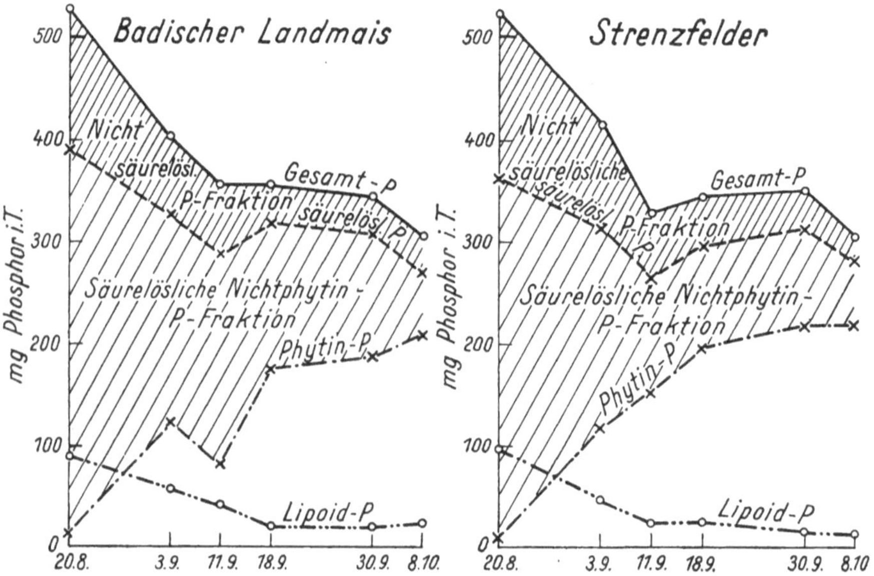

Abbildung 2 e—f

Man darf wohl mit Sicherheit annehmen, daß in dieser Form ein Phosphorvorrat für die künftige Generation angelegt wird, weil die Pflanze wahrscheinlich in der ersten Zeit zur P-Aufnahme aus dem Boden nicht in der Lage ist. In der Tat konnten wir bei einem sich über einige Zeit erstreckenden Keimversuch feststellen, daß im Keim und Korn der Gesamtphosphorgehalt und der Gehalt an säurelöslichem Phosphor nicht, wohl aber der Phytinphosphor deutlich abnimmt. Auch der Lipoidphosphor blieb praktisch unverändert. Das Ergebnis dieser Untersuchung finden wir in Tabelle 3.

Tabelle 3. *Die Phosphorfraktionen in Keim und Korn bei der Keimung*

mg P in 100 g Trockensubstanz

	Gesamt-Phosphor	Säurelösl. Phosphor	Phytin-Phosphor	Lipoid-Phosphor
Mais, ungekeimt	325,5	293,6	247,5	28,9
Keime ca. 2 cm lang . . .	323,6	274,2	215,4	25,6
Keime ca. 6—8 cm lang .	330,9	298,2	189,2	26,0

Die Endphytingehalte unserer 6 geprüften Maissorten sind bis auf die Sorte „Wir 25" wenig unterschiedlich. Im entsprechenden Saatgut fanden wir etwas höhere und voneinander mehr abweichende Werte. Wir führen dieses auf die beim Saatgut vorauszusetzende uneinheitliche Düngung und auf eine bessere Ausreifung der Körner zurück. Die Sorte „Wir 25" hatte auch im Saatgut einen verhältnismäßig geringen Phytinphosphorgehalt. In Tabelle 4 sind die Verhältnisse nochmals gegenübergestellt.

Tabelle 4. *Gegenüberstellung des Phytin P bei Saatgut und daraus angebautem Mais*

mg P in 100 g Trockensubstanz

	Saatgut	angebaut
Pettender Goldflut	246	203,3
Schindelmeiser	206	228,2
Mahndorfer	278	208,8
Wir 25	208	154,0
Badischer Landmais	261	209,5
Strenzfelder	253	216,8

Größenmäßig liegen die hier gefundenen Werte in dem Bereich wie in der Literatur beschrieben. M. BECKER [3] gibt für gelben Mais einen Phytin-P-Gehalt von 210 mg% an, und J. SCHORMÜLLER und G. WÜRDIG [16] fanden bei verschiedenen Sorten Werte von 146 bis 329 mg%. Nach MOLLGAARD [10] ist der Phytingehalt stark sortenbedingt. Die von ihm angeführten Mengen lagen bei 195, 205 und 270 mg%. Während der Phytinphosphor mit der Ausreifung der Körner steigt, fallen die Werte für Gesamtphosphor, säurelöslichen Phosphor und Lipoidphosphor langsam ab. Auffällig ist, daß die Kurven der 3 letztgenannten ziemlich parallel verlaufen. Aus diesen Gegebenheiten resultiert, daß die nicht säurelösliche P-Fraktion fast unverändert im Verlauf der Körnerreifung bleibt. Sie nimmt nach der Ernte hin nur wenig ab. Die säurelösliche Nichtphytin-P-Fraktion vermindert sich in dem Maß wie der Phytinphosphor steigt und der säurelösliche Phosphor fällt. Die Abbildung 2 stellt die Verhältnisse in anschaulicher Form graphisch dar.

Zusammenfassung

Bei 6 verschiedenen Maissorten wurden im Verlauf des Ausreifens der Kolben in Abständen von 8–14 Tagen Proben entnommen und ihre Nähr- und Mineralstoffzusammensetzung und insbesondere einzelne Phosphorfraktionen (Gesamt-P, säurelöslicher P, Phytin-P und Lipoid-P) untersucht und die Ergebnisse diskutiert. In der natürlichen Substanz reichern sich im allgemenen die Nähr- und Mineralstoffe mit zunehmender Vegetation an. In den auf absolute Trockensubstanz berechneten Ergebnissen sinken mit zunehmender Reife in den Körnern die Werte für Eiweiß, Zucker, Asche und Rohfaser ab, während die für Rohfett und Stärke steigen. Auch die Gehalte an Kalium, Natrium und Kalzium sowie Gesamtphosphor, säurelöslichem Phosphor und Lipoidphosphor fallen. Die

Fraktion des Phytinphosphors, welche sich erst nach der Bestäubung der Kolben bildet, vergrößert sich sehr stark und macht gegen Ende der Körnerreifung ca. 70% des Gesamtphosphors aus.

Literaturverzeichnis

[1] ANDEWS, C. J., E. HORRARTE, J ELISHA MITCHELL: Sci. Soc. **67**, 45—63 (1951); ref. ZUL **97**, 53 (1953).

[2] BAUMANN, J. GROSSFELD: ZUL **33**, 99 (1917).

[3] BECKER, M.: Lenkeit-Becker, Prakt. der Ernährungsphysiologie der Haustiere I. 102, 1949, Verlag Vandenhouk u. Ruprecht, Göttingen.

[4] BRUCE, H. M., R. K. CALLOW: Biochem. J. **28**, 512—517 (1934).

[5] DIMITRESCU, N. A.: Bulg. agric. Bukarest 4/5, Erg. Bd. 512 (1929).

[6] LORENZEN, K.: Getreide, Mehl, Brot, **3**, 128—131 (1949). Ref. ZUL **91**, 380 (1950).

[7] LÜERS, H., K. SELBEREISEN: Wochenschr. für Brauerei **23** + **24** (1957).

[8] McCance, R. A., E. M. WIDDOWSON: Biochem. J. **29**, 2694 (1935).

[9] McCLANBY, E.: Nature **154**, 394 (1944).

[10] MÖLLGAARD, H.: Biochem. J. **40**, 2 u. 589 (1946).

[11] REID, R.: C. A. **43**, 5098 (1949).

[12] ROTH, H.: Mikrochemie **31**, 292 (1944).

[13] RUYTER, DE WILDT, J. C., DE BROWER, E.: Biederm. Zbl. Abt. B, Tierernähr. **12**, 207—216 (1940).

[14] SCHMALFUSS, K.: C. I. 2665 (1942).

[15] SCHORMÜLLER, J., R. HÖHNE, G. WÜRDIG: Dtsch. Lebensmittelrundschau **52**, 213—224 (1956).

[16] SCHORMÜLLER, J., G. WÜRDIG: Dtsch Lebensmittelrundschau **53**, 1—10 (1957). Ref. ZUL **107**, 184 (1958).

[17] STEGER, H., K. KASDORFF, F. PÜSCHEL: Thaer-Archiv, im Druck.

[18] STEGER, H., F. PÜSCHEL: Archiv f. Tierernähr. **9**, 211—235 (1959).

[19] DE TURK, E. E., I. R. HOLLERT, B. W. HOWK: J. agric. Research **46**, 121; C. A. **27**, 3501 (1933).

Eingegangen am 8. 7. 1960

ARCHIV FÜR TIERERNÄHRUNG

UNTER MITWIRKUNG VON

Prof. Dr. A. Hock, Berlin. Prof. Dr. Dr. W. Lenkeit, Göttingen

Prof. Dr. Dr. h. c. K. Nehring, Rostock. Prof. Dr. Dr. Dr. h. c. W. Wöhlbier, Stuttgart-Hohenheim

HERAUSGEGEBEN VON

ERNST MANGOLD

Prof. Dr. med. Dr. phil. Dr. med. vet. h. c. Dr. agr. h. c. Dr. agr. h. c.

Direktor em. des Instituts für Tierernährungslehre

der Humboldt-Universität Berlin

10. BAND

Ausgegeben am 1. DEZEMBER 1960

HEFT

6

AKADEMIE-VERLAG · BERLIN

ARCH. TIERERNÄHRUNG · 10. BAND NR. 6 · S. 401–476 · BERLIN · 1. DEZEMBER 1960

INHALT

Das Archiv für Tierernährung erscheint zweimonatlich in Heften zu 80 Seiten im Format 17,5 × 25 cm unbeschnitten. Der Preis des Heftes beträgt DM 8,50. 6 Hefte werden zu einem Band vereinigt. Der Besteller muß sich zur Abnahme eines Bandes verpflichten. Die Hefte werden jeweils einzeln berechnet. Im Jahre erscheint nicht mehr als 1 Band. Bestellungen werden direkt an den Akademie-Verlag GmbH, Berlin W 8, Leipziger Straße 3–4, oder über eine wissenschaftliche Buchhandlung erbeten.

Manuskriptsendungen — zugelassen sind die vier Kongreßsprachen — sind an den Herausgeber, Herrn Prof. Dr. Ernst Mangold, Berlin N 4, Invalidenstr. 42, zu richten. Mit der Veröffentlichung geht das alleinige Verlagsrecht an das Archiv für Tierernährung über. Daher müssen Arbeiten, die bereits an anderer Stelle veröffentlicht worden sind, zurückgewiesen werden. Die Verfasser verpflichten sich, Manuskripte, die vom Archiv für Tierernährung angenommen worden sind, nicht an anderer Stelle zu veröffentlichen.
Die Verfasser erhalten von größeren wissenschaftlichen Arbeiten 50 Sonderdrucke unentgeltlich. Den Manuskripten beiliegende Zeichnungen müssen sauber, in zweifacher Größe ausgeführt sein. Wenn sie nicht voll reproduktionsfähig nach den Vorschriften des Normblattes DIN 474 eingereicht werden, ist die Beschriftung nur mit Bleistift einzutragen. Zur Herstellung von Netzätzungen sind nur einwandfreie Photographien brauchbar.

Für alle Literaturzitate sind die Vorschriften des Normblattes DIN 1502 und 1502 Beiblatt I maßgebend. Die Zitate müssen den Verfasser (mit den Anfangsbuchstaben der Vornamen), den vollständigen Titel der Arbeit und die Quelle mit Band, Seitenzahl und Erscheinungsjahr enthalten. Das Literaturverzeichnis soll alphabetisch geordnet sein.

Herausgeber und verantwortlich für den Inhalt: Prof. Dr. med. Dr. phil. Dr. med. vet. h. c. Dr. agr. h. c. Dr. agr. h. c. Ernst Mangold, Berlin N 4, Invalidenstraße 42 (Fernruf 42 00 18). Verlag: Akademie-Verlag GmbH, Berlin W 8, Leipziger Str. 3-4 (Fernruf 22 04 41; Telex-Nr. 011 773; Postscheckk. Berlin: 350 21). Bestell-Nr. d. Heftes: 1010/X/6. Das Archiv für Tierernährung erscheint jährlich in 1 Band zu 6 Heften. Bezugspreis je Einzelheft DM 8.50, ausschließlich Porto und Verpackung. Satz und Druck: Robert Noske, Borna (Bez. Leipzig). Veröffentlicht unter der Lizenznummer ZLN 5003 des Ministeriums für Kultur, Hauptverwaltung Verlagswesen. Printed in Germany.

Aus dem Institut für Tierphysiologie und Tierernährungslehre der Universität Kiel
(Direktor: Prof. Dr. MAX BECKER)

H. HENKEL und *M. BECKER*

Untersuchungen über den wirklichen Gehalt an Rohfett, Reinfett und essentiellen Fettbestandteilen im wirtschaftseignen Grundfutter

Zweite Mitteilung

Veränderungen bei der Grünfutterkonservierung
(Heuwerbung, Silagebereitung, künstliche Trocknung) *)

In der ersten Mitteilung **) hatte der eine von uns die Ergebnisse einer Reihe systematischer Untersuchungen des Fettgehaltes in einigen Grünfutter- und Heuproben mitgeteilt und in diesem Zusammenhang eine Charakterisierung des Reinfetts, d. h. der echten höheren Fettsäuren, mittels der gebräuchlichen Konstanten und Kennzahlen vorgenommen, natürlich mit dem Vorbehalt, daß nicht alle bei der Analyse von *Nahrungsfetten* pflanzlicher Herkunft (Fette der Früchte und Samen und dergl.) bewährten Methoden auch hier zu exakten Resultaten führen könnten.

Grundsätzlich konnte – und damit wurden noch weiter zurückliegende Arbeiten bestätigt – folgendes festgestellt werden. 1. Der Rohfett- und Reinfettgehalt des Grünfutters liegt zum Teil beträchtlich höher, als sich bei der konventionellen Weender Analyse ergibt. 2. Das Reinfett des frischen Grünfutters ist sehr stark ungesättigt und hat durchweg wesentlich höhere Jodzahlen als die Fette und Öle der Früchte und Samen. Daher hat es einerseits einen größeren Einfluß auf Ernährungshaushalt und Produkte der damit gefütterten Tiere, andererseits ist es sehr empfindlich gegen äußere Einflüsse, vor allem wegen der hohen Reaktionsfähigkeit der mehrfach ungesättigten Fettsäuren. Oxydationen und Polymerisationen des Grünfutterfetts treten deshalb wahrscheinlich sehr bald ein und verändern die feststellbaren Mengen und den Charakter des Fetts erheblich. Dies gilt besonders dann, wenn das Grünfutter durch Konservierung haltbar gemacht werden soll. Es war deshalb von Interesse, die entsprechenden Verhältnisse, insbesondere die Veränderungen der essentiellen Fettbestandteile bei den üblichen Konservierungsarten wie Heuwerbung, Silagebereitung und künstlicher Trocknung zu untersuchen.

Mit stärksten Veränderungen war von vornherein bei der Heuwerbung zu rechnen, weil hier Luftsauerstoff und andere äußere Einflüsse lange einwirken

*) Eine eingehendere Darstellung mit allen Zahlen findet sich in der entsprechenden Dissertation von H. HENKEL, Kiel 1959.

**) Dieses Archiv 6, 139, 1956.

können, während bei der Silagebereitung infolge Luftabschlusses und sonstiger günstiger Bedingungen und bei der künstlichen Trocknung durch die Kürze des konservierenden Vorgangs bis zum Eintritt der Stabilität geringere Veränderungen zu erwarten waren.

Eine Reihe zwischenzeitlicher unveröffentlichter Untersuchungen an den verschiedensten Grünfutterkonserven wie Heuarten, Silagen und Trockengut, die jeweils für sich an *einem* Material bzw. mehreren voneinander unabhängigen Proben angestellt worden waren, hatten jedoch eindeutig gezeigt, daß einwandfreie Schlüsse und Aussagen so nicht erhalten werden können. Der Fettgehalt des Grünfutters zeigt von Natur aus – z. B. abhängig von Wachstumsbedingungen und Vegetationsstadium – ganz erhebliche Differenzen, die auch zwischen einzelnen Pflanzenarten bestehen. Diese im Ausgangsmaterial liegenden Variationen bedingen schon von sich aus gewisse Schwankungen im konservierten Material. Man kann deshalb eindeutige Feststellungen nur dann treffen, wenn von einem genau definierten Grünfutter ausgehend Heu und/oder Silage und/oder künstliches Trockengut hergestellt wird. Die Untersuchungen müssen also immer an einer *Reihe* von Proben erfolgen, die mindestens aus zwei, gegebenenfalls auch aus drei oder gar vier Gliedern besteht. Letzterer Fall wird aber nur bei ungewöhnlich günstigen äußeren Bedingungen möglich sein.

Aus diesen einleitenden Betrachtungen geht hervor, daß in der Materialbeschaffung die *erste* Hauptschwierigkeit derartiger Untersuchungen liegt; die *zweite* besteht in der leichten Veränderlichkeit der hochungesättigten Fettsäuren; auch sie ist sehr ernst zu nehmen. Die *dritte,* nicht minder kritische Schwierigkeit liegt in dem *hohen Gehalt* des Rohfetts an *Verunreinigungen* und *Beimengungen* der verschiedensten Art, die im Gegensatz zu den entsprechenden Begleitstoffen der großtechnisch hergestellten Nahrungsfette außerordentlich schwer zu entfernen sind. Außerdem kann als ein weiterer Komplex von Schwierigkeiten die schon oben angedeutete Tatsache angesehen werden, daß die charakteristische Zusammensetzung der Grünfutterfette stark von denen der Massenfette abweicht, zum Teil ganz eigenartiger Natur ist. Wir haben hier gewissermaßen ein Analogon zu der ebenfalls sehr erheblichen Diskrepanz zwischen *Depotfett* und *Organfett* des tierischen Organismus, wobei das Fett der grünen Pflanzenteile weitgehend dem hochspezifischen und ebenfalls hochungesättigten Organfett entspricht. Dadurch wird es aber faktisch unmöglich, konventionelle Analysenmethoden, die sich beim Studium der großtechnisch gewonnenen Massenfette bewährt haben, auf diese Fettarten anzuwenden. Schon bei den überschlägigen Untersuchungen, über die in der ersten Mitteilung berichtet wurde, hatten sich solche Schwierigkeiten gezeigt. Dazu kommt, daß die schnell auftretenden Oxydations- und Polymerisationsprodukte der hochungesättigten Fettsäuren sich oft grundsätzlich einer Charakterisierung nach konventionellen Methoden entziehen. Bei manchen Problemen, die mit dem Reinfett des Grünfutters und seinen essentiellen Bestandteilen zusammenhängen, sind deshalb exakte quantitative Aussagen unmöglich.

Parallel zu der Anwendung bekannter Verfahren ging deshalb stets die Suche nach *neuen geeigneten Methoden,* einmal für die Gewinnung des Roh- und Reinfetts und andererseits für die Isolierung und Identifizierung seiner Bestandteile.

Um von Zufälligkeiten in der Probenahme usw. unabhängig zu sein, wurden relativ große Mengen an Material beschafft und aufgearbeitet. Die von vorherein nicht leicht zu übersehende Vielzahl an Präparationen und an Analysen erforderten außerdem die Gewinnung größerer Roh- und Reinfettmengen. Die Untersuchungen wurden in drei Serien durchgeführt. In der ersten wurde eine junge Luzerne zuerst frisch, dann als Silage und als Trockengrün gewonnen, in der zweiten Serie ein Wiesengras ebenfalls frisch sowie als Silage und Trockengrün, während für die dritte Untersuchungsserie Kleegras beschafft werden konnte, das – außer im frischen Zustand – als Silage, ferner als Reuter-Heu und nach Unterdachtrocknung (Entlüftungsverfahren) untersucht wurde. Die Silagen wurden in jedem Fall in eigenen kleinen Versuchssilos von je 100 kg Inhalt hergestellt. Bevor auf die an diesen einzelnen Materialien erhaltenen Resultate eingegangen wird, müssen einige Darlegungen, die sich auf Untersuchungsverfahren und weitere Einzelheiten erstrecken und für alle Materialien gemeinsam gelten, gemacht werden.

Gewinnung des Rohfetts

Diese erfolgte grundsätzlich in gleicher Weise, wie früher mehrfach beschrieben wurde, nämlich durch erschöpfende doppelte Extraktion des unveränderten Materials möglichst bald nach der Gewinnung mit einem hydrophilen und anschließend mit einem hydrophoben Fettlösungsmittel. Zwei Soxhletextraktoren mit je 5 l Nettoinhalt und ein noch größerer von 20 l aus stark verzinntem Stahlblech wurden hierzu verwendet. Als erstes Lösungsmittel wurde Methanol, als zweites Diäthyläther verwendet. Um die Einwirkung des Luftsauerstoffs auszuschließen, wurde jeweils CO_2 durch die ganze Apparatur hindurchgeleitet. Die von den Lösungsmitteln durch Abdestillieren befreiten Extrakte wurden in Äther aufgenommen und mehrmals mit Wasser gewaschen. Die Ätherlösung wurde mit wasserfreiem Natriumsulfat getrocknet und filtriert. Der Rückstand nach dem Abdestillieren wurde in Petroläther gelöst usw.

Auch nach der möglichst vollständigen Entfernung aller nichtfettlöslichen Extraktanteile enthielten die Rohfette immer noch erhebliche Mengen von Fettbegleitern, die nicht zum Reinfett gehören. So finden sich in Extrakten aus grünen besonders blattreichen Pflanzen gewisse Mengen an Wachsen und Harzen, die zweifellos recht stören können. Besonders störend bei den nachfolgenden systematischen Untersuchungen war von jeher der beträchtliche Anteil von Pigmenten, hauptsächlich Chlorophyll und Carotinoiden. Wir verwendeten sehr viel Zeit und Mühe auf Versuche, durch geeignete Methoden schon aus dem Rohfett die störenden Verunreinigungen zu entfernen, ohne daß ein befriedigender Erfolg zu verzeichnen war. Dies ist zweifellos auf die höhere Konzentration der Begleitstoffe zurückzuführen, da bei kleinerem Anteil derartiger Verunreinigungen, z. B. bei der Untersuchung der Frucht- und Samenfette, eine Reinigung ohne nachweisbaren Reinfettverlust recht gut gelingt. Wir versuchten u. a. Verteilung in Flüssigkeitsgemischen und stellten zahlreiche Adsorptionsversuche an, wieder unter vielfacher Variation von Lösungsmitteln und Kombinationen derselben. Bei einem Teil der Adsorptionsmittel wie Stärke, Puderzucker, Talkum, Natriumsulfat und Calciumcarbonat war die Reinigungswirkung ungenügend.

Bei stärkeren Adsorptionsmitteln – wir prüften u. a. Aluminiumoxyd der verschiedensten Aktivitätsstufen – ergab sich zum Teil ein sehr guter Reinigungseffekt. Die Ausbeute an Reinfett wurde aber in untragbarer Weise vermindert. Diese Nachteile zeigten sich stets, obwohl Modellversuche mit Leinöl und kleinen Mengen Begleitstoffen durchaus erfolgreich gewesen waren. Drastische Methoden wie z. B. kurzzeitige Hocherhitzung des Rohfettes, die in der Industrie manchmal bei der Raffination zum Erfolg führen, mußten wir wegen der Gefahr einer Einwirkung auf die hochungesättigten Fettsäuren vermeiden.

Die Abtrennung der Begleitstoffe gelang dagegen relativ leicht nach *energischer Verseifung* des Rohextraktes. Obwohl wir gern ein möglichst reines *Neutralfett* gewonnen hätten, war dies aus den oben erwähnten Gründen nicht möglich. Die Rohextrakte wurden deshalb unter Stickstoffatmosphäre verseift und das Unverseifbare durch achtmaliges Ausschütteln mit kleinen Mengen an Äther abgetrennt. Danach wurden die Gesamtfettsäuren in Freiheit gesetzt und nach bekannten Verfahren isoliert. Die unmittelbar nach der Verseifung usw. gewonnenen Gesamtfettsäuren waren zunächst noch ebenfalls mit dunklen Begleitstoffen verunreinigt. Es gelang aber leicht. diese letzteren abzutrennen, und zwar durch Chromatographie in Petroläther als Lösungsmittel und Passieren einer mit Puderzucker gefüllten Säule. Das erhaltene Gemisch von Fettsäuren war seinen Kennzahlen nach durch die Adsorption nicht geändert worden und besaß eine leicht gelbliche Farbe.

Die Möglichkeit der Schwankungen im Gehalt an Begleitstoffen veranlaßte uns, bei den nachfolgenden Untersuchungen als Maß für den Reinfettgehalt allein die *Menge an Gesamtfettsäuren* nach Verseifung und Abtrennung des Unverseifbaren zugrunde zu legen. Dieses Vorgehen hat sich im allgemeinen bewährt. Wir führten jedoch an einem Material der oben genannten Serien, nämlich *Luzernetrockengrün,* quantitative Bestimmungen des Reinfettes noch auf ganz andere Weise durch, um die Extraktionsverfahren nachzuprüfen. Es wurde das pflanzliche Material als solches unmittelbar mit starken Laugen erhitzt, ein Vorgehen, das schon vor längerer Zeit bei *tierischen Materialien* zuerst von KUMAGAWA und SUTO vorgeschlagen wurde und das in diesen Fällen maximale Fettsäureausbeuten ergibt. In etwas späterer Zeit haben SANDELIN und RING bei Verdauungsversuchen ebenfalls die direkte Verseifung zur Ermittlung des Reinfettgehaltes angewendet. Da die Analysen in jedem Fall aber an kräftig vorgetrockneten Materialien ausgeführt wurden, ist mit Sicherheit anzunehmen, daß empfindliche Fettsäuren schon weitgehend verändert waren. Die in beiden Fällen erhaltenen Resultate lasen das jedenfalls erkennen.

Nun ist es sehr viel schwieriger, pflanzliches Materal durch starke Laugen aufzuschließen als tierisches, das leicht gelöst und zersetzt wird. Bei Pflanzensubstanzen erhält man einen verhältnismäßig großen Rückstand, auch ist die Isolierung der Fettsäuren ziemlich umständlich. *Alle Operationen wurden unter Durchleiten von Stickstoff ausgeführt.* 100 g Luzernetrockengrün wurden mit 500 ml 25%iger Natronlauge zwei Stunden lang auf dem siedenden Wasserbad erhitzt. Danach wurde gut gekühlt und vorsichtig mit 25%iger Salzsäure angesäuert. Nach dem Erkalten wurden die groben Rückstände durch kräftiges Zentrifugieren von der Flüssigkeit getrennt. Gesamtfettsäuren und Unverseifbares des Materials wurden dann durch erschöpfende Extraktion mit Äther gewonnen und die Ätherlösung in der üblichen Weise aufgearbeitet. Nach Abdestillieren des Äthers wurde der Extrakt im Vakuum getrocknet, in Petroläther gelöst, filtriert, wieder vom Lösungsmittel befreit, getrocknet und gewogen. Dann wurde in bekannter Weise die Trennung des Unverseifbaren von den Fettsäuren vollzogen.

Die mit diesem Verfahren der direkten Verseifung erhaltenen Fettsäuregehalte und die anschließend bestimmten Jodzahlen dieser Fettsäuren wurden mit den entsprechenden Werten nach Methanol-Äther-Extraktion verglichen. In jedem Fall wurde auch die Reinheit der Fettsäuren kontrolliert. Nach der energischen direkten Verseifung gewonnene Fettsäuren zeigten die bei den Extraktionsmethoden noch vorhandenen dunklen Pigmentstoffe nicht mehr, sondern hatten eine leicht gelblich-bräunliche Farbe. Auch dem Stickstoffgehalt nach – soweit sich überhaupt daraus der Reinheitsgrad von Fettsäuren beurteilen läßt – waren die in diesen Versuchen gewonnenen Fettsäuren weitgehend rein.

Der Vergleich beider Methoden ergab ferner, daß sie trotz ihrer grundsätzlich verschiedenen Arbeitsweise praktisch gleiche Endwerte lieferten, natürlich innerhalb gewisser Schwankungen, mit denen man bei allen derartigen Verfahren rechnen muß.

Die Untersuchung der Gesamtfettsäuren

Aus allen vorstehend erwähnten Untersuchungsmaterialien wurden größere Mengen an Rohfett extrahiert, gereinigt und gewogen. Danach wurde in Petroläther gelöst und zu einem festen Volumen aufgefüllt. So war es möglich, in mehreren Parallelen mit aliquoten Teilen Bestimmungen der Gesamtfettsäuren, des Unverseifbaren usw. durchzuführen. Alle diese Lösungen wurden in mit Stickstoff gefüllten Gefäßen im Kühlschrank aufbewahrt. Die Charakterisierung der Gesamtfettsäuren erfolgte zunächst durch die qualitative Feststellung der einzelnen Bestandteile mit Hilfe der papierchromatographischen Trennungsmethoden. Versuche zur annähernd quantitativen Analyse, d. h. der prozentualen Verteilung der einzelnen Fettsäuren wurden dann mit Hilfe der chemischen Kennzahlen, der spektralphotometrischen Bestimmung der Polyenfettsäuren und der Abtrennung der gesättigten Säuren unternommen.

a) Die chromatographische Analyse der Gesamtfettsäuren

Eine Trennung der in der Natur vorkommenden Fettsäuren mittels papierchromatographischer Methoden ist auf der Grundlage der Arbeiten von KAUFMANN und Mitarbeitern sowie AWE u. a. möglich. Die Papierchromatographie der reinen ursprünglichen Fettsäuren muß mit dem Umstand rechnen, daß sogenannte „kritische Partner" mit gleichem Verhalten existieren, so daß an derselben Stelle im Papierchromatogramm mehrere Fettsäuren erscheinen können. Dies gilt vor allen Dingen beim Vorhandensein von ungesättigten Fettsäuren, die nicht an der Stelle der entsprechenden gesättigten Säuren mit gleicher C-Atom-Zahl auftreten, sondern für jede Doppelbindung gewissermaßen um 2 C-Atome tiefer sinken. Dadurch entstehen u. a. folgende "kritische Paare": Arachidonsäure (C 20) mit Erucasäure (C 22); Palmitinsäure (C 16) mit Ölsäure (C 18); Myristinsäure

(C 14) mit Linolsäure (C 18); Laurinsäure (C 12) mit Linolensäure (C 18). Trotzdem kann man mit diesem einfachen Verfahren wesentliche Feststellungen treffen, die als Grundlagen nachfolgender Analysen von Bedeutung sind. Eine Erweiterung ist dadurch möglich, daß man das fertige Chromatogramm auf *Fluoreszenz* im UV-Licht prüft, die nur bei den *ungesättigten* Fettsäuren auftritt. Die Ausführung der chromatographischen Trennung geschah in folgender Weise.

0,1 g des Fettsäuregemisches wurde in 2 ml Toluol gelöst und von dieser Lösung 0,01 ml auf das nach Vorschrift behandelte Papier aufgetragen. Mit 95%iger Essigsäure als Lösungsmittel wurden die Fettsäuren im Aufsteigen getrennt. Als Testsubstanz diente eine Mischung gleicher Teile Laurinsäure, Myristinsäure, Palmitinsäure und Stearinsäure. Die Papierstreifen wurden dann zwei Stunden bei 120° getrocknet und 45 Minuten in eine verdünnte Kupferacetatlösung gelegt, wobei sich die Kupferseifen bilden. Überschüssiges Kupferacetat wurde durch Waschen mit Wasser entfernt und danach das Papier in verdünnte Kaliumferrocyanidlösung gelegt. Das sofort gebildete dunkelbraune Kupferferrocyanid läßt die einzelnen Fettsäureflecken deutlich erkennen.

Mit dieser Methode konnte zunächst die *Abwesenheit* von *Stearinsäure* festgestellt werden. Auch waren im allgemeinen keine niedermolekularen Säuren vorhanden. Letztere fanden sich nur bei den aus Luzernesilage gewonnenen Fettsäuren, wo sie aber wohl als sekundäre Produkte anzusehen sind. *Palmitinsäure* war einwandfrei und in nicht unbeträchtlichen Mengen nachzuweisen, da die entsprechende Flecke *nicht* fluoreszierten, womit gleichzeitig das Vorhandensein nennenswerter Mengen an Ölsäure ausgeschlossen war. Fluoreszenz zeigten dagegen die auf der Höhe der *Laurinsäure* und *Myristinsäure* liegenden Flecke. Dadurch blieb es offen, welche Fettsäuren von den vier Individuen der kritischen Partner Myristinsäure – Linolsäure bzw. Laurinsäure – Linolensäure anwesend sein konnten.

Die Unterscheidung der ungesättigten von den gesättigten Fettsäuren wird möglich, wenn man *rhodanierte* Fettsäuren zur Papierchromatographie-Analyse anwendet. Nach der Bestimmung der Rhodanzahl der Fettsäuregemische wurden die in CCl_4-Lösung vorliegenden Gesamtfettsäuren mit Wasser gewaschen, über Natriumsulfat getrocknet, filtriert, vom Lösungsmittel befreit, in Toluol gelöst und papierchromatographisch getrennt. Dies erfolgte einmal mit 70%iger Essigsäure und in einem weiteren Chromatogramm mit 95%iger Essigsäure als Lösungsmittel. Unter Verzicht auf die Wiedergabe aller Einzelheiten kann als Resultat schließlich folgendes angegeben werden.

Einwandfrei nachgewiesen wurden die Rhodan-Addukte von *Linolsäure* und *Linolensäure*. Ölsäure war nicht oder höchstens in Spuren vorhanden. Bei den gesättigten Säuren war wiederum *Palmitinsäure* der Hauptbestandteil. Andeutungen für kleine Mengen *Myristinsäure,* die aber allerhöchstens auch nur Spuren ausmachen konnten, waren vorhanden. Das gleiche trifft für *Stearinsäure* zu. Schätzungsweise können diese beiden aber sicher nicht mehr als 1% der Gesamtfettsäuren ausmachen.

Diese Feststellungen wurden durch die Isolierung der gesättigten Fettsäuren nach BERTRAM und deren Untersuchung bestätigt. Die erhaltenen Fraktionen zeigten in der Regel Verseifungszahlen, die zwischen 200 und 210 lagen. Auch danach muß man *Palmitinsäure* als praktisch alleinigen Bestandteil der Fraktion der gesättigten Fettsäuren annehmen.

Die papierchromatographische Analyse ergab keinen Anhaltspunkt für das Vorhandensein von *Erucasäure* im Reinfett der untersuchten Grünpflanzen, obwohl zahlreiche Testversuche mit reiner Erucasäure in wechselnden Konzentrationen zum Vergleich angestellt wurden. Die regelmäßig bei der Fraktion der festen Fettsäuren (nach TWITCHELL) früher gefundenen relativ hohen Jodzahlen sind danach nicht, wie man wohl vermuten könnte, auf das Vorhandensein von Erucasäure zurückzuführen. Wahrscheinlich handelt es sich hier schon um polymerisierte hochungesättigte Fettsäuren, die mit den festen gesättigten Säuren zusammen ausgefallen sind.

Auch SHORLAND fand bei den von ihm untersuchten Grünmaterial keine Erucasäure, selbst nicht beim Raps, der im Öl der Samen diese Fettsäure in großen Mengen hat.

b) Annähernd quantitative Analyse der Gesamtfettsäuren

Die Fettsäuregemische aus frischem Grünmaterial waren alle flüssig und hatten hohe Jodzahlen mit Werten von weit über 170. Es wurden weiterhin die Rhodanzahlen bestimmt, die Anteile an gesättigten Fettsäuren nach BERTRAM und deren Verseifungszahlen sowie die Gehalte an Linolsäure und Linolensäure durch spektralphotometrische Analyse der Fettsäuren nach Isomerisierung. Die Resultate dieser Untersuchungen, insbesondere hinsichtlich der Auswirkungen einzelner Konservierungsmaßnahmen werden der Einfachheit halber in nachstehenden Übersichten dargestellt.

1. Luzerne

Reinfett von frischer Luzerne wies, wie die folgende kleine Tabelle zeigt, mehr gesättigte Fettsäuren, weniger Linolsäure und wesentlich mehr Linolensäure als das Luzernesamenfett auf, während Ölsäure nicht nachgewiesen werden konnte.

Reinfett aus:	Gesättigte Fettsäuren %	Ölsäure %	Linolsäure %	Linolensäure %	Autoren
Luzernesamen	10,3	7	71	11	SCHUETTE u. a.
	14,0	11	43	32	HILDITCH u. a.
grüner Luzerne	22,7	0	23,5	52,4	eigene Unters.

Als Konservierungsprodukte wurden Luzernetrockengrün und Luzernesilage untersucht. Die Silierung war in gärungstechnischer Hinsicht mißlungen. Die Ergebnisse geben deshalb Aufschluß über die Veränderungen, mit denen man bei einer schlechten Silage zu rechnen hat.

Untersuchungsmaterial	Gesamt-fettsäuren i. Tr.	Analysen der Gesamtfettsäuren				
		Jodzahl	Rhodan-zahl	gesättigte Fettsäuren	Linol-säure	Linolen-säure
Grüne Luzerne	2,02 %	179	112	22,7 %	23,5 %	52,4 %
Luzernetrockengrün (Extraktion)	1,99	174	109	23,0	23,5	52,6
Luzernetrockengrün (direkte Verseifung)	2,10	168	105	26,8	22,9	50,7
Luzernesilage	1,98	87	66	33,1	7,4	14,7

Betrachtet man die aus den Analysen erhaltenen Durchschnittswerte, so ergibt sich, daß eine sorgfältige künstliche Trocknung*) so gut wie keine Veränderung des Reinfettes in qualitativer und quantitativer Hinsicht nach sich zieht. Dabei zeigten die Analysen der nach zwei völlig verschiedenen Verfahren isolierten Gesamtfettsäuren des Luzernetrockengrüns eine sehr gute Übereinstimmung. In der schlecht gelungenen Luzernesilage war der Prozentgehalt an Gesamtfettsäuren nicht erniedrigt. Doch spielt hierbei sicher die nachträgliche Bildung von organischen Säuren durch die Gärungserreger eine erhebliche Rolle. Dies wird bestätigt durch den Anstieg der Fraktion der gesättigten Fettsäuren und den starken Rückgang der mehrfach ungesättigten Fettsäuren, wobei möglicherweise eine *mikrobielle Hydrierung* beteiligt sein kann.

2. *Wiesengras*

Untersuchungsmaterial	Gesamt-fettsäuren i. Tr.	Analysen der Gesamtfettsäuren				
		Jodzahl	Rhodan-zahl	gesättigte Fettsäuren	Linol-säure	Linolen-säure
Wiesengras	2,31 %	191	123	23,0 %	18,1 %	58,7 %
Wiesengrastrockengrün	2,34	198	124	20,0	20,0	59,7
Wiesengrassilage	2,31	171	105	27,0	18,7	50,3

Eine Übersicht über die Ergebnisse, die in der vorstehenden Tabelle wiedergegeben wurden, zeigt auch hier, daß eine sorgfältige künstliche Trocknung**) so gut wie keine Veränderung von Gehalt und Zusammensetzung der reinen Fettsäuren nach sich zieht. Die Wiesengrassilage wurde mit Amasil als Sicherungszusatz hergestellt und war gut gelungen. Der relative Fettgehalt war der gleiche wie im Ausgangsmaterial, der Anteil an Linolensäure ist etwas, wenn auch nicht sehr stark zurückgegangen.

*) Die Trocknung wurde in dankenswerter Weise von der Trocknungsgenossenschaft Plön/Holstein durchgeführt.

**) Für dieses Material führte die Trocknungsgenossenschaft in Hohenwestedt die Trocknung durch.

3. Kleegras

Aus dem gleichen Grase wurden – wie schon in der Einleitung erwähnt – Heu und Silage gewonnen. Die Heubereitung wurde sehr sorgfältig durchgeführt, einmal auf Dreibockreutern und parallel dazu mittels Scheunen- oder Unterdachtrocknung im Entlüftungsverfahren ***). Die Kleegrassilage wurde selbst hergestellt. Sie war gut gelungen.

Untersuchungsmaterial	Gesamt-fettsäuren i. Tr.	Analysen der Gesamtfettsäuren				
		Jodzahl	Rhodan-zahl	gesättigte Fettsäuren	Linol-säure	Linolen-säure
Kleegras	2,62%	173	111	26,3%	20,4%	51,3%
Kleegrasreuterheu	1,07	109	80	43,0	17,3	25,3
Kleegrasheu (Unterdachtrocknung)	0,97	118	84	38,7	19,8	27,5
Kleegrassilage	1,86	151	93	31,6	21,8	45,2

Auffälligster Befund ist hier die starke Einwirkung im Verlauf der Heuwerbung, die zu ganz erheblichen Veränderungen geführt hat, obwohl es sich um Verfahren der Heubereitung handelt, die gegenüber der althergebrachten Bodentrocknung sehr viel besser abschneiden. Der Gehalt an Reinfett ist um weit mehr als die Hälfte gesunken. In qualitativer Hinsicht entspricht dem ein starker Rückgang der Jod- und Rhodanzahlen, was durch die Ergebnisse der Analyse auf Linolsäure und Linolensäure bestätigt wird. Zweifellos liegt eine weitgehende Umsetzung der mehrfach ungesättigten Fettsäuren durch Oxydation und Polymerisation vor, die bei der Heugewinnung nach diesen Befunden als zwangsläufig und unvermeidbar angesehen werden muß. Wesentlich sind wohl die Einwirkung des Luftsauerstoffs und der Zeitfaktor, da die intensive, aber schnelle künstliche Trocknung zu keiner bemerkbaren Veränderung im Fettgehalt geführt hat. Ein gewisser Einfluß wird bei der Heugewinnung auch durch die Bröckelverluste bestehen, die ja überwiegend die nährstoff- und damit auch fettreicheren Blattanteile betreffen.

Die Kleegrassilage wurde nach vorherigem Anwelken hergestellt. Letzteres hat sich offenbar in ähnlicher Richtung auf den Reinfettgehalt ausgewirkt wie die Heuwerbung, wenn auch das Ausmaß und die qualitativen Veränderungen weniger einschneidend waren.

Zusammenfassung

In drei Untersuchungsserien wurden das Reinfett von Grünfutterarten und die Einwirkung verschiedener Konservierungsverfahren studiert. Dabei wurde innerhalb jeder Versuchsserie von einheitlichem Grünmaterial ausgegangen. Die Rohfettgewinnung erfolgte durch erschöpfende doppelte Extraktion – zuerst mit

***) Die Heuwerbung führte in dankenswerter Weise das *Institut für Milcherzeugung* (Direktor: Prof. Dr. A. ORTH) der Bundesforschungsanstalt für Milchwirtschaft in Kiel auf seinem Versuchsgut Schaedtbek durch.

Alkohol und anschließend mit Äther. Als „Rohfett" wurde der in Petroläther lösliche Teil dieses Extraktes angesehen. Er war noch stark mit Begleitstoffen verunreinigt. Eine Befreiung von diesen mit verschiedenen Mitteln, insbesondere mittels Adsorption, gelang nicht in wünschenswerter Weise. Als Maß für den Reinfettgehalt und als Ausgangspunkt weiterer Untersuchungen wurden deshalb die leichter in reinem Zustand zu gewinnenden Gesamtfettsäuren benutzt. Zur Überprüfung der Alkohol-Äther-Extraktion auf bestmögliche Erfassung des Reinfetts wurden einige Proben in Anlehnung an das Verfahren von KUMAGAWA und SUTO direkt mit Lauge aufgeschlossen. Beide absolut unterschiedliche Verfahren lieferten die gleichen Ergebnisse. Papierchromatographische Analysen der originalen und der rhodanierten Fettsäuren ergaben für alle Materialien Palmitinsäure, Linolsäure und Linolensäure als Hauptkomponenten. Andere gesättigte Säuren sowie Ölsäure waren nicht oder nur in Spuren (höchstens 1%) vorhanden. Im frischen Grünmaterial dominierte die Linolensäure mit gut 50% der Gesamtfettsäuren. Linolsäure war mit rund 20% beteiligt.

Die verschiedenen Konservierungsverfahren (künstliche Trocknung, Heuwerbung, Silagebereitung) wirken sich in folgender Weise auf das Reinfett des frischen Grünfutters aus:

a) Sorgfältige künstliche Trocknung läßt sowohl Menge als auch Zusammensetzung des Reinfettes unbeeinflußt.

b) Heuwerbung, selbst nach bestmöglichen Verfahren (Reutertrocknung und Unterdachtrocknung), führt zu einem starken Rückgang des Reinfettgehaltes und zu einer ebenso starken Oxydation der mehrfach ungesättigten Fettsäuren.

c) Bei der Silagebereitung waren die Ergebnisse unterschiedlich. Bei einer schnellen Silierung und einem gärungstechnisch einwandfreien Verlauf blieb die Einwirkung in engen Grenzen. Anwelken des Grünmaterials vor der Silierung führte zu ähnlichen, wenn auch zahlenmäßig nicht so weitgehenden Verlusten wie bei der Heuwerbung. Ein gärungstechnisches Mißlingen der Silage verminderte den Gehalt an Linolensäure erheblich. Ob das überwiegend durch Oxydation oder durch Hydrierung eingetreten ist, bedarf weiterer Untersuchungen.

Literaturverzeichnis

a) Zusammenfassende Literatur

[1] Deutsche Einheitsmethoden zur Untersuchung von Fetten, Fettprodukten und verwandten Stoffen, 1950.

[2] HILDITCH, T. P.: The chemical constitution of natural fats, 1956.

[3] KLEIN, G.: Handbuch der Pflanzenanalyse, 1933.

[4] LANG, K.: Die ernährungsphysiologischen Eigenschaften der Fette, 1958.

[5] PAECH, K. u. M. V. TRACY: Moderne Methoden der Pflanzenanalyse, 1955.

[6] SCHMITT, L., M. OTT u. W. SCHUPHAN: Methoden zur chemischen und biologischen Qualitätsbestimmung von gärtnerischen und landwirtschaftlichen Erzeugnissen, 1953.

b) Spezielle Originalarbeiten

[7] AWE, W. u. B. GROTE: Papierchromatographische Untersuchungen an Rhodanfettsäuren. Fette und Seifen 60, 806, 1958.

[8] BECKER, M.: Untersuchungen über den wirklichen Gehalt an Rohfett, Reinfett und essentiellen Fettbestandteilen im landw. Grünfutter. Arch. Tierern. 6, 139, 1956.

[9] BECKER, M.: Der derzeitige Stand unserer Kenntnisse über den Einfluß des Fettes in der Nahrung auf die Funktionen und Leistungen des tierischen Organismus. Schriftenr. d. FAL, H. 6, 5, 1953.

[10] BECKER, M., G. KARSTEN u. W. OSLAGE: Rohfettanalyse, wahrer Fettgehalt und Zusammensetzung des Fettes bei wichtigen wirtschaftlichen Futtermitteln. Schriftenr. d. FAL, H. 6, 76, 1953.

[11] BERNHARD, K. u. R. SCHOENHEIMER: The inertia of highly unsaturated fatty acids in the animal, investigated with Deuterium. J. biolog. Chem. 135, 707, 1940.

[12] BROCKER, E. G. u. F. B. SHORLAND: Studies on the composition of horse oil. 1) Composition of horse oil in relation to the depot fats of other pasture fed animals. Biochem. J. 46, 80—85, 1950.

[13] BURR, G. O. u. M. M. BURR: Nature and role of the fatty acids essential in nutrition. J. biol. Chem. 86, 587, 1930.

[14] CHIBNALL, A. C. u. H. J. CHANNON:' The ether soluble substances of cabbage leaf cytoplasm. Biochem. J. 21, 225 u. 479, 1927.

[15] CUNNINGHAM, H. M. u. J. K. LOOSLI: The effect of fat-free diets on lambs and goats. J. Sci. Food Agric. 13, 265—273, 1954.

[16] GARTON, G. A. u. A. E. OXFORD: The nature of bacterial lipids in the rumen of hay-fed sheep. J. Sci. Food Agric. 6, 142—48, 1955.

[17] GLASCOCK, R. F., W. G. DUMCOMBE u. L. R. REININS: Studies on the origin of milk fat. The secretion of dietary longchain fatty acids in milk fat by ruminants. Biochem. J. 62, 535, 1956.

[18] GREENBERG, S. M., C. E. CALBERT, E. SAVAGE u. H. J. DEUEL jr.: The effect of fat level of the diet on general nutrition. J. Nutrition, 41, 473, 1950.

[19] HARTMAN, L., F. B. SHORLAND u. I. R. C. MCDONALD: Occurence of trans-acids in animal fats. Nature 174, 185, 1954.

[20] HEYES, J. K. u. F. B. SHORLAND: The constitution of Hexadecatrienoic acid from the glycerides of rape leaf. Biochem. J. 49, 503, 1951.

[21] HOFLUND, S., J. HOLMBERG u. SELIMANN: Investigation on fat digestion and fat metabolism in ruminants. Cormell Vet. 45 (2), 254.

[22] HOFMANN, K., R. A. LUCAS u. S. M. SAX: The chemical nature of the fatty acids of Lactobacillus Arabinosus. J, biol. chem. 195, 473, 152.

[23] HOLMAN, R. T.: Die Rolle der Fettsäuren in der Ernährung. Fette u. Seifen 53, 332, 1951.

[24] INABA, R.: Über die Fettbestimmung der Faeces und einiger Nahrungsmittel nach der neuen Methode von Kumagawa-Suto. Biochem. Zs. 8, 348, 1908.

[25] JACKSON, A. H. u. F. A. KUMMEROW: The lipids of dehydrated Alfalfa leaf. meal. J. Am. Oil Chem. Soc. 28, 382, 1949.

[26] JASPERSON, H. u. F. BURKE: Zit. nach HILDITCH [2].

[27] KARSTEN, G. u. M. BECKER: Versuche mit langfristiger fettfreier Ernährung an Wiederkäuern. Arch. Tierern. 5, 95, 1954.

[28] KAUFMANN, H. P.: Adsorptionstrennungen auf dem Fettgebiet VI. Papierchromatographie. Fette u. Seifen 52, 331, 1950.

[29] KAUFMANN, H. P. u. W. H. NITCH: Die Papierchromatographie auf dem Fettgebiet XVI. Weitere Versuche zur Trennung von Fettsäuren. Fette u. Seifen 56, 154, 1954.

[30] KAUFMANN, H. P. u. M. ARENS: Die Papier-Chromatographie auf dem Fettgebiet XXVIII. Die Trennung rhodanierter Fettsäuren. Fette u. Seifen 60, 803, 1958.

[31] KELSAY, F. E. u. H. E. LONGENECKER: J. biolog. Chem. 139, 727, 1941.

[32] KLENK, E.: Über die Biogenese der C_{20}- und C_{22}-Polyenfettsäuren in der Säugetierleber. Z. physiol. Chem. 302, 268, 1955.

[33] KREWSON, C. F.: Buckwheat leaf meal fat. II. Composition of fatty acids. J. Am. Oil Chem. Soc. 29, 4, 1952.

[34] KUMAGAWA, M. u. K. SUTO: Ein neues Verfahren zur quantitativen Bestimmung des Fettes und der unverseifbaren Substanzen in tierischem Material nebst der Kritik einiger gebräuchlicher Methoden. Biochem. Zs. 8, 212, 1908.

[35] LAUGH, A. K. u. G. A. GARTON: Blood lipids. 2) Plasma lipids of the lactating cow: Fatty acid composition of the sterol esters and triglycerides. Biochem. J. 67, 345, 1957.

[36] LIEBERMANN, V. L. u. S. SZEKELY: Eine Methode der Fettbestimmung in Futtermitteln, Fleisch, Kot usw. Arch. ges. Physiol. 72, 360.

[37] MEAD, J. F., G. STEINBERG u. D. R. HOWTON: Metabolism of essential fatty acids. Incorporation of acetate into Arachidonic acid. J. biol. Chem. 205, 683, 1952.

[38] MEAD, J. F u. D. R. HOWTON: The metabolism of the essential fatty acids. J biol. Chem. 227, 1025, 1957.

[39] ORTH, A. u. W. KAUFMANN: Die Ursachen der unterschiedlichen Konsistenz des Milchfettes. Kieler Milchw. Forschungsber. 9, 241, 1957.

[40] ORTH, A. u. W. KAUFMANN: Einige Ergebnisse über Verdauungsvorgänge im Pansen und ihre Bedeutung für die Milchfettproduktion. Kieler Milchw. Forschungsber. 9, 253, 1957.

[41] ORTH, A. u. W. KAUFMANN: Ergebnisse über Verdauungsvorgänge im Pansen. III. Der Einfluß des Vegetationszustandes des Weidegrases auf die Pansenvorgänge. Kieler Milchw. Forschungsber. 10, 471, 1958.

[42] POLLARD, A.: The isolation of carotene and sterols from the unsaponifiable matter of cocksfoot. Biochem. J. 30, 302, 1936.

[43] REISER, R.: Hydrogenation of polyunsaturated fatty acids by the ruminant. Fed. Proc. 10, 236, 1951.

[44] REISER, R. u. H. C. R. REDDY: The hydrogenation of dietary unsaturated fatty acids by the ruminant. J. Amer. Oil Chem. Soc. 33, 155, 1956.

[45] RING, O.: Tutkimuksia rehunarasvan määrittämisestä saipuoimalla sekä ras van sulavuudesta märehtijöillä. Suom. Maataloust. Seuran Julkais Acta Agralia Fennica 64, 2, 1947.

[46] SANDELIN, A. E.: Der Fettgehalt der Futtermittel. J. Sci. Agr. Soc. Finland 11, 86, 1939.

[47] SHINIDZU, Y.: Ein Beitrag zur Kumagawa-Sutoschen Fettbestimmungsmethode. Biochem. Zs. 28, 237, 1910.

[48] SHORLAND, F. B.: Leaf lipids of forage grasses and clovers. Nature 153, 168, 1944.

[49] SHORLAND, F. B.: Occurence of Hexadecatrienoic acid in the glycerides of rape leaf. Nature 156, 269, 1945.

[50] SHORLAND, F. B., R. O. WEENINK, A. T. JOHNS u. I. R. C. MCDONALD: The effect of sheep-rumen contents on unsaturated fatty acids. Biochem. J 67, 328, 1957.

[51] SHORLAND, F. B., R. O. WEENINK u. A. T. JOHNS: Effect of the rumen on dietary fat. Nature 175, 1129, 1955.

[52] SMITH, J. A. B. u. A. C. CHIBNALL: The glycerides fatty acids of forage grasses. I. Cocksfoot and perennial ryegrass. Biochem. J. 26, 218, 1932.

[53] STEINBERG, G., W. H. SLATON jr., D. R. HOWTON u. J. F. MEAD: Metabolism of essential fatty acids. IV. Incorporation of Linoleate into Arachidonic acid. J. biol. Chem. 220, 257, 1956.

[54] TAMURA, M.: Prüfung der Kumagawa-Sutoschen Fettbestimmungsmethode hinsichtlich der Oxydation von Fettsäuren und unverseifbaren Substanzen im Verlauf des Verfahrens. Biochem. Zs. 51, 463, 1913.

[55] HADORN, H. u. K. V. BIEFER: Präparative Darstellung reinster Erucasäure aus Rapsöl. Mitt. Geb. Lebensm.-Unters. u. Hyg. 47, 84, 1956.

Eingegangen am 8. 7. 1960

Aus dem Institut für Tierernährungslehre der Landwirtschaftlichen Hochschule Hohenheim
(Direktor: Prof. Dr. Dr. Dr. h. c. W. WÖHLBIER)

M. KIRCHGESSNER, G. MERZ und *W. OELSCHLÄGER*

Der Einfluß des Vegetationsstadiums auf den Mengen- und Spurenelementgehalt dreier Grasarten

In früheren Arbeiten (KIRCHGESSNER [23, 24, 25]) untersuchten wir den Einfluß verschiedener Wachstumsstadien auf den Mengen- und Spurenelementgehalt von Wiesengras. Dabei ergaben sich mit fortschreitendem Wachstum bei Eiweiß, P, S, Cl, Cu und Mo abnehmende Gehalte, bei Rohfaser, Si und zum Teil auch bei Ca und Mg zunehmende Gehalte. Bei den meisten Spurenelementen jedoch fanden wir sehr starke Schwankungen der Gehalte. Dies könnte dadurch zu erklären sein, daß die Abhängigkeit der Gehalte an den einzelnen Spurenelementen vom Vegetationsstadium bei den verschiedenen Pflanzenarten sehr unterschiedlich ist, zumal ja auch nach unseren Untersuchungen (WÖHLBIER und KIRCHGESSNER [58]) die Gehalte an Spurenelementen der einzelnen Pflanzenarten von Grund auf schon sehr verschieden sind. Aus diesem Grunde (siehe [24]) war eine Fortsetzung dieser Arbeiten an Einzelpflanzen wünschenswert.

In der vorliegenden Arbeit untersuchten wir deshalb bei drei Grasarten: Dactylis glomerata (Knaulgras), Holcus lanatus (Wolliges Honiggras) und Alopecurus pratensis (Wiesenfuchsschwanz) die Abhängigkeit des Gehaltes an 17 Elementen vom Vegetationsstadium. Die Proben wurden einem natürlichen Wiesenbestand entnommen, um aus den ermittelten Mengen- und Spurenelementgehalten der drei Grasarten auch Aussagen über die Versorgung der Wiederkäuer mit den verschiedenen Elementen machen zu können. In der Zeit vom 3. Mai bis zum 17. Juli 1957 wurden die Pflanzen alle 3 bzw. 4 Tage auf einer frischen bis mäßig feuchten Glatthaferwiese (ELLENBERG [14]) mit einer Stahlschere geschnitten.

Aus angefertigten Bodenprofilen ergab sich, daß es sich um sandigen Lehm handelt. Das Ausgangsmaterial ist Lias-α-Hangschutt, der auf Knollenmergel aufliegt. Der Bodentyp ist als pseudovergleyte Braunerde (KUBIENA [33]) anzusprechen. Die festgestellten Mengen- und Spurenelementgehalte des Bodens zeigten, daß keinerlei extreme Verhältnisse vorliegen. Allerdings sind die Gehalte an laktatlöslicher P_2O_5 von durchschnittlich 4,5 mg und die K_2O-Gehalte von 6 mg je 100 g Boden sehr schlecht.

Das Untersuchungsjahr war ein im allgemeinen mildes, sonniges und niederschlagsarmes Jahr. Im Untersuchungszeitraum war zunächst vom 3.–10. Mai und in der letzten Monatsdekade durch kühle Witterung eine Hemmung des Pflanzenwachstums festzustellen. Das niederschlagsreiche Wetter in der 2. Monatsdekade im Mai förderte ebenso wie das milde und feuchte Juniwetter das Pflanzenwachstum sehr. In der ersten Julidekade reiften dann die Gräser infolge einer starken

Tabelle 1. *Die Veränderungen des Vegetationsstadiums dreier Grasarten* (in Klammer die ungefähre Wuchshöhe in cm)

Schnitt-datum	*Dactylis glomerata*	*Holcus lanatus*	*Alopecurus pratensis*
3. 5.	Im Blattstadium	Im Blattstadium (12)	Kurz vor dem Ährenschieben
7. 5.	Im Blattstadium	Im Schossen (15)	Beginn des Ährenschiebens (25)
11. 5.	Kurz vor dem Schossen (20)	Beginn des Rispenschiebens (20)	Im Ährenschieben (30)
15. 5.	Kurz vor dem Rispenschieben (25)	Im Rispenschieben (23)	Beginn der Blüte (35
19. 5.	Beginn des Rispenschiebens (25)	(25)	Etwa ein Drittel blüht (45)
23. 5.	Im Rispenschieben (30)	Halme strecken sich (30)	Vollblüte (55)
27. 5.	Etwa die Hälfte hat Rispen gesch. (35)	Längenwachstum der Halme (35)	Vollblüte (60)
30. 5.	Fortschreitende Halmbildung (40)	Rispen entfalten sich (40)	Ende der Vollblüte (70)
2. 6.	Rispen entfalten sich (60)	Rispenschieben beendet (50)	Blüte größtenteils beendet (90)
5. 6.	Rispenäste ausgebreitet (65)	Einz. ob. Rispenäste beg. zu blühen (60)	Blüte beendet (95)
8. 6.	Rispen kurz vor der Blüte (70)	Beginn der Vollblüte (70)	Samen beginnen auszureifen (95)
11. 6.	Beginn der Blüte (80)	Vollblüte (70)	Samen reifen aus (95)
14 6.	Ein Drittel des Bestands blüht	Abgebl. Rispen falten sich zus. (80)	Längenwachstum abgeschlossen
17. 6.	Vollblüte (85)	Blüte beendet (80)	Samen offensichtlich reif
20. 6.	Blüte beendet	Obere Halmteile beginnen abzusterben	Obere Stengelteile sterben ab
23. 6.	Beginnende Samenreife	Samen reifen aus	Fortschreitendes Absterben
26. 6.	Fortschreitende Samenreife	Fortschreitende Samenreife	Samen beginnen auszufallen
29. 6.	Fortschreitende Samenreife	Halmteile sterben ab, Blätter vergilben	—
2. 7.	Fortschreitende Samenreife	Samen fallen aus	Fortschreitendes Absterben
5. 7.	Obere Halmteile sterben ab		Obere Stengelteile abgestorben
8. 7.	Rispentr. Halmteile abgestorben	Fortschreitendes Absterben	
11. 7.	Samen fallen aus d. ob. Rispenästen aus	Fortschreitendes Absterben	Pflanzen abgestorben, Halme dürr
14. 7.	Hälfte der Samen ausgefallen	Pflanzen abgestorben, Halme dürr	Blätter vertrocknet
17. 7.	Halme dürr, Blätter vertrocknend	Blätter vertrocknet	
22. 7.	Alle Pflanzenteile abgestorben		

Hitzeperiode sehr schnell heran. Ein Hagel am 21. Juni und starke Niederschläge am 10. Juli blieben nicht ohne Einfluß auf das Wachstum. In Tabelle 1 ist das jeweilige Vegetationsstadium und die Wuchshöhe der Gräser aufgezeigt.

Die Gehalte an Mengen- und Spurenelementen der einzelnen Gräser wurden nach den von OELSCHLÄGER [38–47] beschriebenen chemisch-analytischen Untersuchungsmethoden ermittelt. Die statistischen Auswertungen erfolgten nach LINDER [34] und SNEDECOR [55]. Dabei wurden in der vorliegenden Arbeit Aussagen über die Abhängigkeit eines Elements vom Vegetationsstadium nur dann gemacht, wenn eine entsprechend gesicherte Korrelation gefunden werden konnte.

Die Abhängigkeitsverhältnisse der Nährstoffe

Der Einfluß des Vegetationsstadiums auf den Nährstoffgehalt ist durch die Untersuchungen von KIRSCH [28], HOMB [22], BRÜNNER [10], RICHARDS [50], KLAPP [30], KIRCHGESSNER [24], KIVIMÄE [29] u. a. schon sehr eingehend untersucht worden. Auch in den vorliegenden Untersuchungen zeigte sich wieder, daß mit fortschreitender Vegetation bei allen 3 Grasarten die Gehalte an Rohprotein und Reineiweiß, bei Dactylis und Holcus auch die an N-freien Extraktstoffen, sowie bei Alopecurus und Dactylis der Gehalt an Rohfett laufend abnimmt. Der Gehalt an Rohfaser nimmt jedoch bei allen drei Grasarten stetig zu. Die entsprechenden Gehalte sind in Abb. 1 zusammengestellt. Die Abbildung zeigt, daß die Ab- bzw. Zunahmen keineswegs gleichmäßig erfolgen. So nimmt der Eiweißgehalt zur Zeit des Rispen- bzw. Ährenschiebens am stärksten ab. Der Rohfasergehalt bleibt vor dem Schossen annähernd gleich, nimmt dann aber sehr stark zu. Mit dem Blühende verflacht sich dann der Anstieg des Rohfasergehaltes wieder, steigt aber nach der Samenreife nochmals erheblich an. Dies stimmt auch ungefähr mit den Untersuchungen von KIVIMÄE [29] überein.

Die Zunahme des Rohfasergehaltes vom Zeitpunkt des Rispenschiebens bis zum Blühende betrug im Mittel der drei Grasarten 24%. Gleichzeitig nahm in diesem Zeitraum, der für die Ernte besonders in Frage kommt, der Rohprotein- und Reineiweißgehalt im Mittel um 37% bzw. 32%, der Gehalt an Rohfett um 18% und der an N-freien Extraktstoffen um 3% ab. Wenn demnach der Schnitt in ein früheres Vegetationsstadium vorverlegt wird, ergibt sich also auch bei diesen drei Grasarten ein eindeutig besserer Nährstoffgehalt.

Da die Bestimmung des Trockensubstanzgehaltes in einem solchen Versuch immer mit Schwierigkeiten verbunden ist – durch anhaftenden Tau und Regen schwanken die Gehalte sehr stark – wurden in der Abb. 1 nur die mittleren Trockensubstanzgehalte, die sich aus den entsprechenden Korrelationen ergaben, eingezeichnet. Aus diesem Grunde wurden in den vorliegenden Untersuchungen auch bei der Betrachtung der Abhängigkeitsverhältnisse die Gehalte stets auf Trockensubstanz bezogen angegeben. Die Trockensubstanzgehalte haben sich bei allen drei Grasarten vom beginnenden Schoßstadium bis zur Totreife ungefähr verdoppelt.

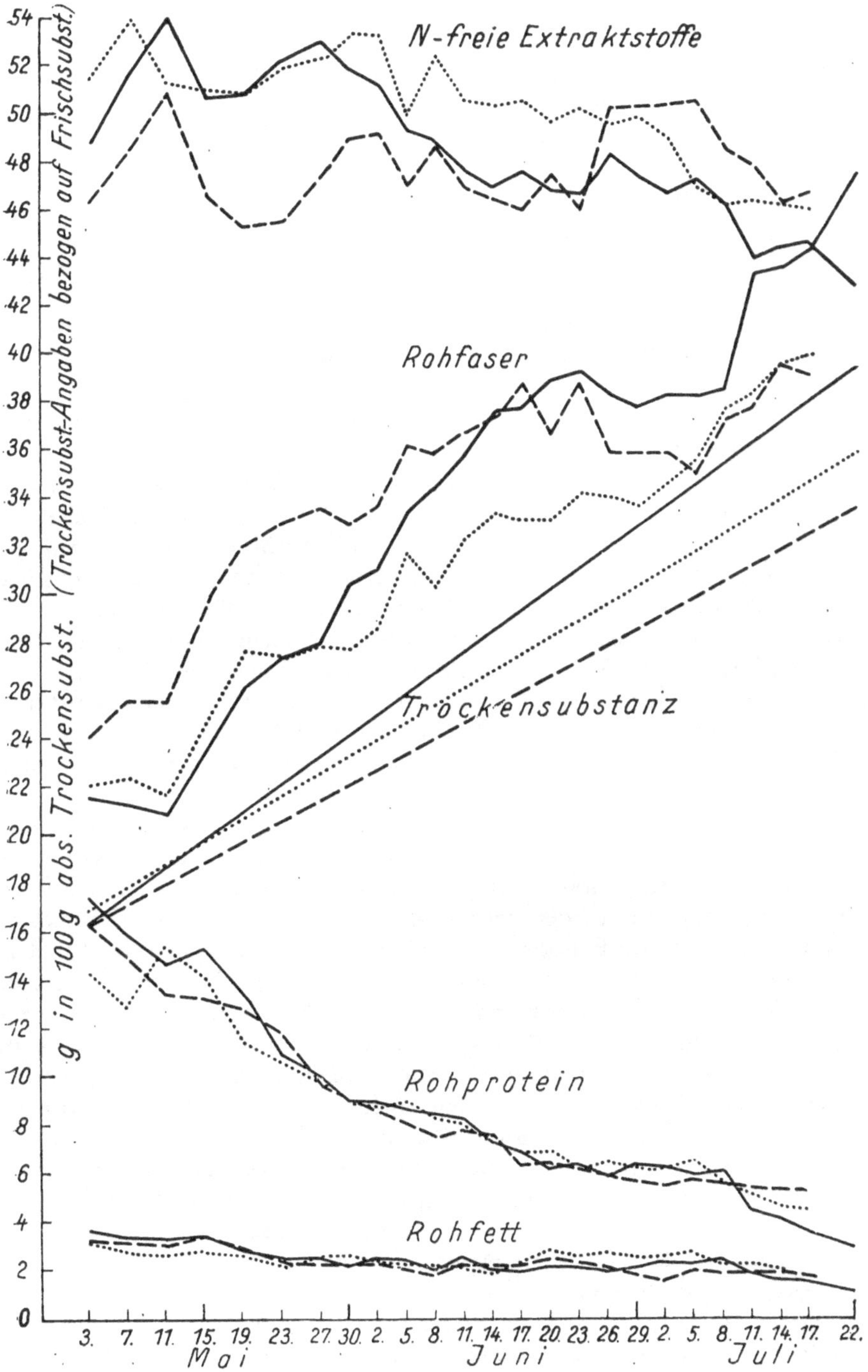

Abb. 1. Der Einfluß des Vegetationsstadiums auf den Nährstoffgehalt dreier Grasarten (___ Dactylis glomerata, ... Holcus lanatus, - - - - Alopecurus pratensis)

Die Abhängigkeitsverhältnisse der Mengenelemente

Auch über die Veränderungen des Mineralstoffgehaltes bei fortschreitender Vegetation liegen eine Reihe von Untersuchungen vor. So berichten GEERING [17] und GÜTTLER [18] von einer Abnahme des N-, P- und K-Gehalts mit fortschreitender Pflanzenentwicklung, was in Untersuchungen von FEATHERSTONE u. a. [15], THOMAS u. a. [57], HEINRICHS und CARSON [21] und KIRCHGESSNER [23, 24] später bestätigt wurde.

Bei den Ca- und Mg-Gehalten läßt sich jedoch kein solch eindeutiges Ergebnis nachweisen. So fanden HOMB [22] und KIVIMÄE [29] in mehrjährigen Versuchen bei Lieschgras eine stetige Abnahme des Ca-Gehaltes. Dagegen fanden GEERING [17], COOPER u. a. [11] und KIRCHGESSNER [23, 24] ansteigende Ca- und zum Teil auch Mg-Gehalte.

In den vorliegenden Untersuchungen war ebenso bei allen drei untersuchten Grasarten vom Blattstadium bis zur Totreife ein Rückgang des K-Gehaltes um 54% und des P-Gehaltes um 59% festzustellen. Die Abnahme war zur Zeit des intensivsten Wachstums am stärksten (siehe Abb. 2 und 3). Auch die Gehalte an S und Cl nehmen bei allen drei Grasarten, vor allem während des Schossens und Rispenschiebens, stark, mit beginnender Blüte jedoch nur noch geringfügig ab oder bleiben annähernd gleich (siehe Abb. 3). Bei Beginn der Blüte verläuft also der Cl-Gehalt nicht mehr parallel dem K-Gehalt, da letzterer auch noch im Reifestadium stark abnimmt. Dies könnte darauf zurückzuführen sein, daß das K besonders stark aus dem oberirdischen Sproß abwandert und umgelagert wird (BERGER [6], SCHEFFER und WELTE [54]). Bei Dactylis und Alopecurus kann insgesamt mit einem abnehmenden Na-Gehalt gerechnet werden, jedoch ist die Abnahme geringfügig.

Besonders aufschlußreich waren auch die Veränderungen des Ca-Gehaltes mit fortschreitender Vegetation. Bei allen drei Grasarten war vom Blattstadium bis kurz vor der Blüte ein starker Abfall, im Durchschnitt um 21%, festzustellen. Während der ganzen Blüte blieb der Gehalt annähernd gleich und stieg nach der Blüte bis zur Totreife stark an (im Durchschnitt um 23%). Dies dürfte damit zusammenhängen, daß die Aufnahme des Ca am Anfang sehr langsam verläuft und erst gegen Mitte der Vegetationszeit stärker wird; sie kann gegen Ende der Vegetationszeit unter Umständen so stark sein, daß sogar eine Anreicherung stattfindet (RIPPEL [52], MAIWALD [36], SCHEFFER und WELTE [54]). Da dies aber einerseits sehr von den Standortsverhältnissen abhängig sein dürfte und zum anderen je nach dem Bereich des untersuchten Vegetationsabschnittes zu unterschiedlichen Ergebnissen führt, dürften damit auch die verschiedenen oben aufgezeigten Ergebnisse [11, 17, 22, 23, 24, 29] zu erklären sein. Unsere früheren Untersuchungen (KIRCHGESSNER [24]), in denen wir bei Wiesengras einen Anstieg des Ca-Gehaltes nach dem optimalen Schnittzeitpunkt feststellten, stimmen sehr gut mit den vorliegenden Untersuchungen überein.

Bei Mg finden wir ähnliche Verhältnisse wie bei Ca. Aus Abb. 2 ist die gleichmäßige Richtung der jeweiligen Veränderungen zu ersehen. Der mittlere Korrelationskoeffizient zwischen den Ca- und Mg-Gehalten beträgt $r = 0{,}79$. Dies deckt sich mit den Untersuchungen von KIRCHGESSNER [27], wonach zwischen dem Ca- und Mg-Gehalt in Wiesengras ein Abhängigkeitsverhältnis besteht.

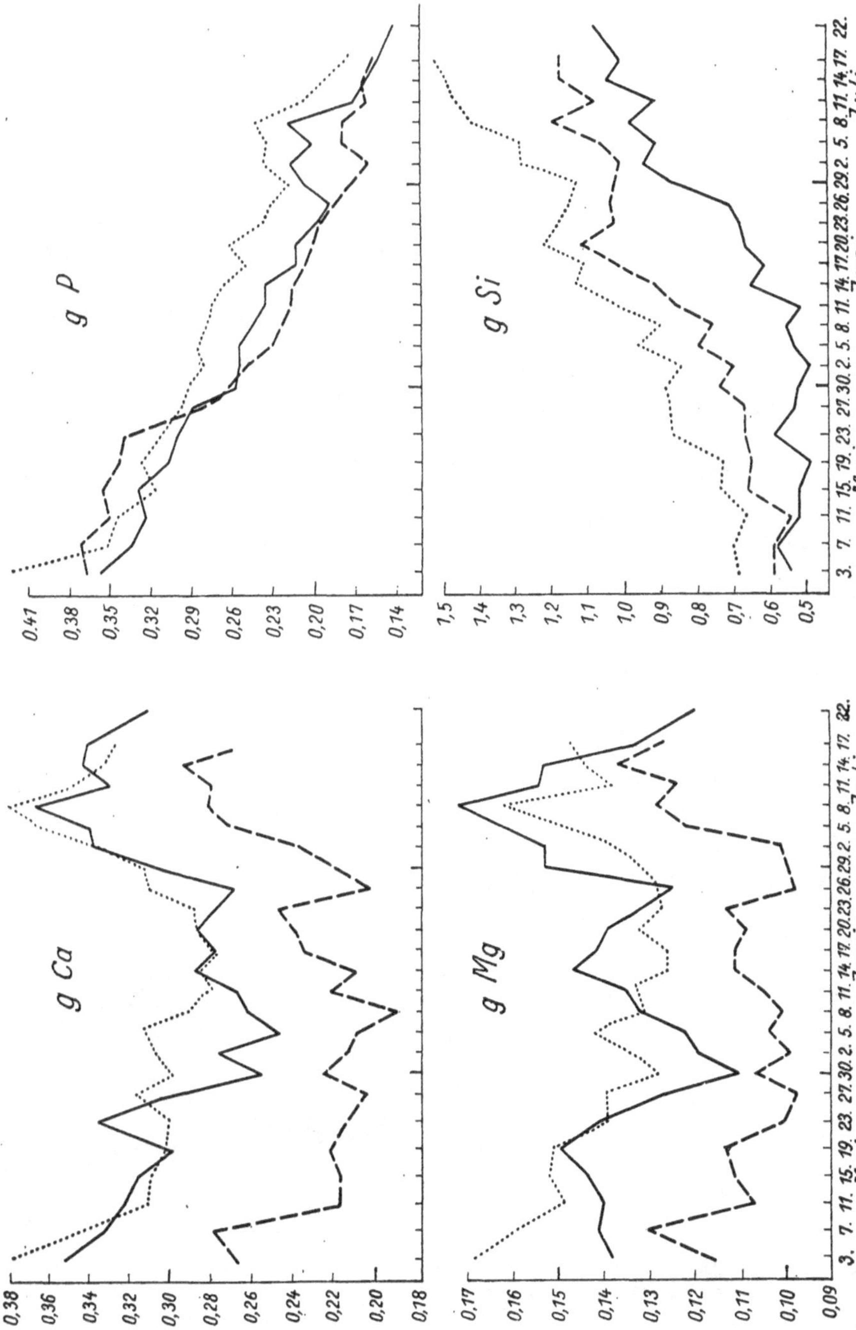

Abb. 2. Der Einfluß des Vegetationsstadiums auf den Gehalt an Ca, Mg, P und Si dreier Grasarten
(___ Dactylis glomerata, ... Holcus lanatus, ---- Alopecurus pratensis)
(Die Gehaltsangaben sind auf 100 g abs. Trockens. bezogen)

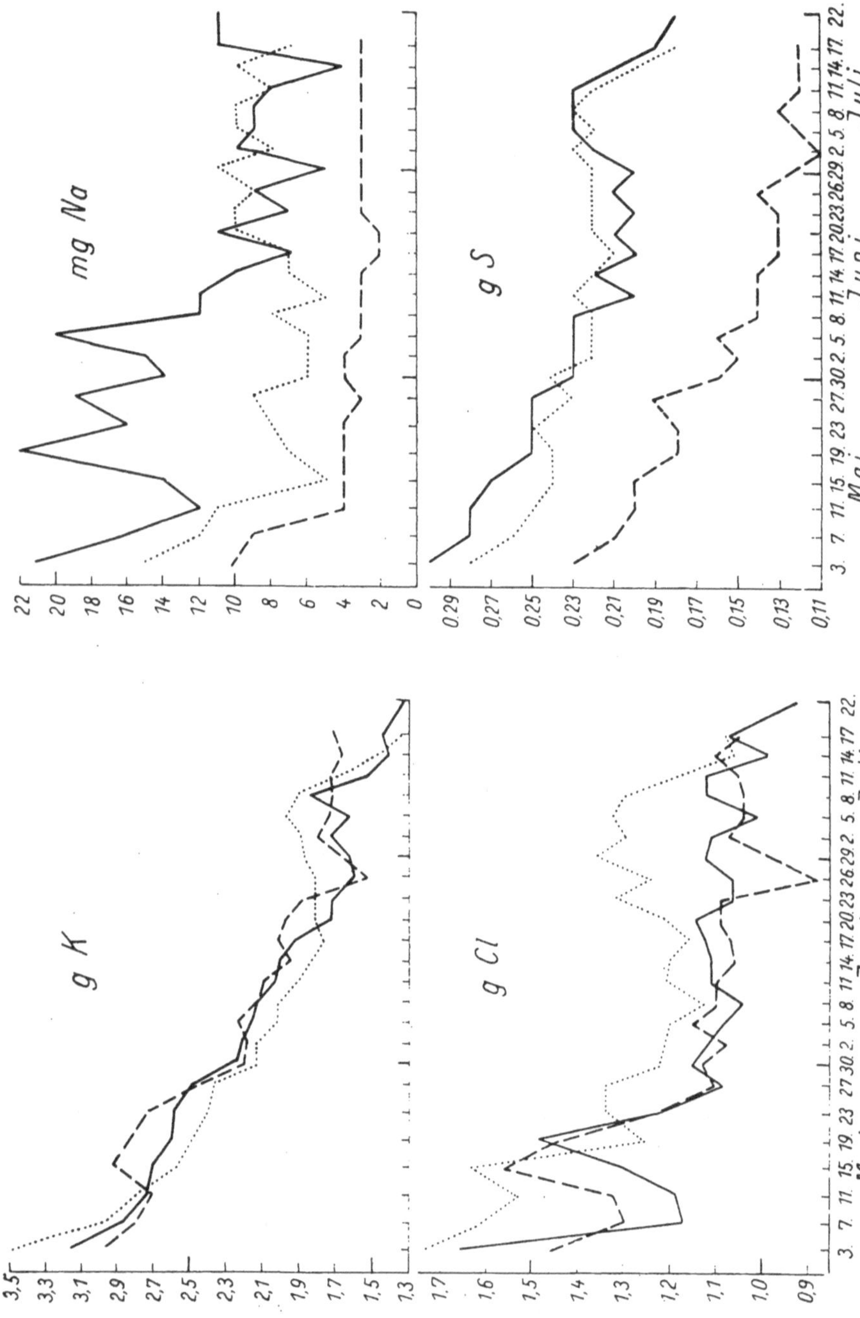

Abb. 3. Der Einfluß des Vegetationsstadiums auf den Gehalt an K, Cl, Na und S dreier Grasarten
(___ Dactylis glomerata, ... Holcus lanatus, - - - - Alopecurus pratensis)
(Die Gehaltsangaben sind auf 100 g abs. Trockens. bezogen)

Der Si-Gehalt der drei Grasarten hängt ebenfalls sehr stark vom Vegetationsstadium ab. Während im Verlaufe des starken Wachstums der Si-Gehalt kaum (Dactylis) oder nur geringfügig ansteigt (Alopecurus und Holcus), erhöht sich dann mit beginnender Blüte der Gehalt an Si stetig sehr stark.

Wie wirken sich nun diese unterschiedlichen Mineralstoffgehalte in ernährungsphysiologischer Hinsicht aus? In erster Linie ist die Veränderung des P-Gehaltes zu nennen, da ja bekanntlich der P-Gehalt der Rationen von Rindern meist sowieso unzureichend ist. Da nach dem Rispenschieben bis zum Ende der Blüte der P-Gehalt im Mittel um 25% abnimmt, der Ca-Gehalt dagegen nahezu unverändert bleibt, weitet sich das Ca : P-Verhältnis und wird damit immer schlechter. Allerdings wird der von KIRCHGESSNER [24] als optimal angegebene Bereich der Erdalkalität von 10–20 mg Äquivalente je 100 g abs. trock. Futtermittel kaum überschritten. Dies dürfte allerdings auf die geringen Ca- und Mg-Gehalte der Gräser zurückzuführen sein (WÖHLBIER und KIRCHGESSNER [58]). Da aber die absoluten Gehalte an P laufend geringer und damit ungünstiger werden und der P-Gehalt insbesondere mit dem N-Gehalt korreliert (in den vorliegenden Untersuchungen ergab sich $r = 0,96$), dürfte auch wegen der besseren Mineralstoffgehalte der frühe Schnittzeitpunkt vorzuziehen sein.

Die Abhängigkeitsverhältnisse bei den Spurenelementen

Die Abhängigkeit der Gehalte an Spurenelementen vom Vegetationsstadium ist bislang nur bei einigen Elementen untersucht worden. So fanden BEESON und McDONALD [4] bei Lieschgras und KIRCHGESSNER [23, 24, 25] bei Wiesengras eine laufende Abnahme des Gehaltes an Cu mit fortschreitendem Vegetationsstadium. Nach ASKEW [1], RIGG [51], BEESON, GRAY und SMITH [3], MAUNSELL [37] und KIRCHGESSNER [23, 25] hat die Schnittzeit keinen nennenswerten Einfluß auf den Co-Gehalt. Nur SVANBERG [56] berichtet bei Rotklee von einem zunehmenden Co-Gehalt. Eine Abhängigkeit des Mn-Gehaltes vom Vegetationsstadium konnten BEESON und McDONALD [4] sowie KIRCHGESSNER [23] nicht feststellen. Nach GÜTTLER [18] soll bei manganophilen Pflanzen jedoch mit fortschreitender Entwicklung der Mn-Gehalt zunehmen.

Bei Mo fanden wir im Wiesengras nach der Blüte einen abnehmenden Gehalt [23], [25]. Nach GAMMON u. a. [16] soll er jedoch ziemlich konstant bleiben, was auch für Fe, Al, Zn, Ni, Cr und J nach unseren früheren Untersuchungen [23, 25] zutrifft.

In den vorliegenden Untersuchungen wurde eine deutliche Abnahme des Fe- und Al-Gehaltes zum Zeitpunkt des Rispen- bzw. Ährenschiebens festgestellt. Während der Blüte blieben die Gehalte annähernd konstant, um dann nach Beendigung der Blüte sich in den Gräsern stark anzureichern. Dies könnte darauf zurückzuführen sein, daß, wie BIDDULPH und WOODBRIDGE [7] annehmen, Fe und Al als Phosphate oder Silikate zurückgehalten werden. Auch nach BENETT [5] geht das im fortgeschrittenen Vegetationsstadium aufgenommene Fe in die inaktive Fraktion über, in der es festgelegt wird.

Sowohl bei Dactylis als auch Alopecurus ist bei dem Mn-Gehalt ein laufend leichter Anstieg während der Vegetation zu erkennen. Bei Holcus ist dies weniger ausgeprägt. Allerdings muß dabei festgehalten werden, daß der Mn-Gehalt großen Schwankungen unterliegt, wie ja auch aus Abb. 4 zu erkennen ist. Dies dürfte damit zusammenhängen, daß die Mn-Aufnahme in starkem Maße vom Redoxpotential des Bodens abhängt, wie von LUNDEGARDH [35], OLSEN [48], HASLER [19], KIRCHGESSNER [23] und SCHACHTSCHABEL [53] aufgezeigt wurde. Der pH-Wert des Bodens wiederum wird aber nach KOSEGARTEN [31, 32] durch den Wasserhaushalt des Bodens und nach BOKEN [8] durch die Temperatur beeinflußt.

In Abb. 4 ist neben dem Einfluß des Vegetationsstadiums auf den Fe-, Al- und Mn-Gehalt auch noch der auf den Zn-Gehalt aufgezeigt. Dieser nimmt während der gesamten untersuchten Vegetationszeit ab, und zwar im Mittel um ca. 40%; am stärksten jedoch während des Schossens. Dies deckt sich mit den Untersuchungen von RICEMAN und JONES [49], die bei Trifolium subterranum während des Streckungs- und Differenzierungswachstums einen Abfall des Zn-Gehaltes feststellten.

In Abb. 5 ist das Abhängigkeitsverhältnis des Cu- und Ni-Gehaltes von der Vegetation aufgezeigt; beide Gehalte nehmen im gesamten untersuchten Vegetationsabschnitt bei den drei Grasarten ständig sehr stark ab, und zwar beträgt die Abnahme im Mittel bei Cu 62%, bei Ni sogar 82%.

Die Veränderungen der B-, Mo-, Co- und Cr-Gehalte mit fortschreitender Vegetation sind in Abb. 6 aufgezeigt. Die B-Gehalte schwanken bei allen 3 Grasarten zwischen 0,4–0,7 mg je 100 g Trockensubstanz. Deshalb konnte eine Abhängigkeit der B-Gehalte vom Vegetationsstadium nicht festgestellt werden. Ein Einfluß ist auch während der Zeit des stärksten Wachstums nicht festzustellen. Die höchsten B-Gehalte hatten die Gräser während der Blüte und gegen Ende der Untersuchungen; dazwischen lagen die niedrigsten Gehalte. Die Mo-Gehalte blieben bei Dactylis und Alopecurus während des untersuchten Vegetationsabschnittes ungefähr gleich; nur bei Holcus wurde ein Anstieg des Mo-Gehaltes festgestellt. Der Co-Gehalt nimmt bei allen drei Grasarten während des Schossens ab. Bei Alopecurus und Dactylis schwanken im weiteren Verlauf der Vegetation die Werte zwischen 3–5 μg je 100 g Trockensubstanz; bei Holcus ist jedoch nach dem Rispenschieben ein steter Anstieg des Co-Gehaltes von 3 bis auf 6 μg je 100 g Trockensubstanz festzustellen. Die Cr-Gehalte unterliegen sehr starken Schwankungen; jedoch sind ab der Samenreife eindeutig erhöhte Cr-Gehalte festzustellen.

Zusammenfassend kann man also besonders die abnehmenden Gehalte an Cu, Ni und Zn während der gesamten Vegetation herausstellen. Die Zunahme der Gehalte an Fe, Al und Cr erfolgt im wesentlichen erst nach der Blüte. In ernährungsphysiologischer Hinsicht sind besonders die Gehalte an Cu und Co interessant, da nach KIRCHGESSNER [26] in der Milchviehfütterung bei diesen beiden Elementen Mangel auftreten kann. Wegen des Cu-Gehaltes müßte nach den Ergebnissen der vorliegenden und unserer früheren Untersuchungen an Wiesengras [24, 25] ein früher Schnitt der Gräser gefordert werden, da dann der Cu-Gehalt am höchsten ist. Da bei den vorliegenden Untersuchungen der Mo-Gehalt im wesentlichen

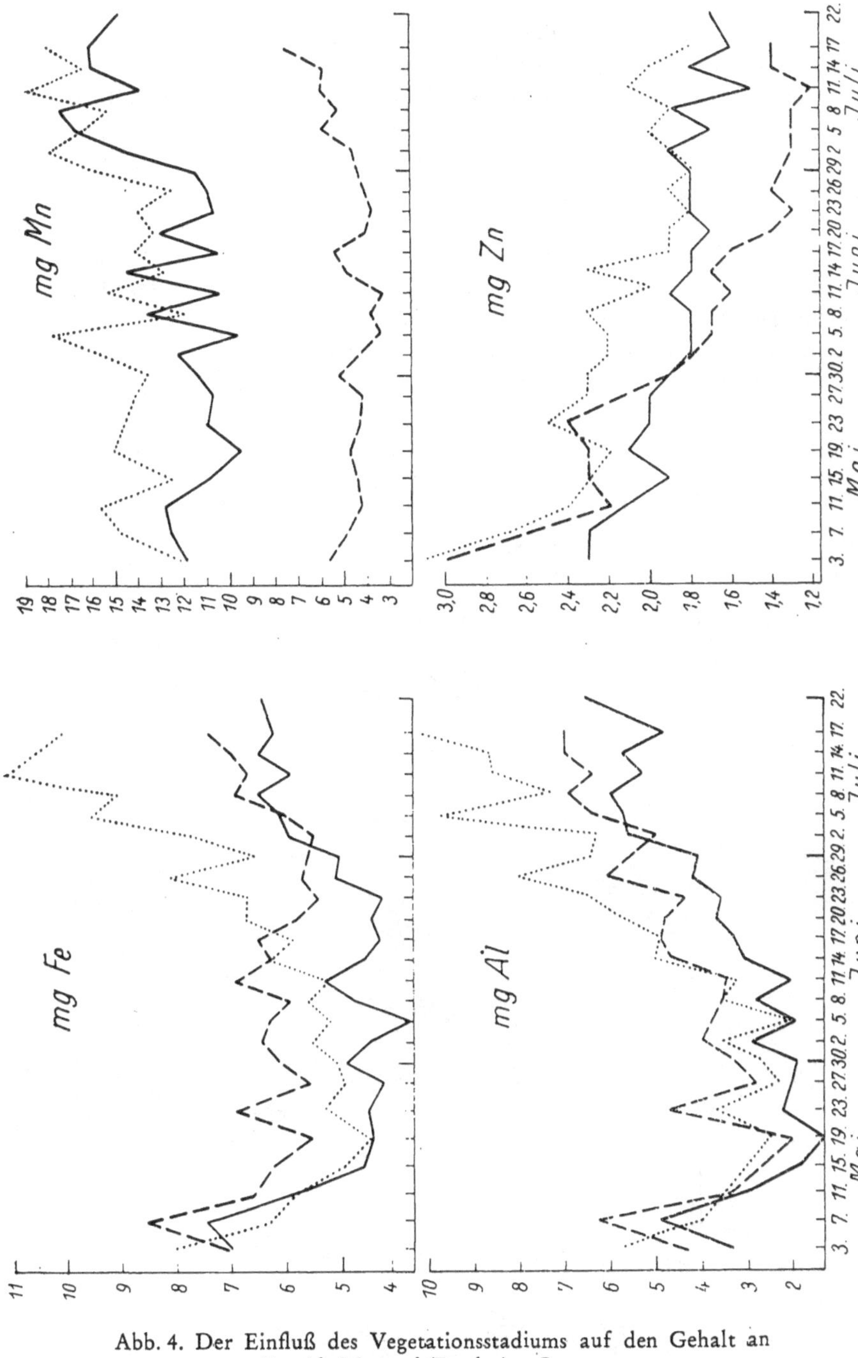

Abb. 4. Der Einfluß des Vegetationsstadiums auf den Gehalt an Fe, Al, Mn und Zn dreier Grasarten

(___ Dactylis glomerata, ... Holcus lanatus, - - - - Alopecurus pratensis)

(Die Gehaltsangaben sind auf 100 g abs. Trockens. bezogen)

gleichbleibt, wird mit fortschreitendem Wachstum die Cu : Mo-Relation laufend ungünstiger. Allerdings liegt der Mo-Gehalt der drei untersuchten Grasarten so niedrig, daß, wie man aus den Untersuchungen von CUNNINGHAM [13] entnehmen kann, der Cu-Stoffwechsel kaum beeinflußt wird. Der Co-Gehalt bleibt mit fortschreitender Vegetation ungefähr gleich, was wir in unseren früheren Untersuchungen [23] am gesamten Wiesengras ebenfalls feststellten. Nur bei Holcus nimmt der Co-Gehalt zu. Da aber andererseits der Verholzungsgrad rasch zunimmt und einige Elemente durch die Gerüstsubstanzen mehr oder weniger stark umschlossen werden (AXELSON [2] und CRASEMANN [12]), kann die Adsorbierbarkeit dadurch verschlechtert werden. Wir können also insgesamt gesehen feststellen, daß neben der bekannten Verminderung des Nährstoffgehaltes bei fortschreitender Vegetation im gleichen Maße sich die Gehalte an den Mengenelementen P, K, S und Cl und an den Spurenelementen Cu, Ni, Zn vermindern.

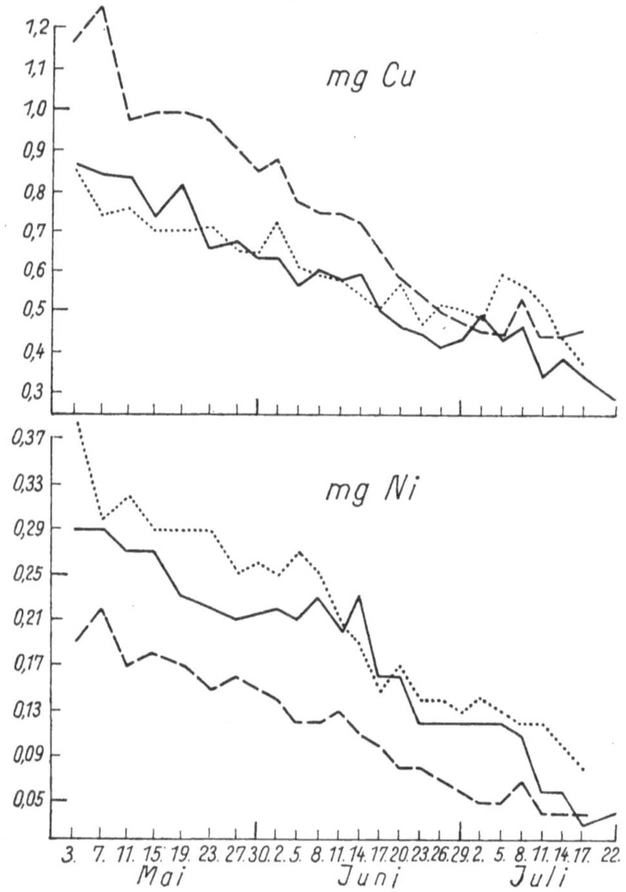

Abb. 5. Der Einfluß des Vegetationsstadiums auf den Gehalt an Cu und Ni dreier Grasarten

(___ Dactylis glomerata, ... Holcus lanatus, - - - - Alopecurus pratensis)
(Die Gehaltsangaben sind auf 100 g abs. Trockens. bezogen)

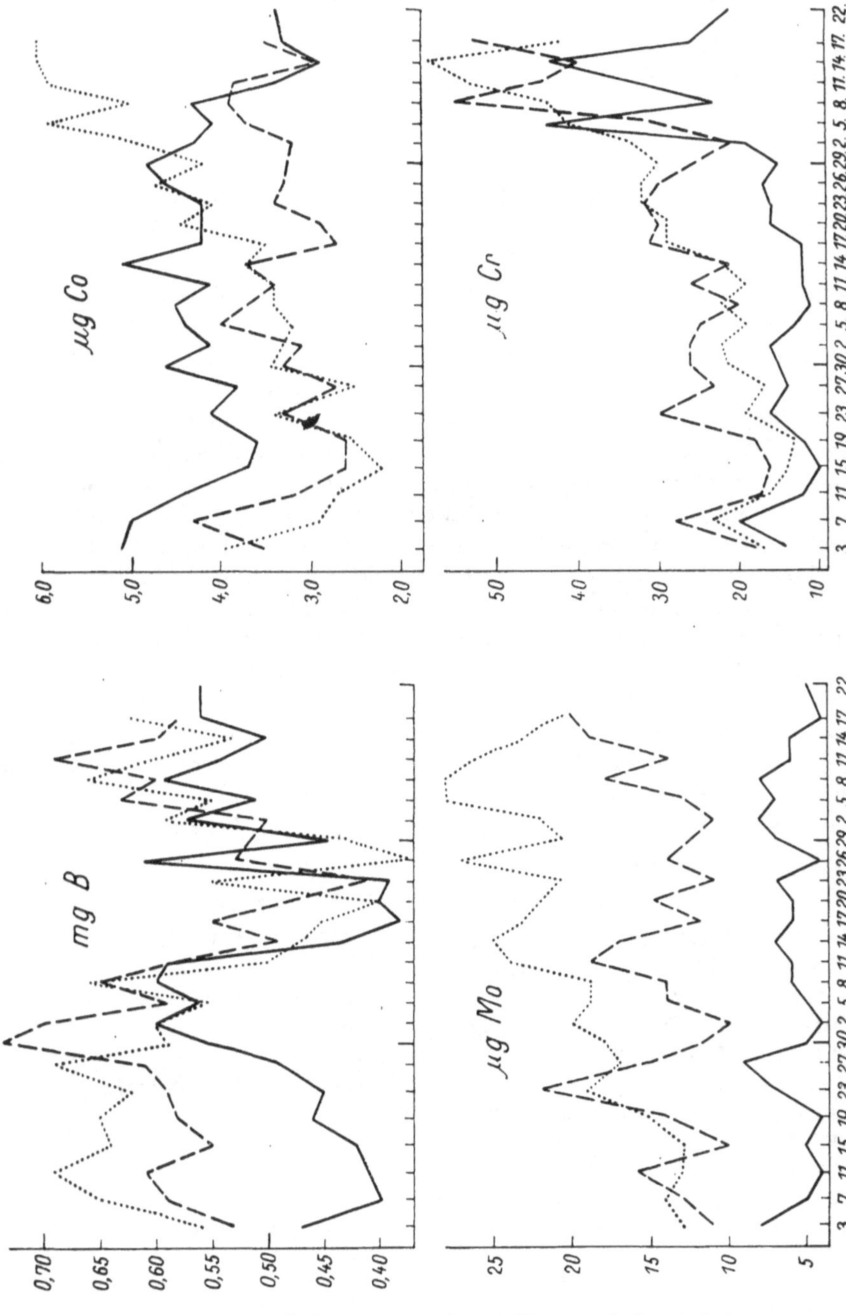

Abb. 6. Der Einfluß des Vegetationsstadiums auf den Gehalt an B, Mo, Co und Cr dreier Grasarten

(___ Dactylis glomerata, ... Holcus lanatus, ---- Alopecurus pratensis)

(Die Gehaltsangaben sind auf 100 g abs. Trockens. bezogen)

Zusammenfassung

Bei den Grasarten Dactylis glomerata, Holcus lanatus und Alopecurus pratensis wurde die Abhängigkeit des Gehaltes an 17 Elementen vom Vegetationsstadium untersucht. Vom 3. Mai bis zum 17. Juli wurden alle 3 oder 4 Tage Proben genommen. Mit fortschreitender Vegetation nahmen bei den drei Grasarten die Gehalte an Rohprotein und Reineiweiß, bei Dactylis und Holcus an N-freien Extraktstoffen und bei Alopecurus und Dactylis die an Rohfett ab. Die Gehalte an Rohfaser nahmen bei allen drei Grasarten zu. Der Gehalt an K und P fiel bei allen drei Grasarten vom Blattstadium bis zur Totreife um über 50% ab, und zwar war die Abnahme während des intensivsten Wachstums am stärksten. Auch die Gehalte an Na, S und Cl nahmen ab. Bei Ca war bei allen drei Grasarten bis zur Blüte ein Abfall von über 20% festzustellen, während der Blüte blieb der Gehalt unverändert und stieg darauf wieder um über 20% an. Bei Mg herrschten ähnliche Verhältnisse wie bei Ca. Bei Si stieg der Gehalt mit beginnender Blüte stark an, nachdem er zuvor kaum angestiegen war. Bei Fe und Al war während des Rispen- bzw. Ährenschiebens eine Abnahme festzustellen, nach der Blüte jedoch eine starke Anreicherung. Der Mn-Gehalt war großen Schwankungen unterworfen, jedoch war bei Dactylis und Alopecurus ein laufender leichter Anstieg festzustellen. Der Zn-Gehalt fiel laufend ab, im Mittel um 40%, und zwar am stärksten während des Schossens. Die Gehalte an Cu und Ni nahmen stetig sehr stark ab, bei Cu im Mittel über 60% und bei Ni über 80%. Bei B konnte kein gesicherter Einfluß festgestellt werden, bei Mo war nur bei Holcus ein Anstieg zu verzeichnen. Bei Co war bei allen drei Grasarten während des Schossens eine Abnahme festzustellen, nach dem Rispenschieben bei Holcus ein Anstieg. Die Cr-Gehalte waren sehr starken Schwankungen unterworfen, nahmen jedoch nach der Samenreife zu. Die Bedeutung dieser Veränderungen in ernährungsphysiologischer Hinsicht wurde besprochen.

Literaturverzeichnis

1 ASKEW, H. O.: New Zeal Journ. Sci. and Technol. **20A**, 302, 1939.
2 AXELSON, J.: Biedermanns Zbl. B **12**, 414, 1940.
3 BEESON, K. C., GRAY, L. u. S. E. SMITH: Soil Sci. Soc. Amer. Proc. **9**, 164, 1944.
4 BEESON, K. C. u. H. A. MAC DONALD: Agronomy J. **43**, 589, 1951.
5 BENETT, J. B.: Soil Sci. **60**, 91, 1945.
6 BERGER, X.: Kalium Symposium 157. Intern. Kaliinstitut, Bern Zürich 1954.
7 BIDDULPH, O. u. C. G. WOODBRIDGE: Plant Physiol. **27**, 431, 1952.
8 BOKEN, E.: Plant and Soil **4**, 154, 1952.
9 BRÜNNER, F.: Das Grünland **3**, 1952.
10 BRÜNNER, F.: Z. Acker- und Pflanzenbau **96**, 309, 1953.
11 COOPER, H. P., PADEN, W. R. u. W. H. GARMAN: Soil Sci. **63**, 27, 1947.
12 CRASEMANN, E.: Archiv f. Tierheilkunde **94**, 445, 1952.
13 CUNNINGHAM, I. J.: New Zealand J. Agric. **90**, 196, 1955. Zit. n. Nutr. Rev. **16**, 78, 1958.
14 ELLENBERG, H.: Landwirtschaftliche Pflanzensoziologie Bd. II: Wiesen und Weiden und ihre standörtliche Bewertung. Stuttgart-Ludwigsburg 1952.
15 FEATHERSTONE, J., RICKABY, C. D. u. A. J. CAVELL: J. Brit. Grassland Soc. **6**, 161, 1951.
16 GAMMON, N., FIRKEL, J. G. A. u. G. A. MOURKIDES: Proc. Soil Sci. Soc. Amerika **19**, 488. 1955.

[17] GEERING, J.: Landw. Jb. d. Schweiz **55**, 579, 1941.
[18] GÜTTLER, R.: Forschungsdienst **11**, 485, 1941.
[19] HASLER, A.: Schweiz. Landw. Monatsh. **29**, 300, 1951.
[20] HASLER, A. u. H. PULVER: Landwirtsch. Jb. Schweiz **71**, 457, 1957.
[21] HEINRICHS, D. A. u. R. B. CARSON: Canad. J. Agric. Sci. **36**, 95, 1956.
[22] HOMB, TH.: 71. beretn. fra Foringsforsøk 1, 1952.
[23] KIRCHGESSNER, M.: Schriftenr. über Mangelkr. **6**, 49, 1956.
[24] KIRCHGESSNER, M.: Landwirtsch. Forsch. **10**, 45, 1957.
[25] KIRCHGESSNER, M.: Z. Tierernährung, Futtermittelkunde **12**, 304, 1957.
[26] KIRCHGESSNER, M.: Futter und Fütterung **10**, 77, 1959.
[27] KIRCHGESSNER, M.: Z. Tierphysiol., Tierern. Futtermittelkunde **14**, 165, 1959.
[28] KIRSCH, W.: Biedermanns Zbl. A **3**, 321, 1933.
[29] KIVIMÄE, A.: Acta scand. Supplementum **5**, 1, 1959.
[30] KLAPP, E.: Wiesen und Weiden. 2. Aufl. Berlin 1954.
[31] KOSEGARTEN, E. K.: Z. Pflanzenern. Düng. Bodenkunde **73**, 25, 1956.
[32] KOSEGARTEN, E. K.: Landwirtsch. Forsch. **10**, 214, 1957.
[33] KUBIENA, W. L.: Bestimmungsbuch und Systematik der Böden Europas. Stuttgart 1953.
[34] LINDER, A.: Statistische Methoden. 2. Auflage, Basel 1951.
[35] LUNDEGARDH, H.: Die Nährstoffaufnahme der Pflanze. Jena 1932.
[36] MAIWALD, K.: Z. Pflanzenern. Düng. Bodenkunde A **17**, 12, 1930.
[37] MAUNSELL, P. W.: New Zeal. Journ. Sci. and Technol. **27** A, 40, 1945.
[38] OELSCHLÄGER, W.: Z. analyt. Chem. **144**, 27, 1955.
[39] OELSCHLÄGER, W.: Z. analyt. Chem. **145**, 81, 1955.
[40] OELSCHLÄGER, W.: Z. analyt. Chem. **146**, 11, 1955.
[41] OELSCHLÄGER, W.: Z. analyt. Chem. **146**, 339, 1955.
[42] OELSCHLÄGER, W.: Z. analyt. Chem. **146**, 346, 1955.
[43] OELSCHLÄGER, W.: Schriftenreihe über Mangelkrankheiten H. 5, 104, 1956.
[44] OELSCHLÄGER, W.: Z. analyt. Chem. **149**, 190, 1956.
[45] OELSCHLÄGER, W.: Z. analyt. Chem. **154**, 329, 1957.
[46] OELSCHLÄGER, W.: Z. analyt. Chem. **154**, 321, 1957.
[47] OELSCHLÄGER, W.: Landwirtsch. Forsch. **1**, 45, 1958.
[48] OLSEN, C.: Biochem. Z. **269**, 329, 19 4.
[49] RICEMAN, D. S. u. G. B. JONES: Austr. J. Aric. Res. **9**, 730, 1958. Zit. n. Pflanzenern., Düng. Bodenkunde **85**, 257, 1959.
[50] RICHARDS, C. R. u. J. T. REID: J. Dairy Sci. **36**, 1006, 1953.
[51] RIGG, TH.: New Zeal Dept. Sci. and Ind. Res. Ann. Rep. **13**, 60, 1939.
[52] RIPPEL, A.: Biochem. Z. **187**, 272, 1927.
[53] SCHACHTSCHABEL, P.: Die Phosphorsäure **15**, 133, 1955.
[54] SCHEFFER, F. u. E. WELTE: Lehrbuch der Agrikulturchemie und Bodenkunde. II. Teil Pflanzenernährung. 3. Aufl. Stuttgart 1955.
[55] SNEDECOR, G. W.: Statistical Methods. 5. Auflage, Ames 1957.
[56] SVANBERG, O.: Schriften üb. Mangelkr. **1**, 1, um 1951.
[57] THOMAS, B., THOMPSON, A., OYENUGA, V. A. u. R. H. ARMSTRONG: Emp. J. Exp. Agr. **20**, 19, 1952.
[58] WÖHLBIER, W. u. M. KIRCHGESSNER: Landwirtsch. Forsch. **10**, 240, 1957.

Eingegangen am 26. 7. 1960

Aus dem Max-Planck-Institut für Tierzucht und Tierernährung Mariensee/Trenthorst
(Direktor: Prof. Dr. M. WITT)

M. WITT und *F. W. HUTH*

Alphaaminobuttersäure ohne Einfluß bei der Milchmast von Kälbern

I. Problemstellung

In der Paxis wird vielfach die Kälbermast mit kombinierten Vollmilch-Magermilchgaben durchgeführt. Dabei erzielt man zwar im Vergleich zur reinen Vollmilchmast, die durchweg zu teuer ist, geringere Tageszunahmen. Jedoch ist das finanzielle Ergebnis, weil die Nährstoffeinheit in der Magermilch wesentlich billiger ist als in der Vollmilch, im allgemeinen ganz günstig. Es ergab sich die Frage, ob sich der wirtschaftliche Effekt dieser kombinierten Milchmast mit Hilfe eines billigen chemischen Präparates verbessern läßt.

Durch Zusatz von Alphaaminobuttersäure (ABS) der Farbenfabriken Bayer-Leverkusen kam das Institut bei vorangegangenen Versuchen an Mastschweinen zu günstigen Ergebnissen. Diese erzielten bei einem Austausch von tierischem Eiweiß gegen pflanzliches Eiweiß mit einem Zusatz von ABS die gleichen Gewichtszunahmen und die gleiche Futterverwertung.

Es war kaum zu erwarten, daß man ähnliche günstige Effekte durch einen Zusatz von ABS zur Milch bei der Kälbermast erzielen werde, vor allem, weil es sich ja bei dem Milcheiweiß um tierisches Eiweiß handelt. Immerhin war diese Frage im Experiment zu überprüfen.

Zu diesem Zweck wurde im Frühjahr 1959 ein erster Versuch angesetzt. Infolge ungünstiger Witterungsverhältnisse erkältete sich eine größere Anzahl von Versuchskälbern, so daß Durchfälle entstanden. Daher wurde der Versuch im Frühjahr 1960 wiederholt.

II. Erster Versuch

A. Versuchsdurchführung

Im März 1959 wurden 16 schwarzbunte männliche Kälber im Alter von 10 bis 12 Tagen vom Institut angekauft und mit Beginn der 3. Lebenswoche in 2 Gruppen von je 8 Tieren eingeteilt. Bei zweimaligem Tränken erhielten beide Gruppen je Tier und Tag 2 kg Vollmilch und Magermilch bis zur Sättigung. Die Kälber der Versuchsgruppe (ABS-Gruppe) erhielten zusätzlich pro Liter Voll- und Magermilch 2 g reine Alphaaminobuttersäure, die bei jeder Mahlzeit auf die Tränke geschüttet und verrührt wurden. Alle Kälber standen in Einzelboxen, so daß der Futterverzehr von jedem Tier ermittelt werden konnte. Die Vollmilch wies im Durchschnitt einen Fettgehalt von 4%, die Magermilch von 0,1% auf. Für 1 kg Vollmilch wurden 34 g verdauliches Rohprotein in 162 StE, für 1 kg Magermilch 32 g verd. Rohprotein in 67 StE angesetzt. Die Tiere wurden in wöchentlichen Abständen gewogen, bei einem Mastendgewicht von 102–107 kg zum Schlachthof Hannover gebracht und dort in lebendem und ausgeschlachteten Zustand nach den Richtlinien der DLG beurteilt. Ein Kalb der ABS-Gruppe schied wegen Pneumonie vorzeitig aus dem Versuch aus, so daß in der ABS-Gruppe nur 7 Tiere ausgewertet wurden.

B. *Versuchsergebnisse*

In der umstehenden Tabelle 1 sind die Ergebnisse über den Milchverzehr, die Gewichtsentwicklung und den Aufwand je kg Gewichtszunahme während der gesamten Mastdauer angeführt.

Daraus geht hervor, daß bei einem Vergleich der beiden Gruppen im Verzehr und der Gewichtsentwicklung keine nennenswerten Unterschiede bestehen.

Die 7 Kälber der ABS-Gruppe verzehrten in 81 Masttagen durchschnittlich 156 kg Vollmilch, 841 kg Magermilch und 2 kg ABS und erreichten bei 755 g Tageszunahmen ein Mastendgewicht von 104 kg. Demgegenüber verzehrten die 8 Kälber der Kontrollgruppe in 79 Masttagen 152 kg Vollmilch und 838 kg Magermilch und wiesen bei einem Mastendgewicht von 103 kg Tageszunahmen von 762 g auf. Diese geringen Differenzen im Verzehr und den Tageszunahmen ließen sich statistisch nicht sichern.

Im Gewichtsabschnitt 50–100 kg benötigten die ABS-Kälber bei Tageszunahmen von 792 g pro kg Zunahme 2,5 kg Vollmilch, 14,3 kg Magermilch und 34 g ABS, die Tiere der Kontrollgruppe nahmen bei Tageszunahmen von 817 g für 1 kg Zunahme 2,5 kg Vollmilch und 14,7 kg Magermilch auf, was sich ebenfalls statistisch nicht sichern ließ. Aus den Versuchsergebnissen konnte danach also abgeleitet werden, daß *bei der Kälbermast der Zusatz von ABS keinen Einfluß* auf die Entwicklung der Versuchstiere ausübt.

Infolge der aufgetretenen Störungen im Versuchsablauf konnten jedoch keine endgültigen Schlußfolgerungen über die Wirkung der ABS-Zufütterung gezogen werden. Ohne auf weitere Einzelheiten dieses Versuches einzugehen, sollen daher die Resultate des zweiten Versuches zur Beurteilung der Wirksamkeit des ABS-Zusatzes bei der Kälbermast herangezogen werden.

III. Zweiter Versuch

A. *Versuchsdurchführung*

Im Januar 1960 wurden weitere 26 schwarzbunte männliche Kälber im Alter von 10–17 Tagen angekauft, mit Beginn der 3. Lebenswoche in 2 Gruppen von je 13 Tieren eingeteilt und nach dem gleichen Versuchsschema des 1. Versuches gemästet. Je Tier und Tag wurden also 2 kg Vollmilch und Magermilch bis zur Sättigung verabreicht. Die ABS-Gruppe erhielt wiederum je Liter Voll- und Magermilch zusätzlich 2 g ABS. Zwei Kälber der ABS-Gruppe schieden wegen Herzschlag bzw. Coli-Infektion aus dem Versuch aus, so daß 11 Kälber der ABS-Gruppe und 13 Kälber der Kontrollgruppe zur Auswertung gelangten.

B. *Versuchsergebnisse*

Über den durchschnittlichen Milchverzehr und die Gewichtsentwicklung in den einzelnen Lebenswochen der beiden Versuchsgruppen gibt die Tabelle 2 Auskunft.

Tabelle 1. *Milchverzehr, Gewichtsentwicklung und Aufwand je kg Gewichtszunahme während der gesamten Mastdauer*

	ABS-Gruppe			Kontrollgruppe		
	n	∅	s	n	∅	s
3. Lebenswoche-Mastende:	7			8		
Gew. Versuchsbeginn (3. LW) kg		43,6	± 4,3		43,2	± 5,1
Mastendgewicht . . . . . . kg		104,3	± 1,6		102.6	± 2,9
∅ tägliche Zunahme . . . . g		755	± 73		762	± 89
Masttage		81,0	± 10,6		78,9	± 12,1
Ges. Verz. an Vollmilch . . . kg		155,5	± 23,5		152.2	± 23,2
„ „ „ Magermilch . . kg		841,2	±143,9		837,6	±176.1
„ „ „ ABS . . . . g		1993	±335		—	—
∅ tgl. Verz. an Vollmilch . . kg		1,9	± 0,1		2,0	—
„ „ „ Magermilch . kg		10,3	± 0,8		10,5	± 0,8
„ „ „ ABS . . . . g		24,4	± 1,8		—	—
Aufwand/kg Zunahme an:						
Vollmilch . . . . kg		2,5	± 0,3		2,6	± 0,3
Magermilch . . . . kg		13,8	± 2,0		14,1	± 2,3
ABS . . . . g		32,6	± 4,6		—	—
verd. Rohprotein . . . . . . g		529	± 75		539	± 84
StE		1340	±185		1361	±201
Gewichtsabschnitt 50—100 kg:	7			8		
∅ tägliche Zunahme . . . . g		792	± 96		821	±137
Masttage		64,0	± 8,3		62,5	± 10,9
Ges. Verz. an Vollmilch . . . kg		123,9	± 17,4		121,7	± 20,3
„ „ „ Magermilch . . kg		716.2	±104,8		726,9	±148,0
„ „ „ ABS . . . . . g		1680	±244		—	—
∅ tägl. Verz. an Vollmilch . kg		1,9	± 0,1		2,0	—
„ „ „ Magermilch kg		11,2	± 1,1		11,6	± 1,1
„ „ „ ABS . . . g		26,2	± 2,2		—	—
Aufwand/kg Zunahme an:						
Vollmilch . . . . kg		2,5	± 0,4		2,5	± 0,4
Magermilch . . . . kg		14,3	± 2,1		14,7	± 2,0
ABS . . . . g		33,6	± 5,0		—	—
verd. Rohprotein . . . . . . g		543	± 78		555	±104
StE		1364	±195		1387	±255

Tabelle 2. *Durchschnittlicher Milchverzehr und Gewichtsentwicklung in den einzelnen Lebenswochen*

Lebens-woche	*ABS-Gruppe* (11 Tiere)					*Kontrollgruppe* (13 Tiere)			
	Vollmilch-verzehr kg	Magermilch-verzehr kg	ABS-Verzehr g	tgl. Zunahme am Ende der . . . LW g	Gewicht am Ende der . . . LW kg	Vollmilch-verzehr kg	Magermilch-verzehr kg	tgl. Zunahme am Ende der . . . LW g	Gewicht am Ende der . . . LW kg
3.	2,0	3,9	12	454	47,0	2,0	3,8	505	46,1
4.	2,0	5,1	14	649	51,5	2,0	5,3	582	50,2
5.	2,0	6,8	18	844	57,5	2,0	6,5	769	55,5
6.	2,0	10,0	24	896	63,7	2,0	8,7	923	62,0
7.	2,0	10,4	25	922	70,2	2,0	9,8	879	68,2
8.	2,0	11,5	27	974	77,0	2,0	11,5	923	74,6
9.	2,0	13,0	30	1013	84,1	2,0	13,6	1132	82,5
10.	2,0	14,4	33	1000	91,1	2,0	14,8	1044	89,8
11.	2,0	16,7	37	1052	98,5*)	2,0	15,7	879	96,0*)

*) Da einige Tiere in der 12. Woche das angestrebte Gewicht von 100 kg erreicht hatten, läßt sich diese Übersicht nur bis zum Abschluß der 11. Woche für alle Tiere anfertigen.

Bei den 11 Tieren der ABS-Gruppe stieg der tägliche Milchverzehr bis zur 11. Lebenswoche bei einem Gewicht von 98,5 kg auf 2,0 kg Vollmilch und 16,7 kg Magermilch an. Mit diesen Milchmengen wurden 37 g ABS aufgenommen. Die 13 Kontrolltiere nahmen in der 11. Lebenswoche bei einem Durchschnittsgewicht von 96,0 kg täglich neben 2,0 kg Vollmilch 15,7 kg Magermilch auf.

In der Abbildung 1 sind der durchschnittliche Milchverzehr und die Tageszunahmen in den einzelnen Lebenswochen noch einmal graphisch dargestellt. Daraus geht hervor, daß der Milchverzehr und die Gewichtsentwicklung in beiden Gruppen weitgehend parallel verlaufen.

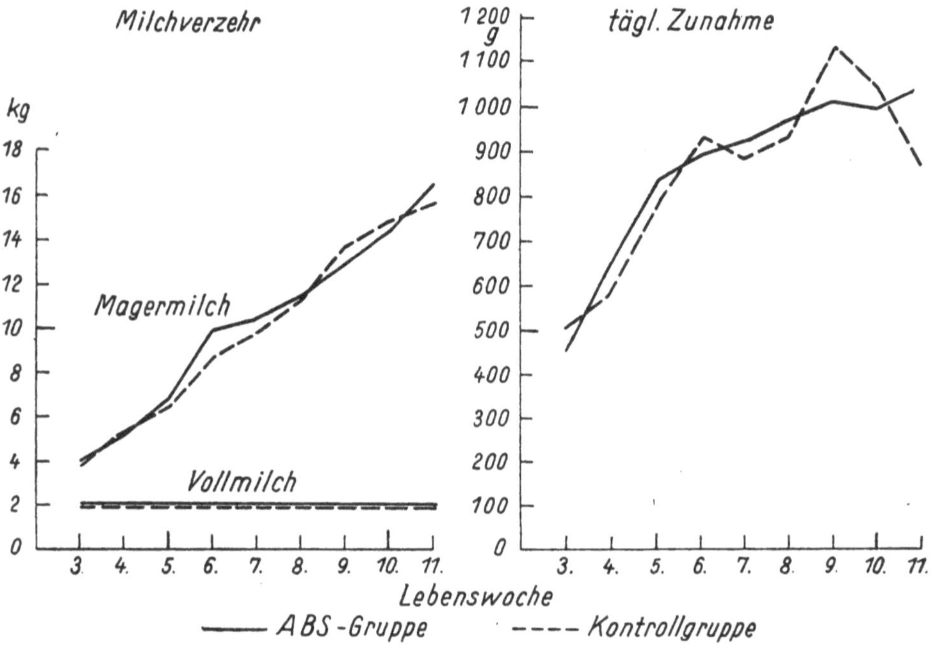

Abb. 1. Milchverzehr und Gewichtsentwicklung in den einzelnen Lebenswochen

Betrachtet man die Entwicklung der Kälber in den einzelnen von 10 zu 10 kg voneinander abgegrenzten Gewichtsabschnitten, dann erhält man die Übersicht der nebenstehenden Tabelle 3.

Vergleicht man die beiden Gruppen in den Tageszunahmen sowie den Aufwand an Milch bzw. Nährstoffen pro kg Gewichtszunahme, dann verläuft die Entwicklung der beiden Gruppen in den einzelnen Gewichtsabschnitten bis auf unbedeutende Verschiebungen von Abschnitt zu Abschnitt annähernd gleich. So nahmen die Kälber der ABS-Gruppe beispielsweise im Gewichtsabschnitt von 70–80 kg täglich 1019 g an Gewicht zu und benötigten sie für 1 kg Gewichtszunahme 2,0 kg Vollmilch, 12,0 kg Magermilch und 28 g ABS. Demgegenüber wiesen die Kälber der Kontrollgruppe in diesem Gewichtsabschnitt eine Tageszunahme von 1021 g auf. Sie benötigten für 1 kg Gewichtszunahme 2,0 kg Vollmilch und 12,6 kg Magermilch.

Tabelle 3. *Durchschnittliche tägliche Zunahme und Aufwand an Nährstoffen und Milch für 1 kg Gewichtszunahme in den einzelnen Gewichtsstufen*

Gewichts-abschnitt	*ABS-Gruppe*						*Kontrollgruppe*				
	tägliche Zunahme im . . . Gewichts-Abschnitt	Aufwand/kg Gewichtszunahme an					tägliche Zunahme im . . . Gewichts-Abschnitt	Aufwand/kg Gewichtszunahme an			
		Voll-milch	Mager-milch	ABS	verd. Rohprotein	StE		Voll-milch	Mager-milch	verd. Rohprotein	StE
kg	g	kg	kg	g	g		g	kg	kg	g	
50 — 60	833	2,4	8,8	22	363	978	825	2,4	8,9	366	985
60 — 70	909	2,2	11,3	27	436	1114	903	2,2	10,9	424	1087
70 — 80	1019	2,0	12,0	28	452	1128	1021	2,0	12,6	471	1168
80 — 90	976	2,0	13,8	32	510	1249	1065	1,8	13,1	480	1169
90 —100	1027	2,0	16,5	37	596	1430	894	2,2	17,7	641	1542

Um einen Überblick über den Milchverzehr, die Gewichtsentwicklung sowie den Aufwand je kg Gewichtszunahme während der gesamten Mastdauer zu erhalten, wurden in der Tabelle 4 die Durchschnittsergebnisse beider Gruppen gegenübergestellt.

Tabelle 4. *Milchverzehr, Gewichtsentwicklung und Aufwand je kg Gewichtszunahme während der gesamten Mastdauer*

	ABS-Gruppe			*Kontrollgruppe*		
	n	Ø	s	n	Ø	s
3. Lebenswoche-Mastende:	11			13		
Gew. Versuchsbeginn (3. LW) . kg		43,8	± 2,7		43,0	± 3,5
Mastendgewicht . . . . . . kg		107,0	± 3,8		105,9	± 3,3
Ø tägliche Zunahme . . . . g		877	±100		847	± 96
Masttage		72,5	± 6,5		74,8	± 7,8
Ges. Verzehr an Vollmilch . . kg		143,6	± 13,2		149,1	± 15,3
„ „ „ Magermilch . kg		794,5	± 56,3		826,7	± 95,3
„ „ „ ABS . . . . g		1876	±139		—	—
Ø tgl. Verzehr an Vollmilch . kg		2,0	—		2,0	—
Ø „ „ „ Magermilch kg		11,0	± 0,7		11,0	± 0,7
Ø „ „ „ ABS . . . g		26,0	± 1,4		—	—
Aufwand/kg Zunahme an:						
Vollmilch . . . . kg		2,3	± 0,3		2,4	± 0,3
Magermilch . . . . kg		12,7	± 1,4		13,2	± 1,8
ABS . . . . g		30,0	± 3,4		—	—
verd. Rohprotein . . . . . . g		484	± 53		503	± 65
StE		1223	±135		1270	±160
Gewichtsabschnitt 50—100 kg:	11			13		
Ø tägliche Zunahme . . . . g		949	±100		932	± 85
Masttage		53,2	± 6,5		54,1	± 5,0
Ges. Verzehr an Vollmilch . . kg		105,8	± 10,8		107,8	± 9,9
„ „ „ Magermilch . kg		621,7	± 69,5		646,0	± 95,0
„ „ „ ABS . . . . g		1455	±160		—	—
Ø tgl. Verzehr an Vollmilch . kg		2,0	—		2,0	—
Ø „ „ „ Magermilch kg		11,7	± 0,7		11,9	± 1,1
Ø „ „ „ ABS . . . g		27,4	± 1,4		—	—
Aufwand/kg Zunahme an:						
Vollmilch . . . . kg		2,1	± 0,2		2,2	± 0,2
Magermilch . . . . kg		12,4	± 1,4		12,9	± 1,9
ABS . . . . g		29,0	± 3,2		—	—
verd. Rohprotein . . . . . . g		471	± 51		487	± 66
StE		1178	±125		1216	±154

Die 11 Kälber der ABS-Gruppe verzehrten durchschnittlich in 73 Masttagen 144 kg Vollmilch, 795 kg Magermilch und 1876 g ABS und erreichten bei Tageszunahmen von 877 ± 100 g ein Mastendgewicht von 107 kg. Die 13 Kälber der Kontrollgruppe verzehrten dagegen in 75 Masttagen 149 kg Vollmilch, 827 kg Magermilch und kamen bei Tageszunahmen von 847 ± 96 g auf ein Mastendgewicht von 106 kg. Die Differenz von 30 g in den Tageszunahmen ließ sich statistisch nicht sichern, so daß aus diesen Ergebnissen gefolgert werden kann, daß ein ABS-Zusatz bei der Milchmast von Kälbern keinen Einfluß auf die Gewichtsentwicklung ausübt. Vergleicht man diese Zahlen mit den Ergebnissen vorhergehender Kälbermastversuche des Instituts, bei denen ebenfalls täglich neben 2 kg Vollmilch, Magermilch bis zur Sättigung verabreicht wurden, dann ergaben sich bei 17 Kälbern fast die gleichen Tageszunahmen von 849 ± 78 g.

Im Gewichtsabschnitt 50–100 kg wurden in der ABS-Gruppe bei Tageszunahmen von 949 ± 100 g für 1 kg Gewichtszunahme 2,1 kg Vollmilch, 12,4 kg Magermilch und 29 g ABS benötigt. Die Kontrollgruppe nahm bei Tageszunahmen von 932 ± 85 g für 1 kg Gewichtszunahme 2,2 kg Vollmilch und 12,9 kg Magermilch auf.

C. Ausschlachtungsergebnisse

In der Tabelle 5 sind die Ergebnisse der Lebendbeurteilung beider Gruppen angeführt.

Tabelle 5. *Lebendbeurteilung*

	ABS-Gruppe		*Kontrollgruppe*	
	∅ Punktzahl	s	∅ Punktzahl	s
Brust, Blatt, Hals . . . . . (5)	3,5	± 0,6	3,1	± 0,5
Rücken, Lende . . . . . . (15)	12,2	± 1,1	11,9	± 0,5
Becken, Keulen . . . . . . (15)	12,2	± 1,2	11,8	± 0,6
Gesamteindruck . . . . . . (15)	12,3	± 1,1	12,0	± 0,6
Gesamtpunktzahl . . . . . . (50)	40,2	± 3,7	38,8	± 1,9

Von den 50 möglichen Punkten erreichte die ABS-Gruppe 40,2 Punkte, die Kontrollgruppe 38,8 Punkte. Der Unterschied von 1,4 Punkten ließ sich statistisch nicht sichern, beide Gruppen wurden qualitätsmäßig von der Schlachtkommission durchschnittlich als „gut“ eingestuft.

Nach den Marktnotierungen des Schlachthofes Hannover am jeweiligen Schlachttag der einzelnen Kälber wurden beide Gruppen nach den Schlachterlösen je kg Lebendgewicht übereinstimmend zu je 20% nach Schlachtwertklasse A, zu 55% nach B und 25% nach C bezahlt.

Über den Transportverlust und die Schlachtausbeute gibt die Tabelle 6 Auskunft.

Tabelle 6. *Transportverlust und Schlachtausbeute*

	ABS-Gruppe		*Kontrollgruppe*	
	Ø	s	Ø	s
Mastendgewicht . . . . kg	107,0	± 3,8	105,9	± 3,3
Schlachthofgewicht . . . . . . kg	102,1	± 3,8	101,0	± 3,7
Transportverlust . . . . kg	4,9	± 1,4	4,9	± 1,5
Zweihälftengewicht, warm . . . kg	61,4	± 2,5	60,2	± 2,7
Schlachtausbeute . . . . %	60,1	± 1,6	59,6	± 1,7

Nach einem Bahntransport von 35 km erfolgte die Schlachtung der Kälber 20–24 Stunden nach dem Abtransport vom Institutsbetrieb. Bei der ABS-Gruppe betrug der Transportverlust durchschnittlich 4,9 kg = 4,6%, bei der Kontrollgruppe ebenfalls 4,9 kg = 4,6 %. Die Schlachtausbeute ergab die geringen Unterschiede von 60,1% bzw. 59,6%.

Auch bei der Beurteilung der geschlachteten Kälber ergaben sich zwischen beiden Gruppen keine nennenswerten Unterschiede, was die Tabelle 7 zeigt.

Tabelle 7. *Schlachtbeurteilung*

	ABS-Gruppe		*Kontrollgruppe*	
	Ø	s	Ø	s
Rücken . . . . (10)	7,5	± 0,8	7,5	± 0,7
Keulenbildung . . . . (10)	7,4	± 1,0	7,5	± 0,8
Fettbildung . . . . (10)	7,5	± 1,1	7,3	± 1,2
Fleischbeschaffenheit . . . . . (20)	17,0	± 0,6	16,9	± 1,0
Gesamtpunktzahl . . . . . . (50)	39,4	± 3,2	39,2	± 3,4

In der Beurteilung der Schlachtkörper nach der Fleischfülle des Rückens und der Keulen, der Oberflächen- und Nierenfettbildung sowie der Fleichbeschaffenheit erhielt die ABS-Gruppe 39,4 Punkte, die Kontrollgruppe 39,2 Punkte. Danach stimmten also beide Gruppen auch in den Ausschlachtungsergebnissen weitgehend überein.

D. Vergleich zwischen Aufwand und Ertrag

Bei einem abschließenden Vergleich zwischen den Erzeugungskosten und den Schlachterlösen wurde für die Berechnung der Futterkosten für 1 kg Vollmilch 35 Pfg., für 1 kg Magermilch 6 Pfg. angesetzt. Der Wert des Kalbes wurde mit 100,– DM, die Schlacht- und allgemeinen Unkosten je Kalb mit 20,– DM berechnet. Aus der Differenz der gesamten Erzeugungskosten und dem Schlachterlös ergab sich dann ein Überschuß als Entgelt für den Arbeitsaufwand der

Mast. Läßt man die Kosten für die Alphaaminobuttersäure unberücksichtigt, dann ergibt sich in der Tabelle 8 folgender Vergleich.

Tabelle 8. *Vergleich zwischen Erzeugungskosten und Schlachterlösen in DM*

	ABS-Gruppe		*Kontrollgruppe*	
	Ø	s	Ø	s
Futterkosten zur Erzeugung von 1 kg Lebendgewicht . .	1,56	± 0,18	1,63	± 0,19
Preis/kg Lebendgewicht	2,86	± 0,19	2,85	± 0,18
Gesamtfutterkosten	97,95	± 7,59	101,79	± 10,62
Gesamterlös	292,58	± 24,77	287,84	± 26,21
Differenz: Schlachterlös-Futterkosten	194,63	± 28,26	186,05	± 32,27
abzüglich:				
Wert des nüchternen Kalbes . . .	100,—		100,—	
Schlacht- u. allgemeine Unkosten .	20,—		20,—	
verbleiben für Arbeitsaufwand . .	74,63		66,05	

Pro kg Lebendgewicht wurden für die Kälber der ABS-Gruppe 2,86 DM, für die Kälber der Kontrollgruppe 2,85 DM erzielt, das waren insgesamt pro Kalb rd. 293,– DM bzw. 288,– DM. Zieht man dann die gesamten Erzeugungskosten vom Schlachterlös ab, ergibt sich für den Arbeitsaufwand der Mast bei der ABS-Gruppe ein Überschuß von rd. 75,– DM, bei der Kontrollgruppe von rd 66,– DM. Aber auch dieser Unterschied ist statistisch nicht gesichert.

Zusammenfassung

Das Max-Planck-Institut für Tierzucht und Tierernährung führte im Frühjahr 1959 und 1960 Mastversuche mit schwarzbunten männlichen Kälbern durch, bei denen die Wirkung eines Zusatzes von 2 g Alphaaminobuttersäure pro kg Milch zur kombinierten Milchmast mit täglich 2 kg Vollmilch und Magermilch bis zur Sättigung überprüft wurde. Die Ergebnisse des 1. Versuches waren infolge von Entwicklungsstörungen der Mastkälber unsicher, so daß ein 2. Versuch mit dem gleichen Versuchsschema angesetzt wurde. Die Auswertung dieses Versuches ergab, daß die Entwicklung und das Ausschlachtungsergebnis der Kälber durch den ABS-Zusatz gegenüber den Kontrolltieren nicht verbessert wurde. Im Gegensatz zur Verwendung von ABS in der Schweinemast hat der ABS-Einsatz in der Milchmast von Kälbern zu keinem Erfolg geführt.

Eingegangen am 19. 7. 1960

Aus dem Institut für Tierernährung der Martin-Luther-Universität Halle-Wittenberg
(Direktor: Prof. Dr. A. COLUMBUS †)

J. ROJAHN

Vergleichende in vitro-Versuche über die Amidverwertung im Pansen

Inhaltsübersicht

A. Einleitung und Fragestellung

Durch die Versuche von ZUNTZ und BAHLMANN [21] und HENRIQUES u. HANSEN [11] war bekannt, daß die mit der Nahrung oder als Zusatz gegebenen N-Verbindungen nichteiweißartiger Natur (NPN) auf Hunde und Ratten keinen Einfluß hatten. Frühere Versuche von WEISKE u. a.[20], die an Schafen ausgeführt wurden, zeigten aber keine Verwertung dieser Verbindungen durch den Wiederkäuer. Diese unterschiedliche Verdauung der NPN-Verbindungen veranlaßte ZUNTZ u. BAHLMANN [22] zu der Schlußfolgerung, daß im Pansen der Wiederkäuer ein Abbau der Verbindungen vor sich gehen müßte. Es bestand daher die Wahrscheinlichkeit, daß die Bakterien des Pansens nicht nur Zellulose verdauen, sondern auch den Harnstoff abbauen können. Aus der Schlußfolgerung dieser Gedanken resultierte die Bakterien-Eiweiß-Hypothese von ZUNTZ u. BAHLMANN. Sie nahmen an, daß die Pansenbakterien nicht nur Eiweiß, sondern auch Harnstoff als N-Quelle zum Aufbau ihres arteigenen Bakterieneiweißes benutzen können. Damit wäre die Möglichkeit gegeben, daß der Wirt in Form einer symbiontischen Nahrungskette aus Harnstoff entstandenes Bakterieneiweiß im weiteren Verlaufe des Darmtraktes zur Verfügung gestellt bekäme. Den harnsoffverwertenden Bakterien würde einerseits der Wirt im Pansen die Bedingungen geben, die für eine schnelle Vermehrung und ein gutes Wachstum nötig sind, um so eine echte Amid-Symbiose zu gewährleisten.

Die Klärung der Fragen wurde um so dringender, als man durch die Bestätigung der Hypothese eine Möglichkeit sah, nicht nur die im Futter enthaltenen Rohproteinteile auszunutzen, sondern darüber hinaus den Zusatz künstlich gewonnener N-haltiger Stoffe zur Verwendung zu bringen. Durch den Beweis einer Harnstoffausnutzung mit Hilfe der Pansenbakterien wäre es möglich, mangelndes Futtereiweiß durch Harnstoffgabe zu kompensieren.

Die angestellten in vitro-Versuche zeigen, daß die verschiedensten Faktoren eine Harnstoffausnutzung durch Pansenbakterien des Wiederkäuers beeinflussen. Der wichtigste unter ihnen ist das Vorhandensein von Eiweiß bzw. anderer Stickstoffverbindungen.

Ein besonderes Augenmerk bei den angestellten Versuchen wurde deshalb auf die Tatsache gerichtet, daß die Mikroorganismen prädominierend Eiweiß-N und mineralischen N verwerten. Erst dann, wenn eine gewisse Reizschwelle überschritten ist, können auch andere N-Quellen ausgenutzt werden, wie z. B. in unserem Falle der Harnstoff nach der Bildung der Urease.

Es sollten deshalb in vitro-Versuche durchgeführt werden, die es ermöglichten, sowohl den genauen Verlauf der Harnstoffausnutzung, als auch die Beeinflussung der Harnstoffausnutzung durch eine zusätzlich gegebene Stickstoffquelle zu testen. Dabei ist in den einzelnen Versuchen immer bei gleicher Harnstoffmenge eine für den Harnstoffabbau als ideal erwiesene Harnstoff-Glukose-Gabe als Inoculum mit einem Harnstoff-Melasse-Trockenschnitzel-Gemisch, welchees das Verhältnis 1 : 1 : 3 hatte, verglichen worden. Das Gemisch wurde von JAHN [12] in den in vivo-Versuchen, die er an laktierenden und graviden Milchziegen durchführte, als besonders geeignet herausgestellt. So ist hier im Gegensatz zu den experimentellen Eiweißzusätzen von BELASCO u. a. ein in der praktischen Fütterung anwendbares Futtergemisch im Vergleich zur idealen Kontrollgruppe ohne Eiweiß- bzw. N-Zugabe verglichen worden. Auf diese Weise sollte es möglich sein, durch die Versuche Aufschluß darüber zu bekommen, ob die um 12,07% erhöhte N-Gabe, die aus den Trockenschnitzeln und der Melasse resultiert, im negativen Sinne auf die Urease-Aktivität der Pansenbakterien wirkt, d. h. so groß ist, daß sie die fermentative Reizschwelle der Pansenbakterien überschreitet, oder ob ie in dem Eiweißspiegelintervall liegt, das eine stimulierende Wirkung auf die Harnstoffausnutzung ausübt.

Aus diesem Grunde waren in künstlichen Systemen drei Arten von Vergleichsversuchen durchzuführen. In kurzfristigen Versuchen mußte die Bakterien-Urease-Aktivität untersucht werden, während in vitro-Versuchen an einem konstruierten künstlichen Laboratoriumspansen die Verhältnisse des Harnstoffabbaues, des durch ihn ansteigenden NH_3-Spiegels und der daraus resultierenden Eiweißsynthese im Inoculum verfolgen sollten. Der Laboratoriumspansen hatte in der Weise entwickelt zu werden, daß er so exakt wie möglich die natürlichen Bedingungen des Pansen rekonstruierte, damit man über eine Zeitspanne von 8 Stunden die bakteriellen Vorgänge genau verfolgen konnte.

Es sollte auch die CO_2-Produktion durch Pansenbakterien in vergleichenden Versuchen ergänzend untersucht werden. Sehr wahrscheinlich ist nämlich, daß der Harnstoff, dessen Abbau direkt durch die C-Quelle beeinflußt wird (ARIAS u. a.[2] u. McNAUGHT[16], auch umgekehrt allein oder durch das Gemisch eine Wirkung auf den Katabolismus im Pansen ausübt. Einen Hinweis auf diese Erscheinung gab BELASCO[3], der bei Harnstoffgabe eine Erhöhung des Propionsäurespiegels im Pansen nachwies. Um eine günstige Vergleichsbasis zu schaffen, mußte noch neben den beiden genannten Versuchsreihen eine laufen, die eine N-Quelle besaß, aus deren Abbau primär keine CO_2-Bildung resultierte.

Die dritte Art der Untersuchungen sollte die Eiweiß-Zunahme und Harnstoffausnutzung über mehrere Tage und deren Fütterungsintervalle verfolgen. Dabei mußte bedacht werden, daß im Laufe eines Fütterungsintervalles etwa die Hälfte des Panseninhaltes in den Verdauungstraktus weitergeleitet und durch ungefähr die gleiche Menge neuen Nahrungsbreies ersetzt wird. Mit der neuen Nahrung werden auch immer wieder neue Bakterien in den Pansen zugeführt.

Die Versuchsreihen waren also so anzulegen, daß bei jeder in vitro-Fütterung eine gleichzeitige Beimpfung der Fermentationskölbchen mit neuen Bakteren erfolgte. Darum waren vergleichsweise die Versuche mit einmaliger und mehrmaliger Beimpfung aufzustellen.

Das Gesagte zusammenfassend, sollten folgende Fragen geklärt werden:

1. Welchen Verlauf zeigen der Harnstoffabbau und die Harnstoffausnutzung, d. h. der Einbau des Harnstoff-N in den Bakterieneiweiß-N?
2. Wie groß ist die Harnstoffausnutzung durch die Pansenbakterien anhand von in vitro-Versuchen bei optimaler Vergleichsmöglichkeit mit in vivo-Versuchen?
3. Wie stark ist die Beeinflussung der Harnstoffausnutzung durch eine zusätzlich gegebene N-Quelle von 12%?
4. Welche Wirkung hat der Harnstoff auf den Katabolismus des Pansens?

B. Versuchsmaterial und allgemeine Methodik

1. Versuchstiere und Fütterung

Für die Versuche wurden zwei mit Fistel versehene, kastrierte Ziegenböcke der Rasse „Hornlose Weiße Deutsche Edelziege“ verwendet. Die Tiere, welche eine heterogene Abstammung besaßen, waren zu Beginn der Versuche 1 Jahr alt und gingen als 3-jährige Tiere aus den Versuchen. Zur Gewährleistung einer über längere Zeit gleichbleibenden Pansenflora bekamen die Böcke immer das gleiche zu fressen. Morgens bestand das Futter aus 30% Weizenkleie und 70% Haferschrot und nachmittags aus Heu. Dazu wurden pro Tag und Tier 1 Eßlöffel „Mykostin“ und 20 g „Rachitin“ gegeben. Mikroskopische Kontrolluntersuchungen des Panseninhaltes ergaben, daß die Pansenbakterienpopulation der beiden Tiere immer eine konstante Zusammensetzung aufwies, so daß mit einem einheitlichen Ausgangsmaterial während der Versuche gerechnet werden konnte.

2. *Fistelbeschreibung*

Damit die Pansenklappe gewichtsmäßig den Anforderungen entsprach, diente als Material zur Herstellung der Thermoplast "Vinidur". Er ist chemisch vollkommen indifferent und spezifisch fast so leicht wie das Plexiglas, aus dem KILIAN seinen gasdichten Flanschverschluß herstellte. Die Einzelteile des Fistelverschlusses, der 155 g wog, sind in Abb. 1 a u. 1 b gezeigt.

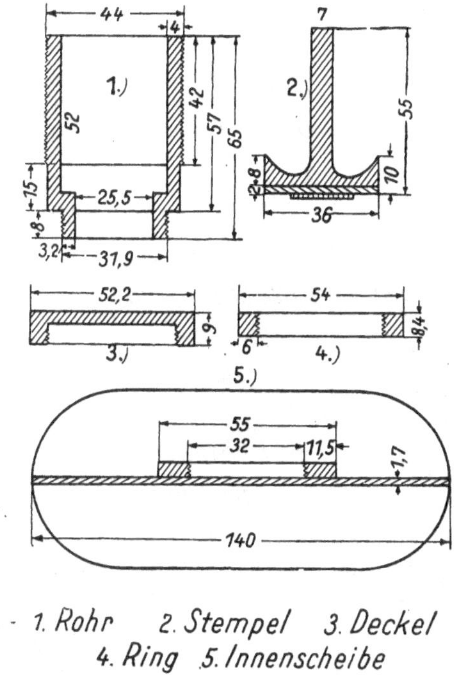

Abb. 1 a

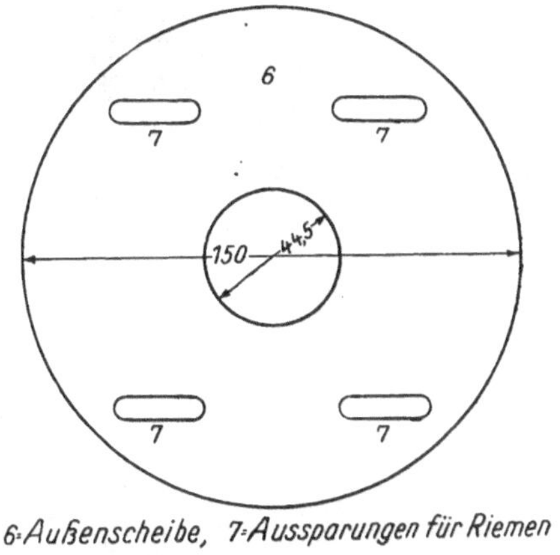

Abb. 1 b

Er besteht aus einem Fistelrohr (1), das durch die Bauchwand bis in das Innere des Pansens führt, um dort durch eine an seinem verjüngten Teil aufgeschraubte länglich-ovale Innenscheibe (5) am Herausrutschen gehindert zu werden. (Siehe Abb. 1 a u. 2.)

An der Bauchwand wird der Tubus durch eine Außenscheibe (6) (siehe Abb. 1 b u. 2) gehalten, an der Lederriemen (7) befestigt sind, die um den Tierkörper geschnallt werden. Sie sorgen durch eine gute Fixierung der Scheibe für einen festen Sitz der Pansenklappe. Ein Ringverband (8), der dadurch hergestellt wurde, daß man einen Gummiring mit Gaze umwickelte, gibt die Gewähr dafür, daß die Fistel sauber von der Außenwelt abgeschlossen wird. Mit Hilfe eines aufgeschraubten Ringes (4) wird dieser durch die Außenscheibe fest an die Haut gepreßt. In dem Fistelrohr befindet sich ein Stempel (2), an dessen Stirnseite eine dünne Gummischeibe aufgelegt ist. Mit dieser wird der Stempel durch den aufgedrehten Schraubdeckel (3) an eine ringförmige Schaftkante gepreßt und schließt damit das Rohr hermetisch ab.

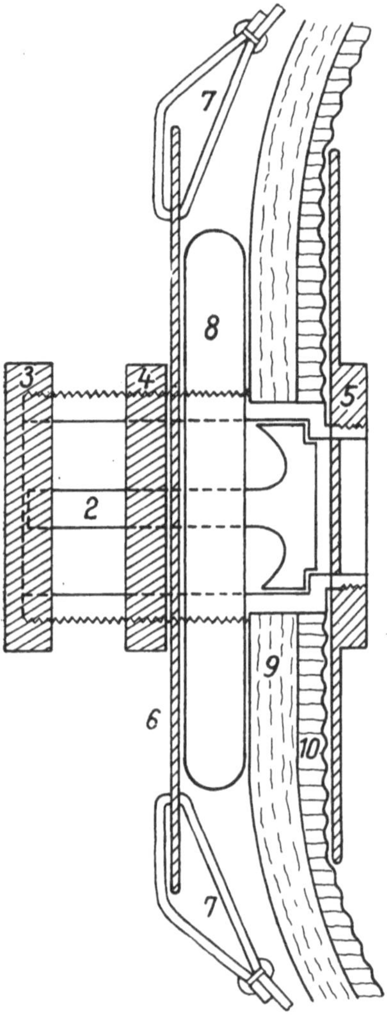

Abb. 2

3. *Operation und Einsetzen des Fistelverschlusses*

Das Operationsfeld befand sich an der linken Hungergrube, zwei Finger breit caudal der letzten Rippe und vier Finger breit ventral der Querfortsätze der Lendenwirbel.

Nach einer groben Reinigung, der Rasur und Desinfektion des Operationsfeldes, wurde eine Lokalanästhesie mit 2%igem Isocain gegeben. Die Operation, die in der Tierklinik der Martin-Luther-Universität Halle-Wittenberg durchgeführt wurde, fand in zwei Sitzungen statt.

In der 1. Sitzung ist ein Hautschnitt von dorsal nach ventral in einer Länge von 6–8 cm ausgeführt worden, um anschließend eine Durchtrennung der Muskelschichten einschließlich der Fascia transversa und des parietalen Blattes des Peritoneums vorzunehmen. Nachdem eine Hautnährung vorgenommen wurde, verband man durch eine fortlaufende Extra-Peritonealnaht die durchgeschnittenen Gewebe mit der Pansenwand, wobei auf die Vermeidung der Stichführung durch die Pansenschleimhaut geachtet werden mußte. Durch diesen operativen Eingriff blieb damit der Pansen nach der 1. Sitzung ungeöffnet.

Nach einer Interkarenzzeit von 8 Tagen, in der eine sehr sorgfältige Wundbehandlung durchgeführt wurde, ist in der 2. Sitzung die Pansenwand durchtrennt worden. Mit Catgut Nr. 5 setzte man eine Hauptpansennaht, die eine einwandfreie Fistelbildung gewährleistete. Unmittelbar im Anschluß an die Operation, welche in Anlehnung nach DOUGHERTY [8] gemacht worden ist, wurde die Pansenklappe eingesetzt. Zu diesem Zwecke steckte man eine Hakenzange so in die länglich-ovale Innenscheibe, daß nach Enführung in den Pansen der Tubus auf die durch sie festgehaltene Scheibe gedreht werden konnte. Dann legte man den mit 2%igem Subronal getränkten Ringveerband um die Fistelwunde und befestigte das Pansenrohr durch Festschrauben und Anschnallen der Außenscheibe. Zum Schluß der Manipulation wurden der Stempel in das Rohr gedrückt und der Deckel aufgeschraubt.

Die Abb. 3 zeigt ein Versuchstier mit der angeschnallten Pansenklappe.

Abb. 3

4. *Probeentnahme*

Die Proben aus dem Pansen sind immer $^1/_4$ Std. vor der Frühfütterung entnommen worden. Dabei achtete man darauf, daß die Versuchstiere immer abgewechselt wurden.

Die Probeentnahme erfolgte mit einer Zange, die derjenigen, welche bei der Geburtshilfe verwendet wird, ähnelte. Sie hat eine Gesamtlänge von 28 cm und besitzt 10 cm lange Greifarme. Zur Entnahme ist sie im geschlossenen Zustand in den 65 mm langen Fisteltubus eingeführt worden, um dann in der Tiefe von 6 bis 8 cm maximal gespreizt zu werden. Damit war immer eine genaue Lokalisation der Probeentnahme gewährleistet.

Den aus den Pansen kommenden Futterbrei gab man sofort in einen vorgewärmten Thermosbehälter. Nun setzte eine sehr schnelle Aufarbeitung ein, denn der Panseninhalt verändert sich an der Luft minutlich. Der pH-Wert des Pansens sinkt an der Luft sofort ab, und auch die Lebensfähigkeit vieler Bakterien der Pansenpopulation leidet erheblich durch den plötzlichen Luftzutritt.

Die Probeentnahme darf somit nicht lange dauern. Dadurch ist verhütet worden, daß größere Luftmengen in den Pansen gelangten. Damit im Winter der Einfluß der niedrigen Außentemperatur auf den Panseninhalt keine Rolle spielt, stellte man während der Probeentnahme das Tier unter einen Infrarotstrahler.

5. N-Quellen Zusätze der Inocula

Es wurde das für die schon früher angestellten in vivo-Fütterungsversuche verwendete Harnstoff-Melasse-Trockenschnitzel-Gemisch, welches im Verhältnis 1 : 1 : 3 verfüttert wurde, ebenfalls auch bei den in vivo-Versuchen gegeben. In allen drei Fermentationsversuchsarten ist das gleiche Verhältnis von 0,1 : 0,1 : 0, 3% auf das Gesamtvolumen der künstlichen Pansen bezogen, verwendet worden.

Nachfolgende Tabelle 1 zeigt die Zusammensetzung des Trockenschnitzel-Melasse-Materials, welches als Inoculum-Zugabe für die Fermentationsversuche gebraucht wurde.

Tabelle 1. *Analysenwerte der Trockenschnitzel und Melasse*

	Trockenschnitzel %		*Melasse* %	
Trockensubstanz	88,90	100,00	88,33	100,00
Organische Substanz	77,87	87,59	79,69	90,22
Rohprotein	7,25	8,16	9,54	10,80
Stickstoff	1,16	1,30	1,53	1,73
Reinprotein	6,60	7,42	1,97	2,23
Rohfett	0,69	0,78	—	—
Rohfaser	17,75	19,97	—	—
N-freie Extraktstoffe	52,18	58,69	70,15	79,42
Rohasche	11,03	12,41	8,64	9,78

Aus der Tabelle 2 geht hervor, daß bei den Vergleichsversuchen, in denen einmal eine ideale Harnstoff-Glukose-Gabe und zum anderen das Harnstoff-Melasse-Trockenschnitzel-Gemisch bei gleicher Harnstoffmenge von 0,1% angewendet worden ist, das Gemisch einen um 12,07% höheren N-Gehalt besitzt als die Harnstoff-Glukose-Gabe. Durch das zusätzliche Trockenschnitzel-Melasse-Gemisch wird den Bakterien 0,035% Rohprotein gegeben, welches sich in den Melasseanteil von 0,011% und den Trockenschnitzelanteil von 0,024% aufgliedert. Wenn man die 69,42% des Rohproteins näher betrachtet, die aus Reinprotein bestehen, so zeigt sich, daß von den 0,024% Reinprotein 0,022% auf die Trockenschnitzel entfallen und nur ein Zehntel mit 0,002% auf die Melasse.

Tabelle 2. *Stickstoffbestandteile des Harnstoff-Melasse-Trockenschnitzel-Gemisches* auf Gesamt-Inoculum bezogen

Harnstoff	0,100%
Harnstoff-N	0,046%
Ges.-N im Melasse-Trockenschnitzel-Gemisch	0,006%
Rohprotein im Gemisch	0,035%
davon in Melasse	0,011%
davon in Trockenschnitzel	0,024%
Reinprotein-N im Gemisch	0,004%
Reinprotein im Gemisch	0,024%
davon in Melasse	0,002%
davon in Trockenschnitzel	0,022%

6. *C-Quellen-Zusätze der Inocula*

Um die Harnstoffausnutzung in dem Harnstoff-Melasse-Trockenschnitzel-Gemisch einer idealen Harnstoffausnutzung gegenüberstellen zu können, ist bei den Vergleichsversuchen der Harnstoff in Verbindung mit Glukose gegeben worden. Diese als beste C-Quelle für Mikroorganismen bekannte Zuckerart wirkt besonders stimulierend auf den Sickstoff-Stoffwechsel. Eine besondere Rolle spielt dabei die Höhe der Gabe (ARIAS, BURROUGHS u. a. [2] u. LÖHNIS [14]). Wenn allerdings ein gewisses Optium überschritten ist, kann auch eine Ablenkung des N-Stoffwechsels durch die Kohlehydrate erfolgen (RIPPEL-BALDES [18]). Diese Faktoren berücksichtigend, ist die Glukose in den kurzfristigen in vitro-Versuchen 0,1%ig gegeben worden. In den längeren Versuchen über 8, 12 u. 16 Std., die eine stärkere Energiequelle verlangten, hatte man den Gehalt von 0,2% heraufgesetzt. Das immer in der gleichen Menge gegebene Melasse-Trockenschnitzel-Gemisch besaß ungefähr die gleiche Zuckerkonzentration wie die kurzfristigen Versuche der Harnstoff-Glukose-Reihe, nur daß hier in der Hauptsache Saccharose vorlag. Die Melasse hatte 48,50% Zuckergehalt, daraus folgt, daß bei einer 0,1%igen Zugabe, 0,0549% Zucker in die Inocula kamen, während die Trockenschnitzel, die 7,50% Zucker besaßen, dem Medium bei 0,3%iger Zugabe 0,0253% gaben. Die Nährmedien der Kultivierungsversuche enthalten nach bakteriologischen Gesichtspunkten ausbalancierte und den üblichen Konzentrationen angeglichene Kohlehydratquellen.

7. *Chemische Analytik*

Der Harnstoff bzw. das NH_3 wurde nach der Mikrodiffusionsanalysenmethode bestimmt, die CONWAY [7] entwickelt hatte und ABELIN [1] für Blutanalysen modifizierte.

Zur Bestimmung des Eiweißgehaltes in dem Inoculum verwendete man Leuna-Optal (n-Propylalkohol) als Fällungsmittel. 10ml der Untersuchungslösung wurden mit 20ml des reinen Optals versetzt und einen Tag stehen gelassen. Dann erfolgte das Abfiltrieren des Eiweißniederschlages, wobei es notwendig erschien, das Verhältnis 1 : 2 auch bei der zum Nachwaschen verwendeten Optal-Aqua dest.-Verdünnung zu wahren. Zur anschließenden Stickstoffanalyse wie auch zu allen übrigen Ges.-N-Bestimmungen wurde das Material nach Kjeldahl mit konz. H_2SO_4 unter Verwendung von Kaliumpermanganat und Kupfersulfat als Katalysator aufgeschlossen. Die Destillation des Aufschlusses erfolgte in der Apparatur nach Dirks.

Die Gasanalyse erfolgte nach der Methode von Hempel.

C. Experimentelle Untersuchungen

1. Kurzfristige Versuche zur Verfolgung des Harnstoffabbaues

Bei den in der Darlegung angestellten in vitro-Versuchen ist in den ersten vergleichenden Versuchsreihen der Verlauf des Harnstoff-Abbaues verfolgt worden. Dauer und Umfang der durch die im Versuchsmedium befindlichen Pansenbakterienpopulation verursachten hydrolytischen Spaltung des Harnstoffes gibt darüber Aufschluß, inwieweit der amidsymbiontische Metabolismus unter den gegebenen Versuchsbedingungen schon von Anfang an eine Divergenz oder aber auch einen Gleichlauf zeigt.

a) Versuchsmethodik

Als künstliche Pansen (s. Abb. 4) sind die im Brutschrank bei 39 °C stehenden Kölbchen zur Anwendung gelangt, von denen man immer zwei hintereinander an einen Gasverteiler geschlossen hatte. In dem hinteren Kölbchen befand sich das Inoculum, während die vorderen als Vorlage dienten und mit einer bestimmten Menge n/50 H_2SO_4 und Indikator beschickt waren. Auf diese Weise konnte kontrolliert werden, ob NH_3 aus dem Versuchsmedium entwichen ist. Es kam aber nicht vor, daß eine titrierbare Menge sich in der Vorlage befand, da das Medium gut auf pH 6,6–6,8 abgepuffert war. Das zur Aufrechterhaltung der Anaerobiose verwendete, auf Gasflaschen abgedrückte, CO_2 wurde vor dem Einströmen in die Kölbchen durch die auf dem Brutschrank stehende Waschflaschenkolonne geleitet. Hier sorgte eine Chromsäurelösung, wie sie WASSERMAN, DUNCAN, CHURCHILL u. HUFFMAN [19] vorgeschlagen hatten, und eine alkalische Pyrogallollösung für die chemische Reinigung des Gases, während eine Waschflasche mit konz. H_2SO_4 die Sterilisation bewirkte. Nach Passage einer Waschflasche mit Aqua-dest. und Zwischenschaltung eines Druckausgleichgefäßes gelangte dann das Gas in den Brutschrank. Die in den kurzfristigen Fermentationsversuchen verwendeten Bakterien kamen in Form einer gewaschenen Bakteriensuspension als Inoculum in die Versuchskölbchen, mit denen 10 Versuche zu 5 Hauptkölbchen und 1 Blindkölbchen ohne N-Quelle durchgeführt wurden.

Abb. 4

Die Bakteriensuspension gewann man nun durch nochmaliges Zentrifugieren von 180 ml niedrigtourig bei 2000 U/min zentrifugierter Pansenflüssigkeit. Dabei ist nach COLUMBUS, WAGNER u. ROJAHN [6] vorgegangen worden. Die an der Wandung der Zentrifugenröhrchen exzentrisch haftenden Bakterien wurden nach Abdekantieren der überstehenden klaren Pansenflüssigkeit in so viel Phosphatpuffergemisch (pH 7,0) nach BELASCO (0,1059% Na_2HPO_4; 0,04362 KH_2PO_4) resuspendiert, daß man 65 ml Bakterienpuffersuspension erhielt. Mit je 10 ml dieser Suspension sind dann die Hauptkölbchen und das Blindkölbchen beimpft worden, die

4,9 ml einer 7,271%igen Na_2HPO_4-Lösung (Sörensen-Pufferlösung)
und 5,1 ml einer 5,339%igen KH_2PO_4-Lösung (Sörensen-Pufferlösung)
enthielten, in der

0,0086 g KCl
\+ 0,0086 g NaCl
\+ 0,0008 g $MgSO_4$
\+ 0,0008 g $CaCl_2$
\+ 0,0030 g Na_2SO_4 gelöst waren.

Zum Schluß werden noch 5,0 ml einer 0,6%igen Glukose-Lösung jedem Kölbchen und 5,0 ml einer 0,6%igen $CO(NH_2)_2$-Lösung jedem Hauptkölbchen zugegeben, so daß die Ansätze mit 30,0 ml Gesamt-Inoculum beschickt werden. Folgende Tabelle 3 bringt die prozentuale Zusammensetzung des Gesamt-Inoculums. Sie ist, was den Mineralstoffgehalt anbelangt, modifiziert von BELASCO übernommen worden.

Tabelle 3. *Zusammensetzung des Gesamt-Inoculums*

KCl	0,028 g	
NaCl	0,028 g	
$MgSO_4$	0,0026 g	
$CaCl_2$	0,0026 g	
Na_2HPO_4	1,1876 g	pH 6,8-Puffer n. SÖRENSEN
KH_2PO_4	0,9078 g	
Na_2HPO_4	0,0353 g	d. Bakt.-Puff-Suspension
KH_2PO_4	0,0145 g	
Glukose	0,1 g	
Harnstoff	0,1 g	
Aqua dest. steril. ad . . .	100,0	

Bevor die Kölbchen in den Brutschrank kamen, sind unmittelbar nach der Zugabe des Harnstoffes und der Glukose die Proben für die Anfangsuntersuchungen abgenommen worden. Die Mikrobestimmung nach CONWAY im Blindkölbchen ohne Urease-Zusatz ergab den anfänglichen NH_3-Gehalt und die im Hauptkölbchen mit Urease-Zusatz den $CO(NH_2)_2 + NH_3$. Aus der Differenz der Werte errechnete man den $CO(NH_2)_2$-Anfangswert der Hauptkölbchen.

Während des über 75 Min. laufenden Versuches sind aus dem Blindkölbchen nach 15, 30, 45, 60 u. 75 min Proben genommen worden, während je 1 Hauptkölbchen durch Probeentnahme nach den gleichen Zeitintervallen wertlos wurde. Um auch den aus dem Harnstoff entstandenen NH_3 erfassen zu können, sind in den Versuchsproben der Hauptkölbchen sowohl der NH_3 als auch der $CO(NH_2)_2$ bestimmt worden. Nach Abzug des Blindkölbchen-NH_3 von dem NH_3 des Hauptkölbchens bekam man den $CO(NH_2)_2$- und NH_3-Spiegel, der bei den einzelnen Probeentnahmezeiten im Inoculum vorlag.

Die zehn Vergleichsversuche mit der Harnstoff-Melasse-Trockenschnitzel-Gabe sind in der gleichen Weise durchgeführt worden, mit dem Unterschied, daß die C-Quelle der ersten Versuchsreihe, die in Form von 5,0 ml einer 0,6%igen Glukose-Lösung zugegeben wurde, jetzt durch Trockenschnitzel und Melasse ersetzt werden. 0,1012 g Trockenschnitzel fügte man mit 5,0 ml einer 0,6792%igen Melasse-Lösung dem Inoculum zu. Prozentual auf das Gesamt-Inoculum bezogen, ergab die Zugabe eine 0,1%ige Melasse- nd 0,3%ige Trockenschnitzel-Konzentration, so daß mit dem gegebenen Harnstoff das von den in vivo-Versuchen übernommene Verhältnis 1 : 1 : 3 gewährleistet war.

b) Versuchsergebnisse

In der folgenden Tabelle 4 sind die Versuchsergebnisse zusammengestellt. Alle Werte bilden das Mittel der angestellten Einzelversuche.

Des besseren Vergleiches wegen ist die theortisch gegebene Harnstoffgabe von 100 mg% als Bezugsbasis genommen worden.

Wie aus den Versuchsergebnissen zu entnehmen ist, war der Harnstoff bei den beiden Vergleichsversuchen zwischen 1 und $1^1/_4$ Std. nach Versuchsbeginn abgebaut. Die fermentative Spaltung des Harnstoffes der Versuche mit Harnstoff-Melasse-Trockenschnitzel-Gabe (H/M/T) ging etwas schneller vor sich, als diejenige der Versuche mit Harnstoff-Glukose-Gabe (H/G), wie aus den letzten faßbaren Werten der Versuchsperioden hervorgeht. Dabei stehen sich 2,97 mg% und 4,91 mg% als Durchschnittswerte gegenüber, die nach 1 Stunde gefunden wurden. Die Werte ließen sich allerdings nicht sichern, denn t war 0,592 und das davon abgeleitete $P > 0{,}05$.

Die aus der Harnstoffhydrolyse resultierende Zunahme des NH_3-Spiegels war entsprechend dem Harnstoffabbau so, daß am Ende in den Versuchen mit Harnstoff-Melasse-Trockenschnitzel-Gabe auch eine größere Menge an NH_3 gefunden worden ist als bei den Vergleichsversuchen. Wenn man sowohl den Harnstoff als auch den Ammoniak auf Stickstoff bezieht, wird deutlich, daß der Anstieg des NH_3-N-Spiegels im Medium fast genau reziprok zum noch vorhandenen Harnstoff-N verläuft. Aus dieser Erscheinung kann geschlossen werden, daß in dem beschriebenen künstlichen System unter den gegebenen Bedingungen bei Verwendung einer gewaschenen Bakteriensuspension innerhalb der Versuchszeit noch keine oder nur unwesentliche Mengen NH_3 zur Eiweißsynthese der Bakterien verwendet wurden.

Den Verlauf des Harnstoffabbaues der beiden Versuchsreihen zeigt die folgende graphische Darstellung auf Abb. 5. Auf ihr sind die Regressionskurven sowohl des Harntoffes als auch des Ammoniaks zu sehen. Wie alle fermentativen Vorgänge, so verläuft auch die Harnstoffspaltung unter Einwirkung der Bakterienurease nach einer Funktion, die auf dem natürlichen Logarithmus basiert. Die Kurven konnten durch folgende Regressionsgleichungen ausgedrückt werden:

Harnstoff-Spiegel der Versuche mit Harnstoff-Melasse-Trockenschnitzel-Gabe:

$$Y = 57{,}69\ e^{-2{,}9590\,x} \quad P < 0{,}05$$

Harnstoff-Spiegel der Versuche mit Harnstoff-Glukose-Gabe:

$$Y = 57{,}69\ e^{-2{,}6210\,x} \quad P < 0{,}01$$

Ammoniak-Spiegel der Versuche mit Harnstoff-Melasse-Trockenschnitzel-Gabe:

$$Y = 56{,}11\ (1 - e^{-2{,}9070\,x}) \quad P < 0{,}05$$

Ammoniak-Spiegel der Versuche mit Harnstoff-Glukose-Gabe:

$$Y = 55{,}86\ (1 - e^{-2{,}6926\,x}) \quad P < 0{,}01$$

Um Unterschiede des Harnstoffabbaues der beiden Versuchsreihen festzustellen, wurden t-Teste für Regressionskoeffizienten der logarithmierten e-Funktionen durchgeführt. Sie ergaben bei den Harnstoffabbaukurven ein t von 0,315

Tabelle 4. *Kurzfristige Versuche zur Verfolgung des Harnstoffabbaues und des aus ihmentstandenen Ammoniaks*

Durchschnitte der Versuche
(bezogen auf 100 mg% Harnstoff-Gabe = 46,65 mg% $CO(NH_2)_2$ = N-Gabe)

Unter-suchungs-abnahme nach Stunden	$CO(NH_2)_2$-Abbau				Aus $CO(NH_2)_2$-Spaltung entstandener NH_3			
	vorhand. $CO(NH_2)_2$		vorhand. $CO(NH_2)_2$-N		NH_3		NH_3-N	
	b. H/G-Gabe mg %	b.H/M/T-Gabe mg %	b. H/G-Gabe mg %	b.H/M/T-Gabe mg %	b. H/G-Gabe mg %	b.H/M/T-Gabe mg %	b. H/G-Gabe mg %	b.H/M/T-Gabe mg %
1/4	64,69	66,88	30,18	31,20	19,86	18,70	16,33	15,38
1/2	37,14	36,80	17,32	17,17	35,51	35,75	29,20	29,40
3/4	17,11	14,59	7,98	6,81	46,56	48,35	38,29	39,76
1	4,91	2,97	2,29	1,38	53,50	54,82	44,00	45,08
1 1/4	—	—	—	—	55,93	56,60	46,00	46,55

und bei den NH_3-Kurven ein t von 0,200. Da die aus diesen Werten erlangte Grenzwahrscheinlichkeit $P > 0,05$ war, scheint kein Unterschied der Bakterien-urease-Aktivität in den Versuchen bestanden zu haben.

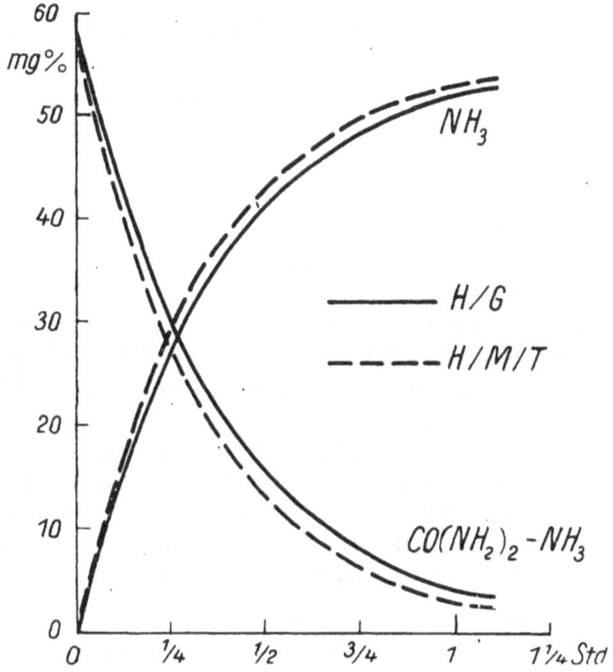

Abb. 5

Die Bakterien des Pansens bauen somit den Harnstoff, der mit der beschriebenen zusätzlichen N-Quelle auftrat, fast in der gleichen Weise ab, wie in den Versuchen, in denen er allein und in einem idealen Verhältnis zur C-Quelle gegeben war.

Wenn hierbei weder der Wechsel der C-Quelle noch die um 12% erhöhte N-Gabe die fermentativen Vorgänge der Amid-Symbiose beeinflussen, sondern wohl nur die Höhe des im Milieu vorhandenen Harnstoff-Spiegels die bakterielle Ureasebildung bestimmt, so kann doch die Möglichkeit bestehen, daß die angeführten Faktoren auf die Proteinsynthese der Pansenbakterien einwirken können.

Um die Möglichkeiten der Einflußnahme auf die Proteinsynthese näher verfolgen zu können, ist der Ablauf der Harnstoffausnutzung über ein Fütterungsintervall in den folgenden Versuchen untersucht worden.

2. *Achtstündige Versuche zur Verfolgung der Harnstoffausnutzung*

Die im Rahmen dieser Untersuchungen ausgeführten 8stündigen Fermentationsversuche zur Verfolgung der Harnstoffausnutzng erfaßten den gesamten Vorgang der bakteriellen Transformation des Harnstoff-N in den arteigenen

Bakterieneiweiß-N. Dabei ist im Laufe des in vitro-Versuches der Harnstoffabbau, der durch ihn ansteigende NH_3-Spiegel und die durch das freiwerdende NH_3 ablaufende Eiweißsynthese der Pansenbakterien verfolgt worden. Besonderer Wert wurde darauf gelegt, daß es durch die Versuchsmethodik ermöglicht wurde, den genauen zeitlichen Verlauf der Umsetzungen unter möglichst natürlichen Bedingungen darzulegen, um ein Mittel in der Hand zu haben, die prozentuale Harnstoffausnutzungsquote in den einzelnen Probeintervallen vergleichsweise zu errechnen.

a) Versuchsmethodik

Um durch in vitro-Versuche die bakteriellen Umsetzungen während einer 8stündigen Füterungsperiode verfolgen zu können, ist ein Laboratoriumspansen entwickelt worden. Damit in dem künstlichen System die Lebensbedingungen der Pansenbakterien annähernd rekonstruiert sind, mußte darauf geachtet werden, daß die Fermentationsflüssigkeit isotherm auf 39° C gehalten wird. Nur wenn die Experimente unter dieser kontrollierten Temperatur durchgeführt werden, ist ein normaler Verlauf der Versuche gewährleistet (GALL, BURROUGHS, GERLAUGH u. EDGINGTON [8]). Die peristaltischen Bewegungen des Pansens sind durch einen Rührer ersetzt worden, während die Anaerobiose durch einen CO_2-Strom erreicht wurde, den man durch die Apparatur schickte. Die Abpufferung und Neutralisation des Panseninhaltes, die im Tier durch den Speichel (pH 8,3) geschieht, ist hier durch einen Sörensen-Puffer erfolgt.

Der in der Abb. 6 gezeigte künstliche Pansen bestand aus einem dreihalsigen Sulfierkolben, welcher durch ein Wasserbad auf 39° C isotherm gehalten wurde.

Das der Anaerobiose dienende CO_2-Gas strich zuerst durch eine wattierte Kegelfrittenkolonne, um sterilisiert zu werden. Der ebenfalls an der Rückseite des Statives befestigte Kühler, der durch den Höppler'schen Umlaufthermostaten mit Wasser von 40° C versorgt war, diente dann zur Erwärmung des Gases. Damit die während des Versuches durch Verdunstung verloren gegangene Wassermenge im künstlichen Pansen kompensiert werden konnte, ist das Gas durch eine im Wasserbad stehende Waschflasche geleitet worden. Das so sterilisierte, vorgewärmte und feuchtigkeitsgesättigte Gas konnte nun durch den Hals eines Rührers gehen, um durch die Rührflächenenden in das Inoculum zu perlen. Sowohl der Gasauslaß als auch die Probeentnahme erfolgten durch den linken Sulfierkolbenhals. Nach Verlassen des künstlichen Pansens wurde das Gas in eine Vorlage geleitet, die wieder, wie in den ersten vitro-Versuchen, der NH_3-Kontrolle diente. Sie zeigte auch in diesen Versuchen immer negative Resultate. Die pH-Einstellung ist durch den rechten Hals mit Hilfe einer modifizierten Janke-Bürette ausgeführt worden, die die alkalische Pufferlösung unter sterilen Bedingungen in den Kolben tropfen lassen konnte. Doch brauchte der pH-Wert nur in den seltensten Fällen korrigiert werden.

Abb. 6

Das für die Versuche in diesem künstlichen System verwendete Inoculum ist folgendermaßen bereitet worden:

Zuerst wurde die Mineralstoff-Pufferlösung in den Kolben gegeben, die aus 61,25 ml einer 6,786%igen Na_2HPO_4-Lösung (Sörensen) und 63,75 ml einer 4,984%igen KH_2PO_4-Lösung (Sörensen) bestand, welcher 0,1855 g NaCl, 0,1855 g KCl, 0,0525 g $MgCl_2$ und 0,0189 g $CaCl_2$ zugesetzt worden sind. Dann beschickte man den künstlichen Pansen mit 150 ml der schon beschriebenen niedrigtourig zentrifugierten Pansenflüssigkeit, um zum Schluß wieder die Glukose in Form von 50 ml einer 1,4%igen Lösung und den Harnstoff mit 25 ml einer 1,4%igen Lösung einzupipetieren. Das gesamte Volumen des Inoculums bestand somit aus 350 ml, das folgende prozentuale Zusammensetzung aufwies (Tab. 5).

Der Mineralstoffgehalt des Inoculums (ohne Puffer) ist der gleiche, der auch bei den Versuchen von BURROUGHS, HEADLY, BETHKE u. GERLAUGH[5] angewendet wurde.

Außer den in dieser Weise angesetzten zehn Versuchen mit Harnstoff-Glukose-Gabe lief bei jedem Versuch ein Blindkölbchen mit, um den Stickstoff- und Eiweiß-Wert zu erhalten, ohne daß bei der Bestimmung der Harnstoff teilweise mit ausfiel. Durch Differenz zum Hauptversuch konnte der Korrekturfaktor errechnet werden. Weiterhin sind Kontrollversuche durchgeführt worden, die zeigten, daß ohne N-Quelle der NH_3- und Protein-Spiegel nur unwesentlich während der 8 Std. stieg und innerhalb der analytischen Fehlergrenze lag.

Tabelle 5. *Zusammensetzung des Gesamt-Inoculums*

KCl	0,053 g	
NaCl	0,053 g	
$MgCl_2$	0,015 g	
$CaCl_2$	0,0056 g	
Na_2HPO_4	1,1876 g	pH 6,8-Puffer nach SÖRENSEN
KH_2PO_4	0,9078 g	
Glukose	0,2 g	
Harnstoff	0,1 g	
Pansenflüssigkeit	42,86 ml	
Aqua dest. steril. ad	100,0	

Proben sind am Anfang unmittelbar nach dem Ansatz, nach $^1/_2$, 1, $1^1/_2$, 2, $2^1/_2$, 3, 4, 6 u. 8 Std. aus dem künstlichen Pansen genommen worden. Durch die Mikrodiffusionsanalyse nach CONWAY mit Urease-Zusatz bestimmte man den Harnstoff + NH_3 und durch solche ohne Zusatz das NH_3. Die Differenz gab dann wieder den Harnstoff-Spiegel, der nach der jeweiligen Fermentationsdauer bestanden hat, an. Die Eiweißbestimmungen erfolgten am Versuchsbeginn und nach jeder angegebenen Stunde, während der Stickstoff nur zu Beginn, nach der 4. und nach der 8. Std. analysiert wurde.

Die zehn Vergleichsversuche mit Harnstoff-Melasse-Trockenschnitzel-Gemisch verliefen in der gleichen Weise. Die ideale C-Quelle ersetzte man wieder durch Melasse und Trockenschnitzel. 0,3962 g Melasse sind in 50,0 ml Aqua dest. gelöst worden und nach Zusatz von 1,1811 g Trockenschnitzeln dem Medium statt der 50,0 ml einer 1,4%igen Glukose-Lösung gegeben worden. Indem 0,1% Harnstoff, 0,1% Melasse und 0,3% Trockenschnitzel sich dadurch im Gesamt-Inoculum befinden, ist das festgesetzte Verhältnis wieder hergestellt.

b) Versuchsergebnisse

In den Tabellen 6 und 7 sind die Durchschnittswerte der Vergleichsversuche zusammengestellt worden.

Auch hier sieht man wieder, daß der Harnstoff innerhalb kurzer Zeit von den Pansenbakterien abgebaut wird. Daß der Abbau bei diesen Versuchen 1 Stunde länger dauert als bei den oben beschriebenen, hängt mit der Bakterienkonzentration im Inoculum zusammen. Die kurzfristigen Versuche sind annähernd mit der natürlichen Konzentration durchgeführt worden, während diese Versuche nur $^3/_7$ von ihr enthielten. Weiterhin ist auffällig, daß der Harnstoff-N der Harnstoff-Glukose-Gruppe schneller abgebaut wird als der der anderen Vergleichsgruppe. Nach 2 Std. ist bei der erstgenannten 1,71 mg%, bei der anderen dagegen 2,99 mg% noch nicht hydrolysiert worden. Die Werte konnten aber wegen $t = 0{,}549$ und $P > 0{,}05$ nicht gegeneinander gesichert werden. Da die

Tabelle 6. *Achtstündige Versuche zur Verfolgung der Harnstoff-Auswertung*
Durchschnitte der Versuche

Unter-suchungs-abnahme nach Stunden	*$CO(NH_2)_2$-Abbau*				*Veränderungen im NH_3-Spiegel*				*Protein-Synthese*			
	$CO(NH_2)_2$-N-Spiegel		abgeb. $CO(NH_2)_2$-N		NH_3-N-Spiegel		Zunahme – Abnahme des NH_3-N		Eiweiß-N-Spiegel		Zunahme a. Ausgg. bez.	
	b. H/G-Gabe mg %	b. H/M/T-Gabe mg %	b. H/G-Gabe %	b. H/M/T-Gabe %	b. H/G-Gabe mg %	b. H/M/T-Gabe mg %	b. H/G-Gabe mg %	b. H/M/T-Gabe mg %	b. H/G-Gabe mg %	b. H/M/T-Gabe mg %	b. H/G-Gabe mg %	b. H/M/T-Gabe mg %
0	47,80	45,56	—	—	4,28	5,44	—	—	23,98	33,45	—	—
1/2	26,54	30,11	44,48	33,91	24,94	20,73	+ 20,66	+ 15,29	—	—	—	—
1	11,44	19,04	76,07	58,21	38,95	31,57	+ 14,01	+ 10,84	25,45	34,20	1,47	0,75
1 1/2	4,28	9,59	91,05	78,95	44,98	40,28	+ 6,03	+ 8,71	—	—	—	—
2	1,71	2,99	96,42	93,44	46,93	46,16	+ 1,95	+ 5,88	26,48	35,60	2,50	2,15
2 1/2	—	—	100,00	100,00	48,08	48,38	+ 1,15	+ 2,22	—	—	—	—
3	—	—	—	—	47,20	48,09	— 0,88	— 0,29	27,67	36,27	3,69	2,82
4	—	—	—	—	46,35	46,98	— 0,85	— 1,11	28,30	37,73	4,32	4,28
6	—	—	—	—	45,83	46,61	— 0,52	— 0,37	28,78	38,71	4,80	5,26
8	—	—	—	—	45,43	44,38	— 0,40	— 2,23	29,44	39,96	5,46	6,51

ersten in vitro-Versuchen gegenteilige Versuchsergebnisse zeitigten, liegt es nahe, den Schluß zu ziehen, daß es völlig gleich ist, ob der Harnstoff allein oder mit einer zusätzlichen N-Quelle von ca. 12% unter den Kulturbedingungen gegeben wird.

Tabelle 7. *Achtstündige Versuche zur Verfolgung der Harnstoff-Ausnutzung*
Durchschnitte der Versuche
(Harnstoff-Ausnutzung)

Unter-suchungs-abnahme nach Stunden	b. *H/G-Gabe*		b. *H/M/T-Gabe*	
	$\frac{\text{geb. Eiweiß-N}}{\text{geg.CO(NH}_2)_2\text{-N}} \cdot 100$ %	$\frac{\text{geb. Eiweiß-N}}{\text{geg.CO(NH}_2)_2\text{-N}} \cdot 100$ %	$\frac{\text{geb. Eiw.-N}}{\text{geg. Ges.-N}} \cdot 100$ %	$\frac{\text{geb. Eiw.-N}}{\text{zus. geg. N}} \cdot 100$ %
0	—	—	—	—
$^1/_2$	—	—	—	—
1	3,07	1,65	1,47	0,18
$1^1/_2$	—	—	—	—
2	5,23	4,72	4,20	0,52
$2^1/_2$	—	—	—	—
3	7,72	6,19	5,51	0,68
4	9,04	9,39	8,36	1,03
6	10,04	11,54	10,28	1,26
8	11,42	14,29	12,72	1,57

So wie der Harnstoff abgebaut worden ist, stieg auch der aus ihm entstandene NH_3-Spiegel im Medium an. Zuerst sind die Zunahmen beträchtlich, um später immer schwächer zu werden. Aus der N-Bilanz der Mittelwerte geht hervor, daß nach $2^1/_2$ Std. nicht so viel NH_3-N gebildet worden ist, wie aus dem Harnstoff eigentlich entstehen müßte. Die Verluste betrugen bei den Harnstoff-Glukose-Versuchen 4,00 mg% im ⌀ und bei den Harnstoff-Melasse-Trockenschnitzel-Versuchen 2,62 mg% im ⌀. Aus diesen verschwundenen NH_3N-Mengen sind 3,10 mg% im ⌀ bzw. 2,49 mg% im ⌀ Eiweiß-N aufgebaut worden. Das ist ein Kriterium dafür, daß die Bakterien für ihre Proteinsynthese das entstandene NH_3 verwenden. Der Grad des NH_3-Verbrauches durch die Bakterien geht besonders deutlich aus der Abnahme des NH_3-Spiegels hervor, der nach der 3. Std. erfolgte. Wenn aus dem gesamten NH_3-N, der während der Fermentationsperiode aus dem Medium verschwand, Eiweiß-N durch die Bakterien aufgebaut wäre, müßte bei den genannten Versuchen 6,62 mg% bzw. 6,65 mg% Protein-N synthetisiert worden sein. Tatsächlich wies man auch die sehr nahe liegenden Werte 6,51 mg% im ⌀ bzw. 5,46 mg% im ⌀ nach. Die näheren Zusammenhänge dieses N-Umbaues in das Bakterieneiweiß bringt die noch zu interpretierende graphische Darstellung der Regressionskurve.

Die Eiweißsynthese der Bakterien verlief in den beiden Vergleichsversuchen ungefähr gleichförmig. Nur nach der 1. Std. zeigten die Proben einen statistisch gesicherten Unterschied der Mittelwerte, wenn auf prozentuale Eiweißzunahme bezogen wird (siehe Tabelle 8).

Tabelle 8. *Mittelwertsprüfungen der Eiweiß-N-Zunahme auf Anfang bezogen in %*

Nach der 1. Stunde	$t = 2{,}733$	$P < 0{,}05$	gesicherter Unterschied
Nach der 2. Stunde	$t = 1{,}857$	$P > 0{,}05$	kein gesicherter Unterschied
Nach der 3. Stunde	$t = 2{,}520$	$P < 0{,}05$	gesicherter Unterschied
Nach der 4. Stunde	$t = 1{,}556$	$P > 0{,}05$	kein gesicherter Unterschied
Nach der 6. Stunde	$t = 1{,}221$	$P > 0{,}05$	kein gesicherter Unterschied
Nach der 8. Stunde	$t = 0{,}988$	$P > 0{,}05$	kein gesicherter Unterschied

Mittelwertprüfungen der Eiweiß-N-Zunahme auf Abnahme-Intervall bezogen in %

Nach der 1. Stunde	$t = 2{,}733$	$P < 0{,}05$	gesicherter Unterschied
Nach der 2. Stunde	$t = 0{,}006$	$P > 0{,}05$	kein gesicherter Unterschied
Nach der 3. Stunde	$t = 1{,}857$	$P > 0{,}05$	kein gesicherter Unterschied
Nach der 4. Stunde	$t = 1{,}354$	$P > 0{,}05$	kein gesicherter Unterschied
Nach der 6. Stunde	$t = 0{,}877$	$P > 0{,}05$	kein gesicherter Unterschied
Nach der 8. Stunde	$t = 0{,}763$	$P > 0{,}05$	kein gesicherter Unterschied

In der 7. Tabelle (S. 456) wurde nun die Harnstoffausnutzung in Prozent definiert als der im Verhältnis zum gegebenen Harnstoff-N gebildete Eiweiß-N. Bei den Harnstoff-Melasse-Trockenschnitzel-Versuchen ist dann entsprechend die Harnstoffausnutzung auf Gesamt-N bezogen worden. So kann man einmal die Harntoffausnutzung der Harnstoff-Glukose-Versuche mit den Harnstoff-Melasse-Trockenschnitzel-Versuchen vergleichen und zum anderen durch Differenz der beiden mittleren Spalten die Eiweiß-Zunahme erkennen, die aus der zusätzlichen N-Quelle resultiert (Mittelwerte der letzten Spalte von rechts). Dabei ließen sich keine Unterschiede der Harnstoffausnutzung in den beiden Vergleichsversuchen ermitteln.

Die Harnstoffausnutzungen der Harnstoff-Glukose-Versuche von 11,42%, respektive die der Harnstoff-Melasse-Trockenschnitzel-Versuche von 12,72% scheinen relativ niedrig zu liegen. Die Bestätigung hierfür werden die Versuche über mehrere in vitro-Fütterungsintervalle mit mehrmaliger Beimpfung geben.

Die Kurvenverläufe der Harnstoff-, NH_3- und Eiweiß-N-Spiegel beider vergleichender Versuchsreihen lassen sich auf der folgenden graphischen Darstellung der Abb. 7 anhand ihrer Regressionsgleichungen gut charakterisieren.

Harnstoffabbau unter Harnstoff-Glukose-Gabe:

$$Y = 55{,}25\, e^{-1{,}6972\, x} \quad P < 0{,}001$$

Harnstoffabbau unter Harnstoff-Melasse-Trockenschnitzel-Gabe:

$$Y = 55{,}90\, e^{-1{,}3182\, x} \quad P < 0{,}01$$

NH_3-Spiegel im ansteigenden Teil (Teilregression) unter Harnstoff-Glukose-Gabe: $Y = 45{,}79\ (1 - e^{-1{,}4681\,x}) + 3{,}56 \quad P < 0{,}001$

NH_3-Spiegel im ansteigenden Teil (Teilregression) unter Harnstoff-Melasse-Trockenschnitzel-Gabe:

$$Y = 52{,}12\ (1 - e^{-0{,}7200\,x}) + 5{,}45 \quad P < 0{,}001$$

NH_3-Spiegel im abfallenden Teil (Teilregression als Grade gezeichnet) unter Harnstoff-Glukose-Gabe:

$$Y = 48{,}65\ e^{-0{,}0093\,x} \quad P > 0{,}01$$

NH_3-Spiegel im abfallenden Teil (Teilregression als Grade gezeichnet) unter Harnstoff-Melasse-Trockenschnitzel-Gabe:

$$Y = 50{,}20\ e^{-0{,}0146\,x} \quad P < 0{,}01$$

Eiweißanstieg unter Harnstoff-Glukose-Gabe:

$$Y = 6{,}46\ (1 - e^{-0{,}1856\,x}) + 24{,}54 \quad P < 0{,}001$$

Eiweißanstieg unter Harnstoff-Melasse-Trockenschnitzel-Gabe:

$$Y = 8{,}83\ (1 - e^{-0{,}2065\,x}) + 32{,}67 \quad P < 0{,}001$$

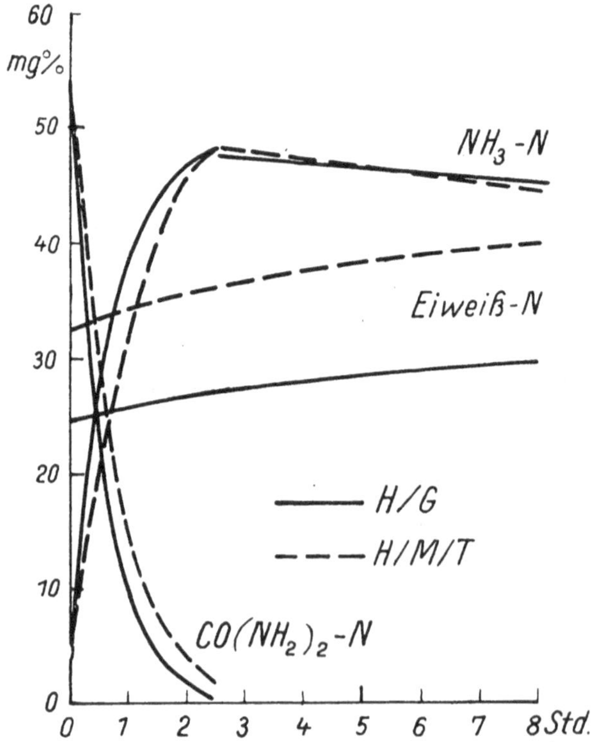

Abb. 7

Man erkennt wieder, daß prinzipiell kein Unterschied in den amidsymbiontischen Metabolismen der beiden Veersuche eingetreten war. Die Kurvenverläufe des Harnstoffes, die auch hier wieder nach einer abklingenden e-Funktion vom Typ $Y = A \cdot e^{-bx}$ ausgedrückt werden können, unterschieden sich, wie auch die kurzfristigen Versuche zeigten, nicht voneinander. Die Regressionskoeffizienten der durch Logarithmierung der e-Funktionen entstandenen Graden ergaben durch t-Test ein $t = 1{,}933$ mit einem $P > 0{,}05$.

Das NH_3, das aus dem Harnstoff und zum kleinen Teil auch durch Desaminierung entsteht, tritt in dem Inoculum wahrscheinlich nach dem Kurventyp $Y = A\,(1 - e^{-bx}) + F$ auf. Diese Kurve wird subtraktiv beeinflußt durch eine Kurve $Y = A \cdot e^{\ cx}$. Das ist annäherungsweise der Kurvenverlauf jenes NH_3, das vom entstehenden NH_3 abgezogen werden muß, da es zur Eiweißsynthese der Bakterien verwendet wird. Der NH_3-Spiegel würde also nach einer zusammengesetzten e-Funktion vom Typ $Y = A\,(D \cdot e^{-cx} - E \cdot e^{-bx})$ verlaufen.

Da aber diese Kurvenfunktion nur schlecht nach der verwendeten Methode statistisch auswertbar ist, wurde die NH_3-Kurve in einen ansteigenden und einen abfallenden Teil durch Teilregression verrechnet. Die beiden Kurven des ansteigenden Teiles vom NH_3-Spiegel ergaben einen sehr gut gesicherten Unterschied ($t = 14{,}108$; $P < 0{,}001$) in dem Kurvenverlauf, während die abklingenden Kurventeile keinen Unterschied zeigten.

Die Proteinsynthese in beiden Versuchen erfolgte nach einer sehr flachen e-Funktion $Y = A\,(1 - e^{-bx}) + F$. Man sieht auch hier, daß eine angenäherte mathematisch ermittelte Kurve vorliegt, da der Eiweißanstieg nicht aus einer vom Anfang an quanitativ gleichgehaltenen N-Quelle resultierte, die durch die Bakterien nach einer e-Funktion verwendet werden kann. Die zur Ausnutzung kommende N-Quelle wird dagegen zeitlich in quantitativer Hinsicht stark einmal durch den Grad der Urease-Aktivität und zum anderen durch das schon verwendete NH_3 variiert. Außerdem muß noch berücksichtigt werden, daß bei den Harnstoff-Melasse-Trockenschnitzel-Versuchen die N-Quelle in zwei verschieden gut verwertete Komponenten zerfällt, nämlich den Harnstoff und die zusätzlichen N-Verbindungen.

Zwischen den beiden Kurvenverläufen des Eiweiß-Spiegels besteht wiederum kein Unterschied, wenngleich auch die Kurvenlage des verschieden hohen Eiweiß-N-Gehaltes im Inoculum wegen einen deutlichen Unterschied zeigt.

Die in vitro-Fermentationsversuche über ein 8-stündiges Fütterungsintervall demonstrieren also den Verlauf der Harnstoffausnutzung ziemlich gut. Man sieht, daß die Bakterien von Beginn der Versuche an eine Proteinsynthese durchführen. Starke Ureasebildung und Eiweißsynthese treten somit gleichzeitig auf. Weiterhin ist gezeigt worden, daß unter den anaeroben in vitro-Bedingungen das aus dem Harnstoff entstehende NH_3 fast quantitativ zur Bakterieneiweißsynthese verwendet wird.

Es muß festgestellt werden, daß weder eine zusätzliche N-Quelle noch der Unterschied der C-Quelle den Ablauf oder die Höhe der Harnstoffausnutzung beeinflußt hat.

Zum Ablauf der Vergleichsversuche muß angenommen werden, daß die beschriebenen amidsymbiontischen Stoffwechselvorgänge im Zusammenhang mit einem spezifischen Kohlehydratstoffwechsel stehen. Deshalb werden anschließend Versuche beschrieben, die den CO_2-Gehalt im Laufe der 8-stündigen Fermentationsversuche verfolgten.

3. *Achtstündige Versuche zur Untersuchung des Einflusses der Harnstoffgemische auf den Pansen-Katabolismus*

Die hier angestelltn Versuche sollten die Einwirkung der Harnstoffgaben auf das energetische System des Pansenes darlegen. Auftretende Einflüsse könnten Rückschlüsse auf den dadurch veränderten gesamten Katabolismus im Pansen zulassen.

a) Versuchsmethodik

Damit der Einfluß der vergleichenden Harnstoffgaben auf den Pansenmetabolismus gezeigt werden konnte, mußte noch ein Kontrollversuch mit $(NH_4)_2SO_4$ als äquivalente Stickstoffquelle laufen, denn der in dieser Verbindung gebundene Stickstoff kann durch die Bakterien verwendet werden, ohne daß gleichzeitig noch CO_2 in Freiheit gesetzt wird. Damit ist die Gewähr gegeben, daß sowohl die Höhe als auch die Schwankungen des CO_2-Spiegels in dem Kontrollversuch als Vergleiche dienen können, denn in ihm würde die CO_2-Produktion unter normalen Bedingungen verlaufen.

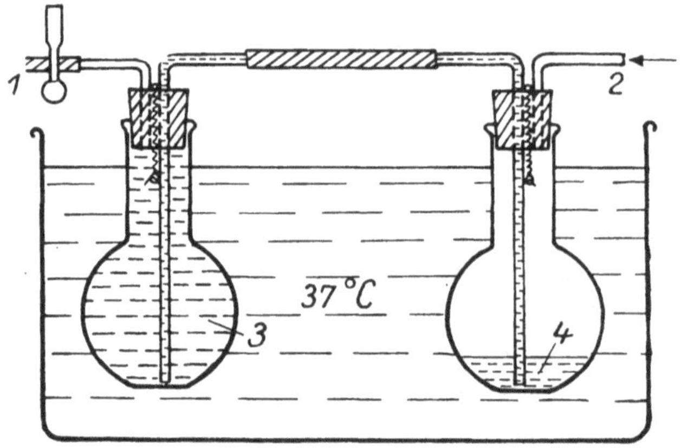

Abb. 8

Die Gasproduktion der Pansenbakterien erfolgte in einem nach BRAHM [4] stark modifizierten künstlichem System. Dieses bestand, wie aus der Abb. 8 ersichtlich ist, aus zwei Kolben, die in einem Wasserbad isotherm auf 37° C gehalten wurden. Der linke 250 ml-Kolben war bis zum Stopfen mit dem Inoculum (3) gefüllt, während der rechte so viel Flüssigkeit gleicher Konzentration enthielt, daß das Überleitungsrohrende gut bedeckt erschien. Entstand nun Gas im linken Kolben, so ist das Inoculum aus dem linken Kolben verdrängt worden und stieg in den rechten Kolben. Sollte eine Gasprobe entnommen werden, ist bei (2) ein Blasebalg angesetzt worden, der Luft in den rechten Kolben drück. Wenn man jetzt bei (1) die Quetschklemme öffnete, konnte die Flüssigkeit des rechten Kolbens wieder in den linken steigen, so daß das Gas durch das Rohr bei (1) in die angeschlossene Hempel-Auffangpipette übertrat, um anschließend analysiert zu werden.

Damit die Ergebnisse dieser Versuchsreihen ohne weiteres auch auf die oben beschriebenen 8-stündigen Harnstoffausnutzungsversuche als Ergänzung zu diesen übertragen werden können, ist die Zusammensetzung des Inoculums die gleiche geblieben.

Um diese wieder zu erhalten, sind 300 ml Pansenflüssigkeit, 122,5 ml einer 6,786%igen Na_2HPO_4-Lösung (n. SÖRENSEN) und 127,75 ml einer 4,984%igen KH_2PO_4-Lösung (n. SÖRENSEN), welche 0,371 g NaCl, 0,371 g KCl, 0,105 g $MgCl_2$ u. 0,0189 g $CaCl_2$ enthielt, in den Fermentationskolben gegeben worden. Kurz vor der Bebrütung im Wasserbad erfolgte dann die Zugabe von

50 ml einer 3,08%igen $(NH_4)_2SO_4$-Lösung =
0,22% i. Ges.-Inoculum

100 ml einer 1,4%igen Glukose-Lösung =
0,2% i. Ges. Inoculum

zu den Kontrollversuchen, oder

50 ml einer 1,4%igen $CO(NH_2)_2$-Lösung =
0,1% i. Ges.-Inoculum

100 ml einer 1,4%igen Glukose-Lösung =
0,2% i. Ges.-Inoculum

respektive

50 ml einer 1,4%igen $CO(NH_2)_2$-Lösung =
0,1% i. Ges.-Inoculum

100 ml einer 0,7921%igen Melasse-Lösung =
0,1% i. Ges.-Inoculum

mit 2,3622 g Trockenschnitzeln =
0,3% i. Ges.-Inoculum

zu den Vergleichsversuchen.

Die Probentnahme der zehn Kontrollversuche, der zwanzig Versuche mit Harnstoff-Glukose-Gabe und der zehn Versuche mit Harnstoff-Melasse-Trockenschnitzel-Gabe erfolgten 2, 4, 6 und 8 Std. nach Fermentationsansatz.

b) Versuchsergebnisse

Die folgende graphische Darstellung der Abb. 9 veranschaulicht die CO_2-Produktion der Pansenbakterien während der 8-stündigen Fermentationsversuche.

Sie ist von den drei Versuchsgruppen in Form ihrer Regressionskurven wiedergegeben:

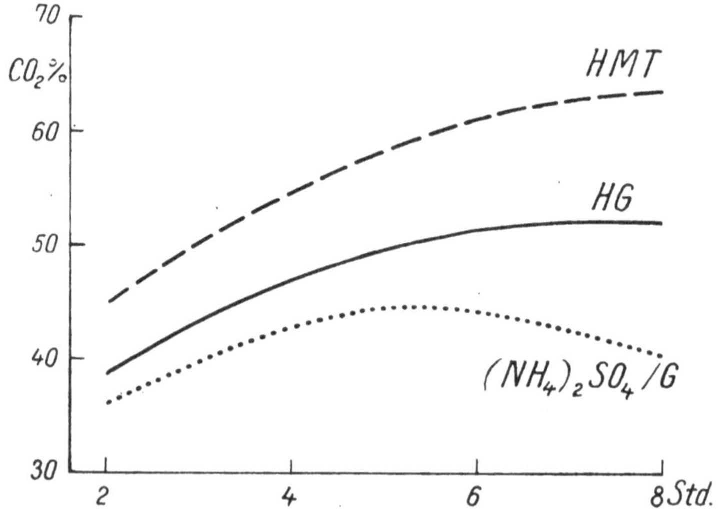

Abb. 9

Folgende Regressionsgleichungen sind für die Kurven aufgestellt worden:

Kontrollversuch:

$$Y = 24{,}024 + 7{,}301\,x - 0{,}656\,x^2 \quad P < 0{,}001$$

Versuch mit Harnstoff-Glukose-Gabe:

$$Y = 26{,}696 + 7{,}003\,x - 0{,}476\,x^2 \quad P > 0{,}001$$

Versuch mit Harnstoff-Melasse-Trockenschnitzel-Gabe:

$$Y = 31{,}008 + 7{,}842\,x - 0{,}468\,x^2 \quad P > 0{,}001$$

Aus der Kurve des Kontrollversuches ist zu entnehmen, daß die Schwankung des CO_2-Spiegels in dem in vitro-Fütterungsintervall normal war. Die Ausnutzung der gegebenen N-Quelle durch die Bakterien ist verbunden mit einem erhöhten Verbrauch der Stoffwechselenergie, so daß vorübergehend stärker ein völliger Abbau der Kohlehydrate auftritt, der dann wieder rhythmisch abnimmt bis zur nächsten Steigerung der Wachstumsintensität der Pansenbakterien durch abermalige N-Gabe.

Denselben Verlauf der CO_2-Bildung stellte auch ORTH u. KAUFMANN [17] anhand von in vivo-Versuchen fest, die er an Kühen durchführte. Auch in diesen Versuchen zeigte sich, daß bei einem Weidegang zunächst der CO_2-Gehalt des Pansens stieg, nach 4–6 Std. ein Maximum erreichte, um dann wieder allmählich abzunehmen. Daß dabei der prozentuale Anteil des CO_2 am Gasgemisch um etwa $^1/_4$ höher lag, als bei den hier durchgeführten in vitro-Versuchen lag daran, daß in dem Pansen durch die verschiedensten Kohlehydrate ein viel größerer Umfang der intermetabolistischen Dekarboxylierungsvorgänge stattfindet, als in dem kleinen stoffwechselphysiologisch einseitigen in vitro-System. Die CO_2-Änderungen in den Fermentationskölbchen der beiden Vergleichsversuche schienen ganz andere Ursachen zu haben. Auffallend ist dabei sowohl die Lage der beiden Kurven als auch deren Kurvenverlauf. Man mußte annehmen, daß nach

2 Std., wenn fast der ganze Harnstoff in NH_3 und CO_2 abgebaut ist, die beiden oberen Kurven dicht beieinander in größerem Abstand von der Kontrollkurve liegen mußten. Dagegen ist es so, daß die beiden Vergleichskurven von der 2.–8. Std. einen durch den t-Test ermittelten Unterschied in der Lage aufwiesen, während die Kurve des Versuches mit Harnstoff-Glukose-Gabe nach der 2. u. 4. Std. in nicht gesichertem Abstand von der Kontrollkurve liegt, wie die folgende Tabelle 9 zeigt.

Tabelle 9. *Mittelwertsprüfungen der CO_2-Kurvenlagen*

$(NH_4)_2SO_4$-Glukose-Versuche gegen Harnstoff-Glukose-Versuche:			
Nach der 2. Stunde	$t = 1{,}043$	$P > 0{,}05$	kein gesicherter Unterschied
Nach der 4. Stunde	$t = 1{,}652$	$P > 0{,}05$	kein gesicherter Unterschied
Nach der 6. Stunde	$t = 6{,}310$	$P < 0{,}001$	sehr gut gesicherter Unterschied
Nach der 8. Stunde	$t = 4{,}056$	$P < 0{,}001$	sehr gut gesicherter Unterschied
Harnstoff-Glukose-Versuche gegen Harnstoff-Melasse-Trockenschnitzel-Versuche			
Nach der 2. Stunde	$t = 2{,}507$	$P > 0{,}01$	gesicherter Unterschied
Nach der 4. Stunde	$t = 2{,}262$	$P < 0{,}05$	gesicherter Unterschied
Nach der 6. Stunde	$t = 6{,}757$	$P < 0{,}001$	sehr gut gesicherter Unterschied
Nach der 8. Stunde	$t = 3{,}863$	$P < 0{,}001$	sehr gut gesicherter Unterschied

Daraus kann man schließen, daß das durch den enzymatischen Vorgang der Harnstoffspaltung freiwerdende CO_2, welches nach der Gleichung

$$\text{Urease} + CO(NH_2)_2 + H_2O \rightarrow \text{Urease} + (NH_4)_2CO_3$$

als Ammoniumkarbonat gebunden wird, in der ersten Hälfte der Fermentationsperiode in Form dieser Verbindung vorliegen muß. Der weitere Verlauf der Kurven der Vergleichsversuche zeigt dann allerdings eine Fortsetzung des stetigen Anstieges des CO_2-Gehaltes im Versuchsmedium. Da der Grad der ansteigenden Tendenz beider Kurven fast der gleiche ist, besteht die Vermutung, daß entweder durch die Verwertung des NH_3 in der Proteinsynthese das CO_2 sekundär in stärkerem Maße frei wird oder daß eine zeitliche Stimulierung des Kohlehydratstoffwechsels vorliegt.

Der signifikante Höhenunterschied der beiden Kurven ist ebenfalls durch eine Stimulanz der CO_2-Bildung zu deuten. Da durch das Harnstoff-Melasse-Trockenschnitzel-Gemisch nicht mehr von den leicht löslichen Kohlehydraten in das Inoculum gekommen sind als durch das Harnstoff-Glukose-Gemisch und dadurch ein stärkerer Abbau der Kohlehydrate nicht zu erwarten wäre, kann nur das Verhältnis des Gemisches oder die zusätzlich gegebene N-Quelle diese quantitative Stimulierung des Katabolismus verursacht haben.

4. Versuche über mehrere Fermentationsperioden zur Verfolgung der Eiweiß-Zunahme und Harnstoffausnutzung

Um die Harnstoffausnutzung nicht nur innerhalb einer Fütterungsperiode verfolgen zu können, sondern auch die Möglichkeit zu haben, über mehrere Tage hinweg die beschriebenen Umsetzungen zu erfassen, sind die folgenden in vitro-

Versuche angestellt worden. In der ersten vergleichenden Versuchsreihe ist es möglich gewesen, die Tätigkeit einer geimpften Bakterienpopulation 4 Tage lang zu baobachten. Umweltgewöhnung an das künstliche Milieu und Anpassung an die Harnstoff-Gabe konnten untersucht werden. Die zweiten in vitro-Ansätze hatten den Vorteil, durch den teilweise täglichen Wechsel der Bakterienpopulation und deren Stoffwechselendprodukte die natürlichen Gegebenheiten besser zu rekonstruieren und damit die Grundlage für klarere Vergleiche mit in vitro-Versuchen zu schaffen.

a) Versuchsmethodik

Gerätemäßig erfolgte der Aufbau der Fermentationskölbchen wie bei den kurzfristigen Versuchen zur Verfolgung des Harnstoffabbaues. Es sind fünfzehn Fermentationskettenversuche mit einmaliger Beimpfung in drei Durchgängen mit je 5 Hauptkölbchen und einem Blindkölbchen und zwölf Versuche mit mehrmaliger Beimpfung in vier Durchgängen mit je drei Hauptkölbchen und einem Blindkölbchen ausgeführt worden.

Die Ansätze der Kölbchen sowohl mit einmaliger als auch mit mehrmaliger Zugabe von Pansenflüssigkeit geschahen folgendermaßen:

Die gewonnene durchgeseihte Probe ist 15 min bei 4000 U/min zentrifugiert worden. 30 ml des fast reinen Bakterienzentrifugates kamen mit 27 ml einer 4,4067%igen Na_2HPO_4-Lösung und 28 ml einer 3,2364%igen KH_2PO_4-Lösung, welche 0,053 g NaCl, 0,053 g KCl, 0,015 g $MgCl_2$ und 0,0056 g $CaCl_2$ enthielten, in die Kölbchen. Zum Schluß sind wieder Glukose und Harnstoff durch 5,0 ml einer 4%igen Glukose-Lösung und 10 ml einer 1%igen Harnstoff-Lösung zugegeben worden, so daß das Gesamt-Inoculum ein Volumen von 100 ml hatte. Seine Zusammensetzung war die gleiche, wie die der 8-stündigen Versuche, nur daß es jetzt 30% Pansenflüssigkeit enthielt. Deshalb kann auf die Tabelle 5 verwiesen werden.

Aus dem Blindkölbchen, das keinen Harnstoff enthielt, wurden dann Proben für die NH_3-Anfangsbestimmung und die Eiweißanalyse entnommen. Unmittelbar nach Bereitung der Kölbchen bzw. nach der Probeentnahme wurden sie an den Gasverteiler im Brutschrank angeschlossen und anaerob bebrütet.

Die Versuchsdauer erstreckte sich über 4 × 24 Std., wobei aller 24 Std. bei den Versuchen mit einmaliger Beimpfung und aller 8 bzw. 16 Std. bei den Versuchen mit mehrmaliger Beimpfung Neuansätze erfolgten. Diese Zeitintervalle entsprechen den täglichen Fütterungsintervallen, in denen unter natürlichen Verhältnissen ungefähr die Hälfte des Panseninhaltes in den Verdauungstrakt weitergeleitet wird. Um diesem Turnus zu entsprechen, ist auch hier am Ende einer Fermentationsperiode die Hälfte des Inoculums aus dem Kolben genommen worden, um durch die gleiche Menge einer neuen Beschickung ergänzt zu werden. Dieses neue Inoculum hatte wieder die gleiche Zusammensetzung wie das Ausgangsmedium, nur fehlte in der ersten Versuchsgruppe die Pansenflüssigkeit, die deshalb durch Aqua dest. steril. ersetzt wurde. So sind die in vitro-Versuche während der ersten 8 Std. respektive 24 Std., d. h. bis zur ersten Entnahme, mit der doppelten Konzentration an Zusätzen gelaufen als in den folgenden Fütterungsintervallen.

Von den beim Neuansatz verworfenen 50% des alten Inoculums sind Proben sowohl für die Harnstoff- und NH_3-Bestimmungen nach CONWAY als auch für die Protein-Bestimmung entnommen worden. Nach jedem Neuansatz wurden dann wieder, wie schon oben erwähnt, Proben aus dem Blindkölbchen für die NH_3-Bestimmung und die Eiweiß-Bestimmung entnommen. In den Blindkölbchen ermittelte man dadurch den Eiweiß-Gehalt der in der zweiten Versuchsgruppe beschickten Pansenflüssigkeit und den durch Desaminierung entstandenen NH_3, während in den Hauptkölbchen der Eiweiß-Anstieg und die Harnstoff- bzw. Harnstoff-NH_3-Spiegel verfolgt wurden.

Da bei der Optalfällung zur Bestimmung des Eiweißes z. T., wie auch bei den anderen Fällungsmethoden, Harnstoff mit ausfällt, ist von den Hauptkölbchen stets erst nach erfolgtem Abbau Probe entnommen worden.

Die Vergleichsversuche mit Harnstoff-Melasse-Trockenschnitzel-Gabe sind in der gleichen Weise durchgeführt worden. Die Melasse und Trockenschnitzel waren durch 5,0 ml einer 2,2264%igen Melasse-Lösung zugegeben worden, in denen 0,3375 g Trockenschnitzel suspendiert wurden. Damit bekam das Inoculum die gleiche prozentuale Menge und das gleiche Verhältnis des Gemisches wie bei den anderen beiden in vitro-Versuchen.

b) Versuchsergebnisse

Die beiden Diagramme auf den Abb. 10 und 11 veranschaulichen die durchschnittliche Eiweißzunahme und Harnstoffausnutzung der fünfzehn Vergleichsversuche mit einmaliger Beimpfung.

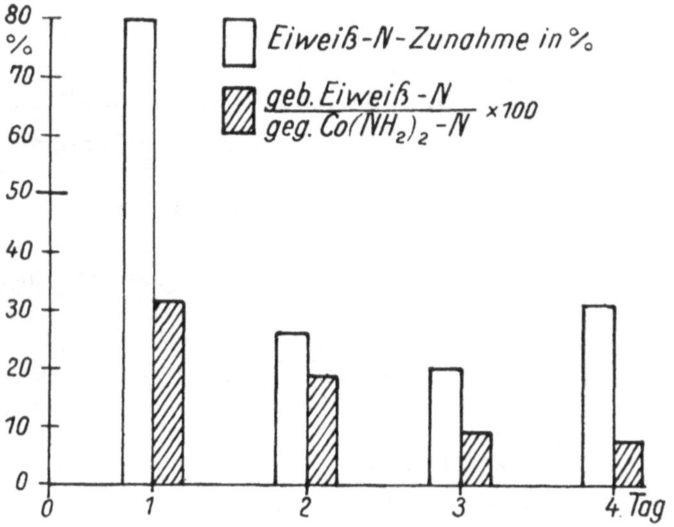

Abb. 10

Man erkennt deutlich, daß bei den Harnstoff-Glukose-Versuchen (Abb. 10) eine abfallende Tendenz der Eiweißzunahme bzw. Harnstoffausnutzung vorlag, während aus den Versuchen mit Harnstoff-Melasse-Trockenschnitzel-Gabe

(Abb. 11) umgekehrt eine zeitlich zunehmende Ausnutzungsquote ersichtlich ist. Diese Erscheinung beruht wahrscheinlich darauf, daß in der 2. Hälfte der Fermentationskettenversuche der Harnstoff nicht mehr ganz abgebaut werden kann. In den ersten beiden Tagen wurde er noch völlig abgebaut, am 3. Tage zu 67,22% und am 4. Tag nur noch zu 21,13%. Deshalb versuchen die Bakterien in zunehmendem Maße den zusätzlich gegebenen Stickstoff des Melasse-Trockenschnitzel-Gemisches auszunutzen, was auch aus dem prozentualen Verhältnis des gebildeten Eiweißes zum zusätzlich gegebenem Stickstoff hervorgeht, denn es steigt von 3,24% auf 8,48% an.

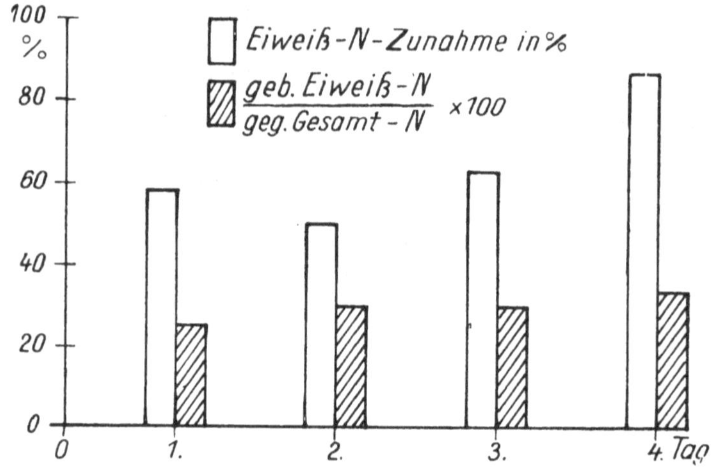

Abb. 11

Diese Ergebnisse zeigen, daß die Bakterien unter den in vitro-Bedingungen im Laufe der Versuche den Harnstoff immer schlechter verwerten.

Ob der Grund dafür die mangelnde Anpassung an das künstliche Milieu, eine geringe Gewöhnung an die Harnstoff-N-Quelle oder das Fehlen der Abführung ihrer Stoffwechselendprodukte ist, kann nicht genau gesagt werden. Vielleicht spielen auch mehrere Ursachen eine Rolle.

Die Diagramme der Durchschnittswerte von den zwölf Vergleichsversuchen mit mehrmaliger Beimpfung auf den Abb. 12 (HG-Versuch) und 13 (HMT-Versuche) zeigen dagegen ein ganz anderes Bild. Die direkten Gegensätze in dem Eiweißanstieg bzw. der Harnstoffausnutzung existieren nicht mehr. Alle Werte ergaben eine auffallende Gleichförmigkeit der Ausnutzungsquotienten, die sich wohl auch im Pansen einstellen würde, wenn dem Wiederkäuer mehrere Tage und Wochen harnstoffhaltiges Futter gegeben würde. Ein anderes Kriterium für die relativ gute Rekonstruktion der natürlichen Verhältnisse durch diese in vitro-Methodik ergibt die Höhe der Harnstoffausnutzung. Die zwischen 20 und 30% schwankende Ausnutzung entspricht ungefähr auch den durch den in vivo-Versuche gefundenen Werten. Obwohl diese Werte wesentlich besser liegen als bei den 8stündigen Versuchen über ein Fütterungsintervall, so werden die vergleichenden Ergebnisse aber völlig bestätigt. Die Werte sind auch hier nicht

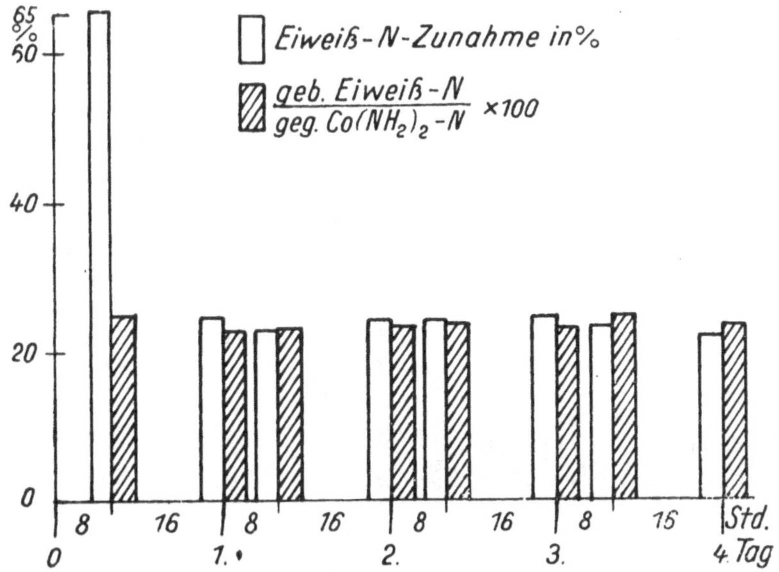

Abb. 12

wesentlich voneinander verschieden. Nur nach den ersten beiden Tagen (Columnen II, III u. IV) bestehen in der Harnstoffausnutzung gesicherte Unterschiede (siehe Tabelle 10), so daß angenommen werden kann, daß auch über mehrere Fütterungsintervalle hinweg kein Unterschied der beiden Vergleichskurven in Hinsicht auf die Harnstoffverwertung durch Pansenbakterien besteht.

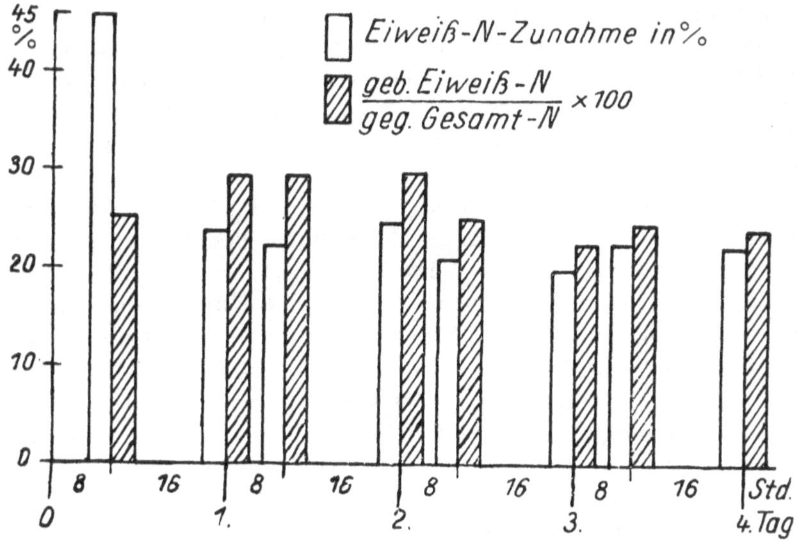

Abb. 13

Tabelle 10. *Mittelwertsprüfungen der Harnstoffausnutzung in %*

1. Tag			
nach 8 Stunden	$t = 0,394$	$P > 0,05$	kein gesicherter Unterschied
nach 16 Stunden	$t = 4,267$	$P < 0,001$	sehr gut gesicherter Unterschied
2. Tag			
nach 8 Stunden	$t = 3,358$	$P > 0,001$	gut gesicherter Unterschied
nach 16 Stunden	$t = 5,703$	$P < 0,001$	sehr gut gesicherter Unterschied
3. Tag			
nach 8 Stunden	$t = 0,694$	$P > 0,05$	kein gesicherter Unterschied
nach 16 Stunden	$t = 0,293$	$P > 0,05$	kein gesicherter Unterschied
4. Tag			
nach 8 Stunden	$t = 0,210$	$P > 0,05$	kein gesicherter Unterschied
nach 16 Stunden	$t = 0,337$	$P > 0,05$	kein gesicherter Unterschied

D. Diskussion

Wenn auch die Ergebnisse der Untersuchungen nicht ohne weiteres in allen ihren Einzelwerten mit den natürlichen Verhältnissen verglichen werden dürfen (McNAUGHT u. a. [15]), so ist es durchaus möglich, die Verläufe und Tendenzen der intraruminal-metabolistischen Reaktionsketten aus den in vitro-Versuchen abzuleiten.

Zu den kurzfristigen Versuchen muß bemerkt werden, daß der Harnstoffabbau durch die Urease der Bakterien innerhalb von 1 bis $1^1/_2$ Std. nicht erstaunlich ist, wenn gleich auch in der kurzen Zeit mehr als das 1000fache des Körpergewichtes der Bakterien an Harnstoff hydrolysiert wird (LÖHNIS [14]). Noch viel schnellere Reaktionen kennt man von Azotobacter. Gebundener markierter N^{15} ist schon nach 3 min in den Aminosäuren des Bakterieneiweißes nachweisbar gewesen (RIPPEL-BALDES [18]). Daß der bakterielle Harnstoffabbau ziemlich umfangreich sein kann, ist von Botiop Stalldünger ebenfalls schon längere Zeit bekannt. Dort kann der Harnstoff in kurzer Zeit bis zu 70% unter Freisetzung des NH_3 gespalten werden.

Der Verlauf des Harnstoffabbaues geschieht nach einer e-Funkton. Diese konnte sowohl bei den kurzfristigen als auch bei den 8stündigen Versuchen mathematisch errechnet werden. Weiterhin darf der Schluß gezogen werden, daß der Harnstoffabbau nicht von der Zahl der im Kulturmedium befindlichen Bakterien abhängig ist. Die zu Beginn der 8stündigen Versuche einsetzende Urease-Aktivität, die nicht erst einen bestimmten Grad der Bakterienvermehrung abwartet, zeigte eindeutig diese Erscheinung.

Weitere Versuchsergebnisse erwiesen korrelative Zusammenhänge zwischen Harnstoffabbau und Proteinsynthese durch die Pansenbakterien. Während die kurzfristigen Versuche, die mit einer gewaschenen Bakteriensuspension beimpft wurden, den Verbrauch des entstandenen NH_3 nicht anzeigten, brachten die 8stündigen und die über mehrere Fütterungsintervalle gehenden Versuche unter Verwendung von Pansensaft den Nachweis, daß der Einbau des aus dem Harnstoff entstandenen NH_3 in das Bakterienprotein quantitativ erfaßt werden kann. Hier muß der Pansensaft irgendein auf die Synthese wirkendes stimulierendes Agens besitzen. Dieser Faktor ist sehr wichtig, denn wenn die kurzfristigen Versuche isoliert betrachtet würden, käme man zu der Feststellung, daß sich während des Harnstoffabbaues noch kein Eiweiß bildet, und erst nach völliger Harnstoffzerlegung die Synthese einsetzt. Die fast quantitative Verwertung des NH_3 bei der Eiweißsynthese der Bakterien unter anaeroben Bedingungen ergaben die 8stündigen Versuche. Daß aber bei den in vitro-Versuchen über ein Fütterungsintervall die Harnstoffausnutzungsquote im Vergleich zu den Versuchen über mehrere Fütterungsintervalle so niedrig lag, hängt wahrscheinlich mit der Häufigkeit der Probeentnahme zusammen. Um die Harnstoffausnutzung verfolgen zu können, mußte während der Fermentation 8mal das künstliche System geöffnet werden. Dadurch war immer wieder der Luft die Möglichkeit gegeben, in das Inoculum einzudringen und den in vitro-Metabolismus zu stören.

Wenn auch die aus den beiden in vitro-Versuchen berechneten Harnstoffausnutzungsgrade methodisch bedingt voneinander abweichen, so erbrachten die Fermentationsketten mit mehrmaliger Beimpfung eine eindeutige Bestätigung dafür, daß die Harnstoffausnutzung der Vergleichsversuche sich nicht unterscheidet. Der Grund dafür könnte in dem Ausgleich der schlechteren Kohlehydrate der Harnstoff-Melasse-Trockenschnitzel-Versuche durch die zusätzlich gegebene N-Quelle resp. Eiweißquelle liegen, denn man weiß, daß geringe Mengen eines zusätzlich gegebenen guten Eiweißes stimulierend auf die Harnstoffausnutzung wirkten.

Ergänzend zu den 8stündigen Fermentationen befaßten sich Versuche mit der CO_2-Bildung und prüften damit den Einfluß des Harnstoffes bzw. des Harnstoffgemisches auf den Katabolismus der Bakterien. In den Versuchen ist festgestellt worden, daß das aus dem Harnstoff entstehende CO_2 wahrscheinlich nicht den CO_2-Gehalt der Pansengase erhöht, sondern als Ammoniumkarbonat gebunden wird. Die Bindungsform des CO_2 als Ammoniumkarbonat, die HALLMANN [10] annimmt, könnte allerdings beiden Erscheinungen gerecht werden, denn im Karbonat ist das CO_2 gebunden, aber auch jeder Zeit wieder leicht freisetzbar. Die anderen Ergebnisse dieser Vergleichsversuche scheinen aber nicht im Gegensatz zu schon bestehenden Erkenntnissen zu stehen, müßten aber im einzelnen noch weiter verfolgt werden, um bindende Aussagen machen zu können.

Zu dem Komplex der Amidsymbiose kann also abschließend folgendes gesagt werden:

Die Amidsymbiose gibt die Möglichkeit, einen Eiweißmangel im Futter zu kompensieren. Im Laufe der Nahrungskette werden die Bakterien des Pansens, die durch die Fähigkeit der Amidverwertung in die Lage versetzt werden, sich zu vermehren, von den Infusorien (Ciliaten) gefressen. Dadurch tritt quantitativ nur eine geringe Änderung im Eiweißspiegel auf. Vielmehr wird durch die Umwandlung des Bakterieneiweißes in tierisches Eiweiß eine Qualitätsverbesserung erzeugt. Während das Bakterien-Protein zu 82,4% mit einer BW von 66% verdaulich ist, liegt die Verdaulichkeit des Protozoen-Proteins bei 86,2% mit einer BW von 68% (JONSON, HAMILTON u. a. [13]).

Das im Rahmen dieser Nahrungskette nicht verwendete NH_3, die Menge des durch Desaminierung der zusätzlich gegebenen Eiweißquelle entstandenen NH_3, die den Ausnutzungsgrad des Harnstoffes herabsetzen kann und der Umfang der Aufnahme der Bakterien durch die Infusorien bestimmen somit die Höhe des biologischen Wertes vom verwendeten harnstoffhaltigen Futter.

In den vorliegenden Untersuchungen hatte sich gezeigt, daß das getestete Harnstoff-Melasse-Trockenschnitzel-Gemisch, welches schon in den in vivo-Versuchen an lacktierenden und graviden Milchziegen von JAHN [12] als geeignet zur Anwendung gelangte, einen Vergleich mit einer idealen in vitro-Harnstoffgabe bei Glukose als Kohlehydratquelle völlig standhielt. Damit wird die gute Verwertbarkeit des Futtergemisches durch die Pansenbakterien an Hand von in vitro-Versuchen unter Verwendung verschiedener Methoden bestätigt.

E. Zusammenfassung

Zusammenfassend kann zu den Ergebnissen der in vitro-Versuche folgendes gesagt werden:

1. Die Harnstoffabbauzeiten der kurzfristigen Versuche lagen zwischen 1 und $1^1/_4$ Std. In dieser Zeit ist kein freigesetztes NH_3 zur Eiweißsynthese verwendet worden. Signifikante Unterschiede der beiden Vergleichsversuchsreihen (mit Harnstoff-Glukose-Gabe, ideales Verhältnis; und mit Harnstoff-Melasse-Trockenschnitzel-Gemisch, 1 : 1 : 3) bestehen nicht.

2. In den 8stündigen Fermentationsperioden wurde der Harnstoff zwischen 2 und $2^1/_2$ Std. abgebaut. Das gebildete NH_3 wurde von Anfang an für die Eiweißsynthese verwertet und ging fast quantitativ in Bakterieneiweiß über. Starke Ureasebildung und Eiweißsynthese traten gleichzeitig auf. Die Harnstoffausnutzung lag ziemlich niedrig, was durch die Versuchsmethodik bedingt war. Auch hier bestanden keine gesicherten Unterschiede zwischen den Vergleichsversuchen.

3. In den Versuchen, die den Einfluß der Harnstoffgemische auf den Pansenkatabolismus untersuchen sollten, zeigte sich, daß die Kontrollgruppe ohne Harnstoff einen normalen CO_2-Spiegel im Laufe des Fermentationsintervalles erbrachte, während das CO_2 der HG- u. HMT-Versuche bis zum Ende der Versuchszeit anstieg. Auffallend ist dabei der signifikante Höhenunterschied des Spiegels der beiden Vergleichsversuche.

4. Die Versuche über mehrere Fermentationsperioden zeigten bei einmaliger Beimpfung eine abfallende Tendenz der Harnstoffausnutzung in den HG-Versuchen, während in den Versuchen mit HMT-Gabe umgekehrt eine zeitlich zunehmende Ausnutzungsquote ersichtlich war. Die Durchschnittswerte der Versuche mit mehrmaliger Beimpfung ließen keine direkten Gegensätze mehr erkennen und hatten eine auffallende Gleichförmigkeit der Ausnutzungsquoten. Die Höhe der Harnstoffausnutzung, die zwischen 20 und 30% schwankte und wieder keine wesentlichen Unterchiede zwischen den beiden Vergleichsversuchen erbrachte, lassen sich gut mit den bei den in vivo-Versuchen gefundenen Werten vergleichen.

Literaturverzeichnis

1 ABELIN, I.: Über die Mikrobestimmung des Harnstoffes im Blut ohne Destillation und ohne Nesslerisation. Biochem. Z. **297**, 203 (1938).

2 ARIAS, C., BURROUGHS, W., GERLAUGH, P. u. R. M. BETHKE: The influence of different amounts and sources of energy upon in vitro urea utilization by rumen microorganisms. J. Animal Sci. **10**, 683 (1951).

3 BELASCO, I. J.: Comparison of urea and protein meals as nitrogen sources for rumen microorganisms (the production of volatile fatty acids). J. Animal Sci. **13**, 748 (1954).

4 BRAHM, K.: Über die Bestimmung der Verdaulichkeit zellulosehaltiger Futterstoffe mit Hilfe von Pansenbakterien. Biochem. Z. **178**, 28 (1926).

5 BURROUGHS, W., HEADLEY, H. G., BETHKE, R. M. u. P. GERLAUGH: Cellulose digestion in good and poor quality roughages using an artifical rumen. J. Animal Sci. **9**, 513 (1950).

6 COLUMBUS, A., WAGNER, J. u. J. ROJAHN: Der bakterielle Stickstoffanteil des Darmverluststickstoffes. Arch. f. Tierernährung **8**, 249 (1958).

7 CONWAY, E. J. u. A. BYRNE: An adsorption apparatus for the microdetermination of certain volatile substance. I. The micro-determination of ammonia. II. The determination of urea and ammonia in body fluid. J. Biochem. **27**, 419 (1953).

8 DOUGHERTY, R. W.: Permanent stomach and intestinal fistulas in ruminants: some modifications and simplifications. The Cornell Veterinarian **45**, 331 (1955).

9 GALL, L. S., BURROUGHS, W., GERLAUGH P. u. B. H. EDGINGTON: Rumen bacteria in cattle and sheep on practical farm rations. J. Animal Sci. **8**, 441 (1949).

10 HALLMANN, L.: Bakteriologie und Serologie. Georg Thieme Verlag, Stuttgart, 2. Auflage **1955**.

11 HENRIQUES, V. u. C. HANSEN: Über die Bedeutung der sogenannten Pflanzenamide für den Stickstoffumsatz im tierischen Organismus. Ztschr. Phys. Chemie **54**, 169 (1908).

12 JAHN, S.: Verwendung von Amidschnitzeln bei Wiederkäuern nach Versuchen an laktierenden und graviden Milchziegen. Kühn Arch. **71**, 75 (1957).

13 JOHNSON, B. C., HAMILTON, T. S., ROBINSON, W. B. u. J. C. GAREY: On the mechanism of non-protein-nitrogen utilization by ruminants. J. Animal Sci. **3**, 287 (1944).

14 LÖHNIS, F.: Vorlesungen über landwirtschaftliche Bakteriologie. Verlag Gebr. Bornträger 1913.

15 MCNAUGHT, M. L., SMITH, J. A. B., HENRY, K. M. u. S. K. KON: The utilization of non-protein-nitrogen in the bovine rumen. V. The isolation and nutritive value of a preparation of dried rumen bacteria. Biochem. J. **46**, 32 (1950).

16 MCNAUGHT, M. L.: The utilization of non-protein-nitrogen in the bovine rumen. 7. A qualitative and quantitative study of the breakdown of carbohydrate which accompanies protein formation in bovine rumen contents during in vitro incubation. Biochem. J. **49**, 325 (1951).

17 ORTH, A. u. W. KAUFMANN: Ergebnisse über Verdauungsvorgänge im Pansen. II. Mikrobieller Futterabbau und Gasbildung bei Weidenfütterung. Kieler Milchw. Forschungsber **9**, 395 (1957).

18 RIPPEL-BALDES, A.: Grundriß der Mikrobiologie. Springer Verlag, 2. Auflage, 1952.

19 WASSERMANN, R. H., DUNCAN, C. W., CHURCHILL, E. S. u. C. F. HUFFMAN: The effect of antibiotics on in vitro cellulose digestion by rumen microorganisms. J. Dairy Sc. **35**, 571 (1952).

20 WEISKE, H., SCHRODT, M. u. ST. DANGEL: Über die Bedeutung des Asparagins für die tierische Ernährung. Ztschr. Biol. **15**, 261 (1879).

21 ZUNTZ, N. u. P. BAHLMANN: Du Bois-Reymond's Arch. **424** (1882).

22 ZUNTZ, N. u. P. BAHLMANN: Bemerkungen über die Verdauung und den Nährwert der Zellulose. Pflügers Arch. Ges. Phys. **49**, 477 (1891).

Eingegangen am 1. 8. 1960

Aus dem Oskar Kellner-Institut für Tierernährung, Rostock
(Direktor: Prof. Dr. Dr. h. c. K. NEHRING)

L. HOFFMANN und *M. SCHMIDT*

Eine technische Modifikation im Aufbau von Respirationssystemen nach dem HALDANE-Prinzip

Gaswechselmessungen an Kleintieren (Ratte, Huhn, Kaninchen) lassen sich bei geringem Zeit- und Arbeitsaufwand und bei großer Meßgenauigkeit nach dem HALDANE-Prinzip durchführen, das sowohl das Messen der Kohlensäureproduktion als auch des Sauerstoffverbrauchs des Versuchstieres auf gravimetrischem Wege gestattet. Entsprechende apparative Einrichtungen (Respirationsapparate) für Kaninchen wurden von GHONEIM [1] und HELLBERG [2] beschrieben. Weiterhin ist von SCHIEMANN, HOFFMANN und SCHMIDT [3] über den Aufbau und die Funktion von Respirationsapparaturen sowohl nach dem HALDANE- als auch nach dem PETTENKOFER-Prinzip für Kaninchen berichtet worden, mit denen langjährige Gaswechselmessungen mit Erfolg vorgenommen werden konnten.

Von den zuletzt genannten Verfassern wurde besonders darauf hingewiesen, daß mit dem Aufbau zweier Apparaturen nach dem PETTENKOFER-Prinzip im wesentlichen der Zweck verfolgt wurde, apparative und methodische Erfahrungen für einen entsprechenden Aufbau von Respirationsapparaturen für landw. genutzte Großtiere (Rinder, Schweine, Schafe; insbesondere hinsichtlich der Gasmengenmessung, der kontinuierlichen Gasprobenahme sowie der Gasanalyse zu sammeln.

Nachdem der Aufbau der Respirationsanlagen für landwirtschaftlich genutzte Großtiere, bei dem eine Reihe von Erfahrungen und Erkenntnissen aus der Arbeit mit den Kleintierapparaturen nutzbringend verwertet werden konnte, abgeschlossen war, erschien es aus arbeitswirtschaftlichen Gründen nicht mehr vertretbar, bei Kaninchen weiterhin das PETTENKOFERsche Prinzip zur Bestimmung des Gaswechsels anzuwenden. Da aber die Zahl der Versuchstiere keine Einschränkung erfahren sollte, bestand die Notwendigkeit, zwei neue Systeme nach dem HALDANE-Prinzip aufzubauen. Die dazu erforderlichen Waagen mit einer Tragkraft von 30 bis 40 kg und einer Empfindlichkeit von 100 mg hätten sich nur durch eine Sonderanfertigung bei hohem Kostenaufwand und sehr langer Lieferzeit realisieren lassen. Um diese Schwierigkeiten zu umgehen, wurde von uns ein Tragegestell zur Aufnahme von drei Respirationssystemen nach HALDANE entwickelt, mit dem es möglich ist, gleichzeitige Gaswechselmessungen an drei Versuchstieren mit Hilfe der zwei bereits im Institut vorhandenen Waagen vorzunehmen.

Dieses Tragegestell, das mit geringem Kostenaufwand zu erstellen ist und eine bessere Auslastung hochempfindlicher und damit teurer Waagen zum Zwecke der Gaswechselmessung bei Kaninchen nach dem HALDANE-Prinzip ermöglicht, soll nachfolgend kurz beschrieben werden.

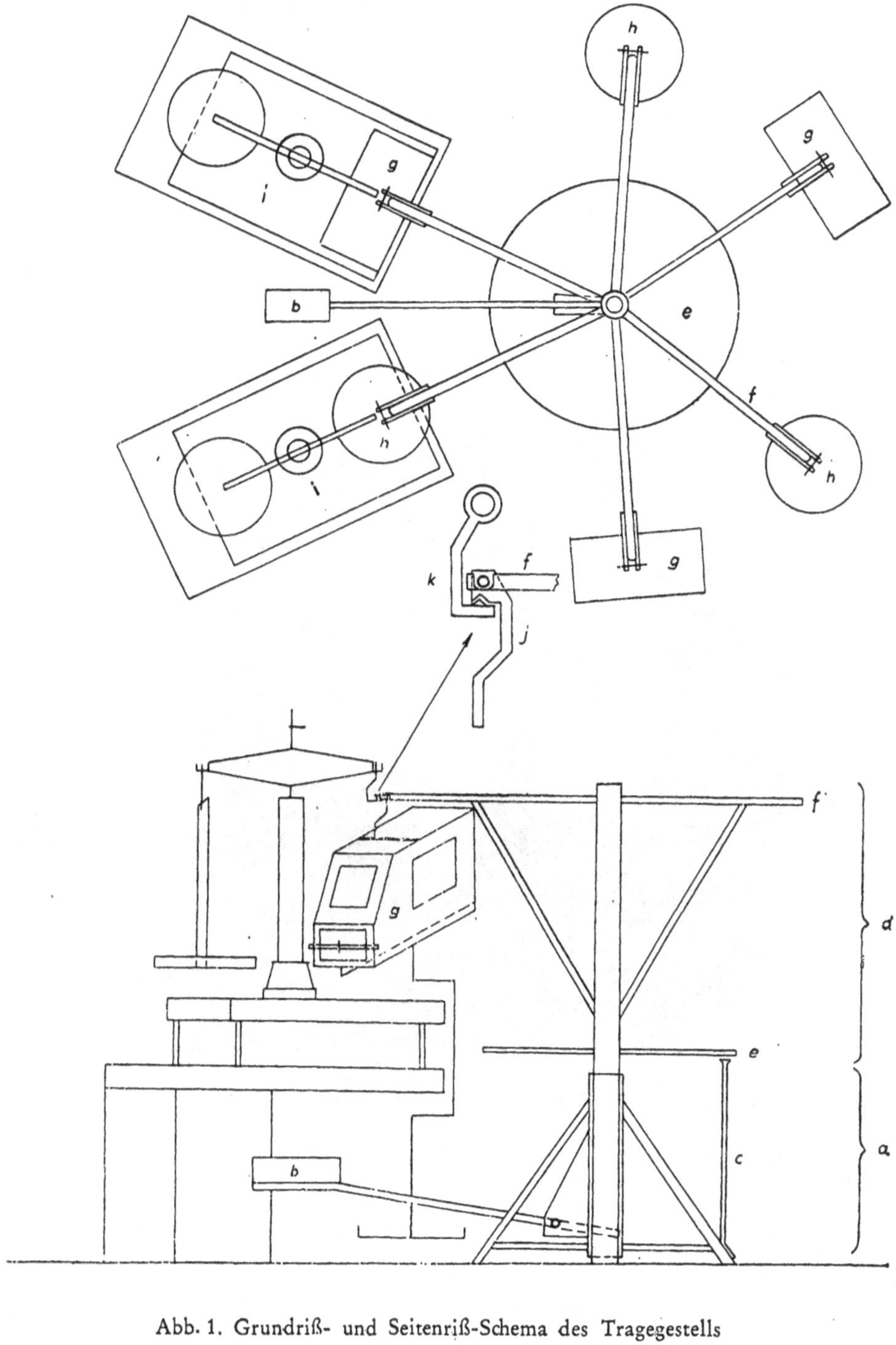

Abb. 1. Grundriß- und Seitenriß-Schema des Tragegestells

Der Aufbau des Tragegestells ist aus den Abbildungen 1 und 2 zu ersehen. Es ist in seinen wesentlichen Teilen aus Eisenrohr gefertigt und zerfällt in zwei Bauelemente:

1. den dreifüßigen Unterteil (a) mit dem Fußhebel (b) und dem Stützarm (c)
2. den Oberteil (d) mit der angebauten kreisrunden Tischfläche (e) als Standplatz für 3 Vakuumpumpen und drei Absorptionsbatterien für die Vorabsorption (CO_2, H_2O) und den sechs Tragarmen (f) für die Aufhängung der Respirationskammern (g) und den Waagschalen mit den CO_2-Absorptionsbatterien (h).

Abb. 2. Tragegestell und Waage für Respirationskammern

Der Oberteil des Tragegestells ist im Unterteil drehbar gelagert und kann mit Hilfe des Fußhebels 10 cm gehoben bzw. gesenkt werden. In gehobener Stellung besteht freie Drehbarkeit des Systems über die Aufhängevorrichtungen der Waagen (i) hinweg. Um mühelos die Gesamtlast des Oberteils von etwa 300 kg heben und senken zu können, ist der Fußhebel mit einem Bleiklotz beschwert, der nahezu das Gesamtgewicht aufhebt. Der Fußhebel ist mit einer Arretierung versehen.

Zur Ein- bzw. Auswaage der drei am Tragegestell aufgehängten Respirationssysteme wird der Oberteil des Tragegestells mit Hilfe des Fußhebels angehoben und ein System, bestehend aus der Respirationskammer einschließlich der Wasser-Absorptionsbatterie und der Kohlensäure-Absorptionsbatterie, mit seinen Aufhängevorrichtungen (j) über die Aufhängungsvorrichtungen der Waagen (k) gedreht. Durch langsames Senken des Oberteils des Tragegestells wird die Respirationskammer und die Waagschale mit der Kohlensäure-Absorptionsbatterie in die entsprechenden Vorrichtungen der Waagen eingehängt. Durch weiteres Absenken geben die jeweils aus zwei Flacheisen bestehenden und gabelförmig ausgebildeten Aufhängungen an den Tragarmen die zu wiegenden Teile frei, so daß keine Berührungsstelle zwischen dem Tragegestell und den Waagen mit dem eingehängten Respirationssystem besteht und die Auswaage erfolgen kann. Durch die Stellung des Fußhebels zwischen den beiden Waagen ist eine leichte Kontrolle des Vorgangs beim Einhängen der Kammer und der Waagschale möglich. Um eine einseitige Belastung des Tragegestells während der Wägung zu vermeiden, ist am Unterteil des Gestelles auf der den Waagen gegenüberliegenden Seite ein Stützarm angebracht, der beim Absenken des Oberteils am äußeren Rand des Tisches angreift.

Nach Beendigung der Auswaage wird der Oberteil gehoben und damit die Kammer und die Waagschale wieder vom Tragegestell übernommen und das nächste System über die Waagenaufhängung gedreht.

Das Auswiegen der drei Systeme einschließlich der Bestimmung des Tiergewichtes, der Kot- und Harnentnahme sowie der Fütterung dauert etwa 1 Stunde. Die zur Aufstellung der Waagen und des Tragegestells benötigte Fläche beträgt ca. 20 m^2 (4×5 m).

Durch eine entsprechende Modifikation des Tragegestells ist eine Erhöhung der Zahl der Respirationssysteme und eine Verwendung bei anderen Kleintierarten möglich.

Zusammenfassung

Es wird ein Tragegestell zur Aufnahme von Respirationssystemen für Kleintiere beschrieben, mit dem es möglich ist, Gasstoffwechselmessungen nach dem HALDANE-Prinzip mit nur zwei Waagen an drei Versuchstieren gleichzeitig durchzuführen. Durch eine entsprechende Modifikation des Tragegestells kann die Zahl der Versuchstiere noch erhöht werden.

Literaturverzeichnis

[1] GHONEIM, A.: Über den Gesamtstoffwechsel bei Unterernährung und Produktionsfutter; Zürich 1930, Dissertation.

[2] HELLBERG, A.: Metabolism of rabbits at different planes of nutrition. Uppsala 1949.

[3] R. SCHIEMANN, L. HOFFMANN und M. SCHMIDT: Über den apparativen Aufbau von Respirationsapparaten für Kleintiere. Arch. f. Tierernährung **7**, 80—97, 1957.

Eingegangen am 3. 9. 1960

FSC
www.fsc.org
MIX
Papier | Fördert
gute Waldnutzung
FSC® C083411

Kolibri 360 GmbH
Ferdinand-Jühlke-Straße 7
99095 Erfurt, Deutschland
produktsicherheit@kolibri360.de